Jürg Endres
Rentierhalter. Jäger. Wilderer?

ERDKUNDLICHES WISSEN

Schriftenreihe für Forschung und Praxis

Begründet von Emil Meynen

Herausgegeben von Martin Coy, Anton Escher und Thomas Krings

Band 157

Jürg Endres

Rentierhalter. Jäger. Wilderer?

Praxis, Wandel und Verwundbarkeit
bei den Dukha und den Tozhu
im mongolisch-russischen Grenzraum

Franz Steiner Verlag

Umschlagabbildung: Abendstimmung im Sommercamp „Deed Sailag" der Dukha.
Mongolei, Tsagaannuur sum, 12. August 2008. © Susanne Högemann

Bibliografische Information der Deutschen Nationalbibliothek:
Die Deutsche Nationalbibliothek verzeichnet diese Publikation in der Deutschen
Nationalbibliografie; detaillierte bibliografische Daten sind im Internet über
<http://dnb.d-nb.de> abrufbar.

Dieses Werk einschließlich aller seiner Teile ist urheberrechtlich geschützt.
Jede Verwertung außerhalb der engen Grenzen des Urheberrechtsgesetzes
ist unzulässig und strafbar.
© Franz Steiner Verlag, Stuttgart 2015
Druck: Laupp & Göbel GmbH, Nehren
Gedruckt auf säurefreiem, alterungsbeständigem Papier.
Printed in Germany.
ISBN 978-3-515-11140-9 (Print)
ISBN 978-3-515-11141-6 (E-Book)

Abb. 1: *Rentierhalter. Briefmarke der Tuwinischen Volksrepublik (TVR), 1930er Jahre. Quelle: Archiv JE*

INHALTSVERZEICHNIS

Glossar 12
Abkürzungen 13

VORWORT UND DANKSAGUNG 15

I. EINLEITUNG 17
  1. Die Rentierhalter-Jäger des Ostsajangebirges.. 17
    1.1 Zwei Welten an den Quellen des Jenisseis 17
    1.2 Schicksal und Entwicklung der Rentierhalter-Jäger des
        Ostsajangebirges 19
  2. Grundfragen und theoretischer Ansatz 26
    2.1 Ausgangsinteresse und erste Fragestellungen 26
    2.2 Weiterentwicklung: Der Blick über die Grenze 27
    2.3 Von Wohlergehen zu Verwundbarkeit 28
    2.4 Das System der Praxis 30
    2.5 Das System der Praxis als Untersuchungsgrundlage 35
    2.6 Anwendbarkeit und Verallgemeinerbarkeit 36
  3. Theoretische Einbindung 37
    3.1 Praxistheorie 37
    3.2 Systemtheorie 38
    3.3 Verwundbarkeit und Resilienz 42
    3.4 Mensch und Umwelt: Ontologische Sensibilisierung..................... 47
    3.5 Positionierung in der Nomadismusforschung................................. 48
  4. Hintergründe zur Forschung und zu dieser Arbeit 52
    4.1 Aufbau der Arbeit 52
    4.2 Datenerhebung und Arbeitsmethoden 53
    4.3 Aktualität und Relevanz der Forschung 58
  5. Karten 67
    5.1 Übersichtskarten 67
    5.2. Geschichtliche Karten.. 72
    5.3 Nordwest Khövsgöl heute: Landnutzung, Naturschutz und
        Konflikte 75

II. RENTIERHALTUNG UND JAGD IM OSTSAJANGEBIRGE: (RE-)KONSTRUKTION EINES SYSTEMS DER PRAXIS 79

1. Einleitende Hintergrundüberlegungen 79
   1.1 Vorausgehende Grundsatzüberlegungen zum Untersuchungsparadigma 79
   1.2 Natur, Mensch und die ontologische Wende 80
   1.3 Mensch und Umwelt in der Ontologie der Wildbeuter 85
   1.4. Implikationen auf das System der Praxis...................................86
2. Rentierhaltung und Jagd als System der Praxis 89
   2.1 Einführung 89
   2.2 Umwelt im System und Systemumwelt......................................90
   2.3 Die Akteure im System der Praxis..97
   2.4 Die praktische Handlung der Lebens- und Wirtschaftsweise........101
   2.5 Wissen und Fertigkeiten 117
   2.6 Institutionen 122
   2.7 Mensch-Umwelt-Beziehung...132
   2.8 Ontologie, Weltbild & Identität..145
3. Zusammenfassung..156

III. OSTTUWA UND NORDWEST-KHÖVSGÖL ZWISCHEN ZWEI KOLONIALMÄCHTEN: EINE REGION BEGINNT SICH AUFZUSPALTEN 158

1. Geschichte bis zum Beginn des 18. Jahrhunderts................................158
   1.1 Ein kurzer Abriss der bewegten Frühgeschichte des Sajanraumes 158
   1.2 Mongolischer Einfluss 160
   1.3 Der Vorstoß der Russen in Südsibirien 161
   1.4 Mandschu-China übernimmt die Macht 162
2. Kolonialzeit..163
   2.1 Tannu-Uriankhai: Spielball zweier Großmächte.......................163
   2.2 Staat, Klerus und Gesellschaft unter den Qing.........................166
   2.3 Die Loslösung der Khövsgöl Region von Tannu-Uriankhai 173
   2.4 Das Leben der Sajan-Rentierhalter während der Qing-Dynastie ...175
3. Die Jahre des Umbruchs: 1911–1925 179
   3.1 Der Zusammenbruch des Mandschu-Reiches und seine Folgen 179
   3.2 Die Gründung der mongolischen Theokratie 180
   3.3 Tannu-Uriankhais Weg in die russische Schutzherrschaft 181
   3.4 Revolution...184
   3.5 Die endgültige Abspaltung Nordwest-Khövsgöls von Tuwa 190
4. Ausschnitte historischer Karten (1825–1935)......................................197
   4.1 Russische Karten aus dem 19. Jahrhundert (1825 und 1868).........197
   4.2 Der Uriankhaiskij Kraj (1912 und 1914) 198
   4.3 Die Volksrepublik Tannu-Tuwa bzw. Tuwinische Volksrepublik (1924–1935) 199

IV. DIE TRENNUNG UND UNTERSCHIEDLICHE ENTWICKLUNG DER DUKHA UND DER TOZHU WÄHREND DES SOZIALISMUS 1927–1990 202

TEIL 1: Zwischen Vertreibung, Kollektivierung und Flucht: Die Rentierhalter-Jäger der Grenzregion – 1927 bis 1950er Jahre 202
1. Vertreibung, Exil und Flucht ab 1927 202
 1.1 Die Auswirkungen der Grenzziehung für die Rentierhalter 202
 1.2 Die endgültige Trennung der Dukha von den Tozhu 205

TEIL 2: Die Dukha in der Mongolischen Volksrepublik – 1950er Jahre bis 1990 207
2. Die Kollektivierung der Dukha in der MVR 207
 2.1 Hintergründe: Kollektivierung in der Mongolischen Volksrepublik 207
 2.2 Die Kollektivierung der Dukha: Ein Sonderfall 211
3. Die Dukha 1970–1990 216
 3.1 Leben und Wirtschaft im negdel und in der Staatsfarm bis 1985 216
 3.2 Die Gründung des Tsagaannuur sums und die Zusammenlegung der Dukha 219

TEIL 3: Die Tozhu in der Sowjetunion – 1945 bis 1992 222
4. Die „Entnomadisierung" der Sowjetunion 222
 4.1 Einleitung 222
 4.2 Die Kollektivierung und Sedentarisierung des „Nordens" 223
 4.3 Satelliten der sozialistischen Zivilisation 225
 4.4 Vom „Nomadismus als Lebensweise" zum „Produktionsnomadismus" 228
5. Die Situation im sowjetischen Ostsajanraum 231
 5.1 Die Kollektivierung der Sojoten und der Tofa 231
 5.2 Die Kollektivierung in Todzha und der Tere-Khöl-Region 232
 5.3 Die Transformation der Rentierhaltung und Jagd in Osttuwa 235
 5.4 Die Rolle der Frau im sozialistischen Tuwa 237
 5.5 Stabilität oder Stillstand? Das Leben nach der Kollektivierung 238

V. JAHRE DER VERZWEIFLUNG: DIE SITUATION DER TOZHU UND DUKHA NACH 1990 240

1. Die Tozhu in den Neunzigerjahren 240
 1.1 Die Krise der Rentierhaltung im postsowjetischen Sibirien 240
 1.2 Die Situation in Tuwa 241
2. Die Dukha ab 1990 249
 2.1 Hintergründe: Die Entwicklungen in der Mongolei ab 1990 249
 2.2 Zusammenbruch und Neubeginn in Nordwest-Khövsgöl 252

VI. POST-PRODUKTIONSNOMADISMUS: DIE TOZHU HEUTE ... 256

1. Einleitung ... 257
2. Rentierhaltung und Jagd in Todzha ... 257
   2.2 Rentierhaltung in Osttuwa: Eine quantitative Bestandsaufnahme ... 257
   2.3 Die Krise der „Gemeinschaft der Praxis" ... 261
   2.4 Die Jagd in Todzha heute ... 265
3. Die Rechte der Tozhu und die Bedrohung ihres Landes ... 272
   3.1 Der rechtliche Rahmen der indigenen Völker in der Russischen Föderation ... 272
   3.2. Zur Registrierung der „Tuvinczy-Todzhinczy" als KMN ... 285
   3.3 Die Bedrohung der Taiga ... 286
4. Zusammenfassung ... 289

VII. DIE DUKHA HEUTE ... 293

1. Rentierhaltung und Jagd in Nordwest-Khövsgöl ... 294
   1.1 Probleme und Entwicklung der Rentierhaltung im neuen Jahrtausend ... 294
   1.2 „Saving the Reindeer People": Entwicklungshilfe und ihre Folgen ... 296
   1.3 Die Jagd unter den Bedingungen des Naturschutzes ... 311
   1.4 Leben im Nationalpark ... 327
   1.5 Die Dukha und die „Waffen der Schwachen" ... 339
2. Adaptionen im täglichen Kampf um die Existenz ... 343
   2.1 Einleitung ... 343
   2.2 Adaptionen der nomadischen Praxis ... 343
   2.3 Neue Wirtschaftsformen und das System der Praxis ... 360
   2.4 Die Adaption „der Anderen" ... 381

VIII. SYSTEME DER PRAXIS, WANDEL, ADAPTION UND VERWUNDBARKEIT BEI DEN DUKHA UND DEN TOZHU: ZUSAMMENFASSENDER VERGLEICH UND SCHLUSSBETRACHTUNG ... 385

1. Vergleichende Zusammenfassung ... 385
   1.1 Von einem zu zwei Systemen der Praxis? ... 385
   1.2 Wandel und Adaption bei den Dukha und den Tozhu ... 386
   1.3 Wandel, Adaption und Systemdynamik im System der Praxis ... 393
   1.4 Verwundbarkeitskontext: Weitere Bedrohungspotentiale ... 401
2. Fazit und Ausblick ... 404

VERZEICHNISSE 409

Literaturverzeichnis 409
Quellenangaben Geodaten 438
Personen, zitiert unter „persönliche Kommunikation" 438
Abbildungsverzeichnis 440
Kartenverzeichnis 442
Tabellenverzeichnis 443
Verzeichnis der Textboxen 443

ANHANG 445

Transliteration: Grundsätzliches 445
Transliteration und Besonderheiten mongolischer Begriffe und Namen. 445
Transliteration und Besonderheiten russischer Begriffe und Namen 449
Transliteration und Besonderheiten tuwinischer Begriffe und Namen.... 451
Chinesisch und mandschurisch 452

GLOSSAR

aal	TUW	Nomadische Nachbarschaftsgemeinschaft (Tuwa)
agsan	MON	Wahnhafte, betrunkene Rage
aimag	MON	Territoriale Verwaltungseinheit in der Mongolei: Entspricht einer Provinz
alajy-ög	TUW	Spitzzelt der Rentierhalter-Jäger
amban noyon	TUW	Höchster Rang im kolonialen Tannu-Uriankhai, steht über den ukherida
Bayan Khangai	MON	[wörtl.: „Reicher Wald"] Religiös verehrtes Weltenkollektiv
cher eezi, cher eeleri	TUW	Herrengeist (wörtl.: „Platzherr")
Chiang-chün	CHIN	Militärgouverneur in der Westmongolei während der Mandschu-Periode
deed	MON	Oben, oberes etc. Gebrauch in Toponymen (z.B. „Deed Sailag")
dood	MON	Unten, unteres etc. Gebrauch in Toponymen (z.B. „Dood Sailag")
eeren	TUW	Rituelle Stoffbündel, Heimstatt der Geister eines Haushalts
ger	MON	Jurte (Behausung der Steppennomaden)
ger kharuul	MON	Jurtenposten (Grenzwachen während der Mandschu-Periode)
gol	MON	Fluss
ivici, iviciler	TUW	Rentierhalter
khaan	MON	König, Herrscher (im Deutschen bei bestimmten Eigennamen „Khan")
khem	TUW	Fluss
khoshuu	MON	Territoriale Verwaltungseinheit in der Mongolei – wie Fürstentum oder Grafschaft (seit dem Sozialismus abgeschafft)
khot-ail	MON	Nomadische Nachbarschaftsgemeinschaft (Mongolei)
khyazgaar	MON	Grenzgebiet
kozhuun	RUS/TUW	Territoriale Verwaltungseinheit in Tuwa. Entspricht heute dem *Rayon* (s.u.) der übrigen RF. Vor der sozialistischen Revolution wie mongolischer khoshuu (s.o.)
negdel	MON	Landwirtschaftliches Kollektiv in der sozialistischen Mongolei
ninja	MON	Umgangssprachliche aber verbreitetste Bezeichnung für informelle Bergleute/Goldsucher.
Oblast	RUS	Territoriale Verwaltungseinheit in Russland („Gebiet")
obshhina, obshhiny	RUS	Zusammenschlüsse/Kooperativen der Indigenen (KMN) in der RF
Okrug	RUS	Territoriale Verwaltungseinheit in Russland („Kreis")
olenevod, olenevody	RUS	Rentierhalter
ongod	MON	Siehe: eeren
Qing	MAN/CHIN	Mandschu
Rayon	RUS	Territoriale Verwaltungseinheit in Russland („Bezirk")
shavi	MON	Leibeigene des buddhistischen Klerus

sum	MON	Territoriale Verwaltungseinheit in der Mongolei: Wie Landkreis, aber nur mit einer größeren Siedlung („Sumzentrum") als Verwaltungszentrum.
Tannu-Uriankhai	TUW/MON	Name Tuwas während der Kolonialzeit
tayozhnik, tayozhniky	RUS	Taigabewohner
Tsaatan	MON	Rentierhalter (mong. exogenes Ethnonym für Dukha)
tundrovik, tundroviky	RUS	Tundrabewohner
ukherida	TUW	Bannerprinz (Vorstand eines tuwinischen kozhuuns während der Kolonialzeit
Uriankhai	MON/MAN	Wörtl.: Ureinwohner; Grenzgebiete im Altai und in Tuwa
Uriankhaiskij Kraj	RUS	Name Tuwas nach der Okkupation durch das Russische Reich 1914
uul	MON	Berg

ABKÜRZUNGEN

ALAGAC	Administration of Land Affairs, Geodesy and Cartography
AO	Autonomer Okrug (Kreis)
ASSR	Autonome Sozialistische Sowjetrepublik
BT	Battulgyn Tudevvaanchig (Tudevvaanchig Battulga)
CBNRM	Community based natural reosurce management (D: Gemeindeorientiertes Management natürlicher Ressourcen)
CDR	Center for Development Research
CHIN	Chinesisch
D	Deutsch
DTsG	Streng geschütztes [Naturschutz-]Gebiet (MON: *Darkhan tsaazat gazar*)
E	Englisch
EZMNS	Erkh züin medeelliin negdsen sistem (D: Einheitliches Gesetzesinformationssystem)
FAO	Food and Agriculture Organization of the United Nations
GEF	Global Environment Facility (Weltbank)
GIZ (GTZ)	Deutsche Gesellschaft für Internationale Zusammenarbeit (früher: Deutsche Gesellschaft für Technische Zusammenarbeit)
GUP	Gemeindeeigenes Kollektivunternehmen (RUS: *Gosudarstvennoe Unitarnoe Predpriyatie*)
ICRH	International Centre for Reindeer Husbandry
ILO	International Labour Organization
IWGIA	International Working Group for Indigenous Affairs
JE	Jürg Endres
KMN	Indigene, zahlenmäßig kleine Völker (RUS: *korennye, malochislennye narody*). Auch: **KMNRF** Indigene, zahlenmäßig kleine Völker der RF bzw. **KMNSS i DV**: Indigene, zahlenmäßig kleine Völker des Nordens, Sibiriens und des Fernen Ostens (*Korennye malochislennye narody Severa, Sibiri i Dal'nego Vostoka*).
LPKh	Privater Nebenerwerbsbetrieb (RUS: *Lichnoe Podsobnoe Khozyajstvo*)
MAN	Mandschu

MCDS	Mongolian Center for Development Studies
MERT	Ministerstva Ekonomiki Respubliki Tyva (D: Wirtschaftsministerium der Republik Tuwa)
MNT	Mongolischer Tugrik /Tögrög
MON	Mongolisch
MUP	Staatliches Kolletivunternehmen (RUS: *Municzipal'noe Unitarnoe Predpriyatie*)
MUÜSKh/ NSOM	Mongol Ulsyn Ündesnii Statistikiin Khoroo / National Statistics Office Mongolia
MVR	Mongolische Volksrepublik
NP	Nationalpark
NRO	Nichtregierungsorganisation(en)
NZNI	New Zealand Nature Institute
O	[nachgestellt nach Toponym, z.B. „Irkutskaya O"] Oblast (Gebiet)
RAIPON	Russian Association of Indigenous Peoples of the North
RF	Russische Föderation
RSFSR	Russische Sozialistische Föderative Sowjetrepublik
RUR	Russischer Rubel
RUS	Russisch
SCBD	Secretariat of the Convention on Biological Diversity
SDC	Swiss Agency for Development and Cooperation
SH	Susanne Högemann
SÖS	Sozial-ökologisches System
SPK	Landwirtschaftliche Produktionsgenossenschaft (RUS: *Sel'skokhozyajstvennyj Proizvodstvennyj Kooperativ*)
TAO	Tuwinischer Autonomer Oblast
TCVC	Tsaatan Community and Visitors Center
TTP	Territorium zur traditionellen Naturnutzung (RUS: *Territoriya Tradiczionnogo Prirodopol'sovaniya*)
TUW	Tuwinisch
TVR	Tuwinische Volksrepublik (TUW: *Tyva Arat Respublika* (TAR))
UAZ	*Ul'yanovskij Avtomobil'nyi Zavod* [Markenname] (D: Autofabrik Ul'yanowsk)
UdSSR	Union der Sozialistischen Sowjetrepubliken
UK	Uriankhaiskij Kraj
UN	United Nations
UNDP	United Nations Development Programme
UNDRIP	United Nations Declaration on the Rights of Indigenous Peoples
UNEP	United Nations Environment Programme
USAID	United States Agency International Development
USD	US-Dollar
USGS	US Geological Survey
WRH	Association of World Reindeer Herders
WWF	World Wide Fund for Nature

VORWORT UND DANKSAGUNG

Dieses Buch basiert auf meiner Dissertation „*Die Rentierhalter-Jäger des Südlichen Ostsajangebirges: Praxis, Wandel und Adaption bei den Dukha und den Tozhu im mongolisch-russischen Grenzraum*", die ich im Juli 2014 an der Bibliothek der Freien Universität Berlin veröffentlicht habe. Für die Beratung und Unterstützung bei der Bearbeitung von Text, Aufbau und Layout möchte ich mich herzlich bei Frau Susanne Henkel und Frau Sarah-Vanessa Schäfer vom Franz Steiner Verlag bedanken.

Die Arbeit an meiner Dissertation zwischen Oktober 2009 und Mai 2014 wäre nicht möglich gewesen ohne die tatkräftige, großzügige und geduldige Unterstützung von vielen Menschen in verschiedenen Teilen dieser Welt. Zuallererst sei hier mein Dank ausgesprochen an meinen Betreuer und Doktorvater, Prof. Dr. Jörg Janzen – für sein Vertrauen in mich, seine unermüdliche Unterstützung und sein immer reges und leidenschaftliches Interesse gepaart mit wissenschaftlichem Scharfsinn, Humor und Optimismus. Ebenso möchte ich mich bei meinen Gutachtern Prof. Dr. Dörte Segebart (FU Berlin) und Prof. Dr. Joachim Otto Habeck (Universität Hamburg) für ihr großes Interesse und ihre Zeit bedanken.

In der Mongolei waren es vor allem meine Freunde Tudevvaanchig, Ganbat & Pürvee, Borkhüü & Bayraa, Bayanmönkh & Tseren, Ulzan & Zaya und viele Menschen im Tsagaannuur sum, die mich stets mit offenen Armen empfangen haben, an ihrem Leben teilnehmen ließen, mir Gesellschaft leisteten und mir in vielen Situationen und bei der geduldigen Beantwortung unzähliger Fragen geholfen haben. Ebenso gilt mein Dank meinem Freund Üürtsaikh und seinen Eltern, die mich mehrfach in Ulaanbaatar beherbergt und bewirtet und mir mit vielen kleinen und großen Dingen geholfen haben. Dasselbe gilt für Türüü und Chimgee in Mörön und all die vielen Leute in der Mongolei, die mich eingeladen, unterstützt und ein Stück des Weges begleitet haben: Insbesondere waren dies Prof. Dr. Bazargur und Prof.Dr. Chinbat von der National University of Mongolia (MUIS), Prof. Enkhtüvshin vom International Institute for the Study of Nomadic Civilizations an der Mongolischen Akademie der Wissenschaften, Mendee und Ninjin vom Centre for Development Research (CDR) an der MUIS sowie Frau Morgan Keay und die Itgel Foundation und Lkhamaa und Chimgee von People Centered Conservation in Ulaanbaatar.

In Tuwa waren es vor allem Evgenij Mongush, Dr. Brian Donahoe, Dr. Marina Mongush, Prof. Dr. Svetlana Biche-Ool, Alexej Mongush und Gunsema Chimitdorzhieva, ohne deren organisatorische Hilfe und Gastfreundschaft es ungleich schwieriger gewesen wäre, unter den gegebenen Bedingungen nach Todzha zu gehen, wo ich in der Taiga von Rashaan, Albert, Andrej und Viktor herzlich aufgenommen wurde. Auch Ayaz, Sayan und Eduard gilt mein Dank für ihre Begleitung, genauso wie Prof. Dr. Dmitrij Funk und Dr. Natalia Novikova vom Institut für Ethnologie und Anthropologie der Russischen Akademie der Wissenschaften in Moskau.

Außerdem geht mein Dank an Prof. Dr. David Anderson, Prof. Dr. Tim Ingold und Alex Oehler vom Department of Anthropology der Universität Aberdeen, die mich ebenso eingeladen und bewirtet, mir interessiert zugehört und mein Denken und Schreiben mit ihren Anmerkungen beeinflusst haben. Ferner möchte ich mich bei Dr. Todoriko Masahiko bedanken, der mir vom fernen Japan aus immer wieder mit Auskünften und Ratschlägen geholfen hat.

Zuhause in Deutschland habe ich viel Unterstützung erhalten von meinen Freunden und Kollegen Zoritsa, Ankhaa, Baskaa, Julia, Clive, Max, Till, Gerhard, Simon, Anne, Luigi, Angélique und Enrico, die alle auf ihre Weise zum Gelingen dieses Projektes beigetragen haben.

Zu guter Letzt möchte ich mich bei meiner Familie bedanken: Bei meinen Eltern, bei Barbara, Christa, Bernd, Hans, Anne und all meinen Verwandten, auf deren Unterstützung ich immer zählen konnte. Mein ganz besonderer Dank gilt meiner Frau Susanne, deren Unterstützung, Verständnis und Geduld in den letzten Jahren schier grenzenlos war, die mich immer wieder ermutigt hat, weiter zu machen und die schönsten der hier abgebildeten Fotos geschossen hat. Dir, liebe Suse, und unseren Kindern Moritz und Lisa, widme ich dieses Buch. Vielen Dank für alles.

I. EINLEITUNG

1. DIE RENTIERHALTER-JÄGER DES OSTSAJANGEBIRGES

1.1 Zwei Welten an den Quellen des Jenisseis

Sommercamp Deed Sailag, Tsagaannuur sum, Khövsgöl aimag (Mongolei)

Überall im Camp herrscht geschäftiges Treiben. Zelte werden abgebaut, Küchenutensilien, Schlafmatten und andere persönliche Gegenstände verpackt und auf bereit stehende, geduldige Rentiere und Pferde geladen. Kinder laufen vergnügt und aufgeregt im Camp herum und fangen weniger kooperative Rentiere ein. Hunde bellen. Männer und Frauen verschnüren große Bündel und kontrollieren die Balance der Packsäcke auf den Transporttieren. Es ist der 15. August 2008 und es ist kühl und windig. Bereits vor zwei Nächten hat es mehrere extrem heftige Gewitter mit Hagelschauern gegeben, seither sind die Temperaturen, hier oben auf 2.400 Metern Höhe, immer weiter gefallen. Nach einem heißen Sommer kündigt sich nun der erste Schnee an. Einige Familien haben das Sommerlager bereits verlassen und sind in die tieferen Lagen gezogen. Andere lassen sich noch etwas Zeit. Bei Sindelee deutet bislang noch nichts auf Eile hin. Ihr Mann, Gombo, befindet sich derzeit in Tsagaannuur, dem kleinen Zentrum des nördlichsten Landkreises (MON: *sum*) der Mongolei, wo die Rentierleute periodisch ihre Vorräte einkaufen und wo das Paar seit einer Weile schon die langen und kalten Winter verbringt. Dort kümmert er sich gerade, gemeinsam mit ein paar anderen Männern darum, rund achtzig Ziegen von einem staatlichen Hilfsprojekt entgegenzunehmen und vom Sumzentrum in den kleinen Weiler Khugrug, am Rande der Taiga, zu bringen, wo die Tiere bei befreundeten Steppenviehhaltern bleiben werden.

Solange Gombo nicht zurück ist, wird Sindelee nicht hinunter ins Herbstcamp ziehen. Sie sitzt an ihrem Ofen, schenkt heißen Rentiermilchtee ein, reicht in Fett gebackene Bortsig-Kekse und beantwortet geduldig und ausführlich etliche Fragen. Sie wurde hier, in der sogenannten Osttaiga geboren – im Jahr 1949, in einem Camp nahe des Flusses Tengis gol. Aber schon 1951 wurde sie, in Abwesenheit des Vaters, gemeinsam mit ihren sieben Geschwistern und ihrer Mutter von Soldaten gezwungen, über die Grenze, ins sowjetische Todzha zu ziehen, um dort der Kolchose Pervoe Maya (D: *Erster Mai*) beizutreten. Nach einem sorgenvollen Jahr in Todzha aber fasste die Mutter einen schweren Entschluss: Über Nacht schloss sie sich, gemeinsam mit sieben ihrer Kinder, einem klandestinen Flüchtlingstreck in Richtung Mongolei an, in der Hoffnung dort wieder ihren Mann anzutreffen. Dabei musste sie ihre älteste Tochter, die sich zu diesem Zeitpunkt in der Internatsschule im Kolchosenzentrum Ij befand, zurücklassen. Sindelee hat ihre Schwester, die bis heute im todzhanischen Kozhuunzentrum Toora-Khem lebt, nie wiedergesehen. Ihre Familie erhielt die mongolische Staatsbürgerschaft im Jahr 1955. Kurz darauf schloss sich die Grenze. Sie wuchs abwechselnd in der Taiga und in Khugrug auf und wurde Rentierhirtin in der Taigabrigade der *Staatlichen Jagdfarm* in Tsagaannuur. Kurz vor dem Ende des Sozialismus verließ sie die Taiga und wurde für ein paar Jahre Arbeiterin in der Fischerei am *Weißen See* (MON: *Tsagaan nuur*), nach dem die gleichnamige Siedlung an seinem Ufer, die 1985 zur Kreisstadt erhoben wurde, benannt ist. Als dieser Betrieb aber im Jahr 1990 geschlossen wurde und in den folgenden Jahren die komplette Infrastruktur im entlegenen, nördlichsten Winkel des Landes zusammenbrach, ging sie, gemeinsam mit ihrem Mann, ihren Kindern und ein paar Rentieren der sich auflösenden Staatsfarm, zurück in die Taiga.

Bii-Khem, Ögüden Taiga, Todzhinskij Kozhuun, Republik Tuwa (Russland)

Der Wald ist erstarrt im eisernen Griff des Frosts. Es ist eine eiskalte, sternenklare und dennoch tiefschwarze Nacht am Mittellauf des meterdick zugefrorenen Bii-Khems am 19. Februar 2012. Hundegebell kündigt an, dass die kleine Gruppe, bestehend aus drei Tozhu und einem deutschen Feldforscher, nach einer abenteuerlichen Fahrt auf dem „Buran" (D: *Schneesturm*) Schneemobil und einem anschließenden, einstündigen Marsch durch dichte, tief verschneite Taiga, endlich das einsame und abgelegene Blockhaus von Viktor Sambuu, der hier gemeinsam mit seinem Bruder, seinem erwachsenen Stiefsohn und dreißig Rentieren die Wintermonate verbringt, fast erreicht hat. An Bart und Wimpern hängen dicke Eisklumpen, das Stapfen durch den tiefen Schnee fällt schwer – wozu sicherlich auch die zwei Flaschen Wodka, die in den letzten zwei Stunden konsumiert wurden, einen nicht unerheblichen Teil beitragen.

Die Luft im Inneren der niedrigen und dunklen, nur vom schwachen, bläulichen Licht eines batteriebetriebenen Lämpchens beleuchteten Blockhütte ist heiß, rauchgefüllt und stickig. Wortlos teilt Viktors Bruder den unerwarteten, späten Gästen Nudelsuppe aus. Im Hintergrund rauscht und kratzt ein Radio, das keinen Sender findet, während die Männer, offenbar gänzlich ungestört davon, in einem alten, nierenförmigen Soldatengeschirr „chefir" kochen – ein extrem starkes und bitteres Konzentrat aus Schwarztee, das sowohl Kälte als auch Müdigkeit vertreibt. Seit 1993, beginnt Viktor unterdessen zu erzählen, lebt er praktisch ununterbrochen in der Taiga, wo er Elche, Rehe, Maral-Hirsche und Wildrene zur Fleischversorgung jagt – und natürlich Zobel und Eichhörnchen, wegen der wertvollen Felle. Das Dorf besucht er höchstens für sieben Tage im Jahr, um dort seine Felle zu verkaufen und vom Erlös neue Vorräte zu besorgen. Ansonsten leben die Männer weitestgehend in ihrem eigenen Kosmos. Seit dem Tod von Viktors Frau, die als eine von ganz wenigen Frauen in Todzha nach der Auflösung der Sowchose zusammen mit ihren Kindern und ihrem Mann in die Taiga gezogen war, leben sie hier draußen, wie alle tayozhniky (D: *Taigabewohner*) in der Gegend, die meiste Zeit des Jahres für sich alleine. Viktors Stiefsohn Eduard, der als junger Mann seinen Armeedienst während des Krieges in Tschetschenien ableisten musste, fügt hinzu, dass es vor allem wegen der Einsamkeit, der fehlenden Gesundheitsversorgung, den Wölfen und den Bären sei, warum sich heute nur noch so Wenige – und schon gar keine Frauen – für dieses Leben hier draußen, weit entfernt von der nächsten festen Siedlung mit all ihren Annehmlichkeiten interessieren. Sechs bis sieben Mal im Jahr ziehen die Männer um. Dabei nomadisieren sie im Sommer bis in die entlegenen Berge an den Quellen des Bii-Khems, unweit der mongolischen Grenze. Dort aber endet ihre Welt abrupt. Niemand hat Kontakt zu den Rentierhalter-Jägern jenseits der Grenze, in Nordwest-Khövsgöl in der Mongolei.

1.2 Schicksal und Entwicklung der Rentierhalter-Jäger des Ostsajangebirges

Die beiden oben aufgeführten Beispiele stammen aus der heutigen Lebenswelt der Taigabevölkerung der tuwinischen Dukha und Tozhu (bzw. *Tozhu-Tyva*): Zwei verwandte Gruppen von Rentierhaltern und Jägern, die seit der Mitte der 1950er Jahre durch die durch ihre Heimat verlaufende russisch-mongolische Staatsgrenze getrennt werden. Diese Heimat ist der Süden des sibirischen Ostsajangebirges (auch: „*Östliches Sajangebirge*" (RUS: *Vostochnyj Sayan*, MON: *Züün Soion*)), das, gemeinsam mit den *Khoridol Saridag* Bergen im Osten und der *Ulaan Taiga* im Süden, das Quellgebiet des Jenisseis einschließt. Die Menschen, die nomadisch an den teils dicht bewaldeten Berghängen dieser Region leben, halten seit Jahrhunderten – möglicherweise sogar seit rund zweieinhalbtausend Jahren – kleine Herden von Rentieren, die sie zum Melken, aber auch zum Transport für die Jagd auf die Tiere ihrer Taiga nutzen. Das Ostsajangebirge gilt damit als eine der Schlüsselregionen der südsibirischen Taiga-Rentierhaltung, wenn nicht sogar als die Wiege der Rentierhaltung überhaupt.

Wie ihre gemeinsamen Vorfahren, leben Teile der Dukha und der Tozhu heute noch immer von der Rentierhaltung und Jagd in den schroffen Bergen und schwer zugänglichen Wäldern der Taiga ihrer Heimat an den Quellen des Jenisseis. Noch immer sprechen sie dieselbe Sprache, *Tuwinisch*, und nur etwa 80 Kilometer Luftlinie – weit weniger als die Entfernung bis zur nächstgelegenen festen Siedlung auf russischem Boden – trennen die nomadisierenden Rentierhalter-Jäger in ihren jeweiligen Sommerlagern voneinander. Und doch liegen Welten zwischen den beiden eng miteinander verwandten Gruppen, deren Eltern und Großeltern noch bis vor rund sechzig Jahren mehr oder weniger frei und teilweise sogar gemeinsam im gesamten Grenzgebiet zwischen den Quellen des Delger gols im Süden und des Belim gols (TUW: *Bilim-Khem*) im Norden umherzogen, jagten und ihre Rentiere weideten (vgl.: Prokof'eva 1954: 39).

Die Dukha

Die rund 200 nomadisch lebenden Dukha, deren heutige Heimat auf die Bergwälder im äußersten Nordwesten der mongolischen Provinz (MON: *aimag*) Khövsgöl – im Folgenden: „*Nordwest-Khövsgöl*" – beschränkt ist, leben in zwei Lokalgruppen, räumlich getrennt durch den Fluss Shishged (auch: *Shishgid*) gol, dem Oberlauf des südlichen der beiden großen Zuflüsse des Jenisseis, die sich im tuwinischen Kyzyl, dem exakten geografischen Mittelpunkt Asiens, vereinigen. Das Territorium der südlich des Shishgeds lebenden Dukha wird – in etwas verwirrender Weise – von den Einheimischen als „Westtaiga" (MON: *Baruun taiga*) bezeichnet, während das Gebiet der nördlich des Flusses nomadisierenden Gruppe „Osttaiga" (MON: *Züün taiga*) genannt wird. Die Bewohner beider Taigas – im Folgenden bezeichnet als „*Westtaiga-*" oder „*Osttaiga-Dukha*" – sind seit 1985 in einem gemeinsamen Verwaltungsbezirk, dem Tsagaannuur sum vereint, stehen in engem sozialen Kontakt und Austausch miteinander und verstehen sich als Angehörige derselben ethnischen Gruppe – obwohl sie sich aus Clans mit sehr verschiedenen historischen Wurzeln zusammensetzen:

Aus dem Material des russischen Ethnologen Boris O. Dolgikh (1960: 263, 272f) geht hervor, dass eine enge verwandtschaftliche Verbindung zwischen den heutigen Osttaiga-Dukha und den unweit der Grenze lebenden „Oka"- bzw. „Tunkinsker Sojoten" in Burjatien, einer weiteren Gruppe von (ehemaligen) Rentierhalter-Jägern des Ostsajangebirges (s.u.), besteht: Offenbar lebten im 17. Jahrhundert im Bergland nördlich des Khövsgöl-Sees Rentierhalter-Jäger, die von den Russen als „Kajsoty" bezeichnet wurden und sowohl aus türkischen als auch samojedischen Clans bestanden. Im Laufe der Zeit jedoch spalteten sich diese Clans auf in die Vorfahren der heute in den Tunkinsker Bergen und an den Quellen der Oka lebenden Sojoten (siehe Karte 4) und eine Gruppe, die an den benachbarten Südhängen des Ostsajangebirges, nordwestlich des Khövsgöl-Sees, in der heutigen Osttaiga ihre Heimat fand (ibid.; Donahoe 2004: 93–96). Es kann als sehr wahrscheinlich gelten, dass dieser Trennungsprozess durch die Kolonisierung und Aufspaltung der Region im Zuge der Grenzziehung zwischen Russland und China ausgelöst wurde (siehe Kapitel III).

Die Lokalgruppe der heutigen Westtaiga-Dukha rekrutiert sich hingegen vornehmlich aus den Nachkommen von tuwinischen Rentierhalter-Jägern aus dem Grenzgebiet der mongolischen Ulaan Taiga und der südosttuwinischen Tere-Khöl-Region, die in den 1950er Jahren ihre Weidegebiete westlich der Grenze aufgaben, um der Kollektivierung in der Sowjetunion zu entgehen. Seit dieser Zeit unterbindet die Grenze praktisch jeden Kontakt zwischen den Dukha und ihren Verwandten auf russischem Staatsgebiet.

Die Dukha sind in der Mongolei vor allem unter ihrem mongolischen Namen „Tsaatan" bekannt. Hierbei handelt es sich aber um ein exogenes Ethnonym, das nichts weiter als „*Rentierhalter*" bedeutet. Die meisten Rentierhalter-Jäger Nordwest-Khövsgöls bevorzugen jedoch ihre Eigenbezeichnung „Dukha", die laut Diószegi (1961: 200) eine dialektale Variante des Ethnonyms „*Tyva*" (Tuwa) ist.

Die Tozhu

Die Tozhu (bzw. *Tozhu-Tyva*) sind eine wesentlich größere Gruppe (siehe FN 2) als die Dukha. Sie werden normalerweise als die indigenen Bewohner des *Todzhinskij Rayon*s (bzw. „Todzha") im äußersten Nordosten der heute russischen Republik Tuwa wahrgenommen. Tatsächlich aber ist diese sich ebenfalls aus verschiedensten Clans zusammensetzende Gruppe nicht klar von der autochthonen Bevölkerung des übrigen Teils des bewaldeten und bergigen Ostens Tuwas, insbesondere im *Kaa-Khemskij Kozhuun* und dem an die Mongolei angrenzenden Osten des *Tere-Khol'skij Kozhuun*s zu trennen (vgl.: Vainshtein [1972] 1980: 46; 1961: 33). Sinnvoller erscheint in diesem Zusammenhang der Versuch, diese gesamte Gruppe der Bewohner der großen osttuwinischen Taiga anhand ihrer Lebensweise als Rentierhalter-Jäger, von den übrigen Tuwinern der Steppen im Zentrum und Westen des Landes abzugrenzen: So hat z.B. der russische Ethnologe Sevyan Vainshtein ([1972] 1980: 49) alle Taigabewohner des Ostsajangebirges, in Anlehnung an Levin & Cheboksarov (1955: 4), als distinkten „*ökonomisch-kulturellen Typ*"[1] der „Jäger und Rentierzüchter der sibirischen Taiga des Subtyps ‚*Sajan Hochland Taiga*'" zusammengefasst.

Auf russischer Seite der Grenze leben heute fast alle der Angehörigen dieser in Tuwa offiziell als „*Tuvinczy-Todzhinczy*" bezeichneten Rentierhalter-Jäger sesshaft in verschiedenen Siedlungen im gesamten Osten Tuwas.[2] Trotz der Abwesenheit von genauen Zahlen kann, selbst extrem vorsichtig geschätzt, davon ausgegangen werden, dass die Gesamtzahl der heute noch in der riesigen osttuwinischen Taiga nomadisierenden Rentierhalter-Jäger bei weit unter 100 Personen liegen muss. Allein im großen Todzhinskij Rayon, mit rund 77% des Gesamtrentierbestandes der Republik Tuwa die Hochburg der osttuwinischen Rentierhaltung, leben nur noch 37 Personen als Rentierhalter (RUS: *olenevod*) dauerhaft in der Taiga – nach übereinstimmender Auskunft aller befragter Tozhu *ausschließlich Männer* (vgl.: Pravitel'stvo Respubliki Tyva 2012).

---

1   Ein ökonomisch-kultureller Typ, nach Levin und Cheboksarov, umfasst einen „(...) historisch gereiften Komplex wirtschaftlicher und kultureller Besonderheiten, die charakteristisch für Völker sind, die unter bestimmten natürlich-geografischen Bedingungen, auf einem bestimmten Niveau der sozial-ökonomischen Entwicklung leben" (Levin & Cheboksarov 1955: 4, übers. v. JE). Die Grundidee dieser Kategorisierung weist Parallelen auf zum culture area-Konzept der Kulturökologie (vgl.: Steward 1955) oder zu Vidal de la Blaches humangeografischen „genres de vie" (1922) bzw. Bobeks „Lebensformgruppen", die er als „gleichzeitig handelnde Menschen [die sich] zu bestimmten, konkreten, historisch und regional begrenzten größeren Komplexen" zusammenfügen, definierte (Bobek 1948: 120; siehe auch: Werlen 1997: 315; Janzen 1980: 54).

2   Hier sollte bemerkt werden, dass im jüngsten gesamtrussischen Zensus von 2010 (Vserossijskaya Perepis' Naseleniya 2010b) die Bewohner der Tere-Khöl-Region nicht mehr zu den „Tuvinczy-Todzhinczy" gezählt wurden, weshalb sich deren offizielle Zahl von 4.345 im Jahr 2002 auf nur noch 1.856 im Jahr 2010 reduziert hat (vgl.: PlusInform.ru 2012).

Die Nordseite des Ostsajangebirges

Neben den Todzhu gibt es zwei weitere ethnisch tuwinische Gruppen von Rentierhalter-Jägern, die die Nordhänge der russischen Ostsajanregion bewohnen: Die Tofa und die bereits oben erwähnten Sojoten. Ferner lebten am fernen Nordrand des Gebirges bis etwa zu Beginn des 20. Jahrhunderts die samojedisch-ketischen Kamasinen (RUS: *Kamasinczy*) bzw. „Kalmazhi" (Tugarinov 1926) oder „Kagmashé" (Castrén 1856: 380)) als Rentierhalter-Jäger. Sie wurden jedoch schon zur Mitte des 19. Jahrhunderts durch Hunger und Krankheiten stark dezimiert, christianisiert und bald darauf praktisch vollständig assimiliert (vgl.: Castrén1856: 381f). Auch die „Oka"- bzw. „Tunkinsker Sojoten" (Dolgikh 1960: 263), die im Folgenden ohne geografische Zusätze zusammenfassend als „Sojoten"[3] bezeichnet werden, haben, auf Geheiß der Sowjetregierung im Jahr 1963, die Rentierhaltung aufgegeben. Erst seit Anfang der Neunzigerjahre wird hier wieder versucht, eine Rentierherde aufzubauen – mit bislang nur mäßigem Erfolg (siehe: Pavlinskaya 2003; Mongush 2010, 2012). Lediglich bei den Tofa (siehe: Petri 1927, 1927a, 1927b; Donahoe 2004; Mongush 2010, 2012), im schroffen und schwer zugänglichen Norden des Ostsajangebirges, spielt die Rentierhaltung heute, neben der nach wie vor wichtigen Jagd, eine gewisse Rolle. All diese nördlichen Gruppen waren, im Gegensatz zu den Tozhu und den Dukha im südlichen Ostsajangebirge, über wesentlich längere Zeit (seit dem 17. Jh.) unter direkter russischer Kontrolle, wodurch ihre weitere Entwicklung extrem ungünstig beeinflusst wurde (vgl.: Donahoe 2004; Sergeyev [1956] 1964; Forsyth 1992: 224f, 302f). Die heute offenbar vollständig assimilierten Kamasinen werden im weiteren Verlauf überhaupt nicht, und die Tofa und Sojoten – bei denen keine Feldforschung betrieben wurde – nur am Rande behandelt.

Rentierhaltung und Jagd – eine aussterbende Praxis?

Nach dem Ende der sozialistischen Mongolischen Volksrepublik (1990) und der Sowjetunion (1992) und der damit einhergehenden Öffnung des Ostsajanraumes für ausländische Journalisten, Reisende und Forscher, drangen aus den entlegenen Taigagebieten beidseits der Grenze immer wieder Berichte über sehr Besorgnis erregende Entwicklungen an die Öffentlichkeit: Angesichts massiv schwindender Rentierzahlen und einer offenbar katastrophalen ökonomischen und sozialen Situation in den von der Welt vergessenen Siedlungen und Taigacamps schien das Ende der Praxis der Rentierhaltung im Ostsajanraum – und damit verbunden der Dukha und der Tozhu sowie der hier nur am Rande behandelten Tofa und Sojoten – absehbar (siehe z.B.: Jernsletten & Klokov 2002; Solnoi, Tsogtsaikhan & Plum-

---

3 In einem weiteren geografischen Kontext waren „*Soyot*", bzw., russisch, „*Sojoty*" über lange Zeit hinweg gebräuchliche exogene Ethnonyme für die *gesamte* tuwinische Bevölkerung des Raumes zwischen den Gebirgszügen des West- und des Ostsajans, welche auf mongolisch bis heute als „*soion*" bezeichnet werden.

ley 2003; Donahoe 2003; Pavlinskaya 2003). Besonders in der Mongolei setzte daraufhin eine Welle von Hilfsprojekten ein, die die drohende Katastrophe abwenden sollte. Offenbar zunächst mit Erfolg: Die Rentierzahlen in Nordwest-Khövsgöl stabilisierten sich nicht nur, sie stiegen sogar wieder deutlich an. Auch im Osten Tuwas haben sich, laut offiziellen Zahlen, die Rentierherden nach der Einführung von Subventionszahlungen offenbar zumindest auf einem niedrigen Niveau stabilisiert. Und dennoch scheint es, als wäre die Lage in den Taigacamps beidseits der Grenze insgesamt noch lange nicht stabil. In Osttuwa haben die Männer der Taiga insbesondere ein schweres Erbe aus ihrer sozialistischen Vergangenheit zu tragen: Mit der erzwungenen Umformung ihres *„Nomadismus als Lebensweise"* zum sowjetischen Einheitsmodell des *„Produktionsnomadismus"* sind große Teile der indigenen Bevölkerung, insbesondere die Frauen, vom Taigaleben entfremdet worden. Die Dukha wiederum, denen dieses Schicksal erspart blieb, beneiden dafür die Tozhu aus der Distanz heraus oft um ihre wirtschaftlich scheinbar bessere Stellung. Sie selbst leben in einer in vielerlei Hinsicht nach wie vor als prekär empfundenen Situation, in der z.B. einerseits ein wichtiger Bestandteil ihrer Wirtschaft und Lebensweise – *die Jagd* – verboten ist, und sie andererseits immer abhängiger von Hilfsleistungen werden. So sehen viele von ihnen einer Zukunft entgegen, in der das Leben in der Taiga, statt einfacher, immer schwieriger werden wird.

Ist die Lebensweise der nomadischen Rentierhalter-Jäger der südlichen Ostsajanberge damit – wie so oft befürchtet – dem Niedergang geweiht, oder hat sie eine Chance, auch in Zukunft noch eine realistische und attraktive Option für die Menschen der Region zu bleiben? Dieser und anderen, artverwandten Fragen soll in diesem Buch, unter Bezug auf die Geschichte und die gegenwärtige, weitgehend durch äußere Rahmenbedingungen bestimmte Situation der Rentierhalter-Jäger des südlichen Ostsajangebirges nachgegangen werden.

Abb. 2 & 3: *Bei den Dukha im Sommercamp Deed Sailag. 15. August 2008. Fotografin: SH*

Abb. 4 & 5: *Viktor Sambuu und sein Blockhaus am Bii-Khem. 19. Februar 2012. Fotograf: JE*

2. GRUNDFRAGEN UND THEORETISCHER ANSATZ

2.1 Ausgangsinteresse und erste Fragestellungen

Die Arbeit an der diesem Buch zugrunde liegenden Dissertation begann im Oktober 2009 mit dem Vorhaben, über den *Wandel der traditionellen Lebens- und Wirtschaftsweise der Dukha Rentierhalter-Jäger* in der Nordmongolei zu forschen. Vorausgegangen waren zu diesem Zeitpunkt bereits drei Monate Felderfahrung bei den Dukha zwischen August und Oktober 2008 im Rahmen einer Masterarbeit an der TU München zum Thema *Landmanagement und gemeindeorientierter Tourismus*, wodurch bereits der Grundstein für das Verständnis der Situation der Rentierhalter-Jäger Nordwest-Khövsgöls gelegt war. Es wurde zunächst beschlossen, die Untersuchung in drei Ebenen zu gliedern, die im Prinzip sowohl den weiteren Verlauf der Forschung als auch die Grundstruktur der hier vorliegenden Arbeit vorgaben:

- Beschreibung der traditionellen[4] Lebens- und Wirtschaftsweise der Dukha.
- Erfassung der vielschichtigen Faktoren (politisch, sozial, ökonomisch etc.), die auf dieses System[5] einwirken bzw. in der Vergangenheit eingewirkt haben.
- Analyse der hieraus resultierenden Wirkungen und Adaptionsprozesse seitens der Dukha.

Diese Forschungsebenen orientierten sich an den folgenden Grundfragen:

- Wie funktionierte das System der Lebens- und Wirtschaftsweise der Dukha ursprünglich?
- Welche äußeren Einflüsse haben historisch darauf eingewirkt?
- Welche Auswirkungen hatten bzw. haben diese Einflüsse und wie reagieren die betroffenen Rentierhalter-Jäger darauf?[6]

---

4 Dieser Begriff wird im Folgenden (siehe Abschnitt II 2.2.2) kritisch beleuchtet werden. Um den Einstieg jedoch nicht komplizierter zu gestalten als nötig, sei der Begriff „traditionell" vorerst unhinterfragt verwendet.

5 Auch der Systembegriff wird im Folgenden (siehe Abschnitt I 3.2) eingehend diskutiert und verfeinert werden.

6 Bereits an dieser Stelle wird deutlich, dass eine essentielle Grundannahme dieser Arbeit darin besteht, dass lokaler Wandel vor allem im Kontext von größeren soziopolitischen Rahmenbedingungen und Entwicklungen analysiert werden sollte. In dieser Grundannahme orientiert sich die vorliegende Arbeit sowohl an der Maxime der Politischen Ökologie (siehe Abschnitt I 3.3.1) als auch an der vom Berliner Geografen Fred Scholz dargelegten Nomadismustheorie, welche die „Kulturweise" Nomadismus als untrennbar verknüpft mit bestimmten „ökologischen und soziopolitischen Rahmenbedingungen" (1995: 20) versteht und als Hauptgründe für ihren weltweit so regelmäßig zu beobachtenden Niedergang eine Veränderung ebenjener Rahmenbedingungen – meist der soziopolitischen – sieht.

2.2 Weiterentwicklung: Der Blick über die Grenze

Fast zwei Jahre lang wurde an den genannten Fragestellungen gearbeitet: Neben zwei insgesamt fünfmonatigen Aufenthalten in der Mongolei (die meiste Zeit davon bei den Dukha) im Jahr 2010 lag der Fokus in jener Phase vor allem auf dem Sammeln und Ausarbeiten von Texten und Karten zur Geschichte der Region, aus denen vor allem die Kapitel III bis V entstanden. Gerade aber durch diese intensive Beschäftigung mit der Geschichte der Dukha – die untrennbar verbunden ist mit der der Rentierhalter-Jäger in Osttuwa und der Ostsajanregion im Allgemeinen – kam es Herbst 2011 zu einer Entscheidung, die die Weiterentwicklung dieser Arbeit maßgeblich beeinflusste: Es wurde beschlossen, mit einer Feldforschung bei den Tozhu im heute russischen Osttuwa den Fokus dieser bislang allein auf das mongolische Gebiet Nordwest-Khövsgöl und die dort lebenden Dukha ausgerichteten Dissertation signifikant zu erweitern. Die Gründe für den angestrebten Blick über die Grenze lagen auf der Hand: Da es sich bei dieser Arbeit in erster Linie um eine Untersuchung der Auswirkungen von historisch wechselhaften soziopolitischen Rahmenbedingungen auf eine bestimmte Gruppe und ihre Lebensweise als Rentierhalter-Jäger handelt, sollte keinesfalls die sich hier bietende Gelegenheit verpasst werden, zu untersuchen, wie sich deren enge Verwandte auf der anderen Seite der Grenze in den 50 Jahren seit ihrer Trennung unter sehr unterschiedlichen Rahmenbedingungen entwickelt haben. So wurde ab Oktober 2011 ein Feldforschungsaufenthalt in der Region Todzha vorbereitet, welcher im Februar 2012 stattfand. Hierbei war zwar davon auszugehen, dass ein einmaliger, nur knapp einmonatiger Aufenthalt in Tuwa kaum mit acht Monaten (später zehn) Felderfahrung in der Mongolei gleichgesetzt werden kann, weshalb es zunächst auch nicht geplant war, die Gewichtung der Arbeit (im Sinne einer voll ausgebildeten „cross-border study") allzu stark auf den vergleichenden Aspekt zu verlagern. Dennoch entwickelten sich die Dinge in der Folgezeit aber immer mehr – zumindest tendenziell – genau in diese Richtung. Dies war vor allem möglich durch den Umstand, dass trotz einiger fundamentaler und schwerwiegender Veränderungen viel Grundlegendes bei den Tozhu noch immer sehr ähnlich oder gleich war wie bei den Dukha, womit ein zeitintensives, völliges Neu-Einfinden und das Erarbeiten eines Grundverständnisses für die Lebensweise der Rentierhalter-Jäger in Todzha praktisch wegfiel und es stattdessen möglich war, sich voll auf die hiesigen Entwicklungen und die daraus resultierenden Unterschiede zur Situation der Dukha zu konzentrieren. So konnten auch in verhältnismäßig kurzer Zeit sehr viele Erkenntnisse über die Situation in Todzha gewonnen werden, die bei einem einwöchigen Besuch in Moskau im Oktober 2012 mit Experten der Russischen Akademie der Wissenschaften diskutiert und fortentwickelt wurden. Außerdem konnte hier, auf der russischen Seite der Grenze, an die Ergebnisse einiger schon bestehender Forschungsarbeiten – allen voran die umfangreiche, wenn auch mittlerweile schon wieder zehn Jahre alte Dissertationsschrift des amerikanischen Ethnologen Brian Donahoe (2004) – angeknüpft werden, was ebenfalls das Schreiben über die Situation in Todzha vereinfachte.

2.3 Von Wohlergehen zu Verwundbarkeit

Weiterentwicklung der Forschungsfragen

Mit der Beschäftigung mit den unterschiedlichen Lebenssituationen der Dukha und der Tozhu kam es auch zu einer Erweiterung der oben geschilderten, ursprünglichen Forschungsfragen. Ganz besonders rückte hierbei die essentielle, vor allem von Außenstehenden immer wieder gestellte Frage in den Mittelpunkt, welcher der beiden Gruppen es denn nun eigentlich *besser* gehe.

Tatsächlich ist dies – so trivial sie vielleicht auf den ersten Blick klingen mag – auch in einer wissenschaftlichen Arbeit eine berechtigte, und gleichzeitig wahrhaftig nicht einfach zu beantwortende Frage. Auf welcher Basis kann man überhaupt die Situation von zwei Gruppen objektiv vergleichend bewerten? Was bedeutet hier „*besser*" oder „*schlechter*"? Woran knüpft man seine Argumentation an? Ökonomische Aspekte („wohlhabender", „ärmer")? Soziopolitische („freier", „unfreier")? Oder ist die Antwort vielmehr an den Fortbestand der mehr oder weniger „traditionellen" (siehe Diskussion in Abschnitt II 2.2.2) Lebens- und Wirtschaftsweise zu knüpfen? Vor allem im Zusammenhang mit der letzten Frage ist Vorsicht geboten: Ist es überhaupt angemessen, sich von vornherein auf die Kontinuität einer Praxis als Quelle von Glück und Wohlergehen festzulegen? Erhebt man auf diese Weise nicht eventuell lediglich seine eigenen Projektionen zum Navigationspunkt, an dem alle weiteren Untersuchungen ausgerichtet sind?

Hier wird deutlich: Es wäre in der Tat anmaßend, solch essentielle Fragen über die Köpfe der Beschriebenen hinweg zu beantworten. Andererseits ist es aber praktisch unmöglich, hier eine allgemeingültige Antwort für *alle* Bewohner der Taiga des großen, und unter zwei Ländern aufgeteilten Ostsajanraumes zu finden. Auch hier sind die Lebenssituationen und -konzepte nicht homogen – und selbstverständlich gibt es auch hier verschiedenste Charaktere mit vielen unterschiedlichen Meinungen. Dennoch lässt sich unter all diesen Stimmen, nach Ansicht des Verfassers, ein gewisser Grundtenor herauskristallisieren: Der kleinste gemeinsame Nenner, den die meisten Taigabewohner Osttuwas und Nordwest-Khövsgöls teilen, ist die Sorge um den Fortbestand des Lebens in der Taiga, in erster Linie verwirklicht durch die Rentierhaltung und Jagd. Für die meisten Dukha und Tozhu ist dies der zentrale Punkt, der die Menschen hier zu dem macht, was und wer sie sind. So stark ist diese Identifikation, dass selbst viele Dorfbewohner, die heute aus verschiedensten Gründen nicht mehr aktiver Teil der Taigagemeinschaft sind, diesem Punkt entschieden zustimmen (siehe hierzu auch: Donahoe 2004: 134). Man könnte dies kaum besser auf den Punkt bringen als in den Worten des alten Dukha Sanjim: „*Wenn unsere Rentiere sterben, sterben auch wir.*" (zitiert in Keay 2006: 2). Diese Aussage ist – und das ist ein Punkt von fundamentaler Bedeutung – nicht nur *physisch* gemeint. Die Dukha und die in der Taiga verbliebenen Tozhu identifizieren sich heute nach wie vor so stark mit dem Taigaleben, dass die meisten von ihnen ihre *Existenz als Gruppe* als unweigerlich verknüpft mit dem Fortbestand der Praxis der Rentierhaltung und Jagd verstehen. Es ist dieser Umstand, der es nach Ansicht des Verfassers rechtfertigt, in der vorliegenden

Arbeit diesen Aspekt ins Zentrum der Untersuchungen zu rücken. So konnten folgende weiterführenden Fragen formuliert werden:
- Wie ist es um das Taigaleben, manifestiert vor allem durch die Praxis der Rentierhaltung und Jagd in Osttuwa und Nordwest-Khövsgöl (bzw. im Folgenden auch zusammengefasst als das „südliche Ostsajangebirge") heute bestellt?
- Haben diese Formen der Praxis – unter Berücksichtigung der oben formulierten Grundfragen zu Rahmenbedingungen, Wandel und Adaption – hier noch eine Zukunft?
- Unterscheidet sich diese Prognose in Bezug auf die hier untersuchten Gruppen beidseits der russisch-mongolischen Grenze? Und wenn ja – wie?

Hierbei handelt es sich um Fragen, die sich zu einem Großteil auf Wahrscheinlichkeiten bzw. *Zukünftiges* beziehen. Schon allein aufgrund dieser Tatsache sind sie nicht ganz einfach zu beantworten. Gerade Zukünftiges kann man nicht „messen", sondern nur auf der Basis von bisherigen Entwicklungen prognostizieren, was vor allem bei komplexen und nicht lediglich auf Quantitäten beruhenden gesellschaftlichen Fragen letztlich immer auf der *Interpretation* der Gegenwart beruht und zu einem gewissen Grad spekulativ ist.

Eine mögliche Lösung verspricht hier der Verwundbarkeitsansatz. Fragen nach den unterschiedlichen Zukunftsaussichten der beiden untersuchten Gruppen und ihrer Lebensweise lassen sich, negativ umformuliert, auch unter der Frage *„Wer ist verwundbarer?"* subsumieren und untersuchen. Die Verwundbarkeitsforschung ist ein sehr breitgefächertes Feld, das sowohl von den Natur- als auch Sozialwissenschaften und vielen interdisziplinären Schulen bearbeitet wird (siehe Abschnitt I 3.3). Aufgrund der Vielfalt dieser Ansätze existieren allerdings auch verschiedenste Definitionen von Verwundbarkeit. Und so stellt sich auch hier die Frage, aus welchem Blickwinkel sie untersucht werden soll: Klassische Möglichkeiten wären hier z.B. Verwundbarkeit im Zusammenhang mit Naturkatastrophen (oft wiederum im Zusammenhang mit dem Klimawandel), Ernährungssicherheit, Lebensabsicherung (*livelihood*) usw. (siehe z.B.: Bohle & Glade 2007). Aber ist dies wirklich das, wonach hier, unter Berücksichtigung der eingangs gestellten Forschungsfragen, gesucht wird – bzw. werden *soll*?

Welche Verwundbarkeit?

In der vorliegenden Arbeit wird weitgehend ein ganz anderer Weg eingeschlagen. Denn wie bereits aus den oben angeführten Forschungsfragen ersichtlich wurde, stehen hier nicht in erster Linie Gruppen von Personen, sondern primär deren *System* der Lebens- und Wirtschaftsweise im Mittelpunkt des Interesses. Es geht in erster Linie also um die Frage, ob und wie dieses *System* verwundbar ist – und tatsächlich erst sekundär und unmittelbar an diese Frage angeknüpft, um die Menschen. Diese Differenzierung macht in der Tat epistemologisch und methodologisch einen gravierenden Unterschied: Wie bereits oben diskutiert, wird hier davon ausgegangen, dass für die Taigabevölkerung im Ostsajangebirge ihre weitere Existenz als distinkte Gruppen unmittelbar und essentiell an den Fortbestand ihrer

Lebens- und Wirtschaftsweise – der Rentierhaltung und Jagd – geknüpft ist. Natürlich haben die Leute hier auch viel konkretere und unmittelbarere Sorgen, allen voran das Überleben ihrer Familien in einem nur allzu oft durch materiellen Mangel geprägten Alltag – was eine Untersuchung der Verwundbarkeit dieser Menschen (z.B. auf Basis einzelner Haushalte) im Stil einer *Sustainable Livelihood*-Studie ebenso gut rechtfertigen würde. Aber hier geht es primär um eine ganz andere Frage, die zwar zu einem großen Teil auch eng an die tatsächlichen wirtschaftlichen Probleme der Taigahaushalte geknüpft ist, sich letztlich aber auf einen übergeordneten Aspekt bezieht. Folgendes Beispiel sollte erläutern, was hier gemeint ist: Es mag für die Menschen im Ostsajangebirge im Einzelnen und in rein ökonomischer Hinsicht in der Tat keine Rolle spielen, ob diese nun Rentierhalter und Jäger bleiben oder ob sie als Forstarbeiter, Bergleute, Krankenschwestern, Ärzte und Ingenieure (usw.) in der modernen Arbeitswelt integriert werden und dort auf individueller Ebene Arbeit und Existenzsicherung finden (dies ist in der Tat eine Entwicklung, die z.B. in Todzha schon weit fortgeschritten ist). Mit einer solchen Entwicklung wäre die rein physische Verwundbarkeit der betreffenden Menschen – *eventuell* – auch zu lösen. Würde dies aber nicht de facto die Auflösung der Lebenswelt und Lebensweise der Rentierhalter-Jäger bedeuten, deren zentrale Bedeutung für die Menschen in der Taiga des Ostsajangebirges eben hervorgehoben wurde? Was bliebe dann noch als zentrales Element, das diese Gruppen als *distinkte*, lebendige Gemeinschaften auszeichnet?

Der Schlüssel liegt hier, nach Ansicht des Verfassers, zuallererst im Fortbestand der Praxis der Rentierhaltung und Jagd (die zentralen Elemente des Taigalebens im südlichen Ostsajanraum). Es geht also um die fortwährende Existenz dieser Gemeinschaften in einer bestimmten, historisch verankerten und sich fortlaufend entwickelnden Form der Umweltinteraktion – die im Folgenden als „*System der Praxis*" bezeichnet werden soll. Es ist genau dieses System, das hier der Hauptgegenstand der Untersuchung von Verwundbarkeit sein wird.

2.4 Das System der Praxis

Der Begriff und das Modell (s.u.) des „*Systems der Praxis*" ist eine eigene Konzeption des Verfassers. Das der Begriffsschöpfung zugrunde liegende Modell ist in erster Linie angeregt durch die Überlegungen Ingolds (2000) und Andersons (2002) zur Verankerung von „Fertigkeiten" (E: *skills*), Intuition und Wissen in der Praxis des alltäglichen Handelns, aber auch durch die in ähnlicher Weise, von Lave & Wenger (1991) bzw. Wenger (1998) geprägten Begriffe des „situierten Lernens" („*situated learning*") und der „Gemeinschaft der Praxis" („*community of practice*"), bzw. Laves Monografie „*Cognition in Practice*" (1988), welche allesamt in der Tradition der Praxistheorie(n) stehen (siehe z.B.: Bourdieu [1972] 1976; Giddens 1979, 1984; Ortner 1984, 2006; Reckwitz 2002, 2003; etc.).

Kernaussage des Praxis-Ansatzes, welcher als Fortentwicklung aber auch Gegenbewegung zum Strukturalismus Lévi-Strausssscher Provenienz gilt, ist die Annahme, dass Wissen, soziale Struktur oder Kultur (etc.) erst durch Handlung im

Rahmen der alltäglichen Praxis *realisiert* (d.h. *kreiert* und *reproduziert*) werden, anstatt dass die Praxis lediglich durch sie determiniert wäre bzw. *ausgedrückt* würde (vgl.: Reckwitz 2002, 2003; Ingold 2000).

Als „Praxis" in diesem Sinne kann verstanden werden, was Ingold (2000: 153) als *„regular pattern of life activity"* innerhalb und in Interaktion mit einer bestimmten Umwelt versteht. Diese setzt sich aus verschiedenen *Praktiken* („*körperlich-mentale Routinen*" (Reckwitz 2002: 256)) zusammen, welche wiederum aus einer Vielzahl an einzelnen *Handlungen* bestehen. Diese Einzelhandlungen aber sind mehr als nur „einzelne Handlungen" – sie erfolgen in einer bestimmten Regelmäßigkeit (vgl.: Giddens 1984: 25) und innerhalb einer gewissen Systematik, die sich offenbar mehr oder weniger selbst zu erhalten scheint.

2.4.1 Skizze eines Modells

Auf dieser Grundlage kann im Folgenden ein System – *das System der Praxis* – entworfen werden, das aus verschiedenen Ebenen besteht, die allesamt in beständiger Koevolution mit der Praxis entstehen, und die, nach Ansicht des Verfassers, die wichtigsten[7] Elemente der Praxis der Rentierhaltung und Jagd ausmachen:

---

[7] Weitere Untersuchungsebenen wären theoretisch denkbar – allen voran z.B. die Sprache, die sich ebenfalls in Koevolution mit der Praxis entwickelt. Während ein solches Vorhaben sicherlich den Rahmen des hier Durchführbaren gesprengt hätte, wäre es sicherlich interessant, im Rahmen einer linguistischen Arbeit den Zusammenhang zwischen Praxis und Sprache für Rentierhaltung und Jagd (oder vergleichbare Systeme) zu untersuchen. Der Zusammenhang zwischen dem Aussterben von Sprachen und dem bedrohlichen Verlust an Wissen von globaler Bedeutung wurde z.B. von Harrison (2007) untersucht. Forbes & Stammler (2009: 37) zeigen sich ein wenig optimistischer als Harrison: Ihrer Meinung nach hat beispielsweise der weitgehende Verlust der Sprache der Nenzen nicht zu einem messbaren Verlust von Wissen und Praxis in der Rentierhaltung dieser Gruppe geführt.

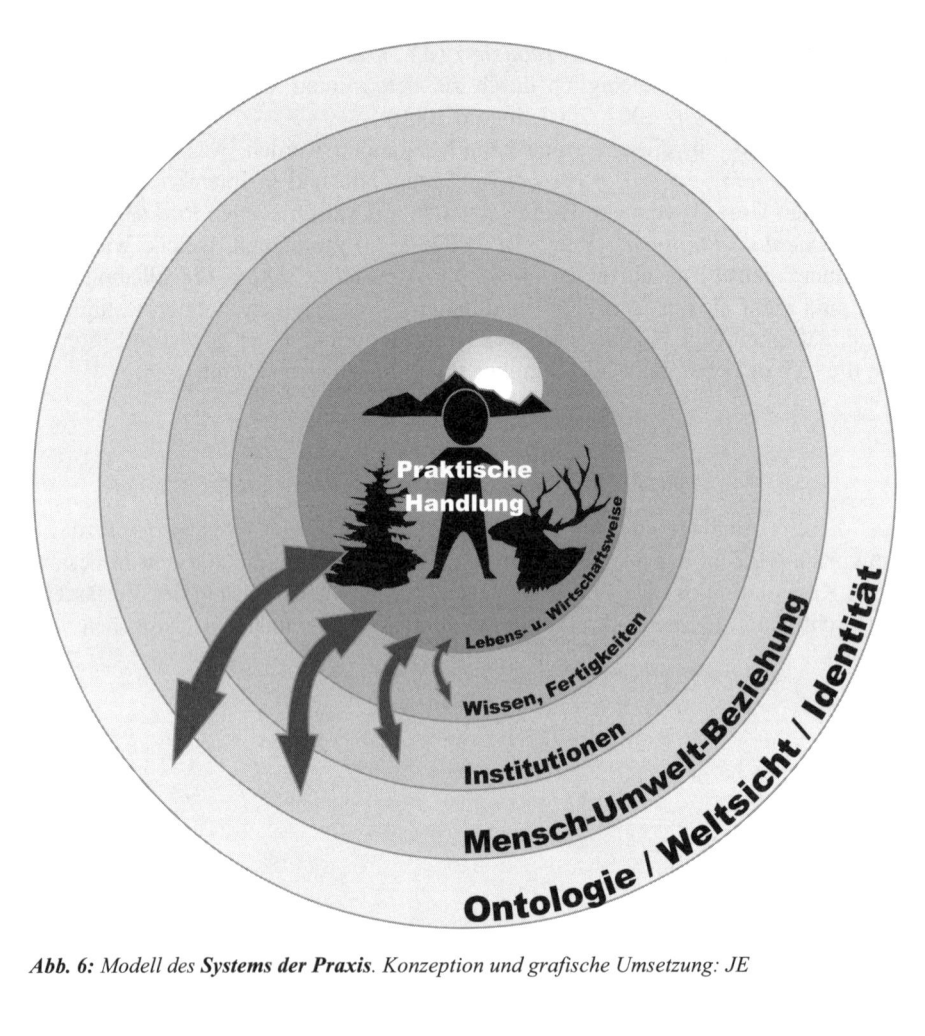

*Abb. 6: Modell des **Systems der Praxis**. Konzeption und grafische Umsetzung: JE*

Praktische Handlung innerhalb einer Lebens- und Wirtschaftsweise

Im Zentrum dieses Modells stehen Menschen und ihre Umwelt, bestehend aus Tieren, Pflanzen und andere Phänomenen (Wasser, Land bzw. Landschaft, aber auch Geister und andere spirituelle Entitäten), welche durch die praktische Handlung des Alltags, realisiert innerhalb der relativen Regelmäßigkeit einer spezifischen Lebens- und Wirtschaftsweise, miteinander in Verbindung stehen. Dieses *regelmäßige Handeln in und mit einer bestimmten Umwelt* bildet den eigentlichen Kern des Systems der Praxis und ist gleichzeitig auch das notwendige Moment für die fortwährende Entwicklung der folgenden Ebenen – von denen sie aber, im Sinne der Praxistheorie, wiederum selbst beeinflusst und geprägt wird:

Wissen und Fertigkeiten

Die Praxis im Rahmen der Lebens- und Wirtschaftsweise ist undenkbar ohne einen gewissen, sich stetig entwickelnden Fundus an Wissen und Fertigkeiten. Wissen und Fertigkeiten (E: *skills*) sind aber keine a priori existierenden Phänomene – sie entwickeln sich innerhalb und mit der Handlung in einer bestimmten Umwelt, oft über viele Generationen hinweg. Sie können aber auch, ebenso gemeinsam mit der Praxis, verloren gehen. In beiden Fällen jedoch beeinflussen sie auf vielfältige und fundamentale Art und Weise wiederum genau die Handlung, aus der heraus sie entstehen, denn für jegliche Handlung bedarf es Wissen und Fertigkeiten. In anderen Worten: Handlung ist nicht denkbar ohne Wissen und Fertigkeiten – und Wissen und Fertigkeiten nicht ohne Handlung.

Institutionen

Ebenso eng verknüpft mit der Handlung sind die Institutionen. Als Institutionen werden hier, nach North (1990), *soziale Regeln und Normen* verstanden, die das Verhalten von Akteuren moderieren und reglementieren, die also eine normierende Struktur für die Handlung bilden (siehe z.B.: North 1990; Ostrom: 1990, 2007, 2009). Aber auch hier gibt es einen Zusammenhang in umgekehrter Richtung: Denn diese Struktur entsteht i.d.R. nicht abgekoppelt von der Handlung, sondern in und mit ihr, in einem koevolutionären Prozess. Es ist die Regelmäßigkeit, die sich aus der Summe von tausenden von Einzelhandlungen ergibt, aus der die moralische Struktur entsteht, aus der Normen mit der Zeit hervorgehen. Und gleichzeitig sind es diese Normen, die der Handlung wiederum ihre relative Regelmäßigkeit verleihen. Verändert sich aber einer der beiden Faktoren (langsam oder plötzlich), so ist damit zu rechnen, dass sich auch der andere mit der Zeit verändert. Auf diese Weise gibt es in der Wechselbeziehung zwischen Institutionen und Praxis sowohl Raum für Beständigkeit (z.B. „Tradition") als auch für Innovation.

Mensch-Umwelt-Beziehung

Aus der alltäglichen Praxis resultiert des Weiteren eine bestimmte Form der Mensch-Umwelt-Beziehung, wie sie z.B. charakteristisch ist für die Jagd oder den nomadischen Pastoralismus. Diese Mensch-Umwelt-Beziehung ist damit nicht nur „abstrakter" Natur sondern die soziale Manifestation einer bestimmten Praxis. Gleichzeitig geht von dieser Beziehung aber auch eine normative Kraft aus: Denn auch sie tendiert dazu, sich über die Handlung auszudrücken und selbst zu perpetuieren und schafft damit gewissermaßen ihre eigene Realität. Dieses Phänomen – sowie das Phänomen der Mensch-Umwelt-Beziehungen *an sich* – wird, genauso wie die folgende Ebene der *Ontologie, Weltsicht und Identität*, eingehend in Kapitel II diskutiert und wesentlich ausführlicher erläutert werden.

Ontologie / Weltsicht / Identität

Am äußeren Rand des hier entworfenen Systems der Praxis steht die Ebene Kosmologie, Weltsicht und Identität. In ihr sind eng miteinander verknüpfte Phänomene wie regelmäßige und geteilte *essentielle Grundannahmen in Bezug auf das Seiende* (Ontologie), eine auf diesen Annahmen aufbauende spezifische *Interpretation der Welt und des Kosmos* (Weltsicht), und eine sich hieraus ergebende *Identität* (siehe: Roepstorff & Bubandt 2003: 23f; Lave & Wenger 1991: 52ff) der handelnden Subjekte enthalten. Auch all diese vergleichsweise abstrakten Phänomene sind als fundamentale Grundlagen des Seins eng verbunden mit der Praxis des Alltags: Einerseits moderieren und prägen sie diese Handlung ganz grundlegend, andererseits sind sie ebenfalls stark beeinflusst, wenn nicht gar das gleichzeitige Produkt einer bestimmten Art der mehr oder weniger regelmäßigen Praxis.

2.4.2 Bemerkungen zum Aufbau des Systems

Die Anordnung der Ebenen im hier entworfenen System ist von nur untergeordneter Bedeutung. Ob eine Ebene weiter „innen" oder „außen" angeordnet ist, hat keine Bedeutung bezüglich einer etwaigen Hierarchie für das Gesamtsystem. Dennoch ist die Anordnung der Ebenen nicht ohne Hintergrundüberlegungen auf genau diese Weise vorgenommen worden: Sie erfolgt vom (eher) Konkreten zum (eher) Abstrakten, Grundlegenden und Allumfassenden. Während es ein Leichtes ist, die Verbindung zwischen konkreten Fertigkeiten und einer bestimmten Handlung aufzuzeichnen, so ist es auf der Ebene der Mensch-Umwelt-Beziehungen oder der Ontologie ungleich schwerer, einen ganz *konkreten* Zusammenhang zwischen einer Handlung und deren Einbettung zu liefern, da es sich hier um sehr generelle, oft sogar unbewusste Beziehungen handelt. Was muss man wissen und können, um z.B. ein schwaches Rentierkälbchen durchzubringen? Dies ist für einen erfahrenen Rentierhalter vergleichsweise einfach zu beantworten. Wie aber wirkt sich die Grundannahme von der Position des Menschen in der Welt auf die Praxis der Jagd aus? Dies ist eine Frage, die wesentlich schwerer zu beantworten ist und auf die es viele Hinweise und Anhaltspunkte, aber nur wenig *konkrete* und positivistisch nachweisbare, *direkte* Kausalzusammenhänge gibt. Dennoch aber besteht, wie im weiteren Verlauf dieser Arbeit argumentiert werden wird, ein solcher Zusammenhang auf einer fundamentalen, allumfassenden Ebene.

2.4.3 Bemerkungen zur Einbettung des Systems in die Umwelt

Ein in dieser Weise konzipiertes System der Praxis existiert nicht allein für sich und isoliert, sondern stets in Abhängigkeit von einer bestimmten *Systemumwelt*. Diese Systemumwelt kreiert das, was z.B. Scholz (1995) oder Rauch (2003) als „Rahmenbedingungen" bezeichnen. Die Rolle dieser Systemumwelt wird im Abschnitt II 2.2 diskutiert. An dieser Stelle sei jedoch vorab schon betont: Eine absolut scharfe Abgrenzung zwischen „innen" und „außen" ist, wie in praktisch jedem Systementwurf, nicht möglich. Systeme sind letztlich immer künstliche Repräsentationen und Reduktionen einer komplexen, quasi bis ins unendliche verschachtelten Wirklichkeit, in der auch die Grenze zwischen einem bestimmten, konstruierten System und seiner Umwelt in der Realität fließend und situativ ist. Daher ist auch der Versuch, eine Grenze zwischen System und Umwelt zu schaffen, immer mit einer Simplifizierung verbunden. Die Definition (bzw. Konstruktion) einer Systemgrenze ist aber dennoch wichtig und sinnvoll, da durch sie diese komplexe Realität fassbar und begreifbar wird. Des Weiteren ist sie in dieser Arbeit notwendig, um die hier zugrunde liegenden Forschungsfragen nach den Auswirkungen „*äußerer* Einflüsse" auf das System der Rentierhaltung und Jagd zu klären.

2.5 Das System der Praxis als Untersuchungsgrundlage

Das oben entworfene System der Praxis wird die zentrale Untersuchungsgrundlage zur Beantwortung der eingangs vorgestellten Forschungsfragen bilden. Hieraus ergibt sich folgende Vorgehensweise:

Zunächst soll das „ursprüngliche" System der Praxis der Rentierhaltung und Jagd im Ostsajanraum anhand seiner einzelnen Ebenen (re-)konstruiert und beschrieben werden. Tatsächlich ist, wie in Abschnitt II 2.2.2 eingehend diskutiert werden wird, dieses Vorhaben keineswegs unproblematisch: Denn einen statischen „Urzustand" dieser Praxis hat es nie gegeben. Die Praxis der Rentierhaltung und Jagd sollte vielmehr als ein *dynamisches* System verstanden werden, das sich in beständiger Optimierung und Anpassung an verschiedenste Gegebenheiten befand und immer noch befindet (siehe hierzu auch Abschnitt I 3.3.3). Dennoch muss hier entsprechend der gegebenen Aufgabenstellung der Versuch unternommen werden, auf Basis von ethnografischen und historischen Schriften sowie heutigen Beobachtungen ein solches Ausgangssystem zu konstruieren – wohl wissend, dass dieser Versuch unweigerlich zu bestimmten Verzerrungen führen muss.

Daraufhin wird dieses System in den Kontext der ebenfalls sehr dynamischen Geschichte der Kolonisierung der Region gesetzt. Dieser Vorgang ist gleichbedeutend mit der Beschreibung der Einbettung des Systems in eine Systemumwelt – ebenfalls mit dem Bewusstsein, dass die Kolonisierung der Region keineswegs der Anfang dieser Systemumwelt war.

In einem dritten Schritt wird dann die heutige Situation der Rentierhalter-Jäger des Ostsajangebirges und ihres Systems der Praxis (bzw. ihrer *Systeme* der Praxis (s.u.)) untersucht werden – vor allem im Hinblick auf die Veränderungen, die hier durch die Entwicklung der Systemumwelt und der daraus resultierenden Auswirkungen auf das System entstanden sind. Hierbei wird besonders der Aspekt der ebenso als Resultat der Kolonisierung und Aufteilung der Region zu verstehenden Trennung der Dukha von den Tozhu im Vordergrund stehen. Unter anderem wird in diesem Zusammenhang davon ausgegangen, dass sich aufgrund der Trennung der beiden Gruppen, die sich spätestens ab den 1950er Jahren in Folge der Grenzziehung zwischen der Mongolischen Volksrepublik und der Sowjetunion ereignete, auch eine Aufspaltung des ursprünglich als Eines zu betrachtenden System der Praxis der Dukha und der Tozhu in zwei verschiedene Ableger vollzog. Dies sei jedoch an dieser Stelle lediglich als Hypothese formuliert, deren Korrektheit im Schlussteil dieser Arbeit abschließend bewertet werden soll.

2.6 Anwendbarkeit und Verallgemeinerbarkeit

Abschließend bleiben noch einige Bemerkungen zur breiteren Anwendbarkeit und damit dem heuristischen Wert des Systems der Praxis zu machen: Ist es möglich (oder zumindest denkbar), das System der Praxis auch außerhalb des hier vorliegenden ethno- und geografischen Kontexts anzuwenden?

Diese Frage kann hier sicher nicht abschließend beantwortet werden. Es kann allerdings dazu angeregt werden, das Konzept auch in anderen lokalen Kontexten zu testen. Es ist zumindest denkbar, dass es in ähnlichen Kontexten wie dem hier vorliegenden, in denen Gruppen von Menschen z.B. in einem engen Verhältnis mit Tieren und einer bestimmten Umwelt leben, angewandt werden kann. Sicherlich könnte es auf dieser Ebene beispielsweise einen Beitrag zur überregionalen Wildbeuter- oder Nomadismusforschung leisten. Wichtig ist in diesem Zusammenhang jedoch zu verstehen, dass das Konzept des Systems der Praxis nicht mit der Intention entworfen worden ist, die Verwundbarkeit bestimmter *Gruppen* zu untersuchen – sondern die von *Handlungssystemen* wie sie etwa im Ostsajangebirge die Jagd und die Rentierhaltung konstituieren.

Abb. 7: Umzug ins Herbstlager. Deed Sailag, Osttaiga, 15. August 2008. Fotografin: SH

3. THEORETISCHE EINBINDUNG

3.1 Praxistheorie

3.1.1 Praxis und Struktur– eine Wechselbeziehung

Mit seiner postulierten Verankerung in der Handlung steht das oben skizzierte *System der Praxis* in der Tradition der Praxistheorien (für einen Überblick, siehe z.B.: Rouse 2006; Hillebrandt 2009). Hier sei vor allem auf Bourdieu und seinen „*Entwurf einer Theorie der Praxis*" ([1972] 1976) verwiesen, welche der französische Soziologe im Zusammenhang mit seinen Überlegungen zu Regelmäßigkeiten im Geschmack, Gebaren und Auftreten bestimmter sozialer Gruppen – dem „Habitus" – entwickelte (siehe v.a.: Bourdieu [1972] 1976: 164f). Für Bourdieu handelte es sich hierbei um...

> „(...) strukturierte Strukturen, die geeignet sind, als strukturierende Strukturen zu wirken, mit anderen Worten: als Erzeugungs- und Strukturierungsprinzip von Praxisformen, und Repräsentationen, die objektiv „geregelt" und „regelmäßig" sein können, ohne im geringsten das Resultat einer gehorsamen Erfüllung von Regeln zu sein (...)." (Bourdieu [1972] 1976: 164)

Für Bourdieu war es nicht zufriedenstellend, die Entstehung und fortlaufende Reproduktion des Habitus lediglich als das bloße Resultat bestimmter gegebener Strukturen zu erklären. Vielmehr ging es ihm darum, bei der Untersuchung des Phänomens die Wechselwirkung zwischen Struktur und Praxis zu verstehen, welche sich für ihn in einer Art Kreislauf *gegenseitig* beeinflussen. Dies bedeutet letztlich: Die alltägliche Praxis in einer bestimmten Lebenswelt ist das eigentlich konstituierende Element sozialer und kultureller Handlung – und *nicht das Produkt* einer a priori in den Köpfen der Menschen existierenden abstrakten „Kultur" (vgl.: Giddens 1984: 25; Reckwitz 2002; Hillebrandt 2009: 384).

> „At one level, practices are composed of individual performances. These performances nevertheless take place, and are only intelligible, against the more or less stable backdrop of other performances. „Practices" thus constitute the background that replaces what earlier wholist theorists would have described as „culture" or „Social structure"." (Rouse 2006: 505)

Damit unterscheidet sich der Praxis-Ansatz fundamental vom Lévi-Straussschen Strukturalismus (siehe z.B.: Lévi-Strauss 1962) und anderen Ansätzen der kognitiven Anthropologie, in welcher Kultur und Sozialität „*in den Köpfen der Menschen*" (Reckwitz 2002: 247) – verortet sind und wo die Welt, als Grundvoraussetzung für Handlung, über bestimmte, kulturell determinierte Bedeutungsstrukturen entschlüsselt wird (siehe auch: Giddens 1984: 16ff).

3.1.2 Praxis und Handlungsfähigkeit: Agency

Bei der Diskussion des Dualismus von Praxis und Struktur fehlt bislang noch die Erwähnung eines wichtigen Aspekts: Handlung benötigt *Handlungsfähigkeit* (E: *agency*) bzw. *Handlungsspielraum* (vgl.: Habeck 2005: 7, 170ff). Handlungsfähigkeit als „*potential (...) to make things happen*" (Habeck 2005: 7) bzw. „*to make a difference*" (Giddens 1984: 14), ist nicht gleichbedeutend mit der Handlung selbst (vgl.: Habeck 2005: 7), sondern deren Voraussetzung.

Handlung findet also in mehrfacher Hinsicht nicht einfach in einem neutralen Raum, sondern im Kräftefeld bestimmter Strukturen statt: Dies ist zum Einen der oben diskutierte konstitutive und gleichermaßen konstituierte *interne* Rahmen, der gemeinsam mit der Praxis selbst entsteht – wie etwa bei Bourdieus Habitus. Daneben existieren aber auch *äußere* (z.B. politisch-ökonomische) Strukturen, die Handlung gleichsam beeinflussen, z.B. indem sie die Handlungsfähigkeit von Akteuren einschränken. Gleichzeitig versuchen Akteure allerdings auch, sich ihre Handlungsfähigkeit auf unterschiedliche Art und Weise zu erhalten bzw. diese trotz schwieriger äußerer Umstände zurück zu erlangen (siehe hierzu z.B.: Scott 1985). All diese Faktoren haben einen potentiell wichtigen Einfluss auf die Verwundbarkeit von Menschen und Systemen, die daher in eben diesem Spannungsfeld zwischen Struktur und Handlungsfähigkeit verstanden und analysiert werden sollten (siehe z.B.: Peet 2007 bzw. Abschnitt I 3.3 und VII 1.5).

3.1.3 Praxistheorie: Relevanz für diese Arbeit

Der Praxis-Ansatz ist von zentraler Bedeutung für das hier konzipierte *System der Praxis* und diese Arbeit im Allgemeinen: Handlungen sind stets eingebettet in eine bestimmte Lebenswelt, welche einerseits eine gewisse determinierende Wirkung ausübt, gleichzeitig aber durch diese Handlungen erst realisiert, aufrechterhalten und verändert wird. Dieses dynamische Prinzip ist sowohl Grundlage für Kontinuität als auch für Adaption, Innovation und Erneuerung.

Jagd und Rentierhaltung sind somit keine bloßen Mechanismen zur Überlebenssicherung, die einfach durch andere Tätigkeiten ersetzt werden könnten. Diese Praktiken konstituieren stattdessen das, was für die Bewohner der Taiga Tag für Tag aufs Neue eine Lebenswelt und Identität erschafft, am Leben erhält und im Wechselspiel mit inneren und äußeren Strukturen verändert. Sollen Zukunftsaussichten und Verwundbarkeit dieser Lebenswelt erfasst werden, so muss die Aufmerksamkeit diesem Wechselspiel zwischen Praxis und Struktur gelten.

3.2 Systemtheorie

Neben der Diskussion der Praxistheorie ist es im Zusammenhang mit der Konzeptualisierung des *Systems der Praxis* unerlässlich darzulegen, wie der hier eingeführte Begriff im Kontext der Systemtheorien positioniert ist. Diese bilden ein breites, heterogenes Feld, das u.a. in naturwissenschaftliche (insbesondere biologische und physikalische), mathematische, ökonomische, politologische und soziologische Ansätze unterteilt, aber auch in der angewandten Technik und der Informatik von zentraler Bedeutung ist (vgl.: Egner & Ratter 2008). Da es das im Rahmen dieser Arbeit Sinnvolle weit überschreiten würde, das ganze Spektrum der Systemtheorien eingehend zu besprechen, kann hier nur eine abrisshafte Vorstellung der für diese Arbeit relevantesten Ansätze und Schlüsselbegriffe vorgenommen werden:

3.2.1 Grundlagen

Als Begründer der modernen Systemtheorie gilt Ludwig v. Bertalanffy (siehe z.B.: 1950). Der österreichische Biologe beschäftigte sich vor allem mit der Dynamik und dem Austausch innerhalb und zwischen Organismen, die in ihrer Koexistenz *ökologische Systeme* bilden. Ziel seiner Betrachtungen waren hierbei nicht lediglich die einzelnen Elemente solcher Systeme, sondern vielmehr die *Beziehungen und Wechselwirkungen* zwischen ihnen und den ihnen wiederum übergeordneten Systemen (vgl.: Ratter & Treiling 2008: 25). Von Bertalanffy unterschied hierbei zwischen „offenen" und „geschlossenen" Systemen (1950: 155f), d.h. solchen mit und ohne energetischem Austausch mit ihrer Umwelt, von denen letztere in der „natürlichen" Welt nicht vorkommen, und sah als gemeinsames Merkmal aller Systeme ihr Streben nach verschiedenen Formen des *Gleichgewichts* (Equilibrium) (vgl.: 1950: 160). Als von zentraler Bedeutung zur Herstellung und Aufrechterhaltung solcher Equilibria identifizierte v. Bertalanffy (aber auch Wiener ([1948] 1961: 95ff), der Gründer der Kybernetik (Steuerungslehre)) sogenannte „Rückkopplungen", bestehend aus Energie, Materie und/oder Information, die zur (Selbst-)Steuerung eines Systems notwendig sind. Die Systemtheorie wurde so zur Lehre von den *Wechselwirkungen* zwischen den Elementen von Systemen und zwischen den Systemen selbst (vgl.: Ratter & Treiling 2008: 25).

3.2.2 Ecological Anthropology

Diese Systemtheorie mit ihrem Fokus auf Gleichgewicht und Rückkopplungsmechanismen fand in den 1950er bis Siebzigerjahren als Metatheorie Eingang in verschiedenste wissenschaftliche Disziplinen (vgl.: Egner & Ratter 2008: 11; Ratter & Treiling 2008: 25) – so u.a. auch in die Anthropologie: Als Paradebeispiel hierfür gilt Roy Rappaports vielzitiertes Werk „*Pigs for the Ancestors*" ([1968] 1984), in dem der Autor das Verhältnis zwischen den Tsembaga in Papua-Neuguinea, ihren Schweinen und den natürlichen Ressourcen ihrer gemeinsamen Umwelt als dezidiertes (sozial-ökologisches) *System* unter Einbeziehung von Kalorienverbrauch und *carrying capacity* sowie Steuerungsmechanismen wie Ritual und Kriegführung, analysierte, und so zum prominentesten Vertreter der aus der Fusionierung der *Cultural Ecology* mit der Systemtheorie und Ökologie hervorgegangen *Ecological Anthropology* (siehe z.B.: Orlove 1980; Moran 1982, 1990; Netting 1977; Vayda (Hg.) 1969) wurde.

3.2.3 Paradigmenwechsel

In den Siebziger und Achtzigerjahren geriet die „klassische" Systemtheorie an ihre Grenzen: Man war zur Einsicht gekommen, dass es sich beim Konzept von Stabilität und Gleichgewicht um eine „reine Wunschvorstellung" (Egner & Ratter 2008: 11) handelte, welche empirisch nicht haltbar war. Stattdessen erkannte man, dass Stabilität nur als ein „höchstens temporärer Zustand" (ibid.) gelten konnte, und dass die Dynamik z.B. in ökologischen Systemen stattdessen vor allem durch Nicht-Linearität und Unvorhersehbarkeit geprägt ist (vgl.: Holling 1973, 1986; Bak 1996; Ratter & Treiling 2008; Bohle 2007). Somit bewegte sich der Fokus in der Systemtheorie weg von Equilibrium, Kontinuität, Selbsterhalt und Selbststeuerung, hin zu Komplexität, Diskontinuität, Überraschung und Emergenz – dem praktisch unvorhersehbaren Auftauchen „bestimmter makroskaliger Phänomene durch die nicht-lineare und dynamische Interaktion mikroskaliger Elemente" (Ratter & Treiling 2008: 27) und damit zur Erforschung von höchst unberechenbaren „komplexen *adaptiven* Systemen" (vgl.: Holland 2006, Ratter & Treiling 2008; Egner 2008).

Auch in den Sozialwissenschaften sah man sich zunehmend konfrontiert mit dem Problem der Komplexität der Dynamik menschlicher Gesellschaften, zu deren Abbildung Equilibrium-orientierte Ansätze nicht ausreichten. In diesem Zusammenhang geriet auch die Ökologische Anthropologie in die Kritik (vgl.: Moran 1990: 15ff). Neue Schulen und Konzepte wie z.B. die Politische Ökologie (s.u.) nahmen weitgehend ihren Platz ein. In der Soziologie ging die Entwicklung der Systemtheorie indes einen eigenen Weg, welcher besonders eng mit dem Namen Niklas Luhmann verknüpft ist:

3.2.4 Luhmanns Systemtheorie

Luhmanns Systembegriff steht – wie die meisten soziologischen Theorien – in unmittelbarer Verknüpfung mit der Frage nach der sozialen Ausdifferenzierung von Gesellschaft. In Luhmanns Theorie sind Systeme weniger dem Problem der Komplexität und Emergenz ausgesetzt als dass sie vielmehr Lösungen zur *Reduzierung* von Komplexität darstellen: Nach Luhmann ist es gerade der Komplexität einer realen Situation geschuldet, dass gesellschaftliche Systeme ausgebildet werden, da ein System stets eine Reduktion impliziert und somit *Ordnung* schafft – im Kontrast zur stets komplexeren, ungeordneten Umwelt – der Luhmannschen Antithese eines Systems (Luhmann 1987: 47ff; 55; 249ff; Egner 2008: 40; 44ff). Dieser Gedanke kann nur sinnvoll eingeordnet werden, wenn man mit einem weiteren zentralen Punkt Luhmanns vertraut ist: Für Luhmann ist ein System (im Unterschied z.B. zu einem Organismus Bertalanffys) nicht eine „naturgegebene" Sache, sondern etwas, was erst durch seine *Kommunikation* (als Selbstreferenz), entsteht und aufrechterhalten wird. Ein System im Sinne Luhmanns ist somit ein „Beobachten von Beobachtungen" (Luhmann 1990: 99f), in dem Sinne, als die Grenze zwischen dem System und seiner Umwelt lediglich durch Kommunikation erzeugt und reproduziert wird. Dabei wird die kommunizierte Grenze letztlich zum System selbst (vgl.: Hillebrandt 2006: 2827). Diesen Prozess der selbstreferentiellen Selbsterhaltung und Selbstschaffung bezeichnet Luhmann als *Autopoiesis* (1987: 43, 60ff).

3.2.5 Systemtheorie: Relevanz für diese Arbeit

In Puncto „*Autopoiesis durch Kommunikation*" entspricht das hier vorgestellte *System der Praxis* genau dem Gegenteil eines Luhmannschen Systems: Zwar perpetuiert sich auch das System der Praxis selbst – aber nicht durch Kommunikation, sondern durch *Praxis*. Es geht hier also nicht um „das Beobachten [bzw. *Kommunizieren*] von Beobachtungen", sondern um die Kontinuität einer bestimmten Form der praktischen Handlung in einer bestimmten Umwelt – auch wenn Kommunikation *ein* Aspekt dieser Praxis ist (vgl.: Reckwitz 2002: 244f).

Ebenfalls bedarf in diesem Zusammenhang die Inklusion der „Umwelt" in das System der Praxis weiterer Erklärung: Hier sei zunächst darauf hingewiesen, dass die Einbeziehung der biophysischen Umwelt in das System zunächst durchaus einen gewissen Widerspruch zur Luhmannschen Theorie darstellt (vgl.: Kneer & Nassehi 1993: 108f). Hier handelt es sich sowohl um ein Problem auf der begrifflichen Ebene als auch eines der Perspektive: Umwelt lässt sich sowohl als biophysische als auch soziale Umwelt begreifen (oder als beides gleichzeitig (s.u.)). In Luhmanns Theorie spielt die biophysische Welt praktisch keine Rolle – seine sozialen Systeme präsentierte er als *geschlossene* Systeme der Kommunikation (1987: 61). Am Austausch dieser Systeme mit der biophysischen Welt war er nur peripher interessiert. Die angeblich nicht zur Kommunikation fähige biophysische Welt ist aus Sicht der Luhmannschen Theorie automatisch das „*Negativ-Korrelat eines Systems*" (Luhmann 1987: 249; vgl.: Lippuner 2008: 106f).

Nun ist allerdings – nicht zuletzt aus anthropogeografischer Perspektive – die Idee von gekoppelten Systemen aus Mensch und biophysischer Umwelt außerhalb der Systemtheorie Luhmanns keineswegs neu oder problematisch (siehe hierzu z.B. Abschnitt I 3.3.3). Wenn aber solche Systeme aus Mensch und Umwelt Gegenstand wissenschaftlicher (und insbesondere systemtheoretischer) Untersuchungen werden, so muss sich – mit Luhmann – dennoch die Frage aufdrängen, wo tatsächlich die Grenzen des jeweils untersuchten Systems liegen. Für den hier verfolgten Praxis-Ansatz sei daher folgende Antwort gegeben: Mit „*zum System gehörende Umwelt*" ist *der Ausschnitt der Welt* gemeint, mit dem die zum System gehörenden Akteure in direkter und dauerhafter, *praktischer* Interaktion stehen. Die Grenzen dieses Systems wiederum liegen demnach jeweils dort wo diese, durch die Praxis realisierte Interaktion endet[8] und die *Systemumwelt*, die Umwelt im Luhmannschen Sinne, beginnt.

---

8   Dies bedeutet ausdrücklich nicht, dass damit auch kein stofflicher oder anderer Austausch zwischen der „zum System gehörenden Umwelt" und der „Umwelt des Systems" stattfinden würde – schließlich handelt es sich bei einem derartigen System um ein *offenes System* im

Auf genau dieser Grundlage – der Einschränkung bzw. Unterbindung der praktischen Interaktion – ist auch die politische Grenzlinie zwischen Russland und der Mongolei, welche in ihrer heutigen Form im Sajanraum erst ungefähr zwischen 1926 und 1956 festgelegt wurde, als Rechtfertigung für die angenommene Spaltung des ursprünglichen, dort bis dahin als mehr oder weniger singuläres Phänomen existierenden, Systems der Praxis in zwei getrennte und jeweils eine Eigendynamik entwickelnde Ableger zu verstehen, welche seither praktisch isoliert voneinander, in verschiedenen *Systemumwelten* existieren.

3.3 Verwundbarkeit und Resilienz

Das breite Feld der Verwundbarkeitsforschung

Genau wie bei der Systemtheorie ist auch das Feld der Verwundbarkeitsforschung extrem weit gesteckt. Es reicht von (rein) naturwissenschaftlichen und mathematischen Ansätzen am einen, zu (rein) soziologischen (siehe z.B.: Castel [1980] 2008; Vogel 2004), medizinischen und psychologischen Ansätzen am anderen Ende eines sehr großen Kontinuums (vgl.: Bohle & Glade 2007; Bürkner 2010). Zwischen diesen Polen bewegen sich zusätzlich zahlreiche ökonomische, sozial- und entwicklungsgeografische und interdisziplinäre Ansätze, wie etwa das *Sustainable Livelihood Framework*, das vor allem ab den 1990er Jahren in der Entwicklungszusammenarbeit breite Anwendung fand (vgl.: Chambers 1988; Chambers & Conway 1992; Scoones 1998).

Angesichts der Größe dieses Feldes mag es kaum verwundern, dass Fokus und Arbeitsweise hier stark divergieren. Während sich die naturwissenschaftliche Seite traditionellerweise vorwiegend mit der Kalkulation von Risiko im Kontext von Naturgefahren befasst, geht es in der soziologischen Verwundbarkeitsforschung um *gesellschaftliche* Prozesse wie z.B. der Prekarisierung der Arbeits- und der sozialen Welt im Allgemeinen. In der Sozialgeografie und Entwicklungsforschung wiederum werden häufig soziale Faktoren wie Armut und natürliche Gefahren bzw. Probleme und damit evtl. zusammenhängende Ressourcenkonflikte zueinander in Kontext gesetzt.

All diese Ansätze und Forschungsrichtungen thematisieren, auf den kleinsten gemeinsamen Nenner gebracht, die „*Anfälligkeit gegenüber Schaden und Gefahr*" (Eakins & Luers 2006: 366). Diese Anfälligkeit ergibt sich aus der Differenz zwischen zwei konträren Faktoren: Dies sind einerseits die Exposition einer zu untersuchenden Einheit („Expositionseinheit") gegenüber einem bestimmten Risiko bzw. „Stressoren", und, andererseits, deren interne Kapazität, diese zu minimieren oder zu bewältigen („Bewältigungskapazität") (vgl.: Chambers 1988; Chambers & Conway 1992; Scoones 1998; Bohle 2001; Bohle & Glade 2007 etc.).

Sinne Bertalanffys (s.o.). Genauso ist es im Sinne der Political Ecology (siehe Abschnitt I 3.3.1) schwer, eine Grenze zwischen dem System und seiner Umwelt zu ziehen, da beide Bereiche Teil einer politisch und ökonomisch global vernetzten Welt sind.

Entsprechend der Untersuchungsperspektive der hier vorliegenden Arbeit kommen aus dem weiten Feld der Verwundbarkeitsforschung zunächst vor allem zwei Analyserahmen bzw. Forschungsrichtungen in Frage, die im Folgenden bezüglich ihrer Anwendbarkeit für diese Studie untersucht werden sollen. Dies wären die Politische Ökologie und der Resilienz-Ansatz:

3.3.1 Politische Ökologie

Die Politische Ökologie ist ein Analyserahmen, der in seinen Anfängen vor allem auf die Verschmelzung der Kulturökologie (vgl.: Steward 1955) mit anderen Disziplinen, wie etwa der Systemtheorie, der Kybernetik und vor allem der Politischen Ökonomie zurückgeht (vgl.: P.A. Walker 2005: 73f; Escobar 1999: 2). Sie thematisiert insbesondere die Verwundbarkeit von „natürlichen Ressourcen" (zur Kritik dieses Begriffs, siehe Abschnitt II 2.6.2) und lokalen Akteuren, die von diesen Ressourcen abhängig sind, in einem weiter gesteckten und politisierten Ursachen- und Wirkungsgefüge (siehe z.B.: Bryant 1998; Eakin & Luers 2006; Watts 2000; Bürkner 2010; Murphy 2011). Verwundbarkeit wird hier normalerweise als ein stark differenzielles Phänomen begriffen, das Arme und sozial benachteiligte Gruppen bzw. Bevölkerungen in besonderem Maße trifft, da ihre Handlungs- bzw. Bewältigungskapazität aufgrund politisch-ökonomischer Umstände stark eingeschränkt ist (vgl.: Eakin & Luers 2006: 370).

Der Durchbruch der Politischen Ökologie auf dem Weg zu einem „dominanten Feld in der Erforschung von Mensch und Umwelt" (P.A. Walker 2004: 73) begann vor allem mit dem Erscheinen von Piers Blaikies Buch „*The Political Economy of Soil Erosion in Developing Countries*" (1985), welches mit seiner Identifikation von lokalen Umweltproblemen als politisch-ökonomisch und global determinierte Phänomene einen Wendepunkt in der Entwicklungs- und Umweltgeografie einläutete (vgl.: P.A. Walker 2005: 74; Robbins 2004: 5).

Heute hat sich die Politische Ökologie zu einem stark interdisziplinären Feld entwickelt, welches in der Ethnologie, der Geografie, den Entwicklungswissenschaften, der Politikwissenschaft und Soziologie sowie in verschiedenen umweltwissenschaftlichen Disziplinen, wie etwa der Forstwissenschaft, eine wesentliche Rolle spielt (vgl.: Hartwig 2007: 7). Ihre vermutlich am häufigsten zitierte Definition stammt von Blaikie & Brookfield (1987: 17):

> „The phrase „political ecology" combines the concerns of ecology and a broadly defined political economy. Together this encompasses the constantly shifting dialectic between society and land-based resources, and also within classes and groups within society itself."

In diesem Rahmen werden in der Politischen Ökologie Umweltprobleme und Ressourcenkonflikte kritisch in ihrem weiteren politischen Kontext (z.B. Machtasymmetrien, Marginalisierung, Globalisierung, Kapitalismus und Armut) – der „*politisierten Umwelt*" (Bryant 1998: 82) – erklärt, und damit nicht als isolierte, lokale und „unvermeidbare" Probleme, sondern vielmehr als *Symptome* von viel tiefgreifenderen globalen Ursachen- und Wirkungsgefügen verstanden (vgl.: Robbins 2004: 12; Hartwig 2007: 19ff). Die Hauptmotivation und -leistung der Politischen Ökologie ist damit also die kritische *Erklärung* von Umweltproblemen durch die „Verflechtung von internen und externen Faktoren, die auf unterschiedlichen räumlichen [und historischen] Ebenen angesiedelt und durch Kausalbeziehungen miteinander verknüpft sind" (Hartwig 207: 20). Dadurch unterscheidet sich die Politische Ökologie fundamental von den sogenannten „apolitischen" Ökologien, die Umweltprobleme entweder lediglich in ihrem lokalen Kontext, als Ergebnis nicht ausreichend konsequent umgesetzter „Modernisierung" oder unter dem Malthusischen Paradigma der *absoluten* Ressourcenverknappung (siehe hier z.B.: Hardin 1968; Ehrlich 1968 oder Meadows et al. 1973) untersuchen (vgl.: Robbins 2004: 7ff; Hartwig 2007: 9f).

3.3.2 Politische Ökologie: Relevanz für diese Arbeit

Es bestehen, wie bereits erwähnt, ganz offensichtlich große Überschneidungen zwischen Perspektive, Grundannahmen und Methoden der Politischen Ökologie und den Hypothesen und Fragestellungen der hier vorliegenden Arbeit, in der ebenso von hauptsächlich *externen Faktoren* als Ursache verschiedener Probleme ausgegangen wird (s.o.). Dennoch sollte diese Arbeit weder als Studie der Politischen Ökologie bezeichnet noch missverstanden werden – vor allem weil es hier *nicht* in erster Linie darum geht, Verwundbarkeit im Kontext von lokalen anthropogenen ökologischen Problemen (wie z.B. Überweidung, Verlust von Biodiversität etc.) zu untersuchen (siehe hierzu: Vayda & Walters 1999). Hier wurde stattdessen mit der Konzentration auf die Praxis ein anderer Blickwinkel gewählt.[9]

Dessen ungeachtet ist die Politische Ökologie durchaus relevant für diese Arbeit, insbesondere aufgrund ihrer Perspektive und Lehren, bezogen auf die Abhängigkeit und Handlungsfähigkeit von Akteuren, die nicht nur Teil ihrer jeweiligen lokalen Systeme, sondern stets auch eines viel größeren „*Weltsystems*" (Wallerstein 2004) sind. Besonders relevant ist dies z.B. bei der kritischen Betrachtung des Handlungsspielraums: Der Blickwinkel auf die Beziehungen zwischen System und globaler Systemumwelt, vor allem hinsichtlich des Einflusses, den diese auf die Handlungsfähigkeit der Akteure im System ausübt, sind in dieser Arbeit dieselben wie in typischen Arbeiten der Politischen Ökologie.

Handlungsfähigkeit sollte jedoch, wie oben bereits erwähnt, nicht ausschließlich unter dem Aspekt ihrer Einschränkung (z.B. durch global-ökonomische oder nationalstaatliche Rahmenbedingungen) betrachtet werden. Zu schnell käme man auf diese Weise zu dem Schluss, dass lokale Akteure, gerade in Systemen mit eingeschränkter bürgerlicher Freiheit oder in anderen Situationen, die durch ein großes Machtgefälle gekennzeichnet sind, lediglich „machtlos" wären und daher über keinen Handlungsspielraum verfügen würden. Diese Sichtweise wäre zu ein-

---

9   Dies bedeutet ausdrücklich nicht, dass typische Probleme der Politischen Ökologie im vorliegenden Kontext keine Rolle spielen würden oder gänzlich unbeachtet blieben (siehe hierzu z.B. Abschnitte VII 1.3, 2.3.2 und VIII 1.4).

seitig – und würde die Strategien lokaler Akteure vernachlässigen, die diese einsetzen, um sich ihren Handlungsspielraum zu bewahren. Diese „*Waffen der Schwachen*" (Scott 1985) reichen von räumlichem Rückzug über Scheingehorsam, Nicht-Erfüllung, Rückzug in die Illegalität bis hin zu Sabotage und Guerilla-Kriegsführung (ibid.). Auch im Sajanraum spielen solche Strategien der *Resistenz* eine wichtige Rolle bei der Aushandlung und Erhaltung von Handlungsfähigkeit.

Nicht verwechselt werden sollte dieser Typus von Strategien jedoch mit den auf Adaption und Lernen ausgerichteten Bewältigungsstrategien der *Resilienz*, die ebenso eine zentrale Rolle bei der Bewertung von Verwundbarkeit spielen und im Folgenden diskutiert werden sollen.

3.3.3 Resilienz und das Konzept des Sozial-ökologischen Systems

Wer sich heute auf wissenschaftlicher Ebene mit Mensch-Umwelt-Interaktionen befasst, kommt an Begriffen wie „*Resilienz*" (E: resilience) und – meist damit in Zusammenhang stehend – dem „*sozial-ökologischen System*" nicht mehr vorbei (siehe z.B.: Gunderson & Holling (Hg.) 2002; Berkes, Colding & Folke (Hg.) 2003a; Walker et al. 2002; Walker et al. 2004; Walker & Salt 2006; Redman, Grove & Kuby 2004; Berkes & Folke 2002; Folke 2006; Folke et al. 2010; etc.). Wie kaum eine andere Forschungsrichtung im breiten Feld der Mensch-Umwelt-Forschung erhielt diese organisatorisch vor allem durch die US-amerikanische *Resilience Alliance* und das schwedische *Stockholm Resilience Centre* vertretene Schule in der jüngeren Vergangenheit Aufmerksamkeit und Förderung (vgl.: Hornborg 2009; Parker & Hackett 2012). Im Kontrast zum Fokus der normalerweise eher globalisierungs- und kapitalismuskritisch geprägten Politischen Ökologie (s.o.), steht im Zentrum der Aufmerksamkeit der Resilience-Schule normalerweise die *lokale Adaption* von Systemen durch Lernen und Anpassung, was sie in gewisser Weise zu einer politisch „weniger unbequemen und provokativen" (Hornborg 2009: 252) Forschungsrichtung macht (siehe auch: Hornborg in CSD Uppsala 2012). Eine tiefere Auseinandersetzung, so die Kritiker der Resilience-Schule, mit Fragen nach Macht und Verteilung oder den politisch-ökonomischen *Ursachen* von Umweltproblemen, ist in der Regel nicht Teil ihrer eher lokalen Perspektive (vgl.: Hornborg 2009; Nadasdy 2007; Davidson 2010).

Die Vertreter der Resilience Schule halten dem indes dagegen, dass es auch gar nicht ihr Ziel sei, *Ursachen* von Problemen zu erklären, sondern vielmehr *Lösungen* zu finden – und diese sucht diese Forschungsrichtung hauptsächlich im Lokalen, z.B. bei der Untersuchung der Adaptivität von *sozial-ökologischen Systemen* (vgl.: Peterson in CSD Uppsala 2012). Hierbei geht man typischerweise davon aus, dass Systeme aus Menschen und „natürlicher" Umwelt mehr oder weniger genau denselben Gesetzmäßigkeiten unterliegen wie (rein) ökologische Systeme (vgl. z.B.: Holling, Gunderson & Ludwig 2002; Carpenter, Brock & Ludwig 2002). Dies wird im Allgemeinen dahingehend ausgelegt, dass ein gewisses Maß an Stress positiv für ein System sein kann, wenn dieses darauf mit Adaption reagiert, „lernt", und dadurch an Resilienz gewinnt (vgl.: Folke 2006: 253).

Das sozial-ökologische System als komplexes, adaptives System

Als sozial-ökologisches System – im Folgenden: SÖS – werden „kohärente Gesamtsysteme" bezeichnet, die aus „biophysikalischen Einheiten", sozialen Akteuren und institutionellen Regelwerken bestehen, welche in einer dauerhaften Beziehung zueinander stehen (Redman et al. 2004). Ein solches System kann auf verschiedenen „räumlichen, zeitlichen und organisatorischen Ebenen" „hierarchisch verbunden" sein. Hierbei bildet es kein „simples", deterministisches System, sondern ist vielmehr ein spezieller Typ der *komplexen adaptiven Systeme* (Holland 2006), welche in besonderem Maße durch Nicht-Linearität, Unsicherheit und mangelnde Vorhersehbarkeit („Emergenz") sowie einen hohen Grad an Selbstorganisation gekennzeichnet sind (vgl.: ibid.; Berkes, Colding & Folke 2003: 5; Folke 2006: 257; Glaser et al. 2008: 78)). Ferner ist es eine zentrale Aussage der Resilienztheorie, die in diesem Punkt auf Hollings (1973) Erkenntnisse in der Ökologie zurückgreift, dass in einem solchen System eine Vielzahl von schwer vorhersehbaren Equilibriumszuständen möglich sind und sich das System in einem konstanten Erneuerungs- und Adaptionsprozess befindet, der keineswegs der statischen und mechanistischen „Ruhe" und „Stabilität" eines *„single-equilibrium states"* entspricht (vgl.: Folke 2006: 256; siehe auch: Bohle & Glade 2007: 69). Wandel ist in einem solchen komplexen adaptiven System nicht die Ausnahme sondern die Regel (Folke 2006: 259).

3.3.4 Adaption, Resilienz und Verwundbarkeit

Dieser *„beständige Wandel"* in einem komplexen adaptiven System verlangt nach einer ebenso beständigen, flexiblen Anpassung seiner Bestandteile – der *Adaption*. Sie ist somit eine notwendige Reaktion auf Unsicherheit. Fehlt es Organismen und Akteuren an *„adaptability"* (Walker et al. 2004) – der Fähigkeit, flexibel auf die Dynamik in komplexen adaptiven Systemen zu reagieren – steigt die *Verwundbarkeit* des Gesamtsystems, welche hier als die Anfälligkeit, in ein weniger wünschenswertes, semi-stabiles Equilibrium „abzurutschen", verstanden werden kann. Umgekehrt jedoch wird die Fähigkeit, ein System unter beständiger Adaption aufrecht zu erhalten, als *„Resilienz"* bezeichnet:

> „Resilience is the capacity of a system to absorb disturbance and reorganize while undergoing change so as to still retain essentially the same function, structure, identity, and feedbacks." (Walker et al. 2004)

Resilienz ist hier also nicht zu verstehen als die Fähigkeit eines Systems, nach Einwirkung von Stress und Schock möglichst schnell in die Ausgangssituation zurückzukehren, sondern vielmehr als beständiger Lern- und Anpassungsprozess, in dem aber dennoch die „Grundstruktur" und „Identität" des Systems aufrecht erhalten wird. Aufbauend auf dieser Definition beschreibt Folke kurz aber präzise, was dies in der Praxis bedeutet und wie sich ein „resilientes SÖS" von einem *verwundbaren* System von geringerer Kapazität zur Adaption unterscheidet:

„In a resilient social–ecological system, disturbance has the potential to create opportunity for doing new things, for innovation and for development. In [a] vulnerable system even small disturbances may cause dramatic social consequences." (Folke 2006: 253)

Wichtig ist hier zumindest am Rande zu bemerken, dass Resilienz keineswegs gleichbedeutend ist mit „Nachhaltigkeit" und auch Adaption nicht zwangsläufig in Nachhaltigkeit resultiert: Auch ein nicht nachhaltiges System kann sich durch bestimmte Adaptionen – meist *„change at the margins"* – zumindest über eine gewisse Zeit hinweg als resilient erweisen (Pelling 2011: 44f).

3.3.5 Resilienztheorie und das sozial-ökologische System: Relevanz für diese Arbeit

In dieser Arbeit wird der Resilienztheorie nur mit gewisser Skepsis und Vorsicht gefolgt werden. Zu viele Punkte erscheinen in diesem stark naturwissenschaftlich geprägten Ansatz aus sozialwissenschaftlicher Perspektive noch problematisch (vgl.: Hornborg 2009; Nadasdy 2007; Davidson 2010). Hier wäre zunächst die erwähnte, meist eher periphere Auseinandersetzung solcher Studien mit politisch-ökonomischen Rahmenbedingungen zu nennen, die die Handlungs- und Anpassungsfähigkeit von Akteuren erheblich beeinflussen können (ibid.).

Dennoch ist die dezidiert *systembezogene* Definition von Verwundbarkeit der Resilienzheorie hier von großer Nützlichkeit. Sie wird insbesondere bei der Betrachtung von Wandel und Adaption im System der Praxis herangezogen werden. Außerdem kann auf der Grundlage des Resilienzgedankens, zumindest in Bezug auf die hier vorliegenden Fälle, das Phänomen vom Niedergang der „Kulturweise Nomadismus" (Scholz 1995) neu bewertet werden (siehe Abschnitt I 3.5).

Allerdings gibt es ein weiteres, fundamentales Problem, das sowohl die Politische Ökologie als auch – in ganz besonderem Maße – die naturwissenschaftlich geprägte Resilience-Schule und der insbesondere durch sie geprägte Begriff des sozial-ökologischen Systems teilen: Es handelt sich um die Unterscheidung zwischen sozialen (menschlichen) Akteuren und (nicht-sozialen) biophysikalischen Einheiten – die sogenannte „Natur". Nach hier vertretener Ansicht hat jedoch genau diese Unterscheidung weder im hier untersuchten ethnografischen Kontext noch als objektives, wissenschaftliches Untersuchungsparadigma Bestand:

3.4 Mensch und Umwelt: Ontologische Sensibilisierung

Ein zentrales Charakteristikum dieser Arbeit ist die Ablehnung der Natur/Mensch-Dichotomie sowie des Begriffes „Natur" selbst. Sie alle bilden, trotz ihrer diskursiven Hegemonie, die in der positivistischen Wissenschaft praktisch unangetastet bleibt, keine objektive Realität ab, sondern basieren lediglich auf einer spezifischen ontologischen Annahme (siehe hierzu u.a.: Ingold 2000; Descola 1994, 2011, 2012; Willerslev 2007 etc.). Tatsächlich gibt es keinerlei Berechtigung dafür, den Menschen prinzipiell einer vom Rest der belebten Welt getrennten Kategorie zuzuweisen. Im Gegenteil: Die ontologische Unfähigkeit, diese Kategorie hinter sich zu lassen ist nach hier vertretener Ansicht Ursache für typische Fehlinterpretationen bei der Untersuchung von Mensch-Umwelt-Beziehungen.

Spätestens mit der Ablehnung der „Natur" wird allerdings auch der zu ihr dichotome Begriff der „Kultur" zum Problem: Wenn die Dichotomie Natur/Kultur als ein mit dem Natur/Mensch-Dualismus verwandtes Konstrukt nicht als objektive Tatsache aufrechterhalten werden kann, so ist automatisch die Validität beider Konzepte als Untersuchungsparadigmen fraglich (vgl.: Roepstorff & Bubandt 2003: 12ff; Ellen 1996: 17ff; Ingold 2000). Im hier vorliegenden Fall bietet der Fokus auf die Praxis aber eine pragmatische Lösung des Dilemmas: Während es in der Tat schwer zu erklären wäre, wie ein abstraktes, schwammig definiertes Konstrukt wie „Kultur" eigentlich *verwundbar* sein kann, ist das viel konkretere *System der Praxis* hierfür geeigneter – sodass sich eine tiefere Auseinandersetzung mit der „Kultur" als analytische Kategorie erübrigt.

Die Auseinandersetzung mit der Problematik der Ontologie, vor allem im Zusammenhang mit der Ablehnung des kartesischen Dualismus (bzw. „Naturalismus"), wird in dieser Arbeit mehrfach – insbesondere aber in Kapitel II – erfolgen und bedarf daher an dieser Stelle keiner weiteren Diskussion. Für den Moment sei lediglich auf die Ablehnung des Naturalismus verwiesen, welche hier eine der Hauptmotivationen bildete, z.B. das sozial-ökologische System als Untersuchungskategorie hinter sich zu lassen und stattdessen das ontologisch sensibilisierte *System der Praxis* einzuführen.

3.5 Positionierung in der Nomadismusforschung

Am Ende dieser theoretischen Überlegungen bleibt zu diskutieren, wie die vorliegende Arbeit in die Tradition der Nomadismusforschung einzuordnen ist. Hier sei insbesondere auf die Nomadismustheorie von Fred Scholz (1995) eingegangen, die vor allem die Forschungsaktivitäten am Geographischen Institut der Freien Universität Berlin in den letzten Jahrzehnten stark geprägt hat (siehe z.B.: Janzen (Hg.) 1999a: xxvi-xxviii).

Die hier vorliegende Arbeit teilt einige grundsätzliche Ansichten und Punkte mit Scholz' Publikationen zu den Themen Nomadismus und mobile Tierhaltung – und geht dabei doch einen eigenen Weg, der mitunter sogar stark von den von Scholz vertretenen Thesen und Definitionen – und damit auch gewissermaßen der langjährigen Forschungstradition an der FU Berlin – abweicht.

3.5.1 Rentiernomadismus?

An erster Stelle sei in diesem Zusammenhang bemerkt, dass es sich hier um die Untersuchung einer Form der mobilen Tierhaltung handelt, die nicht im sogenannten „Altweltlichen Trockengürtel" lokalisiert ist – was nach Scholz (1995) die Verwendung der Bezeichnung „Nomadismus" grundsätzlich verbieten würde.

I. Einleitung

Vermutlich aufgrund dieses selbst auferlegten geografischen Dogmas finden die hochmobilen Rentierpastoralisten der Taiga- und Tundragebiete in Scholz' ansonsten sehr umfassenden Abhandlungen praktisch keine Erwähnung. Es vermag so auch kaum zu überraschen, dass der Fokus aller mehr oder weniger in der Scholzschen Tradition stehenden, nomadismusbezogenen Forschungsarbeiten am Geographischen Institut der Freien Universität Berlin ausschließlich auf den „Altweltlichen Trockengürtel" gerichtet ist (siehe z.B.: Janzen (Hg.) 1999a; Janzen 2005, Kreutzmann 2012; Müller 1999; Manderscheid 1999; Kreutzmann & Ehlers (Hg.) 2000; Kiresiewa 2009; etc.). Die Rentierhalter des Nordens hingegen werden hier praktisch nirgends berücksichtigt (außer bei: Janzen 1999: 4; Janzen & Bazargur 1998).

Dieses geografische Dogma ist nach Ansicht des Verfassers sowohl unbegründet als auch unhaltbar (so auch z.B.: Stammler 2005: 21; Stadelbauer 2011: 23, 31; FAO 2001: 2f) – handelt es sich doch bei der (lokal und regional unterschiedlich ausgeprägten) Lebens- und Wirtschaftsweise dieser Pastoralisten des Nordens ebenso um eine „spezifische Antwort" zur „Überlebenssicherung" und „Subsistenzbefriedigung" in Form einer hochmobilen, extensiven Tierhaltung, welche die mehr oder weniger „spärlichen Ressourcen" der Taiga und Tundra für den Menschen nutzbar macht (Scholz 1995: 26ff, 30). Hierbei sind die Rentierhalter bei weitem nicht nur als halbsesshafte Rancher oder Verfolger halb- oder ganz wilder Herden tätig, sondern leben teilweise in einem so engen, sozialen Verhältnis zu ihren Herdentieren, wie es wohl auch im Altweltlichen Trockengürtel kaum, wenn überhaupt, übertroffen wird (siehe z.B.: Ingold 1980; Shirokogoroff 1929; Anderson 2002; Vitebsky 2005; etc.). Khazanov ([1983] 1994: 19, 27, 41–44) ordnet, anders als Scholz, die Rentierhalter Nordeurasiens ganz selbstverständlich als *„nomads of the extreme North"* in die Kategorie *„pastoral nomadism proper"* bzw. *„pure nomads"* ein – mit der Einschränkung allerdings, dass er diesen *vollen* Nomadismus nur in der Tundra verwirklicht sieht ([1983] 1994: 41). Diese Einschätzung begründet er vor allem mit der großen Rolle der Jagd in der Ökonomie der Taiga (ibid.).

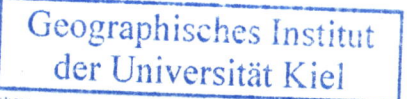

Die fundamentale Rolle der Jagd im System der Praxis der Rentierhalter der Taiga ist unbestreitbar. Nach Ansicht des Verfassers aber schließt dies keineswegs die Möglichkeit aus, ihr System als „nomadisch" zu bezeichnen: Erstens ist hier, wo Rentiere nicht zur Fleischproduktion gehalten werden, das soziale Verhältnis zwischen Mensch und Herdentier am engsten (siehe auch Abschnitt II 2.7). Zweitens wird in der südsibirischen Taiga dem Rentier sogar eine Doppelfunktion, als Milchlieferant im Sommer und als unverzichtbarer Partner während der herbstlichen und frühwinterlichen Jagdsaison zuteil (siehe Abschnitt II 2.4.1). Es bildet damit – trotz oder *gerade wegen* der Jagd – den Mittelpunkt eines überaus pastoral geprägten Taigalebens. Daher werden die Tozhu und die Dukha (wie auch andere Gruppen in der südsibirischen Taiga) in dieser Arbeit, in Anlehnung an Vainshtein [1972] 1980), grundsätzlich als nomadische Rentierhalter-Jäger bezeichnet. Damit wird zum Ausdruck gebracht: Sie sind gleichermaßen nomadische Pastoralisten wie Wildbeuter. Hier wird Barfield gefolgt, nach dessen Definition dies keinen Widerspruch darstellt. Für ihn bezieht sich der Begriff „nomadisch" in erster Linie auf Mobilität und wird erst daraufhin in Bezug zu einer bestimmten Produktionsweise gesetzt (siehe hierzu auch Diskussion in: Janzen (Hg.) 1999):

> „In general, societies specializing in animal husbandry are called pastoral nomads. This excludes such groups as hunter-gatherers, Gypsies, migrant farm workers, or corporate executives who are nomadic but not pastoral. It also excludes Danish dairy farmers and Texas Ranchers who specialize in pastoralism but are not nomadic. Thus, although the terms nomad and pastoralist are generally used interchangeably, at a basic level they are analytically distinct, the former referring to movement and the latter to a type of subsistence." Barfield (1993: 4)

In dieser Arbeit wird daher an einigen Stellen, etwas verallgemeinernd und vor allem meist in direktem Bezug aufeinander, sowohl von „Steppen"- als auch „Taiganomaden" gesprochen – in vollem Bewusstsein darüber, dass einerseits die Taiganomaden eben auch gleichzeitig Wildbeuter sind und andererseits die zusammenfassend als „Steppennomaden" bezeichneten mobilen Tierhalter der Mongolei oder Zentral- und Westtuwas eigentlich auch in Zonen außerhalb der Steppe (z.B. in Wüsten- Halbwüsten- oder Waldsteppenzonen) zu finden sind. Dies widerspricht allerdings – nicht ganz unbeabsichtigt – der noch zentraleren Aussage Scholz', dass man eigentlich heute nirgends mehr echten Nomadismus antreffe – denn dieser sei überall „tot" (Scholz: 1999). Auch diese Position wird hier – zumindest in ihrer explizit geforderten Absolutheit – in Frage gestellt:

3.5.2 Nomaden oder mobile Tierhalter? Niedergangsthese vs. Resilienz und Identität

„Optimale Anpassung" – einmalige Leistung oder dauerhafter Prozess?

Scholz versteht den Nomadismus „in seiner jeweiligen lokalen Ausprägung" als spezifische, „optimale Form aktiver Anpassung an die [jeweils gegebenen] soziopolitischen und ökologischen Rahmenbedingungen" (1999: 249). Somit kann es innerhalb des Nomadismus „keine unserem Verständnis entsprechende Entwicklung" geben (ibid.). Zweitens, und mit dieser Annahme verbunden, löst jeglicher Wandel der „jeweils konstitutiven Rahmenbedingungen" für Scholz quasi zwangsläufig eine Kettenreaktion des Verfalls der betroffenen, bis dahin „optimal" angepassten nomadischen Systeme aus – was angesichts der nahezu allumfassenden politischen und ökonomischen Entwicklungen des 20. Jahrhunderts überall auf der Welt zum Niedergang und letztlich Verschwinden der „sozioökologischen Kulturweise Nomadismus" führte (Scholz 1995: 122f). Daher Scholz' Folgerung zur Jahrtausendwende: Der *„Nomadismus ist tot"* (1999). Lediglich die stark modifizierte, und i.d.R. marktorientierte „mobile Tierhaltung", bei welcher es sich aber ausdrücklich *nicht* um „Nomadismus" als „sozioökologische Kulturweise" handelt, habe überlebt.

Hier sei zunächst festgehalten, dass der Verfasser die von Scholz geschilderten und empirisch vielfach belegten Probleme und die oftmals dramatische Lage der Nomaden – sowohl im altweltlichen Trockengürtel als auch in Taiga und

Tundra – grundsätzlich anerkennt. So werden auch hier, wie bereits mehrfach erwähnt, die Veränderungen der *politisch-ökonomischen* Rahmenbedingungen als das Kernproblem des Sajan-Rentiernomadismus identifiziert. Aber: Der Nomadismus wird hier grundsätzlich nicht als *statisch*, im Sinne von „optimal und komplett", sondern als *adaptive* und damit (mehr oder weniger) *resiliente* Form der Praxis verstanden (siehe hierzu auch: Kreutzmann 2012: 6). Genau durch diese (zumindest als Hypothese generell attestierte) Fähigkeit zur Adaption werden nomadische Systeme der Praxis nach Ansicht des Verfassers in einem ständigen „Bauprozess" (s.o.) stets von innen heraus *optimiert*. Damit haben sie sich auch nie in einem Zustand der „Stagnation" oder in einem dauerhaften „optimalen" Equilibrium befunden (siehe hierzu: Scholz 1995: 28, 122f; Khazanov [1983] 1994: 71; Müller 1999: 15f). Stattdessen befanden sie sich stets in einem mehr oder weniger kontinuierlichen Adaptionsprozess. Hier besteht also ein konzeptioneller Unterschied zwischen „optimal" im Sinne von „abgeschlossen" bzw. „perfekt" einerseits und als „*sich in stetiger Optimierung bzw. Perfektion befindend*" andererseits.

Unter diesem Paradigma kann nicht jede Veränderung der Rahmenbedingungen *von vornherein* als *automatisch und unabänderlich* zerstörerisch verstanden werden. Selbst wenn derartige Veränderungen sich, wie u.a. von Scholz (1995), Humphrey & Sneath (1999) und Rossabi (2005) empirisch belegt wurde, in der Praxis extrem häufig als eindeutig negativ oder sogar katastrophal erweisen. Veränderung wird hier stattdessen, im Sinne der Resilienztheorie, zunächst lediglich als allgegenwärtige Tatsache angenommen, die im Lichte der Adaptivität und Resilienz, aber auch der Kapazität zur *Resistenz*, näher betrachtet und bewertet werden müssen. Dies sollte keineswegs als Verharmlosung der ganz offensichtlich weltweit bestehenden Gefahr für den Fortbestand des Nomadismus gedeutet werden: Es soll hier unter keinen Umständen die Resilienztheorie in derart dogmatischer Weise interpretiert werden, als dass in einem aus Sicht der indigenen Bevölkerung katastrophalen äußeren Eingriff lediglich eine „Chance für adaptives Lernen" und „Reorganisation und Neubeginn" gesehen wird. Dennoch ist hier die Frage, in wie weit sich die Anpassungsfähigkeit nomadischer Systeme auch auf politisch-ökonomische Rahmenbedingungen erstreckt, durchaus berechtigt. In der Tat scheint die Ansicht korrekt zu sein, dass der Nomadismus nicht von außen „optimiert" werden kann, bzw. sich in der Vergangenheit immer wieder als „unverbesserlich" erwies (Scholz 1995, 1999; Müller 1999). Dies muss jedoch nicht *zwangsläufig* bedeuten, dass er nicht dennoch – *von innen heraus* – die Kapazität zur Adaption an ungünstige äußere Verhältnisse besäße (siehe z.B.: Stammler 2005; Forbes et al. 2009). In diesem Zusammenhang sei hier auch an das Konzept von Handlungsfähigkeit und *Handlungsspielraum* (siehe Abschnitte I 3.1.2, VII 1.5) erinnert: Nicht nur „Anpassung" an gegebene Umstände, sondern auch *Verweigerung* und Resistenz sind mögliche Reaktionen auf Veränderungen von Rahmenbedingungen. Diese Möglichkeit wird auch von Scholz thematisiert. Er sieht aber die Bedingungen für Rückzug und „räumliches Ausweichen (z.B. in die Staatsferne)" heute als keine realistischen Optionen mehr an (vgl.: 1995: 122). In der weiteren Diskussion der Situation der Dukha und der Tozhu wird jedoch demonstriert werden, dass zumindest im Sajangebirge Verweigerung, Rückzug, Schein-Gehorsam und Nicht-Erfüllung stets Optionen zur Aushandlung des tatsächlichen Handlungsspielraumes waren und sind.

Wer bestimmt die Paradigmen?

So bleibt abschließend in diesem Zusammenhang die Frage zu klären, ab wann tatsächlich ein nomadisches System aufhört ein solches zu sein. Ab welchem Grad des Wandels verbietet es sich, noch von „Nomaden" zu sprechen? Nach Scholz sind (bzw. *waren*) die Hauptcharakteristika für das Phänomen Nomadismus vor allem der mobile und extensive Charakter der Weidenutzung und die rein subsistenzorientierte Produktionsweise (1995: 26f). Ist von diesen beiden z.B. erstgenannter Faktor noch immer, letzterer aber nicht mehr gegeben, hat es sich heute weitgehend durchgesetzt, lediglich von „mobiler Tierhaltung" – in Abgrenzung zum *echten*, praktisch ausgestorbenen „Nomadismus" – zu sprechen (vgl.: Scholz 1999: 254f; Janzen 2008: 3f; Kiresiewa 2009: 7ff; dagegen: Stammler 2007: 21ff).

Aber ist dieser Essentialismus wirklich gerechtfertigt? Und wer bestimmt, woran genau eigentlich festzumachen ist, ab wann ein bestimmtes System seinen grundlegenden Charakter verloren hat? Auf diese Frage kann auch hier keine allgemeingültige Antwort gegeben werden. Aber im Ostsajanraum sehen heutige „mobile Tierhalter" wie etwa die Dukha ihr Leben noch immer, trotz vielfältiger Adaptionen, als die direkte Fortsetzung des Lebens ihrer Vorfahren – sodass die „Wiedereinführung der Bezeichnung Nomadismus" (Stammler 2007: 22) hier durchaus berechtigt scheint. Eine wichtige Erkenntnis dieser Arbeit ist zudem, dass im Sajanraum auf beiden Seiten der russisch-mongolischen Grenze trotz vielfältiger Veränderungen die charakteristische soziale Mensch-Umwelt-Beziehung noch immer weitgehend erhalten geblieben ist. Sie könnte mindestens mit der gleichen Berechtigung als Kerncharakteristikum von Nomadismus verstanden werden wie der Aspekt der Subsistenz und Autarkie.

4. HINTERGRÜNDE ZUR FORSCHUNG UND ZU DIESER ARBEIT

4.1 Aufbau der Arbeit

Während im einleitenden Kapitel I bereits das Thema sowie die theoretischen, methodologischen und konzeptionellen Grundlagen zu seiner Bearbeitung eingeführt wurden, wird in Kapitel II das System der Praxis der Rentierhaltung und Jagd im Ostsajangebirge, anhand seiner einzelnen Ebenen beschrieben. Hier werden aber auch einleitende Grundsatzüberlegungen, insbesondere zum Problem „Mensch und Natur", aber auch der Historizität und der Traditionalität vorgestellt, System und Systemumwelt voneinander abgegrenzt und in Bezug zueinander gesetzt und die Zusammensetzung der Akteursgruppen definiert.

Auf die Geschichte der Regionen Osttuwa und Nordwest-Khövsgöl, insbesondere während der Kolonialzeit und der frühen Phase des darauf folgenden Sozialismus nimmt Kapitel III Bezug. Der Fokus liegt hier auf den damals einsetzenden geopolitischen Veränderungen, die spätestens ab 1727 die Trennung der verschiedenen Gruppen von Rentierhalter-Jägern in der Ostsajanregion eingeleitet haben. Das Kapitel endet mit der Schilderung des ab 1911 einsetzenden antikolonialen Befreiungskampfes und den sich daraus entwickelnden sozialistischen Revolutionen in Tuwa und der Mongolei. Hier wird eine starke Gewichtung auf die Erklärung bislang sehr unterschiedlich beschriebener Prozesse im Zusammenhang mit der Einrichtung der heutigen, durch die Region verlaufenden, internationalen Grenze gelegt, die für das Verständnis der Trennung der Dukha von den Tozhu und den jeweiligen, von ihnen bewohnten Regionen südöstlich und nordwestlich dieser Grenze von essentieller Bedeutung sind.

In Kapitel IV, das wiederum in drei Teilkapitel unterteilt ist, wird die ab etwa 1927 vollzogene und bislang endgültige Trennung der beiden untersuchten Gruppen untersucht. Hier geht es vor allem um die im Zuge der Manifestierung der lange Zeit unklaren Grenzlinie einsetzenden Umsiedlungsprozesse und die folgende Flucht eines Teils der Rentierhalter-Jäger auf mongolisches Territorium (Teil 1) sowie die jeweilige Beschreibung der Lebensumstände der Dukha in der Mongolischen Volksrepublik (MVR) und der Tozhu in der Sowjetunion (Teile 2 & 3). Besonderes Augenmerk wird in Teil 2 und 3 auf die Beschreibung der unterschiedlichen Transformationen der nomadischen Systeme während und nach der sozialistischen Kollektivierung in der MVR und der Sowjetunion gelegt.

Kapitel V fasst die dramatische, gemeinhin als „Postsozialismus" bezeichnete Phase nach dem Ende der UdSSR und der MVR zusammen und setzt die Ereignisse jener Zeit in Bezug auf die damalige Situation der Tozhu und der Dukha. Hierbei legt es die Ausgangsbasis für die in Kapitel VI & VII vorgenommene Beschreibung der heutigen Situationen beider Gruppen, die sich nahtlos aus der zuvor beschriebenen entwickelt haben. Diese Situationen werden im abschließenden Kapitel VIII zusammenfassend verglichen und damit die in der Einleitung formulierten Grundfragen dieser Arbeit beantwortet.

4.2 Datenerhebung und Arbeitsmethoden

Aus dem in den einleitenden Abschnitten I 2.1 und 2.2 geschilderten Fokus dieser Arbeit, den sich hieraus ergebenden Grundfragen, deren theoretischen Einbindung sowie den obigen Ausführungen zur Struktur dieses Buchs sollte bereits ersichtlich geworden sein, dass hier ein sehr interdisziplinärer Ansatz, insbesondere bestehend aus einem Mix der Methoden der Disziplinen Ethnologie, Geschichte und Anthropogeografie, verfolgt wird. Ferner werden Grundfragen der an sich schon interdisziplinären praxisbezogenen Entwicklungsforschung sowie des Land- und Ressourcenmanagements bearbeitet, die somit ebenfalls zum interdisziplinären Charakter dieser Arbeit beitragen.

4.2.1 Feldforschung

Teilnehmende Beobachtung

Insgesamt fünf Aufenthalte in der nordmongolischen Region Nordwest-Khövsgöl sowie eine weitere Feldforschung in den Wintercamps der Tozhu in der osttuwinischen Bii-Khem-Region in Russland, im Februar 2012, bilden das Herzstück dieser Arbeit. Wie bereits erwähnt, ging dem eigentlichen Beginn der Forschungsarbeiten für die diesem Buch zugrunde liegende Dissertation bereits zwischen August und Oktober 2008 eine knapp dreimonatige Forschungsreise zu den Dukha voraus. Die nächsten beiden, insgesamt fünf Monate dauernden Aufenthalte auf mongolischer Seite der Grenze fanden zwischen Februar und Mai sowie September und Oktober 2010 statt, gefolgt von einer Reise im September 2012 und einer abschließenden Überprüfung und Aktualisierung der vorhandenen Forschungsergebnisse im Februar 2014.

Bei diesen Reisen mit einer Gesamtdauer von elf Monaten stand die direkte Feldforschung bei und mit den Rentierhalter-Jägern in der Taiga und den Siedlungen[10] im Vordergrund, deren Alltag insgesamt etwa acht Monate lang und über einen Zeitraum von fünfeinhalb Jahren hinweg durch alle vier Jahreszeiten geteilt werden konnte. Diese Phasen der *teilnehmenden Beobachtung* waren sicher nicht nur die produktivste, sondern auch unvergesslichste Zeit der Arbeit zu diesem Buch, die mehr als alles andere das ihr zugrunde liegende Verständnis für das Leben der Rentierhalter-Jäger des südlichen Ostsajangebirges prägte. Gemeint ist hier die Summe aus geteilter alltäglicher Praxis – Tiere einsammeln, packen und nomadisieren, Bäume fällen und Feuerholz machen, Dinge herstellen oder reparieren, kochen, essen, feiern usw. – sowie langen Gesprächen (mit oder ohne Notizblock) und immer wieder situativ eingestreuten, meist spontanen Interviews[11], aus deren Gesamtheit nicht nur mit der Zeit ein analytisches Verständnis, sondern auch ein Gefühl für die Situation und das Leben der hybriden Mensch-Tier-Gemeinschaften der Rentierhalter-Jäger des südlichen Ostsajangebirges erwuchs. Ingold (2012: 5) bezeichnet diese Art des *Verstehen-Lernens von innen heraus* als „*lessons in life*", welche *keinesfalls* mit „Datenerhebung" (weder quantitativ noch qualitativ!) verwechselt werden sollten. Dies trifft exakt den Kern der Sache im hier vorliegenden Fall – und spiegelt auch die Grundeinstellung des Verfassers zur Rolle dieser Form der Feldforschung wider.

---

10 Während im Rahmen dieser Arbeit verhältnismäßig viel im mongolischen Ort Tsagaannuur geforscht wurde, konnte leider, vornehmlich aus logistischen Gründen, praktisch keine Zeit im todzhanischen Adyr-Kezhig (oder anderen Siedlungen Osttuwas) verbracht werden.
11 Grenzen zwischen expliziten „Interviews" und „Gesprächen" sind hier in den meisten Fällen praktisch unmöglich zu ziehen – weshalb hier auch gar nicht erst der Versuch gemacht werden soll, anzugeben, wie viele tatsächliche Interviews (s.u.) im Rahmen dieser Forschung geführt wurden.

Interviews und Sammlung empirischer Daten

Dessen ungeachtet wurden aber auch empirische Daten im klassischen Sinne gesammelt: Komplementär zum Teilen des Alltags der Rentierhalter-Jäger und anderer lokaler Akteure (wie etwa der Dorfbewohner von Tsagaannuur oder den Darkhad-Steppennomaden) wurden verschiedenste Treffen mit diversen Lokalpolitikern, Mitarbeitern und Leitern von Behörden, NRO, Rangern und dem Direktor des Tengis-Shishged Nationalparks sowie einem Mitglied des mongolischen *Ministeriums für Umwelt und Tourismus* und mongolischen, tuwinischen und russischen Wissenschaftlern in Ulaanbaatar, Mörön und Kyzyl abgehalten. In diesem Zusammenhang wurden auch im Rahmen eines einwöchigen Aufenthalts in Moskau im Oktober 2012 mehrere Treffen mit führenden russischen Wissenschaftlern und Mitgliedern von indigenen Organisationen – u.a. bei Treffen am renommierten *Institut für Ethnologie und Anthropologie der Russischen Akademie der Wissenschaften* (*Institut Etnologii i antropologii RAN*) – organisiert.

Neben diesen sogenannten „Experteninterviews" zu verschiedensten Themen wurden allerdings auch viele *explizite* Interviews mit den Dukha und den Tozhu (die ohne Zweifel die wahren *Experten* in Bezug auf Rentierhaltung und Jagd und das Leben in der Taiga sind) abgehalten: Während oben erklärt wurde, dass im Rahmen der „lessons in life" bei den Rentierhalter-Jägern sehr oft nicht zwischen Lernen durch Teilhabe, Gesprächen und Interviews unterschieden werden kann, so gab es dennoch auch dort nicht wenige sehr klare und eindeutige Befragungssituationen, die entweder etwas außerhalb dieses normalen Rahmens stattfanden oder sich von ihm aufgrund ihrer ein wenig formaleren Situation abhoben: Dies waren z.B. narrative und direkt dokumentierte Interviews mit einem unterschiedlichen Grad an Strukturiertheit, spezifische und gezielte Befragungen zu konkreten Themen, oder aber sogenannte „*oral histories*" (siehe z.B.: Perks & Thomson (Hg.) 2006), in denen die Befragten dazu aufgefordert waren, möglichst selbstständig ihre Erlebnisse und Erfahrungen aus bestimmten geschichtlichen Abschnitten wiederzugeben. Vor allem bei besonders relevanten, sensiblen oder unklaren Sachverhalten wurden, wann immer möglich, stets mindestens drei verschiedene Personen befragt, um auf diese Weise ein möglichst stimmiges und ausgewogenes Bild von der jeweiligen Angelegenheit zu erhalten.

Spezifisches zur Arbeit in Todzha

Die Arbeit in Tuwa gestaltete sich in vielerlei Hinsicht anders als in der Mongolei: Zunächst musste im Vorfeld über Monate hinweg intensiv Russisch gelernt werden. Anders als in der Mongolei, wo auf einen mit der Zeit immer größer werdenden Bekanntenkreis und langsam wachsende Mongolischkenntnisse zurückgegriffen werden konnte, wo aber auch insbesondere die Hilfsbereitschaft eines Kollegen und Freundes, Tudevaanchig Battulga, oft entscheidend dazu beitrug, restliche vorhandene Sprachbarrieren zu überwinden und ganz allgemein die Arbeit wesentlich erleichterte, war die Organisation der Reise zu den Rentierhalter-

Jägern auf russischer Seite der Grenze wesentlich schwieriger. Dazu kam der Zeitpunkt und der erhebliche Zeitdruck, unter dem die Feldforschung stattfinden musste: Die im Vorfeld kontaktierten, in Kyzyl lebenden und sehr hilfsbereiten Wissenschaftler Brian Donahoe, Svetlana Biche-Ool und Evgenij Mongush, waren – obwohl allesamt in voller Unterstützung des Vorhabens – sehr skeptisch, ob es überhaupt gelingen könnte, im eiskalten Februar und im äußerst knappen Rahmen eines 30-Tage-Visums überhaupt eine Taigareise zu organisieren, geschweige denn dort auf die extrem weit verstreut lebenden „*iviciler*" bzw. Russisch „*olenevody*" (D: Rentierhalter) zu treffen. In Kyzyl tat sich aber dennoch überraschend die Möglichkeit auf, mit Alexej Mongush, dem Direktor des MUP Odugen ins todzhanische Adyr-Kezhig, und von dort aus noch am selben Nachmittag mit Arshaan, einem Angestellten des Betriebs, sowie zwei weiteren jungen Tozhu auf dem „Buran" in die Taiga zu fahren – ohne die Möglichkeit, weitere Befragungen im Dorf zu organisieren oder bei den örtlichen Behörden vorstellig zu werden. In der Taiga wurden neben Arshaans Winterlagerplatz zwei weitere, mehrere Schneemobilstunden auseinander liegende Camps besucht. Der Besuch eines vierten, etwa drei Stunden entfernt gelegenen Lagers erübrigte sich, nachdem dessen Bewohner selbst eines Nachmittags zu Arshaan kamen.

Unter den neun weit verstreut lebenden Männern, die in der todzhanischen Taiga angetroffen wurden, konnte naturgemäß nicht in derselben Art und Weise geforscht werden wie in den aals der Dukha in Nordwest-Khövsgöl. Stattdessen musste hier notwendigerweise versucht werden, auf wesentlich intensivere Befragungsmethoden zurückzugreifen. Unter anderem wurde so auch mit fest strukturierten Interviews experimentiert – eine Methode, die sich allerdings als wenig ertragreich erwies und daher nach einigen Versuchen bald eingestellt wurde. So wurde letztlich auch hier weitgehend auf die bewährte Methode von situativen und sich spontan entwickelnden Gesprächen zurückgegriffen, was zu wesentlich besseren Ergebnissen führte.

Eine Besonderheit der Arbeit in Todzha ist, dass aufgrund der limitierenden Bedingungen, unter denen die Feldforschung in Todzha stattfand, keine Frauen angetroffen wurden – weshalb die weibliche Perspektive hier völlig fehlt. Gerade dieses Fehlen aber ist auch ein radikales Zeugnis für die massiven Umbrüche, die sich hier während des Sozialismus ereigneten, und unter deren Erbe diejenigen Tozhu, die heute noch immer in irgendeiner Weise mit dem Taigaleben in Verbindung stehen, leiden (siehe hierzu auch Abschnitt VI 2.3).

NRO-Arbeit und Organisation von Workshops bei und mit den Dukha

Im Rahmen des oben erwähnten Engagements für ein gemeindeorientiertes Tourismusprojekt der Itgel-Foundation und das von ihr ins Leben gerufene „Tsaatan Community and Visitors Center" (TCVC) (siehe Abschnitt VII 2.3.1), wurden vom Verfasser – *neben und in Ergänzung zur eigentlichen Feldforschung* – im Jahr 2010 auch verschiedene Befragungen und Workshops organisiert, die vor allem mit dem überaus problematischen Thema „Naturschutz" im Tsagaannuur sum (siehe Abschnitt VII 1.3) in Verbindung standen. In diesem Zusammenhang sei vor allem ein mehrtägiger Workshop im Mai 2010 erwähnt, auf dem gemeinsam mit elf Teilnehmern u.a. alternative Ideen zum damals im sum vorherrschenden, offiziellen Ressourcenmanagementansatz (siehe Abschnitt VI 1.3.2) entwickeltet wurden, die die starke Partizipation von Jägern, vor allem beim Monitoring von Wildtierbeständen vorsahen und allgemein auf eine Stärkung der problematischen Beziehung zwischen Umweltschutzbehörde und Taigabevölkerung abzielte (siehe: Endres 2012). Viele der damals geführten Diskussionen und hierbei entwickelten Ideen der Dukha, die zwar sowohl aufgrund von Managementproblemen des TCVCs als auch der ein Jahr später vollzogenen Gründung des Tengis-Shishged Nationalparks nicht mehr in die Tat umgesetzt werden konnten, trugen ebenso dazu bei, das Verständnis für viele aktuelle Probleme zu erweitern.

Kartierungsarbeiten

Sowohl während der Vorbereitungen für diesen Workshop als auch schon im Rahmen einer dieser Arbeit vorausgehenden Kooperation mit dem TCVC im Jahr 2008 (siehe: Endres 2009) wurden im Tsagaannuur sum, gemeinsam mit den Dukha, Lager- und Weideplätze, Wege und Stellen von besonderer spiritueller oder anderer Bedeutung kartiert – teils per Pferd und mit GPS in der Taiga, teils bei sogenannten „community-mapping"-Aktionen, bei denen interessierte Mitglieder der Taigagemeinschaft verschiedene Aspekte ihrer derzeitigen oder vergangenen Raumnutzung, oder aber räumliche Aspekte historischer Ereignisse auf Karten einzeichneten. Während die in diesem Rahmen für das TCVC produzierten Karten als das Eigentum der Dukha betrachtet und aus diesem Grund hier nicht abgedruckt werden, wurde der Verfasser von den Teilnehmern aller Kartierungsaktionen ausdrücklich dazu ermuntert, die erhobenen Informationen auch für die hier abgedruckten Karten zu verwenden.

Auch in Todzha wurden Kartierungsarbeiten unternommen. Hier wurde mit vier teilnehmenden Tozhu die ungefähre Lage der Camps der Rentierhalter-Jäger in der Bii-Khem Region (siehe Karte 6) festgehalten.

4.2.2 Literatur- und Quellenarbeit

Neben der überaus wichtigen Feldforschung spielt bei der Entstehung einer wissenschaftlichen Arbeit natürlich auch das Studium vorhandener Literatur eine fundamentale Rolle. Neben den oben und in Abschnitt II 1 besprochenen theoretischen Grundlagen und der ethnografisch-geografischen Literatur zu den Völkern Sibiriens und den Themen Nomadismus, Rentierhaltung, Jagd und Animismus (siehe Übersicht in Abschnitt I 4.3.1), deren Auswertung nötig war, um das im Speziellen Beobachtete in einen größeren Kontext zu setzen, sei an dieser Stelle vor allem auf die wichtige geschichtliche Literatur zur Entwicklung der Sajanregion und der Staaten Russland bzw. Sowjetunion (UdSSR), Mongolei bzw. Mongolische Volksrepublik (MVR), der kurzlebigen Tuwinischen Volksrepublik (TVR) und natürlich der historischen Großmacht Mandschu-China hingewiesen, die insbesondere als Grundlage für die Kapitel III und IV systematisch ausgewertet werden musste. Hier wurden u.a. die Schriften westlicher, russischer und mongolischer Historiker verglichen, alte Reiseberichte (z.B.: Carruthers 1912, [1914] 2009; Castrén 1856; Mänchen-Helfen 1931) ausgewertet und in zeitaufwendiger Recherche historische Karten in verschiedenen Archiven und Bibliotheken ausfindig gemacht und vergleichend analysiert (siehe u.a. Abschnitt III 4). In diesem Zusammenhang wurden auch – in Ermangelung von offiziellen tuwinischen Karten – Originalbriefmarken der TVR aus der Zeit zwischen 1925 und 1936 erworben und die auf ihnen abgebildeten Grenzen des kurzlebigen Staates mit anderen Karten aus derselben Zeit verglichen (siehe Abb. 29). Besonders hilfreich bei der Analyse der etwa 300 Jahre währenden Geschichte des Grenzziehungsprozesses in der betreffenden Region war auch der Austausch und die Diskussion mit dem japanischen Tuwaforscher und Historiker Masahiko Todoriki, der dem Verfasser von ihm übersetztes und aufbereitetes mandschu-chinesisches Karten- und Quellenmaterial (Todoriki 2008, 2009) zukommen ließ.

Weitere Informationen über die hier geleistete Literaturarbeit ergeben sich aus der im folgenden Abschnitt vorgenommenen zusammenfassenden Darstellung des Forschungsstandes bezüglich der wichtigsten Themen und Fragen dieses Buches:

4.3 Aktualität und Relevanz der Forschung

4.3.1 Stand der Forschung

Nachdem die theoretischen Grundlagen bereits in Abschnitt I 3 zusammengefasst wurden, muss an dieser Stelle nicht noch ein weiteres Mal auf diese eingegangen werden. Die folgenden Ausführungen zum Stand der hier relevanten Forschung[12] seien daher auf die thematischen Kernbereiche dieser Arbeit beschränkt:

Geschichte der Sajanregion, Grenzziehung und Spaltung der Rentierhalter-Jäger

Die Geschichte der Sajanregion, ihrer Kolonisierung und Aufspaltung wird als Teil der Geschichte Russlands, Chinas und der Mongolei von einer Reihe von Autoren behandelt. Hier wären z.B. Forsyth und sein Standardwerk *„A History of the Peoples of Siberia"* (1992) oder Bawden ([1968] 1989), Baabar (1999) und Batsaikhan (2013) zu nennen, die sich zumindest am Rande ihrer wesentlich brei-

---

12 Die Identifikation und Auswahl von bestimmten Werken als „relevant" für die eigene Forschung ist naturgemäß eine sehr subjektive Angelegenheit. Außerdem sollte in diesem Zusammenhang explizit gemacht werden, dass es selbst bei sorgfältigster Recherche nie ausgeschlossen werden kann, dass bestimmte Arbeiten dem Verfasser nicht bekannt sind. Daher wird bei der folgenden Übersicht kein Anspruch auf Vollständigkeit erhoben.

ter gefächerten historischen Werke mit der Trennung Tuwas von der Mongolei befassen. Intensiver wird die Geschichte Tuwas von Ewing (1981), aber auch von einer ganzen Reihe an russischen und mongolischen Historikern bearbeitet: Hier wären, auf russischer Seite, insbesondere Potapov ([1956] 1964, 1964) und, vor allem was die neuere Geschichte ab Beginn des 20. Jahrhunderts betrifft, Belov (2004) und Khomushku (2004) zu nennen. Unter den mongolischen Historikern, die sich mehr oder weniger intensiv mit dem Thema Tuwa und der Aufspaltung der Sajanregion befasst haben, müssen vornehmlich Shurkhuu (2011), Tserendorj (2002), Pürev (1979), Tseden-Ish (2003), Nyamaa (2008, 2012), und Khüjii (2003) Erwähnung finden. Des Weiteren wird der Aspekt der sich über drei Jahrhunderte vollstreckenden Grenzziehung und der damit einhergehenden Aufspaltung der Sajanregion auch von Friters (1949), Mänchen-Helfen (1931), Leimbach (1936), Korostovetz (1926), Tang (1959), Donahoe (2004), Wheeler (2000) und Soni (2010) behandelt. Trotz oder sogar gerade *wegen* der relativ großen Zahl an Autoren, die sich mit dem Thema der Grenzziehung zwischen Tuwa und der Mongolei – und damit einhergehend der Abspaltung der Region Nordwest-Khövsgöl von Osttuwa – mehr oder weniger intensiv befasst haben, herrscht keineswegs Klarheit zu dem Thema. Tatsächlich variieren die verschiedenen Versionen der Geschichtsschreibung, wie vor allem in Abschnitt III 3.5. analysiert werden wird, erheblich voneinander.

Intensiv mit der hierzu in Verbindung stehenden Geschichte der Rentierhalter-Jäger der südlichen Ostsajanregion haben sich in letzter Zeit insbesondere Donahoe (2004) und Wheeler (2000), aber auch die tuwinische Ethnologin Mongush (2010, 2012) auseinandergesetzt. Besonders Donahoes Dissertation „*A Line in the Sayans*" (2004) weist relativ große Parallelen zur hier vorliegenden Arbeit auf: Auch hier werden die Entwicklungen zweier Rentierhalter-Jägergruppen des Ostsajangebirges verglichen. Allerdings sind dies in Donahoes Arbeit die Tozhu und ihre nördlichen Nachbarn, die Tofa, die beide auf russischem Territorium leben. Außerdem liegt Donahoes Fokus stark auf den sich wandelnden Einstellungen der untersuchten Gruppen zu Besitzrechten, die hingegen in der hier vorliegenden Arbeit als Teil der Ebene „*Institutionen*" nur einen Teil des untersuchten gesamten Systems der Praxis ausmachen. Ältere wichtige Beiträge zu Geschichte, Herkunft und Ethnografie der Tozhu und der Dukha stammen von Potapov ([1956] 1964), Dolgikh (1960), Badamkhatan (1962) sowie von Vainshtein, der mit seinen Büchern „*Nomads of South Siberia*" ([1972] 1980) und „*Tuvinczy-Todzhinczy*" (1961) zwei der bis heute wichtigsten Standardwerke zur Region verfasst hat.

Weitere für diese Arbeit und die Geschichte der Dukha und der Tozhu zumindest indirekt relevante Werke behandeln die Geschichte des Sozialismus in der MVR und UdSSR, insbesondere der Kollektivierung der indigenen bzw. nomadischen Bevölkerung in negdels und Kolchosen sowie die Geschichte des Zusammenbruchs dieser sozialistischen Infrastruktur im Zuge der Perestroika und des darauf folgenden politischen und ökonomischen Systemwechsels von 1990 bzw. 1992. In diesem Zusammenhang wären vor allem zu nennen: Vitebsky (2005), Slezkine (1994), Pika (Hg.) [1994] 1999) Krupnik (2000), Humphrey (1998), Humphrey & Sneath (1999), Lattimore (1955, 1982, 1955), Rossabi (2005) und

Battushig (2000). Hier besteht allerdings schon ein fließender Übergang zwischen der mehr oder weniger „geschichtlichen" Literatur und den sich primär mit der bis heute vollziehenden Transformation der nomadischen Gesellschaften und Systeme der Region beschäftigenden ethnologisch-geografischen Publikationen, die im Folgenden zusammengefasst werden sollen:

Rentierhaltung und Nomadismus

Die Literatur zum Phänomen des nomadischen Pastoralismus kann grob in zwei Sparten unterteilt werden: Zum einen existiert eine große Menge an ethnologischer und geografischer Literatur zum Nomadismus der Steppen- und Wüstenzonen des Altweltlichen Trockengürtels. Aus diesem riesigen Fundus an Publikationen (siehe hierzu z.B.: Scholz 1992) sei an dieser Stelle vor allem auf die für den hier vorliegenden Untersuchungsraum relevanten Werke von Janzen (2005, 2008, 2011), Janzen & Bazargur 1999, Scholz (1995), Müller (1994, 1999), Barfield (1993), Khazanov ([1983] 1994), Humphrey & Sneath (1999) und Fijn (2011) verwiesen. Nicht nur räumlich sondern auch fachlich und theoriebezogen praktisch völlig getrennt[13] von dieser Forschungstradition entwickelte sich – ganz besonders nach der Öffnung der Sowjetunion – die von Ethnologen dominierte Erforschung des sibirischen Rentierpastoralismus, z.B. durch die Publikationen von Ingold (1980), Anderson (2002), Vitebsky (2002, 2005), Habeck (2002, 2005), Stammler (2007), Beach & Stammler (2006), Istomin & Dwyer (2010), Ziker (2002a) und Kasten (Hg.) (2002). Aus geografischer Perspektive scheint der Erforschung der Rentierhaltung in Taiga und Tundra, ganz im Gegensatz zum Pastoralismus der Steppen- und Wüstenzonen des Altweltlichen Trockengürtels, bislang noch immer nur wenig Relevanz beigemessen zu werden.

Jagd und Animismus bei den Völkern des circumpolaren Nordens

Praktisch genauso verhält es sich mit der Jagd: Offenbar scheint sich eine geografische Tradition der Wildbeuterforschung nie herausgebildet zu haben. So verwundert es auch kaum, dass die Erforschung der Jagd der Völker des Nordens (und hier insbesondere Sibiriens) de facto praktisch eine reine Domäne der Ethnologie ist. Hier haben z.B. Anderson (siehe z.B.: 2002 bzw.: Anderson & Nuttall (Hg.) (2004)) und Willerslev (2007) die Jagd der Indigenen Sibiriens nicht nur als bloße Wirtschaftsform, sondern als eine in bestimmte ontologische Grundmuster

---

13 Wahrscheinlich das prominenteste Beispiel unter den wenigen Ausnahmen zu dieser Regel ist das bereits mehrfach erwähnte Werk „*Nomads of South Siberia*" des russischen Ethnologen Sevyan Vainshtein ([1972] 1980), das die beiden nomadischen Systeme (Steppenvieh- und Rentierhaltung) der Tuwiner (sowie deren Jagd und Ackerbau) untersucht und in direkten Kontext zueinander setzt. Ebenso ohne Berührungsängste behandeln Stépanoff et al. (2013) die Themen Rentier- und Steppennomadismus zusammenfassend als „*Nomadismes d'Asie centrale et septentrionale*".

eingebettete Form der Mensch-Umwelt-Interaktion beschrieben, die regelmäßig in der circumpolaren Arktis und Subarktis zu finden ist. Diese ontologischen Grundmuster wurden wiederum, beginnend mit Hallowell (1960), von Ingold (2000, 2007), Bird-David (1992, 1999), Harvey (2006), Descola (1994, 2011, 2012) und Pedersen (2001) im Rahmen eines Revivals und der Neudefinition des Begriffs „Animismus" untersucht – wodurch die sogenannte „ontologische Wende" (siehe hierzu: Pedersen 2012) in der Ethnologie eingeläutet wurde, welche auch für diese Arbeit einen wichtigen Bezugspunkt darstellt.

Die Dukha und die Todzhu

Zum Abschluss der abrissartigen Revision der hier thematisch relevanten wissenschaftlichen Literatur muss noch auf diverse Arbeiten bezüglich der Rentierhalter-Jäger des Ostsajangebirges – und hierbei insbesondere der Dukha und der Tozhu – eingegangen werden, die sich, je nach Fokus der jeweiligen Publikation, meist mindestens einer der oben besprochenen Kategorien und Forschungsrichtungen zuordnen lässt. Hierbei seien noch einmal die wichtigen ethnografischen Werke Vainshteins ([1972] 1980, 1961), sowie die Dissertation Donahoes (2004) und die Masterarbeit Wheelers (2000) erwähnt, die nach Ansicht des Verfassers die bislang umfangreichsten und ergiebigsten (obgleich aber auch nicht neuesten) Quellen über die Tozhu und die Dukha darstellen. Ferner sind die Masterarbeit der dänischen Ethnologin Kristensen (2004) sowie ein hier besonders relevanter Artikel ihres Landsmannes Pedersen (2003) zu erwähnen, von denen erstere vor allem die Landschaft der Dukha in Bezug auf ihren Schamanismus, letzterer die rituellen Aspekte der Raumnutzung und die Wahrnehmung der „nomadischen Landschaft" der Dukha theoretisiert. Mit der mongolischen Rentierhaltung und deren Problemen beschäftigen sich vor allem Ayuursed (1996), Jernsletten & Klokov (2002) sowie Inamura (2005) und Johnsen et al. (2012). Stépanoff (2012) wiederum konzentriert sich bei seinem herausragenden Artikel über die Rentierhaltung der Tozhu vor allem auf die Analyse der sozialen Mensch-Umwelt-Beziehung in den „hybriden Gemeinschaften" aus Menschen und Rentieren, genau wie dies auf mongolischer Seite der Grenze die Masterarbeit der türkischen Ethnologin Selcen Küçüküstel (2013) tut. Küçüküstel greift zusätzlich auch den Aspekt der Jagd in ihrer Behandlung der Mensch-Umwelt-Beziehungen auf, wodurch sie sich in einem ähnlichen Feld bewegt wie diese, fast zeitgleich, aber unabhängig davon entstandene Arbeit.

Auch wenn die hier vorliegende Arbeit grundsätzlich um die vom Verfasser selbst erhobenen empirischen Forschungsergebnisse herum aufgebaut ist, wird im Laufe der folgenden Kapitel Bezug auf alle hier erwähnten Publikationen (sowie eine Vielzahl weiterer) genommen, deren Auswertung insgesamt kaum minder zum Erkenntnisgewinn in dieser Arbeit beigetragen hat als die eigene Feldforschung, die in diesem relativ engmaschigen Netz verschiedenster wissenschaftlicher Arbeiten positioniert ist. In diesem Zusammenhang bleibt zum Abschluss des einleitenden Kapitels die wichtige Frage zu beantworten, welche konkreten und neuen Forschungsleistungen hier erbracht werden sollen:

4.3.2 Angestrebter Beitrag zur Wissenschaft

Empirische Aspekte

Einer der wichtigsten, mit dieser Studie angestrebten Beiträge zur Wissenschaft ist die holistische und historisch eingebettete Untersuchung des Wandels der Lebensweise der Dukha und, wie sich erst im Laufe der Forschungsarbeiten ergab, der Tozhu, von denen die heute auf mongolischer Seite der Grenze lebenden Rentierhalter-Jäger abgetrennt wurden. Eine solche vergleichende Analyse ist in dieser Region des Ostsajangebirges noch nicht angestellt worden. So wird diese Arbeit in gewisser Weise auch als Ergänzung und Erweiterung der Dissertation Donahoes (2004) verstanden, der vor mehr als zehn Jahren die Situation der Tozhu mit der der Tofa im Norden des Ostsajangebirges verglichen hat. Neuste, bislang kaum untersuchte Aspekte, wie etwa die kritischen Auswirkungen der Gründung des Tengis-Shishged Nationalparks und die daraufhin einsetzende verstärkte Kampagne gegen die Jagd der mongolischen Taigabevölkerung, ergänzen alle bisherigen (dem Verfasser bekannten) Studien zu den gegenwärtigen Problemen der Rentierhalter-Jäger des Ostsajangebirges und sollten daher – so zumindest der Anspruch und die Hoffnung des Verfassers – zum empirischen Wert dieser Arbeit, die exakt an der geografischen und thematischen Schnittstelle zwischen den Feldern der ethnologischen Sibirienforschung und der nomadismusbezogenen Mongoleistudien positioniert ist, beitragen. In dieser Hinsicht dürfte auch die hier getroffene Analyse der Geschichte der Abspaltung der Region Nordwest-Khövsgöl von Tuwa von Relevanz sein: Hierbei handelt es sich um ein in der westlichen Forschungstradition bislang nur oberflächlich behandeltes Thema.

Letztlich bleibt zu hoffen, dass es mit dieser Studie gelingt, auch die praxisbezogenen Wissenschaften wie z.B. die geografische Entwicklungsforschung sowie die interdisziplinäre aber stark naturwissenschaftlich dominierte Land- und Ressourcenmanagementforschung zu erreichen. Die aus dieser Fallstudie zu ziehenden Lehren könnten sicherlich auch für diese Felder relevant sein – und im besten Fall eventuell sogar dazu beitragen, in anderen lokalen Kontexten ähnliche Probleme zu vermeiden.

Theoriebezogene Aspekte

Zusätzlich zu empirischen Forschungsleistungen wird hier auch ein gewisser Beitrag zur Belebung der theoretischen Diskussion in den Fächern Geografie und Ethnologie angestrebt. In diesem Zusammenhang wäre vor allem der hier entwickelte Ansatz des *Systems der Praxis* zu nennen, in dem Praxis- und resilienzorientierte Systemtheorie verschmolzen und mit einer anthropologischen Kritik der etablierten, erkenntnisleitenden Paradigmen der positivistischen Wissenschaft kombiniert werden. Damit soll u.a. ein Beitrag geleistet werden zur Neudenkung von etablierten Konzepten, wie etwa dem des derzeit dominierenden „sozialökologischen Systems" (und damit der Resilienzforschung). Auch für die geografische Strömung der Nomadismusforschung, der hier ein ontologisch sensibilisiertes Resilienzdenken als Alternative zur Reproduktion der Natur-Mensch-Dichotomie und Paradigmen wie dem des *optimalen Equilibriums* entgegengebracht wird, könnte diese Arbeit von Relevanz sein.

Mit der Perspektive auf den Wandel eines Systems der Praxis wird hier, des Weiteren, auch ein relativ neuer Weg in der Verwundbarkeitsforschung eingeschlagen. Zwar ist die Erforschung der Vulnerabilität von Systemen, insbesondere durch die Beiträge der Resilienzforschung, keineswegs eine neue Idee. Die Anwendung dieser Theorien zur Untersuchung des Status und der Chancen einer bestimmten indigenen Lebens- und Wirtschaftsweise (bzw. *Praxis*) ist jedoch ein bislang kaum verfolgter Ansatz.

Abb. 8: *Männer und Rentiere in Arshaans Wintercamp unweit des Bii-Khems, in den Wäldern Todzhas. Das Spitzzelt (TUW: alajy-ög) der Rentierhalter-Jäger des Ostsajangebirges (s.u.) ist in Osttuwa verschwunden. Stattdessen leben die Männer entweder in russischen Firstzelten (RUS: palatka) oder Blockhäusern. 17. Februar 2012. Fotograf: JE*

Abb. 9: *Nomadisches Leben in der Osttaiga (Nordwest-Khövsgöl). Üzeg Herbstcamp, 18. August 2008. Fotografin: SH*

Abb. 10: *Am Shishged gol, dem mongolischen Oberlauf des auch als „Kleiner Jenissei" bezeichneten „Kyzyl-" bzw. „Kaa-Khems". Rinchenlkhümbe sum, 10. Oktober 2010. Fotograf: JE*

Abb. 11: *Am zugefrorenen „Großen Jenissei" – dem Bii-Khem in Todzha. Beide Flüsse (Abb. 10 & 11) vereinigen sich in der tuwinischen Hauptstadt Kyzyl, am exakten geografischen Mittelpunkt Asiens, zum mächtigen Jenissei, der nach ca. 3.500 km als wasserreichster Strom Sibiriens und eines der größten Flusssysteme der Welt am Westrand der nordsibirischen Tajmyr-Halbinsel in die Karasee bzw. den Arktischen Ozean mündet. Todzha, 19. Februar 2012. Fotograf: JE*

Abb. 12: *Ritt in die Berge nahe Bürkheeleg, Westtaiga. 30. September 2010. Fotograf: JE*

Abb. 13: *Blick über die spätsommerliche Osttaiga: Umzug durch tiefes Heidelbeergestrüpp vom Sommercamp Deed Sailag, oberhalb der Baumgrenze, ins tiefer gelegene Herbstlager Üzeg. Im Hintergrund gut erkennbar sind die sumpfigen Tieflagen der Osttaiga – im Frühsommer eine Brutstätte für Milliarden von Mücken. 16. August 2008. Fotograf: JE*

5. KARTEN

5.1 Übersichtskarten

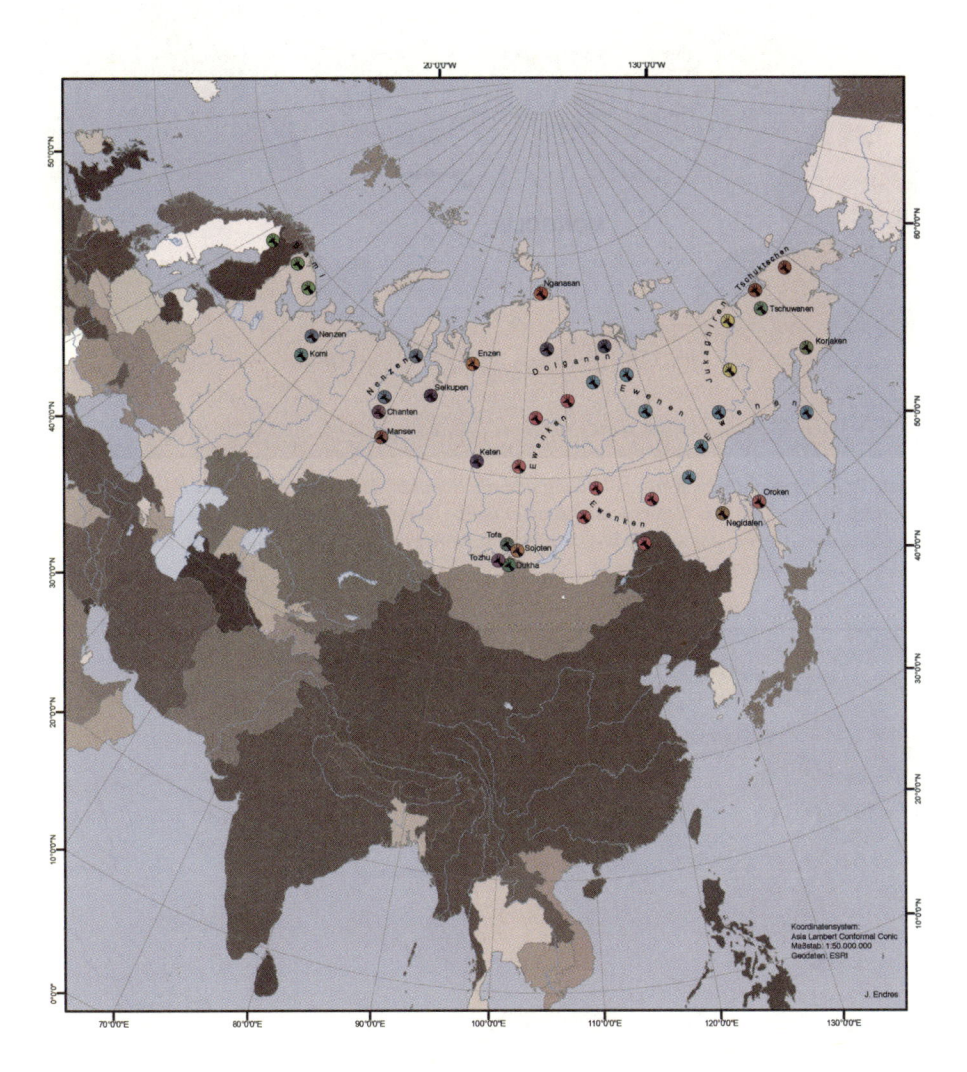

Karte 1: *Die Welt der Rentierhalter und Rentierhalter-Jäger Nordeurasiens. Die Dukha und Tozhu im mongolisch-tuwinischen Grenzgebiet sind die südlichsten Rentierhalter der Welt. Die Südgrenze ihrer Weide- und Jagdgebiete befindet sich etwa beim 51. Breitengrad. Trotz seiner Lage zeichnet sich das extrem winterkalte Ostsajangebirge durch klimatische Bedingungen aus, die mit den Rentierhaltergebieten der Transbaikalregion oder Zentralsibiriens vergleichbar sind (siehe hierzu auch Abschnitt II 2.2). Entwurf & Gestaltung: JE, auf Datengrundlage von: International Centre for Reindeer Husbandry [ohne Jahresangabe].*

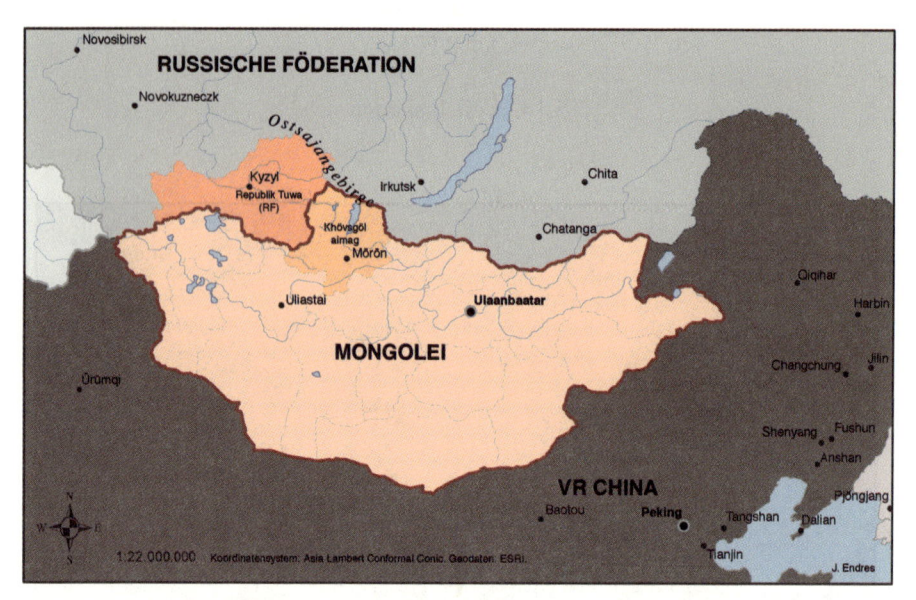

Karte 2: *Der mongolische Khövsgöl aimag und die Republik Tuwa der Russischen Föderation, politische Übersicht. Das Untersuchungsgebiet (siehe Karten 4–6) befindet sich im Grenzraum zwischen dem Nordwesten des Khövsgöl aimags („Nordwest Khövsgöl") und der Russischen Republik Tuwa. Entwurf und Gestaltung: JE*

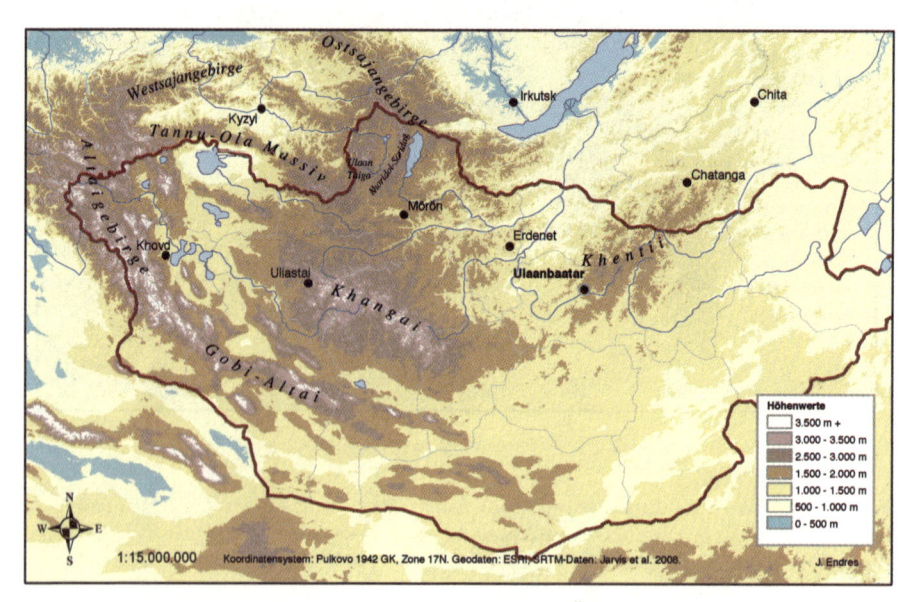

Karte 3: *Die Altai-Sajan-Region und die Mongolei, physische Übersicht. Obwohl die Gipfel des sich zum größten Teil auf russischem Territorium befindenden Ostsajangebirges und seiner südlichen Ausläufer in der Mongolei niedriger sind als die des Altai-Gebirges, erreicht es dennoch Höhen von knapp 3.500 Metern (siehe auch II 2.2). Entwurf und Gestaltung: JE*

I. Einleitung 69

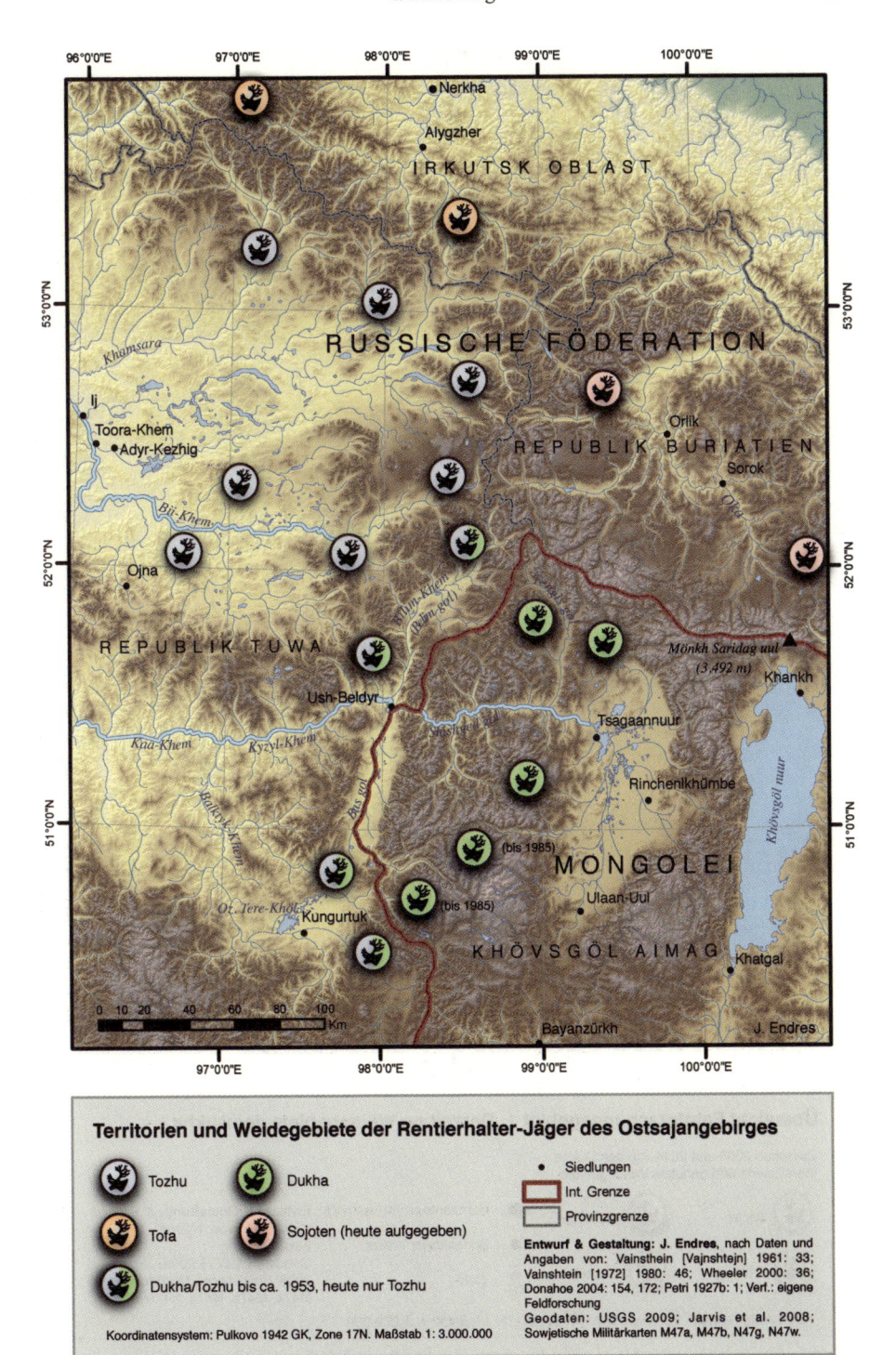

Karte 4: *Übersichtskarte Rentierhalter des Ostsajangebirges (JE).*

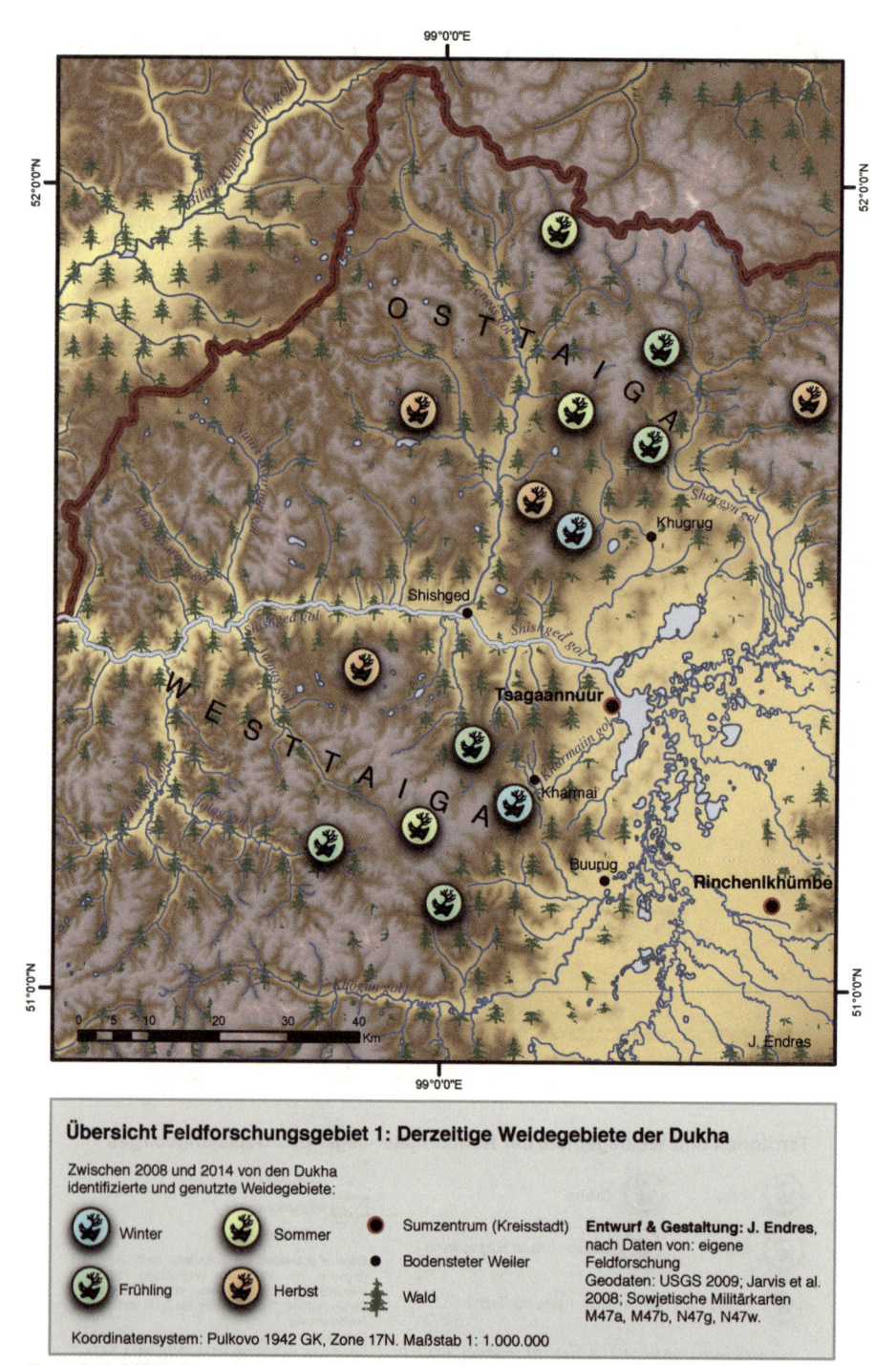

Karte 5: *Feldforschungsgebiet 1: Weidegebiete der Dukha in Nordwest Khövsgöl (JE).*

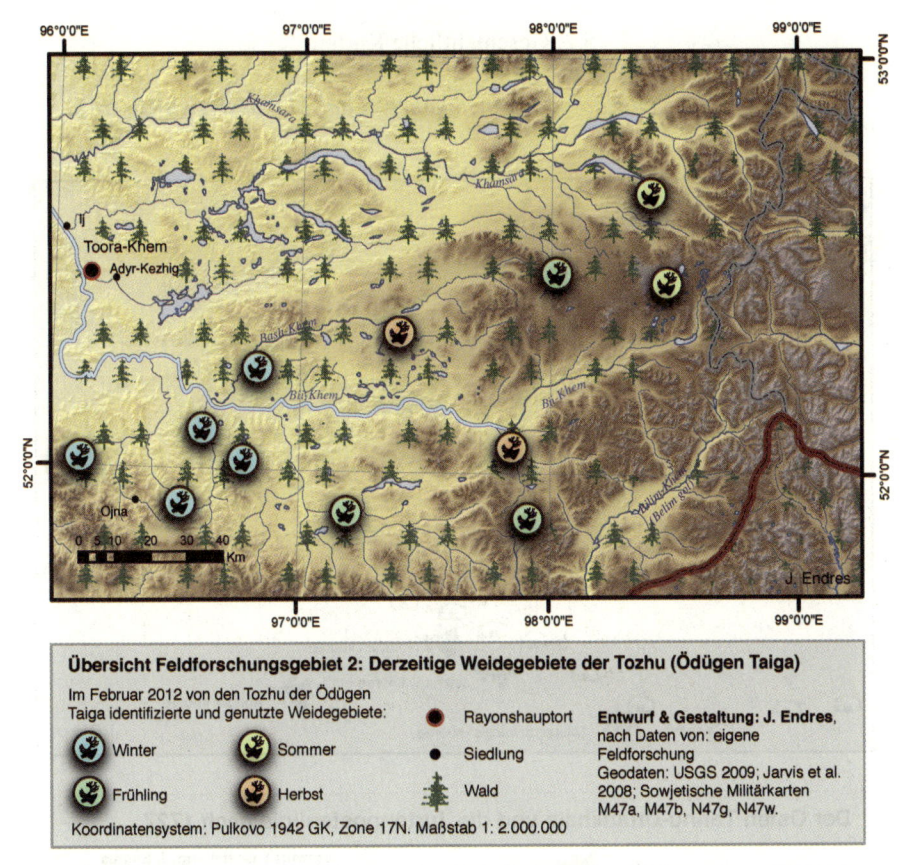

Übersicht Feldforschungsgebiet 2: Derzeitige Weidegebiete der Tozhu (Ödügen Taiga)

Im Februar 2012 von den Tozhu der Ödügen Taiga identifizierte und genutzte Weidegebiete:

- 🐾 Winter
- 🐾 Sommer
- 🐾 Frühling
- 🐾 Herbst
- ● Rayonshauptort
- ● Siedlung
- 🌲 Wald

Entwurf & Gestaltung: J. Endres, nach Daten von: eigene Feldforschung Geodaten: USGS 2009; Jarvis et al. 2008; Sowjetische Militärkarten M47a, M47b, N47g, N47w.

Koordinatensystem: Pulkovo 1942 GK, Zone 17N. Maßstab 1: 2.000.000

Karte 6: *Feldforschungsgebiet 2: Die Weidegebiete der Tozhu der Bii-Khem-Region (Ödügen Taiga) (JE).*

Textbox 1: Bemerkungen zu den Karten in diesem Buch

In dieser Arbeit wird auf den Versuch verzichtet, Rentierweidegebiete oder ähnliche Elemente der nomadischen Landschaft als Polygone darzustellen – denn diese würden suggerieren, dass es sich hierbei um bestimmte Territorien mit klar definierten Grenzen handeln würde. Tatsächlich würde dies einer groben Verzerrung der Realität entsprechen. Wie auch schon Pedersen (2003) ausdrücklich festgehalten hat, ist die nomadische Landschaft nicht durch definierte Flächen (Grundstücke, Felder etc.) charakterisiert, sondern durch Punkte. So stellt z.B. ein Camp den Mittelpunkt eines nach außen hin auslaufenden Radius von Landnutzung jedweder Art dar, der keine definierten Grenzen aufweist. Daher werden in dieser Dissertation (anders als in früheren Publikationen des Verfassers (vgl.: Endres 2012, 2012a)) zur Kennzeichnung von Weidegebieten lediglich punktartige Rentiersymbole verwendet.

5.2. Geschichtliche Karten

5.2.1 Die Grenze im Khövsgölgebiet während der Mandschuzeit (zu III.2)

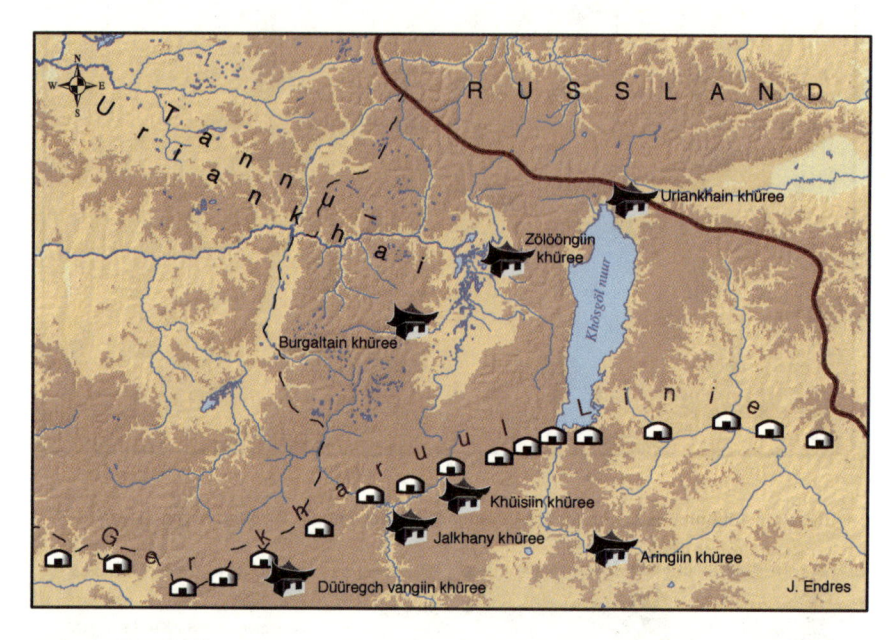

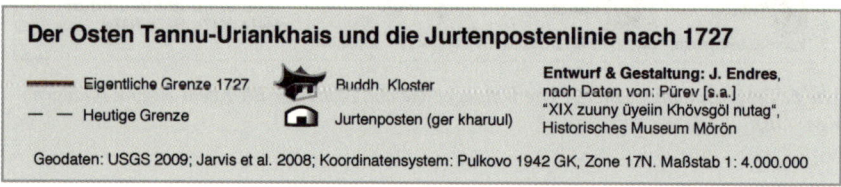

Karte 7: *Ungefähre Lage der Jurtenpostenlinie (nach 1727) im Khövsgölgebiet, nach einer im historischen Museum in Mörön aushängenden Karte des mongolischen Kartografen Pürev [s.a.]. Die Karte zeigt die Diskrepanz zwischen der damals tatsächlich bestehenden Grenze (rot) und den von den Mandschus eingerichteten „Jurtenposten" zur Bewachung dieses abgelegenen Teils der Nordgrenze ihres Reiches. Das Thema wird diskutiert in Kapitel III, Abschnitt 2. Umsetzung & Gestaltung: (JE)*

5.2.2 Vertreibungen und Umsiedlungen während des Sozialismus (zu IV.1–3)

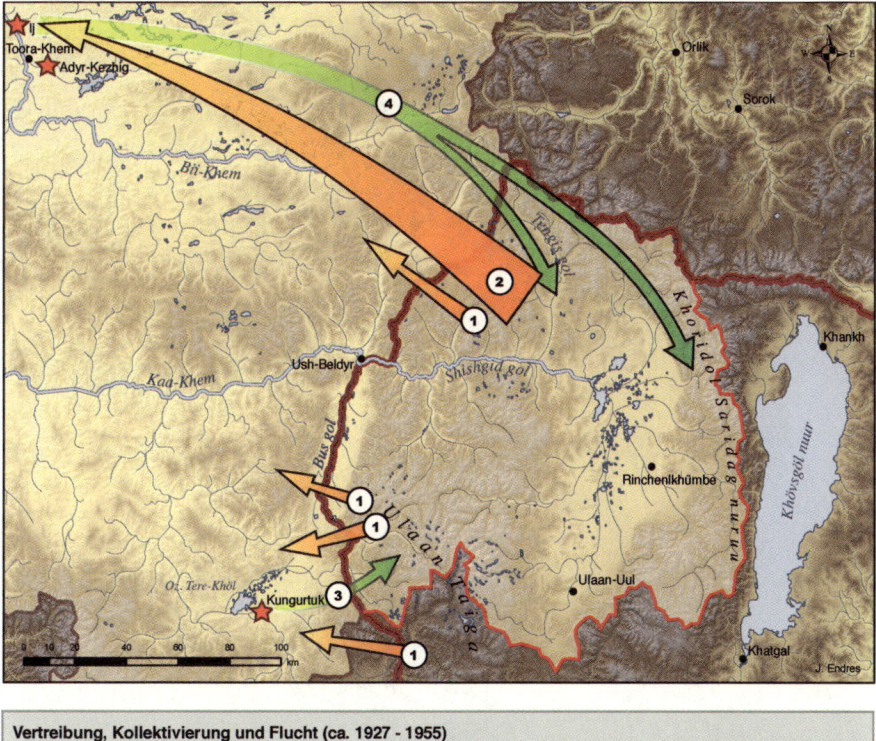

Vertreibung, Kollektivierung und Flucht (ca. 1927 - 1955)

- Tuwinischer Anspruch in der Mongolei
- Entwässerungsgebiet des Jenisseis
- Heutige anerkannte Grenze (seit 1959)

① Räumung des Grenzgebiets ab 1927 (keine genauen Daten verfügbar)
② Vertreibung aus der Osttaiga (1951)
③ Rückkehr in die Ulaan Taiga (ab ca. 1945)
④ Rückkehr in die Osttaiga (1952)

★ Kolchoszentrum im sowjetischen Osttuwa (ab ca. 1949)

Entwurf & Gestaltung: J. Endres, nach Daten von: eigene Feldforschung; Wheeler 2000.

Geodaten: USGS 2009; Jarvis et al. 2008; Sowjetische Militärkarten M47a, M47b, N47g, N47w. Koordinatensystem: Pulkovo 1942 GK, Zone 17N. Maßstab 1 : 2.000.000

Karte 8: *Vertreibung, Kollektivierung und Flucht der Rentierhalter-Jäger der Grenzregion Osttuwa / Nordwest-Khövsgöl während der bewegten Phase der Grenzbildung (ca. 1927–1955) zwischen den beiden jungen sozialistischen Republiken Mongolei und Tannu-Tuwa sowie der Sowjetunion, in die Tuwa im Jahr 1945 integriert wurde. Das Thema wird diskutiert in Kapitel IV, Abschnitt 1–3 (JE).*

74 I. Einleitung

5.2.3 Die Umsiedlung der Ulaan Taiga (zu IV 3.2)

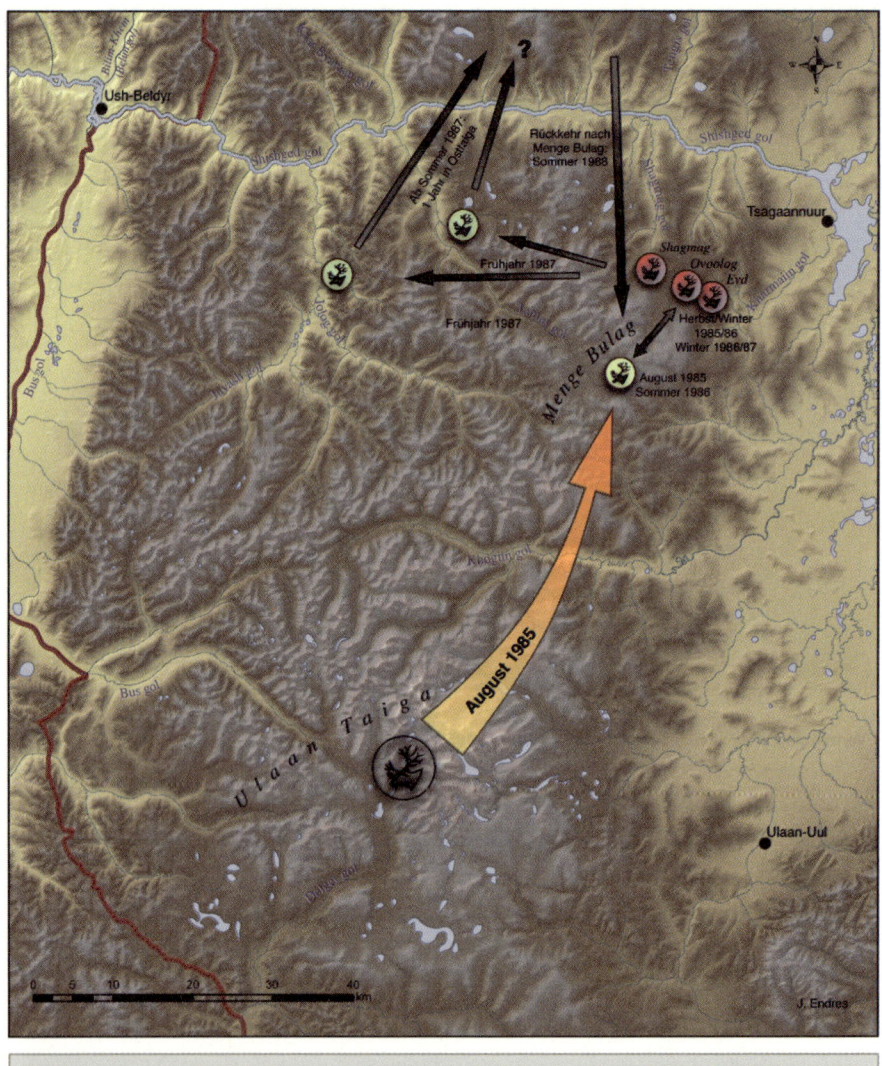

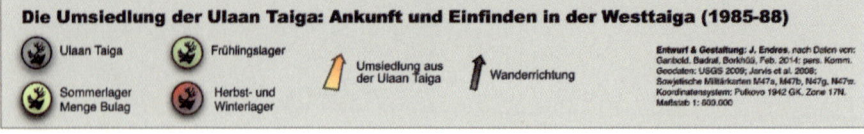

Karte 9: *Die Umsiedlung der Ulaan Taiga (JE). Als die Ulaan Taiga-Dukha im August 1985 in Menge Bulag ankamen, wurde diese Gegend als Sommerweidegebiet der heutigen Osttaigagruppe genutzt. In den ersten beiden Jahren hatte die südliche Lokalgruppe in der neuen „Westtaiga" Schwierigkeiten, sich zurecht zu finden – weshalb zunächst einige junge Männer, gemeinsam mit*

I. Einleitung 75

Mitgliedern der nördlichen Lokalgruppe, das Gebiet erkundeten. So kam es auch, dass im Jahr 1987 die Gruppe ein ganzes Jahr lang gemeinsam mit der Osttaigagruppe, nördlich des Shishgeds nomadisierte, bevor sie 1988 endgültig in ihr heutiges Gebiet im Süden des großen Flusses zog. An dieser Stelle sollte erwähnt werden, dass es dem Verfasser leider nicht möglich war, heute noch Karten der damaligen Grenzen des neuen Tsagaannuur sums aufzutreiben. Das hier verzeichnete Lager am Jolog gol würde sich nach heutigen Grenzen nicht mehr im Tsagaannuur, sondern im Ulaan-Uul sum befinden. Die Grenzen des Tsagaannuur sums wurden um 1990 herum neu gezogen, wobei das (offizielle) Weide- und Jagdgebiet der Westtaiga deutlich verkleinert wurde.

5.3 Nordwest Khövsgöl heute: Landnutzung, Naturschutz und Konflikte

5.3.1 Der Tengis-Shishged-Nationalpark (zu VII 1.4)

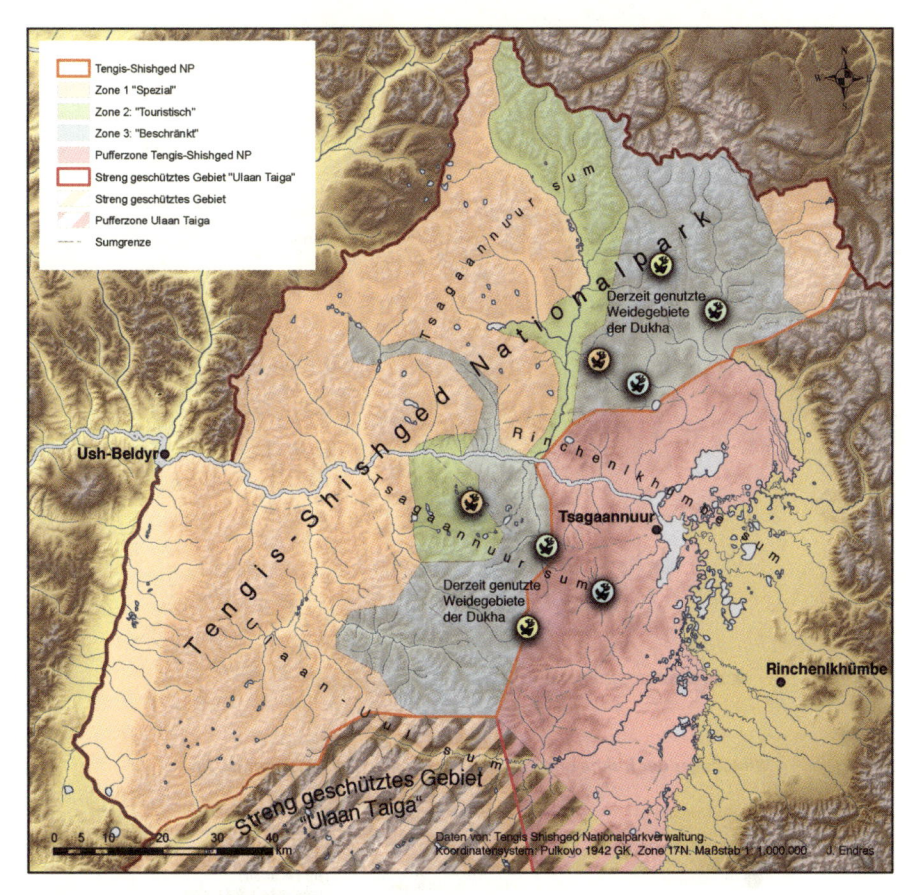

Karte 10: *Zonierung des Tengis-Shishged-Nationalparks (inkl. angrenzende Gebiete des streng geschützten Gebiets „Ulaan Taiga". Entwurf und Gestaltung: JE nach Daten von: Tengis-Shishged Nationalparkverwaltung / Verwaltung des DTsG „Ulaan Taiga" Khövsgöl 2014a.*

5.3.2 Entwicklung des Wanderverhaltens (zu VII. 2)

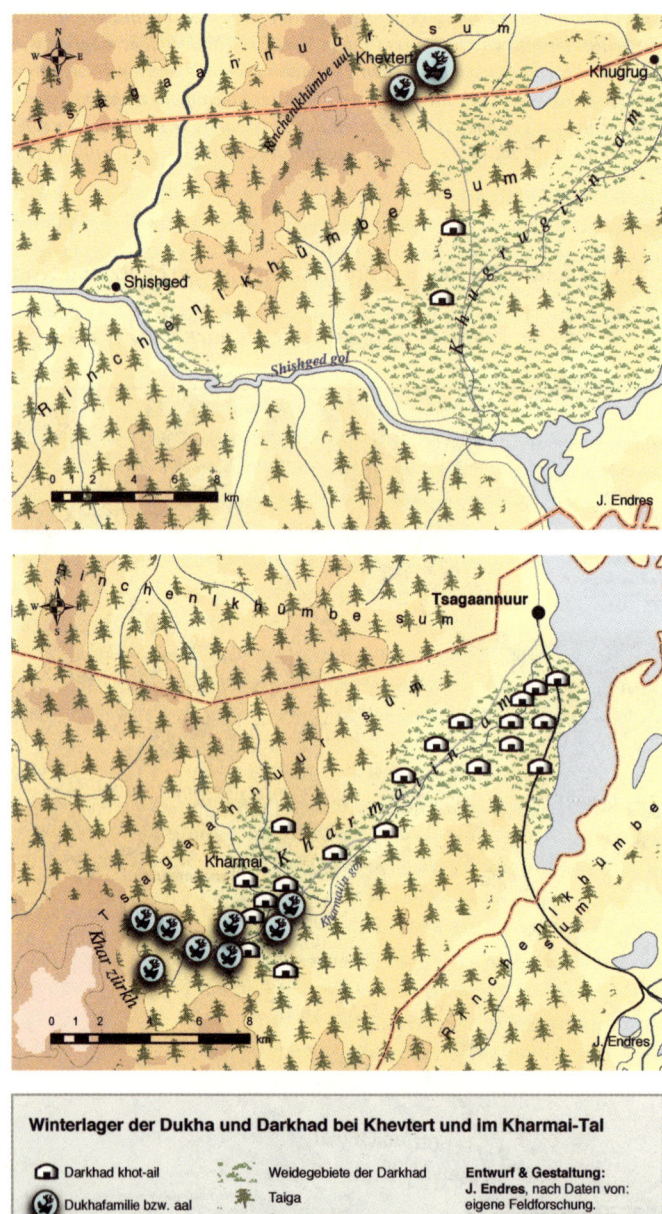

I. Einleitung

Karte 11 a/b (vorangehende Seite): Lage der Winterlager der Ost- und Westtaiga-Dukha (JE). Hier wird sichtbar, wie weit die Dukha der Westtaiga (unten) in das ohnehin schon extrem stark genutzte Kharmai-Tal – das einzige Steppenweidegebiet für die Darkhad im gesamten Tsagaannuur sum – vorgedrungen sind. Während einige Westtaiga-Familien in ihren Winterlagern am obersten Ende des Tals bzw. am Rand des Bergwaldes von Khar zürkh neben ihrem Steppenvieh noch einige Transportrentiere bei sich (oder zumindest in ihrer Nähe) haben, leben die meisten Westtaiga-Dukha im Winter das Leben von Steppenpastoralisten, während alle ihre Rentiere alleine im Wald zurückgelassen werden. Der Gebrauch des Rentiersymbols für die Lager der Dukha auf der unteren Karte soll hier also keinesfalls suggerieren, dass es sich bei diesen aals bzw. individuellen Familienlagerplätzen um Rentierweidegebiete handelt! Tatsächlich sind die meisten der Winterlager der Westtaiga-Dukha im Kharmai-Tal nicht von denen der Darkhad-Steppenpastoralisten zu unterscheiden. In der Osttaiga (oben) ist es bislang noch nicht zu dieser Entwicklung gekommen.

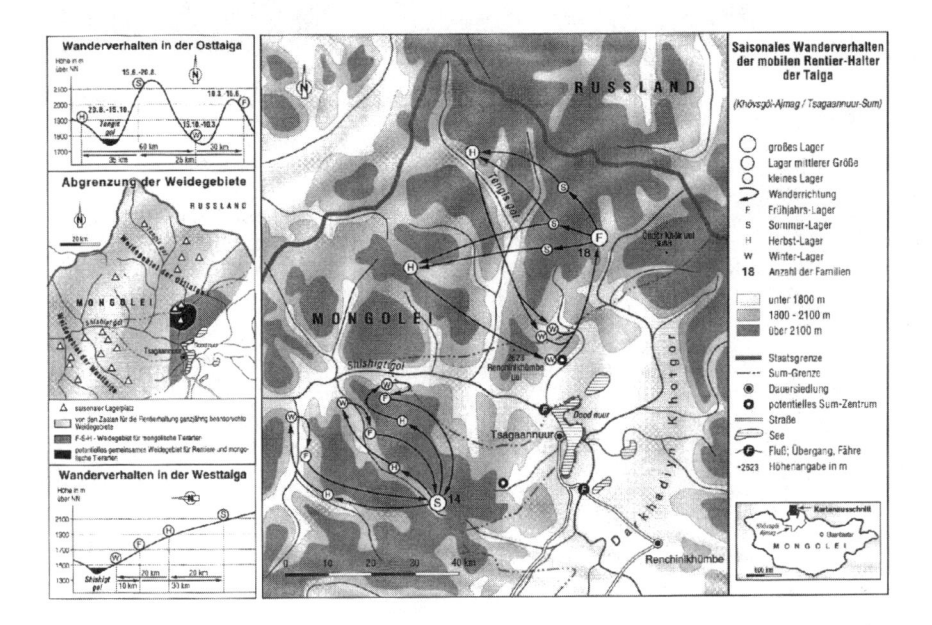

Karte 12: Wanderverhalten und Raumnutzung der Dukha 1998 (Janzen & Bazargur [1998] 2004 (Entwurf: S. Maam (1998), Kartographie: A. Sadler)). Auf dieser Karte deutlich zu erkennen ist der verhältnismäßig große, von den Dukha noch in den 1990er Jahren genutzte Raum in der Taiga. Die saisonalen Wanderzüge der Dukha finden heute (siehe Karte 22) auf wesentlich kleinerem Raum statt als noch vor rund 15 bis 20 Jahren.

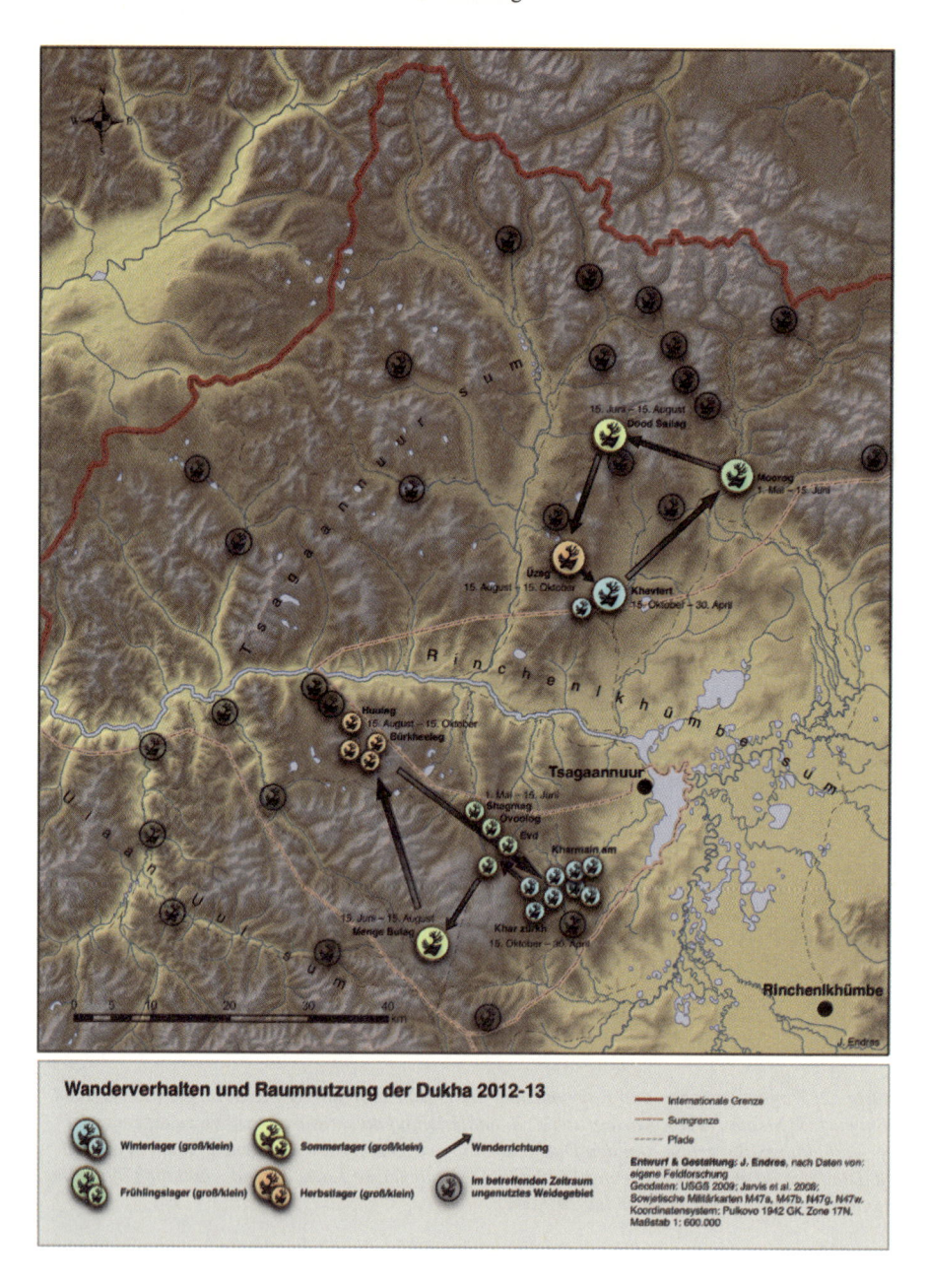

Karte 13: Wanderverhalten und Raumnutzung der Dukha in den Jahren 2012 und 2013 (JE). Sehr interessant ist hier die Veränderung saisonaler Wandermuster und der Weidegebietsnutzung im Vergleich zu Karte 21 von Janzen & Bazargur (1998): Obwohl Aktivierungen bestimmter, derzeit ungenutzter Camps prinzipiell möglich sind, werden de facto seit geraumer Zeit lediglich Weidegebiete gewählt, die möglichst nahe an der Kreisstadt gelegen sind.

II. RENTIERHALTUNG UND JAGD IM OSTSAJANGEBIRGE: (RE-)KONSTRUKTION EINES SYSTEMS DER PRAXIS

1. EINLEITENDE HINTERGRUNDÜBERLEGUNGEN

1.1 Vorausgehende Grundsatzüberlegungen zum Untersuchungsparadigma

Im Zentrum des hier zu untersuchenden Systems der Praxis stehen Menschen, Tiere, Pflanzen und die physische Welt, in der sie leben. Unter diesem Aspekt könnte dieses System auch einfach als *sozial-ökologisches System* bezeichnet bzw. untersucht werden. Dieser Weg wird hier jedoch, wie bereits zuvor angedeutet, bewusst nicht gegangen. Das System der Praxis ist *nicht* einfach nur eine Neubezeichnung für das sozial-ökologische System.

Ein sozial-ökologisches System wurde in Abschnitt I 3.3.3 nach Redman, Grove & Kuby (2004) als „kohärentes Gesamtsystem" definiert, das aus „biophysikalischen Einheiten", sozialen Akteuren und institutionellen Regelwerken besteht, die in einer dauerhaften Beziehung zueinander stehen. Es wird eine „Kopplung" einer „sozialen" (menschlichen) und einer „natürlichen" (*nicht*-sozialen) Welt der Objekte angenommen. Ebendiese „Kopplung" jener Sphären jedoch beruht auf der impliziten Annahme, dass tatsächlich zunächst jeweils eine – a priori getrennte – „soziale" und eine „natürliche" Sphäre existieren. Im Folgenden soll ein Weg gefunden werden, dieses Modell zu überwinden. Zum einen vermag es nicht das tatsächliche Mensch-Umwelt-Verhältnis im hier untersuchten Fall, wo die sogenannte „natürliche" Umwelt ebenso sozial ist, abzubilden. Aber auch als allgemeingültiges analytisches Konzept scheint es schlichtweg nicht haltbar zu sein, da die angenommene Dichotomie „Mensch/Natur" – und mit ihr die Dichotomie „sozial/natürlich" – mitnichten eine objektive und haltbare Realität, sondern ein Produkt der Ontologie des Naturalismus und des darauf aufbauenden kartesischen Weltbildes darstellt.

Aus diesem Grund ist das System der Praxis als Modell konzipiert, das nicht wie das sozial-ökologische System einfach eine bestimmte ontologische Annahme als gegebene, objektive Realität annimmt und zur Untersuchungsgrundlage erhebt, sondern so konzipiert ist, dass es in der Lage ist, verschiedene Systeme von innen heraus zu beschreiben und zu analysieren. Dies findet nicht mit dem Ziel statt, jegliche objektive Realität im Sinne eines totalen Relativismus zu dekonstruieren, sondern um eine Untersuchungsbasis zu erschaffen, die nicht nur ihre eigenen ontologischen (kartesisch-positivistischen) Paradigmen reproduziert. Auf einer solchen Basis mag es vielleicht gelingen, ein Stück näher an die angestrebte Erfassung der Wirklichkeit zu gelangen.

1.2 NATUR, MENSCH UND DIE ONTOLOGISCHE WENDE

1.2.1 Eine kurze Geschichte des Naturalismus

Die Einteilung der Welt in die Kategorien „Natur" und „Mensch" ist ein zentraler Pfeiler des abendländischen, kartesischen Weltbildes (siehe hierzu u.a.: Descola 2011: Kap. 3). Seine Wurzeln sind jedoch noch viel älter: Sie sind fest in der jüdisch-christlichen Glaubenstradition verankert[14], in der der Mensch als einziges Wesen *außerhalb*, bzw. *über* der „Natur" – dem Rest der belebten Welt – steht (vgl.: Colchester [1994] 2003: 1ff; Brody 2001).

Diesen beiden, in direktem historischen Bezug stehenden Weltbildern – das eine religiös, das andere aufgeklärt – liegt wiederum eine gemeinsame Grundannahme zum Wesen alles Seienden zugrunde, die als „naturalistische Ontologie" oder auch als „Naturalismus" bezeichnet wird (siehe z.B.: Descola 2011, 2013; Viveiros de Castro 1998): Der Mensch lebt in einer von der „Natur" getrennten Domäne der *Kultur* und des *Sozialen*. Er allein ist vernunftbegabtes *Subjekt* und *Person*, während die Tiere und alle anderen Organismen und die unbelebten Objekte der „Natur" reine *Objekte* bzw. triebgesteuerte *„bloße Organismen"* sind (Ingold 2000).

Die Kraft, die von diesem dualistischen Weltbild ausgeht, erwies sich vor allem in der Geschichte des Abendlandes als so stark, dass es selbst in der Aufklärung und darüber hinaus (z.B. in der Tradition des Humanismus) stets Bestand behielt: Zwar zeichneten unterschiedliche Philosophen (wie z.B. Hobbes, Rousseau oder Montesquieu) sehr unterschiedliche Bilder eines „Naturzustandes" des Menschen (jene philosophisch konstruierte, ahistorische Phase, in der der Mensch demnach vor seiner angenommenen Abspaltung von der „Natur" lebte), aber niemals wurde von den Denkern jener Zeit diese Abspaltung grundsätzlich in Frage gestellt. Im Gegenteil: Das Verlassen des „Naturzustandes" in einem fortlaufenden, evolutionären Prozess der „Zivilisierung" und „Kultivierung" wurde weitgehend mit dem Prozess der eigentlichen Menschwerdung gleichgesetzt, genauso wie die „Transformation von Natur" mit der Geschichte selbst gleichgesetzt wurde (vgl.: Godelier 1987: 1). Lediglich die „Wilden" – die indigenen Völker des neu entdeckten Amerikas und anderer Kolonien – hatten nach damaligem Verständnis den Schritt heraus aus der Natur, in die Domäne der Kultur und Geschichte, noch nicht wirklich vollzogen (vgl.: Hobbes [1651] 1991: 89).

Diese Sichtweise wurde auch noch im 19. Jahrhundert von den frühen Ethnologen wie z.B. Tylor (1871) und Morgan (1877) vertreten, welche von einer unilinearen kulturellen Evolution ausgingen, in der der westliche, *zivilisierte* Mensch, der sich durch fortlaufende Kultivierung am vollständigsten von den Fesseln der

---

14 „Verankert" bedeutet jedoch nicht, dass dieses Weltbild dort unbedingt seinen Ursprung haben muss: Auch in der griechischen Philosophie und Mythologie war die „ungezähmte Wildnis" schon die Domäne „wilder, irrationaler, weiblicher Kräfte", die, als „Antithese der griechischen Zivilisation", eine Bedrohung für die „rationale Kultur" der Männer galt (Colchester [1994] 2003: 1).

Natur befreit hatte, die Spitze bildete. Auch in diesem Gedankengebäude wurden „Zivilisation" und „Kultur" gleichgesetzt und der „Natur" als fundamentale und universale Opposition gegenübergestellt (vgl.: Ingold 2000: 64f). Hierin beruhte der *Kulturevolutionismus* jedoch nicht nur auf einem ausgeprägt eurozentristischen Weltbild, sondern gleichzeitig auch auf einem nicht zu überkommenden Paradox: Zwar konnte man den nicht-zivilisierten „Wilden" ihr *biologisches* Mensch-Sein als Angehörige der Spezies Homo sapiens nicht gänzlich absprechen – gleichzeitig waren sie aber, in ihrer angenommenen „Einheit mit der Natur" und Ahistorizität, im Prozess der Menschwerdung (also der Entfernung von der „Natur") noch immer „am oder nahe am absoluten Nullpunkt" stehengeblieben (Ingold 2000: 64; siehe auch: Darwin 1845: 204–231)).

Interessant ist in dieser Hinsicht, dass die frühen Ethnologen, allen voran Tylor, sich durchaus der Tatsache bewusst waren, dass auch die sogenannten „Primitiven" ganz offensichtlich ihre eigenen Vorstellungen von dem hatten, von dem sie angeblich noch immer mehr oder weniger selbst ein Teil waren – nämlich von der „Natur". Tylor (1871: 417ff) fasste diese Glaubensvorstellungen unter einem neuen Begriff zusammen: Dem Animismus – dem Glauben an die Beseeltheit der Natur (siehe hierzu auch Abschnitt II 2.8.1). Dieser Begriff stand für ihn wie für die gesamte frühe Ethnologie gleichbedeutend für das „Irrationale" im Vergleich zur Rationalität der abendländischen, aufgeklärten Weltsicht und des Positivismus der Naturwissenschaften, welche allein in der Lage waren, ein wirklich objektives Bild der Natur zu entwerfen (vgl.: Franke & Albers 2012).

Kulturelle Konstruktion von Natur: Das Mensch-Natur-Paradigma in der Ethnologie

In der Zwischenzeit entwickelte sich die Ethnologie weiter. Die Theorie der unilinearen Kulturevolution wurde spätestens nach dem Ende des Ersten Weltkriegs demontiert und ersetzt durch Boas' Kulturrelativismus. Nach dem Zweiten Weltkrieg entstand daraus die multilinear konzipierte, kulturelle Evolution der Kulturökologie (E: Cultural Ecology (Steward 1955)). Zahlreiche ethnografische Studien entstanden, die nun mehr oder weniger wertungsfrei darlegten, dass die vielen Völker und Gesellschaften der Erde ihre Umwelt in zahllosen *emischen* Systemen wahrnehmen und kategorisieren. Was aber immer noch blieb, war das mehr oder weniger unhinterfragte Dogma von der Trennung zwischen Mensch und Natur – und damit verbunden der Glaube an die absolute Validität der „Natur" als objektive Größe, an der die vielen Erkenntnisse aus der Welt der Ethnologie gemessen wurden. So wurde aus dem, was im 19. Jahrhundert noch als „Aberglaube" oder „Irrationalität" abgetan wurde, nun „kulturelle Konstruktionen von Natur" (vgl.: Sahlins [1976] 1981; Eder 1996; Escobar 1999).

> „That nature is culturally construed and defined – even ‚constructed' – has become a commonplace in anthropology and the history of ideas." (Ellen 1996: 3)

Diese Sichtweise bedeutet: Es existiert eine *reale* „Natur" mit objektiv messbaren physikalischen und ökologischen Prozessen. Aber in der Vielfalt der menschlichen Kulturen werden diese Prozesse auf teils signifikant unterschiedliche Art und Weise interpretiert und kogniziert, was zu einer gleichzeitigen „Existenz" einer realen und vieler – „erdachten" Natur(en) führt. Und während Naturwissenschaftler jene „*reale* Natur" – von Atomen über Organismen bis hin zu Öko- und Sonnensystemen – erforschen, beschreiben Anthropologen und verwandte Geisteswissenschaftler die kulturellen Interpretationen bzw. *Konstruktionen* von Natur (vgl.: Ingold: 2000: 14; Roepstorff & Bubandt 2003; Knudsen 1998).

Die geografische Perspektive

Auch die Entwicklung der Geografie verlief fest verwurzelt im Naturalismus. Hier steht die Mensch-Natur-Dichotomie sogar noch wesentlich fester und unangefochtener im Mittelpunkt: Sie bildet die gesamte Basis der in einen naturwissenschaftlichen und einen sozialwissenschaftlichen Arm gespaltenen Disziplin – auch wenn es hier traditionell weniger um die Beschreibung „kultureller Konstruktionen von Natur" als um die räumliche Dimension menschlichen Handelns geht. So beschreibt die physische Geografie als Naturwissenschaft die Welt „wie sie wirklich ist", während die Human- bzw. Anthropogeografie sich mit der Aneignung dieser a priori existierenden, physischen Welt durch den Menschen, der sie dabei graduell zu „Entwicklungsräumen", „Kulturlandschaften", „Siedlungsräumen" usw. umbaut, beschäftigt. Aus der Perspektive der Anthropogeografie ist es somit wenig verwunderlich, dass sich hier die Trennung zwischen Mensch und Natur wie ein roter Faden durch die Geschichte der Disziplin zieht – er ist praktisch ihre zentralste Grundannahme und *conditio sine qua non* zugleich: Hier vollzog sich die Entwicklung über den Geodeterminismus, dem zufolge die jeweilige Umwelt den Charakter und die Kultur der Völker maßgeblich beeinflusste (vgl.: Ritter 1862; Ratzel 1899), über die *Géographie Humaine* (Vidal de la Blache 1922) bzw. Anthropogeografie als das „Studium der menschlichen Gemeinschaften in ihren Beziehungen zu ihrem geographischen Milieu" (Demangeon 1942: 25), hin zur modernen Sozialgeografie als handlungsorientierte Raumwissenschaft, in der die Wechselwirkungen zwischen Raum und menschlichem Handeln im Mittelpunkt stehen (vgl.: Werlen 2004). Auch in den vielen entwicklungstheoretischen Ansätzen (wie z.B. die *Political Ecology* oder der *Livelihood*-Ansatz), die sich die Humangeografie mit anderen Disziplinen teilt, wird die Trennung des Menschen von der Natur stets implizit angenommen.

1.2.2 Weg von der „Natur" als objektive Realität: die „ontologische Wende"

Die Position, dass es sich bei den vielen verschiedenen Weltbildern der Völker der Welt um emische „Konstruktionen von *Natur*" – also verschiedene Interpretationen einer *objektiven Realität* – handle, wurde etwa ab den 1990er Jahren von verschiedenen Anthropologen wie z.B. Philippe Descola (siehe z.B.: 1994, 2011, 2012), Tim Ingold (siehe z.B.: 2000, 2011, 2013), aber auch dem Soziologen und Philosophen Bruno Latour (siehe z.B.: 1993) entschieden kritisiert: Zwar mögen es Interpretationen sein – aber nicht von „*Natur*", denn diese ist selbst ein kulturelles Produkt, das sich zurückführen lässt auf das ontologische Paradigma des Naturalismus (siehe z.B.: Descola 2013: 33; Ingold 2000: 14ff).

Tim Ingolds Kritik des „Relativismus der Wahrnehmung"

Vor allem dem britischen Anthropologen Tim Ingold fällt eine Vorreiterrolle darin zu, die Validität der „Natur" als Grundlage der positivistischen Wissenschaften in Frage zu stellen: Ausgehend von einem normalerweise als „*kulturelle Konstruktion von Natur*" interpretierten, einleitenden Beispiel aus der Lebenswelt der Cree, deren Jäger glauben, dass sich Karibus dem Jäger unter den richtigen Bedingungen *freiwillig* „geben", analysiert er zunächst, dass das oben diskutierte Argument von der multiplen Konstruktion der „Natur" eine zweistufige Trennung des Menschen von dieser voraussetzt – nämlich die des (indigenen) *Konstrukteurs* und die des (westlichen) Beobachters, der dessen mutmaßliche kulturelle Konstruktion als eine solche entlarvt:

> „First, to suggest that human beings inhabit discursive worlds of culturally constructed significance is to imply that they have already taken a step out of the world of nature within which the lives of all other creatures are confined. The Cree hunter, it is supposed, narrates and interprets his experiences of encounters with animals in terms of a system of cosmological beliefs, the caribou does not. But, secondly, to perceive this system *as* a cosmology requires that we observers take a further step, this time out of the worlds of culture in which the lives of all other *humans* are said to be confined. What the anthropologist calls a cosmology is, for the people themselves, a lifeworld. Only from a point of observation beyond culture is it possible to regard the Cree understanding of the relation between hunters and caribou as but one possible construction, or ‚modelling', of an independently given reality. But by the very same token, only from such a vantage point it is possible to apprehend the given reality for what it is, independently of any kind of cultural bias." (Ingold 2000: 14)

Genau damit „unterminiere" das Argument vom „Relativismus der Wahrnehmung" (E: *perceptual relativism*) eben nicht die positivistische Position von der Natur als objektive Realität – und damit verbunden, von der prinzipiellen Trennung von Mensch und Natur – sondern verstärke diese stattdessen (Ingold 2000: 15; siehe auch: Ellen 1996: 29): Wenn der Cree-Jäger seine biophysische Umwelt *kulturell* interpretiert, *muss* er bereits – im Gegensatz zum Karibu – die „natürliche" Welt hinter sich gelassen haben und in die Sphäre der *Kultur* eingetreten sein (Ingold 2000: 15). Der Mensch bleibt somit – überall – in seiner angenommenen Sonderposition: außerhalb und getrennt von der *Natur*. Und seine *emischen* „kulturellen Interpretationen" derselben stehen in keinerlei Widerspruch zur angeblich „objektiven", kulturübergreifenden (*etischen*) „Realität" der Naturwissenschaften, die ebenfalls von einer Trennung des Menschen und der Natur ausgehen. Alles, was die Aussage „*Natur ist überall konstruiert*" demnach in Wirklichkeit leistet, ist es, der „aufgeklärten", angeblich „kulturfreien" – also *nicht* konstruierten – Natur der Naturwissenschaften eine Vielzahl an *emischen*, kulturell konstruierten Interpretationen derselben zu liefern (vgl.: Ingold 2000: 15).

Ingolds „*Ecology of Life*"

Statt der kritisierten bloßen „Überlagerung" einer „unabhängigen, gegebenen ‚etischen' Realität" mit „Schichten ‚emischer' Bedeutung" (Ingold 2000: 20) durch die Ethnologie schlägt Ingold einen alternativen Ansatz – die „*Ecology of Life*" – vor, in dem die zu überkommende Natur/Mensch Dichotomie durch eine „*dynamische Synergie von Organismus und Umwelt*" ersetzt wird. Hierzu geht Ingold, wie auch schon Bateson (1973: 455), von der grundsätzlichen Frage aus: „*What sort of thing is this, which we call ‚organism plus environment'?*" (2000: 18)

Ingolds Antwort auf diese Frage lautet: „Organismus plus Umwelt" ist nicht die simple Addition einer vorab „genotypisch spezifizierten", integren Einheit zu einer anderen, die daraufhin erst beide in Beziehung zueinander treten (Ingold 2000: 19). Statt einem Konzept, in der „Organismus und Umwelt als sich gegenseitig ausschließende Einheiten" konzeptualisiert sind, „welche erst im Nachhinein miteinander zusammen- und in gegenseitige Interaktion gebracht werden" (ibid., übers. v. JE), geht Ingolds „*Ecology of Life*" vielmehr von einer „untrennbaren Totalität" zwischen Organismus und Umwelt *als Startpunkt* aus:

> „(...) ‚organism plus environment' should denote not a compound of two things, but one indivisible totality. That totality is, in effect, a developmental system (...), and an ecology of life – in my terms – is one that would deal with the dynamics of such systems." (ibid.)

Das Argument ist einleuchtend und kongruent zu den Kernaussagen der ökologischen Systemtheorie: Kein Organismus kann isoliert von seiner Umwelt leben, da er auf permanenten stofflichen Austausch mit ihr angewiesen ist und in diesem Austausch ständig die Grenzen zwischen ihm und seiner Umwelt verschwimmen (vgl.: Bertalanffy 1950). Somit steht er, als offenes System, *von vornherein* in unauflöslicher Beziehung mit seiner Umwelt. „*Es kann weder einen Organismus ohne Umwelt noch eine Umwelt ohne Organismus geben*" (Ingold 2000: 20, übers. v. JE). Diese Umwelt – *die keinesfalls als „Natur" zu verstehen ist* (ibid.) – ist wiederum absolut relativ und subjektiv, da sie für keinen Organismus gleich ist und sich aber gleichzeitig gemeinsam mit jedem Organismus fortentwickelt, was bedeutet, dass sie niemals „vollständig", sondern ein *fortlaufender Prozess* ist (ibid.). In einer solchen „*ecology of life*", in der alles Seiende *a priori* miteinander in einem endlosen, dynamischen Prozess verbunden ist, kann es *per definitionem* keine „Natur" geben, außer aus der Perspektive eines Wesens, das nicht Teil dieser Welt ist, da „Natur" als etwas *externes* konzeptualisiert ist, jeder Seiende aber, als Teil des Ganzen, seine Umwelt permanent verändert:

> „(...) the world can exist as nature only for a being that does not belong there, and that can look upon it, in the manner of the detached scientist, from such a safe distance that it is easy to connive in the illusion that it is unaffected by his presence. Thus the distinction between

environment and nature corresponds to the difference in perspective between seeing ourselves as beings *within* the world and *without* it. Moreover, we tend to think of nature as external not only to humanity (...), but also to history, as though the natural world provided an enduring backdrop to the conduct of human affairs. Yet environments, since they continually come into being in the process of our lives – since we whape them as they shape us – are themselves fundamentally historical." (ibid.)

Wie aber funktioniert das schier unfassbar komplexe Beziehungsgeflecht in einer *ecology of life*, in der alles Seiende untrennbar und qua seiner Existenz miteinander verknüpft ist? Wie kann man in diesem riesigen und dynamischen Ganzen eine gewisse Ordnung oder Systematik schaffen? Die abendländische, dualistische Ontologie, mit der Natur/Mensch Dichotomie als Fundament, ist *ein* Versuch, solch eine Ordnung zu schaffen, welche aber, wie Ingold zeigt, in ihrer Grundannahme von der Trennung des Menschen von der „Natur" so fundamental fehlgeleitet ist. Andere Ordnungsprinzipien, die diesen Dualismus „*systematisch ablehnen*" (Ingold 2000: 40), sind z.B. unter den Wildbeutergesellschaften verbreitet:

1.3 Mensch und Umwelt in der Ontologie der Wildbeuter

In der abendländischen Weltsicht ist der Mensch, wie bereits erwähnt, als einzige Spezies von „*Organismus-Personen*" von den anderen, *bloßen* Organismen der „Natur" getrennt kategorisiert, womit seine Existenz als gleichzeitig auf zwei Ebenen verlaufend konzipiert wird (Ingold 2000: 48): Auf einer sozialen Ebene der Beziehungen zwischen *Personen* und einer ökologischen Ebene der Interaktionen zwischen dem *Organismus* und seiner „natürlichen" Umwelt, zu einem großen Teil bestehend aus anderen Organismen (siehe hierzu auch: Weichhart 2003: 16). Während der Mensch nach diesem Verständnis als „Organismus-Person" das einzige Wesen ist, dessen Existenz sich in beiden Domänen abspielt (siehe auch: „*Exemptionalistisches Paradigma*" (Weichhart 2003: 19f), bzw.: „*ontologische Schizophrenie*" (Sahlins [1976] 1981: 126)), ist das Tier in seiner Existenz als *bloßer Organismus* auf die sogenannte „natürliche" Ebene beschränkt. Diese Sichtweise wird aber von vielen Wildbeutergesellschaften „kategorisch abgelehnt" (Ingold 2000: 48). Denn diese teilen die Welt i.d.R. nicht ein in eine „natürliche Sphäre" der bloßen Organismen und eine „soziale Sphäre" der Menschen, welche dank ihrer Fähigkeit zu abstrahieren und Kultur zu schaffen jene Welt der bloßen Organismen und physischen Objekte transzendieren und mit dieser lediglich in Kontakt stehen, um ihre Organismus-bezogenen Bedürfnisse zu befriedigen. Insofern verstehen sie ihre Umwelt auch nicht als „Natur" sondern als *eine* Welt, in der alles Seiende miteinander verknüpft ist.

Bedeutet dies aber, dass sich diese Jäger und Sammler selbst auch nicht als Personen, sondern als Bestandteil der „Natur" begreifen? Das genaue Gegenteil ist der Fall: Vielmehr leben sie in einer *sozialen* Beziehung mit ihrer menschlichen wie auch nichtmenschlichen Umwelt. Dies bedeutet, dass sie die *soziale* Welt auf die „natürliche" ausdehnen und nicht umgekehrt (vgl.: Hornborg 2009: 253). Konkret geschieht dies, indem sie die Welt als einen Ort verstehen und behandeln, in dem verschiedenste Arten von *Personen* (Hallowell 1960: 36) miteinander koexistieren: Dies sind sowohl menschliche als auch tierische Personen sowie im abendländischen Verständnis gänzlich „unbelebte" Einheiten der Landschaft und des Kosmos, wie etwa Berge, Flüsse, Himmel, Sterne, die Sonne und Naturerscheinungen wie Wind und Donner, aber auch verschiedenste Geister und andere spirituelle Entitäten, denen allesamt ebenfalls Personalität zugeschrieben wird (vgl.: Hallowell 1960; Ingold 2000: 104ff; Anderson 2002: 116–147; Pedersen 2001, 2003; Willerslev 2007; Harvey 2006). All diese Kategorien von *Personen* mit unterschiedlichen (und teils wechselhaften) Charakteren, Kräften und Fähigkeiten, sind miteinander verwoben in einem äußerst dynamischen Netz aus *sozialen* Beziehungen voller gegenseitiger Verpflichtungen und Anrechte, innerhalb dessen sowohl menschliche als auch nichtmenschliche Personen navigieren.

Ist dies nun aber nicht ebenfalls ganz eindeutig eine emische, kulturelle Konstruktion, verwurzelt in der Ontologie des Animismus (statt in der naturalistischen), die mit der etischen, objektiven Realität nichts zu tun hat? Um diese berechtigte Frage zu beantworten, muss man zunächst unterscheiden zwischen der *Narration* einer bestimmten Beziehung – welche Ingold „*poetics of dwelling*" (2000: 110) nennt – und dem in dieser gleichzeitig sowohl eingebetteten als sie auch perpetuierenden „*engagement within an environment*" (Ingold 2000: 95) – *der Praxis*. Und während die *poetics of dwelling* (genau wie die abendländische Dichotomie von Mensch und Natur) der Wildbeuter keineswegs ohne Widersprüche sind, ist es ebendie untrennbar mit dieser Narration verbundene *Beschäftigung* (*engagement*) – die gelebte Praxis – welche dem Modell einer *ecology of life*, welche ohne die abendländische, *konstruierte* Entfremdung von Mensch und „Natur" auskommt, am ehesten entspricht (vgl.: Ingold 2000: 76).

1.4. Implikationen auf das System der Praxis

Ingold geht bei der Konstruktion seiner *ecology of life* von der Frage aus: „*What sort of thing is this, which we call ‚organism plus environment'?*" (s.o.). Praktisch dieselbe Frage stellt sich auch bei der Konzeptualisierung des Systems der Praxis: Wie kann das Verhältnis zwischen (menschlichem) Organismus bzw. Gesellschaft und der (nichtmenschlichen) Umwelt in einem System der Praxis erfasst werden?

An dieser Stelle soll noch einmal ein Blick auf das *sozial-ökologische System* geworfen werden, von dessen Konzeption sich das hier entworfene System der Praxis abzuheben sucht: Hier bleibt trotz der explizit postulierten „Kopplung" des Sozialen mit dem Ökologischen die *grundsätzliche* Trennung zwischen der gesellschaftlichen und der natürlich-ökologischen Sphäre erhalten:

> „Be it a farm, a business, a region, or an industry, we are all part of some system of humans and nature (social-ecological system)." (Walker & Salt 2006: 1)

Verbunden werden die beiden Sphären in diesem Ansatz durch den *Menschen*, der sich, in seiner als gegeben akzeptierten Sonderrolle als einzige Spezies, die fähig ist ihr „natürliches" Wesen zu transzendieren, zwischen diesen beiden Welten (bzw. *Subsystemen*) hin und her bewegt und dabei in beide verändernd eingreift: Er ist ein Organismus, der aus der „natürlichen" Welt kommt und zur Aufrechterhaltung seiner Lebensprozesse stets und unmittelbar auf diese angewiesen ist und daher Zeit seines Lebens mit ihr interagiert (s.o.). Aber gleichzeitig ist er auch konzipiert als *das einzige* Lebewesen, das es aufgrund seines Geistes vermag, außerhalb dieser Organismen-Sphäre (welche er als lebender, atmender Organismus niemals verlassen kann) als *Person* in der sozialen Sphäre zu handeln, diese sogar in einem permanenten Prozess der Adaption an die jeweils gegebenen (und sich verändernden) Bedingungen der natürlichen Sphäre anpasst – oder umgekehrt. Dies tut er vor allem durch Abstraktion, Reflexion, planendes Vorausschauen und die stetige Entwicklung von Technologie (vgl.: Westley et al. 2002), die es ihm ermöglicht, *Ressourcen* innerhalb von durchdachten Existenzsicherungsstrategien zu nutzen und Zugang sowie Nutzung dieser Ressourcen über Institutionen zu reglementieren.

Und genau dies tun auch Wildbeuter, Rentierhalter, Rentierhalter-Jäger, Steppennomaden sowie wahrscheinlich alle wie auch immer kategorisierten Gesellschaften auf der Welt. Oder aber... Halt! Tun sie das *wirklich*? Nutzt ein Jäger der Kalahari oder der sibirischen Taiga *wirklich* „Ressourcen"? Wie oben beschrieben wurde, beruht die Beziehung des Menschen zu seiner Umwelt in vielen indigenen Gesellschaften, unter anderem bei den Rentierhalter-Jägern des Sajangebirges, auf fundamental anderen Prinzipien. Denn sie gehen oft nicht von einer menschlichen „sozialen Welt" aus, welche „*gekoppelt*" ist mit einer „natürlich-ökologischen" auf die Weise, dass Menschen einerseits als „*soziale Personen*" in der *einen* (sozialen) Welt und als biologische Organismen" in der *anderen* („natürlichen") Welt, der Welt der „Ressourcen" handeln. Stattdessen ist Persönlichkeit hier häufig eine Eigenschaft, die menschlichen wie nichtmenschlichen Organismen und organismuslosen Einheiten (Donner, Wind, Landschaftsphänomene, Geister etc.) gleichermaßen zur Verfügung steht (vgl.: Ingold 2000: 48). Und alle diese menschlichen und nichtmenschlichen Personen sind untrennbar in einer einzigen sozialen Umwelt (welche *nicht* mit „Natur" gleichzusetzen ist) vorhanden und stehen miteinander in einer lebendigen, sich fortlaufend entwickelnden, gleichermaßen sozialen wie auch ökologischen Beziehung (siehe hierzu: Anderson 2002: Kap. 6).

Genau dies außer Acht zu lassen, und trotzdem von „sozial-ökologischen Systemen" zu sprechen, würde bedeuten, einen entscheidenden Schritt in Richtung eines besseren Verständnisses der beschriebenen Systeme auszulassen. Oder anders ausgedrückt: Es würde bedeuten, an einer kleinen, unscheinbar anmutenden, aber in Wahrheit entscheidenden Weggabelung den gewohnten Weg zu gehen und deshalb niemals zu der Welt zu finden, die man zu beschreiben und analysieren sucht. Stattdessen würde man eine Vielzahl von offenbar „paradoxen" oder schlicht „keinen Sinn ergebenden" Phänomenen beim Umgang dieser Menschen mit „der Natur" vorfinden. In einem Untersuchungssystem, das aber die jeweilige Ontologie der Menschen ernst nimmt und mit einbezieht, beginnen viele dieser Dinge hingegen doch einen Sinn zu ergeben.

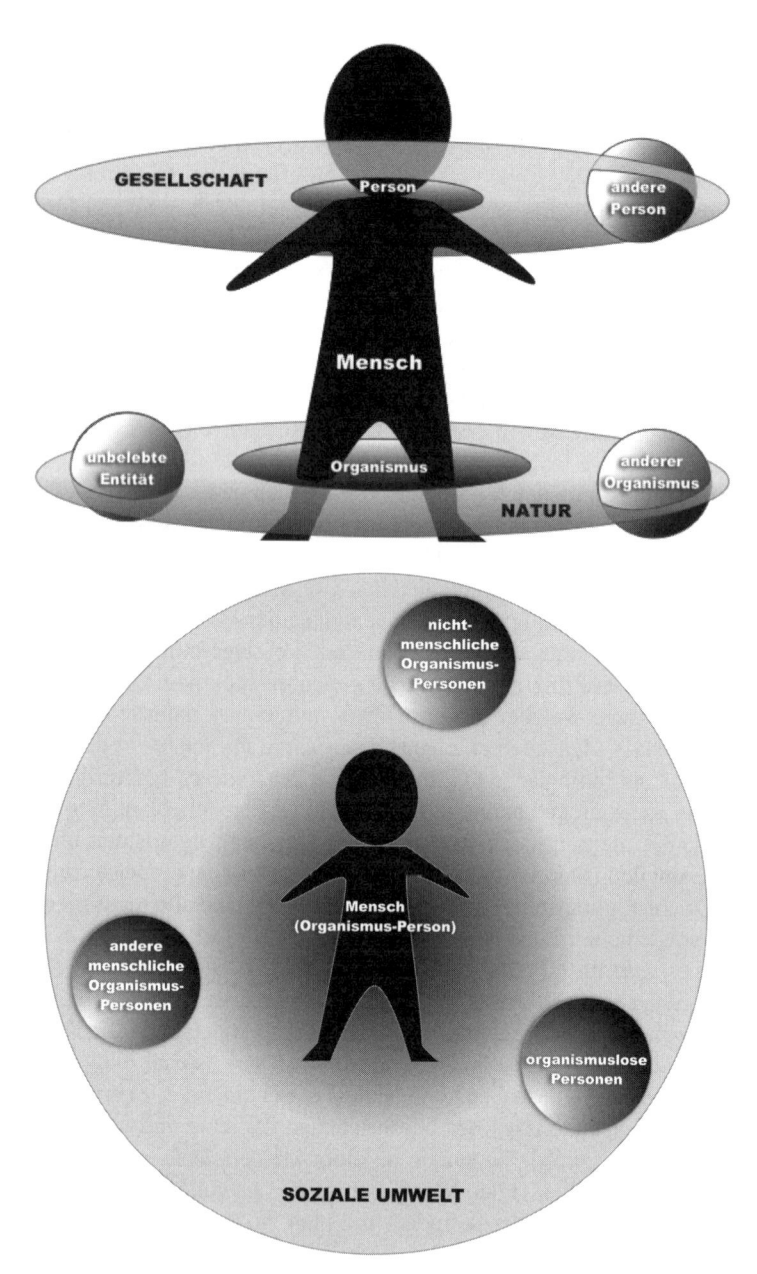

Abb. 14 (a/b): *Zwei ontologische Modelle zur Mensch-Umwelt-Beziehung nach Ingold (2000: 46). Oben (a): Transzendentalität und Paradoxon der menschlichen Existenz in der dichotomen naturalistischen Ontologie, nach der die Existenz des Menschen auf zwei Ebenen verläuft. Unten (b): Soziales Mensch-Umwelt Verhältnis in der Ontologie der animistischen Wildbeuter. Adaption und grafische Umsetzung: JE*

2. RENTIERHALTUNG UND JAGD ALS SYSTEM DER PRAXIS

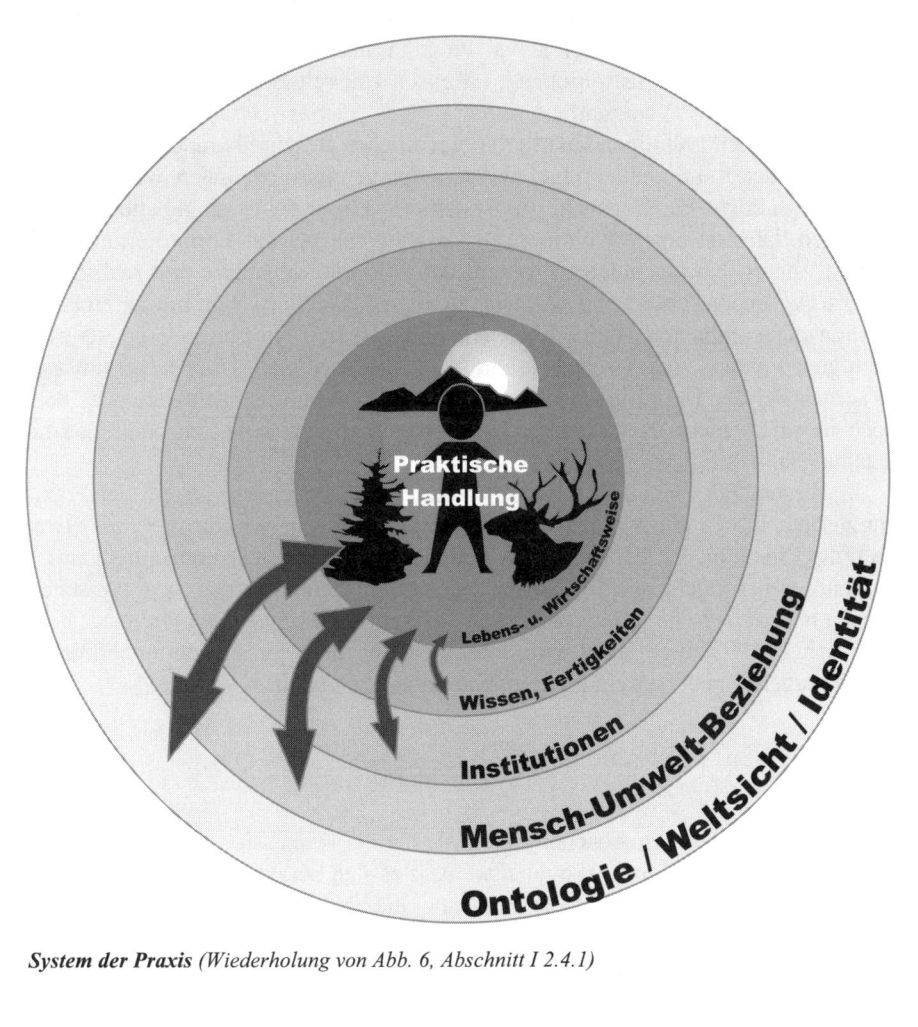

System der Praxis *(Wiederholung von Abb. 6, Abschnitt I 2.4.1)*

2.1 EINFÜHRUNG

Das Modell des Systems der Praxis ist so entworfen, dass seine Ebenen von innen nach außen, vom Konkreten zum Abstrakten verlaufen. Da es sich aber hierbei *nicht* um eine hierarchische Anordnung dieser Ebenen handelt, die, je nach Lesart, entweder die Praxis vor die Struktur oder die Struktur vor die Praxis stellen würden, sondern vielmehr im Sinne der Praxistheorie auf die Wechselwirkungen zwischen den verschiedenen eher „praktischen" und konkreten und den eher „strukturellen", abstrakten Ebenen einzugehen versucht wird, würde es im Prinzip keine Rolle spielen, von welcher Seite her man das Unterfangen angeht, die verschiedenen Ebenen zu beschreiben. Mit dem Ziel, einen leichteren Einstieg zu verschaffen, bietet es sich aber dennoch an, zunächst mit den konkreten Ebenen der Akteure und deren Handlung im Rahmen ihrer Lebens- und Wirtschaftsweise zu beginnen, und sich daraufhin nach außen, zu den immer abstrakteren Ebenen („Wissen & Fertigkeiten", „Institutionen", „Mensch-Umwelt-Beziehung", „Ontologie, Weltbild & Identität") vorzuarbeiten.

Bevor jedoch im Folgenden mit der eigentlichen Beschreibung dieses Systems der Praxis der Rentierhalter-Jäger des Ostsajangebirges begonnen wird, sei zunächst noch etwas konkreter auf die Systemumwelt, in die es eingebettet ist, eingegangen. Dies ist umso wichtiger, als dass es, wie bei der Formulierung eines jeden Systems, ein besonderes Problem darstellt, eine objektive und realistische Grenze zwischen „Innen" und „Außen" zu ziehen. Da ein System immer eine Reduktion der komplexen Wirklichkeit darstellt – seinen Nutzen andererseits aber auch genau daraus zieht (siehe Abschnitt I 3.2) – wird man damit leben müssen, dass man bei der Definition der Grenze des Systems etwas ausgrenzt, was dennoch in einem mehr oder weniger entfernten, logischen bzw. kausalen Zusammenhang zum definierten System steht.

In diesem Zusammenhang kommt beim hier vorliegenden System der Praxis ein zusätzliches Problem hinzu: Die physische „Umwelt" ist hier *nicht* als etwas Externes, sondern als ein integraler Teil des Systems selbst konzeptualisiert – weshalb es besonders wichtig ist, ganz genau zu klären, ob das, was typischerweise als *geografische*, *klimatische* oder *ökologische Rahmenbedingungen* (siehe z.B.: Scholz 1995) bezeichnet wird, hier etwas Inneres – zum System gehörendes – oder Äußeres – zur Systemumwelt gehörendes – darstellt.

2.2 Umwelt im System und Systemumwelt

In den vorangegangenen Abschnitten wurde bei der Diskussion des Problems des naturalistischen Paradigmas festgehalten, dass es sich bei der Konzeption des Systems der Praxis nicht einfach nur um die Neuformulierung des *sozial-ökologischen Systems* handelt, bei dem Mensch und Umwelt, obwohl „gekoppelt", prinzipiell immer noch als Bestandteile zweier *a priori* getrennter Kategorien definiert sind. Genauso wenig aber ist das System der Praxis als ökologisch oder geodeterminiertes System konzipiert, das vor dem Hintergrund eines externen „natürlichen Rahmens" operiert – im Sinne einer Aneignung und Nutzbarmachung eines passiven Raumes.

Ein solches System würde (ebenso wie das sozial-ökologische System) von einer getrennt existierenden „natürlichen" Ressourcenbasis und den klimatischen und ökologischen Bedingungen, denen sie unterliegt, ausgehen – und diese typischerweise als *äußere* ökologische Rahmenbedingungen zusammenfassen. Von einer solchen Ressourcenbasis ist der Mensch in den meisten anthropogeografischen und entwicklungstheoretischen Modellen, wenn auch über seine Aktivitäten im Rahmen der Existenzsicherung verbunden, grundsätzlich als separate Entität konzipiert. Im hier entworfenen System der Praxis aber ist das, was aus Perspektive des Menschen „Umwelt" darstellt, selbst Teil des Systems – und zwar als Teil eines *sozialen* Kollektivs menschlicher und nichtmenschlicher Akteure. Somit handelt es sich bei der folgenden Beschreibung der physischen, klimatischen und ökologischen Bedingungen der Taiga des Ostsajangebirges nicht um die Erfassung einer *äußeren Systemumwelt*, bezogen auf das zu beschreibende System der Praxis. Vielmehr handelt es sich dabei um die physisch-geografische[15] Beschreibung der „Umwelt im System" (Ratter & Treiling 2008).

2.2.1 Umwelt im System: Physisch-geografische und ökologische Beschreibung der Taiga

Die Welt der osttuwinischen Rentierhalter ist die entlegene und schwer zugängliche Bergregion des Ostsajangebirges, das sich im Norden und Westen bis weit in den Irkutsk Oblast und die Republik Burjatien hinein erstreckt. In dieser Arbeit von besonderem Interesse ist jedoch vor allem der südlichere Teil dieser großen Gebirgsregion, was etwa dem Quellgebiet des mächtigen Jenisseis, samt seiner beiden Hauptzuflüsse *Bii-Khem* und *Kaa-Khem* bzw. *Shishged gol*[16] entspricht: die Heimat der heutigen Tozhu-Tuwa und Dukha. Dieser südöstliche Teil des Ostsajangebirges, dessen höchster, an der Grenze zwischen der Mongolei und der Republik Burjatien gelegene Berg *Mönkh Saridag* (bzw. BUR/RUS: *Munku-Sardyg*) eine Höhe von 3.491 Metern erreicht, geht im Süden über in die Berge der *Ulaan Taiga* und das *Khoridol Saridag* Gebirge westlich des Khövsgöl-Sees, welches die Ostgrenze der Wasserscheide zwischen Jenissei und Selenge bildet.

Das Gebiet zählt klimatisch und ökologisch hauptsächlich zur borealen Nadelwaldzone (Taiga), wobei die Täler hauptsächlich als „Gebirgstaiga" und die höheren Lagen ab etwa 2.000 m als alpine Zone bzw. „Gebirgstundra" klassifiziert werden können (vgl.: Mühlenberg et al. 2011: 15f; Jigjidsuren & Johnson 2003: 21ff). Aufgrund der vorherrschenden extrem kalten Wintertemperaturen ist der Leitbaum die sibirische Lärche (*larix sibirica*), die Temperaturen von unter -50°C unbeschadet überstehen kann. Dazwischen finden sich Einstreuungen von Zirbelkiefern (*pinus cembra* bzw. *pinus sibirica*), einer ebenso extrem frostharten Baumart, die bis in Höhen von über 2.000 m zu finden ist. Andere Bäume, wie Fichten oder Birken, sind oberhalb 1.500 m – und damit praktisch auf der gesamten mongolischen Seite der Grenze – eher selten, in den tiefer gelegenen Teilen Todzhas (z.B. am Bii-Khem) jedoch vergleichsweise stark verbreitet.

---

15 Die weiterführende Beschreibung dieser Umwelt und der diese konstituierenden nichtmenschlichen Akteure als *sozialer* Kosmos erfolgt ab Abschnitt 2.3.

16 Ab der russischen Grenze wird der Shishged auf tuwinisch als „Kyzyl-Khem" bezeichnet, der wiederum ab seinem Zusammenfluss mit dem von Süden her kommenden „Balyktyg-Khem" „Kaa-Khem" genannt wird. Auf Russisch ist der gesamte Fluss vom mongolischen Tsagaan nuur bis zu seiner Vereinigung mit dem aus der nördlichen Todzha-Region zufließenden Bii-Khem auch als „*Malyj Enisej*" – „Kleiner Jenissei" – bekannt. Der Bii-Khem wiederum wird von den Russen als „Bol'shoj Enisej" – „*Großer Jenissei*" – bezeichnet.

"The first view of the „taiga" is a wonderful and impressive sight – as amazing as is a first impression of tropical jungle or papyrus-swamp; something intangible, mysterious, inviting inspection, but unpleasant to experience. The blank wall of dense forest which rose up ahead of us held all the country east of the Amil in its grasp, with a strength that no other natural force could exhibit. For well-nigh three hundred miles it stretches eastwards to the neighbourhood of Lake Baikal. Rugged mountains and big rivers add to the difficulties of penetration. Uninhabited and foodless, this forest zone presents a problem of strenuous work to the explorer or the prospecter. Small wonder, then, that the country is unmapped, that the mountains are nameless. We soon learnt to respect its impenetrable fastness. The forest phalanx is so dense and so unbroken, its area so immense, that no astonishment arises at its power to hinder the advance of man." (Carruthers [1914] 2009: 33)

Die Böden dieser Wälder sind i.d.R. weich, sumpfig und dicht bewachsen und machen die Fortbewegung – wie im obigen Zitat des britischen Geografen und Tuwa-Reisenden Douglas Carruthers eindrücklich beschrieben – zu einer besonderen Herausforderung: Anders als in den benachbarten, wärmeren und trockeneren Steppen- und Waldsteppengebieten geht der Zerfall von Biomasse im kaltfeuchten Milieu der Taiga nur sehr langsam vonstatten (Thomas James, Januar 2012: Email). Stattdessen bilden sich hier häufig üppige, bis zu einem halben Meter dick wachsende Teppiche aus Moosen und Flechten, die die Feuchtigkeit des in den oberen Schichten alljährlich auftauenden Permafrostbodens wie riesige Schwämme aufsaugen und speichern. Diese Kapazität scheint jedoch in vielen Tälern bei Weitem nicht auszureichen: Hier entstehen jedes Jahr in den wärmeren Monaten große morastige Bereiche, in denen selbst auf den bekannten Pfaden und Wegen Pferde oft bis zum Bauch im Schlamm versinken. Diese Kombination aus Permafrostsümpfen, dichten Wäldern voller nur langsam verrottendem Totholz, Gestrüpp und üppigem Bodenbewuchs sowie einem generell schwierigen Gebirgsterrain steht im krassen Gegensatz zu den kargen Weiten der benachbarten Hochsteppen (s.u.). Hier, in den schwer zugänglichen Bergwäldern leben Tierarten wie Elch, Maral- und Moschushirsch, Zobel, Vielfraß, Wildschwein, Wolf und Braunbär und natürlich *Rangifer tarandus*, das Rentier, welches in den Ausläufern des Sajans bei etwa 51° N sein südlichstes natürliches Verbreitungsgebiet findet.

Wenn sich im Winter in der Taiga der Schnee meterhoch auftürmt und die Temperaturen auf bis zu -50°C fallen, bereitet dies dem erfolgreichsten Landsäugetier der Arktis keine Probleme. Lediglich in den Sommermonaten, in denen in den niederen Lagen das Thermometer auf über 30°C steigen kann, gerät das Rentier an seine Grenzen. Wenn ihm nun in den Tälern Milliarden von Mücken und Stechfliegen das Leben schwer machen, ziehen Mensch und Tier in die Berge, wo sich die Wälder ab etwa 1.800 m lichten und oberhalb der Baumgrenze den Blick freigeben auf die meist bis in den Juli hinein schneebedeckte Bergtundra[17] der

---

17 Während im geografischen Sinne zwischen der „Taiga" und der „alpinen Tundra" der Hochgebirgszone unterschieden werden muss, sei an dieser Stelle darauf hingewiesen, dass im emischen Sinne unter dem Wort „taiga" (TUW & MON) die gesamte beschriebene Gebirgslandschaft, einschließlich der Zone oberhalb der Baumgrenze bezeichnet wird (vgl.: Leimbach 1936: 57). So wird das Wort, vor allem im Tuwinischen, häufig zur Bezeichnung von bestimmten Gebirgsregionen, Massiven oder Höhenzügen verwendet – wie z.B. die Mongun

alpinen Stufe mit ihren kargen und kurzen Moosrasen, wo nur bodennahe Weidensträucher wie z.B. *Salix berberifolia* gedeihen (vgl.: ALAGAC 2004: 50). Auch hier finden die Rentiere auf dem felsigen Untergrund ihre Hauptnahrung *Cladonia Rangiferina*, die Rentierflechte, noch in ausreichenden Mengen.

Noch weiter oben, in der schroffen und unwegsamen Bergwelt des Ostsajans, in der nivalen Stufe ab ca. 3.000 m Höhe, beginnt das Reich der Steinböcke (*Capra ibex sibirica*), Argali-Schafe (*Ovis ammon*), und – wie man lange Zeit nur mutmaßen konnte (vgl.: Medvedev 1990) – des extrem seltenen Schneeleoparden, der im Sajangebirge im Jahr 2012 erstmals durch Wildkameras in den unweit der mongolischen Grenze gelegenen Tunkinsker Bergen (RUS: *Tunkinskie Gol'czy*) der Republik Burjatien nachgewiesen werden konnte (vgl.: WWF Russia 2012).

Land am Übergang zwischen Zentral- und Nordasien

Während der bergige Charakter des Landes auch weiter nach Süden hin erhalten bleibt, könnte der ökologische Gegensatz zwischen den beschriebenen Gebieten westlich und nordwestlich des Khövsgöl-Sees und ihrer südlichen Nachbarregionen kaum größer sein: Obwohl das Klima in den Taigagebieten mit über 500 mm Niederschlag p.a. im Norden der heutigen Osttaiga (s.o.) und 600 bis 1.000 mm in Todzha eher feucht ist, erhält die Region südlich des Khövsgöl-Sees lediglich 250 bis 300 mm Niederschlag im Jahr (vgl.: ALAGAC 2004: 42; Donahoe 2004: 80). Bei diesen Gebieten handelt es sich überwiegend um unbewaldete Gebirgs- und Hochgebirgssteppen oder um Waldsteppe – d.h. Steppe mit einer Vielzahl an bewaldeten „Inseln", die sich hier vor allem an den Nordhängen der Berge und Hügel bilden, wo das Verhältnis zwischen Feuchtigkeit in den Böden und einfallender Lichtenergie gerade noch das Wachstum des wichtigsten Baumes der Region, der sibirischen Lärche, zulassen (vgl.: Mühlenberg et al. 2011: 18).

Allein das baumlose, ebene und windgepeitschte Darkhad-Tal, das auf etwa 1.500 m Höhe den Boden eines Kessel zwischen den dicht bewaldeten Bergen der Ulaan Taiga und der Sajankette im Westen und Norden, sowie den steilen Khoridol Saridag Bergen im Osten bildet, ragt wie eine Nase von Süden her in die sajanischen Taigagebiete hinein. Obwohl auch dieses Gebiet mit seinen über 300 kleinen Seen und einem Labyrinth aus zahllosen natürlichen Seiten- und Altarmen der hier langsam mäandernd zusammenfließenden Flüsse Shishged, Sharga, Khög und Bagtag eines der wasserreichsten der Mongolei ist, handelt es sich hier um den „letzten Außenposten" des Altweltlichen Trockengürtels in dieser Region. Hier, auf den kargen Permafrost-Steppenweiden des isolierten und einsamen Hochtals – im Winter eine der kältesten Regionen der Mongolei – halten die Darkhad Steppennomaden noch die typischen mongolischen Viehherden, bestehend vor allem aus Jaks, Pferden, Schafen und Ziegen. An den bewaldeten Berg-

Taiga (D: Silberne Taiga) in Westtuwa oder die Ulaan Taiga (TUW: Kyzyl Taiga, D: Rote Taiga) im mongolisch-tuwinischen Grenzgebiet.

hängen am westlichen und nördlichen Rande des Hochtals aber beginnt das Reich der Rentierhalter und Jäger – *Nordasien*.

> *Textbox 2: Arktis, Subarktis, circumpolarer Norden und das Ostsajangebirge*
>
> In dieser Dissertation werden die Rentierhalter-Jäger des Ostsajangebirges in eine Reihe mit den vielen anderen autochthonen Völkern Nordasiens (bzw. nach Pedersen 2001: „Nord-Nordasien") sowie sogar des gesamten sogenannten „circumpolaren Nordens" (siehe: Anderson & Nuttall (ed.) 2004) gestellt. Natürlich ist eine so grobe und weit gefasste Kategorisierung niemals unproblematisch und bedarf gesonderter Erklärung:
>
> Der (circumpolare) „Norden" wird hier als eine Art kulturelles, klimatisches und geografisches Kontinuum verstanden, das sowohl die arktischen als auch subarktischen Gebiete der Nordhalbkugel einschließt. Als Arktis gilt hierbei in dieser Arbeit nicht, wie früher üblich, das Gebiet nördlich des Nordpolarkreises (66° 33' 44" N), sondern die aufgrund kurzer Vegetationsperioden spärlich bewachsene, unbewaldete Tundrazone des circumpolaren Nordens (siehe hierzu auch: Stadelbauer 2011). Als Subarktis sei hingegen die gesamte boreale Nadelwaldzone (Taiga) der nördlichen Hemisphäre definiert, die in vielen Regionen (Skandinavien, Alaska und weite Teile Sibiriens) bis weit nördlich des Polarkreises reicht, während sich umgekehrt, z.B. in der kanadischen Zentralarktis und der Hudson Bay, die arktische Tundrazone auch in Gebiete weit südlich des Polarkreises erstreckt.
>
> In diesem riesigen Kontinuum leben die Dukha und Tozhu als Bewohner der südlichsten Ausläufer der subarktischen Taigazone und südlichste Rentierhalter der Welt, wie im Haupttext erwähnt, an der Schnittstelle zwischen den nordasiatischen Völkern der subarktischen Taiga und den Steppenpastoralisten der nördlichen Randzone des Altweltlichen Trockengürtels – was sich in vielerlei Hinsicht bemerkbar macht: Hier sei z.B. die religiöse Verehrung des Weltenkollektivs „Bayan Khangai" (siehe Abschnitt II 2.7.2 bzw. Abb. 24) erwähnt, die auch bei den Mongolen, den Steppentuwinern und den Burjaten zu finden ist. Dennoch stehen die Dukha und Tozhu in vielen anderen Aspekten als Rentierhalter-Jäger unverkennbar den nordasiatischen, also subarktischen und sogar arktischen Völkern Sibiriens und des circumpolaren Nordens um ein Vielfaches näher als ihren in geografischer Hinsicht nächsten Nachbarn aus der angrenzenden Steppenzone. Auch ihr Lebensraum, das Ostsajangebirge, ist mit seinen extremen klimatischen Bedingungen (siehe Abschnitt II 2.2.1) sehr wohl mit anderen subarktischen, weiter nördlich gelegenen Gebieten zu vergleichen. Typische Wintertemperaturen sind hier sogar regelmäßig tiefer als etwa im nördlich des Polarkreises gelegenen Nordskandinavien, obwohl beispielsweise der Shishged gol mit ca. 51° 30' N lediglich mehr oder weniger auf demselben Breitengrad wie Halle oder Dortmund liegt. Gleichzeitig ist es hier aber auch ganzjährig feuchter und kühler als in den benachbarten, im Winter nicht minder kalten aber sommerheißen und trockenen Steppengebieten der Mongolei (siehe Abschnitt II 2.2.1). Die kategorische Verortung der Rentierhalter-Jäger des Ostsajangebirges in den mehr oder weniger weit gefassten „Norden" ist also, trotz der tatsächlichen geografischen Koordinaten ihrer Heimat, sowohl in kultureller als auch landschaftlicher und ökologischer Hinsicht keineswegs abwegig.

2.2.2 Systemumwelt: Räumliche Grenzen und politisch-ökonomische Rahmenbedingungen

Während die physische Welt des Ostsajangebirges, samt der darin enthaltenen nichtmenschlichen Akteuren, ein *Bestandteil* des Systems der Praxis ist, gibt es auch eine Umwelt dieses Systems – eine äußere *Systemumwelt*. Diese sei auf räumlicher Ebene dort lokalisiert, wo die soziale Interaktion zwischen den menschlichen und nichtmenschlichen Akteuren des beschriebenen Systems im Rahmen ihrer Lebens- und Wirtschaftsweise gewöhnlich endet: Zum Beispiel in den umliegenden Steppen und – weitaus weniger scharf abzugrenzen – den äußeren Rändern der von ihnen auf ihren Wander- und Jagdzügen und sonstigen Aktivitäten durchquerten Taigalandschaft. Diese Definition der Systemumwelt ist in ihrer Grundidee angelehnt an die des Bio- und Ökologen Jakob v. Uexküll, der seinen Umweltbegriff mit der *Erfahrungswelt* eines jeweiligen Organismus in Verbindung gebracht hat (siehe z.B.: v. Uexküll & Kriszat [1934/1940] 1956). Hier wird jedoch weniger die *Erfahrung* als vielmehr die *Handlung* als entscheidendes Element angesehen.

Die vorliegende räumliche Systemumwelt näher zu beschreiben wäre hier ein relativ sinnloses Unterfangen – da sie ja per definitionem keine direkte Relevanz mehr für das vorliegende System der Praxis hat. Unbedingt erwähnt werden sollte hingegen, dass die Systemumwelt keineswegs ein starrer, bedeutungsloser Raum ist, der in seiner Relation zum System der Praxis keinen Veränderungen unterliegt. Im Gegenteil: Wie die späteren Kapitel zur Geschichte der Dukha und der Tozhu und der damit einhergehenden Veränderung des Systems der Praxis zeigen werden, ist die Systemumwelt immer näher an das System herangerückt, haben sich Teile davon sogar zum System selbst dazu gesellt. Hier wären z.B. die Siedlungen außerhalb der Taiga zu nennen, die heute definitiv Teil des räumlichen und sozialen Kosmos der Rentierhalter-Jäger des Ostsajangebirges geworden sind. Außerdem wurden in den letzten dreihundert Jahren mit der Ziehung verschiedenster Grenzen immer wieder Teile aus dem einstmals mehr oder weniger zusammenhängenden Raum des Systems ausgeschnitten, was dazu führte, dass diese Teile zu eigenen, kleinen Systemen der Praxis, und Teile der vorher im ursprünglichen System enthaltenen Umwelt aus deren jeweiligen Perspektive zur *Systemumwelt* wurden.

Hier ist bereits das Stichwort gefallen zur Überleitung zu den „politisch-ökonomischen Rahmenbedingungen" (Scholz 1995). Mit dieser Art der Rahmenbedingungen ist nichts weniger als die *Einbettung des vorhandenen lokalen Systems in die Welt*, oder, genauer formuliert, in das politisch-ökonomische *Weltsystem* (siehe z.B.: Wallerstein 2004; Hornborg & Crumley (Hg.) 2006) gemeint. Diese Formulierung sollte bereits verdeutlichen, dass auch hier ein gewisses Abgrenzungsproblem vorliegt – und zwar in weit größerem Maße als auf der Ebene der räumlichen Dimension der Systemumwelt: Eine wirkliche Grenze der Relevanz ist auf dieser Ebene, vor allem in einer extrem verschachtelten, globalisierten Welt, nicht einfach auszumachen. Selbst mit minimalem, direkten physischen Kontakt zu den „großen" Schauplätzen der Weltgeschichte, unterliegen lokale, scheinbar isolierte Systeme dennoch stets dem Einfluss bestimmter politisch-ökonomischer Rahmenbedingungen, die nicht selten einen globalen Bezug haben (vgl.: Wolf [1982] 2010).

Wie bereits in der Einleitung formuliert, ist es eine der Grundannahmen dieser Studie, dass die wechselhaften politisch-ökonomischen Rahmenbedingungen der Hauptfaktor sind und waren, die das System der Praxis der Rentierhalter-Jäger des Ostsajangebirges über die Zeit hinweg am stärksten verändert haben. Die Entwicklung dieser Rahmenbedingungen im Laufe der letzten zwei- bis dreihundert Jahre wird in dieser Arbeit eingehend analysiert werden. In diesem Zusammenhang aber sollte an dieser Stelle zunächst der Frage nachgegangen werden, was tatsächlich *vor* dieser beschriebenen Phase hier war. Welche politisch-ökonomischen Rahmenbedingungen bestanden vor dem Beginn der Kolonisierung der Region durch Russland und China? Oder bestanden damals überhaupt welche?

Zum Problem der Historizität

Ganz zweifellos stand das System der Praxis der Rentierhalter-Jäger des Ostsajangebietes auch vor dem Beginn der russischen und chinesischen Kolonisierung der Region niemals isoliert für sich alleine da. Schon allein die von diversen Wissenschaftlern vertretene These, dass die Idee der Rentierhaltung im Ostsajanraum wahrscheinlich von benachbarten Steppennomaden übernommen wurde (siehe Abschnitt III 1.1), illustriert genau dies auf eindrückliche Art und Weise. Außerdem finden sich bestimmte Clannamen aus Osttuwa auch in anderen Teilen des Landes und es scheint eine erwiesene Tatsache zu sein, dass sich im Sajanraum auch schon vor weit über tausend Jahren die samojedischen Ureinwohner der Taiga mit den aus den Steppengebieten vordrängenden Turkvölkern vermischt hatten.

Trotz der Lebendigkeit der langen Geschichte dieser Region (siehe z.B.: Potapov 1964, Vainshtein [Vajnshtejn] 1961, [1972] 1980), die eindrucksvoll schildert, dass die Rentierhalter-Jäger des Ostsajangebirges alles andere als ein vom Weltgeschehen isoliertes „Volk ohne Geschichte" (Wolf [1982] 2010) sind, scheint das in diesem Kapitel entworfene System der Praxis aber dennoch in gewisser Weise aus dem Kontext seiner historischen Entstehung und Entwicklung herausgerissen (siehe hierzu: Ortner 2006: 8ff). Es gleicht in seiner Beschreibung und Konzeption in vielerlei Hinsicht einem scheinbar einstmals statischen, *traditionellen* „Urzustand", der erst im Nachhinein in den Kontext der Geschichte gesetzt wird. Dies ist jedoch nur eine Hilfskonstruktion, die dem Fokus und der vorliegenden Aufgabenstellung geschuldet ist: Wenn es darum geht, den Wandel eines Systems der Praxis im Zusammenhang mit historischen und gegenwärtigen, externen, politisch-ökonomischen Einflüssen zu untersuchen, so kann dies nicht ohne die vorherige Rekonstruktion dessen, was diesen Einflüssen unterlag, geschehen. So ergibt sich fast zwangsläufig das Bild eines mehr oder weniger eingefrorenen, „traditionellen" Systems als konzeptionellem Gegenpol zur dynamischen, „modernen" Welt, die ab einem bestimmten Zeitpunkt begonnen hat, auf dieses einzuwirken (vgl.: Habeck 2005: 182ff). Von genau dieser Lesart des Systems der Praxis soll sich an dieser Stelle aber ausdrücklich distanziert werden: Das hier beschriebene System der Praxis war immer schon ein lebendiges System, das keineswegs in Stagnation und Isolation von der restlichen Welt existierte. So wird das hier beschriebene System der Praxis der Rentierhalter-Jäger des Ostsajangebirges auch bewusst nicht als „*traditionell*" bezeichnet. Zum Einen ist das Konzept der „Tradition", wie Habeck (2005: 183f) argumentiert, sehr ähnlich zu dem der „Struktur": Einer *vor* der Praxis existierenden, übergeordneten kulturellen Matrix, die in der alltäglichen Praxis lediglich reproduziert wird. Genau von dieser Grundannahme des Strukturalismus wendet sich der dieser Arbeit zugrunde liegende praxistheoretische Ansatz aber kategorisch ab.

Wäre es daher eine Lösung, das System an einen bestimmten Zeitpunkt der Geschichte – also den Beginn der Kolonisierung der Region – zu knüpfen? Immerhin scheint die Aussage vertretbar zu sein, dass sich etwa zu jenem Zeitpunkt sowohl der Grad als auch die Qualität der Interaktion des beschriebenen Systems mit seiner Systemumwelt entscheidend veränderte und von hier an in zunehmendem Maße massive Veränderungen des Systems eintraten (vgl.: Donahoe 2004). Dies wäre wohl die eleganteste Lösung des Problems – wenn es hier nicht das Problem der sehr dünnen Quellenlage gäbe: Tatsächlich gibt es heute keinen Weg, wirklich *ganz genau* und belegbar nachzuvollziehen, wie das System der Praxis in der Taiga des Ostsajangebirges in der Zeit vor der russischen und chinesischen Kolonisierung geartet war. Die frühesten verfügbaren geo- und ethnografischen Beschreibungen der Region stammen aus der Zeit um etwa 1900. Daher wäre es heute gar nicht möglich, das folgende Kapitel ohne wenigstens einen gewissen Grad an Interpretation und Spekulation zu schreiben.

So wird das im Folgenden rekonstruierte System der Praxis der Rentierhaltung und Jagd im Ostsajangebirge weder als „traditionell" bezeichnet, noch in genau der beschriebenen Weise an einen bestimmten, *eindeutigen* Zeitpunkt in der Geschichte geknüpft werden. Stattdessen sei es in der Weise zu verstehen, als dass es lediglich in die *Richtung* zurückweist, aus der die heutigen, aus ihm hervorgegangenen und sich mehr oder weniger auseinander entwickelnden Systeme aller Wahrscheinlichkeit nach gekommen sind. Auf dieser Basis kann es, nach Ansicht des Verfassers, dennoch als Grundlage für die darauf folgende Analyse des Wandels der heutigen Systeme dienen.

2.3 Die Akteure im System der Praxis

Nachdem in den vergangenen Abschnitten einerseits die nicht zum System gehörende Systemumwelt von der „Umwelt im System" (vgl.: Egner & Ratter 2008) abgegrenzt und andererseits Letztere in ihrer physischen Qualität beschrieben wurde, ist es nun an der Zeit, zur Erfassung des eigentlichen Systems der Praxis, beginnend mit der Definition seiner Akteure zu schreiten. Wie bereits mehrfach erwähnt, wird hier, in Anbetracht des tatsächlich vorliegenden Mensch-Umwelt-Verhältnisses, nicht nur der Mensch als Akteur betrachtet, sondern auch dessen Umwelt, verstanden nicht nur in ihrer zuvor beschriebenen physischen Qualität, sondern vor allem in ihrer Qualität als Kollektiv nichtmenschlicher Personen. Es geht also im Folgenden zunächst um die Beschreibung einer „hybriden Gemeinschaft" (Lestel, Brunois & Gaunet 2006; Stépanoff 2012), gebildet aus Personen verschiedener Gattungen und Stofflichkeit.

Die hybride Gemeinschaft aus Menschen, Tieren und organismuslosen Personen

Im südlichen Ostsajanraum stehen mit den Dukha und den Tozhu nicht einfach nur Menschen im Zentrum des untersuchten Systems der Praxis, sondern auch deren Tiere und andere Phänomene ihrer Umwelt. Die Frage lautet, in welchem Zusammenhang diese zueinander stehen. Eine mögliche Antwort hierauf wäre, dass hier eine definierte Gruppe von Menschen in einer bestimmten physischen Umwelt Tiere hält und jagt, diese also im Rahmen der Existenzsicherung ausbeuten. Eine andere Möglichkeit (vor allem auf der Ebene der pastoralen Aktivitäten) wäre, dass diese Menschen eine bestimmte physische Umwelt mittels ihrer Tiere ntzbar machen. Im erstem Fall wären die Tiere passive Objekte und die restliche Umwelt lediglich eine Art Bühne oder Raum und damit ebenfalls Objekt; im zweiten Fall wäre die Umwelt, konzipiert als „passiver Container voll Ressourcen" (Ingold 2000: 67), *Objekt* und die Tiere eine Mischung aus *Medium* („ökologisches Bindeglied" (Scholz 1995)) und Objekt. Einzig der Mensch wäre in beiden Fällen handelndes Subjekt; die Beziehung zwischen Mensch, Tier und Umwelt wäre ökologischer und ökonomischer Natur.

Genau diese Einteilung von Mensch, Tier und Umwelt in *Subjekt-Objekt-* oder *Subjekt-Medium-Objekt-*Modelle, deren ontologischer Ursprung eindeutig im dualistischen Mensch-Natur-Modell liegt, hat jedoch keinen Bestand im Weltbild und der Praxis der Rentierhalter-Jäger des Ostsajangebirges sowie ganz Nordasiens. Stattdessen ist hier, wie aus praktisch allen ethnografischen Arbeiten über diese riesige Region hervorgeht, die Interaktion zwischen Menschen, Tieren und anderen Phänomenen der Umwelt vielmehr ein Subjekt-Subjekt-Verhältnis. Es ist primär *sozialer* Natur.

Tiere und aus naturalistischer Perspektive unbelebte „Objekte" der Umwelt besitzen im Verständnis der Rentierhalter-Jäger das Potential zur zielgerichteten, intentionalen Handlung (E: *agency*) und sind generell als fühlende, bewusste Wesen konzipiert. Und diese Konzeption ist nicht nur theoretischer Natur, ohne Bezug zur Praxis. Sie spiegelt sich ganz eindeutig in dieser wider, und entsteht gleichzeitig durch diese beständig neu. Praxis und Weltbild haben sich miteinander entwickelt, sind untrennbar miteinander verknüpft.

Wie soll man also mit diesem Problem umgehen? Wer kann nun als Akteur gelten? Und wer nicht? Hier gibt es mehrere Lösungen. Eine wäre sicherlich, die soziale Natur der Mensch-Tier-Umwelt-Beziehungen einfach zu ignorieren, sich stattdessen auf die offensichtlichen ökologischen und ökonomischen Dimensionen der Beziehung zu konzentrieren. Eine weitere wäre es, diese als „emische Interpretation der Welt", als interessantes ethnografisches Detail, zu behandeln, das aber, am Standard einer objektiven, positivistischen Wissenschaft gemessen, nicht haltbar und in Wahrheit als typisches Beispiel eines „Anthropomorphismus" zu sehen ist, und deswegen zu insistieren: „Tiere und natürliche Objekte sind *in Wirklichkeit* keine sozialen Akteure". In beiden Fällen würde man am Ende die „Gemeinschaft der Praxis" (Lave & Wenger 1991) als eine rein menschliche definieren. Tiere und „natürliche Ressourcen" blieben dort, wo sie nach naturalistischem Verständnis hingehören: In die Domäne der Natur – das Reich der Objekte. Ein solches Vorgehen wäre nur von beschränktem wissenschaftlichen Wert, da es lediglich das Axiom der naturalistischen, kartesischen Weltsicht und die Maxime der Objektivität der positivistischen Wissenschaft reproduzieren würde – ohne dabei anzuerkennen, dass auch diese lediglich auf einer ontologischen Annahme (der Trennung von Mensch und Natur) beruht, welche in der Realität aber nicht einmal mit ihren eigenen Methoden bewiesen werden kann (vgl.: Willerslev 2007: 183, Bird-David 1999: S68; Ingold 2000: 76, 106f; Descola 2013: 18, 30f; Franke & Albers 2012). So soll hier ganz bewusst ein anderer Weg gegangen und das Verständnis und die Praxis der Menschen ernst genommen werden, und daher explizit von einer hybriden Gemeinschaft der Akteure gesprochen werden, bestehend aus menschlichen Organismuspersonen, nichtmenschlichen Organismuspersonen (vor allem domestizierte und wilde Tiere) und organismuslosen Personen (Landschaftsphänomene und Geister bzw. nicht-empirische Entitäten (vgl.: Harvey 2006: Kap. 8)).

All diese zu verschiedenen Spezies und Stofflichkeiten gehörigen Angehörige dieser Gemeinschaft sind untrennbar miteinander verbunden – nicht in einer Subjekt-Objekt-Beziehung der Ressourcenausbeutung, sondern in einem *Kreislauf des Lebens*. Dieser Kreislauf des Lebens ist ganz offensichtlich auch ökologischer Natur, er basiert aber auf – und wird verwirklicht in – einer zutiefst sozialen Beziehung zwischen intentionalen und handelnden Subjekten verschiedenster Art. Er manifestiert sich selbst in der praktischen Interaktion dieser Subjekte – die wiederum in einer spezifischen Lebens- und Wirtschaftsweise realisiert wird.

Dieser Ansatz wirft verschiedenste berechtigte Fragen auf. Unabhängig davon, wie die Menschen ihr Verhältnis zu Tieren und anderen nichtmenschlichen Akteuren begreifen, erzählen und gegebenenfalls auch in ihren Handlungen umsetzen – wie kann man wirklich von einer Sozialität sprechen, angesichts der kommunikativen Probleme die sich aus den unterschiedlichen kognitiven Begabungen und vollkommen verschiedenen Sprachen der zu verschiedenen Spezies und anderen Daseinskategorien gehörigen Akteure ergeben (vgl.: Lestel, Brunois & Gaunet 2006: 158; Stépanoff 2012)? Und – wenn es für Tiere wohl noch denkbar sein mag, dass sie mit Menschen kommunizieren und kooperieren können – wie funktioniert das bei den Landschaften und den Geistern, die diese nach Ansicht der Menschen der Taiga beherbergen? Diesen und anderen Fragen soll in den folgenden Abschnitten nachgegangen werden.

Abb. 15: *Natürliches Objekt oder soziales Subjekt? Geselliges Rentier am Eingang des Nomadenzeltes. Sommerlager Deed Sailag, Osttaiga, 13. August 2008. Fotografin: SH*

Abb. 16: *Ressourcenausbeutung oder soziale Kooperation? Die Schamanin Saintsetseg und ihre Tiere auf dem gemeinsamen Nachhauseweg. Wintercamp Khevtert, Osttaiga, 23. März 2010. Fotograf: BT*

2.4 Die praktische Handlung der Lebens- und Wirtschaftsweise

2.4.1 Die Praxis der Rentierhaltung

Gedanken zur Vielfalt und dem Erfolg der Mensch-Rentierbeziehungen

Wie ein Blick auf das Material der Ethnologie, Frühgeschichte und Archäologie verrät, können Rentier und Mensch in verschiedensten Beziehungen miteinander leben: Seit dem Neolithikum wurde das Tier überall in seinem Verbreitungsgebiet, das sich während der letzten Eiszeit bis weit nach Mitteleuropa hinein ausdehnte, vom Menschen gejagt. Dies geschieht noch heute in weiten Teilen der subpolaren Taiga- und Tundragebiete Eurasiens und Nordamerikas. In den Wäldern der Taiga jagen es die Menschen nebst anderen Tieren des Waldes in eher kleiner Stückzahl. In der nördlichen Tundra hingegen spezialisierte man sich darauf, Rentiere zu Tausenden an bestimmten Stellen ihrer jährlichen Migrationsrouten abzupassen, in Sackgassen zu treiben und dort zu töten – was den Jägern nicht selten den Fleischbedarf für viele Monate sicherte (vgl.: Popov 1966: 35ff).

Gleichermaßen kann *Rangifer tarandus* aber auch gezähmt, liebevoll und sorgsam gepflegt, gezüchtet, gehütet und vor Raubtieren beschützt werden. Es liefert dann nicht nur Fleisch, Felle und Geweihe – und damit Nahrung, Behausung, Kleidung und Wärme – sondern auch Milch und Transportkapazität: In einer pastoralen Beziehung kann es als Packtier eingesetzt, vor Schlitten gespannt oder geritten, und zudem, zumindest in den Sommermonaten, gemolken werden. Hierbei erleichtert es in den tief verschneiten Weiten des Nordens und in den unwegsamen Gebirgszügen der Taiga die Jagd auf Zobel, Elch und Hirsch, aber auch auf seine eigenen, wilden Artgenossen. Von einigen Jägern des hohen Nordens werden hierzu sogar besonders gelehrige Exemplare von ihren Haltern trainiert, als „Lockvogel" andere Angehörige ihrer Gattung vor die Flinten der menschlichen Jäger zu treiben (vgl.: Ingold 1980: 65; Popov 1966: 32ff). Rentiere können, wo es die ökologischen Gegebenheiten zulassen, in riesigen, praktisch „wilden" Herden unter minimaler Einschränkung ihrer Bewegungsfreiheit gehalten und lediglich ein Mal pro Jahr zum Aussortieren der Schlachttiere zusammengetrieben werden. Oder sie können in kleinen Herden in engstem Kontakt zu ihren menschlichen Haltern leben, zu denen sie Abend für Abend, nach einem langen, unbeaufsichtigten Tag auf der Weide, freiwillig zurückkehren, um vor dem Nomadenzelt gemolken zu werden und ihre Ration Salz zu erhalten. Zudem wird ihnen hier Schutz vor ihrem gefährlichsten Feind, dem Wolf, geboten (vgl.: Carruthers [1914] 2009: 80). Manchmal kann es allerdings auch vorkommen, dass das eine oder andere Tier erst nach Tagen, oder aber, in ganz seltenen Fällen, überhaupt nicht zurückkehrt und sich stattdessen in den Tiefen der Taiga einer wilden Herde anschließt (siehe z.B.: Shirokogoroff 1929: 32f). In der Regel aber verhindert das enge soziale Band zwischen Mensch und Rentier in einer derartigen Beziehung solche Vorkommnisse. So ist es sogar möglich, eine Herde dieser überaus sozialen Tiere über Wochen unbeaufsichtigt im Wald zu lassen und sie daraufhin wieder abzuholen. Die Tiere erkennen ihren Menschen und folgen ihm.

In all den genannten Beispielen von Mensch-Rentierbeziehungen ist an das Wohlbefinden von Rangifer *tarandus* stets und in direkter Weise auch das seiner Besitzer – oder aber seiner Jäger – geknüpft, die ihre Lebensweise beständig nach den Bedürfnissen ihrer Herden oder der Bewegungsmuster ihrer wichtigsten Beutetiere ausrichten: Siechen die Tiere während einer plötzlich ausbrechenden Epidemie dahin, werden aus reichen Herdenbesitzern in kürzester Zeit arme, verzweifelte Leute; bleibt der alljährliche Zug der wilden Herden an der antizipierten Stelle aus, bedeutet dies für arktische Jäger unter Umständen eine Katastrophe. So ist es nicht verwunderlich, dass fast überall im circumpolaren Norden dem Rentier (bzw. in Nordamerika „*Karibu*") eine zentrale Rolle zuteil wird: In der Alten Welt von Skandinavien bis Tschukotka gleichermaßen wie in Nordamerika, wo sich nie ein indigener Rentierpastoralismus entwickelte, die Jagd aber stets von besonderer Wichtigkeit war, ist es gleichermaßen Gegenstand zahlloser Geschichten, Lieder, Riten und Mythen. In den pastoralen Gesellschaften Nordasiens bildet es das lebende Kapital seiner stolzen Besitzer und wurde in jüngerer Zeit zum politischen und kulturellen Symbol der indigenen Völker des Nordens. Durch das Rentier, oder genauer, durch das *Zusammenleben von Mensch und Rentier* im Rahmen von Jagd und Pastoralismus, entstanden überall im Norden „*kultivierte Landschaften*" (Anderson & Nuttall (Hg.) 2004), die zu einem großen Teil ohne diese außerordentliche Erfolgsgeschichte vermutlich brache, für den Menschen lebensfeindliche arktische und subarktische Weiten geblieben wären.

Rentierhaltung im Ostsajanraum: Milch und Transport

Auch das Östliche Sajangebirge, das wie bereits erwähnt das südlichste Verbreitungsgebiet wilder und domestizierter Rentiere darstellt, teilen sich Menschen und Rentiere seit tausenden von Jahren miteinander. Man geht heute davon aus, dass die fernen Vorfahren der heutigen tuwinischen Taigabewohner, wahrscheinlich samojedische und ketische Stämme, zunächst zu Fuß in den Wäldern der sich damals noch weiter in die heutige Steppenzone hinein erstreckenden Taiga jagten und sammelten (vgl. z.B.: Vainshtein [Vajnshtejn] 1961: 22; Wheeler 2000: 12; Donahoe 2004: 76; Castrén 1856: 359ff). Möglicherweise übernahmen diese Ureinwohner aber nicht nur die Sprache von den aus den benachbarten Steppengebieten vordrängenden Turkstämmen, mit denen sie sich im Laufe der Zeit vermischten (vgl.: Grjasnow 1972: 16), sondern auch die Idee der mobilen Tierhaltung – und begannen in der Taiga wilde Rentiere zu domestizieren. Dies hat in der Vergangenheit sogar eine wissenschaftliche Debatte um die Anfänge der Rentierhaltung – bzw., nach Ansicht einiger Autoren, *der Tierhaltung überhaupt* – ausgelöst, die einige Forscher genau hier, im Sajanraum verorteten (siehe z.B.: Mänchen-Helfen 1931: 44ff; Leimbach 1936: 73ff; Vainshtein [1972] 1980: 121). Ungeachtet dieser sehr alten Debatte (siehe hierzu auch: Ingold 1980: 110f, 116f, 140f; Vitebsky 2005: 25, 31; Vainshtein [1972] 1980: Kap. 3, insb.133ff), scheint es unstrittig, dass diese uralte Praxis im Sajanraum sich von Beginn an nicht zum Zweck der Fleischproduktion sondern zur Steigerung der Mobilität bei der Jagd und, vermutlich zunächst als Nebenprodukt, zur Milchgewinnung etablierte. Daran hat sich bis heute nichts geändert: In dem System, das Ingold (1980) „Milchpastoralismus" nennt, und das nicht nur im Sajanraum sondern in der gesamten Taigaregion des Transbaikalraumes verbreitet ist, werden Rentiere normalerweise nur in Notsituationen geschlachtet (vgl.: Vainshtein [1972] 1980: 49, 126; Donahoe 2004: 111f, 2012: 100). Dies hängt vermutlich nicht nur mit dem ursprünglichen Verwendungszweck der Rentiere als Reittiere, sondern auch mit der Größe der gehaltenen Herden zusammen: Denn diese sind hier im unwegsamen Sajangebirge, vor allem aufgrund der ökologischen und räumlichen Rahmenbedingungen, wesentlich kleiner als weiter im Norden und vor allem in der weitläufigen Tundra, wo Rentiere in riesiger Stückzahl fast ausschließlich zur Fleischproduktion gezüchtet werden. Eine regelmäßige und nachhaltige Schlachtung von Rentieren zur ständigen Deckung des Fleischbedarfes einer einzigen Nomadenfamilie ist erst etwa ab einer Herdengröße von 150–200 Rentieren pro Haushalt möglich (Wheeler 2000: 47). Der mongolische Rentierexperte G. Ayuursed (1996: 74f) hält aber unter den in der Taiga Nordwest-Khövsgöls vorherrschenden ökologischen Bedingungen einen Wert von zwei- bis dreihundert Tieren pro Campgemeinschaft bzw. fünfzig bis siebzig Tiere pro Haushalt für optimal. Dieser Wert deckt sich mit den Angaben befragter Dukha, die die optimale Herdengröße unter idealen Bedingungen bei etwa 60 Tieren pro Haushalt einschätzten. Carruthers ([1914] 2009: 80) zählte bei einem Besuch in einem Sommerlager von 27 Nomadenfamilien in den Bergen Todzhas „bis zu sechshundert" Rentiere, was einen Schnitt von etwa 22 Tieren pro Haushalt macht. Vainshtein schätzt die durchschnittliche Herdengröße der Tozhu im 19. Jahrhundert auf zwanzig bis dreißig Tiere pro Haushalt, was etwa dem heutigen Wert entspräche (vgl.: [1972] 1980: 122). So ist es nicht überraschend, dass z.B. die Dukha äußerst zurückhaltend sind, beim Schlachten ihrer geliebten und zahmen Tiere, von denen sie jedes Einzelne auf viele hundert Meter erkennen und von anderen Tieren unterscheiden können. Stattdessen blieb die Jagd stets eine der Rentierhaltung mindestens gleichberechtigte Säule der Subsistenzökonomie der Menschen in der Taiga des Östlichen Sajangebirges. Und diese Jagd wurde revolutioniert und in ihrer seitherigen Form erst ermöglicht durch den Einsatz des Reitrentieres, das Aktionsradius, Kapazität, Schnelligkeit und Geländegängigkeit der Jäger um ein Vielfaches erhöhte: Ein gut trainiertes Reittier bewältigt selbst im Schnee problemlos Distanzen von 60–70 km am Tag (vgl.: Vainshtein [1972] 1980: 121; Leimbach 1936: 66).

Der nomadisch-pastorale Jahreskreislauf im Ostsajangebirge

Die Rentiere der Taiga – ob wild oder domestiziert – haben ganz bestimmte, im jahreszeitlichen Wechsel stehende Ernährungsgewohnheiten und Bedürfnisse, denen sich die Menschen in den Wäldern des Sajanraumes im Laufe ihres mittlerweile vermutlich etwa drei Jahrtausende langen Zusammenlebens anzupassen gelernt haben. Die wahrscheinlich wichtigste Nahrung aller Rentiere ist, wie bereits in Abschnitt II 2.2.1 erwähnt, die sogenannte „Rentierflechte" (*Cladonia*

Rangiferina, TUW: *shulung*, MON: *tsagaan khövd*). Sie kommt in der Taiga des Ostsajangebirges fast überall vor und macht vor allem im langen Winter bis zu 90% der Gesamtnahrung eines Rentiers aus (Ayuursed 1996: 43). In der Taiga Nordwest-Khövsgöls unterscheiden die Dukha zwischen zwanzig verschiedenen Unterarten von *tsagaan khövd*, die das ganze Jahr über auf dem Speiseplan ihrer Tiere steht (ibid.). In der warmen Jahreszeit entwickeln die Tiere jedoch einen ebenso großen Appetit auf frische Blätter und Stengel von Weiden-, Beeren- und anderen Büschen sowie, ganz besonders, auf Pilze. Dies ist vermutlich auf die Mineralstoffe zurückzuführen, die diese enthalten, welche die damit chronisch unterversorgten Rentiere nun so viel wie möglich aufzunehmen versuchen. Je später im Jahr, desto größer wird bei den Rentieren das Verlangen nach Pilzen, weshalb es durchaus hin und wieder vorkommen kann, dass im Herbst einzelne Tiere auf der Suche nach ihnen im Wald verschwinden, wo sie häufig Beute des Wolfs werden (vgl.: Ayuursed 1996: 46). Der Mineralstoffmangel ist in der Taiga des Ostsajangebirges so ausgeprägt, dass es passieren kann, dass Tiere daran sterben. Dies kommt vor allem im Winter vor, wenn der gesamte Wasserbedarf der Tiere durch Schnee gedeckt werden muss (vgl.: Ayuursed 1996: 46).

Auf ihrer Suche nach geeignetem Futter sind Rentiere – sofern man ihre Mobilität nicht einschränkt – ständig in Bewegung. Um diesem Bedürfnis ihrer Tiere so gut es geht nachzukommen, zogen die Rentiernomaden noch bis in die erste Hälfte des Zwanzigsten Jahrhunderts etwa zehn bis fünfzehn, eventuell sogar zwanzig mal pro Jahr um, wobei sie durchschnittlich acht bis zehn Kilometer oder mehr zurücklegten (Vainshtein [1972] 1980: 129). Wichtig war (und ist) es hierbei, nicht stets wieder zu denselben Plätzen zurückzukehren, da vor allem die so wichtigen Flechten, nach Ayuursed, mindestens drei Jahre brauchen, um in ausreichenden Mengen nachzuwachsen (vgl.: 1996: 48f). Nach Meinung der meisten Dukha beträgt diese Zeit sogar acht Jahre (siehe hierzu auch: Wheeler 2005: 13) und in Todzha spricht man sogar von 10–15 Jahren (vgl.: Donahoe 2004: 173f).

Auch wenn vor allem in früheren Zeiten die Distanzen zwischen Sommer- und Winterweiden durchaus 60 bis 120 km betragen konnten (vgl.: Vainshtein [1972] 1980: 129), so ist der wesentliche Charakter der Wanderungen der Sajan-Rentierhalter-Jäger doch eher vertikal ausgeprägt: Das heißt, das wichtigste Charakteristikum der jeweiligen jahreszeitlichen Lager- und Weideplätze ist weniger ihr räumlicher Abstand zueinander sondern vor allem die Höhendifferenz. Generell ist hier, im südlichsten Rentiergebiet der Welt, die Hitze und keineswegs die Kälte das Hauptproblem für die Haltung von *Rangifer tarandus*, das sich selbst in den kältesten Regionen der Arktis wohlfühlt. Wie bereits oben erwähnt, suchen Rentiere in diesen Breiten im Sommer stets möglichst tiefe Temperaturen, die nur hoch oben in den Bergen, meist weit oberhalb der Baumgrenze, zu finden ist. Dies hat vor allem auch mit den Insekten, allen voran Mücken und Bremsen, zu tun, die in den sommerlich heißen und feuchten Niederungen der Taiga zu Milliarden brüten, die Tiere schwächen und krank machen können. Besonders die gefürchteten Dasselfliegen (*Hypodermae* und *Oestrinae*), können die wehrlosen Rentiere durch ihre unter der Haut oder in der Nase abgelegten Eier bzw. Larven massiv schwächen oder gar in die blinde Raserei treiben. Letztlich sind auch Zecken ein großes Problem: Sie übertragen gefürchtete Krankheiten wie z.B. Anaplasmose oder Borreliose, die Rentiere töten können (vgl.: Ayuursed 1996: 58; Papageorgiou 2011). Daneben kommt es in Zeiten großer Hitze (das Thermometer kann in den Tälern auf weit über 30°C ansteigen) auch immer wieder zu Husten, Huffäule und anderen Krankheiten, die eine ernste Bedrohung für die Tiere darstellen.

Die einzige Möglichkeit, all diese Probleme zu vermeiden, ist der rechtzeitige Umzug, ab etwa Anfang bis Mitte Juni, in die windigen, kühlen Höhenlagen der Berge, wo die Belastung für Tier und Mensch weniger schlimm ist. Den ganzen Sommer über verbringen die Nomaden nun mit ihren Herden hier oben und ernähren sich hauptsächlich von Rentiermilch und den Produkten, die sie daraus herstellen. Eine „Milchschwemme" wie sie die Steppennomaden im Sommer erleben, bleibt jedoch aus, da die Rentierkühe lediglich zwei- bis vierhundert Gramm Milch pro Tag liefern, von denen auch noch genug für ihr Kälbchen übrig bleiben muss (vgl.: Vainshtein [1972] 1980: 124; Leimbach 1936: 76). Wäre die Rentiermilch mit ihrem sechzehnprozentigen Fettgehalt nicht so außerordentlich nahrhaft würde es kaum zum Überleben der Nomadenfamilien reichen. Gejagt wird während der Sommermonate kaum, dafür jedoch wurde bis vor wenigen Jahrzehnten nach Wildzwiebeln gegraben (siehe Abschnitt II 2.2.4).

Damit die Rentiere vor dem kurzen Herbst und langen Winter Gelegenheit haben, sich möglichst viel Fett anzufressen, blieben die Nomaden früher nicht nur in einem Sommerlager, sondern wechselten so oft wie möglich den Standort, stets auf der Suche nach den besten Weiden (diese Praxis wird heute nur noch von wenigen Familien aufrechterhalten (siehe Abschnitt VII 2.2.1)).

Ab Ende August, nach den ersten Frostnächten, kehren die Nomaden mit ihren Tieren wieder in die Täler zurück, wo sie sich bereit machen für die herbstliche Jagdsaison, die beginnt, sobald im September der erste Schnee das Aufspüren wilder Tiere vereinfacht (siehe Abschnitt II 2.4.2). Nun wird es auch Zeit, die einjährigen männlichen Rentiere zu kastrieren, was einerseits mit dem Ziel geschieht, Nachkommen mit besonderen Charakteristika wie z.B. starken Rücken, zu züchten, andererseits aber auch blutige Kämpfe in der Herde verhindert, die ansonsten, zu Beginn der herbstlichen Brunftzeit, unter den jungen Bullen beginnen würden.

Ab Mitte Oktober dann, wenn das Thermometer in der Taiga dauerhaft auf unter 0° C sinkt, Bäche und Flüsse zufrieren und die Schneedecke für die nächsten sieben Monate nicht mehr schmelzen wird, werden die windgeschützten Wälder aufgesucht, wo Feuerholz und Rentierflechten stets in ausreichender Menge vorhanden sind und der Schnee verhältnismäßig weich ist, sodass die Tiere einfach und ohne hohen Energieaufwand an die stark eiweißhaltigen Flechten, ihre wichtigste Energiequelle in den eisigen und langen Wintermonaten, herankommen. Seit spätestens Ende Oktober ist die Milch der Rentierkühe versiegt und die letzten Vorräte gefrorener Milch verbrauchen sich schnell. So ernähren sich die Menschen nun vor allem von dem Fleisch, das die Jäger von ihren oft wochenlangen Jagdzügen mit ihren Reittieren in die Lager zurückbringen, während sich die Frauen in den aals um das Wohlergehen der trächtigen Rentierkühe kümmern.

Dann, ab Ende April etwa, rechtzeitig zur Geburt der Rentierkälber, verlassen Rentiere und Nomaden die dichten Wälder und suchen vor schlechter Witterung und Wolf besonders geschützte Täler oder offene Südhänge auf, in denen die Schneedecke schon möglichst weit abgeschmolzen und ausreichend Nahrung vorhanden ist. Dies ist vor allem für die Rentiermütter wichtig, welche man vorsichtig zu melken beginnt, sobald ihre Kälber kräftig genug sind, um die Milch ihrer Mütter mit den Menschen zu teilen. Denn die ersten Wochen im Leben der Kälber sind eine besonders kritische Zeit, in der schwache oder unterernährte Jungtiere schnell krank werden und sterben können. So kann man zunächst nur eine Zitze melken, und dann, soweit das Kalb gesund ist, wächst und beginnt, neben der Milch selbst Nahrung zu suchen und aufzunehmen, den Anteil für den Verbrauch des Menschen kontinuierlich erhöhen. Dann, sobald die Kälber kräftig genug sind, beginnt der uralte nomadische Jahreskreislauf erneut mit dem gemeinsamen Zug von Mensch und Tier in die kühlen Höhen der Sajanberge.

Von der Gemeinsamkeit des Nomadisierens

Aus dem im vorigen Abschnitt dargestellten nomadischen Jahreskreislauf geht hervor, wie sehr die Praxis der Lebensweise der Rentierhalter-Jäger im Ostsajangebirge an die Bedürfnisse ihrer Tiere angepasst ist. Dennoch ist es aber sicher nicht so, dass die Menschen lediglich ihren Tieren „folgen" würden, ohne dabei selbst in die Planung und den Prozess der Migration eingreifen zu können (vgl.: Beach & Stammler 2006: 7). Vielmehr ist es so, dass „Rentierhalter den Rentieren folgen, die den Wünschen der Menschen folgen" (ibid., übers. v. JE). Der „nomadische Jahreskreislauf" ist daher nicht nur ein Kreislauf im zeitlichen und räumlichen Sinne. Er ist auch ein „*Kreislauf der Willen*" von Tier und Mensch (ibid.). In dieser „gegenseitigen dynamischen Verhaltensadaption" (Istomin & Dwyer 2010) entwickeln nicht nur Menschen eine Lebensweise mit ihren Rentieren, sondern ebenso entwickeln diese Rentiere eine Lebensweise – oder nach Istomin & Dwyer (2010: 621) sogar „*Kultur*" – mit ihren Menschen. Die Migrationsrouten der Mensch-Tier-Gemeinschaften gehören zu einem von beiden Parteien geteilten „gemeinsamen geografischen Wissen" und sind „das Resultat einer lange währenden Beziehung zwischen Menschen und Tieren, sowie deren Umwelt" (Stépanoff 2012: 303, übers. v. JE). Zwar sind es die Menschen, die letztlich die Routen und Ziele der mobilen Mensch-Tier-Gemeinschaften auswählen, aber sie bemühen sich dabei, ihre Migrationen möglichst innerhalb eines regelmäßigen und für die Tiere nachvollziehbaren Musters durchzuführen – das heißt z.B., nach Möglichkeit immer wieder dieselben bekannten Routen und Wege zu benutzen, welche die Tiere dabei automatisch erlernen und internalisieren (vgl.: ibid.). Auf diese Weise finden sogar immer wieder verloren geglaubte Rentiere ihren Weg zu den Camps ihrer Menschen, selbst wenn diese in der Zwischenzeit umgezogen sind – und es wird selbst ein völlig betrunkener und passiver Rentierhalter von seinem Reittier zuverlässig „nach Hause" geführt (vgl.: ibid.).

Neben den Routen und Zielpunkten steht in der osttuwinischen Taiga auch der Zeitpunkt des Nomadisierens unter permanenter Aushandlung zwischen Menschen und ihren Rentieren. Und haben Erstgenannte die Kontrolle über die räumliche Verwirklichung ihrer Wanderungen, so sind sich die meisten Rentierhalter-Jäger im Ostsajanraum darüber einig, dass es die Tiere sind, die den *Zeitpunkt* der Migration bestimmen (vgl.: Stépanoff 2012: 307f). Es ist gemeinhin bekannt, dass man Rentiere nicht beim Menschen halten kann, wenn man sich ihrem Willen umzuziehen nicht fügt – was bedeutet, dass man praktisch keinen Einfluss auf die Wahl des Zeitpunkts der Umzüge hat, will man seine Tiere nicht verlieren (ibid.):

> „While humans master the spatial aspects [of migration], reindeer master the timing. This does not mean that reindeer have no idea regarding the question of the direction of the migration, or that humans have no idea about the timing of the migration. However, humans tend to impose their view about the direction, and listen to reindeer about the time to go." (Stépanoff 2012: 307f)

Dieses enge System der Kooperation setzt eine bestimmte Fähigkeit zur Kommunikation zwischen den zu so verschiedenen Spezies gehörenden Mitgliedern einer pastoralen Mensch-Tier-Gemeinschaft voraus. So zählt die Fähigkeit, seine Tiere „zu verstehen" zu einer der wichtigsten und am schwierigsten zu erlernenden Fertigkeiten eines Rentierhalters, die untrennbar in der alltäglichen Praxis des Umgangs mit den Tieren verbunden ist. Wie solches Wissen funktioniert und erlernt wird, wird in Abschnitt II 2.5 diskutiert werden.

108 II. System der Praxis: Rentierhaltung und Jagd im Ostsajangebirge

Abb. 17: Aufbau des Herbstcamps in Üzeg, Osttaiga, 16. August 2008. Fotografin: SH

Abb. 18: Umzug einer Nomadenfamilie. Osttaiga, 17. August 2008. Fotografin: SH

2.4.2 Die Praxis der Jagd

Wenn sich in den Steppen der Mongolei zwei Nomaden nach einer längeren Zeit wieder begegnen, gehört stets der Satz *„Wird Ihr (dein) Vieh schön fett?"* (MON: *Tany (chinii) mal süreg targan tavtai yuu?*) zu den ausgetauschten ritualisierten Begrüßungsformeln. Die Dukha hingegen fragen stattdessen: *„Ist die Jagdbeute reich?"* (MON: *An olz ikhtei yuu?*). Der Stellenwert der Jagd in der Taiga des Ostsajangebirges könnte kaum eindrücklicher geschildert werden, als durch dieses kleine Beispiel aus dem Alltag der Menschen. Die Jagd war für sie stets eine absolut essentielle Tätigkeit, die der Rentierhaltung in nichts nachstand.

Prinzipiell muss im Sajanraum, wie vermutlich in ganz Nordasien, zwischen zwei Formen der Jagd unterschieden werden: Zwischen der Subsistenzjagd und der Pelztierjagd. Die Subsistenzjagd findet statt, um das physische Überleben der Nomadenfamilien, vor allem während der Wintermonate, über die Beschaffung von Fleisch zu sichern. Ziel dieser Aktivität ist das Erlegen vor allem großer Beutetiere wie z.B. Elche, (Maral-)Hirsche, Rehe, Wildschweine, wilde Rentiere oder Steinböcke, aber auch Wildgänse und andere Vögel. Sie ist die älteste wirtschaftliche Aktivität der Menschen im Sajangebirge. Neben ihr findet jedoch ebenso die Jagd auf kleinere Pelztiere, vor allem auf Zobel und Eichhörnchen, statt. Vainshtein ([1972] 1980: 168) führt außerdem Otter, Biber, Fuchs, Vielfraß, Luchs, das Sibirische Frettchen, Bär und Wolf in der Liste der gejagten Spezies auf. Der österreichische Sinologe und Althistoriker Otto Mänchen-Helfen, der Ende der Zwanzigerjahre offenbar als erster Nicht-Sowjetbürger in die abgeschottete Volksrepublik Tannu-Tuwa einreisen durfte, vergisst außerdem nicht, Bergziege, Hermelin und Moschushirsch als weitere wichtige Beutetiere in Tuwa zu nennen (1931: 48).

Obwohl die Pelztierjagd sicherlich stets höchstens einen marginalen Beitrag zur direkten Nahrungsversorgung der Menschen leistete, nahm sie doch über Jahrhunderte hinweg einen extrem hohen Stellenwert im wirtschaftlichen Leben der Tuwiner wie auch fast aller anderer indigenen Völker Sibiriens ein. Die gesamte Eroberung und Kolonisierung des riesigen Subkontinents durch Russland und China wurde vom Hunger der Herrscher nach Zobelfellen, dem „Gold der Taiga", vorangetrieben. Bereits im 17. Jahrhundert zahlten die Stämme der Gegend praktisch alle Felltribut (RUS: *yasak*) an die Kosaken und Unterhändler des russischen Zaren und wenig später an den mandschu-chinesischen Militärgouverneur in Uliastai – oder zeitweise sogar an beide Herrscherhäuser gleichzeitig (siehe Kapitel III). Wie lange die Ureinwohner der Sajanregion davor schon ihre Abgaben, an türkische, khalkh-mongolische, oiratische oder tuwinische Fürsten entrichteten, oder zumindest Handel mit Fellen betrieben, ist nicht genau bekannt. Sicher ist jedoch, dass die Jagd auf Pelztiere zum Zwecke des Handels oder der Steuerzahlung schon so lange ihren zentralen Platz im Leben der Menschen im Ostsajanraum hat, dass sie schon seit Jahrhunderten eine feste Größe im hiesigen System der Praxis geworden ist.

Natürlich unterscheiden sich nicht nur das Motiv, sondern auch die Techniken und Zeitpunkte der Jagd auf so unterschiedliche Tiere wie Eichhörnchen und Zobel oder Elch und Wildren: Eichhörnchen und Zobel werden vor allem im Spätherbst und frühen Winter gejagt, wobei die Saison für den Zobel schon Ende November vorerst endet und zwischen Januar und März wieder aufgenommen wird. Der Grund hierfür ist das zu dieser Zeit „besonders dichte und schöne Fell" der Tiere (Mänchen-Helfen 1931: 49). Die besten Aussichten auf Elch und Rentier bestehen im tiefen Winter, wenn der Schnee hoch ist – wobei in Nordwest-Khövsgöl die ersten großen Ungulaten schon ab Ende September, spätestens aber im Oktober erlegt werden. Man stellt sie heute noch mit Hilfe von Jagdhunden.

Früher wurden große Ungulaten auch mit gut getarnten, fest installierten, selbstauslösenden Bögen gejagt, welche wegen ihrer „ungeheuren Durchschlagkraft berühmt und gefürchtet" waren (Leimbach 1936: 67). Wie Vainshtein ([1972] 1980: 168f) versichert, erreichten die ersten Flinten den Sajanraum schon im 17. Jahrhundert. Eine Steinschlossflinte kostete bei den russichen Händlern zwischen 200 und 250 Eichhörnchenfelle (Vainshtein [1972] 1980). Schießpulver lernten die Jäger bald selbst herzustellen (vgl.: ibid.; Badamkhatan 1962: 21). Lediglich Blei musste von den Händlern bezogen werden (vgl.: Vainshtein [1972] 1980: 169). Dennoch blieben auch Waffen wie Bogen und Armbrust bis zum Ende des 19. Jahrhunderts weit verbreitet. Zobel und Eichhörnchen wurden, nach Mänchen-Helfen (1931: 48) ohnehin nicht mit der Flinte, sondern mit stumpfen Pfeilen gejagt, die den Tieren die Knochen brachen, das Fell aber in der Regel unversehrt ließen (siehe auch: Vainshtein [Vajnshtejn] 1961: 48; Leimbach 1936: 66). Vainshtein berichtet vom Einsatz von speziellen „Pfeifen-Pfeilen", die mit einem lauten, heulenden Geräusch in die Nähe von Eichhörnchen geschossen wurden, die daraufhin meist in tiefere Etagen ihres Baumes flüchteten, wo sie leichter erlegt werden konnten (vgl.: [1972] 1980: 170f; [Vajnshtejn] 1961: 49). Dieselbe Technik wurde auch bei der Hirsch- und Vogeljagd eingesetzt (ibid.). Schlingenfallen u.ä. hingegen wurden in Tuwa erst gegen Mitte des 19. Jahrhunderts eingeführt (vgl.: Vainshtein [1970] 1980: 172). Bären wurden u.a. in Fallgruben mit angespitzten Holzstecken im Boden getötet (vgl.: Vainshtein ([1972] 1980: 182).

Die Jagd wurde (und wird) im Sajanraum normalerweise in kleinen Zusammenschlüssen von meistens drei bis zehn Männern ausgeführt, die sich unter der Führung des erfahrensten Jägers und in Begleitung von zwei Hunden pro Mann gemeinsam auf meist mehrtägige, oftmals aber auch mehrere Wochen dauernde Expeditionen in die Taiga machen (vgl.: Vainshtein [1972] 1980). Wie bereits oben erwähnt, sind gute, ausdauernde Reit- und Packrentiere unerlässlich auf diesen weiten und beschwerlichen Reisen. Tee, Proviant und Munition werden zusammengelegt und zu gleichen Anteilen unter den Jägern aufgeteilt. Am Abend biwakieren die Männer auch bei bitterem Frost unter freiem Himmel, auf Lärchenzweigen vor einem großen Feuer kauernd, das die ganze Nacht am Brennen gehalten wird. Wie Vainshtein ([1972] 1980: 175) berichtet, trennen sich die Mitglieder der Gruppe morgens und machen sich in Begleitung ihrer Hunde in verschiedene Richtungen in die Taiga auf, um sich abends wieder am Lagerplatz einzufinden. Erspäht ein Jäger bzw. dessen Hund aber die Fährte eines Zobels, kann dies mitunter bedeuten, dass er dem Tier mehrere Tage hinterherjagt, ohne zwischendurch zum Lager zurückzukehren (vgl.: Vainshtein [1972] 1980: 176). Im tiefsten Winter, wenn der Schnee zu hoch für den Einsatz von Hunden ist, jagen die Männer große Ungulaten auch auf selbstgebauten, über Dampf gebogenen Skiern (Vainshtein [Vajnshtejn] 1961: 44), mit denen Sie die Tiere mit großer Geschwindigkeit bis zur Erschöpfung hetzen und dann erlegen können (Vainshtein [1972] 1980: 176). Nicht immer jedoch arbeiten die einzelnen Mitglieder einer Jagdexpedition für sich alleine: In Osttuwa sind auch kollektive Formen der Jagd bekannt, bei denen einige Männer mit Hunden oder lauten Geräuschen Tiere vor die Flinten versteckter Jäger treiben (Vainshtein ([1972] 1980: 179).

2.4.3 Fischfang

Neben der Jagd spielt im Ostsajanraum auch der Fischfang eine nicht zu unterschätzende Rolle. Vor allem Lenok (*Brachymystax lenok*), eine Art Forelle, und Äsche, aber auch der riesige Taimen (*Hucho taimen*) kommen hier in den fischreichen Flüssen vor. In den Seen Osttuwas finden sich zudem Hecht, Barsch, Trüschen und v.a Corregonen (die in Deutschland regional unterschiedlich entweder als „Renken", „Maränen" oder „Felchen", in der Mongolei als „Weißfisch" (MON: *tsagaan zagas*) bezeichnet werden). Auch wenn nicht immer alle Rentierhalterhaushalte Osttuwas in die Fischerei involviert waren (vgl.: Vainshtein [1972] 1980: 191), so hatte dies offenbar mehr mit zeitlichen und transportbezogenen Kapazitätsproblemen zu tun und weniger mit einer Geringschätzung von Fisch. Haushalte, deren aals gewöhnlich in der Nähe guter Fischgewässer lagen, nutzten diese für gewöhnlich auch (vgl.: ibid.). Gefischt wurde in Tuwa vor der Einführung der modernen Rutenangelei durch die Russen mit Netzen, Reusen, Speeren, Gaffs und Schlaufen aus Pferdehaaren, die vorsichtig an langen Weidenästen montiert über die Köpfe von im flachem Wasser ruhenden Fischen geführt und dann mit einer ruckartigen Bewegung nach oben gezogen wurden, wobei die Fische sich mit den Kiemen in der sich zuziehenden Schlinge verfingen (vgl.: ibid.; siehe auch: Vainshtein [Vajnshtejn] 1961: 55). Mit dem Speer wurde vor allem in der Dunkelheit gefischt, da man so die Fische mit dem Schein heller Fackeln anlocken konnte (vgl.: Mänchen-Helfen 1931: 53; Vainshtein [1972] 1980: 191). Auch das Schießen von Fischen mit Pfeil und Bogen oder Flinten war in Tuwa verbreitet, und es waren eiserne, meist selbstgeschmiedete Angelhaken bekannt (ibid.). Und natürlich gab (und gibt) es auch das Fischen mit der Hand, wozu keinerlei Ausrüstung, dafür jedoch etwas Geschick notwendig ist. Im Winter fischen die Rentierhalter-Jäger, indem sie unter der Eisdecke mit Holzstangen ein Seil entlang einer Reihe von Löchern durchfädeln, an dem sie daraufhin ein Netz anbringen (Ganbat, Feb. 2014: pers. Komm.). Bei den tiefen Minusgraden gefrieren die gefangenen Fische augenblicklich und bleiben so über Monate hinweg haltbar.

2.4.4 Sammeln

Wie Vainshtein (vgl.: [1972] 1980: 194) hervorhebt, betonten praktisch alle frühen Reisenden und Ethnografen den hohen Anteil des Sammelns in der Ökonomie und Subsistenz der Tuwiner und insbesondere der Taigabewohner Osttuwas. Vor allem Wurzeln und wilde Zwiebeln (TUW: *ai*), wie etwa die der Hunds-Zahnlilie (*Erythronium dens-canis* bzw. *Erythronium sibiricum*) oder des Türkenbunds (*Lilium martagon*) aber auch Bärlauch (*Allium ursinum*), Heidel- und Moos- bzw. Preiselbeeren (TUW: *khat*) wurden überall in Tuwa in großen Mengen gesammelt (ibid.). Zum Ausgraben von Zwiebeln benutzte man einen speziellen Grabstock mit eisernem Pflugmesser an der Spitze, den sogenannten *ozuk* (Vainshtein [1972] 1980: 195). In Osttuwa, wo besonders viel gesammelt wurde, besaß noch zu Beginn der 1930er Jahre praktisch jede Familie ein solches Werkzeug, viele Rentierhalterfamilien sogar fünf bis sechs, was die Bedeutung des Sammelns in ihrer Ökonomie unterstreicht (vgl.: ibid.). Im Durchschnitt sammelte jede Familie in Todzha etwa 100 kg Lilienzwiebeln – unter den Rentierhaltern war das Sammeln dieses Nahrungsmittels im August sogar die Hauptbeschäftigung (vgl.: Vainshtein [1972] 1980: 196). Männer, Frauen und Kinder waren gleichermaßen in die Aktivität involviert.

Nicht alle Sammelressourcen der Taigabewohner befanden sich unter der Erde: Eine ebenso begehrte Delikatesse findet sich in den Kronen der Sibirischen Zirbelkiefer (*Pinus sibirica*) – die Zirbelnuss, häufig auch „Zedernuss" genannt (TUW: *kuzuk*), welche in Aussehen und Geschmack den Pinienkernen ähnlich ist. Hierbei handelt es sich um die fett- und proteinreichen Samenkerne der Zapfen des fast überall in der Taiga verbreiteten Baumes. Um an diese zu gelangen, werden im Sajanraum an langen Stangen befestigte, schwere Holzhämmer benutzt, mit denen man nach dem ersten Frost die Stämme der Bäume schlägt, bis die Zapfen herabfallen (vgl.: Vainshtein [1972] 1980: 195). Danach werden diese am heimischen Feuer langsam geröstet (heute geschieht dies bevorzugt auf der heißen Deckelplatte eines Blechofens), wobei das Harz aus dem Gehäuse austritt und die einzelnen Samenkapseln leicht aufspringen. Danach müssen die Kerne aus dem Gehäuse gelöst und noch einmal einzeln geschält werden werden.

2.4.5 Taigaheimat: Das alajy-ög

Eine Beschreibung der alltäglichen Praxis des nomadischen Lebens in der tuwinischen Taiga wäre nicht vollständig ohne die Erwähnung des Nomadenzeltes – dem *alajy-ög*. Wie in großen Teilen Sibiriens, wo das kegelförmige, in Russland verallgemeinernd als „*chum*" bezeichnete Spitzzelt die Jahrtausende alte Behausung der Rentierhalter bildet, war auch das tuwinische alajy-ög als Zentrum des nomadischen Lebens bis in die jüngste Vergangenheit nicht wegzudenken.

Die mobile Heimstatt der Taigabewohner ist leicht, unkompliziert in ihrer Konstruktionsweise, lässt sich schnell auf- und abbauen, und verhältnismäßig einfach durch die unwegsame Taiga transportieren. Das Zelt (TUW: *ög*) besteht im

Kern aus einem kegelförmigen Skelett aus Holzstangen (TUW: *alajy*), welche um drei mit einem Stück Seil verbundene Hauptstangen (TUW: *servenge*) herum kreisförmig aufgestellt werden (siehe z.B. Vainshtein [Vajnshtejn] 1961: 85f). An dieser Konstruktion werden Zeltplanen, wie Dachziegel überlappend, von unten beginnend nach oben spiralförmig festgemacht. Bis weit in die erste Hälfte des 20. Jahrhunderts hinein bestanden diese „Zeltplanen" noch aus Birkenrinde oder Tierhäuten, heute aus grobem Zelttuch.

Der Boden eines alajy-ögs bleibt in der warmen Jahreszeit einfach nackt – lediglich einige Felle liegen als Sitzgelegenheit im Zelt verteilt bereit. Am Eingang, einer mit einer Holzstange beschwerten Plane, die immer nur nach rechts geöffnet wird, liegt, wenn es sehr schlammig ist, eine Art „Fußabtreter" aus grober Lärchenrinde. Höchstens im Winter, und auch nur dann, wenn man weiß, dass man einige Zeit an diesem Ort verbringen wird, bauen manche Familien eine Art Fußboden aus mit der Axt roh behauenen Lärchenstämmen ein. Frei bleiben muss aber in jedem Fall die Zeltmitte – denn das Zentrum des alajy-ögs bildet stets der Herd, welcher früher eine simple offene Feuerstelle war. Der Rauch zog durch eine Öffnung an der Spitze ab. Blechöfen mit Rauchabzug sind erst seit der zweiten Hälfte des 20. Jahrhunderts verbreitet.

Abb. 19: Leben im alajy-ög. Üzeg, Osttaiga, 26. September 2008. Fotograf: JE

Dem Herd als Mittelpunkt des Zeltes und des gesamten Familienlebens, kommt nicht nur eine praktische – *überlebenswichtige* – und soziale, sondern auch eine besondere religiöse Bedeutung zu: Im Herdfeuer befindet sich der Sitz besonders mächtiger spiritueller Entitäten (vgl.: Oelschlägel 2013: 113). Dieser Glaube, der im ganzen indigenen Sibirien (vgl.: Anderson 2013; Ziker 2013; Vitebsky 2005: 85ff), aber auch in den Steppen der Mongolei weit verbreitet ist, bringt einige besondere Regeln und Tabus mit sich – wie etwa das Verbot, Unrat im Herd zu verbrennen. Umgekehrt jedoch erhalten die Feuergeister täglich Spritzer vom Milchtee und Happen der Speisen der Familie. Das Entzünden eines Feuers ist, so Vitebsky (2005: 85ff), mehr noch als das Aufschlagen des Zeltes, die Handlung, die aus einem wilden, unbewohnten Ort einen bewohnten macht. Und umgekehrt entzünden Dukha, wenn sie z.B. auf ihren Jagdzügen durch die Taiga an einer vormals bewohnten Stelle übernachten, niemals ein Feuer an einer Stelle, an der einmal ein Herdfeuer brannte (Ganbat, Feb. 2014: pers. Komm.). Dies zu tun könnte bedeuten, unbekannte Geister oder Energien wie z.B. „zurückgebliebenes Unglück" der vorher hier weilenden Menschen zu wecken (Wheeler 2005: 15).

Abb. 20: Pürvee und ihr Hund Dalkhii in ihrem alajy-ög. Üzeg, 18. Oktober 2010. Fotograf: JE

2.4.6 Nomadische Ordnung

Neben der Feuerstelle hat auch alles andere in einem alajy-ög seinen festen Platz: auf der (*von hinten betrachtet!*) rechten Seite des Zelts, der Männerseite, liegen in der Nähe des Eingangs Sättel, Seile, Packtaschen, Lasso und die gesamte weitere Ausrüstung, die in der alltäglichen nomadischen Praxis mit den Rentieren benötigt wird. Weiter hinten auf dieser Seite wird die Jagdausrüstung aufbewahrt. Auf der linken Seite (*ebenso von hinten betrachtet*), der Frauenseite, befinden sich die Küchenausrüstung und Vorräte der Familie (siehe auch: Vainshtein [Vajnshtejn] 1961: 100).

Ganz hinten in der Mitte zwischen Männer- und Frauenseite, gegenüber des Eingangs, liegt der Sakralbereich, der gleichzeitig auch der Platz für Ehrengäste ist. Hier hängen die *eeren* (auch MON: *ongon*) – mitunter stattliche Bündel von länglichen, bunten, d.h. hauptsächlich blauen, weißen und silbernen Stoffstreifen, in die aber auch andere Objekte von ritueller Bedeutung mit eingeflochten sein können. Diese eeren sind stets mit bestimmten Geistern assoziiert, die über diese materielle Schnittstelle in Kontakt mit den Menschen stehen. Jede Familie verehrt ihre eeren, z.B. mit kleinen Milchopfern oder Wachholderrauch, neuen Stoffstreifen, die jeweils zu Neumond in das wachsende Bündel eingebunden werden, und weiteren regelmäßigen „Erneuerungszeremonien", die an bestimmten Tagen bzw. Nächten abgehalten werden, mit dem Ziel, einerseits die spirituelle Kraft der eeren aufzufrischen und andererseits die Bande zwischen Mensch und Geistern zu erneuern (vgl.: Wheeler 2001: 31).

2.4.7 Umzüge

Bei jedem Umzug der Nomadenfamilie lassen die Menschen die Zeltstangen ihres alajy-ögs, fein säuberlich gestapelt, im verlassenen Camp zurück – wobei vor allem früher die drei Hauptstangen aufgestellt blieben (siehe z.B.: Badamkhatan 1962: 14). Nach Wheeler (2005: 13) war die erneute Nutzung des Ortes solange tabu, „bis die Stangen [von alleine] zusammenfielen" und der Ort dadurch wieder zu einem „wilden, reinen Platz" wurde. So sorgte man dafür, dass die Futterflechten in der Umgebung genügend Zeit hatten, sich zu erholen. Der verlassene Ort blieb so für einige Jahre in einer Art Zwischenstatus zwischen „wild" und „bewohnt" zurück (Wheeler 2005: 15; siehe auch: Pedersen 2003: 250f).

Das Verlassen eines Lagerplatzes und, damit verbunden, vor allem der Abbau des Nomadenzeltes, geht in einer ganz bestimmten Reihenfolge vor sich: Nachdem Schlafmatten und die wichtigsten persönlichen Dinge, sowie die eeren gepackt wurden, wird die Hülle des Zeltes entfernt. Danach erst werden Küchenutensilien und Vorräte verstaut und auf die Rentiere gepackt (vgl.: Pedersen 2003: 250ff; Chültemsüren 2012: 48) – die erfahrensten Tiere zuerst (Buyantogtokh, Feb. 2014: pers. Komm). Am Ende werden die alajy-Stangen abgebaut und gestapelt. Ist dies alles erledigt, wird der ehemalige Wohnbereich unter den drei verbleibenden servenge-Hauptstangen sorgsam physisch wie auch rituell gereinigt (vgl.: Pedersen 2003: 250f). Erst dann kann die Wanderung beginnen, während derer stets die *eeren* auf dem ersten Rentier der Karawane reisen (Buyantogtokh, Feb. 2014: pers. Komm; Chültemsüren 2012: 48). Direkt danach, um Probleme zu vermeiden, müssen die jungen, weniger erfahrenen Tiere laufen, während die starken, gut trainierten und am schwersten beladenen Packtiere den Schluss des gemeinsamen Zuges aus Menschen, Rentieren und *eeren* bilden. Nur die Jungtiere und das geweihte (TUW: *ydyk*, MON: *setertei*) Rentier, das vom Schamanen bestimmt wird und daher nicht bei allen Familien zu finden ist, laufen unbeladen. Es ist von derartigen Arbeiten prinzipiell befreit und hat stattdessen die Aufgabe, die mit ihm assoziierte menschliche Familie und ihren Haushalt spirituell zu schützen (Ganbat, September 2008: pers. Komm.; siehe auch: Stépanoff 2012: 302; Küçüküstel 2013: 65ff).

Nach der Wanderung und Ankunft der Familie am neuen Lagerort geschieht das Auspacken und Aufbauen in exakt der umgekehrten Reihenfolge wie das Einpacken. Ist alles erledigt, wird das Herdfeuer entzündet, Tee gekocht und dem Weltenkollektiv *Bayan Khangai* (siehe Abschnitt II 2.7.2) Milch und Rauchopfer dargebracht (Pürvee, Buyantogtokh, Feb. 2014: pers. Komm). Damit ist das neue Camp (evtl. wieder) zu einem besiedelten Ort geworden, bis die hybriden Gemeinschaften erneut weiterziehen.

2.5 Wissen und Fertigkeiten

Die tägliche Praxis im Rahmen der im vorigen Abschnitt beschriebenen Lebens- und Wirtschaftsweise beruht auf einem – *und schafft gleichzeitig* einen – großen Fundus aus teils uraltem, sich aber in ständiger Weiterentwicklung befindlichem Wissen und ganz bestimmten, unabdingbaren Fertigkeiten und Technologien. In diesem Fundus enthalten sind u.a. Wissen über Rentiere und ihre Bedürfnisse und Gewohnheiten, über Weide- und Sammelressourcen, Heilkräuter, Wildtierpopulationen, deren Verteilung und typisches Verhalten, technisches Wissen und in der Praxis erlernte Fertigkeiten, wie beispielsweise der Umgang mit dem Lasso, der Bau von Skiern, das Melken von Rentierkühen, das Kastrieren und Trainieren von Reitrentieren und die Aufzucht von jungen Kälbern, oder aber das Herstellen von Schießpulver, der Umgang mit Jagdwaffen und Hunden und das korrekte Zerlegen von Beutetieren sowie der virtuose Umgang mit Axt und Feuer oder das Lesen- und Deuten-Können von Wetterveränderungen und das Überleben und die Orientierung in der Landschaft – und Vieles mehr.

Angesichts der Größe, Vielfältigkeit und dynamischen Natur dieses riesigen, in der Praxis verankerten Komplexes an Wissen macht es wenig Sinn zu versuchen, diesen im Stil einer „*Traditional Knowledge* (TK) Studie" (siehe hierzu z.B.: Hunn 1993; Berkes 2008; Subramanian & Pisupati (Hg.) 2010) einfach zu katalogisieren und möglichst *en detail* wiederzugeben. Als viel lohnenswerter wird es stattdessen erachtet, in den folgenden Abschnitten den dahinter liegenden, tieferen Mechanismen und allgemeingültigen Prinzipien auf die Spur zu kommen.

***Abb. 21**: Herstellung eines Lassoseiles aus Leder. Das etwa 20m lange Seil, das Ulzan zuvor spiralförmig aus der Nackenhaut eines Rentieres herausgeschnitten hat, wird geschmeidig und haltbar gemacht, indem ein mit einer Bohrung versehenes Stück Rentiergeweih aufgefädelt und, stark angewinkelt, über die gesamte Länge hinweg kräftig vor und zurück gezogen wird. Khevtert, Osttaiga, 17. Februar 2014. Fotograf: JE*

2.5.1 Verstehen im Kontext: Intuition und Praxis

Bei den indigenen Wildbeutern des Nordens gibt es wenig katalogisiertes Wissen, das ein junger Jäger erfragen oder gar wie in einer Schulsituation auswendig lernen bzw. „internalisieren" kann (vgl: Lave & Wenger 1991: 47ff; Ingold 2000: 36f). Anders als die sesshaften bäuerlichen Gesellschaften betonen sie nicht die Regelmäßigkeit, das Planen, Vorsorgen und vor allem das Kopieren bewährter Muster und Praktiken. Ihre Welt ist stattdessen eine Welt voller Unvorhersehbarkeit und Überraschungen: Was gestern funktionierte und reiche Beute einbrachte, kann heute völlig aussichtslos sein. Und umgekehrt. Wer als Jäger in den Weiten des Nordens lediglich versucht, stets nach einem bestimmten, erlernten Schema vorzugehen, wird schnell an seine Grenzen geraten. Daher lernt der heranwachsende Jäger, der seinen Vater und die erfahrenen Mitglieder seiner Gruppe begleitet, auch kein „Handwerk" im Sinne einer auf Wiederholung derselben Bewegungen und Handlungen in Zeit und Raum ausgerichteten Tätigkeit (vgl.: Ingold 2000: 37). Er erhält keinen von der Praxis losgelösten „Unterricht" und vor allem kaum Anleitungen. Dafür ist er stets anwesend und aktiv, übernimmt von Anfang an gewisse Aufgaben und Tätigkeiten (z.B. beim Camp aufbauen, Tiere einkesseln und vor die Flinten treiben usw.) und kann so langsam mit der Zeit Kompetenz entwickeln und beweisen – ein Vorgang der von Lave & Wenger (1991) als *"legitime periphere Partizipation"* bezeichnet wird.

Genau dies betonen auch die Jäger der Dukha: Natürlich werden jungen Jägern gewisse Handgriffe und Tätigkeiten (wie z.B. der Umgang mit seiner Jagdwaffe) explizit demonstriert (Ganbat, Davaajav, Zorig, Februar 2012: pers. Komm.). Aber der wichtigste Lerninhalt ist die Schulung der Sinne, und das Erlangen von Autonomie und Kompetenz. Er lernt keine Fragen zu stellen, sondern selbst Antworten zu suchen. Er lernt, zu *verstehen* (vgl: Anderson 2002: 117ff). Das bedeutet z.B., kleinste Details in seiner Umwelt wahrzunehmen (Ingold 2000: 37) und, allein auf sich, seine Erfahrung und seine immer schärfer werdenden Sinne gestellt, auch in schwierigen Situationen die richtigen Schlüsse zu ziehen. Dabei schult er vor allem seine *Intuition* – seine wichtigste Waffe in einer Umwelt voller Unsicherheit und Unregelmäßigkeit (vgl.: Ingold 2000: 25). Er lernt, mit den Tieren, der Landschaft und den anderen nichtmenschlichen Personen der Taiga, quasi in einer „Verknüpfung der Sinne" (s.u.), in Kontakt zu treten (vgl.: Anderson 2002: 125).

Innerhalb dieser dauerhaften und absoluten Interaktion mit der Umwelt findet auch das statt, was in der Resilience-Theorie als *„feedback learning"* und der Umgang mit Unsicherheit innerhalb komplexer Systeme durch Entwicklung und Anwendung einer *„fuzzy logic"* bezeichnet wird (vgl.: Berkes: 2008: 189, 197ff): Bei diesem Prozess des ganzheitlichen „Verstehens" wird weniger Wert auf die präzise Erfassung (Messen, Zählen etc.) einzelner Sachverhalte als auf das Verstehen der großen Zusammenhänge gelegt – z.B. durch die Anwendung von Faustregeln (E: *„rules of thumb"* (Berkes 2008: 182ff)), die „wenig oder gar nichts über die konkreten Details einer Aktion" aussagen (Ingold 2000: 35) und nur in Kombination mit den stetig weiter zu entwickelnden Fähigkeiten zum Erfolg führen können. Dieser allumfassende und dauerhafte Prozess des *„enskilments"* (Ingold 2000: 37) und der absoluten Sinnesschärfung – einschließlich des sogenannten, berühmten *„siebten Sinnes"* – kann nicht in der Schule oder sonst irgendwo außerhalb des Kontexts der alltäglichen Praxis stattfinden. Es ist ein lebenslanger Prozess, der nur mit und durch die permanente praktische Interaktion mit einer bestimmten Umwelt ablaufen kann.

Das Gleiche gilt auch im Umgang mit den Herdentieren: Ein guter Rentierhalter muss spüren und aus dem Verhalten seiner Tiere lesen können, wann es Zeit ist, die Weidegründe zu wechseln. Es ist daher nicht übertrieben zu behaupten, dass er mit seinen Tieren in der Tat kommunizieren können muss (vgl.: Stépanoff 2012). Des Weiteren muss er z.B. spüren und ggf. erlesen können, wo sich seine Tiere aufhalten, sollten sie sich einmal zu weit vom Camp entfernt haben. Er muss trotz aller kommunikativen Barrieren verstehen, was seine Tiere gerade brauchen und wollen. All dies entspricht denselben Fähigkeiten, die ein Jäger während seiner dauerhaften Praxis im Wald erlernt, und die ein Leben lang trainiert und verfeinert werden müssen.

Abb. 22: *Ganbat demonstriert den Gebrauch von Skiern, welche die Dukha seit Jahrhunderten aus Holz und Fellen selbst herstellen und zur damit fast geräuschlosen Jagd benutzen. Die Technologie ähnelt stark den in Europa bekannten Tourenskiern mit Steigfellen – mit dem einzig wirklich grundlegenden Unterschied, dass man sich hier anstatt mit zwei, nur mit einem langen Stock vorantreibt. Khevtert, Osttaiga, 15. Februar 2014. Fotograf: JE*

2.5.2 Wissen, Kompetenz und „entitlements"

Wie der kanadische Anthropologe David Anderson (2002: Kap. 6) beschreibt, existiert bei den evenkischen Jägern und Hirten der Rentierkollektive der Taiga/Tundra-Region der sibirischen Tajmyr-Halbinsel, den sog. „tundroviky" (D: Tundrabewohner), eine ausgeprägte Betonung des Zusammenhangs zwischen „*Wissen*" und dem Idealbild von einer „*guten Person*". Ein großer Teil des hierfür relevanten Wissens besteht aus recht bodenständigen Elementen wie waidmännischem und pastoralem Wissen, fundierten Kenntnissen der Geografie und Ökologie sowie des Klimas und der Materialien der Tundra. Und natürlich darüber, was eine „*kompetente*" Person zum selbstständigen Überleben in der Tundra benötigt. Denn vor allem in schwierigen Situationen kann ein tundrovik sein Wissen und Können unter Beweis stellen, und sich dadurch als *würdige, respektable* Person Status verdienen (vgl.: Anderson 2002: 119f). Dies geht offenbar soweit, dass die gesamte Existenz der tundroviky in ihrer für Außenseiter so lebensfeindlichen Umgebung auf einem bestimmten „Anrecht" zu beruhen scheint, welches man sich in erster Linie erwirbt durch Härte, Genügsamkeit, Leidensfähigkeit, Ausdauer, Gewitztheit, Selbstständigkeit und vor allem „*Kompetenz*" – alles Attribute, die für die tundroviky einen „guten Menschen" ausmachen (siehe hierzu auch:

Habeck 2005: 154ff). Daher *„findet man keine schlechten Leute in der Tundra"*, so die weit verbreitete Überzeugung der Evenken (Anderson 2002: 125).

Gleichzeitig mit diesem „Anrecht" auf das Leben und den Status eines tundroviks geht, so Anderson, auch eine Art *„Anspruchsberechtigung"* (E: *entitlement*) auf das „Nehmen" in der Tundra, z.B. bei der Jagd, einher. Diese wird einem tundrovik aber nicht in erster Linie von den Menschen erteilt, sondern vor allem *von der Tundra selbst* (vgl.: Anderson 2002: 120). Genau hierfür aber muss der Anwärter zunächst auch sein „Wissen" über das korrekte und angemessene Verhalten vor dieser selbst beweisen. Tut er dies nicht, ist er z.B. prahlerisch, gierig oder erweist er sich auf sonst irgendeine Art und Weise als respektlos und unwürdig, wird er überhaupt gar nicht erst die Chance erhalten, Tiere in der Tundra anzutreffen – denn diese können die Prahlereien eines Jägers hören (Anderson 2002: 125). Das notwendige indigene Wissen erstreckt sich in diesem Fall also auch auf einen moralischen (s.u.) Bereich, der von so grundlegender Bedeutung ist, dass er über Erfolg und Misserfolg, über Leben und Sterben in der Tundra entscheidend ist. Nicht nur der Jäger kennt das Wild bzw. die Landschaft, sondern diese auch ihn. Und nicht nur er will etwas von diesen Akteuren, sondern diese auch von ihm. So ist ein Erfolg des Jägers nur denkbar, wenn er sich vor der Taiga als würdig erweist (Anderson 2002: 123). Diese Form der Anspruchsberechtigung sollte somit keinesfalls als konventionelles „Recht", z.B. im Sinne eines „Ressourcennutzungsrechtes" missverstanden werden:

> „Entitlement is understood here as being a more subtle and personalized relationship to land than that which is generally codified as a ‚right of common access' or a ‚right not to be excluded' let alone an ‚individual or privately exercised right of use'." (Anderson 2002: 129)

Auch der im vorigen Absatz eingangs verwendete Begriff „moralisch" ist nicht unproblematisch und bedarf daher etwas weiterer Erklärung: Es geht hier nicht um die bloße Einhaltung altüberlieferter, klarer „Gebote" (wie in den monotheistischen Religionen) oder gar „Gesetze". Sondern es geht *primär* um ein *Verstehen* von gegenseitigen Abhängigkeiten, Abmachungen, Positionen und vor allem *Ursachen- und Wirkungszusammenhängen* in einem komplexen Beziehungsgeflecht zwischen menschlichen und nichtmenschlichen Personen in ihrer jeweiligen Landschaft. Es geht darum, eine angemessene Beziehung in *„achtsamer Interaktion"* (Oelschlägel 2013: 108) mit dem Land aufrecht zu erhalten. Keine mahnenden und strafenden menschlichen Autoritäten wachen darüber, sondern die diversen nichtmenschlichen Akteure der Landschaft selbst (siehe auch Abschnitte II 2.7.1, 2.7.2). Misserfolg und andere Konsequenzen sind daher auch keine „Strafe" sondern schlicht *Wirkung* bestimmter Handlungen, die eventuell bestimmte Abmachungen zwischen den Akteuren verletzt haben (siehe hierzu auch: Oelschlägel 2013: 108ff, 113ff).

All dies kann auch auf die Lebenswelt der Ostsajanberge übertragen werden: Auch hier legen die Rentierhalter-Jäger in großem Maße Wert auf Selbstständigkeit, Leidensfähigkeit, Cleverness und Kompetenz. Vor allem aber ist es auch für sie von höchster Wichtigkeit, die Abhängigkeiten, Verpflichtungen und gegenseitigen Ansprüche zwischen allen Akteuren der Taiga zu verstehen und dementsprechend zu handeln. Dies gilt gleichermaßen für alle ihre Aktivitäten, sei es im Umgang mit der Rentierherde, dem Herdfeuer und den *eeren*, beim Wasserholen, beim Wechsel der Lagerstellen und natürlich ganz besonders bei der Jagd. Wie vorab erwähnt, erklärt das Verständnis dieser ganz grundsätzlichen Parameter auch einen Großteil der in den nächsten Abschnitten besprochenen Phänomene wie z.B. die im Folgenden diskutierte schwache Ausprägung von Institutionen zur Regelung des Zugangs und der Nutzung dessen, was gemeinhin unter „natürlichen Ressourcen" verstanden wird.

2.6 Institutionen

2.6.1 Ein Plädoyer für die Erweiterung des Institutionenbegriffs

Der heute in den Sozialwissenschaften verwendete Begriff der „Institutionen" geht vor allem auf den Ökonomen Douglas North (1990) zurück[18], der diese folgendermaßen definiert hat:

> „Institutions are **the rules of the game in a society** or, more formally, are the humanly devised constraints that shape human interaction. In consequence, they structure incentives in human exchange, wether political, social or economic." (North 1990: 3; Hervorh. v. JE)

Unter diesen allgemeinen „Spielregeln", also den *sozialen Regeln und Normen* einer Gesellschaft, erfuhren in den letzten Jahrzehnten ganz besonders diejenigen große Beachtung in der Wissenschaft, die das Verhältnis von Menschen („Nutzern") zu „Ressourcen" regeln, z.B. um die Theorie von der „*tragedy of the commons*" (Hardin 1968) in Ihrer geforderten Allgemeingültigkeit zu widerlegen und stattdessen zu demonstrieren, dass Menschen als Nutzer von gemeinschaftlichen Ressourcen (Weide- und Forstland, Fischereigewässer usw.) durchaus dazu in der Lage sind, diese geregelt, schonend und nachhaltig zu bewirtschaften (siehe hierzu: Ostrom 1990, 2007, 2009).

In diesem Zusammenhang ist es erstaunlich, dass gerade solche gesellschaftlichen Institutionen in der Taiga des Ostsajanraumes sehr schwach ausgeprägt sind. So schwach, dass es mitunter fast schon verwunderlich erscheint, dass es hier bislang noch nicht zu einer „Tragödie der Allmende" kam. Fast all die zwischenmenschlichen Institutionen, die, soweit heute noch nachvollziehbar, tatsächlich in Bezug auf die Nutzung der Taiga je bestanden zu haben scheinen, garantieren eher den quasi uneingeschränkten Zugang aller zu allen „Ressourcen", als dass sie diesen irgendwie einschränken würden (s.u.). Daraus jedoch den Schluss zu ziehen, es gäbe überhaupt keine Institutionen zur Regelung der „Ressourcennutzung" wäre nicht korrekt. Zumindest würde diese Ansicht in die verkehrte Richtung laufen, da sie das Problem unter der falschen Prämisse anginge. So soll im Folgenden

---

18 Genau ein halbes Jahrhundert vor North hat allerdings schon der britische Anthropologe Radcliffe-Brown (1940: 9) in ganz ähnlicher Weise Institutionen als „*standardisierte Verhaltensmuster*" definiert.

dargelegt werden, dass die wirklich relevanten Institutionen zur „Ressourcennutzung" im Ostsajanraum nicht zwischen Menschen in Bezug auf sogenannte „Ressourcen" formuliert sind, sondern dass sie vielmehr zwischen den menschlichen und nichtmenschlichen Personen der Taiga gelten (siehe hierzu auch: Donahoe 2004: Kap. 4, 2012: 100).

Das „Gesetz der Taiga"

Ähnlich wie Andersons evenkischer Informant Vladimir von einem „*zakon tundry*" (D: „Gesetz der Tundra" (2002: 126); siehe hierzu auch: Ziker 2002a: Kap. 6) spricht, erwähnt auch Donahoe (2004: 171) ein „*Law of the Taiga*" bei den Tozhu. Hierbei handelt es sich um eine Art ungeschriebenen Verhaltens- und Ehrenkodex, der vor allem die gegenseitige Verpflichtung der Taigabewohner zu teilen und einander zu helfen beinhaltet. Etwas konkreter bedeutet dies, dass Jäger, die sich in der Taiga begegnen, sich gegenseitig zu unterstützen haben und vor allem, dass jedem der uneingeschränkte Zugang zu allen „Ressourcen" garantiert wird, da die Taiga „niemandem gehört" (ibid.). Dies gilt allerdings keineswegs nur für die Tozhu untereinander – auch ein Fremder, der seinen Willen, seine waidmännische Kompetenz und seine Ausdauer schon allein dadurch beweist, dass er die anstrengende Reise in die Taiga auf sich genommen hat, fällt unter das „Gesetz der Taiga", und hat damit – zunächst offenbar sogar unabhängig von der Frage ob er sich selbst an die damit verbundenen Verpflichtungen hält oder nicht – das volle Anrecht, dort zu jagen und „zu nehmen, was immer er bekommen kann":

> „The traditional „Law of the Taiga" continues to be one of helping out guests and visitors. When I asked Tozhu hunter-herders what they would do if they saw an unknown Russian (playing a bit on inter-ethnic tensions) hunting on what they considered their territory, a typical response was, „I'd help him. I'd put him up in my tent; I'd feed him; I'd show him where to hunt. What else can I do?" On more than one occasion I heard Tozhu people say, „No one owns the taiga. Whoever wants to can come and get what they can." Simply undertaking the rigorous trip into the taiga seems to entitle those who do it to whatever they can get." (Donahoe 2004: 171)

Donahoes Beobachtungen unter den Tozhu sind zunächst eigentlich nicht wirklich überraschend: Handelt es sich doch bei ihrer unbedingten Verpflichtung und Bereitschaft zu teilen sowie ihrer schwach ausgeprägten Territorialität um regelmäßig zu beobachtende und in der ethnologischen Forschung viel diskutierte Phänomene der Wildbeutergesellschaften (siehe hierzu z.B.: Myers 1988; Bird-David 1992; Ingold 2000: 65ff). Vor allem im circumpolaren Norden ist die Verpflichtung und Bereitschaft zum quasi bedingungslosen Teilen ein weitgehend unstrittiges und allgegenwärtiges Charakteristikum des Ethos der arktischen und subarktischen Jäger (siehe z.B.: Brody 1975: 137). Und was Donahoe bei den Tozhu beschrieben hat, lässt sich auch bei den Dukha in praktisch genau derselben Form beobachten: Auch sie lehnen es, teils unter explizitem Verweis auf ihre Kultur und Bräuche, ab, Fremden den Zugang zu ihrer Taiga zu verwehren, selbst wenn diese auf ihrem Territorium jagen.

Interessant ist an dieser Stelle aber dennoch die Frage, warum die Tozhu (genau wie die Dukha) eine solche laissez-faire Haltung in Bezug auf ihre Taiga demonstrieren. Steht dies nicht in einem gewissen Widerspruch zur oben getroffenen Aussage, dass erst das Wissen um die richtige Beziehung mit dem Land einen Jäger zum „Nehmen" berechtigt? Auch Donahoes Gedanken scheinen in diese Richtung zu gehen, wenn er schreibt, dass die von Anderson beschriebenen *entitlements* hier „sonderbarerweise" auch auf diejenigen ausgedehnt werden, die das Land gar nicht wirklich kennen (Donahoe 2004: 171/FN 22).

Mehrere Erklärungsversuche scheinen zunächst für dieses Problem möglich: Zum einen könnte man vermuten, dass das von Donahoe beobachtete *open access* System in der todzhanischen Taiga lediglich eine Verfallserscheinung der neueren Zeit darstellt und die Vorfahren der Tozhu und Dukha ein strikteres Regime pflegten. Dies wird hier aber stark bezweifelt – denn es scheint äußerst unwahrscheinlich, dass hier vor der russischen Kolonisierung Territorium und Ressourcen der Rentierhalter-Jäger vehementer gegen Außenseiter „verteidigt" wurden.[19] Im Gegenteil: Auch Vainshtein bestätigt, dass zwar bis etwa gegen Ende des 19. Jahrhunderts in Todzha so etwas wie Clanterritorien existierten, deren Nutzung aber wurde Mitgliedern anderer Clans nicht verwehrt (vgl.: Vainshtein [1972] 1980: 237; Vainshtein [Vajnshtejn] 1961: 37; siehe auch: Donahoe 2004: 166ff). Wollte eine Person oder Gruppe auf einem mit einem anderen Clan assoziierten Territorium zur Jagd gehen, brauchte sie diesen lediglich um Erlaubnis zu fragen und konnte im Gegenzug mit Gewissheit davon ausgehen, dass ihr Anliegen gewährt wurde (ibid.).[20]

Anstatt diese Diskussion weiter zu vertiefen, soll hier eine ganz andere Richtung zur Erklärung des scheinbaren Widerspruchs zwischen der Existenz von *entitlements* einerseits und der sehr großzügigen Haltung der Sajanbewohner bezüglich der Nutzung ihrer Taiga andererseits eingeschlagen werden: Denn tatsächlich wird hierin nicht einmal ein Widerspruch sondern vielmehr eine Bestätigung von Andersons Betonung, dass entitlements in diesem Sinne keinesfalls mit „Rechten", wie Zugangs- oder Ressourcennutzungsrechten etc. zu verwechseln sind, gesehen (vgl.: Anderson 2002: 129). Allein das Konzept solcher Rechte, welche ja stets beinhalten, anderen Personen die Nutzung von Ressourcen zu verwehren, waren den Rentierhalter-Jägern des Ostsajangebirges bis in die jüngste Vergangenheit höchst fremd. Es war aus ihrer Sicht nämlich überhaupt nicht ihre Ange-

---

19 Auch Donahoe glaubt nicht daran, dass der offene Zugang zu den Ressourcen der Taiga eine „Verfallserscheinung" ist und sich das historische System der Tozhu in dieser Hinsicht grundlegend vom heutigen unterschieden hat. Vielmehr argumentiert er überzeugend, dass der *Wegfall* dieses Charakteristikums, hin zu einer Betonung von privaten Nutzungsrechten, wie es heute bei den Tofa im Norden des Sajangebirges zu beobachten ist, eine neuere Erscheinung ist, welche vor allem auf die stetige Reduzierung ihres Landes und der Transformation ihrer Lebens- und Wirtschaftsweise während der Zaren- und Sowjetzeit zurückzuführen sei (vgl.: 2004: 178f).

20 Ausgenommen war hiervon evtl. (zumindest ab Mitte des 19. Jahrhunderts) die Jagd auf Zobel und andere wertvolle Tiere, wie Vainshtein an verschiedenen anderen Stellen ([1972] 1980: 176, 238) schreibt.

legenheit, darüber zu entscheiden, wer was in der Taiga tat. Über die menschliche Aktivität in der Taiga zu wachen – und gegebenenfalls bestimmte Handlungen zu sanktionieren – lag vielmehr im Zuständigkeitsbereich der Taiga selbst, welche besiedelt ist mit zahlreichen nichtmenschlichen Personen mit Willen, Macht, Persönlichkeit und vor allem der Fähigkeit zielgerichtet und bewusst zu handeln (E: *agency*)[21] und menschliches Fehlverhalten *selbst* zu sanktionieren.

Institutionen zwischen menschlichen und nichtmenschlichen Personen

Die oben geführte Diskussion führt unweigerlich zu der Frage, wie sinnvoll – unter dem gegebenen ontologischen Paradigma – der Begriff der Institutionen, wie er bislang gemeinhin verwendet wird, im Zusammenhang mit den nördlichen Wildbeutern und Rentierhaltern überhaupt ist. Und ob er es vermag, die wirklichen Verhältnisse hinreichend zu erfassen und zu erklären oder ob er dem nicht vielmehr im Wege steht, weil er unter einer gänzlich anderen Prämisse operiert. Daher scheint es sinnvoll, unter Berücksichtigung dieses Aspekts noch einmal an den Anfang, zur Definition des Begriffs der „Institution" zurückzukehren:

In der normalerweise verwendeten Standard-Definition der Sozialwissenschaften sind Institutionen, wie oben bereits erwähnt, „Spielregeln" (North 1990) zwischen den einzelnen Akteuren in einer Gesellschaft – z.B. in Bezug auf die Nutzung von Ressourcen. Die diskursive Hegemonie des Mensch-Natur Paradigmas vorausgesetzt, überrascht es wenig, dass in dieser Definition unter den sozialen Akteuren ausschließlich *Menschen* verstanden werden, während sich die Rolle der sogenannten „natürlichen Welt" auf die der passiven Objekte, der „*Ressour*-

---

21 Obwohl im Prinzip gleich, unterscheidet sich die Konnotation des Begriffes „agency", der in einem rein menschlichen Kontext hier nach Giddens (1984: 14) und Habeck (2005: 7) vor allem als „Handlungsfähigkeit" im Sinne von „*power to make things happen*" (ibid.) übersetzt wird. Während die „*agency*" eines Menschen oder einer menschlichen Gruppe i.d.R. im Kontext von äußeren Rahmenbedingungen betrachtet wird, die ihm oder ihnen diese „Handlungsfähigkeit" mehr oder weniger ermöglichen oder aber einschränken, zielt der Begriff beim Tier eher auf seine *innere Kapazität* ab (welche beim Menschen als gegeben betrachtet wird) und beinhaltet daher verschiedenste Konzepte wie „Bewusstsein" und „Willen" (im Gegensatz zum Trieb), „Intelligenz" und vor allem „*Persönlichkeit*". Das Konzept der *agency* der Tiere (bzw. der nichtmenschlichen Personen insgesamt) bildet, wie im Haupttext diskutiert, in verschiedensten lokalen Ausprägungen, einen zentralen Pfeiler der Weltsicht der Wildbeuter und vieler Pastoralisten und wurde vielfach beschrieben (siehe z.B.: Hallowell 1960; Ingold 2000; Anderson 2002; Fijn 2011; Hill 2011). Weitgehend außerhalb dieses ethnologischen Kontexts wird das Phänomen der *animal agency* diskutiert bei McFarland & Hediger (2007). Da eine zufriedenstellende Übersetzung des englischen Begriffs *agency* ins Deutsche im tierischen Kontext, samt sinngemäßer Wiedergabe seiner komplexen Bedeutung, noch schwieriger ist als im menschlichen (wo es als „Handlungsfähigkeit" zusammengefasst werden kann), wird im Folgenden in diesem Zusammenhang, genau wie beim sehr spezifischen Konzept der *entitlements* (s.o.), auf den englischen Begriff zurückgegriffen werden. Er kann in diesem Kontext aber als „Handlungsmacht" (Franke & Albers 2012: 9f) oder, besser, „*Fähigkeit zur zielgerichteten Handlung*", aber auch als die ursächliche *Triebkraft* hinter jedweder bewussten Aktion verstanden werden.

cen" beschränkt. In anderen Worten: Der Mensch als soziales Wesen entwickelt Regeln (Institutionen) unter *seinesgleichen*, die die Nutzung der *passiven* „Ressourcen" regeln (vgl.: Hann 2000: 1). Verlässt man aber das dualistische Mensch-Natur Paradigma, so muss einem deutlich werden, dass das Modell der Institutionen als Regelwerke zwischen sozialen Menschen in Bezug auf den Zugang zu passiven „Ressourcen" nicht nur zu kurz greift, sondern sogar gänzlich in die Irre führt: Tiere, Landschaften und Geister sind nach Ansicht der nördlichen Wildbeuter und Rentierhalter keine passiven Objekte, sondern *soziale Akteure*.

Wäre es demnach nicht sinnvoller, auch in der Definition des Begriffs „Institution" das implizite Mensch/Natur-Paradigma zu überwinden und stattdessen ganz einfach – aber immer noch sinngemäß – Institutionen als Spielregeln zwischen sozialen Akteuren bzw. *Personen* (welcher Gattung oder Gestalt auch immer) zu definieren? In diesem Falle könnten die oben beschriebenen *entitlements* ganz klar als Institutionen gewertet werden: Als „Spielregeln" des Nehmens und Gebens zwischen Menschen, Tieren, Landschaften und Geistwesen – Abmachungen zwischen ausnahmslos sozialen Akteuren, die das, was gemeinhin unter „Ressourcennutzung" verstanden wird (ein Begriff der sich unter diesem Paradigma aber verbietet) aufs Genaueste regeln.

Einige allgemeine Regeln zwischen menschlichen und nichtmenschlichen Akteuren der Taiga

In Verknüpfung mit diesen *entitlements* gibt es einige relativ konkret formulierte Regeln zur Interaktion mit den nichtmenschlichen Akteuren der Umwelt: Zum Beispiel darüber, welche Bäume gefällt, und wie viele Wildpflanzen wo gesammelt werden dürfen (vgl.: Küçüküstel 2013: 82ff). Diese Regeln aber bestehen nicht zwischen Menschen in Bezug auf diese „Ressourcen", sondern zwischen den Menschen und der Taiga sowie den spirituellen Entitäten, die sich in ihnen manifestieren (siehe auch: ibid; Kristensen 2004: 4.3). Am deutlichsten zeigen sich die Institutionen aber in der Interaktion zwischen Menschen und Tieren: So soll z.B. Fleisch von gejagten Tieren niemals vergeudet oder respektlos behandelt werden. Ausnahmslos alles muss gegessen oder verwertet werden (Gombo, Feb. 2014: pers. Komm.). Gier und Prahlerei bei der Jagd sind – wie alle Jäger der Dukha vehement hervorheben – dringlichst zu vermeiden. In diesem Zusammenhang schreibt auch Donahoe (2004: 119, 2012: 104), dass Jäger in Todzha absichtlich nur mit wenig Patronen auf die Jagd gehen – nicht nur um sich keinesfalls als gierig zu erweisen, sondern auch, um schon vorab ihre Zuversicht und ihr Vertrauen der Taiga gegenüber zu demonstrieren. Die Dukha wiederum packen auf ihren oft wochenlangen Jagdausflügen lediglich für die erste Zeit Proviant ein – und verlassen sich darauf, dass die Taiga (bzw. Bayan Khangai[22]) ihnen für die

---

22 Bayan Khangai sei an dieser Stelle vorab als kollektive, über die Tiere (aber auch „*die ganze Welt*") wachende spirituelle Einheit definiert. Das Phänomen wird in Abschnitt II 2.7.2 näher beleuchtet werden.

übrige Zeit Nahrung schenken wird (Ganaa, Feb. 2014: pers. Komm.). Ebenso nehmen die Jäger kein Fleisch als Proviant mit auf die Jagd – denn nur dann wird ihnen Bayan Khangai Fleisch geben (Zorig, Feb. 2014: pers. Komm.). Vor jedem Jagdausflug, ob klein oder groß, wird zu Bayan Khangai gebetet, werden Rauch- und Milchopfer dargebracht. Küçüküstel (2013: 75) schreibt zudem, dass es bei Jagdausflügen ein negatives Zeichen gegenüber der Taiga wäre, mehr Packtiere mitzunehmen als unbedingt notwendig, denn so würden sich die Dukha evtl. als gierig erweisen. Noch nicht einmal das Jagdmesser sollte vor dem Beginn der Jagd geschärft werden (Shagai, Feb. 2014: pers. Komm.) Wichtig ist in diesem Zusammenhang auch, dass man nicht nur bittet, betet und sich vor der Taiga als vertrauensvoll, untergeben und bedürftig zeigt, sondern zudem – wie Gombo (Feb. 2014: pers. Komm.) betont – dass man hart arbeitet und sich als zäh, mutig, ausdauernd und dadurch *würdig* erweist.

Wie alle Dukha betonen, müssen bei der Jagd stets genug Tiere übrig gelassen werden, um den Fortbestand der wilden Herden zu sichern. Werden z.B. von einem Jäger drei Tiere angetroffen, so muss er mindestens eines davon verschonen. Normalerweise wird ein Jäger in einer solchen Situation sogar höchstens eines der Tiere schießen (Gombo, April 2010: pers. Komm). Nur in Ausnahmesituationen, z.B. in Hungerzeiten, dürfen zwei Tiere getötet werden. Unter gar keinen Umständen aber darf die gesamte Herde ausgelöscht werden. Außerdem dürfen keinesfalls trächtige Tiere oder Jungtiere geschossen werden, nicht einmal, wenn die eigene Existenz auf dem Spiel steht (Gombo, Feb. 2014: pers. Komm.; siehe hierzu auch: Chültemsüren 2012: 46; Küçüküstel 2013: 75f). Wie der erfahrene, und 2010 verstorbene Jäger Bat im September 2008 versicherte, gilt dies sogar für Wölfe, die zwar stets die größte Gefahr für die Herdentiere der Dukha darstellen, gleichzeitig aber als besonders intelligente und mit besonderen Fähigkeiten ausgestattete Tiere respektiert werden.

Neben diesen Prinzipien der Nachhaltigkeit, die vor allem die menschliche Gier beim Jagen beschränken, existieren auch Regeln, die die profunde Ethik der „Waidgerechtigkeit" der Rentierhalter-Jäger des Ostsajangebirges illustrieren: So darf z.B. ein Jäger nur aus einer wirklich günstigen Position schießen, um ein bloßes Verletzen und das damit verbundene Leiden eines Tieres so unwahrscheinlich wie möglich zu machen (vgl.: Chültemsüren 2012: 46). Tiere werden niemals beim Überqueren von Flüssen oder beim Trinken geschossen (vgl.: Küçüküstel 2013: 76). Ebenso ist es verboten, sie von hinten, in den Rücken, oder gar in den Kopf zu schießen (Ganbat, Feb. 2014: pers. Komm.). Bevor man einen Schuss abfeuert, muss man mindestens einen kurzen Pfiff oder eine sonstige Warnung abgeben – und sei dies nur Sekundenbruchteile bevor man den Abzug des Gewehrs betätigt (Borkhüü, Feb. 2014: pers. Komm.). Ganz besonders gilt dies für den Bären, der als ein naher Verwandter des Menschen gilt (Ovogdorj, Feb. 2014: pers. Komm.; Küçüküstel 2013: 77f). Hat ein Jäger ein Tier erlegt, so führt er dessen Füße (oder aber auch dessen Schnauze) an seine Stirn, um es zu respektieren und Bayan Khangai für die erwiesene Gnade (MON: *khishig*) zu danken. Auch das Teilen (s.u.), die Zubereitung und der Verzehr seines Fleischs im Camp geschieht in Bedacht auf das Tier und die Taiga, die es den Menschen gegeben hat.

Die Schädel von erlegten und konsumierten Tieren müssen stets zurück in die Taiga gebracht und an einem geeigneten Ort abgelegt werden. Besonders wichtig ist dies bei spirituell mächtigen Tieren wie etwa dem Bären, dessen Schädel sogar mit weißen Stoffstreifen versehen und dadurch besonders geehrt wird (Ganbat, Feb. 2014: pers. Komm.).

Zu guter Letzt sind die Menschen nicht nur verpflichtet, das Fleisch *untereinander* zu teilen, sondern auch mit der Taiga, die es ihnen gegeben hat: So erhält stets das Feuer, und damit *Bayan Khangai* den ersten Happen eines der begehrtesten Stücke des erlegten Tieres (siehe auch: Donahoe 2004: 120; Küçüküstel 79f). In diesen Zusammenhang fällt auch die Sitte, vor der Jagd mit den Platzherren etwas Tee oder Proviant zu teilen, welche der Jäger hierzu ebenso ins Feuer wirft (vgl.: Donahoe 2004: 118, 2012: 104).

2.6.2 Institutionen zwischen menschlichen Personen

Besitzverhältnisse und soziale Organisation

Natürlich gibt es in der Taiga der Ostsajanberge auch Institutionen zwischen ausschließlich menschlichen Personen – also Institutionen im konventionellen Sinne. An dieser Stelle sollen vor allem diejenigen diskutiert werden, die die Nutzung von „Ressourcen" und Besitz, ebenso im konventionellen Sinne (siehe hierzu: Hann 2000: 1), regeln – auch wenn vor allem die Bezeichnung „Ressourcen" hier immer noch sehr unpassend ist. Gemeint sind hier vor allem die Regeln zwischen menschlichen Personen in Bezug auf ihre Herdentiere. Einerseits sind auch diese Tiere im Verständnis der Rentierhalter-Jäger *nichtmenschliche Personen* mit Bewusstsein, Willen und Handlungsfähigkeit, sprich *agency* (s.o.) (vgl.: Stépanoff 2012; Donahoe 2004: 111ff). Andererseits bestehen zwischen den menschlichen Mitgliedern eines nomadischen aals klare Institutionen, die deren Besitzansprüche auf bestimmte Tiere regeln (siehe hierzu auch: Vainshtein [1972] 1980: 101ff). Auch wenn sich die Tiere die meiste Zeit frei bewegen, wissen und respektieren die Nachbarn genau, wem welches Tier gehört. Interessanterweise besitzt z.B. nicht jede Familie einen Rentierbullen – stattdessen können die vorhandenen Bullen eines aals sich frei mit jeder beliebigen Rentierkuh paaren, egal wem diese gehört. Das hieraus entstehende Kalb wiederum geht in den Besitz der Familie, der das weibliche Tier gehört. Stirbt ein Rentierhalter, so werden seine Tiere möglichst unter seinen unverheirateten Söhnen aufgeteilt. Verheiratete Söhne erben normalerweise keine Tiere (Pürvee, Okt. 2010: pers. Komm.).

Somit sind Rolle und Status des Herdentieres also durchaus ambivalent – und entsprechen, je nach Kontext, entweder dem einer „Ressource" bzw. eines *Vermögenswertes* oder dem einer *Person*. Um es vorab (mehr hierzu, siehe nächster Abschnitt) zu spezifizieren: Im Gegensatz zu seinen wilden Verwandten, die erst vom Moment ihres Todes zu einer Ressource, bzw. – genauer – zu einem *Bündel an Ressourcen* (Fleisch, Fell etc.) werden und in den Besitz des Menschen übergehen, ist das Herdentier Zeit seines Lebens im Besitz der Menschen und erfüllt, zumindest in ökonomischer Hinsicht, einige grundlegende Charakteristika eines „Ressourcenbündels" (Milch, Transport, Kapital etc.) und Vermögenswertes (so ist es z.B. akkumulierbar (vgl.: Ingold 1980: 224f; 2000: 64)), was jedoch gleichzeitig seine Personalität (im Sinne von „Personenhaftigkeit", also *personhood*) und Persönlichkeit (im Sinne von *personality*) keineswegs außer Kraft setzt (vgl.: Stépanoff 2012; Donahoe 2004: 112f). Somit wird das eigentliche Besitzverhältnis vor allem auf der Ebene zwischen *menschlichen* Akteuren (Besitzer/Nicht-Besitzer) realisiert – und weniger zwischen den menschlichen und nichtmenschlichen Akteuren (Besitzer/Herdentier). Bei letzterem handelt es sich stattdessen um eine Beziehungsebene, die vielmehr als *soziale Beziehung* mit gegenseitigen Verpflichtungen verstanden werden sollte (siehe auch: Donahoe 2004: 115f, 122ff).

Auf der zwischenmenschlichen Ebene waren im Ostsajanraum Rentiere bis zur Einführung der sozialistischen Kollektive in den 1950er Jahren stets im Besitz der einzelnen Haushalte und wurden patrilinear weitervererbt (vgl.: Vainshtein [1972] 1980: 108). Hierbei ist es möglich, dass sich mit der Zeit, zumindest aber zu Beginn des 20. Jahrhunderts, größere Unterschiede zwischen reichen und armen Rentierhaltern herausbildeten (vgl.: ibid.) – wobei allerdings nicht auszuschließen ist, dass die dies bezeugenden sowjetischen Zensusergebnisse aus den frühen 1930er Jahren eventuelle Ungleichheiten aus politischen Gründen nicht unverzerrt darstellten. Dennoch war in Tuwa soziale Ungleichheit durch ungleich verteilten Viehbesitz sicherlich keine bloße Erfindung sowjetischer anti-feudaler Propaganda: Vainshtein berichtet – generalisierend für ganz Tuwa – von einer Art Klientensystem, dem sogenannten „*saun* System" ([1972] 1980: 104ff). In diesem System, dessen Name aus dem Kasachischen kommt und das zumindest in der Steppenregion weit verbreitet war (vgl.: ibid.), wurde ärmeren Familien Vieh von reichen Tierhaltern zum Hüten überlassen. Im Gegenzug für ihre erbrachten Leistungen durften diese die Milch und Wolle der Tiere behalten. Die Tiere aber, sowie deren Nachkommen, blieben ungeachtet ihres Aufenthaltsortes stets im Besitz ihres Patrons (TUW: *baj*). Umgekehrt war es auch nicht unüblich, dass in einem pastoralen Klientensystem nicht die Tiere den Haushalt wechselten, sondern die Mitglieder ärmerer Haushalte mit ihren bajs nomadisierten und sich auf diese Weise um deren Herden kümmerten (vgl.: Vainshtein [1972] 1980: 107). In Bezug auf die Rentierhalter Osttuwas ist es jedoch heute nicht mehr möglich zu klären, wie stark derartige Klientensysteme auch hier verbreitet waren. Es scheint jedoch sehr wahrscheinlich, dass hier die Verhältnisse zwischen den einzelnen Familien – zumindest im Verhältnis zur Steppe – sehr egalitär waren (s.u.) und der gewöhnliche nomadische *aal* – ein Zusammenschluss mehrerer Haushalte auf Augenhöhe – die gewöhnliche Organisationsform der Nomaden in der Taiga.

In der Taiga Osttuwas bestanden aals für gewöhnlich aus Gemeinschaften von zwei bis fünf alajy-ögs – wobei sich, vor allem während der Sommermonate, durchaus auch zwanzig oder mehr Haushalte zusammenfinden konnten (vgl.: Vainshtein [1972] 1980: 246). Carruthers ([1914] 2009: 80) traf bei seiner Tuwa-Expedition im Jahr 1910 27 Familien in einem todzhanischen Sommercamp an. Obwohl deren rund 600 Tiere gemeinschaftlich und frei in einer großen Herde um das Camp herum weideten, waren sie doch eindeutig der Besitz der einzelnen

Haushalte, zu denen sie, wie Carruthers berichtet, abends, meist sogar aus eigenem Antrieb, zurückkehrten (ibid.). Diese im Vergleich zu nomadischen Systemen der Steppe vergleichsweise wenig arbeitsintensive, gemeinschaftliche Form des Herdenmanagements bot vermutlich wenig Anlass zur Herausbildung von so etwas wie fest manifestierten Klient-Patron-Abhängigkeitsverhältnissen wie in West- und Zentraltuwa, wo verarmte Hirten einen Großteil ihrer Arbeitskraft dauerhaft zum Hüten des Viehs reicher Tierhalter einsetzen mussten – selbst wenn auch hier, in der todzhanischen Taiga, Unterschiede im Besitzstand zwischen einzelnen Familien sicher nicht auszuschließen waren.

Egalitarismus

Ein grundsätzliches Merkmal der sozialen Organisation der Rentierhalter-Jäger des südlichen Ostsajangebirges ist deren sehr horizontale Ausrichtung. Sie ist somit eindeutig viel eher dem „nord-nordasiatischen", *sibirischen* Typus der egalitären Gesellschaftsorganisation als dem „süd-nordasiatischen" Typus der vergleichsweise hierarchisch organisierten mongolischen und anderen nordasiatischen Steppennomaden zuzuordnen (Pedersen 2001).

Diese gesellschaftliche Organisationsform äußert sich nicht durch die *absolute* Abwesenheit von Machtdifferenzen, welche in jedem sozialen Verhältnis, selbst unter zwei Personen, vorkommen. „Macht" als Fähigkeit, „seinen Willen in einer gegebenen Situation durchzusetzen" (Weber [1922] 1980: 28) ist ein universales Phänomen.[23] Egalitarismus bedeutet somit lediglich, dass in der betreffenden Gruppe Machtdifferenzen weder gesellschaftlich betont noch reproduziert und zementiert werden, bzw. dass es sogar Mechanismen gibt, die einer allzu starken Akkumulation von Macht in einzelnen Individuen oder Familien entgegenwirken. Bei den Wildbeutern wird in diesem Zusammenhang typischerweise die praktisch universale Institution des Teilens der Jagdbeute (s.u.) genannt, da diese ein allgemeines Verhältnis der *Reziprozität* (bzw. genauer: „*generalized reciprocity*" (Sahlins 1965: 147)) in der Gruppe schafft (siehe hierzu auch: Wesel 1985: 89ff; Leacock & Lee 1982: 8). Oft wird dieses Teilen sogar nicht einmal vom Jäger selbst durchgeführt, was als zusätzlicher Mechanismus der Reduktion von Prestige- und damit Machtgefällen gewertet werden kann (vgl.: Wesel 1985: 91).

Das wohl entscheidendste Merkmal aller egalitären Gesellschaften aber ist die Abwesenheit einer Herrschaftsinstanz, welche sich vor allem dadurch auszeichnet, dass eine Person in dieser Position eine *Befehlsgewalt* ausübt (vgl.: Service 1977: 12f; Weber [1922] 1980: 28f; Wesel 1985: 23). In diesem Zusammenhang sei auf

---

23 Diese Definition der Macht kommt der der *agency* als „capability (...) to make a difference" (Giddens 1984: 14) nahe. Der Begriff der *agency* aber wird i.d.R. (z.B. von Giddens (1984) und Habeck (2005)) vor allem auf die Weise in den Zusammenhang mit Macht und Herrschaft in Verbindung gebracht, als dass er diesen *entgegenwirkt*, in dem Sinne, als dass sich Schwächere *trotz* dem Vorhandensein von selbst massiven Machtdifferenzen einen gewissen Handlungsspielraum erkämpfen (siehe hierzu auch: Scott 1985). Agency in diesem Sinne bezieht sich also auf Macht „von unten".

den Unterschied zwischen bloßer „Macht" (s.o.) und „Herrschaft" – als institutionalisierte Form dieser Macht – nach Weber verwiesen:

> „Der Begriff „Macht" ist soziologisch amorph. Alle denkbaren Qualitäten eines Menschen und alle denkbaren Konstellationen können jemand in die Lage versetzen, seinen Willen in einer gegebenen Situation durchzusetzen. Der soziologische Begriff der „Herrschaft" muß daher ein präziserer sein und kann nur die Chance bedeuten: für einen Befehl Fügsamkeit zu finden." (Weber [1922] 1980: 28f)

In diesem Sinne muss auch die Frage erörtert werden, wie die Machtverhältnisse im System der Praxis der Sajan-Rentierhalter-Jäger geartet sind. Wie Vainshtein [1972] 1980: 243) erwähnt, gab es in tuwinischen aals stets einen männlichen „*camp leader*", nach dessen Namen gewöhnlich der gesamte aal bezeichnet wurde. In der Taiga Nordwest-Khövsgöls ist dies heute noch der Fall. Was aber genau ist unter einem solchen Anführer zu verstehen?

Analog zur Unterscheidung zwischen Macht und Herrschaft ist auch der Anführer (E: *leader*) anders definiert als etwa ein Herrscher oder Patron (s.o.): Letztere können in ihrer Position Befehle erteilen und deviantes Verhalten notfalls *physisch sanktionieren* (vgl.: Sigrist 1979: 96). Die Position eines Anführers basiert hingegen lediglich auf der Fähigkeit, „(...) das Verhalten von anderen ohne Androhung von Sanktionen durch Überzeugen zu kanalisieren" (Helbling 1987: 115). Es ist temporär, situativ und nicht institutionalisiert, und muss stetig neu durch den Beweis von Kompetenz, Initiative und Charisma erworben werden.

Im Falle des Anführers eines osttuwinischen aals scheint bereits eine gewisse, langfristige Zementierung seines Status stattgefunden zu haben – sie ist also nicht mehr nur rein situativ. Dennoch ergibt sich aus seiner Position keine wirklich autoritative oder gar institutionalisierte Macht, nichts, was auch nur entfernt einer Befehlsgewalt (wie sie z.B. in einem feudalen Patron-Klient-Verhältnis vorhanden ist) gleichkäme. Die Zugehörigkeit zu einem nomadischen aal der Rentierhalter-Jäger im Ostsajangebirge beruht lediglich auf dem Prinzip der Freiwilligkeit. Jederzeit, also auch im Falle eines Konfliktes, kann sich jeder Haushalt einer anderen Gruppe anschließen. So bleibt die Struktur eines aals in der Taiga des Ostsajangebirges immer noch horizontal und – wenn auch nicht völlig ohne Machtdifferenzen – weitgehend partnerschaftlich und egalitär, obwohl unter anderem auch Faktoren wie der Besitz an Rentieren als Kompetenzbeweis für den jeweiligen Status einer Person oder eines Haushaltes von gewisser Bedeutung sind. Dieses gemischte, aber dennoch eher egalitäre Bild gilt auch für das Verhältnis zwischen den Geschlechtern, zwischen denen eine ausgeprägte Arbeitsteilung besteht, innerhalb derer sowohl Mann als auch Frau einen hohen Grad an Autonomie genießen. Außer auf dem Gebiet der Jagd, das eine reine Männerdomäne ist, gibt es nur wenige Bereiche, in denen die Frauen gewöhnlich nicht in den Entscheidungsprozess einbezogen sind: Hier wäre vor allem die Wahl der Lagerorte und Weidegründe zu nennen, die nach Ansicht aller befragter Frauen in Nordwest-Khövsgöl schon immer eine gemeinschaftliche Sache der erfahrensten Männer des aals war.

Das Teilen von Fleisch

Auch bei den Rentierhalter-Jägern des Ostsajanraumes existieren die für die Wildbeuter typischen (siehe hierzu z.B.: Ingold 2000: 65ff) dezidierten Regeln zum Teilen von Wildfleisch (Vainshtein ([1972] 1980: 247): Gemäß den althergebrachten Regeln findet der Akt der Fleischverteilung (TUW: *ülüg*) im Zelt des erfolgreichen Jägers statt, wobei allerdings nicht der Jäger selbst, sondern eine ältere Respektsperson die Aufgabe des Zerlegens und Teilens der Beute übernimmt. Hierbei erinnern ihn die Anwesenden daran, wer beim letzten Mal besonders begehrte Stücke wie z.B. ein Hinterbein erhalten hatte, damit diese nun ein anderer Haushalt erhalte. Blutsverwandtschaft mit dem erfolgreichen Jäger hat keinerlei Einfluss auf die Größe und Art des Anteils, den man auf diese Weise erhält. Dem Jäger selbst bleiben lediglich der Kopf, das Fell und das Fleisch vom Rücken (vgl.: ibid.) – und der gestiegene Status innerhalb der Gruppe.

Neben dieser bis heute mehr oder weniger konkret fortbestehenden Institution, die die Ansprüche an Fleisch, *innerhalb* eines aals genauestens regelt, gab es vor allem früher auch Regeln zum Teilen zwischen Angehörigen verschiedener Camps oder Lokalgruppen. Hier sei vor allem die Institution des *uzha* genannt, welche festlegte, dass man, wenn man ein Tier, wie es weithin üblich war, im Gebiet einer anderen Lokalgruppe erlegt hatte, das Fleisch auch mit dieser teilen musste (vgl.: Donahoe 2004: 115). Laut Mänchen-Helfen (1931: 54) galt diese Institution sogar nicht nur in dem von Donahoe beschriebenen Zusammenhang, sondern ganz generell, und führte angeblich dazu, dass *jeder* ein Recht auf die Hälfte der Beute des Jägers, dem er begegnete, hatte.

Unabhängig davon, ob Mänchen-Helfens Einschätzung korrekt ist oder nicht, unterstreichen die beschriebenen Institutionen doch in jedem Fall die fundamentale Bedeutung und Wichtigkeit des Teilens in den Taigagebieten Osttuwas. Es ist hier so grundlegend und ausgeprägt, dass es sogar nicht nur auf Menschen ausgedehnt wird: Es ist auch eine Institution zwischen Mensch und *Taiga*. So wie die Taiga mit dem Jäger geteilt hat, so müssen auch die Menschen das Erhaltene untereinander teilen. Im Teilen unter den Menschen drückt sich der Respekt vor dem erlegten Tier und der Taiga aus, wodurch wiederum die Vertrauensbasis zwischen Mensch und Tier, bzw. Mensch und Taiga, aufrechterhalten wird. Die Praxis des Teilens ist somit einer der Bestandteile der Regeln (bzw. *Institutionen*) und des Kreislaufs der „achtsamen Interaktion" zwischen Mensch und Taiga.

2.7 Mensch-Umwelt-Beziehung

2.7.1 Einleitung: Die soziale Welt der Taiga

Wie auch schon in den letzten Abschnitten mehrfach besprochen, ist die Natur der Beziehungen zwischen den menschlichen und nichtmenschlichen Bewohnern der Taiga nur schwerlich unter den in der Geografie bis heute gängigen dichotomen Parametern wie *Mensch/Ressource* oder *sozial/ökologisch* (etc.) zu verstehen.

Stattdessen findet der Betrachter hier eine Welt, in der das Soziale *alles*, d.h. auch die Grenzen zwischen Spezies und sogar dem Stofflichen und dem nicht-Stofflichen durchdringt. Dies bedeutet nicht, dass die Menschen hier nicht zwischen Ihresgleichen, Rentieren, Wölfen und Bergen unterscheiden würden – denn dies tun sie sehr wohl. Allerdings ordnen sie sich und „die Anderen" (Descola 2013) nicht ein in zwei getrennte Sphären – die der objekthaften „Natur" einerseits, und die soziale und kulturelle Sphäre des denkenden, subjekthaften Menschen andererseits – sondern teilen sich eine gemeinsame Welt, in der alle Akteure gleichermaßen als bewusste, handelnde Wesen leben, deren Pflichten, Interessen, Schicksale und Lebenswege untrennbar miteinander verflochten sind.

2.7.2 Die Jagd: Vertrauensbeziehung zwischen Mensch, Tier und Landschaft

Innerhalb dieser allumfassenden sozialen Verflechtung gehen Wildtiere in der Taiga nicht einfach nur so für sich umher, sondern tun dies innerhalb eines komplexen Netzwerkes von Abmachungen zwischen den verschiedenen menschlichen und nichtmenschlichen Akteuren der Taiga. So erzählt man sich in Osttuwa und Nordwest-Khövsgöl beispielsweise verschiedene Geschichten, in denen erschöpfte Jäger in größter Not auf einen außergewöhnlichen Hirsch oder anderen Ungulaten stießen. Diese werden als eine Art Geschenk der Taiga interpretiert, die dem respektvollen und achtsamen Jäger auf diese Art bei seinem Überlebenskampf hilft (Khürelgaldan, Feb. 2014: pers. Komm.).

Das beschriebene Vertrauensprinzip beschränkt sich nicht nur auf den Aspekt des Gebens und Nehmens bei der Jagd, sondern beinhaltet ebenso Abmachungen zwischen sich in ihrer Gefährlichkeit relativ ebenbürtigen Bewohnern der Taiga, wie etwa dem Menschen und dem Bären. Klettert letzterer z.B. auf der Flucht vor einem Jäger auf einen Baum, so lässt ihn dieser in Ruhe und zieht unverrichteter Dinge von dannen (vgl.: Pedersen 2001:415). Umgekehrt kann der Mensch auf der Flucht vor einem Bären das Gleiche tun – im Vertrauen darauf, dass sich auch dieser an die gegenseitige Abmachung hält (ibid., siehe auch: Küçüküstel 2013: 77f). Das psychologische Prinzip, auf dem derartige Institutionen zwischen menschlichen und nichtmenschlichen sozialen Akteuren beruhen, wird von Pedersen (2001: 416) als *„analogous identification"* bezeichnet, womit die Fähigkeit des *„sich in den Anderen hinein Fühlens"* gemeint ist, welche in einer animistischen Ontologie auch problemlos über die Grenzen verschiedener Spezies und anderer Phänomene hinweg funktioniert:

> „I use ‚analogous identification' to stress that we are not faced with full identification here, but only with partial ones. Obviously, North Asian people do not generally walk around regarding themselves as, say, reindeer and, no less obviously, a given North Asian person does not suddenly conflate himself with another given North Asian person. What I mean, rather, is the ability to imagine oneself in someone else's position, and the ability to imagine someone else in one's own position; the scope of which imagination is in the animist case extended to include nonhuman beings." (ibid.)

Dieses Basisprinzip des „sich einfühlen Könnens" (siehe hierzu auch: Willerslev 2007: 1, 2012b: 109ff) ist nicht gleichbedeutend mit, oder begrenzt auf „Mitleid" – sondern auch Ursache für die Sorge vor möglichen Konsequenzen im Falle eines Vertrauensbruchs zwischen menschlichen und nichtmenschlichen Akteuren, welcher aufgrund der analogen Identifikation des Verursachers mit dem Betroffenen unmittelbar mit der Vorstellung einer emotionalen Reaktion (wie z.B. Wut, Enttäuschung, Beleidigt sein, Rachlust etc.) bei Letzterem einhergeht. Das Prinzip funktioniert jedoch auch in genau umgekehrter Art und Weise: Es erklärt, warum das Fleisch, das ein Jäger im Falle einer erfolgreichen Jagd erhält, nicht nur im Zusammenhang mit dem jeweiligen Tag oder Moment, sondern vor allem als das Ergebnis und Produkt seiner lebenslangen Investition in eine durch Achtsamkeit und Respekt geprägte soziale Beziehung zwischen ihm und den nichtmenschlichen Akteuren der Taiga, verstanden werden kann (siehe auch: Ingold 2000: 67; Anderson 2002: Kap. 6). Auf diese Art und Weise kann der Jäger darauf vertrauen, dass er Fleisch erhält – und die Tiere, dass der Jäger ihnen den ihnen zustehenden Respekt zukommen lässt und sich an seinen Teil der gegenseitigen Abmachungen hält.

Textbox 3: Die Träume der Jäger

In der Welt des indigenen Sibiriens, wenn nicht sogar im gesamten circumpolaren Norden, ist es ein immer wieder dokumentiertes Motiv, dass bestimmte Träume den Jägern signalisieren, dass es ein guter Zeitpunkt ist, auf die Jagd zu gehen. Oft sind diese Träume sexueller Natur – was angesichts der ebenso bei vielen Wildbeutern weltweit zu beobachtenden Analogie zwischen der Jagd und Sex kaum überrascht (vgl.: Anderson 2002: 125; Willerslev 2007: 109, 110ff, 175, 2012: 94f, 106f; Tanner 1979: 136ff; Descola 2012: 504, 524, 532).

Auch den Dukha sind Träume, die den Jägern den Ausgang einer anstehenden Jagd voraussagen, nicht unbekannt. Allerdings handeln diese Träume bei ihnen nicht von Sex, sondern vor allem – wie alle zu dem Thema befragten Jäger in praktisch identischer Weise aussagen – von *Wodka*. Wenn ein Mann träumt, etwas Schnaps (MON: *arkhi*) angeboten zu bekommen und zu trinken, wird seine nächste Jagd mit Sicherheit erfolgreich sein. Je betrunkener sein Zustand im Traum, desto besser. Auch die Frauen, die in den Camps verbleiben, haben ähnliche Träume, während sich ihre Männer auf der Jagd befinden: Sie träumen in der Regel allerdings davon, dass *ihr Mann* betrunken ist. Auch hier gilt: Je betrunkener der Mann, desto größer der Jagderfolg. „Ganz sicher", so eine Frau aus der Osttaiga im Februar 2014, „wird ihr Mann in diesem Fall etwas nach Hause bringen."

Die spirituelle Landschaft der Taiga

In seinem Artikel *„Networking the Nomadic Landscape"* hat Pedersen (2003) vorgeschlagen, die Taiga als eine Art heterogenes „Netzwerk" verschiedenster Orte zu verstehen, die jeweils durch besondere physische wie spirituelle Charakteristika gekennzeichnet sind. In diesem Netzwerk existieren z.B. Quellen, Seen und Berge oder aber auch besondere, außergewöhnlich geformte Bäume, die im Glauben der Taigabewohner eine spezifische inhärente Kraft besitzen, bzw. in denen sich eine solche spirituelle Kraft selbst physisch „manifestiert" (Pedersen 2003: 240; siehe auch: Oelschlägel 2013: 89f; Kristensen 2004). Dies können gute Kräfte sein – oder aber sehr gefährliche. Und oftmals sind sie beides gleichermaßen. Einige dieser Kräfte sind den jeweiligen Objekten der Landschaft schon seit je her inhärent, andere sind das Produkt vergangener Handlungen (z.B. von Schamanen) oder Vorkommnissen in den Camps der Rentierhalter-Jäger, die sich einst an diesen Orten befanden (vgl.: Pedersen 2003: 242; Oelschlägel 2013: 97f; Kristensen 2004: 4.3). Auch die Geister verstorbener Personen können sich an bestimmte Orte binden und sich dort manifestieren (vgl.: Oelschlägel 2013: 97).

Auf diese Weise „strahlen" überall in der Taiga von besonderen Orten Kräfte aus, die im Glauben der Tuwiner mehr oder weniger fest[24] an diese Plätze gebunden sind (Pedersen 2003: 245). Manche dieser Orte sind zu gefährlich, um von Menschen auch nur betreten werden zu können und werden daher möglichst weiträumig gemieden. Andere Orte wiederum können genutzt werden, aber es müssen spezifische Regeln eingehalten werden. Des Weiteren existieren auch Orte, die nur von Mitgliedern eines bestimmten Clans betreten werden, um dort Rituale zur Ehrung der Ahnengeister durchzuführen (vgl.: Kristensen 2004: 4.1). Zwischen all diesen „strahlenden" Punkten jedoch gibt es überall Land mit undefinierten Grenzen, das keine derartigen Qualitäten aufweist, bzw. wo diese noch nicht entdeckt wurden. Solches Land, obwohl z.T. durchaus von den Menschen – zum Beispiel im Rahmen der Jagd – genutzt, gilt als eine Art „Wildnis", bzw. „braches Land" (MON: *zelüüd gazar*), befindet sich aber stets zwischen den verschiedenen Kraftfeldern, die von den bekannten Punkten mit spiritueller Energie ausgehen (vgl.: Kristensen 2004: 5.0; Pedersen 2003). So wird die Taiga zu einer komplexen „spirituellen Landschaft", was wiederum bedeutet, dass sie noch eine weitere Klasse von Akteuren beheimatet, mit denen Menschen und Tiere *sozial* interagieren.

Es ist schwierig, die verschiedenen Arten von Geistern und Energien der ostsajanischen Taiga systematisch zu klassifizieren.[25] Die Aussagen befragter Rentierhalter-Jäger divergieren z.T. stark und widersprechen sich sogar oft untereinander. Auf den kleinsten gemeinsamen Nenner zusammengefasst hat man es aber insbesondere mit zwei Arten von Phänomenen zu tun, die im Folgenden erklärt werden sollen:

---

24 Wie die Dukha (Ganbat, Borkhüü, Gombo, Feb. 2014: pers. Komm.) betonen, können spirituelle Kräfte auch Orte verlassen, z.B. wenn die Menschen diese physisch oder rituell verschmutzen, oder wenn ihnen von menschlicher Seite nicht genug Aufmerksamkeit (etwa in Form von Ritualen) geschenkt wird. Ein solcher Ort wird dann wieder zu einer Art „Wildnis", bis er evtl. erneut von einem Geist bezogen wird (siehe hierzu auch: Kristensen 2004: 5.0 und Küçüküstel 2013: 92ff).

25 Eine umfassende Abhandlung der tuwinischen Geisterwelt findet sich bei Oelschlägel (2004; 2013: 87–153). Allerdings scheint sich der spirituelle Kosmos der osttuwinischen Taiga und Nordwest-Khövsgöls in einigen Punkten stark von Oelschlägels Ausführungen (die vor allem auf Forschungen in Süd-, West- und Zentraltuwa basieren) zu unterscheiden.

Von Herrengeistern und dem Weltenkollektiv

Die oben beschriebenen, sich an bestimmten Punkten der Taiga manifestierenden spirituellen Energien können verallgemeinernd als „Herrengeister" (Oelschlägel 2013) zusammengefasst werden. Sie werden unter verschiedenen Bezeichnungen aufgeführt, sowohl von den Rentierhalter-Jägern als auch in der Literatur: Man spricht (auf tuwinisch) z.B. von den *cher eeleri* (sing: *cher eezi* (D [wörtl.]: Platzherren)) aber auch den *oran eeleri* (sing.: *oran eezi*), von denen z.B. die meisten Dukha sagen, dass sie ein und dasselbe wären (s.u.). Auf mongolisch spricht man ohnehin lediglich von den *ezen* (D: *Besitzer, Herr*). Andere (z.B. Ganbat, Feb. 2014: pers. Komm.) betonen jedoch, dass die *cher eeleri* gestaltlos seien, während die *oran eeleri* Formen bzw. sogar Körper haben können[26] und den mongolischen *lus savdag* (D: *Erd-Wasser-Geister*) entsprächen. Dies wiederum scheint aber in einem gewissen Widerspruch zur weit verbreiteten Ansicht zu stehen, dass die Erd-Wasser-Geister (die nach Küçüküstel (2013: 88) auf tuwinisch als *chernin, sugnun eeleri* bezeichnet werden) in der Erde und in Gewässern wohnende, körperlose Energien seien. Nach Borkhüü und Gombo (Feb. 2014: pers. Komm.) sind die *cher eeleri* und die *oran eeleri* identisch, wobei allerdings die *cher eeleri* in der Erde leben. Die Dukha-Schamanin Saintsetseg versichert wiederum, dass *oran eeleri* und *lus savdag* dasselbe sind (Feb. 2014: pers. Komm.).

Angesichts all dieser Aussagen scheint es gerechtfertigt, für die hier vorliegende Arbeit lediglich verallgemeinernd von „Herrengeistern" (s.o.) zu sprechen und dabei im Hinterkopf zu behalten, dass dies lediglich einen Sammelbegriff für sehr verschiedene, komplexe Phänomene darstellt. Ihnen allen gemein ist, dass sie mehr oder weniger fest an bestimmte Orte gebunden sind (s.o.) und dort als „Besitzer" (MON: *ezen*) die Kontrolle über Pflanzen, Tiere, Bodenschätze usw. ausüben. Oclschlägcl (2013: 111) spricht daher allgemein vom Wild als dem „Hausvieh" der Herrengeister, Küçüküstel (2013: 89) sogar als deren „Kinder". Oelschlägel schreibt in diesem Zusammenhang, dass daher die Jagd „als ein besonders schwerwiegender Eingriff in die Domäne der Herrengeister" erscheint und daher nur mit „Einwilligung" dieser Entitäten geschehen darf (2013: 111). Hier sei allerdings hervorgehoben: Wie ausnahmslos *alle* befragten Dukha und Darkhad in Nordwest-Khövsgöl deutlich betonen, stehen längst nicht alle Wildtiere im Besitz dieser ortsgebundenen Herrengeister. Und mehr noch: In Nordwest-Khövsgöl versucht man es sogar unter allen Umständen zu vermeiden, Tiere zu schießen, die sich in der Nähe eines von einem Herrengeist kontrollierten Gebietes befinden. Den unglücklichen Jägern, die aus Versehen ein solches Tier töten oder gar nur verwunden, drohen schlimmste Konsequenzen, wie Krankheit, Unglück und Tod, die höchstens mit der Hilfe eines Schamanen oder Lamas abgewendet werden können (z.B.: Bayandalai, April 2010; Ovogdorj, Feb. 2014: pers. Komm.). So versucht man möglichst weit entfernt von bekannten, kritischen Gebieten zu jagen (siehe Abb. 23). Dort ist die Jagd eine weitgehend gefahrlose An-

---

26 Hier gibt es einige besonders prominente Wesen wie z.B. Badagshan (Küçüküstel: „*Batıkşan*" (2013: 98)) und die *avlin*, von denen letztere den Berg Agiin uul besiedeln.

gelegenheit, vorausgesetzt, man beachtet die Regeln der achtsamen Interaktion mit einer anderen Einheit: dem Weltenkollektiv *Bayan Khangai*.

Bayan Khangai (D: [wörtl.] *Reicher Wald*, siehe auch: Descola 2011: 540), das auf tuwinisch *oran khangaya* oder *oran delegii* bezeichnet wird (Ganbat, Saintsetseg, Feb. 2014: pers. Komm.) ist eine übergeordnete, quasi-göttliche aber *kollektive* Einheit, die sich in ihrer Konzeption deutlich von den ortsansässigen Platzherren unterscheidet, aber nicht minder schwierig zu erfassen und zu beschreiben ist: Auf allgemeinster Ebene ist *Bayan Khangai* bzw. *oran delegii* identisch mit der gesamten Welt (siehe hierzu auch: Oelschlägel 2013: 42f). Aber dies beinhaltet nicht nur einfach die physische Welt. Bayan Khangai ist vielmehr ein heiliges *Kollektiv alles Lebenden*, wenn nicht sogar das Leben an sich. Dieses Kollektiv, das als „endlos" und allumfassend beschrieben wird, seinerseits aber einen eigenen Herren (TUW: *oran delegii eezi*, MON: *Bayan Khangain ezen*) aufweist (Ovogdorj, Ganbat, Feb. 2014: pers. Komm.), gibt den Menschen Fleisch, Früchte, Wasser, Holz usw. – wohlwollend und ohne Gefahr, lediglich mit dem Ziel, den Kreislauf des Lebens (und damit sich selbst) aufrecht zu erhalten. Allerdings nur dort, wo nicht auch noch Ansprüche der lokalen Herrengeister bestehen (siehe Abb. 23), und nur solange die Menschen das Kollektiv des Lebens achten und verehren. Daher beten die Menschen, z.B. bevor sie zur Jagd gehen, Bayan Khangai an, opfern ihm Wachholderrauch und Milchtee, sowie, nach erfolgreichem Ausgang, einige der besten Stücke des Fleischs, das sie als *Bayan Khangaiin khishig* (D: *Segen Bayan Khangais*) bezeichnen und ehrfurchtsvoll behandeln (siehe Abschnitt II 2.6.1 bzw. auch: Chültemsüren 2012: 45). Tun sie dies allerdings nicht, oder erweisen sie sich als gierig, so kann ihnen Bayan Khangai den Erfolg verwehren. In diesem Fall werden die Tiere gewarnt und gehen – als Teil des Kollektivs – dem Jäger aus dem Weg. Hierbei ist es wichtig klarzustellen, dass die Jäger betonen, dass die Tiere nicht einfach nur als ferngesteuertes „*medium of exchange*" (Knight 2012: 339) durch eine externe Einheit kontrolliert, hin und her verschoben werden[27], sondern dass sie durchaus intentional als selbstständige Mitglieder des Weltenkollektivs *Bayan Khangai* agieren.

Die Verehrung Bayan Khangais ist keine spezifische Sache der Rentierhalter-Jäger des Ostsajanraumes. Sie ist weit verbreitet unter den Mongolen, Tuwinern und Burjaten. Auch bei den Evenken scheint es, wie Vitebsky (2005: 261f) beschreibt, ein ähnliches Konzept zu geben: Hier wird eine spirituelle Einheit namens „Bayanay" verehrt, die ebenso einen ausgeprägt kollektiven Charakter hat.

---

27 Siehe hierzu auch die Diskussion Knight (2012) vs. Anderson (2012), Bird-David (2012), Willerslev (2012) und Serpell (2012) zur Sozialität zwischen Mensch und Tier in Jägergesellschaften. Knight bestreitet, dass das Verhältnis zwischen Jägern und Gejagten wirklich als sozial beschrieben werden kann und begründet dies u.a. mit der Existenz von „*animal masters*" (Hornborg 2003), die die Geschicke der Tiere leiten, während diese selbst, so Knight, lediglich passive Objekte blieben, die lediglich zwischen den Domänen der Herrenwesen und den Jägern hin und her geschoben würden (2012: 339). Bezugnehmend auf diese Debatte wird hier, trotz der Existenz von Herrengeistern und des Kollektivs Bayan Khangai, eindeutig gegen diese These Stellung bezogen und – mit Anderson (2012) – darauf verwiesen, dass man die Tiere hier vor allem als Teil eines sozialen Kollektivs begreifen muss.

Zwar wird sie mitunter als eine Art Herr der Tiere beschrieben, gleichzeitig ist sie aber auch das Kollektiv dieser Tiere selbst (Vitebsky 2005: 262).

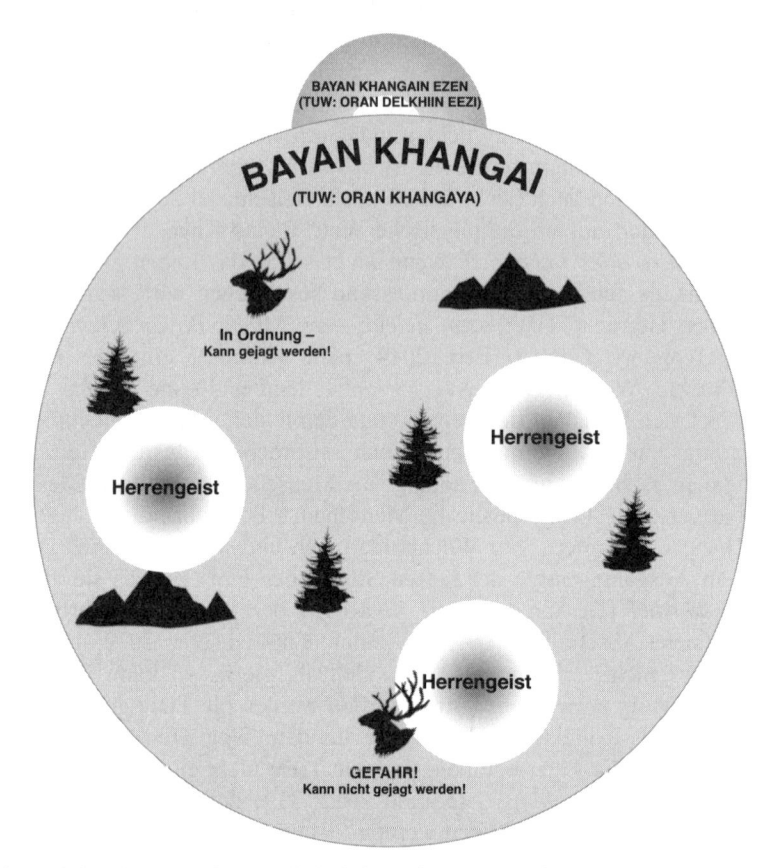

Abb. 23: Modell der spirituellen Landschaft der Dukha, basierend auf einer gemeinsam mit Ganbat entwickelten Skizze vom 15. Februar 2014. Grafische Umsetzung: JE

2.7.3 Zur pastoralen Mensch-Rentier-Beziehung

In Abschnitt II 2.6.2 wurde bereits festgehalten, dass im Sajanraum (wie auch anderswo in Nordeurasien) zwar klar formulierte Eigentumsregelungen zwischen menschlichen Akteuren *in Bezug* auf ihre jeweiligen Rentiere bestehen, dass es aber höchst unzureichend wäre, letztere lediglich als das Kapital ihrer Halter zu verstehen und die hier behandelte Mensch-Tier-Beziehung auf diesen Aspekt zu reduzieren. Tatsächlich ist, wie im Folgenden spezifiziert werden soll, die Beziehung zwischen domestizierten Rentieren und ihren Haltern im Ostsajangebirge eine zutiefst soziale, die durch einen hohen Grad an gegenseitigem Vertrauen, bei gleichzeitigem Vorhandensein wechselseitiger Verpflichtungen, gekennzeichnet ist. Diese, für pastorale Mensch-Tier-Beziehungen ganz besonders ausgeprägte Betonung der Freiwilligkeit und Reziprozität wird in einer von Keay dokumentierten Überlieferung der Dukha zum Ausdruck gebracht, welche erzählt, wie einst das Rentier zum Menschen kam – und dabei in aller Kürze, aber dennoch explizit, den damals eingegangenen und bis heute bestehenden „Gesellschaftsvertrag" (siehe auch: Vitebsky 2005: 27) zwischen Mensch und Tier in der Taiga beschreibt:

> „A poor woman in ancient times was wandering in the mountains without any animals. She came upon a deer and was careful not to disturb it. For three days she returned to the same spot and found the deer waiting curiously for her. On the third day, there were two deer, and she called to them, „Goo goo goo," and said, „If you come home with me, we can take care of each other. I will protect you from wolves and give you salt to eat, and you can give my people food and a way to travel." The deer followed the woman home, and as it was fall, the deer mated, and the first reindeer was soon born." (Erdenshimik in: Keay 2006: 2)[28]

Diese Betonung der Freiwilligkeit und Reziprozität ist keineswegs selbstverständlich und verdient daher etwas näherer Betrachtung: So sieht z.B. Ingold (2000: Kap. 4) den Hauptunterschied zwischen Wildbeuter- und pastoralen Gesellschaften genau darin, dass sich bei letzteren das soziale Verhältnis zwischen Mensch und Tier von einem Vertrauensverhältnis (s.o.) zu einem auf Dominierung und Unterwerfung beruhenden (aber immer noch sozialen!) Verhältnis verschoben hat. Wie Fijn (2011: 36–48) jedoch betont, ist dieses Phänomen vor allem in den mediterranen Pastoralgesellschaften ausgeprägt (siehe hierzu auch: Tani 1996), nicht so aber z.B. bei den mobilen Tierhaltern in den Steppen der Mongolei – und damit keineswegs zu generalisieren. Auch für den hier vorliegenden Fall scheint Fijns Argument von Relevanz zu sein: Denn auch in der osttuwinischen Taiga kann das soziale Mensch-Herdentier-Verhältnis tatsächlich kaum als allein von Dominanz geprägt beschrieben werden (vgl.: Donahoe 2004: 113; Stépanoff 2012). Zwar sei an dieser Stelle in aller Deutlichkeit betont, dass auch hier z.B. die Bewegungsfreiheit der Tiere zu bestimmten Zeiten eingeschränkt wird, Tiere kastriert, als Reittiere trainiert und bei verschiedensten Arbeiten eingesetzt werden (s.o.). Dies sind in der Tat alles Elemente, die auf eine Dominierung der Herdentiere durch den Menschen hinweisen (vgl.: Ingold 2000: 73). Alles in allem aber scheint es dennoch angemessen, von der Beziehung zwischen Mensch und Herdentier in der Taiga des Ostsajangebirges als einer Verflechtung von gegenseitigen Ansprüchen und Verpflichtungen zu sprechen, in der die Tiere größtmögliche Autonomie genießen. Dies wird auch z.B. von Donahoe (2004: 130f) so beschrieben:

> „Among the Tozhu, reindeer are considered *angsyg* - wild animal-like – and the herder-hunters have a very ambivalent relationship to them. Domesticated reindeer differ very little from their wild cousins in appearance; they are of the same species *(Rangifer tarandus)*, and can interbreed. If not properly looked after, reindeer will turn feral – in Tyvan, they become

---

28 Bei dieser Erzählung handelt es sich keineswegs um die einzige Geschichte, die den vor undenklicher Zeit geschlossenen Gesellschaftsvertrag zwischen Mensch und Rentier schildert. Auch Küçüküstel (2013: 29f, 64) hat mehrere ähnliche Mythen dokumentiert. Sie alle teilen dieselbe Essenz und Moral: Stets ist es das Rentier, das die Menschen aus einer verzweifelten Situation rettet und sich dazu bereit erklärt, von nun an, seine richtige Behandlung vorausgesetzt, bei ihm zu bleiben.

> *cherlik* (of the land = wild). They are of the land and they can return to the land at any time – they are not dependent on the herder, and the herder knows this. There is a respect for their autonomy, which is one of the features Ingold has noted as characteristic of the trusting relationship between hunters and wild animals."

Die Kontrolle über ihr eigenes Leben ist hier also keineswegs von den Tieren vollständig *„an die Menschen abgetreten worden"* (Ingold 2000: 72). Im Gegenteil: Die Herdentiere der Rentierhalter-Jäger des Ostsajangebirges haben fast täglich mehr als ausreichend Gelegenheit, sich von den Menschen abzusetzen und sich z.B. wilden Herden in den Wäldern anzuschließen. Tatsächlich hindert sie die meiste Zeit über sogar niemand daran. Weder Hirten noch Hütehunde werden zu ihrer Bewachung eingesetzt, die Tiere wandern – außer zu speziellen Zeiten, wie etwa der Brunftzeit oder der Abkalbung oder wenn sich Wölfe um das Camp herum befinden – frei herum und entfernen sich mitunter sehr weit vom Camp. Immer wieder bleiben Tiere selbst über Nacht weg, erscheinen dann aber, manchmal nach Tagen erst, wieder im aal. So ist der genaue Status eines sajanischen Rentieres kaum befriedigend mit den gängigen dichotomen Parametern wie „domestiziert" oder „wild" zu erfassen:

Einerseits sind die Tiere extrem *zahm* – sie haben praktisch keine Scheu vor dem Menschen und suchen die Nähe zu ihren Bezugspersonen (ein Begriff der aus dieser Perspektive so viel treffender erscheint als „Besitzer"), die ihnen persönliche Namen geben, immer wieder auf. Um diesen Idealzustand zu erreichen, wenden die Rentierhalter verschiedenste Techniken an: Schon bald nach ihrer Geburt werden Kälber z.B. an einem Platz in der Mitte des aals angebunden, damit sie sich an die Nähe des Menschen gewöhnen (siehe hierzu auch: Wheeler 2001: 12).[29] Später dann erhält das Rentier dort von den Menschen Salz oder aber auch Urin. Wie Stépanoff (2012) eingehend beschreibt, haben sowohl das Füttern von Salz aus der Hand als auch die Gabe von menschlichem Urin die Funktion, die Tiere auf besonders enge Weise an die Menschen zu binden. Zur Stärkung und Aufrechterhaltung dieser Nähe dient auch, nach Angaben Stépanoffs (2012: 299), das mehr oder weniger regelmäßige (aber weder dauerhafte noch immer praktizierte) Anbinden der Rentiere vor den Nomadenzelten, das diese *prinzipiell* und emotional an die Menschen zu binden scheint. Diese emotionale Bindung ist aber nicht nur ein einseitiger, antrainierter „Reflex" der Rentiere – auch die Rentierhalter empfinden eine tiefe Verbundenheit zu ihren Tieren. Küçüküstel (2013: 60ff) vergleicht das Verhältnis zwischen Menschen und Rentieren bei den Dukha gar mit dem Verhältnis zwischen „Eltern und Kindern": Ganz genau beobachten die Dukha die Entwicklung der verschiedenen Charaktere ihrer Tiere, erkennen ihre verschiedenen Launen und wechselhaften Gefühle und sind stets darum bemüht, individuelle Wege zu finden, mit diesen umzugehen (ibid.).

Andererseits aber sind die Sajan-Rentierhalter auch ganz explizit darauf bedacht, bei ihren Tieren „wilde" (TUW: *angsyg* – D wörtl.: *„wildtierähnlich"* (sie-

---

[29] An dieser Stelle soll nicht verschwiegen werden, dass diese Praxis auch einen äußerst praktischen „Nebeneffekt" hat: Gleichsam mit dem Kalb wird auch das Muttertier in die Nähe der Menschen gezogen und kann dort gemolken werden.

he Zitat oben)) Charakteristika beizubehalten (vgl.: Wheeler 2001: 12; Donahoe 2004: 113). Dies bedeutet nicht nur, dass es aufgrund der perfekten morphologischen Anpassung des Rentieres an seine Taiga-Umwelt unnötig und sogar *kontraproduktiv* wäre, veränderte, domestizierte Formen zu züchten, welche sich signifikant von der der Wildrene unterscheiden. Es bedeutet auch, dass die Tiere alleine und unbehütet in den Wald gehen und dort eigenständig zurecht kommen *sollen*, genauso wie sie fähig sein *sollen*, ihre Kälber mehr oder weniger ohne Unterstützung durch den Menschen zur Welt zu bringen. Auch wenn dies bedeutet, dass man durch die ausgeprägte Laissez-Faire Haltung in der alltäglichen pastoralen Praxis immer wieder Tiere, z.B. durch Wölfe oder beim Kalben, verliert.

Abb. 24: Angebunden aber nicht gebunden: Auch wenn die Dukha ihre Tiere in bestimmten Situationen anbinden, geschieht dies nicht, um diese prinzipiell am Fortlaufen zu hindern. Tatsächlich gibt es ständig Gelegenheiten für die Tiere, sich für immer in den Wald abzusetzen. Delgers Wintercamp, Khar zürkh, Westtaiga, 2. April 2010. Fotograf: JE

So kann zusammenfassend die Behauptung angestellt werden, dass die soziale Beziehung zwischen Mensch und Rentier in den Sajanbergen einer ständigen „Gratwanderung" gleicht, in der zwar der Mensch die Tiere durch verschiedene, mehr oder weniger subtile Techniken in seine unmittelbare räumliche und soziale Sphäre einbindet, dies aber nicht durch Zwang zu erreichen versucht, sondern stets darauf bedacht ist, den Aspekt der Freiwilligkeit zu erhalten und von Generation zu Generation zu reproduzieren. Wenn die Dukha und Tozhu somit von ihren Rentieren als „*angsyg*", also „wildtierähnlich", sprechen, meinen sie nicht „wild" im kartesischen Sinne von „natürlich" bzw. „nicht domestiziert", sondern spielen in erster Linie auf ihren hohen Grad an Autonomie und Unabhängigkeit vom

Menschen an. Dass es den Rentierhaltern auf dieser Basis gelingt, diese freiheitsliebenden, nichtmenschlichen Personen in ihre Gemeinschaften einzubinden und dort sogar zur harten Arbeit als Reit- oder Packtiere einzusetzen, ohne das sensible Gleichgewicht in dieser Beziehung zu zerstören, ist nicht nur eine ganz besondere und bemerkenswerte Leistung der Menschen im Ostsajangebirge, sondern gleichzeitig auch Zeugnis davon, dass der *Gesellschaftsvertrag* zwischen diesen so unterschiedlichen Personenklassen, die Tag für Tag ihre Existenz in „hybriden Mensch-Tier-Gemeinschaften" (Stépanoff 2012: 288) aufs Neue aushandeln, noch immer für beide Seiten funktioniert.

Die Forderung Ingolds – nämlich, dass die Mensch-Tier-Beziehung im Pastoralismus vor allem durch Dominanz geprägt ist – kann daher für den Fall der Rentierhalter-Jäger des Ostsajangebirges etwas vorsichtiger reformuliert werden: Sie ist – im Vergleich zur horizontalen Beziehung zwischen Jägern und Wildtieren – höchstens in mancherlei Hinsicht *asymmetrisch* und anfälliger für „Betrug" und Vertrauensmissbrauch geworden: Menschen reiten Rentiere, binden sie an, kastrieren und töten sie u.U. sogar – umgekehrt jedoch nicht (vgl.: Stépanoff 2012: 308). Dies steht außer Frage. Zudem befinden sich die Menschen in der vorteilhaften Lage, Informationen zu besitzen und kommunizieren zu können, die ihren Tieren offenbar nicht in derselben Weise zur Verfügung stehen: Sollte es doch einmal aus verschiedensten Gründen zu der Situation kommen, dass im Sajanraum ein Rentier geschlachtet werden muss, weiß das Tier nichts davon. Es vertraut seinen Bezugspersonen bis zu dem Moment, in dem die schwere, stumpfe Rückseite der Axt auf die Hinterseite seines Schädels trifft (siehe hierzu auch: Stépanoff 2012: 308). Gleichsam aber achten die Menschen aufs Peinlichste darauf, dass all dies außer Sichtweite der restlichen Tiere geschieht (eine Praxis, um die in Tundra-Systemen, wo Rentiere massenhaft zu Schlachtplätzen getrieben und getötet werden, kein Aufhebens gemacht wird). Die Heimlichkeit und Angst der Rentierhalter, dass sich der begangene Tötungsakt, der eine Verletzung des Gesellschaftsvertrages zwischen Mensch und zahmem Rentier bedeutet, negativ auf das mühsam aufrecht erhaltene Vertrauensverhältnis zwischen ihnen und dem Rest der Herde auswirken könnte, spiegelt wider, um was für einen fundamentalen Vertrauensmissbrauch es sich hier nach ihrem Verständnis handelt. Wäre ihre Stellung wirklich so dominant und unantastbar, wäre diese Angst nicht nötig. Aber ihre tierischen Partner verfügen ihrerseits eben gleichsam über ein strategisches „Ass im Ärmel", von dem die Menschen nur zu gut Bescheid wissen: Sie sind in keinster Weise abhängig von ihnen und können sich jederzeit dazu entschließen, eigene Wege zu gehen. Die Existenz des Menschen aber hängt fast vollständig davon ab, dass genau dies nicht geschieht. Auf diese Weise bleibt gültig, dass „Menschen ihre Ziele nicht erreichen können, wenn ihre Rentiere diese nicht unterstützen" (Stépanoff 2012: 309). Und so formen die beiden Akteursgruppen mit ihren jeweils unterschiedlichen Trümpfen eine schicksalhafte Gemeinschaft, die auf nichts anderem beruht, als auf dem beiderseitigen Willen *zusammen* zu leben (ibid.).

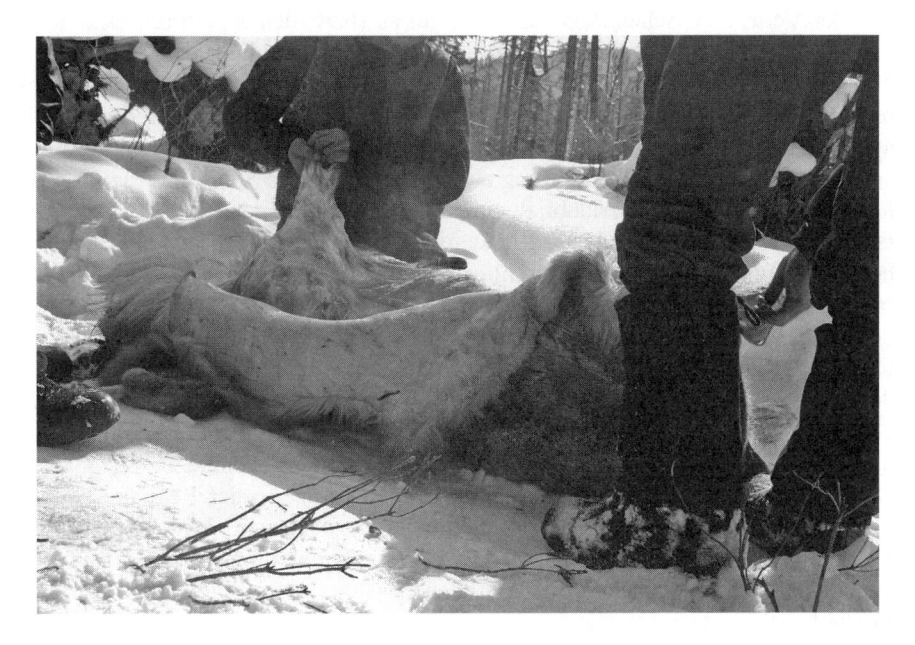

Abb. 25: *Schlachtung eines Rentieres vor dem tuwinischen Neujahrsfest (shagaa). Ödügen Taiga, Todzha, 21. Februar 2012. Während dieses Aktes, sowie bei der vorausgegangenen Tötung des Tieres, mussten die anderen Rentiere der Herde immer wieder aktiv und vehement verscheucht und unbedingt außer Sichtweite gehalten werden. Obwohl vor allem in Todzha heute die Schlachtung von Herdentieren nicht mehr so stark tabuisiert ist, wie noch immer in Nordwest-Khövsgöl, weckt dieser Bruch des Gesellschaftsvertrages zwischen Mensch und Rentier noch immer Unbehagen bei den Rentierhaltern. Fotograf: JE*

Fazit: Jagd und Rentierhaltung – zwei unterschiedliche Gesellschaftsverträge

Zum Abschluss der Diskussion der Mensch-Umwelt-Beziehungen im hier behandelten System der Praxis soll an dieser Stelle das bisher Diskutierte in knapper und unkonventioneller Art und Weise zusammengefasst werden – und zwar in Rekursion auf das oben bereits verwendete Bild von *Gesellschaftsverträgen* zwischen Tieren und Menschen. Die Grundidee ist hierbei, die hier relevanten Mensch-Tier-Beziehungen als zwei soziale Beziehungen zu verstehen, die lediglich auf unterschiedlichen *Gesellschaftsverträgen* (etwa im politisch-philosophischen Sinne eines Rousseauschen *Contract Social*) basieren. Während derartige Interspezies-Gesellschaftsverträge in verschiedenen lokalen Systemen sicherlich auf verschiedenste Art und Weise formuliert sein mögen, scheint die Behauptung für den Ostsajanraum angemessen, dass sich die Kerndifferenz der hier behandelten Mensch-Tier- bzw. Mensch-Tier-Geistwesen-Beziehungen im Rahmen der Jagd und des Pastoralismus auf wenige aber fundamentale Unterschiede herunterbrechen lassen, die sich aus dem jeweiligen „Text" dieser Verträge ergeben:

Der Vertrag zwischen *Jäger und Wildtieren* (bzw. den Jägern und dem Kollektiv Bayan Khangai, zu dem die Wildtiere gehören) schließt den Eingriff des Menschen in die Autonomie der Tiere kategorisch aus, umfasst und erlaubt andererseits aber das *Töten*. Dieses Anrecht des Jägers, ein Tier zu töten, ergibt sich aus der Einhaltung der im Vertrag festgeschriebenen Pflichten und Regeln der achtsamen Interaktion.[30] Der Vertrag zwischen dem *Rentierhalter und seinen pastoralen Herden* hingegen erlaubt zu einem gewissen Grad den Eingriff in die Autonomie der Tiere – zumindest im Austausch gegen Salz, Urin, sowie soziale Nähe und Aufmerksamkeit. Dafür schließt er im Ostsajangebirge aber das Töten prinzipiell aus, weil er es als eine wichtige Pflicht des Menschen festschreibt, seine Tiere zu beschützen. Dieses Töten findet zwar bisweilen statt (s.o.), stellt aber in diesem Sinne stets einen eklatanten Vertrauensmissbrauch bzw. ein Element des „Betrugs" dar, der vor den anderen Tieren der Herde unbedingt versteckt werden muss, da er die Validität des Vertrages und damit die gesamte Legitimität des herrschenden Verhältnisses in Frage stellen bzw. gefährden könnte.

Wie aber werden diese beiden Gesellschaftsverträge in der Realität sanktioniert – und wer sind die jeweiligen Sanktionierungsinstanzen? Im letztgenannten Vertrag ist dies relativ einfach zu beantworten: Sanktionierungsinstanzen sind hier die beiden Vertragspartner selbst. Wie oben erwähnt, können nicht nur frustrierte Rentierhalter ein Tier ggf. mit Stock und Peitsche zu seiner Arbeit zwingen – auch das Rentier kann, wenn es mit den Bedingungen nicht mehr einverstanden ist, fast jederzeit wählen, die Beziehung zu beenden und sich in den Wald abzusetzen, wo es mehr oder weniger problemlos alleine überleben kann. Dass diese Ausführungen nicht nur eine theoretische Spielerei sind, illustriert die Tatsache, dass im Todzha der 1990er Jahre (wie auch in anderen Teilen Sibiriens), als auch die Beziehung zwischen Mensch und Rentier in vielen Fällen unter den Folgen des sozialen Chaos der Umbruchsphase erheblich litt, etliche Rentiere und sogar ganze Herden auf diese Weise an die Taiga verloren gingen (siehe hierzu Kapitel V).

Etwas anders verhält es sich beim Vertrag zwischen Jäger und Wildtier – hier haben es die Jäger mit verschiedenen Sanktionierungsinstanzen zu tun: Zum einen die Herrengeister, welche Verstöße sanktionieren, die mehr oder weniger um ihren Wohnort herum stattfinden. Ihre Sanktionierungsmöglichkeiten reichen vom Entzug künftigen Jagdglücks bis hin zur Entsendung von Krankheit, Unglück und Tod (vgl.: Oelschlägel 2013; Pedersen 2011: 85f). Das Weltenkollektiv Bayan Khangai hingegen scheint zunächst weniger gefährlich, aber es kann den Jäger ebenso mit Erfolglosigkeit – und damit Not und Hunger – bestrafen.

---

30 Dennoch bleibt, wie Descola (2011: 417ff) betont, das Töten und Verzehren eines Tieres immer noch ein potentiell riskanter Akt – handelt es sich schließlich nicht um eine Ressource sondern um eine Person mit einer Seele bzw. *Interiorität*: „(...) die Ähnlichkeit der Interioritäten ist so groß und wird bei allen Gelegenheiten, bei denen man es mit Nichtmenschen zu tun hat, so lebhaft bejaht, daß es schwierig ist, sie am Kochtopf und beim Verzehr ganz außer Kraft zu setzen" (Descola 2011: 417). Hier kommt der geschilderten Vertrauensbeziehung also noch eine weitere Komponente hinzu: Es muss letztlich auch der Jäger, der alle Regeln befolgt hat, dem Wildtier vertrauen können, dass dieses ihm auch nach seinem Verzehr nicht in rachsüchtiger Weise schaden wird.

An dieser Stelle ließe sich einwerfen, dass all dies ja aber ganz offensichtlich in den Bereich des „Aberglaubens" oder gar der „Hysterie" falle, nicht wissenschaftlich nachweisbar sei, und, im Gegenteil, höchstens die „Tatsache" kaschiere, dass es in Wahrheit hier keine *direkte* Möglichkeit zur Sanktionierung dieses Vertrages gäbe. Dem soll hier entgegengebracht werden: Für die Menschen im Ostsajangebirge sind die Institutionen zwischen ihnen und der Taiga sowie ihre Sanktionierungsmechanismen *absolut real* – und bilden (mit gewissen Einschränkungen) bis heute die Grundlage ihrer Interaktion mit dieser Landschaft und den in ihr enthaltenen nichtmenschlichen Akteuren. Dies als bloße „emische Konstruktion und Interpretation" einer positivistisch nachweisbaren „Wirklichkeit" abzutun, wäre nicht nur zutiefst *arrogant* (Ingold 2000: 76; Willerslev 2007: 182), sondern auch aus wissenschaftlicher Sicht falsch: Denn es würde lediglich das Axiom des kartesischen Weltbildes reproduziert und auf eine Welt projiziert werden, in der es keinen Bestand hat – und damit zu wenig bedeutungsvollen, wenn nicht sogar grundfalschen Ergebnissen führen (vgl.: Willerslev 2007: 183, Bird-David 1999: S68; Ingold 2000: 106f; Descola 2013: 18, 30f; Franke & Albers 2012; Harvey 2006: xvi).

2.8 Ontologie, Weltbild & Identität

Während das Weltbild der Rentierhalter-Jäger des Ostsajangebirges in den vorangegangenen Abschnitten im Prinzip in seinen Grundzügen schon relativ umfassend skizziert wurde, soll im Folgenden vor allem das diesem zugrunde liegende Prinzip besprochen und konkretisiert werden. Dieses Prinzip hat in der westlichen Welt einem Namen: *Animismus*. Ein Begriff, der in der Vergangenheit keineswegs neutral, sondern meist unter der Prämisse der Überlegenheit des westlichen aufgeklärten Denkens behandelt wurde – der als negativer „Spiegel der Moderne" (Franke & Albers 2012: 12) sogar ein direktes Produkt dieses Denkens ist.

2.8.1 Was ist Animismus?

Um sich mit dem Animismus fair und auf Augenhöhe zu beschäftigen, ist es zunächst wichtig, ihn richtig zu verstehen. Und zwar nicht nur aus sicherer ontologischer Distanz, deskriptiv, und als „Konstruktion" und „Imagination" einer angeblich objektiven (d.h. positivistisch nachweisbaren) Realität, die er nicht zu erfassen vermag, sondern von innen heraus, als ein anderes Ordnungsprinzip, das, obgleich auch mit seinen eigenen Widersprüchen, in vielerlei Hinsicht dieser objektiven Realität sogar näher zu kommen scheint, als die naturalistisch-dichotome Ontologie, auf der das westliche, kartesische Weltbild und die in ihm fest verwurzelte, positivistische Wissenschaft beruhen. Dieses „Ernstnehmen" (Willerslev 2007, aber auch: 2012a) des Animismus ist daher nicht gleichbedeutend mit einem totalen Relativismus, in dem eine umfassende, objektive Realität keinen Bestand hat (vgl.: Kohn 2013:10). Es hat auch nichts mit einer esoterischen Haltung oder gar Ablehnung der Wissenschaft an sich zu tun. Im Gegenteil: Vielmehr bedeutet es eine kritische Auseinandersetzung mit den Grundlagen dieser Wissenschaft, die zwar vehement die „Realität" allein für sich einfordert, am Ende aber selbst auf einer Annahme beruht, die keineswegs objektiv ist – meist ohne dass diese Tatsache reflektiert wird.

Was aber genau ist nun unter *Animismus* zu verstehen? Animismus ist keine konkrete Religion oder Philosophie – und auch ganz sicher keine primitive Vorstufe der formalisierten Religionen – sondern zunächst nichts weiter als eine globale Kategorie in der Ethnologie, die vor allem auf deren Begründer Edward Tylor (1871) zurückgeht (siehe Harvey 2006: Kap. 1). In dieser Kategorie wird gemeinhin das weltweit verbreitete aber dennoch heterogene Phänomen des Glaubens an die Belebtheit von Objekten und Phänomenen (wie z.B. Feuer, Wind, Donner etc.) aller Art zusammengefasst (vgl.: Bird-David 1999: S67). So schrieb beispielsweise schon Sigmund Freud:

> „Diese [uns bekannten primitiven Völker] bevölkern die Welt mit einer Unzahl von geistigen Wesen, die ihnen wohlwollend oder übelgesinnt sind; sie schreiben diesen Geistern und Dämonen die Verursachung der Naturvorgänge zu und halten nicht nur die Tiere und Pflanzen, sondern auch die unbelebten Dinge der Welt für durch sie belebt." (Freud [1913] 2011: Abschnitt 1)

Was in dieser Weise als „Animismus" bezeichnet wird, ist also vor allem ein typisches Grundprinzip der *Weltordnung,* welches in verschiedenen lokalen Kontexten sehr unterschiedlich ausgeformt sein kann und auf dem wiederum spezifische Weltbilder aufbauen. Bevor dieses spezifische Grundprinzip der Weltordnung aber näher analysiert werden soll, erscheint es an dieser Stelle angebracht, kurz auf den Unterschied zwischen den Begriffen „Ontologie" und „Kosmologie" einzugehen, der dem zwischen *Ordnungsprinzip* und *Ordnungsweise* gleichkommt:

Zu den Begriffen „Ontologie" und „Kosmologie"

Eine Ontologie – als „System der den Existierenden zuerkannten Eigenschaften" (Descola 2011: 194) – beinhaltet grundsätzliche und weitgehend stark internalisierte Annahmen zur Natur der Realität und der Stellung des Menschen in der Welt (vgl.: Denzin & Lincoln 2005: 183): Verläuft die Zeit wie ein Strahl geradeaus? Oder aber kreisförmig, wie die Jahreszeiten? Ist der Verstand bzw. Geist etwas Internes oder Externes? Ist der Mensch getrennt von der Natur oder schlicht ein Teil der Welt? Sind Organismen a priori getrennte, geschlossene Entitäten, in Kontakt und Austausch mit einer „Umwelt"? Oder sind sie von Anfang an Teil eines Geflechts in dem die Grenzen zwischen Innen und Außen verschwimmen? Und letztlich: Was ist überhaupt Leben? Ist es eine Eigenschaft der Organismen, die diesen *a priori* gegeben ist? Oder ist Leben vielmehr das intersubjektive Phänomen der Interaktion selbst?

Die Ontologie bildet somit ein Ordnungsprinzip, bzw. eine *Matrix* wie z.B. die prinzipielle Trennung von Mensch und Natur (naturalistische Ontologie) oder aber die Möglichkeit der Personhaftigkeit der Dinge (animistische Ontologie)[31], innerhalb derer ein jeweiliges Weltbild (wie z.B. das jüdisch-christliche, islamische, konfuzianische, schamanische, aber auch das kartesische, positivistische, oder das tuwinische, evenkische, jukaghirische usw.) konstruiert ist. Ein solches *Weltbild* wird hier mit dem Begriff der „Kosmologie" – eine von einer bestimmten Gruppe geteilte Deutungsweise der Struktur, Systematik und des Zusammenhangs aller Phänomene der Welt, des Kosmos und des Göttlichen bzw. Spirituellen – begrifflich gleichgesetzt.

In der wissenschaftlichen Literatur wird nicht immer scharf zwischen Ontologie und Kosmologie unterschieden: So spricht z.B. Willerslev (2012a) von *der* „animistischen Kosmologie" (statt Ontologie), und Oelschlägel (2013), beide Begriffe mehr oder weniger implizit zusammenfassend, von „Modellen der Weltinterpretation", was, je nach Perspektive, nicht unbedingt falsch ist, da Kosmologien und Weltinterpretationen, wie erwähnt, stets auf einem bestimmten Ordnungsprinzip, der Ontologie, aufbauen – diese also beinhalten. Bezieht man sich also primär auf eine Kosmologie bzw. ein Weltbild, enthält dies auch immer ein ihr zugrunde liegendes Ordnungsprinzip. Dennoch erscheint es sinnvoll, auf den grundliegenden Unterschied und den Zusammenhang zwischen Ordnungsprinzip und darauf aufbauendem Weltbild hinzuweisen und Folgendes zusammenfassen:

Es handelt sich beim sogenannten „Animismus" nicht um eine einheitliche, formalisierte Form der Weltinterpretation oder gar Religion, sondern, streng genommen, lediglich um eine übergeordnete Kategorie der Ordnungsprinzipien. Eine jeweilige, eventuell als „animistisch" zu klassifizierende *Kosmologie* hingegen ist immer ein mehr oder weniger singuläres, spezifisches System, das als grundsätzliche, strukturelle Gemeinsamkeit mit anderen gleichsam klassifizierten Systemen die geteilte animistische Ontologie besitzt. „Der" Animismus ist also in seiner Ausformung heterogen, und gleichzeitig basierend auf einem bestimmten, gemeinsamen Grundprinzip. Und dieses Prinzip ist – nach allgemein verbreiteter Auslegung – der Glaube an die Beseeltheit der Welt. Aber ist dies, auf diese Weise formuliert, wirklich korrekt?

Ist im Animismus alles belebt?

Angesichts der zu Beginn dieses Kapitels vorangegangenen Ausführungen zur *animistischen Ontologie der Wildbeuter* mag es zunächst erstaunen, dass nun genau dieses einfache Bild vom Animismus als Glaube an die (vollständige) „Beseeltheit der Welt" im Folgenden korrigiert werden soll. Dabei handelt es sich jedoch nicht um eine prinzipielle Korrektur, sondern vielmehr um eine Präzisie-

---

31 Neben den in dieser Arbeit besprochenen dualistischen (auch „naturalistisch" genannt) und animistischen Ordnungsprinzipien wird in der Anthropologie auch zwischen den Ontologien des Totemismus, des Analogismus und des Perspektivismus unterschieden (siehe z.B. Viveiros De Castro 1998; Descola 2011; Pedersen 2001; Ingold 2000: Kap. 7), welche hier jedoch nicht näher besprochen werden.

rung *gradueller* Natur: Denn die animistische Ontologie unterscheidet sich nicht von der naturalistischen dadurch, dass letztere zwischen der „natürlichen" Welt der unbelebten Objekte und der bloßen Organismen einerseits, und der der menschlichen Personen andererseits strikt unterscheidet, während in erstgenannter schlicht *alles* belebt und beseelt ist (dies entspräche dem einfachen Bild des „Gegenpols" zum dualistischen Naturalismus (siehe hierzu auch: Harvey 2006)). Vielmehr unterscheidet sie sich durch die folgenden zwei Hauptpunkte: *Erstens*, eine *unterschiedliche Definition von Leben*, welches hier *relational* konzipiert ist, was bedeutet, dass Belebtheit erst durch Interaktion entsteht. *Zweitens*, eine *unterschiedliche ontologische Hierarchie*, die die Frage nach der *Art* eines Objektes und seiner *Belebtheit* in jeweils unterschiedlicher Rangfolge ordnet.

Zunächst sei der erste der beiden Punkte besprochen – und mit der Frage eingeleitet: Könnte man in einer Welt, in der *alles* beseelt ist – oder wie es Descola (2011) formulieren würde: *alles eine „Interiorität" besitzt* – überleben? Wie kann man seine Tiere weiden, wenn tatsächlich jeder Blaubeerstrauch und jede einzelne Rentierflechte eine Seele hat? Wie kann man unbeschadet durch die Taiga laufen, wenn wirklich *jeder* Stein ein fühlendes, intentionales Wesen ist?

Tatsächlich gibt es in der animistischen Welt auch Unbelebtes – oder, genauer formuliert: *wahrscheinlich* oder *derzeit* Unbelebtes (siehe hierzu auch: Pedersen 2001: 414f). Denn „Belebtheit" stellt hier keine feste, dichotome Kategorie dar, sondern eine Eigenschaft, die *potentiell* in jedem Objekt, jedem Ort oder jedem Phänomen vorhanden sein *könnte*, welche sich aber erst in der Interaktion bzw. *Relation* mit diesem erweist bzw. daraus *entsteht* (vgl.: Bird-David 1999). Das Leben ist in der animistischen Ontologie also keine Qualität der Dinge *an sich*. Es geht auch nicht hervor aus einem unveränderlichen Bauplan (wie z.B. der DNA) oder einer göttlichen Energie, die sich in Organismen manifestiert, sondern entsteht beständig neu aus einer sich in permanenter Erneuerung befindenden Welt – es ist eine „fortwährende Wiedergeburt" (Ingold 2011: 68f). In diesem Zusammenhang wird verständlich, was die Dukha meinen, wenn sie sagen, dass ein ehemaliger Lagerplatz wieder zu einem „reinen, wilden" Ort (s.o.) wird, sobald die drei hinterlassenen Hauptstangen eines alajy-ögs zusammengefallen sind: Dies ist für sie ein Zeichen dafür, dass die Nachwirkung ihrer ehemaligen Interaktion mit dem betreffenden Ort vorbei ist und dass dieser nun von neuem „belebt" werden kann – wobei natürlich immer damit gerechnet werden muss, dass an einem Ort mit einer Geschichte der vergangenen Interaktion „Reste dieser Beziehung", in Form einer bestimmten Energie noch immer vorhanden sind. In beiden Fällen, ob gegenwärtig oder historisch, ist es jedoch die *Interaktion* eines Organismus, eines Gegenstandes, eines Phänomens oder eines Ortes mit seiner Umwelt, aus der sich seine Belebtheit ergibt (siehe hierzu auch: Hallowell 1960).

> „Animacy (...) is not a property of persons imaginatively projected onto the things with which they perceive themselves to be surrounded. Rather (...) it is the dynamic, transformative potential of the entire field of relations within which beings of all kinds, more or less person-like or thing-like, continually and reciprocally bring one another into existence. The animacy of the lifeworld, in short, is not the result of an infusion of spirit into substance, or of agency into materiality, but is rather ontologically prior to their differentiation." (Ingold 2011: 68)

Leben ist im Animismus also nicht, wie in der westlichen Ontologie, eine Eigenschaft der Organismen, die *a priori* und unabhängig von der Interaktion mit der Umwelt gegeben ist. Leben ist stattdessen gleichbedeutend mit dieser Interaktion selbst (Ingold 1999: S82). Selbst Objekte ohne Stoffwechsel (Steine, Berge, Wasser, aber auch Werkzeuge etc.), können, je nach der Art, wie sie mit ihrer Umwelt in Relation stehen, belebt sein. Diese relationale Definition von Leben wirft die Frage auf, ob (und ggf. wie) „Belebtheit" im Animismus mit „Beseeltheit" gleichzusetzen ist. Hierauf wird es vermutlich keine allgemein gültige Antwort geben. Und selbst im spezifischen Falle der Rentierhalter-Jäger des Ostsajangebirges ist die Antwort sehr kompliziert. Um dieser aber näher zu kommen, muss man zunächst akzeptieren, dass es zwar einen Zusammenhang zwischen Belebtheit und Beseeltheit gibt, dass das Konzept der „Seele" im Animismus aber ganz grundsätzlich nicht mit dem im jüdisch-christlichen Weltbild übereinstimmt. Genau wie das Leben keine Eigenschaft von Dingen *an sich* ist, so ist auch die Seele als etwas flüchtiges konzipiert. Sicherlich kann man davon ausgehen, dass ein Berg, eine Quelle oder ein besonderer Gegenstand, der belebt ist, eine bestimmte „Seelenenergie" oder, neutraler, „Interiorität" aufweist. In diesem Fall können Belebtheit und „Beseeltheit" gleichgesetzt werden. Aber anderes, was aus naturalistischer Sicht wiederum definitiv *belebt* ist – also ein gegebener Organismus – muss deswegen nicht auch gleichzeitig eine Seele besitzen. Selbst Menschen können ihre Seele verlieren. Und so darf auch die Beseeltheit nicht als Qualität der Dinge an sich verstanden werden. Vielmehr steht sie stets im Zusammenhang mit der Frage nach den Beziehungen eines jeweiligen Gegenstandes zu seiner Umwelt:

> „The picture is complicated, however, by the fact that, just as some people are unfortunate enough to lose their soul, temporarily or for good, many animals and objects are, at any given moment, devoid of any interiror quality. So, if North Asian animism allows for a limitless, total socialization of the world in principle, in practice this is only a tendency, because the totality will invariably be ruptured by countless asocial entities, thus giving rise to a cosmology strangely reminiscent of a Swiss cheese. These ruptures, these holes in the cheese, are purely external, natural ‚things' that have no mutual animistic relations, because they do not share any common social ground." (Pedersen 2001: 415f)

Aus alledem wird ersichtlich, warum der Animismus unbedingt als „*active way of being in the world*" verstanden werden sollte – und nicht als bloße Repräsentation derselben (Pedersen 2003: 243). Nur in der Aktivität selber entfaltet bzw. generiert sich hier das Leben. Und nur in dieser Aktivität – oder, besser gesagt, *Interaktivität* – kann dieses Leben verstanden und erfahren werden:

> „Life in the animic ontology is not an emanation but a generation of being, in a world that is not preordained but incipient, forever on the verge of the actual." (Ingold 2011: 69)

Auf dieser Basis kann nun zur Diskussion des zweiten wichtigen Unterschiedes zwischen der dem westlichen Weltbild zugrunde liegenden dualistisch-naturalistischen Ontologie und der animistischen vorangeschritten werden: Der Frage nach den unterschiedlichen Ordnungshierarchien beider ontologischer Systeme, die, nach Ansicht des Verfassers, die Kerndifferenz zwischen den beiden darstellen und das verwirrende, komplexe Bild des Animismus mit seiner dynamischen und relationalen Definition von Leben und Beseeltheit etwas zu entwirren vermag (siehe hierzu auch: Bird-David 1999: S71).

So lässt sich zusammenfassen: Der Unterschied zwischen den beiden ontologischen Systemen ist nicht der, dass in letzterem schlicht *alles* belebt und beseelt ist, sondern dass die jeweiligen Fragen nach der Art – bzw. *Zugehörigkeit zu einer Kategorie* – und nach der Belebtheit eines gegebenen Objektes in den verschiedenen Systemen unterschiedlich hierarchisiert sind. So steht im dualistischen System an oberster Stelle die Frage nach der Art des Objektes, wobei hier schon die grundsätzliche Einteilung in die beiden Kategorien „*menschlich*" oder „*natürlich*" geschieht. Der Verlauf aller weiteren Entscheidungen bewegt sich nun zwangsläufig in diesen Kategorien (siehe Abb. 26). Einen Rang niedriger rangiert die Unterscheidung „*ist Objekt belebt?*", woraufhin in der Kategorie der menschlichen Sphäre zwischen „Mensch" (belebt) und „Artefakt" (zur menschlichen Sphäre gehörend aber unbelebt), und in der natürlichen Sphäre zwischen „Organismus" (belebt) und „natürlichem (aber unbelebten) Gegenstand" unterschieden wird.

Im animistischen System hingegen steht an oberster Stelle die Frage nach der *Belebtheit* eines Objektes bzw. Phänomens. Von hier aus fallen die weiteren Unterscheidungen in die keineswegs strikt getrennten Kategorien „*Person*" oder „?" – womit die Unklarheit ausgedrückt werden soll, die mit dem Status „wahrscheinlich unbelebt" verbunden ist. Im Rahmen dieser beiden Kategorien, die allerdings prinzipiell offen für einen Wechsel des betreffenden Objektes sind, wird daraufhin erst nach der Frage der „*Art*" unterschieden. Hierbei sind innerhalb der Kategorie „Person" die Möglichkeiten „menschliche Organismusperson", „nichtmenschliche Organismusperson" und „organismuslose Person" möglich. Auf der Ebene der wahrscheinlich unbelebten Entitäten ist diese Frage praktisch irrelevant: Eine Einteilung in die Kategorien (unbelebtes) Artefakt und (unbelebter) „natürlicher" Gegenstand ist in dieser Ontologie nicht vorgesehen – was natürlich nicht bedeutet, dass eine Person, die in der animistischen Ontologie operiert, nicht zwischen einem Messer oder einem Auto einerseits und einem Stein oder einem Stück Holz andererseits unterscheiden würde, oder nicht wüsste, dass die erstgenannten Objekte von Menschen hergestellt wurden. Gemeint ist hier lediglich, dass die eigentlich relevante Unterscheidung nicht zwischen „zur menschlichen Sphäre gehörig" und „zur natürlichen Sphäre gehörig" sondern zwischen den Kategorien „belebt" und „unbelebt" stattfindet. So kann folgendes, vereinfachtes Modell der grundsätzlichen Unterschiede zwischen der Ontologien des Naturalismus und des Animismus skizziert werden:

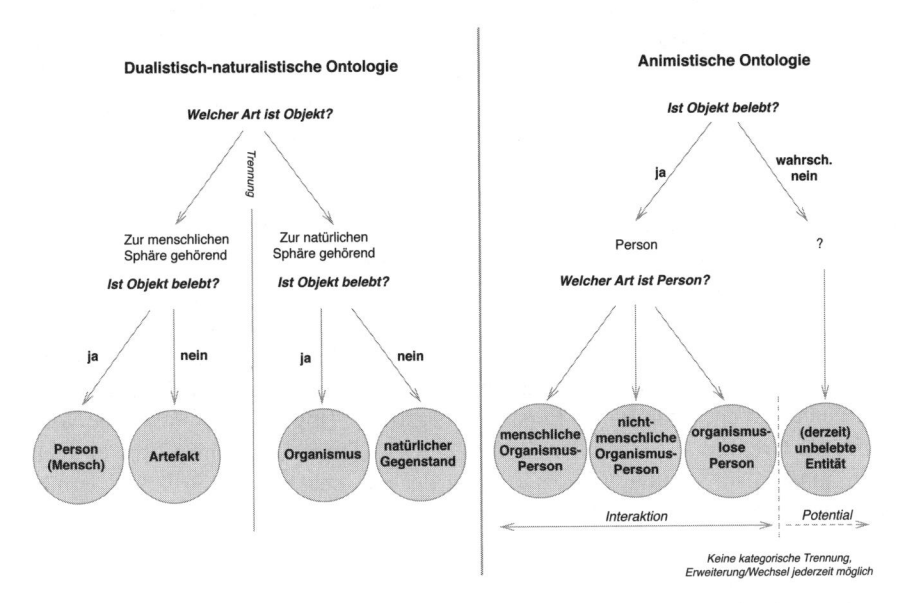

II. System der Praxis: Rentierhaltung und Jagd im Ostsajangebirge

Abb. 26: *Vereinfachtes und generalisiertes Modell der ontologischen Ordnungshierarchien des Naturalismus und des Animismus. Konzeption und Gestaltung: JE*

In diesem Modell werden nicht nur die jeweiligen Ordnungsweisen der ontologischen Matrizes an sich, sondern auch deren jeweilige Stärken und Schwächen bzw. *Widersprüchlichkeiten* deutlich: Im dualistisch-naturalistischen System ist dies z.B. das in Abschnitt II 1.3 bereits diskutierte Paradoxon des „exemptionalistischen Paradigmas" (Weichhart 2003: 19f), also die Konstruktion eines gleichzeitig auf der Ebene der Organismen und der Personen existierenden Menschen – während z.B. die Tiere lediglich *bloße Organismen* sind. Außerdem wird deutlich, wieso hier auch der Schlüssel zur Frage liegt, warum es uns offenbar so schwer fällt, „domestizierte Tiere" (und hier insbesondere die Zuchtformen) eindeutig einer bestimmten Kategorie zuzuordnen: Weder sind sie als Produkte menschlichen Wirkens gemäß unserer ontologischen Matrix einwandfrei als „natürlich" einzustufen, noch sind sie, als Organismen, „Artefakte" (siehe z.B. Diskussion in: Ellen & Fukui (Hg.) 1996; Ingold 1980, 2000, 2012).

Aus animistischer Perspektive wiederum, muss diese Debatte höchst irrelevant und geradezu grotesk anmuten. Die Dukha und Todzhu verstehen ihre Hunde und Rentiere eindeutig als *nichtmenschliche Personen* und nicht als so etwas wie „Artefakt-Organismus-Hybride". In diesem System jedoch werden wiederum aus naturalistischer Perspektive mitunter eher „unlogisch" anmutende Entscheidungen zwischen „belebt" und „unbelebt" gefällt. Daher ist hier, im Unterschied zum Naturalismus, auch nicht immer von vornherein klar, welches Objekt zur sozialen Gesellschaft gehört, und welches (momentan) nicht. „*Animism has ,society' as the unmarked pole, naturalism has ,nature'.*" (Viveiros de Castro 1998: 473).

Genau hier schließt sich also der Kreis zur Ausgangsfrage, ob im Animismus jede Rentierflechte (die in der naturalistischen Weltsicht zweifellos belebt – aber nicht beseelt – ist) „belebt" und damit Teil der sozialen Welt der Taiga ist. Die Antwort lautet: Es ist zunächst unklar. Nach der animistischen Definition von Leben kann sie prinzipiell beides sein – sowohl belebtes, als auch unbelebtes Objekt. Mit diesem ambivalenten Status ist sie aber immer noch meilenweit entfernt von der westlichen Konzeption einer belebten aber stets seelenlosen und passiven, objekthaften „natürlichen Ressource". Denn sie ist – ungeachtet ihrer momentanen Qualität als einzelnes Objekt – Teil des *kollektiven* Kosmos „der Taiga", welcher definitiv sozialer Natur, voller Leben, und sogar *an sich* lebendig ist. Er enthält überall Leben, das sich teils lediglich als „Potential", teils aber ganz offensichtlich und eindeutig offenbart und sich aus der beständigen Interaktion seiner Konstituenten immer wieder neu ergibt – gleich einer sich immer wieder neu erschaffenden Welt, „ständig im Entstehen begriffen" (Ingold 2011: 69); eine Welt, in der die Grenzen zwischen dem einzelnen Organismus und seiner Umwelt nicht starr, sondern im ständigen Fluss sind, in der das Leben selbst kollektiv ist und sich erst aus der Beziehung zum „Anderen" ergibt.

Textbox 4: Hunde

Wie in vielen Arbeiten zum Thema Pastoralismus kommt leider auch in dieser Dissertation ein allgegenwärtiges Mitglied der hybriden Mensch-Tier-Gemeinschaften etwas zu kurz: Der Hund. Seine Rolle und Beziehung zum Menschen, so scheint es, werden nur allzu oft für so selbstverständlich genommen, dass sie offenbar kaum einer eingehenden Betrachtung bedürfen. Dabei spielen Hunde im Leben der Dukha und der Tozhu eine sehr wichtige Rolle. Zwar werden sie niemals zum Hüten oder Zusammentreiben der Rentiere eingesetzt, und genauso wenig scheinen sie, zumindest im Vergleich zu den Hunden der Steppennomaden, ihre Aufgabe als Wachhunde in den aals besonders „verbissen" zu sehen. Die Taigahunde (MON: *Taigiin nokhoi*) genießen jedoch den Ruf, ausgezeichnete Jagdhunde zu sein, weshalb sie beispielsweise auch bei den Darkhad in der Steppe äußerst beliebt sind und sogar recht teuer gehandelt werden. Der Wert eines gut trainierten und intelligenten Jagdhundes, sagen viele Dukha wie auch Darkhad, kann kaum überschätzt werden.

Die Hunde der Rentierhalter-Jäger des südlichen Ostsajangebirges genießen vergleichsweise viele Privilegien in den aals, die ihren Artgenossen aus der Steppe i.d.R. nicht zuteil werden. Auch wenn ihr Platz prinzipiell draußen ist, so wird es als völlig normal betrachtet, wenn Hunde in den alajy-ögs und Blockhütten der Taigacamps ein und ausgehen. Nicht selten werden Mahlzeiten mit ihnen geteilt oder ihnen sogar ein Schläfchen am warmen Ofen gegönnt. Stirbt ein Hund, so wird ihm der Schwanz abgeschnitten und unter seinen Kopf gelegt – damit er in seinem nächsten Leben als Mensch wiedergeboren wird.

Textbox 5: Schamanen

Schamanen sind, als Personen mit besonderen Fähigkeiten auf dem Gebiet der Kommunikation und Interaktion mit der Geisterwelt, vor allem als *Vermittler* tätige Experten, die anderen Menschen, die diese Fähigkeiten nicht (oder weniger stark ausgeprägt) haben, bestimmte Dienste anbieten (siehe z.B.: Vitebsky [1995] 2007). Dennoch aber spielt sich all dies in einem wesentlich weiter gefassten ontologischen und religiösen Rahmen ab, der – ohnehin schon schwer in einer klar definierten Schublade fassbar – sicherlich am wenigsten treffend als „Schamanismus" bezeichnet werden kann (vgl.: Harvey 2006: 139; Vitebsky [1995] 2007: 11). Schamanen sind stattdessen vielmehr ein Phänomen des hier bereits eingehend diskutierten *Animismus*, oder, um es ganz korrekt auszudrücken, der vielfältigen, regional und mitunter sogar lokal unterschiedlichen Formen der abstrakten *Kategorie* „Animismus" – weshalb es auch hier nicht unbedingt notwendig ist, sich gesondert mit ihnen auseinanderzusetzen.

Als kommunikative Experten sind Schamanen notwendig in einer Welt, in der „Menschen versuchen, angemessene Wege zu finden, mit anderen [nichtmenschlichen] Personen umzugehen" (Harvey 2006: 139, übers. v. Verf.). Obwohl die meisten Mitglieder animistischer Gemeinschaften im Rahmen ihrer täglichen Praxis und Umweltinteraktion auch Fähigkeiten zur Kommunikation mit der nichtmenschlichen Welt erlangen, spielen diese Experten, aufgrund ihrer außergewöhnlichen, oft nicht selbst gewählten Fähigkeiten, eine prominente und zentrale Rolle in dieser tief mit der Praxis verwobenen Form der Umweltinteraktion und Religion. Aber im Unterschied zu Priestern oder dem Klerus der hierarchisch organisierten Religionen geben sie diesen Rahmen nicht vor oder wachen über die Einhaltung bestimmter Regeln. Ihre wichtigste (wenn auch bei Weitem nicht einzige) Tätigkeit besteht vielmehr darin, mit nichtmenschlichen Personen umzugehen, die gefährlichen Charakters, beleidigt, erzürnt, oder aus anderen Gründen problematisch oder schlicht unerwünscht sind (Harvey 2006: 140). Es ist allerdings auch durchaus möglich, dass Schamanen solche Personen für ihre Zwecke (oder die ihrer Auftraggeber) selbst einsetzen, weshalb der Status von Schamanen oft ein zweischneidiger ist (siehe: Pedersen 2011; Harvey 2006: 150).

Obwohl schamanisches Wissen sicherlich als ein Element der Ebene „*Wissen & Fertigkeiten*" anzusehen ist, spielt es in dieser Arbeit, als *Spezialistenwissen* von wenigen Personen, keine gesonderte Rolle. Die schamanische Praxis bei den Dukha wird von Kristensen (2004) eingehend beschrieben. Auch Pedersen beschäftigt sich mit dem schamanischen Phänomen in Nordwest-Khövsgöl, allerdings mit einem Schwerpunkt auf die Darkhad (siehe hierzu auch Textbox 6).

2.8.2 Soziale Taiga – Weltbild und Identität der Sajan-Rentierhalter-Jäger

Zuletzt, d.h. vor allem nach der Diskussion seiner ontologischen Grundlagen, kann und soll das spezifische Weltbild der Rentierhalter-Jäger des Ostsajangebirges noch einmal zusammenfassend skizziert werden. „Zusammenfassend" deswegen, weil die meisten seiner Aspekte schon bei den vorangegangenen Diskussionen der anderen Ebenen erörtert wurden – was in Anbetracht der auf die Praxistheorie zurückgehenden These von den Zusammenhängen der verschiedenen Ebenen des hier entworfenen *Systems der Praxis* nicht weiter verwundern sollte. So scheint eine stichpunktartige Zusammenfassung der wichtigsten Merkmale des hier diskutierten, komplexen Weltbildes nicht nur vertretbar, sondern, des besseren Überblicks wegen, sogar angebracht:

- Der Mensch ist nicht getrennt konzipiert von der „Natur" und lebt daher auch *nicht* in einer separaten sozialen Welt. Tatsächlich existiert keine objekthafte „Natur" als ontologische Kategorie. Damit ist die Möglichkeit gegeben für soziale Beziehungen zwischen verschiedensten Akteuren menschlicher, nichtmenschlicher und organismusloser Natur. Letztere können Geister sein, aber auch bestimmte Orte, Gegenstände, Phänomene oder Landschaftsmerkmale. Dazwischen, bzw. parallel hierzu, ist aber auch immer die Möglichkeit von (momentan) nicht belebten Objekten, Orten und Phänomenen gegeben.
- Die nichtmenschliche Welt steht zur menschlichen nicht in einem Subjekt-Objekt-Verhältnis. Daher kann der Mensch seine Ziele – z.B. im Rahmen der Existenzsicherung – nicht durch „Aneignung von „Ressourcen" bzw. „der Natur" (Objekte) erreichen, sondern nur in relativer Harmonie mit den anderen, nichtmenschlichen Akteuren, von deren Einverständnis und Kooperation diese Existenzsicherung abhängt (vgl.: Stépanoff 2012). Somit sind z.B. Wildtiere für ihn auch keine „natürlichen Ressourcen" und pastorale Herdentiere keine „ökologischen Bindeglieder" (Scholz 1995), mittels derer er wiederum Ressourcen (Weiden) für sich nutzbar macht, sondern soziale Partner und Co-Akteure innerhalb zwei verschiedener Beziehungen, geregelt durch zwei unterschiedliche Gesellschaftsverträge.
- Die Welt ist kein „fertiger" Ort, auf dessen Oberfläche Leben bzw. „Existenzsicherung" lediglich *stattfindet*, sondern ein zutiefst relationaler Kosmos, der sich in ständiger Entstehung und Veränderung befindet. In diesem Sinne ist die alltägliche Praxis der „Existenzsicherung" als Jäger und nomadischer Rentierhalter zu verstehen als eine Form der *Manifestation dieses Lebens* selbst. Es ist ein Leben *in* und nicht *über* der Welt – es erschafft die Welt (vgl.: Ingold 2011; Pedersen 2003: 243).
- Konzepte wie „wild" und „Wildnis" existieren, sind aber vollkommen anders besetzt als im westlichen Weltbild. Selbst in Lagern und Nomadenzelten existieren „wilde" Orte, während nach westlichem Verständnis als „Wildnis" konzipierte Orte belebt und „kultiviert" sein können (vgl.: Wheeler 2001: 11), insbesondere dann, wenn sie eine besondere spirituelle Energie besitzen oder von einer solchen bewohnt werden (siehe auch: Pedersen 2003).
- *Raum* bzw. *definierte Fläche* spielt eine geringe Rolle in der Wahrnehmung der Taiga als Landschaft. Er tritt zurück hinter die Betonung der *Punkte* und der *Bewegung*. Somit sind auch Grenzen irrelevant (vgl.: Pedersen 2003; Wheeler 2005). Zwischen spezifisch wichtigen Punkten (wie z.B. Camps oder bekannte Orte mit besonderer spiritueller Kraft) befinden sich überall Felder, die mehr oder weniger stark der „Ausstrahlung", die von diesen Zentren ausgeht, unterliegen. Wo genau diese Ausstrahlung jedoch jeweils endet, ist unmöglich zu wissen, da sie graduell ausläuft (vgl.: Pedersen 2003: 245f).

- Die nichtmenschlichen und organismuslosen Akteure sind nicht nur fühlende, intentionale Wesen, sondern mitunter sogar extrem mächtig und können dem Menschen nicht nur Glück und Jagdbeute bescheren, sondern auch Unglück, Krankheit und Tod bringen. Darum ist es von größter Wichtigkeit, Zeichen deuten zu können, zu „*wissen*" (siehe: Anderson 2002) und die verschiedenen, oft situativen und ortsabhängigen Regeln der „achtsamen Interaktion" (Oelschlägel 2013) zu (er)kennen und zu befolgen. Aus der Missachtung dieser Regeln kann, neben persönlichen Konsequenzen, spirituelle „Verschmutzung" resultieren, die die gesamte zukünftige Beziehung zwischen menschlichen und nichtmenschlichen Akteuren an einem bestimmten Ort (und darüber hinaus) belastet (vgl.: Kristensen 2004).
- Es sind damit auch diese Entitäten, die über die Taiga und die Einhaltung bestimmter Institutionen zwischen menschlichen und nichtmenschlichen Akteuren wachen. Für Menschen wäre es hingegen anmaßend, territoriale Ansprüche an die Taiga zu erheben und diese gegen Äußere zu verteidigen. Stattdessen gilt das „Gesetz der Taiga" (Donahoe 2004), welches die Verpflichtung zum Teilen und zur gegenseitigen Hilfe festschreibt, auch für Außenstehende.
- „Die Taiga" selbst ist als eine Art eigener (die Menschen allerdings nicht ausschließender) Kosmos konzipiert, der vor allem in spiritueller Hinsicht mit ganz speziellen Kräften ausgestattet ist, an welche nicht nur die Taigabewohner selbst, sondern auch deren Nachbarn, wie z.B. die Darkhad, glauben. Eine besonders prominente Rolle spielen hierbei die „Herrengeister" bzw. „Platzherren" (TUW: *cher eeleri*), die sich in Bergen, Flüssen, Tälern, Quellen, aber auch besonderen Bäumen, Felsen, im Feuer und sogar Werkzeugen und Haushaltsgegenständen manifestieren können, sowie das allumfassende Kollektiv des Lebens, *Bayan Khangai* bzw. *oran khangaya* oder *oran delegii*.

Identität und Praxis

Mit diesem Weltbild geht auch eine spezifische Identität der Menschen einher. Diese Identität entfaltet sich – genau wie das Leben in der Taiga selbst – in der tagtäglichen Interaktion mit dem Kosmos der Taiga und ist in keiner anderen Situation denk- oder „erlernbar". Lave & Wenger (1991: 52) haben darauf hingewiesen, dass die Bildung einer Identität ein sozialer Prozess ist, der stark an die Partizipation in einer bestimmten sozialen Umwelt – die hier die sogenannte „natürliche" mit einschließt – geknüpft ist. Segebart & Schurr (2010: 60) betonen wiederum, dass Identität vielschichtig und situativ ist – was bedeutet, dass jeder Mensch über vielfältige Identitäten verfügt, z.B. „in Bezug auf kulturelle Zugehörigkeit, Ethnizität, sozioökonomische Klasse, Geschlecht, städtische oder ländliche Herkunft" usw. Dies trifft auch sicherlich auf die Rentierhalter-Jäger des Ostsajangebirges zu: Auch sie fühlen sich z.B. in Bezug auf die sie umgebenden Steppennomaden als distinkte Gruppe, während sie sich gemeinsam mit diesen Nachbarn heute gegenüber der Stadtbevölkerung abgrenzen. Gleichzeitig unterscheiden sich die Identitäten der Männer (*Jäger*) von denen der Frauen[32], was an die unterschiedlichen Praxisfelder der beiden Geschlechter geknüpft ist.

Hier aber ist eine andere, grundsätzlichere Identität gemeint. Es geht hier vor allem um die Identität *des Menschen an sich*, die nicht unbedingt über die Abgrenzung von anderen sozialen (menschlichen) Gruppen konstruiert ist – bzw. *überhaupt nicht konstruiert* ist sondern in und mit der Praxis entsteht. Es geht um den Menschen und seinen Platz als „Person in der Welt" (Lave & Wenger 1992: 52) und bestimmte, damit einhergehende moralische Vorstellungen, die fest an die Handlung und damit verbundene Ebenen wie z.B. die Institutionen geknüpft sind und mit diesen gemeinsam in einem koevolutionären Prozess beständig neu entstehen und ggf. vergehen.

Im Falle der Rentierhalter-Jäger des südlichen Ostsajangebirges beruht diese Identität zutiefst auf dem Ethos der Egalität und des Teilens, weist aber auch eine starke Betonung der Autonomie und der Freiheit auf. Genauso wie die Taiga bzw. Bayan Khangai mit dem Menschen teilt, so müssen auch die Menschen miteinander teilen, sich gegenseitig helfen. Und genau wie die Menschen ihre gegenseitige Autonomie respektieren, so respektieren sie, soweit dies möglich ist, auch die ihrer Tiere. Wie Pedersen treffend analysiert, beruht der Animismus insbesondere auf der Fähigkeit, sich in den Anderen hineinzuversetzen – was wiederum besonders gut funktioniert in einer Gesellschaft, die horizontal und egalitär organisiert ist (2001: 419f). So ist das gesamte animistische Weltbild und die darin eingebettete alltägliche und spirituelle Praxis im Ostsajangebirge, genau wie die Identität des Menschen in ihrem Charakter horizontal und relational – und dabei gleichzeitig eng mit der alltäglichen Praxis in der Taiga verknüpft.

3. ZUSAMMENFASSUNG

In diesem Kapitel wurde der Versuch gewagt, die Rentierhaltung und Jagd im Ostsajangebirge als ein System der Praxis – und nicht etwa als ein sozialökologisches System – zu ordnen und darzustellen. Die Entscheidung für diesen unkonventionellen Weg wurde aus verschiedenen Motivationsgründen gefällt:

Erstens versprach der Ansatz, etwas so komplexes, und gleichzeitig schwammig Definiertes wie eine „Lebensweise" oder „Kultur" als System zu begreifen und darzustellen, eine Lösung des Problems, wie man am Ende deren Verwundbarkeit oder Resilienz besser erfassen und beurteilen kann.

Zweitens ging es darum, den Aspekt und das Prinzip der Praxis in den Vordergrund zu stellen, da hier der in der Tradition von Bourdieu, Giddens, Ortner, Ingold und Anderen stehende Standpunkt vertreten wird, dass Kultur kein a priori gegebenes Ganzes darstellt, das über kulturelle Transmission oder Evolution (im Sinne einer Weitergabe oder Weiterentwicklung von Informationen) am Leben erhalten wird, sondern lediglich durch die Praxis selbst – welche damit sowohl

---

32 Ganz besonders stark ist dies heute in Todzha ausgeprägt (siehe Abschnitt VI 2.3).

Erzeugungsprinzip als auch Produkt einer bestimmten, sich durch die Praxis selbst erhaltenden und gleichzeitig beständig neu entstehenden Lebenswelt ist.

Drittens sollte das zu entwerfende System unbedingt „ontologisch sensibilisiert" sein, was bedeutet, dass mit ihm nicht lediglich das auf der naturalistischen Ontologie beruhende Axiom des kartesischen Weltbildes und des wissenschaftlichen Positivismus reproduziert werden sollte, sondern dass es dazu imstande sein muss, die zu beschreibende Lebenswelt, samt der sie charakterisierenden Mensch-Umwelt-Beziehung, von innen heraus begreifbar zu machen.

So wurde hier ein spezifisches System der Praxis konstruiert, in dessen Zentrum eine hybride Gemeinschaft von menschlichen und nichtmenschlichen Akteuren steht, die in einer bestimmten Praxis der Lebensweise verbunden sind, die wiederum auf einem bestimmten Fundus an Wissen und Fertigkeiten technischer, aber auch kommunikativer und intuitiver Art beruht, die ihrerseits aber nur innerhalb und durch die Aktivitäten dieser spezifischen Lebensweise denkbar sind.

Verbunden sind die Akteure dieses Systems allerdings nicht nur in ökonomischer oder ökologischer Hinsicht, sondern auch auf einer ausgeprägten *sozialen* Ebene, welche hier vor allem auf dem Prinzip des Vertrauens und der Reziprozität beruht, und die innerhalb von verschiedenen Gesellschaftsverträgen durch bestimmte Institutionen geregelt wird. All dies ist wiederum eingebettet in eine bestimmte Weltsicht und ein bestimmtes Ordnungsprinzip – in diesem Fall das der animistischen Ontologie, die die Welt primär in „belebt" und „(wahrscheinlich oder derzeit) unbelebt" einordnet, anstatt in die Kategorien „menschlich" bzw. „natürlich".

Dieses entworfene System der Praxis der Rentierhaltung und Jagd im Ostsajangebirge bildet den Ausgangspunkt für die weitere Untersuchung seiner Entwicklung und Aufspaltung, welche induziert wurde durch die Manifestierung diverser Grenzlinien und Einflussbereiche in der Geschichte der Region, seit etwa dem Beginn des 18. Jahrhunderts, von denen die vorerst letzte die Trennung der Dukha von den Tozhu auslöste. Diese geschichtliche Entwicklung, die einhergeht mit der Entstehung unterschiedlicher Systemumwelten, wird in den folgenden Kapiteln analysiert werden.

III. OSTTUWA UND NORDWEST-KHÖVSGÖL ZWISCHEN ZWEI KOLONIALMÄCHTEN: EINE REGION BEGINNT SICH AUFZUSPALTEN

1. GESCHICHTE BIS ZUM BEGINN DES 18. JAHRHUNDERTS

1.1 Ein kurzer Abriss der bewegten Frühgeschichte des Sajanraumes

Auch vor seiner Kolonisierung durch Russland und Mandschu-China (s.u.) war der Sajanraum über viele Jahrhunderte hinweg keine isolierte Region, in der „die Zeit stillstand". Vielmehr war das gesamte Jenissei-Quellgebiet Schauplatz einer Entwicklung, in der etliche Völker und Kulturen aufeinander trafen, sich bekriegten, miteinander verschmolzen, florierten und teilweise untergingen. Auf diese Weise sind die Wurzeln und die Geschichte der Rentierhalter-Jäger Osttuwas und Nordwest-Khövsgöls „untrennbar verbunden" mit der im Folgenden diskutierten Geschichte der Tuwiner in ihrer Gesamtheit (Wheeler 2000: 12).

    Die ältesten archäologischen Spuren menschlicher Existenz im heutigen Tuwa reichen bis zurück in die Altsteinzeit (vgl.: Vainshtein [1972] 1980: 39). Ebenso existieren Funde aus dem Neolithikum und der Bronzezeit, die, nach Vainshtein (ibid.) jedoch nicht eindeutig einer bestimmten Kultur oder Gruppe zugeordnet werden können. Es scheint allerdings sicher, dass die Ureinwohner der Taigaregion des Ostsajangebirges samojedischer und ketischer Herkunft waren (Vainshtein [1972] 1980: 40) und neben der Jagd möglicherweise schon lange vor der Ankunft von nomadischen Steppenviehhaltern in der Region Rentiere gehalten haben (vgl.: Vainshtein ([1972] 1980: 133). Mänchen-Helfen nahm sogar an, dass die frühen Jäger des Ostsajangebirges evtl. sogar die Erfinder der Rentierhaltung – *und der Haustierhaltung überhaupt* – gewesen sein könnten (vgl.: Mänchen-Helfen 1931: 38ff). Heute hingegen sind manche Wissenschaftler (z.B.: Ingold 1980: 110; Vitebsky 2005: 30f) der Meinung, dass die Idee der Rentierhaltung in der südsibirischen Taiga wahrscheinlich dem Steppenpastoralismus entlehnt wurde. Und dieser Steppenpastoralismus kam im Quellgebiet des Jenisseis spätestens mit den Skythen der sogenannten Kazylgan-Kultur an, was vor allem Relikte aus der Zeit zwischen dem 7. und 3. Jh. v. Chr. belegen (vgl.: Vainshtein [1972] 1980: 39; Grjasnow 1972: 232). Solche Funde gibt es u.a. auch in Todzha, wo einige der normalerweise Steppenvieh haltenden Kazylgan-Skythen offenbar von der Jagd und Fischerei in der Taiga lebten (vgl.: Vainshtein [1972] 1980: 40; Wheeler 2000: 12). Auch in der West- und Nordmongolei, u.a. in der Khövsgöl-Provinz, haben die Skythen ihre Spuren hinterlassen – wie z.B. nahe der heutigen Provinzhauptstadt Mörön, wo die berühmten, behauenen „Hirschsteine" von Uushgiin övör stehen (siehe Abb. 27).

Abb. 27: Rentier- bzw. „Hirschstein" (MON: bugan chuluu) in Uushgiin övör, bildhauerisch bearbeitet wahrscheinlich zwischen 800 und 500 v. Chr. Derartige Steine finden sich an verschiedenen Orten im Altai-Sajan-Raum und anderswo in Südsibirien (vgl.: Vainshtein [1972] 1980: 120; Vitebsky 2005: 6ff; Fitzhugh & Bayarsaikhan 2008). Anders als ähnliche Petroglyphen aus Tuwa und Südsibirien, die ziemlich eindeutig auf Rentieren reitende Menschen zeigen, weisen die Steine von Uushgiin övör nicht unbedingt auf eine frühe Rentierhalterkultur hin, sondern stammen wahrscheinlich von den Skythen, die sowohl als nomadische Viehhalter in der Steppe als auch in der Taigaregion lebten, wo sie jagten und fischten. Uushgiin övör, nahe Mörön, 7. Februar 2014. Fotograf: JE

Die Kazylgan-Skythen wurden im zweiten Jh. v. Chr. von den sich in ganz Zentralasien ausbreitenden Hunnen verdrängt (ibid.). Diese dominierten daraufhin die Region, bis etwa um 500 n. Chr. die ersten Turkvölker einwanderten, und das Jenissei-Quellgebiet unter den Einfluss des mächtigen Türkischen Khanats (551– 744 n.Chr.) geriet (vgl.: Vainshtein [1972] 1980: 40). In der Mitte des achten Jahrhunderts übernahmen dann die Uiguren, die zuvor ebenso Teil dieses frühen zentralasiatischen Großreiches gewesen waren, die Kontrolle über den Sajanraum (vgl.: ibid.; Wheeler 2000: 13). Auch sie vermischten sich mit der einheimischen Bevölkerung, und auch sie wurden nach einiger Zeit von einer anderen türkischen Volksgruppe, den Kirgisen, von der Macht verdrängt: Sie kamen in der Mitte des neunten Jahrhunderts an, schlugen die Uiguren, übernahmen die Macht und verschmolzen daraufhin, nach Vainshtein ([1972] 1980: 41), praktisch vollständig mit den Einheimischen. „Gegen Ende des ersten Jahrtausends" ließen sich die Tuba (wahrscheinlich Verwandte der etwa zwei Jahrhunderte zuvor von den Kirgisen geschlagenen Uiguren) vor allem in der osttuwinischen Taiga nieder, wo sie „einen Teil der sajanischen Stämme unterwarfen, unter ihnen die samojedischer Herkunft" (Vainshtein [1972] 1980: 41, übers. v. JE). Die Tuba waren das letzte Turkvolk, das in die Region an den Quellflüssen des Jenisseis einwanderte, und der dort lebenden Bevölkerung um die Jahrtausendwende herum ihren heutigen Namen gab (vgl.: Vainshtein [1972] 1980: 42) – auch wenn diese später von Mongolen und Chinesen lange als „Uriankhai" (D: *Ureinwohner*, siehe Abschnitt III 2.1) und von den Russen als „Sojoten" (RUS: *Soyoty*) bezeichnet wurden.

1.2 Mongolischer Einfluss

Im Jahr 1207 fielen die Truppen des berühmtesten Kriegsherren der damaligen Zeit, Dschingis Khan, in die Region ein, um die Tuba zu unterwerfen – und beendeten die etwa 800 Jahre währende Dominanz der türkischen Völker. Kurz nachdem er die mongolischen Stämme vereint und sich zum ersten mongolischen Großkhan erhoben hatte, entsandte der Feldherr einen Teil seiner Armee durch das Shishged-Tal in Richtung Westen und brachte nicht nur das Jenissei-Gebiet, sondern auch große Teile Sibiriens, bis hin zur Irtysch-Region, unter seine Kontrolle.

> „Činggis Qaγan sent Jöči with the troops of the right wing on an expedition against the „people of the forest". Jöči brought the Oyirad, Buriyad, Barγun, Orosud, Qabqanas, Tubas, Tümen Kirgis under submission and subjugated the people of the forests from Sibir, Kesdiyin, Bayid, Tuqas, Tenleg, Töeles, Tas and Bajigid to this side." (Bazargür & Enkhbayar 1997: 39)

In den folgenden Jahrhunderten blieb die Region Tuwa eine feste Domäne des gigantischen Mongolenreiches, in der u.a. diverse mongolische Stämme, die zuvor teilweise aus ihren ursprünglichen Territorien vertrieben worden waren, angesiedelt wurden. Auch sie vermischten sich mit der einheimischen Bevölkerung. Diese aber behielt ihre zu jenem Zeitpunkt schon lange etablierte türkische Sprache bei. Vielmehr „turkisierten" (Vainshtein [1972] 1980: 41) sie die mongolischen Einwanderer, welche in den folgenden Jahrhunderten ebenso „zu einem integralen Bestandteil des tuwinischen Volkes" wurden (ibid.).

Selbst nach dem Einsetzen des Zerfalls des mongolischen Großreiches im 16. Jahrhundert blieb der mongolische Einfluss im Gebiet zwischen den Tannu- und den Sajanbergen im Süden, Westen und Norden, und um den Khövsgöl-See im Osten bestehen. Allerdings waren es nicht die vormals dominanten Khalkh sondern die westmongolischen Oiraten (MON: *Oirad*) bzw. Dsungaren, die nun ihre Macht beständig ausbauten (vgl.: Forsyth 1992: 125f). Aber auch diese bildeten keineswegs eine stabile Einheit: In Nordwest-Khövsgöl und der südlich angrenzenden Delger-Region im heutigen Westen des Khövsgöl aimags spalteten sich mit der Zeit die wahrscheinlich ebenfalls ursprünglich oiratischen Khotgoid ab, vermischten sich ethnisch und kulturell mit den Khalkh und gründeten 1694 den *Erdene Düüregch vangiin khoshuu*, der Teil des khalkh-mongolischen *Zasagt Khan aimags* war (vgl.: Nyamaa 2008: 322, 2012: 55; Pürev: 1979: 16).

Etwa ein Jahrhundert zuvor aber war der größte Teil Tuwas unter die Kontrolle des westmongolischen *Altan Khan* gefallen – ein erbitterter Gegner der oiratischen Stämme, welche sich wiederum im Jahr 1634 zum „Dsungarischen Khanat" verbündet hatten (Forsyth 1992: 126). Um diese zu bekämpfen, bot der Altan Khan Ombo Erdene noch im selben Jahr dem russischen Zaren die Gefolgschaft an (Forsyth 1992: 126). Russland hielt zu jener Zeit ohnehin schon seinen Daumen zumindest auf den entlegenen Nordosten Tuwas und Nordwest-Khövsgöl (s.u.). Seine gefährliche Strategie nützte dem Altan Khan auf lange Sicht nicht viel: 1667 wurde er von der dsungarischen Konföderation geschlagen. Praktisch das gesamte Kernland Tuwa wurde Teil des Dsungarischen Khanats, das nun sowohl gegen die Khalkha im Osten als auch Russland im Norden und Westen kämpfte und, nachdem es 1696 in Khalkha zurückgedrängt worden war (s.u.), zu Beginn des 18. Jahrhunderts bis nach Krasnoyarsk vorrückte (ibid.).

1.3 Der Vorstoß der Russen in Südsibirien

Die Truppen des russischen Zarenreichs begannen auf ihrem Eroberungszug durch Sibirien etwa zu Beginn des 17. Jahrhunderts von ihren Forts in Tomsk und Jenisejsk aus nach Süden, in die Altai-Sajanregion vorzustoßen (vgl.: Forsyth 1992: 124f; Korostovetz 1926: 59). Hierzu errichtete man zunächst weitere Forts in der Region (z.B. Krasnoyarsk (1628), später (1661) Irkutsk) von wo aus man Expeditionen in die gefährliche Grenzregion wagte. Im Jahr 1630 kam es bei einem solchen Vorstoß aus Krasnoyarsk in die Ostsajanregion zu heftigen Kämpfen – nicht nur mit den indigenen Einwohnern und versprengten Kirgisen, von denen die Russen Felltribut (RUS: *yasak*) einforderten, sondern vor allem auch mit den untereinander verfeindeten westmongolischen Truppen des Dsungarischen Khanats sowie des Altan Khans, die ebenfalls das Gebiet jeweils für sich beanspruchten und der Bevölkerung Fellsteuern abverlangten (vgl.: Forsyth 1992: 125; Korostovetz 1926: 59). Die russischen Kosaken aber konnten sich bei diesen Kämpfen zunächst durchsetzen und brachten den Nordosten Tuwas zeitweilig unter ihre Kontrolle: Die Todzha-Region als „*Sayan Zemlicza*" des *Uezd* (D: Kreis) Krasnoyarsk (vgl.: Dolgikh 1960: 257; Vainshtein [1972] 1980: 42) und die Khövsgöl-Region als „*Kajsotskaya Zemlicza*" (Dolgikh 1960: 260, 263), deren Einwohner ab 1654 yasak an das Fort Udinsk (das heutige Ulan-Ude), und von 1661 bis 1668 an Irkutsk zahlten. Ab 1676 gingen die wertvollen Felle der Region an das zwischen Irkutsk und dem Khövsgöl-See gelegene Tunkinsker Fort (vgl.: Dolgikh 1960: 260; Potapov 1964: 209).

Russland gab sich allerdings nicht zufrieden mit dem Osten Tuwas, sondern wollte auch den Rest der Altai-Sajanregion unter seine Kontrolle bringen (Forsyth 1992: 125f). Im Jahr 1663 aber wurde eine Truppe von russischen yasak-Eintreibern von den einheimischen Tuwinern „vernichtend geschlagen" (ibid.), was offenbar dazu führte, dass man daraufhin in der Region Vorsicht walten ließ. Stattdessen nahm in Tuwa der Krieg zwischen den verfeindeten Dsungaren und dem Altan Khan wieder an Intensität zu. Nachdem diesen 1667 die Dsungaren für sich entscheiden konnten, drangen sie in den folgenden Jahrzehnten weit in bis dahin von Russland kontrolliertes Territorium vor, belagerten Krasnoyarsk und zerstörten die russischen Forts in der Altai- und Irtysh-Region (Forsyth 1992: 127f). So waren es im ausgehenden 17. Jahrhundert die Dsungaren, die weite Teile Tuwas kontrollierten (vgl.: Vainshtein [1972] 1980: 42; Forsyth 1992: 126f). Lediglich für die Region Nordwest-Khövsgöl und angrenzende Teile Todzhas ist es schwierig zu sagen, wer hier zu jener instabilen Zeit wann jeweils die Kontrolle hatte (vgl.: Wheeler 2000: 24). Es ist möglich, dass die indigene Bevölkerung damals sowohl Steuern an das russische Fort Tunkinsk als auch an die Oiraten und den unter khalkh-mongolischer Kontrolle stehenden Khotgoid-Prinzen des Erdene Düüregch vangiin khoshuus zahlen mussten.

1.4 Mandschu-China übernimmt die Macht

Das Dsungarische Khanat kämpfte nach dem Sieg über den Altan Khan nicht nur gegen Russland, sondern rückte, wie bereits in Abschnitt III 1.2 erwähnt, u.a. auch nach Osten, gegen die sich im Niedergang befindenden Khalkh-Mongolen vor. Der zerfallende Rest des vormals riesigen mongolischen Reiches war nach etlichen Bürgerkriegen und dem Tod des letzten, schwachen Khalkh-Großkhans Ligdan im Jahr 1634 (Bawden [1968] 1989: 23, 46) schon lange nur noch eine „Sammlung von mehr oder weniger unabhängigen, unwichtigen Fürstentümern" (Bawden [1968] 1989: 25, übers. v. JE). Seit Mitte des 16. Jahrhunderts war es de facto aufgeteilt in zuerst vier, später (nach der Niederlage des westmongolischen Altan Khans) drei Provinzen (MON: *aimag*) unter der Führung von untereinander wenig solidarischen Kleinkhanen (Zasagt, Tüsheet und Tsetsen Khan), die nach Bawden ([1968] 1989: 24) keinerlei Interesse an nationaler Einheit zeigten. Sowohl Russland als auch die Dsungaren und die Mandschus (CHIN: *Qing*), eine aufstrebende tungusische Volksgruppe aus der Region des heutigen Nordosten Chinas, die im Jahr 1644 die Ming-Dynastie gestürzt und die Macht über die Han-

Chinesen und das gesamte chinesische Reich, inklusive der fortan als „Innere Mongolei" (MON: *Övör Mongol*) bezeichneten Fürstentümer im Süden und Osten der Mongolei übernommen hatten, setzten Khalkha von allen Seiten her unter Druck. Als in dieser Situation 1688 der dsungarische Herrscher Galdan das zerbrechliche Bündnis der Khalkha-Mongolen überfiel, bat der sich auf der Flucht befindende Tüsheet Khan in seiner Verzweiflung die Mandschus um Aufnahme Khalkhas in ihr Reich, um auf diese Weise einer vernichtenden Niederlage zu entgehen (Bawden [1968] 1989: 75ff). Nach anfänglicher Zurückhaltung, die der Sorge geschuldet war, in den Krieg mit den Dsungaren, deren Macht sich bis nach Tibet ausdehnte, hineingezogen zu werden, nahmen die Mandschus auf der Konferenz von Dolon Nor (Bawden [1968] 1989: 79f) das Angebot an und zogen als Schutzmacht Khalkhas – der „Äußeren Mongolei" (MON: *Ar Mongol*) – in den Krieg gegen Galdan, den sie im Jahr 1696 aus Khalkha zurückdrängen konnten (vgl.: Bawden [1968] 1989: 78f). Lediglich im Westen der heutigen Mongolei („*Altai-Uriankhai*") und in Tuwa, das die Mandschus fortan als „Tannu-Uriankhai"[33] bezeichneten, konnten sich die Dsungaren noch bis 1757 halten (siehe hierzu: Bawden [1968] 1989: 110–124; Wheeler 2000: 31).

2. KOLONIALZEIT

2.1 Tannu-Uriankhai: Spielball zweier Großmächte

„Niemandsland" Tannu-Uriankhai?

Mit der Annexion Khalkhas wurde Mandschu-China für die nächsten rund 200 Jahre Herr über die gesamte Mongolei und stand nun seinem großen geopolitischen Opponenten Russland auch im Baikalraum und der Khövsgöl-Sajan-Region direkt gegenüber – weshalb es nötig wurde, die territorialen Bestrebungen der beiden verbliebenen Großmächte in der Region zu regulieren. Die Grenzen der beiden Reiche waren bereits im August 1689, im Vertrag von Nerkhinsk, erstmals geregelt worden (vgl.: Jackson 1962: 111). Dieser Vertrag bezog sich jedoch nur auf die Amur-Region und die Mandschurei. Den Verlauf der Grenze entlang der Äußeren Mongolei, welche ja offiziell erst ab 1691 zum Qing-Reich gehörte, legte man im Jahr 1727, auf einer mehrmonatigen Konferenz im russischen Grenzort Kyakhta, fest (siehe hierzu: Tseden-Ish 2003: 162–176). Auf dieser Konferenz wurde auch die Grenze Tannu-Uriankhais festgelegt. Allerdings entstand daraufhin im Sajanraum eine merkwürdige Situation, die noch zwei Jahrhunderte später für Spekulationen unter Historikern und Geografen sorgte:

---

33 Oben wurde darauf hingewiesen, dass das Wort Uriankhai (CHIN: Wu-liang-khai (Sanjdorj 1980: 113) bzw. Wu-ninag-kai (Coloo 1976: 59)) schlicht „Ureinwohner" bedeutet (s.o.; Forsyth 1991²: 94). Demnach wurden das tuwinische Grenzgebiet und die Grenzregion Khovd (Altai-Uriankhai bzw. Khovdiin khyazgaar) einfach nach der einheimischen Bevölkerung der Tannu bzw. Altai Gebirge benannt.

Anstatt seine Wachposten entlang einer gemeinsamen Grenzlinie aufzustellen, positionierte Russland seine Grenzsoldaten an den Hauptgipfeln des Sajangebirges, nördlich des Jenisseibeckens, während die Mandschus ihre Jurtenposten (MON: *ger kharuul*) am südlich gelegenen Tannu-ola-Massiv und südlich des Khövsgöl-Sees einrichteten. Dazwischen lag das gesamte Tannu-Uriankhai inklusive der Khövsgöl-Region – ein riesiges Gebiet, das auf diese Weise, z.B. nach der Interpretation von Mänchen-Helfen (1931: 144) und Leimbach (1936: 100) scheinbar zum „Niemandsland" geworden war (siehe Karte 7, Abschnitt I 5.2.1). Mänchen-Helfen (ibid.) erklärte die entstandene Situation damit, dass die Russen offenbar über keine Karten der Region verfügten und deshalb nicht wussten, welches Gebiet ihnen laut Vertrag zustand. Dies scheint allerdings kaum vorstellbar, da Russland schon seit den 1630er Jahren Nordost-Tuwa und die Khövsgöl Region für sich beansprucht hatte und nach mehreren Expeditionen und rund hundert Jahren Erfahrung eine Vorstellung von dessen Geografie haben musste. Todoriki (2009: 4ff) bestätigt heute außerdem, dass Russland spätestens ab 1717 taugliches Kartenmaterial aus der Region besaß. Als sicher kann heute außerdem gelten: Der Kyakhta-Vertrag definierte die Grenzlinie zumindest so genau, dass das fragliche Gebiet weder strittig noch den unterzeichnenden Parteien unbekannt war. Vielmehr war es eindeutig den Mandschus zugeschrieben, die es allerdings vorerst vorzogen, ihre Posten weit südlich der eigentlichen Grenzlinie aufzustellen. Dafür gibt es eine plausible Erklärung: Das Gebiet war zum Zeitpunkt der Vertragsschließung de facto noch immer von den Dsungaren kontrolliert (vgl.: Ewing 1981: 189; vgl. Wheeler 2000: 31). Zwar hatte China schon seit etwa einem Jahrzehnt Tannu-Uriankhai unter seine „*sehr lockere Kontrolle*" (Ewing 1981: 189) gebracht, aber es schien nach wie vor zu gefährlich, hier tatsächlich physisch mehr präsent als unbedingt nötig zu sein. Dem Gebiet wurde wohl ohnehin keine allzu große Priorität beigemessen: Das Mandschureich brauchte seine Soldaten anderswo dringender (ibid.).

Ähnlich ging es allerdings auch dem Russischen Reich, welches anscheinend aus Sorge, die Beziehungen zu China zu gefährden, vorsichtshalber anfangs darauf verzichtete, das Gebiet, das die Mandschus so gefährlich vernachlässigten, für sich zu beanspruchen bzw. zu kolonisieren:

> „[Der obere Jenissei] blieb im Lauf von fast anderthalb Jahrhunderten für die Russen so gut wie verschlossen. Die russische Regierung legte zu großen Wert auf die guten Beziehungen zu den Mandschuherrschern Chinas, um eine peinliche Frage anzuschneiden, insbesondere angesichts der in der Mongolei herrschenden inneren Unruhen und Kriege mit den Dsungaren. Zudem war Rußland mit der Niederwerfung der sibirischen Nomadenstämme, der Kirgisen, Kalmücken, Tartaren, Burjäten u.a. beschäftigt und von den Ereignissen an seiner Westgrenze in Anspruch genommen." (Korostovetz 1926: 193)

Irgendwann begannen schließlich die Mandschus doch damit, nach Tannu-Uriankhai vorzustoßen. Aber selbst nachdem sie die Dsungaren 1757 endgültig aus der Region vertrieben und zwei Jahre später in ihrem gesamten Herrschaftsgebiet vernichtend geschlagen und unterworfen hatten (vgl.: Bawden [1968] 1989: 110–124), zogen sie ihre Grenzposten noch nicht nach Norden um (Ewing 1981: 189). Ewing beschreibt die Haltung der Mandschus zu ihrer Peripherie in Tannu-

Uriankhai zu jener Zeit als „relativ indifferent" (1981: 188): Offenbar gab es kaum eine andere Kolonie im riesigen Mandschureich, in dem die Kolonialherren so wenig präsent waren wie im abgelegenen Tannu-Uriankhai, das, nach Angaben Ewings, wohl so unbedeutend war, dass es sogar in offiziellen Statuten und Dokumenten nur selten Erwähnung fand (ibid.).

Die Interessen der Mandschus

Von Interesse war Tannu-Uriankhai für die Mandschus vor allem zum Eintreiben von Steuern (MAN: *alban*), welche hauptsächlich in Pelzen bezahlt wurden. Eine Steuereinheit betrug drei Zobelfelle, welche aber auch, in einem festgelegten Verhältnis, in anderen Fellen oder gar in Vieh bezahlt werden konnte (vgl.: Vainshtein [1972] 1980: 236; Potapov 1956: 385). Wie viele solcher Einheiten (TUW: *urege*) jeder Haushalt abzugeben hatte, variierte. In der pelztierreichen Region Todzha war die Zahl der geforderten *urege* proportional zur Bevölkerungsdichte offenbar besonders hoch (vgl.: Vainshtein [1972] 1980: 236).

In dieser Hinsicht dürfte sich die Situation für das einfache Volk wohl nicht sonderlich von der der Einwohner Khalkhas unterschieden haben (vgl.: Bawden [1968] 1989: 88). Auch dort litt die Bevölkerung unter der Bürde eines aufgeblähten Apparates, der nicht nur der Bereicherung der verschiedenen Instanzen der Kolonialregierung sondern auch der bestehenden lokalen Aristokratie und des Klerus diente. Zusätzlich zur offiziellen Ausbeutung der Bevölkerung durch die Steuereintreiber litt das tuwinische Volk ebenso unter den verhassten chinesischen Händlern, die aufgrund ihrer quasi-Monopolstellung und ausbeuterischer Praktiken riesige Gewinnspannen erzielten, während das Volk sich immer tiefer bei ihnen verschuldete (vgl.: Potapov 1956: 386, Underdown 1977: 4; Mänchen-Helfen 1931: 145; Ewing 1981: 194f). Außerdem blühte die Korruption auf allen Stufen des Regierungssystems, was die Belastung der Bevölkerung abermals immens erhöhte (vgl.: Vainshtein [1972] 1980: 237; Ewing 1980: 13; Potapov 1956: 385). Wie korrupt das ganze Qing-Kolonialsystem tatsächlich war, wird eindrücklich von Potapov (1956: 385) illustriert, der erwähnt, dass die Tuwiner jedes Jahr eine besondere „Steuer" („*unduryug*") an die Kolonialregierung in Uliastai entrichten mussten, um diese davon abzuhalten, ihre als reguläre Steuern entrichteten Felle als „unbrauchbar" zurückzuweisen.

Kulturell hingegen zeigten sich die Mandschus tolerant und zeichneten sich in fast allen Belangen durch eine ausgeprägte *Laissez-faire* Haltung aus (vgl.: Ewing 1981: 187): Nach Ewings Angaben (1981: 189) betrat ohnehin kaum je ein chinesischer Beamter tuwinisches Territorium (dagegen: Potapov 1956: 385) – wenn überhaupt, schickte der im westmongolischen Uliastai ansässige Militärgouverneur (CHIN: *Chiang-chün*, siehe Abb. 28) höchstens einen seiner mongolischen Untergebenen in die abgelegene Provinz im Nordwesten des Riesenreiches.

Wachsender russischer Einfluss

In Anbetracht dieser Politik und Praxis fiel es Russland wenig schwer, seinen Einfluss in Tuwa heimlich aber beständig auszubauen (vgl.: Forsyth 1992: 227; Ewing 1981: 200ff; Soni 2010: 348). Zunächst begann man im schwach kontrollierten, aber dennoch klar zu China gehörigen Grenzgebiet *yasak* einzutreiben – was dazu führte, dass die Tuwiner im Norden Uriankhais sowohl den Chinesen als auch den Russen Tribut zahlen mussten. Statt glücklichem „Niemandsland" wurde Tuwa zu jener Zeit bald zu einem besonders ausgebeuteten Landstrich (siehe hierzu: Forsysth: 1992: 225). Ab 1838 kamen zudem die ersten russischen Goldsucher, Kaufleute und Siedler hinzu (vgl.: Mänchen-Helfen 1931: 146; Korostovetz 1926: 193), und im Jahr 1860 zwang Russland China einen Vertrag auf, der es dem Land erlaubte, russische Waren zollfrei in die Äußere Mongolei und nach Tannu-Uriankhai einzuführen, woraufhin in Tuwa die ersten russischen Handelsstützpunkte entstanden (vgl.: Mänchen-Helfen 1931: 145; Forsyth 1992: 226f). Obwohl ihnen dieser Vertrag (zumindest bis 1881) lediglich den Handel, nicht aber das Ansiedeln auf chinesischem Territorium gestattete, errichteten die Russen in Uriankhai in den darauf folgenden Jahren zahlreiche Siedlungen (vgl.: Korostovetz 1926: 194) – mit dem Effekt, dass zu Beginn des 20. Jahrhunderts mindestens genauso viele Russen (etwa 64.000) wie Tuwiner im Land lebten und dieses de facto russisches Protektorat war (Forsyth 1991: 227).

2.2 Staat, Klerus und Gesellschaft unter den Qing

2.2.1 Feudale Verwaltungs- und Gesellschaftsstruktur

Während der rund zwei Jahrhunderte andauernden chinesischen Herrschaft verschmolz Tannu-Uriankhai administrativ mit der Äußeren Mongolei (siehe: Sanjdorj 1980: xviii/xix; Pürev 1979: 17). Verwaltet wurde es vom für die westmongolische Region Khovd zuständigen Militärgouverneur (CHIN: *Chiangchün*). Allerdings gab es einen entscheidenden Unterschied zwischen Khalkha und Tannu-Uriankhai: Da letzteres *außerhalb* der Jurtenpostenlinie (siehe Karte 7) lag, wurde es zu einem „*khyazgaar*" (D: Grenzgebiet) erklärt, was im Prinzip einer Art Pufferzone entspricht, in der bestimmte Restriktionen galten: So war es der dortigen, als „*externe Untertanen*" (MON: khariyat) bezeichneten Bevölkerung z.B. nicht gestattet, die Jurtenpostenlinie ins Kernland Khalkha zu überqueren (vgl.: Wheeler 2005: 6; Leimbach 1936: 100).

Interne Verwaltungsstruktur: Tannu-Uriankhai und Khalkha

Tannu-Uriankhai wurde im Laufe der Zeit in neun[34] „Banner" (TUW: *khoshun* bzw. MON: *khoshuu*; heute RUS: *kozhuun*) bzw. Distrikte, vergleichbar mit Grafschaften, aufgeteilt (Todoriki 2009: 10; Potapov 1964: 241). Jeder dieser Banner unterstand einem, vom Chiang-chün eingesetzten, lokalen tuwinischen oder mongolischen Prinzen bzw. Fürsten (CHIN: *tsung-kuan*; TUW: *ukherida* bzw. *daa-noyon*; MON: *zasag darga* oder *van*) (vgl.: Ewing 1981: 187; Vainshtein [1972] 1980: 234f; Potapov 1956: 384f; Tserendorj 2002: 102; Shurkhuu 2011: 2f; Mänchen-Helfen 1931: 144; Underdown 1977: 4; Korostovetz 1926: 56). Die Banner waren wiederum unterteilt – in Produktions- und Militäreinheiten (TUW: *sumun* bzw. *somon* bzw. MON: *sum*) (vgl.: Sanders 2010: 385).[35] Shurkhuu (2011: 2f) zählt in Tannu-Uriankhai 44 solcher sums. Nach Ewing (1981: 185) ist die Zahl der tuwinischen sums unklar, lag aber vermutlich, chinesischen Quellen zufolge, zwischen 36 und 48. Diese sums waren wiederum in *arbans* unterteilt (abgeleitet vom mong. Wort *arvan* = zehn), die aus zehn oder mehr Haushalten bestanden und die kleinsten Verwaltungseinheiten im Staatssystem der Qing bildeten (vgl.: Potapov 1956: 385). Jeder arban lieferte seinem Vorsteher die festgelegten Steuern ab, welche dieser an den Sumvorstand (TUW: *changa*) weiterleitete. Dieser wiederum entrichtete seinen Tribut dem Bannerprinzen, welcher ebenso einen großen Teil seiner Einkünfte an die nächsthöhere Ebene (s.u.) weiterleiten musste (ibid.).

Diese Verwaltungsstruktur entspricht im Prinzip der des damaligen Khalkhas (vgl.: Sanjdorj 1980: 108ff). Allerdings verlief ihre Einrichtung in Tannu-Uriankhai im Gegensatz zu den mongolischen Gebieten, wo khoshuus und sums simultan eingerichtet wurden, offenbar mehr oder weniger unkoordiniert und ist

---

34 Ewing (1981: 185) nennt für das Jahr 1818 fünf tuwinische khoshuus: Oyunnar (bzw. Tannu oder Tesingol), Khemčik (Daa / Gun), Salčak, Todža und Khövsgöl nuur (Khaazut) – Dies entspricht auch den Angaben Todorikis (2009: 10), der sich auf die beiden einzigen erhaltenen Kartenwerke aus der Qing-Dynastie bezieht (2009: 3f) (siehe auch: Korostovetz 1926: 56). Vainshtein ([1972] 1980: 234) hingegen kommt bei seiner Aufzählung auf neun tuwinische khoshuus: *Khaazut, Todja, Salchak, Oyun, Khemchik, Beezi, Da-vana, Nibazy* und *Shalyk*. Diese Zählung entspricht wiederum der Potapovs (1956: 384f; 1964: 241) und Tserendorjs (2002: 100). Tserendorj erklärt, warum die Zahl der tuwinischen khoshuus in der Vergangenheit von verschiedenen Autoren unterschiedlich angegeben wurde: Vier der tuwinischen Banner waren khalkh-mongolischen Prinzen unterstellt (vgl. auch: Shurkhuu 2011: 2f). Dennoch müssen nach Ansicht Tserendorjs auch diese khoshuus, genau wie die der tuwinischen Prinzen (s.o.) zu Tannu-Uriankhai gezählt werden. Wieder andere Autoren (vgl.: Tserendorj 2002: 101) sprechen übrigens von acht khoshuus in Tannu-Uriankhai – was auf die historische Tatsache zurückzuführen ist, dass der Khaazut bzw. Khövsgöl nuur khoshuu (wahrscheinlich) in den 1880er Jahren aus dem Herrschaftsbereich des Amban noyon (siehe oben) austrat (siehe Diskussion Abschnitt III 2.4).

35 Sowohl in Tannu-Uriankhai als auch in Khalkha können die damaligen sums, die an Personengruppen und nicht an Land gebunden waren, nicht mit den heutigen sums der Mongolei (eine Art „Landkreise"), welche dort seit der kommunistischen Verwaltungsreform von 1931 (Sanders 2010: 385) die Banner ersetzt haben, verglichen werden.

extrem lückenhaft dokumentiert und bislang zudem nur unzureichend erforscht (vgl.: Ewing 1981: 185; Shurkhuu 2011: 2). Außerdem gab es im kleinen Tannu-Uriankhai khyazgaar, anders als in Khalkha, keine aimags. Gewissermaßen war das Grenzgebiet selbst eine mit einem aimag vergleichbare Einheit (vgl.: Potapov 1956: 384), allerdings mit den erwähnten Unterschieden: Als khyazgaar war es eine Art externe (und doch dem Reich unterliegende) Pufferzone von vergleichsweise geringer Bedeutung und Hierarchie. Ein aimag aber war eine Provinz des mongolischen Kernlandes, die dem Hochadel des Landes – den nach wie vor existierenden Khanen – unterstand. Diese waren sämtlichen Bannerprinzen in ihrem jeweiligen Herrschaftsbereich übergeordnet und bildeten die höchste mongolische Ebene im Qing-Reich (vgl.: Bawden [1968] 1989: 81). Über ihnen standen nur noch die mandschu-chinesischen Besatzer, also das kaiserliche Herrscherhaus in Peking und die oberste Kolonialbehörde, Li-fan yuan, sowie der chinesische Vizekönig in Urga (dem heutigen Ulaanbaatar) und der Chiang-chün in Uliastai. In Tannu-Uriankhai wiederum wurden ab etwa der Mitte des 18. Jahrhunderts die tuwinischen Prinzen einem weiteren, zwischengeschalteten Vasallenfürsten, dem amban-noyon (auch: *ambyn-noion*) unterstellt (vgl.: Vainshtein [1972] 1980: 235; Potapov 1956: 384).

Kaiser

"Li-fan yuan"
Oberste
Kolonialbehörde, Peking

Vizekönig
in Urga
(zuständig für
Khalkh-Gebiete,
Zentral- und
Ostmongolei)

"Chiang-chün"
(Militärgouverneur)
in Uliastai
(zuständig für
Westmongolei &
Uriankhai-Gebiete)

Aimagregierungen (vier **"Khaane"** (Hochadel))
(Äquivalent inTannu-Uriankhai ist **"amban noyon"**)

Lokalprinzen
• auf Banner-Ebene (Khalkha: **"zasags"**,Tannu-Uriankhai **"ukherida"**)
• auf sum-Ebene (adelige Militärführer)

Nicht-adlige, männliche Bevölkerung, unterteilt in 3 Gruppen:

1. **"Staat-Araten"** gehören dem Banner bzw. Staat, dienen z.B. im Militär oder Grenzschutz

2. **Leibeigene:**
a) **"khamjilaga"** gehören Adeligen
b) **"shavi"** gehören dem Klerus

3. **Lamas**
(in Klöstern organisiert)

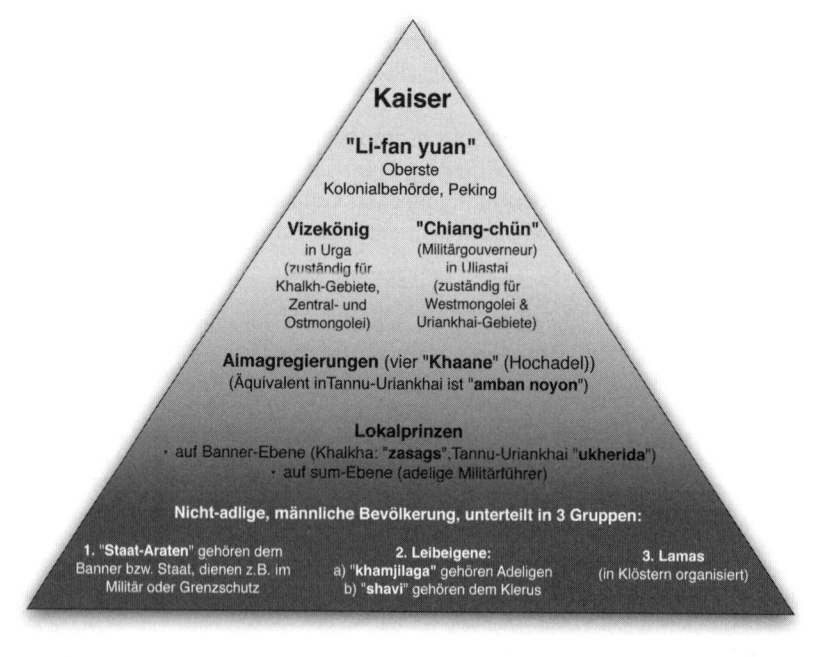

Abb. 28: *Die feudale Gesellschaftsstruktur Khalkhas und Uriankhais während der Qing-Dynastie. Quellen: Ewing 1981: 187; 1980: 7-10; Bawden [1968] 1989: 81-94; Vainshtein [1972] 1980: 234f; Potapov 1956: 384; Sanjdorj 1980: 108f. Konzeption und Gestaltung: JE*

Am Boden der Pyramide

Die nicht-adlige (männliche) Bevölkerung, welche auf der untersten Stufe der Kolonialpyramide eingeordnet war, kann vorwiegend in drei Klassen eingeteilt werden: Dies waren zum einen die „*Staat-Araten*" (MON: *albat ard*), welche direkt dem Reich unterstanden und vorwiegend in der Armee oder im Grenzschutz (z.B. in den ger kharuuls) dienten. Sie waren keinem Lokalprinzen unterstellt, was sie von der großen Gruppe der *leibeigenen Araten* unterscheidet. Diese wiederum können in zwei Untergruppen eingeteilt werden: Die *khamjilaga*, die dem normalen Adel (also z.B. einem Bannerprinzen) unterstellt waren und die *shavi*, welche dem buddhistischen Klerus gehörten und Tribut zollten, aber von der Steuer- und Militärpflicht gegenüber dem Staat bzw. den Bannerprinzen befreit waren (vgl.: Bat-Ochir Bold 2001: 143).

Letztlich gab es auch noch die große Gruppe der Lamas (MON: *lam*). Diese buddhistischen Mönche waren in Klöstern organisiert und wurden auch als *lam-shavi* bezeichnet (vgl.: Bat-Ochir Bold 2001: 143). Auch sie waren dem höheren Klerus unterstellt. Aber dennoch dürfen sie nicht mit den gewöhnlichen *khar-shavi* (s.o.) – die ebenso wie die khamjilaga normale, produzierende Araten waren – verwechselt werden. Die Lamas waren nicht an der Produktion beteiligt und mussten von der normalen nomadischen Bevölkerung, vor allem den khar-shavi, mitversorgt werden. Obwohl die Kolonialregierung schon im Jahr 1657 ein Gesetz erlassen hatte, das die Zahl der Lamas auf 40 pro khoshuu begrenzte, wuchs ihre Zahl in der Mongolei in den folgenden zwei Jahrhunderten massiv an (vgl.: Bat-Ochir Bold 2001: 143f).

2.2.2 Staat im Staat: Der buddhistische Klerus und seine Untergebenen

Aus den obigen Ausführungen wird ersichtlich, dass während der Mandschuperiode neben dem eigentlichen feudalen Staat in Khalkha und Tannu-Uriankhai eine klerikale Parallelstruktur existierte: Auch die lamaistisch-buddhistische Kirche unter der Führung des Javzandamba Khutagt[36] war integriert im Kolonialsystem der Qing (vgl.: Ewing 1980: 11). Die Kolonialmacht unterstützte die buddhistische Kirche durch Geld, den Bau von Klöstern und andere Dienstleistungen und sicherte sich dadurch über lange Zeit hinweg die Unterstützung dieser mächtigen Institution, von der die Mandschus wussten, welchen enormen Einfluss sie auf die mongolische Bevölkerung hatte (vgl.: Bat-Ochir Bold 2001: 14).

---

36 Alternative, häufig gebrauchte Transliterationsweisen: *Jibzundamba, Jivzundamba, Jebtsundamba Khutagt* bzw. *khutag, Khutuktu* oder *khutughtu*. Der Name kommt ursprünglich aus dem Tibetischen. Ähnlich wie auch der tibetische Dalai Lama wird im Glauben der mongolischen Buddhisten der Javzandamba Khutagt stets wiedergeboren. Bis zum Tod des letzten Javzandamba Khutagt (1924) gab es sieben Reinkarnationen des ersten mongolischen Buddhistenführers Zanabazar. Als 1929 die Suche nach weiteren Reinkarnationen von der kommunistischen Partei verboten worden war, wurde der neunte Javzandamba Khutagt in Tibet identifiziert.

Die wichtigste Einkommensquelle des Klerus aber waren die khar-shavi, die leibeigenen Araten des Klerus, welche den khutagts – und besonders dem mächtigen Javzandamba Khutagt – einen riesigen Reichtum bescherten, der ihn ökonomisch und in gewisser Hinsicht auch politisch auf eine Stufe mit dem Hochadel der Aimagregierungen, den vier Khanen, stellte (vgl.: Bawden 1968: 69). Dem Kirchenoberhaupt und seiner Behörde, dem shavi yamen, unterstanden allein im Jahr 1825 schon 111.466 khar- und lam-shavis, was ihn zu einem der mächtigsten Männer im Lande machte (Bawden [1968] 1989: 69; Bat-Ochir Bold 2001: 144).

Die Darkhad-shavi

Unter diesen shavi befand sich eine Gruppe, die in diesem Buch keine unwichtige Rolle spielt: Die Darkhad. Sie bildeten bis etwa 1686, als sie dem Javzandamba Khutagt als Schutzbefohlene unterstellt wurden, noch keine zusammenhängende Gruppe, sondern waren lediglich tuwinische Nomaden gemischter Herkunft, die erst daraufhin zu den „Darkhad" (D: *Privilegierte*) wurden (vgl.: Wheeler 2000: 25f; Potapov 1964: 248; Leimbach 1936: 100; Dolgikh 1960: 263; Sanders 2010: 193):

> „The Darqad are called Darqad for the following (reason): Once, because a certain noble called Deleg Noyan and his wife Dejid Aqai jointly presented their subjects and their own persons to the Öndör Gegen, and because (as a result of that) they became ‚privileged' commoners independent (of their previous lords), having (thus) been made ‚privileged', they were called Darqad and became the hereditary lay subjects of the Jibjundamba Qutugtus." (Čeveng [1934] 1991: 65; Klammern im aus dem Mongolischen übersetzten engl. Originaltext)

Wie es scheint, wurde dem mongolischen Buddhistenführer bei dieser Gelegenheit nicht nur diese Personengruppe übergeben, sondern ein großes Stück Land, westlich des Khövsgöl-Sees, gleichermaßen dazu (vgl.: Sanders 2010: 194; Sanjdorj 1980: xviii/xix; Wheeler 2000: 25). Hierbei handelte es sich um einen außergewöhnlichen Sonderfall: Laut Bawden ([1968] 1989: 69) und Korostovetz (1926: 57) war dies das *einzige* Territorium im Gesamtbesitz (*ikh shavi*) des mächtigen Javzandamba Khutagts. Andernorts lebten und wirtschafteten die shavi stets auf den Ländereien nicht klerikaler Bannerprinzen, was immer wieder für Konflikte sorgte (vgl.: Bawden [1968] 1989: 14; Bat-Ochit Bold 2001: 143).[37]

---

37 Nicht nur in dieser Hinsicht war das Geschenk des Deleg Noyan bemerkenswert. Wie bereits oben diskutiert wurde, war die territoriale Situation in Nordwest-Khövsgöl zu jener Zeit keineswegs klar. Die Spannungen mit den Dsungaren, die kurz vor ihrem schicksalhaften Angriff auf Khalkha standen, waren groß (s.o.), und Russland beanspruchte höchstwahrscheinlich weite Teile der nördlichen Khövsgöl-Region als Kajsotskaya Zemlitsa. Heute ist es natürlich nur schwer vorstellbar, wie einem mongolischen Kirchenfürsten einfach eine Region überschrieben werden konnte, die zeitgleich vom Russischen Reich beansprucht wurde. Aber die chaotische Situation der damaligen Umbruchsphase kann sicher nicht anhand heutiger Maßstäbe gemessen werden. So ist es z.B. durchaus fraglich, ob der russische Hoheitsanspruch an die Khövsgöl-Region damals überhaupt ernsthaft verfochten wurde (Todoriki 2011, pers. Kommunikation). Dies lässt sich auch aus einer Textstelle Dolgikhs heraus interpretie-

Aus den historischen Quellen geht leider nicht eindeutig hervor, ob auch die damaligen Rentierhalter-Jäger der Region zu Leibeigenen des Javzandamba Khutagt wurden. Das Territorium der Darkhad-shavi erstreckte sich, soweit dies aus dem verfügbaren Kartenmaterial (vgl. z.B.: Todoriki 2009: 23, 28; Sanjdorj 1980: xviii/xix; Bawden [1968] 1989: 448; Pürev 1979: 20) ersichtlich wird, auch auf Teile der heutigen Weide- und Jagdgebiete der Dukha, die vermutlich auch schon damals von den Rentierhalter-Jägern der Region genutzt wurden. So finden sich in den Akten des shavi yamen auch Einträge aus den Jahren 1764 und 1821, nach denen sich unter den 120.079 bzw. 127.212 Tieren des Darkhad *shavis* auch 67 bzw. 62 Rentiere befanden (Wheeler 2000: 37). Diese Zahl ist jedoch so gering, dass sich daraus nur schließen lässt, dass die meisten Rentierhalter-Jäger der Region damals entweder nicht offiziell als Untergebene des Javzandamba khutagt registriert waren oder in die nach 1755 gegründeten tuwinischen Banner, wie etwa den Todzha-, Salchak-, oder Khaazut khoshuu (siehe nächster Abschnitt) integriert wurden (vgl.: Wheeler 2000: 34, 36). Möglicherweise waren sie auch, zumindest in der Anfangszeit, Russland tributpflichtig.

ren, in der erwähnt wird, dass „zur Festigung der Zugehörigkeit der Kajsotskaja Zemlicza zu Russland (...) [*erst*] um 1717 ein Fort am Nordufer des Kosogol errichtet [wurde], das später [*wahrscheinlich nach Abschluss des Kyakhta-Vertrages*] wieder verlassen wurde, um die Beziehungen zu China nicht zuzuspitzen" (1960: 263, Übers. u. Anm. v. JE).

Textbox 6: Das „Darkhad-Paradox"

Die Darkhad nehmen in der Mongolei einen besonderen Platz ein: Während sie als mongolisch sprechende „Steppenleute" aus Perspektive der tuwinischen Rentierhalter-Jäger der mongolischen Bevölkerungsmehrheit der Khalkh kulturell vergleichsweise nahe stehen (und aus ihrer Sicht sogar das symbolträchtige nationale Leitmodell des nomadischen Steppenviehhalters in vollem Umfang repräsentieren), gelten die Darkhad für die Khalkh wiederum als ethnische, kulturelle und geografische Randgruppe, die mit vielen Stereotypen belegt ist: So gelten die Bewohner des kalten, rauen und einsamen Nordens des Landes am Rande der Taiga zum Beispiel als besonders „wild" und „raubeinig", arm und wenig kultiviert (siehe: Pedersen 2011: 117ff). Tatsächlich wird sogar von nicht wenigen Mongolen geglaubt, dass die Darkhad *Rentierzüchter*, und deswegen gar keine „echten Mongolen" wären (ibid.). Neben diesen Stereotypen haben die Darkhad (wie auch die Dukha) aber auch einen ganz konkreten und besonders prominenten Ruf als extrem potente Schamanen mit außergewöhnlichen Fähigkeiten – der sie für so manchen Mongolen zu einer unheimlichen und sogar gefürchteten Bevölkerungsgruppe macht. Nordwest-Khövsgöl gilt somit Vielen als ein „dunkles Land" (Pedersen 2011: 118), in dem stets größte Vorsicht angebracht ist.

Umso überraschender ist es, dass gerade diese Darkhad die Nachfahren von Leibeigenen des buddhistischen Klerus sind, der hier Jahrhunderte lang mit aller Kraft versuchte, die „schwarze Religion" (MON: *khar shashin*) zu bekämpfen (das *„Darkhad-Paradox"* (Pedersen 2011: 146)): Schon 1757 wurde hier das erste bedeutende buddhistische Kloster (*Zöölön Khüree*) gebaut – mit dem Ziel die spirituellen Kräfte des wilden Landes zu bannen, die Bevölkerung zu bekehren und die Macht der Schamanen zu brechen. In der Steppenzone des Darkhad-Tals ist dieses Vorhaben offenbar weitgehend gelungen: Seit Langem gilt das offene und ebene Steppenhochtal als eine „domestizierte" Zone, ein sicherer „Mikrokosmos" (ibid.), den viele Steppenbewohner die meiste Zeit über nicht verlassen. Aber die Randzonen dieses Gebiets – und ganz besonders die Taiga, die das Darkhad-Tal von fast allen Seiten her umschlingt – gilt nach wie vor als die unberechenbarste und spirituell potenteste (und in dieser Hinsicht wahrscheinlich auch gefährlichste) Zone des Landes (Pedersen 2011: 118, 127f). Dieser Zustand ist, nach Pedersen (ibid.), das Produkt eines über Jahrhunderte geführten, okkulten Kampfes zwischen Schamanen und dem buddhistischen Klerus, den letzterer niemals gewinnen konnte, in dem aber die „schwarze Seite" von der „gelben" (*buddhistischen*) mehr und mehr in die Taiga gedrängt wurde und sich dort umso fester etablierte. Der Kampf wurde indes durch eine dritte Partei entschieden: In den 1930er Jahren wurden die Lamas in Nordwest-Khövsgöl (wie überall im Land) von den Kommunisten erbarmungslos verfolgt und alle Klöster der Region vernichtet. Auch die Schamanen wurden von der kommunistischen Regierung, genau wie in der Sowjetunion, als subversive und gefährliche Elemente verfolgt und verhaftet. Aber das Schamanentum war als dezentraleres, unorganisiertes Element viel schwerer fassbar, überlebte und begann hier nach dem Ende der Repression wieder aufzublühen. So gilt Nordwest-Khövsgöl heute wieder (*oder nach wie vor?*) als eine, wenn nicht sogar *die* Hochburg des mongolischen Schamanentums.

2.3 Die Loslösung der Khövsgöl Region von Tannu-Uriankhai

Als nach dem Kyakhtavertrag 1727 und dem Sieg der Qing über die Dsungaren von 1755 die gesamte Region Tuwa inklusive der Khövsgöl-Region als *Tannu-Uriankhai khyazgaar* unter mandschu-chinesische Herrschaft gebracht worden war, wurde das Gebiet, wie bereits oben erwähnt, von den neuen Kolonialherren in neun khoshuus (Banner) unterteilt (vgl.: Tserendorj 2002). Diese khoshuus wurden ab etwa Mitte des 18. Jahrhunderts dem amban noyon (s.o.) unterstellt. Einer der Prinzen der khoshuus allerdings, Zalan Gurgemjav, setzte (wahrscheinlich)[38] im Jahr 1872 beim Chiang-chün erfolgreich durch, dass sein Banner, der in der Literatur stets entweder als „*Khaazut*" oder „*Khövsgöl nuur khoshuu*" bezeichnet wird, von dieser Regelung ausgeschlossen und direkt dem Militärgouverneur in Uliastai unterstellt wurde (vgl.: Shurkhuu 2011: 4). Vergleicht man das Verhältnis zwischen Bannern und khyazgaar im Tannu-Uriankhai Grenzgebiet mit dem zwischen Bannern und aimags in Khalkha, lässt sich jenes Ereignis durchaus dahingehend interpretieren, dass damit der Khövsgöl nuur bzw. Khaazut Banner aus dem Gesamtverband des Tannu-Uriankhai khyazgaars „austrat" und eine eigene, diesem gleichgestellte Ebene in der Hierarchie des Qing Reiches bildete. So wurde die Region auch fortan als *Khövsgöl-Uriankhai khyazgaar* geführt.

Spekulationen zur Lage und Ausdehnung des Khaazut bzw. Khövsgöl nuur khoshuus

Nach Vainshteins Beschreibung umfasste der *Khaazut khoshuu* mehr oder weniger genau das Gebiet der heutigen Dukha und Darkhad, vom Khövsgöl-See im Osten bis zur „Umgebung des Shishkit [Shishged] Flusses im Westen" ([1972] 1980: 255/FN2, übers. v. JE). Dies deckt sich mit den Angaben Dolgikhs (1960: 63) und Potapovs (1964: 208) zur ungefähren Lage der vormals russischen Kajsotskaya Zemlicza (s.o.). Die Khaazut, bzw. – russisch – „Kajsoty", sind tatsäch-

---

38 Ewing (1981: 187) nennt „die zweite Hälfte des neunzehnten Jahrhunderts" bzw. „wahrscheinlich" die 1880er Jahre als den ungefähren Zeitpunkt des Beginns des Sonderstatus des „Khövsgöl nuur khoshuns". Shurkhuu (2011: 4) und Tserendorj (2002: 103) hingegen identifizieren das Jahr 1872, während Vainshtein ([1972] 1980: 235) das Jahr 1787 erwähnt. Sanders wiederum spricht von 1760 (2010: 389). Zwischen der frühesten und der spätesten dieser Angaben liegen immerhin etwa 120 Jahre! Die Tatsache allerdings, dass die offenbar einzig erhaltenen Original-Kartendokumente aus der fraglichen Zeit, der Da-Qing yi-tong yu-tu (D: „Der komplette Atlas des Qing Reiches") aus dem Jahr 1863 und der 1818 erschienene Da-Qing hui-dian-tu (D: „Bilderbuch des Qing Reiches des Kaisers Jia-Qing") (vgl.: Todoriki 2009), beide keinen Khövsgöl-Uriankhai khyazgaar erwähnen, ist ein sehr schlagkräftiges Argument dafür, dass Shurkhuu oder Ewings Angaben von einer Loslösung des Khövsgöl bzw. Khaazut Banners 1872 bzw. in den 1880er Jahren korrekt sind. Sanders Angabe (1760) bezieht sich vermutlich auf die Gründung des Khövsgöl nuur *khoshuus*, aus dem der spätere khyazgaar aller Wahrscheinlichkeit nach hervorgegangen ist. Dieser könnte tatsächlich um das Jahr 1760 herum gegründet worden sein, zur Zeit der Neu-Organisation Tannu-Uriankhais nach der Zerschlagung des Dsungarenreiches.

lich ein osttuwinischer Clan, aus dem vermutlich die heutigen Sojoten und Teile der Dukha hervorgegangen sind (vgl. Dolgikh 1960: 272f; Vainshtein [1972] 1980: 43; Donahoe 2004: 93; Wheeler 2000: 20f; siehe auch Abschnitt I 1.2). Hiernach wäre der Khaazut khoshuu der mandschu-chinesische Nachfolger der Kajsotskaya Zemlicza gewesen und müsste (wenn er überhaupt klar definierte Grenzen hatte) in der Region Nordwest-Khövsgöl gelegen haben.

Der mongolische Autor Čeveng lokalisiert den Banner der „Qašud Uriangqai" ([1934] 1991: 62), den *„Köbsögöl-ün Qasud Qosigu"*, hingegen *östlich* des Khövsgöl-Sees ([1934] 1991: 73f), im Gebiet des *Üür gol*, genau wie Chang Chi-yun (1964). Obwohl dort tatsächlich eine tuwinische Bevölkerungsgruppe lebt (siehe Diószegi 1961: 196f), müssen Čevengs Äußerungen allerdings mit größter Vorsicht betrachtet werden, da der Autor bei seiner Beschreibung dieser Gruppe *östlich* des Khövsgöl-Sees, den *„Qašud Uriangqai"*, u.a. auch von in mit Rentierfellen bedeckten Khövsgöl-Uriankhai Spitzzelten lebenden „Soyod Uriankhai" – offenbar den Dukha – spricht ([1934] 1991: 74). Deren angestammtes Gebiet aber liegt heute wie in der Vergangenheit, soweit historisch belegt, *westlich* und *nordwestlich* des Khövsgöl-Sees[39], auf beiden Seiten der heutigen mongolisch-russischen Grenze und nicht in der Üür-Region (siehe auch: Carruthers [1914] 2009: 123). Dass es sich bei den Ausführungen Čevengs um eine Verwechslung handeln muss, zeigt auch die Tatsache, dass die östlich des Khövsgöl-Sees lebenden Uriankhai den Dialekt der Steppentuwiner – der sich von dem der Taigabewohner unterscheidet – sprechen (vgl.: Todoriki 2010: 96).

Nach beiden Autoren, Vainshtein und Čeveng, hätte der Khaazut bzw. Khövsgöl nuur *khoshuu* also jeweils nur (verschiedene) Teile des gesamten Khövsgöl-Uriankhai khyazgaars abgedeckt. Nach Ansicht jüngerer Wissenschaftler (z.B. Shurkhuu 2011: 4f, Tserendorj 2002: 103; Todoriki, pers. Kommunikation) aber war jener Banner identisch mit dem späteren *khyazgaar*. Vor allem Shurkhuu (2011: 5) spricht ganz eindeutig davon, dass durch die Ablösung des Khövsgöl khoshuus dort eine „Eigenregierung" („*self-rule*") entstand und die Region dadurch vom Territorium Tannu-Uriankhais abgespalten wurde.

Fazit: Die Abkopplung der Khövsgöl-Uriankhai Region

Nach intensiver Auswertung der oben diskutierten Literatur und des verfügbaren Kartenmaterials, scheint die eingangs getroffene Hypothese immer noch die einzig logische Erklärung, wie und warum sich die Khövsgöl Region während der Qing Herrschaft vom Stammland Tuwa bzw. Tannu-Uriankhai abgekoppelt hat. Die Abspaltung des Khövsgöl nuur bzw. Khaazut khoshuus muss das letztlich ausschlaggebende Ereignis gewesen sein, in Folge dessen die Gesamtregion Khövsgöl ein eigener khyazgaar wurde, der fortan immer stärker in die Umlaufbahn der Mongolei geriet – bis er mit dieser im Jahr 1912 verschmolz. Eine weite-

---

39 Čeveng selbst räumt ein, dass ihm keine verlässlichen Daten für die Region vorlagen, da zu seiner Zeit schlichtweg keine Forscher in dem Gebiet Erhebungen gemacht hatten (ibid.).

re wichtige Rolle in diesem Prozess hat wohl auch die Tatsache gespielt, dass mit dem schon lange vor der Entstehung des Khövsgöl-Uriankhai khyazgaars eingerichteten Darkhad shavi schon ein nicht geringer Teil des Gesamtgebietes fest in der Hand eines der wichtigsten und mächtigsten Männer der Mongolei war.

Diese Rückschlüsse sind im Rahmen dieser Arbeit sehr wichtig, da zu jener Zeit ein Prozess begann, der mit der Trennung der Dukha von den Tozhu, die heute in zwei verschiedenen Staaten leben, endete. Erstmals bildete sich hier eine Art „Grenzlinie" im historisch von tuwinischen Rentierhalter-Jägern besiedelten Gebiet heraus. Anfangs wird diese Linie im Leben der Taigabewohner noch kaum eine Rolle gespielt haben – sie ordnete sie allenthalben verschiedenen Bannerprinzen, eventuell auch dem Javzandamba Khutagt zu, denen sie tributpflichtig waren. Auch nach Wheelers wenigen Informanten, die zum Zeitpunkt seiner Feldforschungen noch über die fragliche Zeit Bescheid wussten, nomadisierten die Rentierhalter-Jäger der heutigen Grenzregion Osttuwa/Nordwest-Khövsgöl zu jener Zeit in verschiedenen khoshuus, von denen einer höchstwahrscheinlich der Todzha Banner war, der andere vermutlich der Khaazut (vgl.: Potapov 1964: 209) und ein weiterer der südlich angrenzende khoshuu des Prinzen Erdene Düüregch (Mong: *Erdene Düüregch vangiin khoshuu*) gewesen sein könnte (ibid.). Selbst nach der Abspaltung des Khövsgöl nuur khyazgaars vom Tannu-Uriankhai khyazgaar dürfte sich das Leben der Rentierhalter und Jäger der Region kaum verändert haben. Sie zahlten weiterhin ihren Tribut an Zobelfellen und Rentiergeweihen an ihren jeweiligen Prinzen, bewegten sich aber vermutlich frei zwischen verschiedenen Bannern und Territorien hin und her. Dennoch wurden genau zu jener Zeit die Weichen gestellt, die die spätere nationale Zugehörigkeit ihrer jeweiligen Region bestimmte und damit die Richtung der Entwicklung ihrer Nachfahren maßgeblich beeinflusste.

2.4 Das Leben der Sajan-Rentierhalter während der Qing-Dynastie

Erste Phase der ethnischen Differenzierung: Die Trennung der nördlichen und südlichen Gruppen

Im Unterschied zur oben beschriebenen, *internen* Grenze zwischen den Khövsgöl-Uriankhai und Tannu-Uriankhai Grenzregionen, muss sich die im Jahr 1727 gezogene und sich in den folgenden Jahren manifestierende (s.o.) *internationale* russisch-chinesische Grenze schon sehr früh dramatisch auf die damaligen Rentierhalter-Jäger des Ostsajanraumes ausgewirkt haben. Sie teilte die bis zu diesem Zeitpunkt wahrscheinlich mehr oder weniger homogenen, wenn auch in verschiedenen Clans organisierten Vorfahren der heutigen Todzha und Dukha einerseits, sowie die Sojoten und Tofa andererseits, erstmals in zwei geografisch voneinander getrennte Gruppen: Die Bewohner der südlichen, nunmehr chinesischen Gebiete, und die der Russland zugeschriebenen Nordhänge des Ostsajangebirges und des Quellgebietes der Oka und Belaya.

Donahoe (2004: 107) verweist in diesem Zusammenhang darauf, dass schon in den Kyakhta-Verträgen von 1727 (s.o.) betont wurde, dass die nomadische Bevölkerung im gesamten russisch-chinesischen Grenzgebiet davon abzuhalten sei, bei ihren Wanderungen ins jeweils andere Hoheitsgebiet hinüber zu wechseln (siehe auch: Tseden-Ish 2003: 165; Forsyth 1992: 99). Auch wenn davon ausgegangen werden kann, dass das abgelegene Grenzgebiet im schwer zugänglichen Ostsajangebirge viel weniger kontrolliert wurde als andere Teile der Grenze, so muss nach Donahoe (2004: 107) die Einrichtung dieser Grenze das ausschlaggebende Ereignis für die sich allmählich manifestierende Trennung der Sojoten und Tofa von den südlich der Grenze lebenden Tozhu und Dukha gewesen sein (siehe auch: Potapov 1956: 384; Forsyth 1992: 225). Für Forsyth war allerdings weniger die neu entstandene Grenze *an sich* ausschlaggebend für die ethnische Differenzierung der ostsajanischen Rentierhalter-Jäger. Seiner Meinung nach sind die nördlichen Gruppen überhaupt erst *entstanden*, weil Teile der tuwinischen Bevölkerung vor den Zuständen im von zwei Mächten beanspruchten Uriankhai nach Norden geflohen sind:

> „(...) the Chinese government required fur-tribute from its Uriyangkhai subjects, just as the Russians did. In Northern Tuva the clans who had formerly roamed freely on both sides of the Sayan mountains now found themselves being forced to give *yasak* to two masters, and in order to escape from this situation they moved out of the frontier area. Some moved South to join other Chinese subjects in the upper Yenisey basin, while others found themselves on the Russian side of the border – either to the West of Tuva in the Abakan valley, where they merged with Beltir clans, or to the east, where they formed a small self-contained community of hunters and reindeer herders. The latter, known to the Russians as the Karagas, and later the Tofalar (i.e. Tubalar) were much oppressed and exploited by the Russians and Buryat Mongols of Irkutsk province, and by the late nineteenth century were reduced to a very low level of existence based on dwindling reindeer herds and shrinking hunting grounds." (Forsyth 1992: 225)

Demnach wären die Tofa eher als Flüchtlinge in ihre heutigen nördlichen Gebiete *eingewandert* – und nicht, dort ohnehin schon lebend, durch die Schaffung einer mehr oder weniger undurchlässigen Grenze vom Rest der ostsajanischen Rentierhalter-Jäger abgeschnitten worden. So oder so bleibt letztlich aber die Grenzziehung von 1727 der ausschlaggebende Faktor für deren räumliche Trennung sowie ihre sich daraufhin einstellende langsam entwickelnde ethnische Differenzierung.

Die Lage in den russischen Gebieten: Ausbeutung und Niedergang der Tofa

Aber auch im russisch kontrollierten Norden der Ostsajanberge ging es den Tofa und den Sojoten schlecht: Hier wurde die Kolonisierung und Ausbeutung der indigenen Bevölkerung nach 1727 mit großem Eifer und teils massiver Brutalität vorangetrieben, was nach Ansicht verschiedener Autoren (z.B. Donahoe 2004: 108; Forsyth 1992: 225) über die Jahrhunderte hinweg zu einer sehr negativ verlaufenden Entwicklung und der kulturellen Assimilation der Sojoten und der Tofa geführt hat. Besonders die Tofa wurden durch die immer weiter vorrückenden, brutal vorgehenden Steuereintreiber des Zaren mehr und mehr in die Berge zurückgedrängt und verloren so einen Großteil ihres Territoriums (vgl.: Donahoe 2004: 154) und damit ihrer Lebensgrundlage. Gleichzeitig wurden aber die Forderungen nach *yasak* immer höher:

> „The Tofalars, like the other Siberian peoples, were made to pay the fur-tax. The tax was reckoned in sables and imposed „per gun," i.e., on each person who hunted as a livelihood. Tofalars between the ages of 18 and 60 had to pay the tax. It was the same for everybody, regardless of the size of the household, and therefore corresponded to the nominal and not the actual size of the hunters. For example, in 1889 the Tofalars paid for 248 „hunters" (...), while there were actually only 103 hunters at that time. The high rate of the tax, the low rated value of the sable (2 to 2–1/2 times less than the market price), and countless other dues had a ruinous effect on the working Tofalars. This was further aggravated by extortion on the part of the Karagasniks (merchants trading with the Karagasys) who infiltrated into the taiga, made the hunters drunk, and obtained their catch for a song." (Sergeyev 1956: 474)

Die Lage in China: Unterschiedliche Situationen in der Khövsgöl-Grenzregion und Tannu-Uriankhai

Diese Ausführungen bezüglich der Tofa, aber auch die Schriften praktisch aller Autoren über die schlimme Situation der Bevölkerung in den meisten Teilen Tannu-Uriankhais (siehe z.B.: Vainshtein [1972] 1980: 236; Potapov 1956: 385ff Underdown 1977: 4; Ewing 1981: 209), stehen in einem starken Kontrast zur Lage der Rentierhalter-Jäger im isolierten Osten Tuwas und der Region Nordwest-Khövsgöl, welche offenbar verhältnismäßig gut gewesen sein soll (siehe z.B.: Wheeler 2000: 37; Ewing 1981: 187 und Donahoe 2004: 108; 197f):

> „One Dukha elder stated that the Dukha and Darkhad trade relations during the Qing period were such that both groups served as intermediary links between other Mongols and Tuvans. The Dukha would hunt during the winter and barter with Darkhads and Buryats in spring by setting up a sort of trade depot of teepees where the taiga meets the steppe. Supposedly, the value of one sable pelt or half a rack of reindeer antlers was enough to procure a horse which would in turn be taken up a well-trod path through the Tengis River pass and sold to the Eastern Tuvans. Because of this type of trade, a fair amount of wealth was to be found among the Dukha at this time." (Wheeler 2000: 37)

Wodurch lässt sich diese auffallende Diskrepanz erklären? Liegt es am Sonderstatus der Region, die ja, wie oben beschrieben, vermutlich ab der zweiten Hälfte des 19. Jahrhunderts unmittelbar dem Chiang-chün in Uliastai und nicht dem zwischengeschalteten tuwinischen amban-noyon unterstellt war? Ohne diesen fiel zwar im Khövsgöl-Uriankhai Grenzland bzw. Khaazut khoshuu ein Glied in der Kette der auf dem Rücken der Bevölkerung lebenden Feudalherren weg, aber es scheint doch recht unwahrscheinlich, dass allein dadurch die Zustände im Gebiet Osttuwa/Nordwest-Khövsgöl so viel besser sein konnten als im Rest Tuwas. Vielmehr scheint es, als hätte dieser Umstand damit zu tun, dass die isolierte Taigaregion und das abgelegene Darkhad-Tal nicht so stark dem russischen Siedlungsdruck ausgesetzt waren wie das übrige Tannu-Uriankhai:

Schlüsselfaktor Siedlungsdruck

Während die schleichende Besiedlung Tannu-Uriankhais durch russische Siedler und Kaufleute von vielen Autoren (z.B. Mänchen-Helfen 1931: 146f; Ewing 1981: 201ff; Potapov 1956: 386; Leimbach 1936: 100f) diskutiert wurde, finden sich über die abgekoppelte und isolierte Khövsgöl-Uriankhai Grenzregion keine derartigen Ausführungen. Im Gegenteil: Ewing (1981: 202) beschreibt genau die für die russischen Kolonisten wichtigen Regionen: Dies waren vor allem das Usatal (siehe auch Potapov 1956: 386) und die Flüsse Bi-khem, Ka-khem und Ulugkhem in Zentral und Nord Tuwa. Auch das Todzha Banner im Ostsajan war von der Kolonisierung betroffen, in deren Verlauf etwa 100 russische Dörfer in Tannu-Uriankhai errichtet wurden. Aber nicht so der Khaazut khoshuu bzw. die Khövsgöl-Uriankhai Grenzregion: Nirgendwo finden sich heute, 100 Jahre nach dem Zusammenbruch des Mandschureiches, Spuren russischer Siedler bzw. Siedlungen in Nordwest-Khövsgöl. Auch aus den entsprechenden Passagen des Reiseberichtes des Geografen und Zeitzeugen Carruthers lässt sich ganz eindeutig entnehmen, dass die Taigagebiete des Ostsajanraumes für russische Siedler nicht interessant waren:

> „The Siberians, as good colonists as one could meet anywhere in the world, but lacking that „push" and originality which is indispensable to bring their country in the first rank, have slowly but surely advanced towards the Mongol frontier. The border-ranges, which form the frontier, are in themselves no barrier to the further advance of the Siberians; it is the dense forests which clothe them that constitute the real hindrance to further colonization. At the edge of the forest-belt, the Russian settlements stop entirely; into the forests it is only the most energetic of the traders, the fur-hunters and fishermen who venture to penetrate, with the idea of opening up a somewhat unsatisfactory trade with the indigenous tribes, and in the hope of benefiting by the great wealth that the „taiga" contains in the shape of minerals and furs. Beyond the forest-barrier, however, in the heart of the Yenisei basin, we found many small colonies where Siberian settlers had made isolated and secluded homes. (Carruthers [1914] 2009: 49f)

Demnach hat also im Gegensatz zum fruchtbaren Jenissei Becken in den Wäldern der Ostsajanregion kaum russische Besiedlung stattgefunden. Allerdings besteht ja gerade das Gebiet der Khövsgöl-Region nicht nur aus Taiga. Wenn die Russen weiter westlich, im offenen Jenissei Tal und sogar in den zugänglicheren Gebieten Todzhas Siedlungen und Stützpunkte errichteten, warum taten sie dies nicht z.B. auch im Darkhad Becken? Diese Frage ist schwer zu beantworten. Sicher ist jedoch, dass das vergleichsweise kleine, entlegene Steppenhochtal westlich des Khövsgöl-Sees, welches zur Zeit der klandestinen russischen Besiedlung Tuwas ja schon von der kolonialen Mandschu-Regierung weitgehend vom Rest Tannu-Uriankhais abgekoppelt worden war, nicht von russischen Siedlern kolonisiert wurde. Vielmehr war es im Laufe der Jahrzehnte immer fester in das Gravitationsfeld der Mongolei geraten.

3. DIE JAHRE DES UMBRUCHS: 1911–1925

3.1 Der Zusammenbruch des Mandschu-Reiches und seine Folgen

3.1.1 Die Xinhai-Revolution

Fernab von Tuwa und der Mongolei kam es in der südchinesischen Stadt Wuchang am 10. Oktober 1911 zu einer Revolte, die wiederum eine Kettenreaktion auslöste, welche zur Implosion der 297 Jahre währenden Qing-Dynastie führte: Der anfangs lokale Aufstand weitete sich innerhalb weniger Wochen zur sogenannten „Xinhai-Revolution" aus, an deren Ende am 12. Februar 1912 das bei der Han-Chinesischen Bevölkerungsmehrheit verhasste Mandschu-Kaiserhaus mit seinem korrupten Beamtenheer durch die erste chinesische republikanische Regierung ersetzt wurde (vgl.: Baabar 2004: 135).

Zu diesem Zeitpunkt war Peking, das, bedrängt von einer Allianz aus acht Kolonialmächten (USA, Russland, Japan, Großbritannien, Frankreich, Deutschland, Österreich-Ungarn und Italien), nach dem verlorenen Boxerkrieg seinerseits selbst unter größtem außenpolitischen Druck stand, ohnehin schon kaum noch in der Lage, die Situation in den äußeren Provinzen seines Riesenreiches effektiv zu kontrollieren. Russische Truppen waren schon während des Boxeraufstandes im Jahr 1900 in der Mandschurei eingerückt und blieben dort bis das Zarenreich im japanisch-russischen Krieg 1904 die Kontrolle über den Süden des Gebiets verlor (vgl.: Baabar 2004: 120ff). Hierauf unterzeichneten Japan und Russland 1907 ein bilaterales Abkommen, das China in „Interessenssphären" aufteilte, denen zufolge Korea, die südliche Mandschurei und die Innere Mongolei den Japanern, und die Äußere Mongolei (vermutlich samt Tuwa) Russland zugeteilt wurde – obwohl das Qing-Reich zu jenem Zeitpunkt noch immer existierte (Forsyth 1992: 223f; vgl.: Baabar 2004: 122ff).

3.1.2 Kontrollverlust in Khalkha und Tannu-Uriankhai

Nach dem Ausbruch der Xinhai-Revolution verlor China vollends die Kontrolle über Khalkha und Tannu-Uriankhai (vgl.: Ewing 1981: 205). Schon in den letzten Jahren des Mandschu-Imperiums hatten sich dort jeweils nationale Befreiungsbewegungen gebildet, und in beiden Provinzen kam es nun verbreitet zu Übergriffen gegen Chinesen.

In Tuwa hatte es schon in der zweiten Hälfte des 19. Jahrhunderts gewaltsame Ausschreitungen gegeben – damals richtete sich die Aggression der Bevölkerung jedoch noch gegen russische Händler (vgl.: Mänchen-Helfen 1931: 145; Ewing 1981: 196ff). Außerdem kam es in Tuwa seit 1880 immer wieder zu Aufständen gegen die ukheridas (vgl.: Forsyth 1992: 227; Ewing 1981: 190f). Diese Revolten waren jedoch schlecht koordiniert, erfolglos und waren von russischen Kosakentruppen blutig niedergeschlagen worden (vgl.: Ewing 1981: 207). Nun aber, unmittelbar nach dem Beginn des Bürgerkrieges in China, schien in Khalkha und

Tannu-Uriankhai der geeignete Moment gekommen, sich der verhassten Kolonialregierung sowie der großen Zahl chinesischer Siedler und Händler zu entledigen. Am 16. November 1911, also nur gut fünf Wochen nach dem Ausbruch des Aufstandes im fernen Wuchang, vertrieben die Mongolen die Vertreter der Kolonialregierung in Urga und lynchten im ganzen Land chinesische Händler und Siedler (Mänchen-Helfen 1931: 147). Bemerkenswert ist hierbei die Tatsache, dass die mongolischen Freiheitskämpfer von einigen Adligen – die ja eigentlich Teil des Kolonialsystems waren – angeführt wurden. Dies erklärt sich vor allem dadurch, dass diesen zuvor durch im Jahre 1906 eingeführte Reformen ihre Privilegien drastisch beschnitten worden waren (vgl.: Baabar 2004: 130; Mänchen-Helfen 1931: 147) und sie selber tief bei der Kolonialregierung verschuldet waren (vgl.: Ewing 1980: 14). Im Sommer 1911, wenige Monate vor dem Ausbruch der Revolution in China, trafen sich jene Prinzen in Urga heimlich mit dem dort residierenden Bogd Gegen (dem achten Javzandamba Khutagt) und schmiedeten den Plan, die Kolonialregierung mit russischer Hilfe zu stürzen (Baabar 2004: 133). Diesen Plan setzten sie nun, da der richtige Moment gekommen war, in die Tat um.

3.2 Die Gründung der mongolischen Theokratie

Am 29. Dezember 1911 erklärte Khalkha seine Unabhängigkeit (Baabar 2004: 137; Batsikhan 2013: 25). Offizielles Staatsoberhaupt wurde der Javzandamba Khutagt, der sich selbst den Titel *Bogd Khan* verlieh. Die Kämpfe gegen die letzten Vertreter des ehemaligen Mandschu-Reiches gingen indes weiter: Auch aus Uliastai wurden die mandschu-chinesischen Regierungsbeamten vertrieben und selbst ein Großteil der innermongolischen Banner erklärte in der Folgezeit ihren freiwilligen Anschluss an die neue Theokratie in Urga (vgl.: Bawden 1968: 187). Nur in Khovd, dem Sitz des für die Westmongolei und Altai-Uriankhai zuständigen Chiang-chüns, konnte sich diese anfangs noch halten, fiel aber am 7. August 1912 (Baabar 2004: 140).

Allein die diplomatische Anerkennung durch das Ausland blieb dem neuen mongolischen Staat verwehrt (vgl.: Batsaikhan 2013: Kap. 4; Bawden 1968: 188; Ewing 1980: 58ff). Außerdem wandte sich die Schutzmacht Russland, die ihre eigenen Interessen in der Mongolei verfolgte, schon bald von seinem Vasallenstaat ab. Ewing beschreibt ausführlich die tiefe Frustration der damaligen russischen Diplomaten und Regierungsbeamten durch permanente und – aus russischer Sicht – unrealistische Forderungen der mongolischen Regierung, welche hartnäckig auf einem unabhängigen pan-mongolischen Staat, welcher u.a. die Innere Mongolei und Uriankhai beinhalten sollte, beharrte (1980: 72). Dies jedoch konnte Russland, das um ein entspanntes Verhältnis zu China bemüht war, der aufstrebenden aber unerfahrenen und diplomatisch offenbar völlig ungeschickt agierenden mongolischen Theokratie nicht garantieren. Stattdessen zog sich das Zarenreich immer mehr in die Rolle des Vermittlers zurück und organisierte ab September 1914 eine Drei-Parteien-Konferenz, abermals in Kyakhta, welche allerdings äußerst zäh und für alle Parteien ziemlich unbefriedigend verlief (vgl.:

Ewing 1980: 67–76). Nach monatelangen Verhandlungen wurde bei der Unterzeichnung des neuen Kyakhta-Abkommens, am 7. Juni 1915, Khalkha wieder offiziell unter chinesische Herrschaft gestellt und endgültig von der Inneren Mongolei abgetrennt, was aus Sicht des Bogd Khans ein katastrophales Verhandlungsergebnis war. Dem mindestens ebenso unzufriedenen Peking wurde es immerhin gestattet, einige Regierungsvertreter samt je einer kleinen bewaffneten Leibgarde nach Urga, Khovd, Uliastai und Kyakhta zu entsenden. Diesen war es allerdings verboten, in die mongolische Innenpolitik einzugreifen (vgl.: Ewing 1980: 97). Anderen chinesischen Soldaten wie auch Siedlern wurde es verboten, die „Autonome Äußere Mongolei" zu betreten (vgl.: Mänchen-Helfen 1931: 148). Russland hingegen, von dem die Bogd-Khan Regierung ohnehin vollkommen abhängig war, wurden weitreichende politische und wirtschaftliche Sonderrechte eingeräumt.

3.3 Tannu-Uriankhais Weg in die russische Schutzherrschaft

3.3.1 Anti-chinesische Pogrome und Plünderungen in Tannu-Uriankhai

In Tannu-Uriankhai entwickelten sich die Dinge etwas anders als in Khalkha. Auch hier plünderten bewaffnete Banden ab Mitte Dezember 1911 chinesische Geschäfte und lynchten ihre Besitzer. Im Unterschied zur viel organisierteren Revolution in der Äußeren Mongolei war die Gewalt in Tannu-Uriankhai offenbar aber anfänglich weniger politisch motiviert als eher eine spontane Entladung lang aufgestauter Frustration in Zusammenhang mit der grassierenden Ausbeutung und Wucherei sowie dem allgemeinen wirtschaftlichen Niedergang des Landes (vgl.: Ewing 1981: 207). Sie richtete sich vor allem gegen die chinesischen Händler, bei denen die tuwinische Bevölkerung tief verschuldet war (vgl.: Ewing 1981: 210). Ausgehend von der Tes Region im Süden des Landes kam es bald fast im gesamten Land zu Plünderungen und anti-chinesischen Pogromen.

Bemerkenswert ist hier, dass offenbar praktisch nur Chinesen von den Ausschreitungen betroffen waren. Man kann davon ausgehen, dass die Russen, die die Tuwiner ebenso Jahrzehnte lang ausgebeutet hatten, bei der einheimischen Bevölkerung nicht minder verhasst waren als die Chinesen. Dennoch wussten die Aufständischen aus früheren Erfahrungen, dass es sehr gefährlich sein konnte, sich mit den Russen anzulegen und diese im Gegensatz zu den chinesischen Besatzern keineswegs in einem vergleichbar geschwächten Zustand waren. Im Gegenteil: Schon als sich 1911/12 das Ende der Mandschu-Herrschaft abzeichnete, hatte Russland die Gunst der Stunde genutzt und Truppen in Tannu-Uriankhai stationiert um seine Siedler und Interessen gegebenenfalls zu verteidigen (vgl.: Jackson 1962: 43; Baabar 2004: 147).

„Die Tuwiner haßten das zaristische Regiment aufs Blut. Sie haßten die brutale russische Soldateska, sie haßten den russischen Wucherer. 1912 hatten sie mit den chinesischen Händlern, die seit dem Beginn des Jahrhunderts, den russischen folgend, nach Tuwa gekommen waren, aufgeräumt. Sie hatten sie alle erschlagen, ihre Lager geplündert, ihre Häuser verbrannt. Die Russen hatten mit Wohlgefallen zugesehen. Es war ja der Konkurrent, dem die Kehle durchgeschnitten wurde. Daß den russischen Kaufleuten nicht das gleiche geschah, dafür sorgten schon die Kosaken. 1916 waren die Besatzungstruppen noch verstärkt worden, in Kysyl-choto stand eine Batterie bereit, die Majestät des russischen Namens und die hundert Prozent Wucherzinsen zu schützen. Allerdings nicht für immer. Ein paar Jahre später gingen die russischen Kaufleute den Weg der chinesischen. Aber vorerst mußten die Tuwiner noch sich ducken. Sie mußten es dulden, daß ihnen immer neue Kolonisten die besten Weideplätze wegnahmen. Von 1914 bis 1917 siedelten sich allein in dem sogenannten Podchrebtinski Rayon 3500 Kolonisten an und vertrieben die Tuwiner von ihren Weide- und Wasserplätzen." (Mänchen-Helfen 1931: 150)

Aber auch in Tannu-Uriankhai gab es Versuche, den Kollaps der Kolonialmacht und das daraus resultierende Chaos für einen weitreichenden politischen Umsturz zu nutzen. Der Amban noyon Gombu-Dorzhu versuchte im Februar 1912 die tuwinischen ukheridas davon zu überzeugen, sich Russland als Protektorat anzuschließen. Laut Ewing (1981: 211) verfolgte er damit allerdings vor allem den Zweck, endlich ganz Tannu-Uriankhai, also u.a. auch die abgespaltene Khövsgöl-Uriankhai Grenzregion, unter seine Kontrolle zu bekommen. Damit wäre er der Gouverneur des gesamten Protektorats geworden. Die Lokalprinzen aber, die sich lieber dem angestrebten pan-mongolischen Staat unter dem Bogd Khan anschließen wollten, lehnten den Vorschlag ab. Stattdessen proklamierte Tannu-Uriankhai noch im selben Jahr den Anschluss an die Mongolei (vgl.: Belov 2004: 16). Dennoch versuchte Gombu-Dorzhu seinen Plan hinter dem Rücken der Lokalprinzen durchzusetzen und sandte eine Petition ins russische Usinsk, in der er sich als „gewählter Anführer des unabhängigen Tannu-Uriankhai" darstellte und den Zaren um Truppen zu seinem Schutz vor den Chinesen bat (Ewing 1981: 211).

Diese Petition wurde allerdings nie beantwortet. Russland hatte zu jenem Zeitpunkt schon beschlossen, dass es zum gegenwärtigen Zeitpunkt besser wäre, in Tannu-Uriankhai nicht allzu auffällig zu werden, um die Chinesen nicht gegen sich auf den Plan zu bringen. Stattdessen sollte bis auf Weiteres lieber die russische Besiedlung des Gebiets vorangetrieben werden, um Fakten für eine spätere Annexion zu schaffen (vgl.: ibid.). Diese folgte dann, nachdem man im Herbst 1913 mehrere pro-russische tuwinische ukheridas gefunden hatte, die offiziell um die Integration ihres Landes ins russische Reich baten und dem Zaren von seinen Diplomaten in Peking versichert wurde, dass von der chinesischen Regierung derzeit nichts zu befürchten sei (vgl.: Forsyth 1992: 228; Ewing 1981: 212; Baabar 2004: 146). So wurde im April 1914, mehrere Monate vor dem Beginn der Drei-Parteien-Konferenz in Kyakhta, aus Tannu-Uriankhai der Uriankhaiskij Kraj – offizielles Protektorat des Russischen Reiches (vgl.: Ewing 1981: 212).

Vielleicht mehr noch als für die geschwächte chinesische Regierung war dies ein herber Schlag auch gegen den Bogd Khan. Schon 1912 hatte die neue mongolische Regierung Gesandte zu den Vertretern des Zaren geschickt, um einen Anschluss Tuwas in den angestrebten pan-mongolischen Staat zu fordern – was dort jedoch auf taube Ohren stieß (vgl.: Ewing 1980: 78). Es ist nicht sonderlich schwer vorzustellen, zu welch großer Frustration somit die offizielle Annexion Tannu-Uriankhais bei den Mongolen geführt haben muss, die auch noch Jahre später das diplomatische „Tauziehen" (Donahoe 2004: 100) um die Region nicht aufgegeben hatten (vgl.: Belov 2004: 15f; siehe auch Abschnitt III 3.5).

3.3.2 Der Uriankhaiskij Kraj

Bei der Einverleibung Tannu-Uriankhais besann sich Russland offenbar zurück auf die historische Forderung des Zaren Peter I., der schon 1725 postuliert hatte, dass das gesamte Jenissei-Quellgebiet unbedingt russisches Territorium sein müsse (Baabar 2004: 146) und zog die Grenze zur Mongolei entlang der Wasserscheide des Jenisseis, welche durch die am Westufer des Khövsgöl-Sees gelegenen Khoridol Saridag Berge verläuft (vgl.: Shokal'skij [?1912]).

Dies ist durchaus bemerkenswert, da die Rückbesinnung auf die Wasserscheide als Grenzlinie keineswegs selbstverständlich ist. Die Ostgrenze des bisherigen Tannu-Uriankhai khyazgaars unter den Qing folgte ja, wie in Abschnitt III 2.1 besprochen, nicht dieser Linie, sondern verlief weiter westlich, vermutlich mehr oder weniger entlang der heutigen Staatsgrenze. Alles, was östlich dieser Linie lag, war seit (vermutlich) 1872 (vgl.: Shurkhuu 2011: 4; Tserendorj 2002: 103) das Gebiet des aus der Abspaltung des Khaazut/Khövsgöl nuur khoshuus hervorgegangenen Khövsgöl-Uriankhai khyazgaars. Nun aber wurden die in den Shishged gol bzw. Jenissei entwässernden Gebiete westlich des Khövsgöl-Sees (wieder) Tuwa bzw. dem Uriankhaiskij Kraj zugeordnet. Dies sogar, obwohl der Khövsgöl-Uriankhai khyazgaar offenbar erst kurz zuvor, im Jahre 1912, dem Bogd Khan Staat beigetreten war und das Gebiet westlich des Khövsgöl-Sees somit eigentlich zur Mongolei gehörte (vgl.: Tserendorj 2002: 103). So kamen die Bewohner Nordwest-Khövsgöls wieder einmal in die Situation, von zwei Ländern beansprucht zu werden. De facto aber kann vermutlich davon ausgegangen werden, dass die Situation im Darkhad-Shishged-Grenzgebiet eine andere war, als offiziell gefordert – dass dort schlicht weiterhin die shavi dem Bogd Khan weiterhin Tribut zollten und auch der Düüregch vangiin khoshuu bestehen blieb. Russland forcierte seinen Anspruch an das Gebiet schlicht nicht (siehe hierzu: Abschnitt III 4).

Im tuwinischen Kernland jedoch sah die Situation gänzlich anders aus. Der Großteil der einheimischen Bevölkerung im Uriankhaiskij Kraj war mit der Tatsache, dass ihr Land nun zu Russland gehören sollte, kaum zufrieden. In der Tat waren die Menschen vom Regen in die Traufe gekommen. Hatten sie noch zwei Jahre zuvor die chinesischen Händler erschlagen oder vertrieben, waren sie nun wieder den russischen Siedlern ausgeliefert. Die meisten tuwinischen Araten fühlten sich kulturell wie religiös ohnehin am ehesten den Mongolen verbunden und hätten die Integration in einen pan-mongolischen Staat unter der Führung des Bogd Khan dem Anschluss an das Zarenreich eindeutig vorgezogen (vgl.: Baabar 2004: 145). Nun aber begann eine neue Welle russischer Kolonisierung, während der noch einmal mindestens 3.500 neue Siedler hinzukamen, was für große Frustration unter den Einheimischen sorgte (Forsyth 1992: 279). Im Jahr 1916 kulminierte diese Unzufriedenheit in erneuten Aufständen, die die neuen Kolonialherren allerdings gewaltsam niederschlugen (vgl.: Forsyth 1992: 228).

Vermutlich hätte sich daraufhin die Macht Russlands im Uriankhaiskij Kraj verfestigt, aber in den folgenden Monaten geriet das Zarenhaus durch den ungünstigen Verlauf des Ersten Weltkrieges und der damit einhergehenden tiefen wirtschaftlichen und sozialen Krise selbst immer mehr unter Druck. In St. Petersburg kam es am 8. März 1917 (bzw. 23. Februar – nach dem damals in Russland gültigen julianischen Kalender) zu spontanen Hungeraufständen, welche sich innerhalb weniger Tage zur sogenannten „Februarrevolution" ausweiteten: Die zur Niederschlagung der Proteste entsandten Soldaten verbrüderten sich mit den Aufständischen, und die „Autorität [der Monarchie] kollabierte" (Riasanovsky 2000: 455). Schon wenige Tage später unterzeichnete Zar Nikolaus II. am 15. März 1917 eine Abdankungsurkunde zu Gunsten seines Bruders Mikhail, welcher seinerseits nur einen Tag später zurücktrat (vgl.: Riasanovsky 2000: 456). Dies war das Ende der russischen Monarchie. Das Land aber versank in der Folgezeit immer tiefer in den Wirren der Revolution und des bis 1922 andauernden russischen Bürgerkrieges.

3.4 Revolution

3.4.1 Rückkehr der Chinesen in die Mongolei

Genau wie wenige Jahre zuvor Russland die Schwäche Chinas ausgenutzt hatte, nutzte nun China die Gunst der Stunde: Das durch Weltkrieg, Revolution und Bürgerkrieg abgelenkte und geschwächte Russland hatte dringendere Probleme als Khalkha und Uriankhai. Die Chinesen begriffen dies und bauten ihren Einfluss in Tuwa und der Mongolei wieder aus (vgl.: Belov 2004: 16f). Dabei kam ihnen der Umstand zu Gute, dass die mongolische Regierung, tief frustriert von ihren Erfahrungen mit der neuen Schutzmacht Russland, sich nun wieder selbst den Chinesen zuwandte: Alle Bemühungen, mit russischer Hilfe internationale diplomatische Anerkennung für die Äußere Mongolei zu erlangen waren vergebens geblieben, der Traum eines pan-mongolischen Staates war spätestens mit dem Kyakhta-Abkommen von 1915 geplatzt und die russischen Staatskredite reichten der Bogd-Khan-Regierung bei weitem nicht aus, um ihren Haushalt zu finanzieren. Eine mögliche alternative Geldquelle für die Regierung der Äußeren Mongolei war nun die Besteuerung chinesischer Händler (vgl.: Ewing 1980: 97). Hierzu war aber eine Normalisierung der Beziehungen zu China nötig (vgl.: Ewing 1980: 98). Als in dieser Situation, im Frühjahr 1918, in Sibirien und insbesondere der Baikalregion die ersten russischen Städte und Garnisonen in die Hände der Bolschewiken fielen, entschloss sich die besorgte Bogd-Khan-Regierung, der Entsendung chinesischer Schutztruppen in die Äußere Mongolei zuzustimmen. Dieser Schritt war eine schwere Verletzung des Kyakhta-Abkommens und bedeutete de facto eine Rückkehr zum chinesisch-mongolischen Verhältnis von vor 1911 (vgl.: Mänchen-Helfen 1931: 150).

Nach der Stationierung seiner Soldaten hatte China die gesamte Mongolei wieder fest im Griff. Im Sommer 1919 wurde dem Bogd Khan ein Dokument ausgehändigt, das die Beendigung der mongolischen Autonomie vorsah. Von den mongolischen Aristokraten und Ministern gab es wenig Widerstand gegen das chinesische Vorhaben: Sie selbst waren extrem unzufrieden mit der Situation unter dem Bogd Khan, unter dessen Regime die ehemals durch die Qing-Regierung aufrecht erhaltene Balance zwischen Kirche und Staat völlig zu Gunsten des Klerus gekippt war (vgl.: Ewing 1980: 137). Am Ende willigten 16 Minister, Bannerprinzen und sogar einige Klerikale (nicht aber der Bogd Khan) in die Beendigung der Autonomie ein – und erhielten im Gegenzug die Zusage ihrer ehemaligen Rechte unter der Qing-Regierung. Am 20. Januar 1920 wurde in Urga die chinesische Flagge gehisst und nur einen Tag später die mongolische Armee abgeschafft (vgl.: Bawden 1968: 205; Baabar 2004: 193; Ewing 1980: 153).

3.4.2 Revolution in der Mongolei

Unter diesen von vielen Mongolen als erniedrigend empfundenen Umständen bildeten sich zwei revolutionäre Zirkel um Angehörige der dünnen gebildeten und vornehmlich nicht-adligen Mittelschicht Urgas. Unter ihnen waren Persönlichkeiten wie Choibalsan, Bodoo, Danzan und Sükhbaatar – welche allesamt im Laufe der nächsten Jahre herausragende Rollen in der Führung ihres Landes spielen sollten. Anders als in Russland waren die Schriften von Marx und Lenin dem Volk und vermutlich selbst den meisten Mitgliedern (vermutlich mit Ausnahme Choibalsans) dieser Gruppen jedoch noch weitgehend unbekannt und die Gesinnung der meisten Revolutionäre, von denen einige (z.B. Danzan und Bodoo) ausgesprochen demokratische Ideen vertraten, wohl auch eher patriotisch bzw. nationalistisch als kommunistisch (vgl.: Ewing 1980: 160; Bawden 1968: 207; Batsaikhan 2013: Kap. 9, 110ff, 120). Mit zunehmendem Kontakt der Revolutionäre zu den Kommunisten in Russland, erhielten diese jedoch mehr und mehr ideologische „Nachhilfe", was den politischen Kurs der Gruppen zunehmend prägte. Im Juni 1920 verbündeten sich die beiden Zirkel dann zur Mongolischen Volkspartei, aus der wenig später die Mongolische Revolutionäre Volkspartei (MRVP) (MON: *Mongol ardyn khuvisgalt nam*) hervorging. Es dauerte nicht lange bis die Mitglieder der Partei, anfänglich sogar mit der Unterstützung des Bogd Khan, das Machtvakuum füllten, das die in die Bedeutungslosigkeit versinkenden Aristokraten hinterließen (vgl.: Baabar 2004: 202). Noch im selben Sommer reiste eine Delegation der Mongolischen Volkspartei ins sibirische Omsk, um dort von den Sowjets militärische und finanzielle Unterstützung für ihre Revolution und den Kampf gegen die Chinesen anzufordern. Dort war man zunächst zögerlich, da man eine Konfrontation mit China zum gegenwärtigen Zeitpunkt doch dringlichst vermeiden wollte. Das Dilemma löste sich jedoch schon sehr bald von alleine, denn die Chinesen wurden von einem anderen aus dem Land geworfen:

Im Oktober 1920 marschierten die russischen Weißgardisten unter der Führung des berüchtigten Barons von Ungern-Sternberg in die Mongolei ein. Sein offizielles Anliegen war es, den Bogd Khan bei der Vertreibung der Chinesen zu unterstützen und die Bolschewiken zu bekämpfen (vgl.: Batsaikhan 2013: Kap. 7). Im Februar 1921 setzte er diesen Plan nach wochenlanger Belagerung Urgas mit viel Blutvergießen in die Tat um (vgl.: Belov 2004: 24). Anschließend begann Ungern-Sternberg die einheimische Bevölkerung auszuplündern, unter Zwang zu rekrutieren und die russische und jüdische Exilgemeinde in Urga zu terrorisieren (vgl.: Ewing 1980: 194–201; Baabar 2004: 207–214). In kürzester Zeit wurde Ungern-Sternberg vom gefeierten Befreier zum gefürchteten und verhassten Besatzer (vgl.: Mänchen-Helfen 1931: 155).

Die rote Armee wiederum wollte den Weißgardisten keinesfalls Khalkha als Rückzugsraum überlassen. Im Juli 1921 marschierte sie, gemeinsam mit ihrem mongolischen Verbündeten Sükhbaatar und dessen Truppen in die Mongolei ein und übernahmen Urga am 8. Juli (Bawden [1968] 1989: 234). Am 21. August nahmen sie Ungern-Sternberg gefangen und eliminierten im Laufe der nächsten Monate dessen überall im Land versprengte Truppen (vgl.: Baabar 2004: 212f). Ungern-Sternberg wurde am 15. September im sibirischen Novonikolaevsk zu Tode verurteilt und noch am selben Tag hingerichtet (vgl.: Batsaikhan 2013: 100).

Nachdem nun sowohl die Chinesen als auch die Weißgardisten vertrieben waren, stand der Fortführung der kommunistischen Revolution in der Mongolei im Prinzip nichts mehr im Wege – außer der Tatsache, dass die meisten Mongolen noch immer weniger am Klassenkampf als an der Unabhängigkeit und Einheit ihres Landes – welches für sie die Innere Mongolei, Barga, Burjatien und Tannu Uriankhai einschloss – interessiert waren und viele von ihnen nach wie vor den Bogd Khan als das legitime Oberhaupt ihres Landes betrachteten (vgl.: Baabar 2004: 217, 219f; Bawden [1968] 1989: 229). So wurde am 11. Juli 1921 zwar die „Übernahme der Staatsgewalt durch die Revolutionäre Volksregierung" verkündet (Murzaev 1954: 32), der neue Staat allerdings war vielmehr eine *konstitutionelle Monarchie*, in der der Bogd Khan nach wie vor einen Teil seiner Macht beibehielt (siehe hierzu auch: Bawden [1968] 1989: 227, 234). Die Sowjets tolerierten anfangs das Kuriosum einer quasi-sozialistischen konstitutionellen Monarchie theokratischen Charakters (vgl.: Bawden [1968] 1989: 252; Forsyth 1992: 280) unter dem Verweis auf die „Rückständigkeit" der Mongolen, die der Sowjetunion gegenüber in ihrer Entwicklung „200 Jahre" zurücklägen (Shumanskij in Baabar 2004: 222). Vorerst mussten ohnehin wichtigere Angelegenheiten zwischen den ungleichen aber befreundeten Regierungen geregelt werden, unter anderem die Tuwafrage. Schon beim ersten sowjetisch-mongolischen Freundschaftstreffen im Oktober 1921 in Moskau brachte die mongolische Delegation die Wiedervereinigung mit Tuwa auf die Tagesordnung. Die Sowjets, die von der Idee zwar wenig begeistert waren, sich aber ausdrücklich von der Politik des ehemaligen Zarenreiches distanzierten, signalisierten, dass sie das Thema zum gegenwärtigen Zeitpunkt nicht diskutieren, aber keine territorialen Ansprüche auf Tannu-Uriankhai hegen und das Recht der Tuwiner auf Selbstbestimmung respektieren würden (vgl.: Baabar 2004: 225). Wenige Wochen zuvor hatte das kleine Land nämlich, mit sowjetischer Unterstützung, seine Unabhängigkeit erklärt.

3.4.3 Tuwa: Der Weg von der Kolonie zur Sowjetrepublik

Die Entwicklung in Tuwa bis zur Proklamierung der unabhängigen Volksrepublik Tannu-Tuwa war bis dahin ähnlich wie in der Mongolei verlaufen – auch wenn die Ereignisse hier viel lückenhafter dokumentiert sind (vgl.: Mänchen-Helfen 1931: 156). Sicher ist, dass ab etwa 1916 auch in Tuwa die Chinesen wieder nach der Macht griffen (vgl.: Korostovetz 1926: 197f; Belov 2004: 16f): Hatte die noch junge Regierung der Republik China nach 1912 noch gewiss andere Prioritäten als die, ihre Interessen im von Russland annektierten Uriankhaiskij Kraj zu verteidigen, so schien für sie spätestens 1918 die Zeit gekommen, den verlorenen Einfluss in der ehemaligen Kolonie wieder auszubauen und Truppen dorthin zu entsenden. Dies war allerdings deutlich riskanter als in der Äußeren Mongolei, handelte es sich beim Uriankhaiskij Kraj (welcher 1918 in „Uriankhaisk" umbenannt wurde (vgl.: Sanders 2010: 717) immerhin formal um russisches Staatsgebiet. Noch Monate zuvor hätte eine Entsendung chinesischer Truppen auf russischen Boden unweigerlich zu einem bewaffneten Konflikt geführt. Nun aber, nach Ausbruch der Oktoberrevolution, befand sich Russland im Bürgerkrieg. Im Uriankhaiskij Kraj „liefen [die Truppen des Zaren] auseinander" (Mänchen-Helfen 1931: 156), es herrschte quasi Anarchie und tuwinische Banden zogen einmal mehr plündernd durch das Land (ibid.). Nach Belov (2004: 17) ging bereits im März 1918 die Macht in Uriankhai zwischenzeitlich an die Bolschewiken über, die im Juni 1918 die Unabhängigkeit Uriankhais beschlossen. China, das argumentieren konnte, sowohl die öffentliche Ordnung in Tuwa wieder herzustellen als auch den Bolschewismus zu bekämpfen, brauchte nun wegen einer Truppenentsendung kaum die Reaktion der internationalen Staatengemeinschaft zu fürchten. Auch die Bogd Khan-Regierung war schnell für das Vorhaben zu gewinnen, obwohl ab Juli 1918 die Bolschewiken in Tuwa durch Weißgardisten zurückgedrängt worden waren, welche die zuvor geschlossenen Verträge mit den Bolschewiken wieder für nichtig erklärten und die Eingliederung Uriankhais unter russisches Protektorat erneuerten (vgl.: Belov 2004: 18). Im Winter 1918/19 entsandten Peking und Urga ein gemeinsames, 300 Mann starkes Regiment nach Tuwa. Nachdem dieses anfänglich auf unerwarteten Widerstand seitens russischer Weißgardisten stieß, erlangten sie im September 1919 die Kontrolle über West-Uriankhai (vgl.: Ewing 1980: 115).[40] Dies wurde offenbar auch von tuwinischen Lokalprinzen unterstützt (vgl.: Belov 2004: 17, 21).

Mit der Rückeroberung Tuwas durch die Chinesen trat jedoch keineswegs Frieden in der Region ein – stattdessen kam es zu bürgerkriegsähnlichen Zuständen. Mänchen-Helfen (1931: 157) berichtet, dass die Chinesen sofort mit großer Härte daran gingen, Steuern von der einheimischen Bevölkerung einzutreiben, was wiederum zu einer Kette von Aufständen und bewaffneten Überfällen seitens der Tuwiner und Strafexpeditionen der chinesischen Armee führte. Zudem bekämpften sich in Tuwa zudem weiterhin russische Weißgardisten und die rote

---

40 Zuvor, im Juli 1919, waren allerdings die mongolischen Truppen bereits abgezogen worden (vgl.: Ewing 1980: 115)

Armee (vgl.: Forsyth 1992: 279; Belov 2004: 22f). Im Frühjahr 1920 waren erstere aber aufgerieben und mussten sich nach Ostturkestan, auf chinesisches Territorium, zurückziehen, von wo sie später in die Sowjetunion abgeschoben wurden (vgl.: Mänchen-Helfen 1931: 158). Knapp ein Jahr später, Im März 1921, gelang es der roten Armee dann gemeinsam mit tuwinischen Aufständischen letztlich, auch noch die chinesischen Truppen zu vertreiben (vgl.: Shurkhuu 2011: 18). Der Krieg in Tuwa war beendet. Offen blieb aber noch immer die Frage, was nun aus dem Uriankhaiskij Kraj – formal ja immer noch russisches Staatsgebiet – werden sollte. In der sowjetischen Regierung wurden diesbezüglich drei verschiedene Möglichkeiten diskutiert (vgl.: Mongush 2010: 84):

1. Einschluss in die (bzw. Verbleib in der) RSFSR. Dies hätte nach Meinung der Sowjets jedoch eine zu offensichtliche Fortführung der zaristisch-imperialistischen Politik bedeutet.
2. Vereinigung Tuwas mit der Mongolei. Obwohl die sowjetische Führung nach außen hin diese Option später strikt ablehnte, wurde sie offenbar zumindest eine Zeit lang intern durchaus diskutiert (siehe auch: Batsaikhan 2013: 176). Einige Revolutionäre betrachteten diese Variante als Möglichkeit zur Unterstützung der sich zu jenem Zeitpunkt auf dem Höhepunkt befindenden mongolischen Revolution und damit sogar möglicherweise zur Weiterverbreitung der sozialistisch-revolutionären Ideen bis nach China hinein (siehe auch: Shurkhuu 2011: 18).
3. Die Gründung eines eigenständigen Staates nach sowjetischem Vorbild. Dies schien unter den gegebenen Umständen die beste Möglichkeit, sich einerseits dem Vorwurf des Expansionismus zu entziehen, andererseits aber den Einfluss in Tuwa aufrechtzuerhalten.

So begann die *Komintern* (Kommunistische Internationale) den Aufbau einer tuwinischen revolutionären Volkspartei (TPRP) und rief im Juli 1921 eine „Sowjetische Siedlerkolonie" aus (Forsyth 1992: 281; Tang 1959: 420; Alatalu 1992). Am 17. August wurde die Volksrepublik Tannu-Tuwa (TUW: *Tangdy-Tyva Ulus Respublika*) als *unabhängiger* Staat proklamiert (vgl.: Sanders 2010: 718; Ewing 1980: 115; Forsyth 1992: 280; Baabar 2004: 236f; Belov 2004: 29; Mongush 2010: 84). Schon im September erklärte die Sowjetunion, dass sie sich von der früheren imperialen Politik des Zarenreiches distanziere und ihren neuen Nachbarn diplomatisch anerkenne (vgl.: Soni 2010: 351).

Ein „souveräner" Staat?

Wie aber war es tatsächlich um die Unabhängigkeit des neuen Staates bestellt? Schon während der Gründungsversammlung im August 1921 setzte die russische Delegation durch, dass die zukünftige Volksrepublik Tannu-Tuwa zwar in ihren internen Entscheidungen autonom sei, nach außen hin aber durch die RSFSR vertreten werden müsse (vgl.: Alatalu 1992; Belov 2004: 29; Mongush 2010: 84).

Aber nicht nur was ihre externen Angelegenheiten betraf, wurde es schon bald offensichtlich, dass die „Unabhängigkeit" der Volksrepublik Tannu-Tuwa, trotz der feierlichen Distanzierung der Kommunisten von der Kolonialpolitik des Zarenreiches, eine Farce war. Zu Beginn entwickelte sich der junge Staat noch in eine ähnliche Richtung wie die benachbarte Mongolische Volksrepublik: Viele der Anführer und Mitglieder der neu gegründeten Tuwinischen Revolutionären Volkspartei waren ehemalige Lamas, ukheridas und andere Vertreter des alten Kolonialregimes (vgl.: Forsyth 1992: 281), welche vor allem patriotische und religiöse Ziele vertraten. So war der erste Beschluss des neuen Parlamentes ein Gesetz gegen die fortschreitende russische Besiedlung, welche offenbar unter den Sowjets trotz ihrer anti-imperialen Rhetorik immer noch vorangetrieben wurde (ibid.). Des Weiteren formierte sich unter der Führung des Ratsvorsitzenden Donduk und dem Parteichef Shagdar in Tuwa eine Bewegung zum Anschluss des Landes an die Mongolei, welche unter den Parlamentariern und im Volk viele Unterstützer fand. Dies alarmierte Moskau: Je lauter und zielstrebiger in Tuwa die Forderungen nach einem Anschluss an die mongolische Volksrepublik wurden, desto deutlicher wurde die Reaktion der Sowjets, die dies keinesfalls hinnehmen wollten (vgl.: Baabar 2004: 236ff).

Ziel: Anschluss an die Mongolei – Ergebnis: Integration in die Sowjetunion

Warum aber strebten die tuwinischen Patrioten samt ihrer politischen Führung nicht primär nach nationaler Unabhängigkeit sondern nach dem Anschluss an das Nachbarland Mongolei, durch dessen Aristokratie sie noch wenige Jahre zuvor, während der Kolonialherrschaft der Mandschu, stets ausgebeutet wurden? Die Antwort liegt wahrscheinlich in der extremen Schwäche ihres kleinen Landes begründet. Sieht man einmal von seinen ohnehin nur durch russische Siedler ausgebeuteten Kohle-, Gold-, und Asbestvorkommen ab, war das wirtschaftliche Potential Tuwas, von dessen Gesamtbevölkerung etwa 88% Nomaden waren, höchstens vergleichbar mit dem eines einzigen aimags der Mongolei (Baabar 2004: 238). Noch 1931 konnten lediglich 12% der über-dreizehnjährigen Bevölkerung lesen und schreiben (Vainshtein [1972] 1980: 44). Zudem verfügte das Land über gerade einmal 1.600 Soldaten (Mänchen-Helfen 1931: 163). Tuwa war auf Gedeih und Verderb der übermächtigen UdSSR ausgeliefert und unter den gegebenen Umständen kaum überlebensfähig. Dies wussten die Tuwiner. Und darum wandten sie sich Hilfe suchend an die Mongolei (Mänchen-Helfen 1931: 167).

Auf dem Höhepunkt der Bewegung im Jahr 1924 kam es zu einem Volksaufstand im tuwinischen Khemchik Banner, welcher von eilig eingerückten sowjetischen Truppen blutig niedergeschlagen wurde (vgl.: Mänchen-Helfen 1931: 163, 167; Leimbach 1936: 101; Baabar 2004: 237; Bawden 1968: 275) – ein Ereignis, welches sich traumatisch in das kollektive Gedächtnis der Tuwiner einbrannte. Die pan-mongolische Bewegung in Tuwa war am Boden, zudem war es spätestens jetzt für jeden offensichtlich, dass die tuwinische „Unabhängigkeit" lediglich eine Farce war. 1926 wurde aus der Volksrepublik Tannu-Tuwa die *Tuwinische Volksrepublik* (TVR) (TUW: *Tyva Arat Respublika* (TAR), RUS: *Narodnaya Tuvinskaya Respublika*), eine Räterepublik nach sowjetischem Vorbild, welche noch im selben Jahr von der mongolischen Regierung, sicherlich unter Zähneknirschen, diplomatisch anerkannt wurde (vgl.: Baabar 2004: 238; Shurkhuu 2011: 20).

Bemerkenswerterweise wurde jedoch – trotz des immensen Drucks Moskaus auf Kyzyl – ausgerechnet der Pan-Mongolist und ehemalige Lama Donduk erster Ministerpräsident der TVR. 1928 erließ Donduk sogar ein Gesetz zur Einschränkung anti-religiöser Propaganda und erhob den Lamaismus zur Staatsreligion (vgl.: Underdown 1977: 8). Aber Donduks Tage waren zu diesem Zeitpunkt schon angezählt: Im Januar 1929 putschte eine Gruppe von fünf Kreml-treuen tuwinischen Stalinisten unter der Führung von Salchak Toka die Regierung aus dem Amt. Es begann eine gewaltsame „Säuberungswelle", während der nicht nur ein Großteil der politischen Spitze des Landes verhaftet und exekutiert, sondern auch fast sämtliche Klöster des Landes zerstört und etliche Lamas und Schamanen getötet wurden. Auch Donduk wurde verhaftet und 1932 hingerichtet (vgl.: Sanders 2010: 718; Baabar 2004: 238).

Was nun folgte, war die politische Gleichschaltung der TVR mit der UdSSR unter Salchak Toka, der nach seiner Machtübernahme auch die Kollektivierung der nomadischen Bevölkerung des Landes nach sowjetischem Vorbild vorantrieb. Im August 1944 beantragte Toka die „Aufnahme" der TVR in die Sowjetunion (vgl.: Sanders 2010: 718; Underdown 1977: 9). Selbstverständlich wurde der Antrag angenommen und am 13. Oktober 1944 trat Tuwa als Autonomer Oblast (AO) der RSFSR der UdSSR bei (vgl.: Belov 2004: 30; Mongush 2010: 119). Dies war das Ende des nur etwa 23 Jahre währenden tuwinischen Staates.

3.5 Die endgültige Abspaltung Nordwest-Khövsgöls von Tuwa

Als im Jahr 1924 die Nachricht von der Invasion Tannu-Tuwas durch die rote Armee und deren blutige Niederschlagung des Khemchik-Aufstandes die mongolische Regierung erreichte, forderte diese von Moskau eine Erklärung für die Geschehnisse ein. Man traf sich mit den Sowjets und Vetretern der tuwinischen Regierung im Juli 1924 in Kyzyl (vgl.: Khomushku 2004: 49f), aber das Treffen brachte kein befriedigendes Ergebnis für die um die Vereinigung der beiden Länder bestrebten Mongolen und Tuwiner (vgl.: Soni 2010: 352; Alatalu 1992: 884). Stattdessen wurde lediglich die Aufnahme diplomatischer Beziehungen zwischen der MVR und der TVR in die Wege geleitet (vgl.: Khomushku 2004: 51f). Im August 1924 verabschiedete der dritte Parteikongress der Mongolei eine Resolution zur Einrichtung einer mongolisch-sowjetischen Kommission zur Lösung der „Tuwafrage", die für die meisten ihrer Mitglieder integraler Teil ihres in immer weitere Ferne rückenden pan-mongolischen Traumes war (vgl.: Friters 1949: 131; Tang 1959: 416; Bawden [1968] 1989: 275; Soni 2010: 353). Für das, was hierauf geschah, existieren zwei verschiedene Versionen, die beide in direkter Weise mit dem weiteren Schicksal der Region Nordwest-Khövsgöl verknüpft sind:

3.5.1 Version 1: Die UdSSR überlässt der MVR Nordwest-Khövsgöl

Nachdem der Khemchik-Aufstand niedergeschlagen und die Sowjetunion sowohl in der Mongolei als auch in Tuwa fest als einzige Hegemonialmacht übrig geblieben war, wusste man in Moskau, als das mongolische Gesuch zur Schaffung einer gemeinsamen Kommission zur Klärung der Tuwafrage eintraf, dass man am deutlich längeren Hebel saß. Eigentlich hatte man zu jenem Zeitpunkt keinen Grund mehr, beim ungleichen „Tauziehen" um Tuwa Eingeständnisse an die um Vereinigung bemühten Mongolen und Tuwiner zu machen. Dennoch beschlossen die Sowjets, die die Volksrepublik Tannu-Tuwa ja außenpolitisch vertraten (s.o.), offenbar (gemäß dieser Version) den Mongolen „einen kleinen Streifen dünn besiedeltes Land" im äußersten Osten Tuwas, „westlich des Khövsgöl-Sees" zu überlassen (Friters 1949: 131, übers. v. JE); angeblich, um den Frust und Gesichtsverlust der im diplomatischen Kampf um Tuwa geschlagenen Mongolen ein wenig zu mildern (vgl.: Leimbach 1931: 101; Tang 1959: 417; Baabar 2004: 238; Wheeler 2000: 40; Donahoe 2004: 100; Soni 2010: 353). Somit wäre das kleine, unbedeutende Nordwest-Khövsgöl als einzige Scherbe des zerschlagenen panmongolischen Traums in den Besitz der MVR übergegangen.

Zweifel an dieser Version: Die Grenze auf tuwinischen Briefmarken

Diese Version der Geschichtsschreibung wirft jedoch einige Fragen auf. Denn bei genauerer Betrachtung scheint es, als wäre die „Grenzfrage" keineswegs mit dem mongolisch-russischen Grenzabkommen, welches ja offenbar ohne Einbeziehung der betroffenen Tuwiner zustande gekommen war, gelöst gewesen, sondern als sei sie vielmehr zu jenem Zeitpunkt überhaupt erst relevant geworden. Wie auch Donahoe (2004: 100) schon hervorgehoben hat, hatte die Regierung Tuwas auch nach 1925 offenbar noch eine völlig andere Vorstellung von ihrer Ostgrenze, als es im hier diskutierten (mutmaßlichen) Grenzabkommen zwischen der Mongolei und Russland anscheinend vorgesehen war. Gestützt wird diese Aussage vor allem durch die durchgängige Abbildung des Landes auf offiziellen *Briefmarken* der TVR (eine davon sogar noch aus dem Jahr 1936!), auf denen das Land noch immer recht eindeutig in den Grenzen von 1914, die entlang der Wasserscheide des Jenissei-Quellgebietes verlief, abgebildet wird:

*Abb. 29: Offizielle Briefmarken der TVR. **Oben links:** Marke aus dem Jahr 1927. **Oben rechts:** Marke aus dem Jahr 1935. **Unten:** Jubiläumsausgabe zum 15 jährigen Bestehen der TVR, aus dem Jahr 1936. Quelle: Archiv JE*

Dies legt zwei mögliche, unterschiedliche Rückschlüsse nahe:
1. Die tuwinische Regierung ignorierte entweder den anscheinend über ihren Kopf hinweg getroffenen Handel zwischen der Mongolei und Russland über Teile ihres Territoriums; oder...
2. der beschriebene Handel hat in dieser Form niemals stattgefunden.

Mongolische Aktivitäten im Grenzgebiet

Bevor auf diese beiden Möglichkeiten näher eingegangen wird, sollen zunächst die mongolischen Aktivitäten im fraglichen Grenzgebiet noch etwas näher betrachtet werden: Hier hatte offenbar die junge kommunistische Regierung nach dem Tod des Bogd Khan 1924 damit begonnen, die gesamte Khövsgöl Region verwaltungsmäßig umzustrukturieren und in ihren neuen, eigenständigen Staat einzubinden. Dafür war bereits am 3. April 1925 der *Delger Ikh-Uul aimag* gegründet worden, in den in der Folgezeit alle Darkhad aus den Regionen Bayanzürkh und Rinchenlkhümbe sowie, 1927, die „*Arshirkhten Uriankhai des Düüregch vangiin khoshuus*" – also die Dukha bzw. zumindest Teile derselben – integriert wurden (Nyamaa 2012: 200). Als der kleine Delger Ikh-Uul aimag dann im Jahr 1929, erst vier Jahre nach seiner Gründung, in den *Tsetserleg mandal aimag* integriert wurde, umfasste er u.a. bereits das Gebiet der heutigen sums Rinchenlkhümbe, Ulaan-Uul, Tsagaannuur und Bayanzürkh (ibid.; siehe auch: Sanders 2010: xlvii, 204f; Wheeler 2000: 40; Pürev 1979: 20) – also auch die strittigen Gebiete des Quellgebietes des Jenisseis, welche zu jenem Zeitpunkt offenbar noch immer auch von der Volksrepublik Tannu-Tuwa beansprucht wurden (s.o.). In einer abermaligen Verwaltungsreform wurde 1931 dann der heutige Khövsgöl aimag gegründet und dessen Nordwesten bis 1933 in die drei sums Rinchenlkhümbe, Bayanzürkh und Ulaan-Uul unterteilt (vgl.: Nyamaa 2008: 351f, 294f; Wheeler 2000: 41; Khüjii 2003: 165).

Während also die TVR offenbar einerseits noch lange nach 1925 auf ihre Grenzen innerhalb des *kompletten* Jenissei-Quellgebietes beharrte, hatte die MVR schon um das Jahr 1925 herum damit begonnen, die strittige Region Nordwest-Khövsgöl in ihre neuen Verwaltungsstrukturen einzubinden. Dies spräche eigentlich für die Korrektheit der eingangs beschriebenen und unter westlichen Autoren weit verbreiteten These der „großzügigen Schenkung" Nordwest-Khövsgöls an die MVR durch die Sowjets – bestätigt ist sie aber dadurch keineswegs. Es wäre genauso gut möglich, dass die Mongolen ohnehin davon ausgingen, dass die Region ihnen gehörte, und sie deren Einbindung in ihren neuen Staat auch ohne russische Genehmigung vorantrieben, was wiederum sowohl bedeuten könnte, dass es die beschriebene Schenkung durch die Sowjets in dieser Form entweder überhaupt nicht gegeben hat, oder dass sie aus mongolischer Sicht schlicht irrelevant und damit nicht der Grund für die Entstehung der heutigen Grenze war.

3.5.2 Version 2: Die mongolische Geschichtsschreibung

An dieser Stelle befindet man sich bereits in der zweiten hier zu diskutierenden, *mongolischen Version* der Geschichte, in der die im vorigen Absatz beschriebene Einrichtung einer Verwaltung im entlegenen Nordwest-Khövsgöl als *vollkommen normaler* und unstrittiger Prozess dargestellt wird: Laut Nyamaas „Geschichte des Khövsgöl aimags" (MON: *Khövsgöl aimgiin tüükh*) (2012), erscheint es vielmehr, als hätte es weder jemals eine russische Annexion der fraglichen mongolischen Gebiete noch ein mongolisch-russisches Grenzabkommen über Nordwest-Khövsgöl gegeben, sondern als wäre das Gebiet ganz selbstverständlich und zu allen Zeiten unter mongolischer (bzw. mandschu-chinesischer) Kontrolle gewesen: Hiernach wären die Darkhad bis zur mongolischen Revolution und den mit ihr einhergehenden Verwaltungsreformen stets unzweifelhaft shavi des Javzandamba Khutagt gewesen (siehe hierzu auch: Pedersen 2011: 15), während die Dukha entweder ebenfalls entweder zu dieser Gruppe gehörten oder als „Ar Shirkhten Uriankhai" bis zu ihrer Eingliederung in den Delger Ikh-Uul aimag vom mongolischen *Düüregch vangiin khoshuu* verwaltet und besteuert wurden (vgl.: Nyamaa 2012: 31, 55).

Diese Sicht der Dinge entspricht (zumindest in groben Zügen) der offenbar allgemein verbreiteten Meinung unter mongolischen Autoren, von denen lediglich Baabar Bezug auf die vielzitierte Stelle Friters' (1949: 131; s.o.) über den oben diskutierten Grenzhandel und seine mutmaßlichen Folgen für Nordwest-Khövsgöl nimmt (vgl.: Baabar 2004: 238; dagegen: Pürev 1979; Tserendorj 2002; Tseden-Ish 2003; Khüjii 2003; Shurkhuu 2011). Auch Donahoe kommt zu einer ähnlichen Bewertung der diesbezüglichen mongolischen Literatur:

> „Mongolian sources indicate that the Darkhat region was never Tyva's (or the USSR's) to cede and that it was never part of the TAR [TVR]." (2004: 101/FN 39, Anmerkung in eckiger Klammer v. JE)

Es ist somit kaum überraschend, dass sich auch im heutigen Historischen Museum des Khövsgöl aimags in Mörön keinerlei Hinweis darauf findet, dass es a) jemals einen Handel zwischen der Sowjetunion und der MVR bezüglich Nordwest-Khövsgöls gegeben hat, bzw. b) diese Region überhaupt jemals *nicht* zur Mongolei gehört haben könnte. Stattdessen sind dort zwei Karten des Kartographen Pürev ausgestellt, die vielmehr suggerieren, dass die Region während und nach der Mandschuzeit stets mongolisch war.[41] Nach dieser Version wäre die gesamte Region Nordwest-Khövsgöl historisch kontinuierlich mongolisches Territorium gewesen, was sogar die dem fraglichen Grenzabkommen vorangegangene Zeit der russischen Annexion des Uriankhaiskij Krajs (1914–1921) einschließt.

Wie aber kann dies sein? Verschweigt die mongolische Geschichtsschreibung hier wichtige Details, weil evtl. ein nationales Interesse besteht, die territorialen Ansprüche des Landes in der Grenzregion zu Tuwa als historisch „gegeben" darzustellen? Das allgemeine Schweigen, selbst über die bloße Tatsache, dass die fragliche Region zumindest eine Zeit lang doppelt beansprucht wurde, ist hier in der Tat auffällig. Aber: Es kann durchaus sein, dass der tuwinische Anspruch auf Nordwest-Khövsgöl sich nicht mit der Realität im betroffenen Gebiet deckte und stattdessen während jener Zeit dort die mongolischen Autoritäten nach wie vor die Kontrolle behalten hatten (siehe z.B. auch: Bawden [1968] 1989: 14).

Somit liegt der Schlüssel zur Beantwortung dieser Frage wohl darin, wie der Anspruch auf die strittige Region Nordwest-Khövsgöl innerhalb der Wasserscheide des Jenisseis seitens der Russen und Tuwiner *de facto* durchgesetzt wurde. Wie

---

41 Eine dieser Karten zeigt die gesamte Region des Khövsgöl aimags samt angrenzender Gebiete während des 19. Jahrhunderts. Nordwest-Khövsgöl ist hier in die Bezirke „*Javzan Damba khutagtyn darkhad shavi*" und „*Düüregch zasgiin khariyaat Ar shirkhten uriankhain otog*" (D: „Otog der Ar shirkhten Uriankhai kharyaat des Prinzen Düüreg") unterteilt. Die Grenze zum „*Tagna Uulyn uriankhain khyazgaar*" (Tannu-Uriankhai) entspricht exakt der heutigen. Die zweite Karte zeigt Khövsgöl in den 1920er Jahren. Hier ist die Region Nordwest-Khövsgöl als Teil des *Delger ikh uulyn aimags* unterteilt in den „*Khövsgöl dalai delger khan uulyn khushuu*" und den „*Tsaatan uriankhain tavan arvan*", welcher deckungsgleich mit dem „Otog der *Ar shirkhten Uriankhai khariyaat* des Prinzen Düüreg" der Karte Khövsgöls des 19. Jahrhunderts ist.

schon in Abschnitt III 3.4 beschrieben, geriet das zaristische Russland schon bald nach der Annexion Uriankhais immer tiefer in den Sog des Ersten Weltkriegs, worauf es in Tuwa eine so passive Rolle spielte, dass schon bald die Chinesen wieder zurück kamen. Dazu kommt, dass die Region am äußersten östlichen Rand des Uriankhaiskij Krajs, im Gegensatz zu Todzha und den zentraltuwinischen Gebieten, ohnehin nicht von russischen Kolonisten besiedelt war. Gab es also ohnehin Kapazitätsprobleme seitens der Zarenregierung, die Interessen Russlands in Uriankhai zu vertreten, so war Nordwest-Khövsgöl sicherlich die Region mit der geringsten Priorität. Dann kam die Revolution und eine Phase, in der China im offiziell immer noch „russischen" Uriankhai wieder das Steuer in die Hand nahm. So könnten sich bis zur Vertreibung der Chinesen und der Schaffung der VR Tannu-Tuwa durchaus die alten Verhältnisse in Nordwest-Khövsgöl gehalten haben. Dies würde bedeuten, dass die Region ab 1914 zwar von Russland (und später der VR Tannu-Tuwa bzw. TVR) beansprucht wurde, dort aber der Bogd Khan (als mongolisches Staatsoberhaupt und gleichzeitig Herr der Darkhad shavi), sowie, im südwestlichen Teil des Gebietes, die mongolischen Fürsten Erdene (1908–1922) und Sereenendorj (1922–1924) des Düüregch vangiin khoshuus ihre Macht und die alten Strukturen aufrecht erhielten (vgl.: Nyamaa 2008: 149). Aus ihrer Perspektive wird weiterhin die Grenze des 1872 aus Tannu-Uriankhai „ausgetretenen" Khövsgöl-Uriankhai khyazgaars gegolten haben, der 1912 der Mongolei des Bogd Khan beigetreten war. Diese Grenze entsprach offenbar ziemlich genau der heutigen Staatsgrenze zwischen der Mongolei und Russland, wie sie auch gemäß der diskutierten „Schenkungsthese" entstanden wäre.

3.5.3 Fazit

Natürlich beweist all dies nicht, dass es den beschriebenen Handel zwischen den Sowjets und der Mongolei nicht trotzdem gegeben haben *könnte*. Aber: Die Mongolen brauchten aus ihrer Perspektive niemanden, der ihnen Nordwest-Khövsgöl überließ, denn sie hatten es schon unter ihrer Kontrolle. Stattdessen war der Tod des Bogd Khan im Jahr 1924 vermutlich das Ereignis, das zur Umstrukturierung und Eingliederung der Region in die neu entstehenden aimags im Norden der Khövsgöl Region, und damit zum Entstehen einer „doppelten Grenzlinie" zwischen der MVR und der TVR führte, welche auch ausländischen Beobachtern und Kartographen der damaligen Zeit nicht entging. Schon 1927 bemerkte der deutsche Kartograph Herrmann im Beiblatt seiner Karte „*Volksrätestaat Mongolei*":

> „(...) im Nordwesten ist die Grenze gegen den kleinen Rätestaat Tannu-Tuwa beträchtlich vorgerückt, so daß nicht nur das Seengebiet des Kossogol, sondern auch das Quellgebiet des Kleinen Jenissei in die Mongolei einbezogen ist." (Herrmann 1927: 1f)

Während Herrmann aber lediglich das spätestens ab 1925 unbestreitbare „Vorrücken" der Grenzlinie gegenüber der früheren Wasserscheiden-Grenze des Uriankhaiskij Krajs beschrieb, lieferte Leimbach neun Jahre später die mutmaßliche Erklärung für diese Vorgänge gleich mit und interpretierte die beobachteten

Grenzverschiebungen lediglich als das mutmaßliche Ergebnis russischer Intervention. Dies ist, wie der Blick auf die mongolische Geschichtsschreibung und die Verhältnisse im Nordwest-Khövsgöl der damaligen Zeit verrät, höchstwahrscheinlich so nicht haltbar. Es kann und soll an dieser Stelle zwar nicht ausgeschlossen werden, dass es eine solche Intervention tatsächlich gegeben haben mag – durchaus plausibel ist in diesem Zusammenhang auch Donahoes Hypothese, dass die Überlassung Nordwest-Khövsgöls an die Mongolen vielleicht „lediglich offizielle Rhetorik war, die es der UdSSR erlaubte, ohne Gesichtsverlust die Karten an die Realität anzupassen" (2004: 101/FN 39). Aber die auf Leimbach und Friters zurückgehende (und nie mit Quellen untermauerte[42]) These, dass die mongolisch-russische Grenze in ihrer heutigen Form zwischen Osttuwa und Nordwest-Khövsgöl auf die besagte russische Schenkung zurückzuführen sei, scheint unwahrscheinlich – unabhängig von der Frage, ob sie überhaupt tatsächlich stattfand oder nicht.

Sicherlich nicht korrekt ist auch die auf dieser These aufbauende Meinung (siehe z.B. Tang 1959: 417), durch die Intervention der Sowjets sei eine *unstrittige* neue tuwinisch-mongolische Grenze entstanden. Wie Shurkhuu (2011: 20) unter Bezugnahme auf eine Quelle aus dem Archiv des mongolischen Außenministeriums festhält, war stattdessen bei der gegenseitigen Anerkennung der MVR und der TVR am 26. August 1926 die Grenzfrage offenbar noch *keineswegs* geklärt, sondern wurde auf dem Treffen überhaupt erst beschlossen, eine Kommission zur Demarkation der gemeinsamen Grenze einzusetzen (siehe auch: Khomushku 2004: 54; Tseden-Ish 2003: 220; Khüjii 2003: 20ff). Diese schaffte es jedoch auch nach vier Verhandlungsrunden in den Jahren 1930 und 1940 nicht, sich auf eine für beide Seiten akzeptable Grenzlinie zu einigen. Stattdessen wurde die Grenzfrage mit dem Anschluss Tuwas an die UdSSR „eine Angelegenheit zwischen der Mongolei und der Sowjetunion" (ibid.), die laut Tseden-Ish (2003: 183, 220) erst am 26. Mai 1958, in einer fünften Verhandlungsrunde, geklärt wurde (siehe hierzu auch: Khüjii 2003: 49ff).

All dies entspricht auch den Aussagen einiger älterer Dukha (Sanjim, Gombo, Khürelgaldan, Sept. 2012: pers. Komm.), die allesamt betonen, dass der Grenzverlauf zwischen der Mongolei und Tuwa auf dem Gebiet ihres Territoriums bis etwa zur Zeit des Zweiten Weltkriegs keineswegs klar war. Besonders interessant ist hierbei, dass nach Tseden-Ish (2003: 184) das Gebiet zwischen der heutigen Grenze und dem Belim gol (bzw. TUW: *Bilim-Khem*) – ein wichtiges Weide- und Jagdgebiet der damaligen Rentierhalter-Jäger der Grenzregion – eigentlich ursprünglich mongolisch war. Aufgrund eines Fehlers der mongolischen Seite beim Kartografieren des Gebiets fiel es aber an die Sowjetunion (ibid.).

---

42 Leimbachs Aussage, dass die „SSSR anscheinend (...) auf Darchat als einen Teil der Republik Tuwas" „verzichtete", stützt sich auf keine nachvollziehbare Quelle (1936: 101; Hervorh. d. JE). Wenige Jahre später diente aber genau jene Textstelle Friters als Beleg für seine viel zitierten Zeilen: „*Moscow met the desires of the Mongols in only one small point. A strip of territory, sparsely inhabited and small in size (about 16,000 sq. km.), called Darkhat – west of Khöbsögöl – was given to Outer Mongolia.*" (1949: 131)

III. Osttuwa und Nordwest-Khövsgöl zwischen zwei Kolonialmächten 197

4. AUSSCHNITTE HISTORISCHER KARTEN (1825–1935)

4.1 Russische Karten aus dem 19. Jahrhundert (1825 und 1868)

Karte 14: Ausschnitt aus der Karte „General'naya Karta Aziyatskoj Rossij" von Posnjakow[43] (1825). Die Grenze des Russischen Reichs verläuft hier noch (wie im Kyakhta-Abkommen vorgesehen) entlang der Wasserscheide des Jenisseis. Quelle d. Originalkarte: Staatsbibliothek zu Berlin – Preußischer Kulturbesitz.

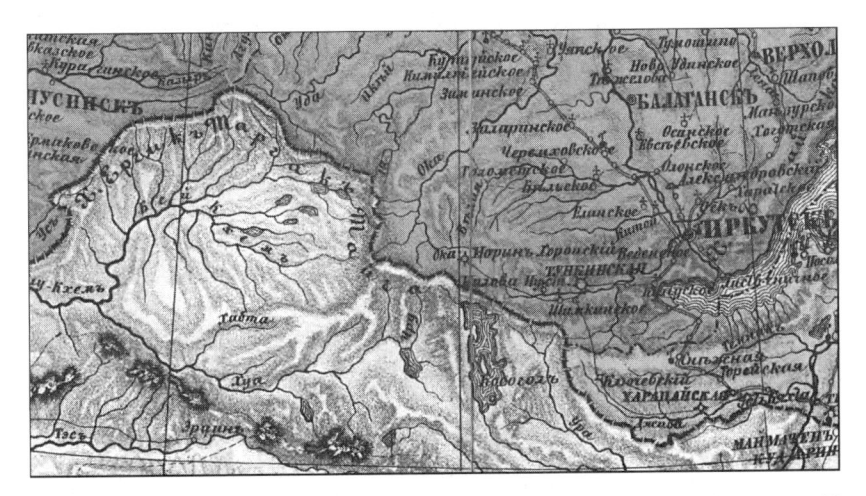

Karte 15: Ausschnitt aus der „Karte des Asiatischen Russlands" („Karta Azyatskoj Rossij" (Il'in 1868)). Auch zu jener Zeit hegte Russland offenbar noch keinen offiziellen territorialen Anspruch auf Tuwa bzw. Nordwest Khövsgöl. Quelle: Library of Congress, Geography and Map Division.

43 Angabe laut Microfiche der Staatsbibliothek zu Berlin.

III. Osttuwa und Nordwest-Khövsgöl zwischen zwei Kolonialmächten

4.2 Der Uriankhaiskij Kraj (1912 und 1914)

Karte 16: *Ausschnitt aus der Karte des Russischen Reiches von Shokal'skii [?1912[44]]. Diese Karte ist interessant, da nach den historischen Quellen und den oben zitierten Autoren die russische Annexion des Uriankhaiskij Krajs (im Folgenden: UK) erst 1914, zwei Jahre nach Datierung dieser Karte, stattgefunden hat. Dennoch beanspruchte das Russische Reich gemäß dieser Karte schon mindestens seit 1912 den UK für sich. Als Ostgrenze ist hier die Wasserscheide auszumachen. Quelle: Library of Congress, Geography and Map Division.*

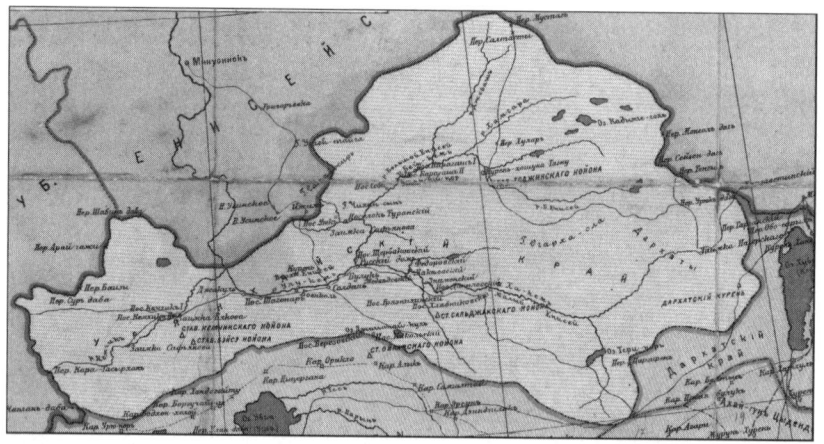

Karte 17: *Ausschnitt aus der „Karte der Mongolei" („Karta Mongolii") von Korostovecz & Kotvich (1914[45]). Auch hier gehören große Teile des heutigen Nordwest Khövsgöls zum UK, wobei aufgrund der fehlenden topographischen Detailgenauigkeit nicht ganz sicher ist, ob hier die Wasserscheide die Grenze bildet. Ein Teil Nordwest-Khövsgöls, der „Darkhatskij Kraj", liegt außer-*

44 Angabe laut American Library of Congress. Obwohl die Karte offiziell undatiert ist, findet sich am linken oberen Rand eine eindeutig erkennbare, handschriftliche Widmung aus dem Jahre 1912.
45 Jahreszahlangabe laut Microfiche der Staatsbibliothek zu Berlin. Die Karte selbst ist undatiert.

halb des UKs. Interessant ist hier weiterhin, dass die internationale Grenze hier den UK noch dem Territorium der Mongolei (bzw. China) zurechnet (obwohl die grüne Schraffierung die Zugehörigkeit zu Russland suggeriert). Quelle d. Originalkarte: Staatsbibliothek zu Berlin – Preußischer Kulturbesitz.

4.3 Die Volksrepublik Tannu-Tuwa bzw. Tuwinische Volksrepublik (1924–1935)

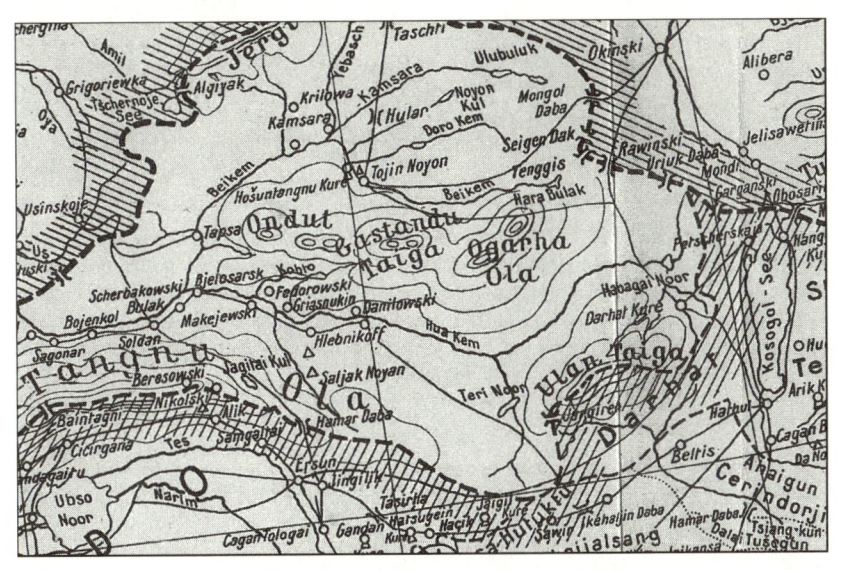

Karte 18: *Ausschnitt aus der mit „1924" datierten und 1926 veröffentlichten Kartenbeilage „Äußere Mongolei (Kalcha)" von Korostovetz (1926). Hier befindet sich die Darkhad-Ebene auf der tuwinischen Seite der Grenze. Als Grenzlinie ist die Wasserscheide auszumachen. Quelle: Korostovetz 1926 (Kartenbeiblatt ohne Seitenangabe).*

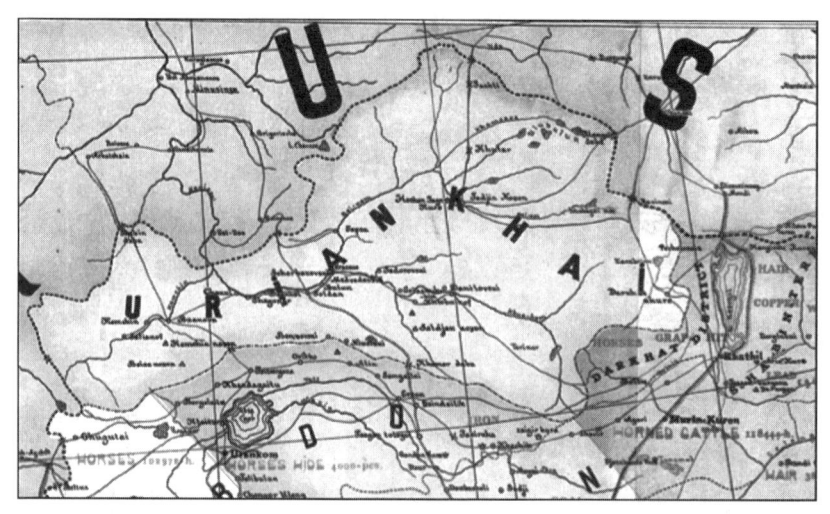

Karte 19: Ausschnitt aus „Outer Mongolia – Khalkha – Economic Map" (Karamisheff 1925). Hier liegt die Darkhad-Ebene auf tuwinischem Territorium. Bemerkenswert ist hier, dass Tuwa auf dieser Karte lediglich als „Uriankhai" und nicht als Volksrepublik Tannu-Tuwa bezeichnet wird und sich innerhalb der Grenzen Khalkhas befindet! Dies ist jedoch von daher nicht überraschend, als dass es sich hier um eine in China produzierte Karte handelt. Quelle d. Originalkarte: Staatsbibliothek zu Berlin – Preußischer Kulturbesitz.

Karte 20: Ausschnitt aus der Karte „Volksrätestaat Mongolei" (Herrmann 1927). Der hier abgebildete Grenzverlauf ist sehr interessant: Er ähnelt auf dem ersten Blick dem heutigen, allerdings wären hier große Gebiete der heutigen Osttaiga (westlich des Tengis gols) tuwinisch. Hierbei könnte es sich allerdings um eine gewisse Ungenauigkeit handeln. Im Beiblatt zur Karte schreibt Herrmann: „Im Nordwesten ist die Grenze gegen den kleinen Rätestaat Tannu-Tuwa beträchtlich vorgerückt, so daß nicht nur das Seengebiet des Kossogol, sondern auch das Quellgebiet des Kleinen Jenissei in die Mongolei einbezogen ist." (Herrmann 1927: 1f) Quelle d. Originalkarte: Staatsbibliothek zu Berlin – Preußischer Kulturbesitz.

III. Osttuwa und Nordwest-Khövsgöl zwischen zwei Kolonialmächten 201

Karte 21: Ausschnitt aus sowjetischer Karte „Obzornaia karta plotnosti naseleniia S.S.S.R" (Kamenetskij 1929). Im Unterschied zu Herrmanns zwei Jahre zuvor veröffentlichten Karte (s.o.) sind die dort festgehaltenen Grenzverschiebungen zu Gunsten der Mongolei hier nicht berücksichtigt. Die gesamte Darkhad-Region und die Weidegebiete der Dukha liegen in der Volksrepublik Tuwa. Quelle: Library of Congress, Geography and Map Division.

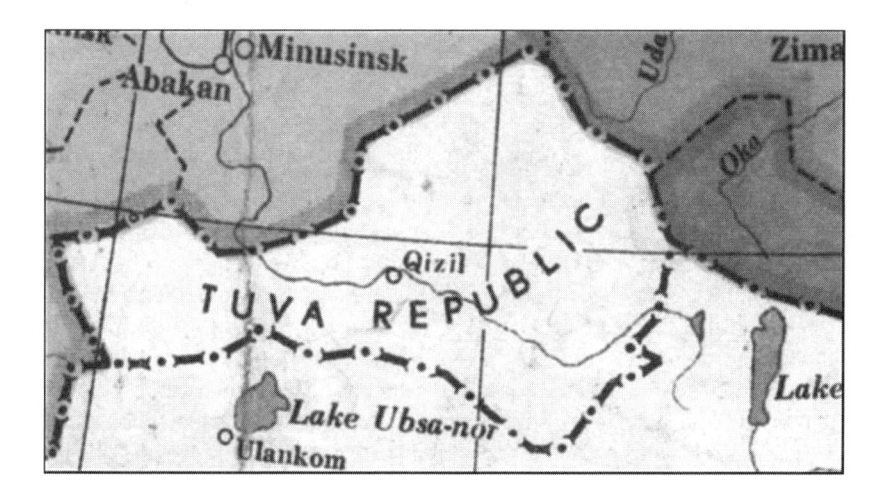

Karte 22: Ausschnitt aus der Karte „Map of the Asiatic Part of USSR" (Map Trust of the Moscow Provincial Department of Public Works 1935). Die Legende der Karte spezifiziert: „Boundaries are given for December 1. 1934". Die Grenze zwischen der Mongolei und Tuwa liegt hier westlich des Tsagaan Nuur Sees, ist also mit der heutigen vermutlich mehr oder weniger identisch. Aufgrund des großen Maßstabes der Originalkarte (1:12.000.000) und der damit einhergehenden geringen Detailgenauigkeit ist dies allerdings schwierig zu beurteilen. Quelle d. Originalkarte: Staatsbibliothek zu Berlin – Preußischer Kulturbesitz.

IV. DIE TRENNUNG UND UNTERSCHIEDLICHE ENTWICKLUNG DER DUKHA UND DER TOZHU WÄHREND DES SOZIALISMUS 1927–1990

TEIL 1:
Zwischen Vertreibung, Kollektivierung und Flucht: Die Rentierhalter-Jäger der Grenzregion – 1927 bis 1950er Jahre

1. VERTREIBUNG, EXIL UND FLUCHT AB 1927

1.1 Die Auswirkungen der Grenzziehung für die Rentierhalter

Während die Grenzfrage zwischen der MVR und der TVR, wie in Abschnitt III 3.5.3 beschrieben, nach 1926 noch keineswegs geklärt war, machte sich die mongolische Regierung daran, die Khövsgöl Region in ihre neuen Verwaltungsstrukturen einzubinden. Gleichzeitig begann man offenbar damit, die sich auf mongolischem Terrain befindenden Rentierhalter nach Tuwa abzuschieben:

> „With Tuva and Mongolia as separate countries, and the region of northwest Khövsgöl the possession of the latter, the question remained of what to do with the Dukha, who were now ethnically Tuvan and geographically Mongolian. After eliminating the name of the Lake Khövsgöl Uriankhai Borderland, the Mongolian government apparently saw fit to remove the „Uriankhai" people as well." (Wheeler 2000: 40f)

Laut Wheeler (2000: 41) finden sich in der Mongolei keine offiziellen zeitgenössischen Dokumente, die eine derartige Kampagne bestätigen würden. Allerdings konnte Wheeler noch in den 1990er Jahren, aufgrund der Konsistenz der Berichte der damals noch lebenden Zeitzeugen ausmachen, dass man die Dukha mehrfach, in den Jahren 1927, 1929, 1934 und 1952 aus der Mongolei vertrieben hatte (2000: 42). Indirekt werden die Aussagen Wheelers auch bestätigt von Tseden-Ish (2003: 183), der schreibt, dass es nach der gegenseitigen Anerkennung der TVR und der MVR, und der damit einhergehenden Aufnahme der Grenzverhandlungen ab 1930 angestrebt wurde, die zu jenem Zeitpunkt „vermischt lebende" einheimische Bevölkerung des Grenzgebietes zu trennen und auf den entsprechenden Seiten der einzurichtenden Grenze anzusiedeln.

Im Zuge dieser Bestrebungen wurden manche Dukha bis zu fünf mal aus der Mongolei vertrieben – nur um jedes Mal kurze Zeit später wieder zurückzukehren. Die Grenze (deren exakter Verlauf ohnehin keineswegs klar war) wurde damals noch kaum kontrolliert. Es gab sogar Familien, die noch in den 1940er Jahren weitgehend ungehindert ihre gewohnten saisonalen Umzüge zwischen so entfernten Weidegebieten wie dem Grenzgebiet Tere-Khöl/Ulaan Taiga und der Tengis/Belim Region fortführten (Khürelgaldan, Sept. 2012: pers. Komm.). Zwischendurch jedoch, nach den anscheinend sehr systematischen Vertreibungen von 1934, gab es auf mongolischem Boden offenbar mehrere Jahre lang – zumindest offiziell – keinen einzigen Rentierhalterhaushalt mehr (Wheeler 2000: 41). Inoffiziell könnte es in der Taiga allerdings durchaus anders ausgesehen haben, denn die Dukha erwiesen sich als ausgesprochen hartnäckig: Früher oder später kehrten sie alle wieder auf mongolischen Boden zurück. Oder sie führten ihre Wanderungen als praktisch Staatenlose im schwer kontrollierbaren, isolierten Grenzgebiet, mal auf dieser, mal auf jener Seite, einfach fort und entgingen somit meist erfolgreich der Kontrolle und dem Zugriff der Behörden und Grenzsoldaten beider Länder (Bat, Khürelgaldan, Sanjim, Sept. 2012: pers. Komm.).

Erschwert wurde diese Praxis offenbar erst, als mit dem Beitritt Tuwas in die Sowjetunion das Grenzgebiet viel stärker kontrolliert und kurz darauf die Kollektivierung in Todzha vorangetrieben wurde (Bat, Sanjim, Sept. 2012: pers. Komm.). Einerseits wurden nun die Grenzübertritte immer gefährlicher, andererseits stieg der Druck auf viele Rentierhalter, Todzha endgültig zu verlassen um ihrer Kollektivierung zu entgehen oder sich – falls schon geschehen – dem nach Angaben der meisten Befragten von großer materieller Not geprägten Leben in den Kollektiven zu entziehen (siehe auch: Inamura 2005: 141; Forsyth 1992: 373ff). Außerdem fürchtete man wegen der steigenden Aktivitäten der Grenzsoldaten, dass die bis dahin mehr oder weniger „grüne Grenze" bald unpassierbar würde, was ebenfalls für viele Rentierhalter ein Grund war, Tuwa bzw. der Sowjetunion für immer den Rücken zuzukehren, bevor es zu spät sein würde (vgl.: ibid.). So flohen z.B. im Jahr 1952 sechsundzwanzig Rentierhalterfamilien aus Todzha endgültig in die Mongolei (vgl.: Sanjim in Inamura 2005: 141).

Von den Mongolen vertrieben oder von den Tuwinern „heimgeholt"?

Es ist heute extrem schwierig zu beurteilen, ob die von Wheeler beschriebenen Vertreibungen tatsächlich allein der Initiative der Mongolen zuzuschreiben sind. Unter den vom Verfasser zu diesem Thema befragten Senioren in Tsagaannuur und in der Taiga (z.B. Ülzii, Bat, Solnoi, Sanjim, Erdene, Khürelgaldan, Gombo, Sindelee, Süren) kann sich heute fast niemand mehr an die *frühen*, von Wheeler (ibid.) und Farkas (1992, zitiert in Wheeler 2000) beschriebenen Vorgänge erinnern, da selbst die Ältesten unter ihnen erst während oder kurz nach jener Zeit geboren wurden und ihre Eltern, nach ihren eigenen Aussagen, offenbar niemals mit ihnen über solche Dinge gesprochen hatten. Lediglich Solnoi (*1936) wusste in diesem Zusammenhang, dass „spätestens 1938 oder 39" solche Vertreibungsaktionen stattgefunden hatten:

> „Früher, da gehörten die Dukha zu Tuwa und jeder musste einen Zobel pro Jahr an Uliastai zahlen. Während jener Zeit gehörten sowohl die Mongolen als auch die Tuwiner zum Mandschu-Reich. Bis zum Jahr 1921 gab es keine Grenze. Damals nomadisierten meine Leute hauptsächlich im Gebiet zwischen den Flüssen Tengis [*heute Mongolei*] und Belim [*heute Russland*]. Dann aber wurde zum ersten Mal eine Grenze zwischen unserem heutigen Gebiet

und Todzha gezogen und man begann sie zu patrouillieren. Nachdem die Grenze eingerichtet wurde, diskutierten die Regierungen der Mongolei und Tuwas, was man mit den Rentierleuten in der Region machen solle, worauf man sich entschied, dass sie alle auf der tuwinischen Seite der Grenze leben sollten, weil sie ja auch Tuwiner waren. Ich bin mir nicht sicher, wann man daraufhin tatsächlich damit begann, die Rentierleute zu vertreiben, aber ich weiß, dass es spätestens ab 1938 oder 39 gewesen sein muss." (Solnoi, Sept. 2012: pers. Komm., Anmerkungen v. JE)

Während es heute also nicht mehr möglich ist, von den Dukha selbst Näheres über die mutmaßlichen Vertreibungen der Zwanziger- und frühen Dreißigerjahre zu erfahren, erinnern sich alle befragten Dukha noch an die Vorgänge, die sie selbst während ihrer Kindheit oder frühen Jugend miterlebt hatten. Sowohl Sanjim, Bat, Solnoi und Khürelgaldan schilderten dem Verfasser unabhängig voneinander eine Vertreibungsaktion aus dem Jahr 1951 (Sept. 2012: pers. Komm.). Diese aber wurde interessanterweise nicht durch mongolische Beamte durchgeführt, sondern – wie aus den detailreichen und quasi identischen Schilderungen der befragten Personen hervorgeht – durch neun sowjetische Soldaten, welche etwa zwanzig Dukha-Familien aus der Tengis-Region bis weit hinein nach Todzha verschleppten, um sie dort der Kolchose „Pervoe Maya" zu übergeben. Dies ist bemerkenswert, denn die Tatsache, dass sowjetische Soldaten sogar im von der Mongolei beanspruchten Tengisgebiet Jagd nach Kollektivierungsverweigerern machten, illustriert ganz offensichtlich, dass der Grenzverlauf (wie auch von Tseden-Ish (2003: 183, 220) beschrieben) damals immer noch alles andere als klar war.

Abb. 30: Unterwegs mit Ganbat am Tengis gol. Von hier wurden 1951 etwa zwanzig Dukhafamilien in die Sowjetunion verschleppt. 7. September 2008. Fotograf: JE

1.2 Die endgültige Trennung der Dukha von den Tozhu

Flucht aus der Sowjetunion

Nach 1952 endeten die oben beschriebenen Vertreibungsaktionen. Und wie bereits erwähnt, begannen daraufhin die meisten der vertriebenen und zu jenem Zeitpunkt entweder schon fest in Tuwa oder – quasi „staatenlos" – im Grenzgebiet lebenden Rentierhalter-Jäger, die Sowjetunion endgültig zu verlassen. Hierbei handelte es sich zu einem großen Teil um Familien, die bis dahin entweder in der Tengis/Belim-Gegend, nördlich des Shishgeds, oder in der südosttuwinischen Tere-Khöl-Region und der Ulaan Taiga nomadisierten. Einige von ihnen waren bereits kollektiviert und in die neuen sowjetischen Kolchosen in Todzha oder Tere-Khöl eingebunden: Manche als Hirten in den Taigabrigaden oder als Arbeiter mit ihren Familien in den neu entstehenden Siedlungen. Letztlich gab es aber offenbar auch einige Osttuwiner, die ursprünglich weit entfernt von der Grenze, im weit entfernten Norden Todzhas beheimatet waren und nun in die Mongolei, für sie vermutlich bis dahin mehr oder weniger fremdes Territorium, einwanderten (vgl.: Wheeler 2000: 43; Donahoe 2004: 99; Inamura 2005: 141). Schon während des Zweiten Weltkrieges waren Familien aus ganz Osttuwa in die Mongolei geflüchtet: Vor allem aus Furcht, in den Krieg gegen Deutschland oder Japan eingezogen zu werden (vgl.: Biche-ool & Samdan 2009: 59; Wheeler 2000: 44; Donahoe 2004: 190). Überall herrschte große Not. Rentiere und Material wurden für die Front beschlagnahmt und Nahrungsmittel gab es nur noch auf Bezugsschein:

> „In Tere-Khöl gab es damals [etwa 1945] ein Bezugskartensystem. Jeder bekam drei Scheiben Brot pro Tag. Alle waren hungrig. (...) Ich sollte damals in eine russische Schule gehen, aber meine Eltern wollten das nicht. Also brachte mich mein Vater über die Grenze, zu einer anderen Familie. Nach einem Jahr kamen Vater und Mutter zu mir zurück. Aber nicht alle meine 13 Geschwister konnten mit ihnen kommen. Ich weiß nicht, was aus den in Tuwa Verbliebenen wurde. Wir hatten nie wieder Kontakt zu ihnen." (Ülzii, Sept. 2012: pers. Komm., Anm. v. JE)

Die Geschichte Ülziis beschreibt kein Einzelschicksal: Da die Flucht meist heimlich und in großer Eile geschehen musste, flüchteten viele Familien unter Umständen, in denen in nicht wenigen Fällen Geschwister oder andere nahe Verwandte für immer voneinander getrennt wurden, Hab und Gut sowie Tiere verloren gingen und sich viel menschliches Leid abspielte. So haben viele der heute über 60 jährigen Dukha noch direkte Verwandte in Russland, mit denen sie entweder gar nicht oder nur in Briefkontakt stehen. Dies ist die rein menschliche Dimension der Tragödie, die sich zu jener Zeit auf beiden Seiten der mongolisch-sowjetischen Grenze zutrug.

Rückkehr in die Mongolei

Das Leben der Flüchtlinge und Zurückkehrenden war allerdings auch in der Mongolei alles andere als einfach. Viele Familien hatten bei der Flucht Teile ihrer Herden zurücklassen müssen oder verloren. Durch die Abriegelung der Grenzen waren ihre Jagdterritorien geschrumpft und wichtige Handelsrouten gekappt worden. Hatten sie früher noch Pelze, Rentiergeweihe und andere Produkte auf Märkten in Tuwa verkauft oder getauscht, so waren sie nun in der mongolischen Taiga isoliert und auf sich selbst angewiesen. Viele Dukha waren so nach und nach gezwungen, ihre wenigen verbliebenen Rentiere zu schlachten um wenigstens kurzfristig zu überleben. Ohne ihre Existenzgrundlage kamen solche Familien dann aber in noch größere Not und mussten, im Austausch gegen Nahrung, die Tiere anderer Familien hüten oder eine extrem entbehrungsreiche Existenz auf der alleinigen Basis der Jagd führen (vgl.: Wheeler 2000: 45). Dazu kam, dass viele Dukha aus Angst vor einer erneuten Abschiebung es vorzogen, in kleinsten Gruppen oder völlig auf sich allein gestellt, tief in der Taiga, oder sogar in den Bergen westlich des Khövsgöl-Sees, versteckt zu leben:

> „Im Jahr 1952 schafften wir es, zurück in die Mongolei zu fliehen. Wir waren 10 Tage lang unterwegs, bis wir wieder die Tengis Region erreichten. Aber wir zogen weiter, denn wir fühlten uns dort nicht mehr sicher. Stattdessen gingen wir in die Khoridol Saridag Berge, wo wir uns versteckt hielten. Wir hatten so große Angst, dass wir den Kontakt zu anderen so weit es nur ging vermieden. Wenn wir aber doch einmal in die Stadt mussten, sagten wir niemandem, wo wir uns tatsächlich aufhielten. Zu jener Zeit wurden auch einige Jugendliche in die Steppe geschickt, wo sie bei Nomadenfamilien aushalfen. So lernten sie die mongolische Sprache. Das alles ereignete sich etwa in der Zeit zwischen 1952 und 55." (Sanjim, Sept. 2012: pers. Komm.)

In ihrer verzweifelten Lage schrieben einige Dukha einen Brief an den neuen mongolischen Ministerpräsidenten Tsedenbal, in dem sie ihn baten, offiziell in der Mongolei aufgenommen zu werden (Bat, Sanjim, Sept. 2012: pers. Komm.). Und tatsächlich änderte sich daraufhin die mongolische Politik gegenüber den Dukha grundlegend: 1955 erhielten alle im Staatsgebiet lebenden Dukha die mongolische Staatsbürgerschaft (vgl.: Wheeler 2000: 46), bevor drei Jahre später, 1958, ein bilaterales Abkommen zwischen der Mongolei und der Sowjetunion die Grenzlinie definitiv bestätigte und neue, verstärkte Überwachung von beiden Seiten vorsah (vgl.: Donahoe 2004: 98; Khüjii 2003: 49ff; Tseden-Ish 2003: 220). Die Grenze schloss sich. Wer sich bis zu diesem Zeitpunkt noch in Tuwa befand, der blieb für immer dort (siehe auch Karte 8).

TEIL 2:
Die Dukha in der Mongolischen Volksrepublik – 1950er Jahre bis 1990

2. DIE KOLLEKTIVIERUNG DER DUKHA IN DER MVR

2.1 Hintergründe: Kollektivierung in der Mongolischen Volksrepublik

Um die spezifische Situation der Dukha im mongolischen Sozialismus zu verstehen, ist zunächst ein Blick auf die allgemeine Geschichte und Politik der Kollektivierung in der Mongolei und das aus dieser resultierende *negdel*-System angebracht. Aufgrund der sehr unterschiedlichen historischen und gesellschaftlichen Situation des Landes unterschieden sich auch Kollektivierung und der „Aufbau des Sozialismus" in der Mongolei stark von den jeweils entsprechenden Entwicklungen und Vorgängen in der UdSSR (siehe Abschnitte IV 4 und 5).

2.1.1 Der „gescheiterte Klassenkampf" der 1930er Jahre

Radikale Kollektivierung

Trotz des politischen Drucks durch die Komintern in Moskau, die von der mongolischen Regierung schon ab etwa 1929 eine radikale Zwangskollektivierung der Landbevölkerung nach russischem Vorbild forderte (vgl.: Lattimore 1980: 119; Batsaikhan 2013: 180f), war die Entwicklung des Sozialismus in der Mongolei insgesamt gemäßigter und langsamer als in der Sowjetunion, wo Stalins ultraradikale Kollektivierungspolitik Millionen von Opfern forderte (vgl.: Riasanovsky 2000: 497; Pianciola 2001). Das bedeutet allerdings *nicht*, dass es in der MVR keine Bestrebungen gegeben hätte, die sowjetische Politik zu kopieren. Im Gegenteil: Schon in den frühen 1930er Jahren wurden Vieh, Land und andere Besitztümer der etwa 700 reichen mongolischen Klöster konfisziert und die Kollektivierung der nomadischen Bevölkerung des Landes mit großem Eifer vorangetrieben (vgl.: Bawden [1968] 1989: 303ff; Baabar 2004: 304–308; Scholz 1995: 156). Im Juli 1929 wurde eine Besitzobergrenze von 300 tögrög eingeführt (eine Kuh kostete damals etwa 50 tögrög (Baabar 2004: 305)). Jeglicher Privatbesitz, der über dieser Grenze lag, wurde konfisziert, wodurch schon bis Anfang 1930 etwa 5,2 Millionen tögrög der Staatskasse zuflossen (ibid.). Außerdem mussten die Enteigneten damit rechnen, als „feudale Elemente" angeklagt und scharf verurteilt zu werden. Laut Planvorgabe zu Beginn der Kampagne sollten innert fünf Jahren 70% der armen und 50% der „mittleren" Tierhalter kollektiviert werden (Lattimore 1980: 120). Am Ende des ersten Jahres hatte man bereits bei beiden Gruppen eine Quote von 30% erreicht (ibid.).

Desaster und Rebellion

Aber die Situation im Land unterschied sich so sehr von den Verhältnissen in der Sowjetunion, dass das simple Kopieren der dortigen Politik kaum Erfolg bringen konnte: Weder gab es unter der Bevölkerung des Landes ein Klassenbewusstsein noch überhaupt eine „Arbeiterklasse" – tatsächlich gab es zu jener Zeit nicht einmal eine Industrie in der Mongolei. Die Nomaden (damals noch etwa 98% der Bevölkerung (vgl.: Scholz 1995: 155)) waren überwiegend Analphabeten. Sie waren politisch wenig interessiert und hörten auch gut zehn Jahre nach Beginn der Revolution noch immer eher auf ihre gewohnten traditionellen Autoritäten als auf die kommunistische Partei und deren Propaganda (vgl.: Bawden [1968] 1989: 308; Lattimore 1962: 123). Als diese Autoritäten nun plötzlich enteignet und entmachtet wurden, ihr Vieh an die in ihrer neuen Situation oft orientierungslosen, armen Araten und die schlecht organisierten Kollektive und Kommunen (MON: *khamtral* bzw. *kommun*) verteilt wurden, kam es überall im Land zu einer massiven Verschlechterung der Produktionsbedingungen. Chaos brach aus. Tausende flüchteten mitsamt ihrem Vieh nach China (vgl.: Batsaikhan 2013: 182). Die Kollektive waren nicht in der Lage, die weggebrochenen Strukturen zu ersetzen. Schlamperei und Missmanagement waren an der Tagesordnung – größtenteils sogar systemisch bedingt: Kollektiviertes Vieh wurde schon auf dem Weg zu den *khamtrals* massenweise über weite Strecken zu Tode getrieben (vgl.: Lattimore 1962: 124). Für umverteiltes Vieh mussten sich die Neubesitzer z.B. im Fall von Diebstahl oder Verlust durch Wölfe nicht verantwortlich zeichnen (vgl.: Baabar 2004: 307). Im ganzen Land gab es kaum ausgebildete Leute, die geeignet gewesen wären, die Leitung einer Kooperative erfolgreich zu übernehmen (vgl.: Bawden [1968] 1989: 308). Dies alles führte dazu, dass viele Nomaden sich weigerten, mit den Kollektiven zu kooperieren und ihre Tiere in letzter Konsequenz lieber verenden ließen oder schlachteten, bevor sie sie dem Staat überließen (vgl.: Lattimore 1962: 124; Scholz 1995: 156). Ohnehin wurde ihr Vieh so extrem besteuert, dass es für sie ökonomisch keinen Sinn mehr machte, ihre Herden zu vergrößern oder sorgsam zu pflegen (Lattimore 1962: 123). Die mongolische Tierhaltung war so innerhalb kürzester Zeit „defizitär" geworden (Müller 1999: 35). Der Tierbestand des Landes, der quasi mit der Gesamtwirtschaftsleistung des Landes gleichzusetzen war, schrumpfte um ein Drittel (vgl.: Scholz 1995: 156; Bawden [1968] 1989: 311).

Als es in dieser Situation überall im Land zu immer größeren Versorgungsengpässen kam, entzündeten sich heftige antikommunistische Aufstände im breiten Volk, das sich ohnehin schon allein aufgrund der aggressiven antireligiösen Propaganda und der Verfolgung des Klerus von der Regierung abgewandt und mit den Lamas solidarisiert hatte (vgl.: Bawden [1968] 1989: 315ff; Lattimore 1962: 136): Besonders ernst wurde die Lage für die Regierung während einer bürgerkriegsähnlichen Revolte vom Frühjahr 1932, die bald schon große Teile des Landes erfasst hatte und erst im Oktober desselben Jahres gewaltsam und mit sowjetischer Hilfe niedergeschlagen werden konnte (vgl.: Baabar 2004: 310–317; Batsaikhan 2013: 189f).

2.1.2 Von Kollektiven zu Kooperativen: Die „Neue Reformpolitik"

In dieser Situation kam es alsbald zu einer völligen Kehrtwende in der mongolischen Wirtschaftspolitik – genannt „Neue Reformpolitik" (MON: *shine ergeltiin bodlogo*) (vgl.: Bawden [1968] 1989: 320ff; 346ff). Der „Vater" dieser Politik, Premierminister Genden, distanzierte sich ausdrücklich von der nun als „linke Abweichung" bezeichneten Kollektivierungskampagne und verkündete, dass die „kollektive Kommune nicht akzeptabel für die Situation der Mongolei" und „nicht mit der Kultur des Volkes vereinbar" sei (Genden in Baabar 2004: 323, übers. v. JE). So wurde die übereilte Kollektivierung wieder rückgängig gemacht – d.h., alle der etwa 800 neu gegründeten *khamtrals* und *kommuns* wurden geschlossen (vgl.: Sanders 2010: 170; Batsaikhan 2013: 206) und Privatbesitz und Privatwirtschaft in einem gewissen Rahmen wieder erlaubt. Anstelle der bisherigen Kollektive wurden nun *Kooperativen* (MON: *nökhörlöl*) eingeführt (vgl.: Sanders 2010: 170; Bawden [1968] 1989: 378f). Der Zugang zu diesen war für die Nomaden aber *freiwillig* und die Tiere blieben *Privatbesitz*. Lediglich das Management der Herden sowie die allgemeine Betriebsführung wurden gemeinschaftlich ausgeführt (vgl.: Lattimore 1980: 123). All dies hatte einen sehr positiven Einfluss auf den Tierhaltungs- und Agrarsektor, der sich auf die gesamte wirtschaftliche Entwicklung des Landes auswirkte (vgl.: Baabar 2004: 324).

2.1.3 Die Rückkehr der Kollektive: Entstehung und Entwicklung der „negdels"

Selbst nach der Machtübernahme Marschall Choibalsans im Jahr 1936, als Gendens gemäßigte Regierung in einem scharfen Linksruck durch eine Diktatur nach stalinistischem Vorbild ersetzt und die brutale und diesmal fast vollständige Auslöschung des Klerus wieder aufgenommen wurde, gab es keine Neuauflage der gewaltsamen Kollektivierung der Nomaden. Zwar wurden etwa ab 1940 die Kooperativen langsam wieder zu Kollektiven, den *negdels*[46] (MON: *[khödöö aj akhuin] negdel*), umgebaut, aber der Beitritt zu diesen war immer noch freiwillig, worauf offenbar auch strikt geachtet wurde (vgl.: Lattimore 1980: 123).

---

46 Im allgemeinen Sprachgebrauch wie auch in der Literatur wird lediglich *negdel*, was wörtlich übersetzt „Einheit" (im Sinne von Einigkeit oder Vereinigung) bedeutet, verwendet. Der volle Begriff *khödöö aj akhuin negdel* würde wörtlich übersetzt „ländliche Produktions-Vereinigung" heißen. Übersetzt werden negdels in der Literatur i.d.R. als Kollektive (was dem russischen *Kolkhoz* entspricht) oder Staatsfarmen (was dem russischen *Sovkhoz* entspricht) oder aber, unpräzise, als Kooperativen (vgl.: Lattimore 1962: 178). Letzteres ist jedoch falsch, da Kooperativen freiwillige Zusammenschlüsse (Genossenschaften) privater Personen sind, in denen die Mitglieder kein Gehalt bekommen, sondern sich den gemeinsam erwirtschafteten Gewinn der Kooperative teilen. Die Mitglieder der negdels hingegen bezogen ein festes Gehalt. Negdels waren eine spezifisch mongolische Entwicklung, deren Konzept zwar Merkmale der sowjetischen Kolchosen oder Sowchosen aufwies, aber an die besondere Situation des Landes angepasst war.

Der Aufbau dieser negdels vollzog sich zuerst allerdings sehr langsam: 1940 gab es 91, zwölf Jahre später, im Jahr 1952, erst 165 Staatsfarmen (Sanders 2010: 170). Die wirtschaftliche Bedeutung der neuen Kollektive war anfangs marginal: Noch im Jahr 1947 waren 99% des mongolischen Viehbestandes in privater Hand (Lattimore 1962: 185).

Der Siegeszug der negdels

Gegen Ende der Fünfzigerjahre nahm die erneute Kollektivierung der mongolischen Bevölkerung an Fahrt auf (vgl.: Bawden [1968] 1989: 394ff). Im Jahr 1958 waren schon 75% der Bevölkerung kollektiviert und die Zahl der negdels auf ein Maximum von 727 gestiegen (Sanders 2010: 170). Kurz darauf fiel diese Zahl aufgrund von Konsolidierungsmaßnahmen wieder auf 354 (ibid.). Hieraus sollte jedoch keineswegs der Schluss gezogen werden, dass die negdels damals an sozialer oder wirtschaftlicher Bedeutung verloren. Das Gegenteil war der Fall: Ab 1960 war quasi die gesamte Bevölkerung der Mongolei kollektiviert und die Zahl der von den negdels gehaltenen Tiere von 280.500 im Jahr 1952 auf 16,9 Millionen gestiegen (ibid.).

Der endgültige Siegeszug der negdels und ihre Entwicklung zu „*totalen Institutionen*" (Pedersen 2011: 20; Goffman 1961; Wallace 1971; Humphrey 1998: 452; siehe auch Abschnitt IV 4.3) wurde komplementiert durch ihre quasi-Gleichschaltung mit den Landkreisen (MON: *sum*) und ihren Zentren (MON: *sumiin töv*). Hierzu wurden die meisten negdels so ausgedehnt oder konsolidiert, dass sie in Fläche und Namensgebung identisch mit den sums wurden (Lattimore 1980: 125). Somit waren die negdels nun nicht mehr nur die wirtschaftlich sondern auch politisch und gesellschaftlich wichtigste Organisationen der MVR, welche das öffentliche und private Leben im Land wie keine anderen prägten und kontrollierten:

> „Between 1960 and 1990, practically every Mongolian herding household was a member of a local collective organization, the negdel, in which livestock production was managed jointly in line with socialist state planning. (...) Essentially the negdel was a comprehensive unit meeting every single aspect of the herding household's social and economic needs. It offered free education, health care and pensions. It provided veterinary services, animal shelters, hay and transportation for people and equipment. It marketed all livestock products jointly, and supplied consumer goods in return." (Bruun & Odgaard 1996: 67)

Natürlich konnten die negdels spätestens jetzt nicht mehr nur auf einen Sektor oder gar die Herstellung nur eines Produktes – wie z.B. Fleisch oder Wolle – spezialisiert sein. Auch wenn die Tierhaltung in der ländlichen Mongolei der ökonomische Grundpfeiler geblieben war, gab es in den sums auch andere Wirtschaftszweige, die in die Gesamtstruktur eines negdels eingebunden werden mussten (vgl.: Lattimore 1980: 124). Zu diesem Zweck waren diese unterteilt in Brigaden (MON: *brigada*). Eine solche Brigade konnte eine eigens für eine spezielle Aufgabe (wie z.B. für den Bau einer Straße) gegründete Einsatzgruppe sein oder aber eine dauerhafte Produktionseinheit, die oftmals auch einem bestimmten Gebiet zugeordnet war und an alle möglichen Staatsunternehmen, auch außerhalb der negdels (z.B. ein Lebensmittelkombinat oder Fischereibetrieb) gekoppelt sein konnte. Die Basis und das Rückgrat der meisten ländlichen negdels aber waren ohne Zweifel die Tierhalterbrigaden, die wiederum in verschiedene Basis-Produktionseinheiten (MON: *suuri* = Basis, Fundament) untergliedert waren, die im Prinzip den traditionellen nomadischen Campgemeinschaften (MON: *khot-ail*) entsprachen (vgl.: Kazato 2007: 55; Bruun & Odgaard 1996: 72).

Die Integration der nomadischen Wirtschaft in die negdels

Die Kooperativen gaben den suuris jeweils eine bestimmte Anzahl an Tieren zur Obhut, mit der Verpflichtung, ein bestimmtes Plansoll (z.B. an Milchprodukten, Fleisch oder Wolle etc.) zu erfüllen. Das Grundgehalt jedes Arbeiters war von der Anzahl der seinem suuri zugeteilten Tiere abhängig. Hirten, die über einen längeren Zeitraum erfolgreich wirtschafteten, wurden mehr Tiere zur Verfügung gestellt als nachlässigen Kooperativenmitgliedern. Zusätzlich wurde eine Art moderne Arbeitsteilung bzw. die Spezialisierung der Arbeitskräfte eingeführt: Obwohl die mongolischen Nomaden traditionell stets gemischte Herden gehalten hatten, wurden den suuri nun in Spezies sowie evtl. Geschlecht und Alter homogene Herden zugewiesen (vgl.: Kazato 2007: 55ff). Man erhoffte sich davon eine Steigerung der Produktivität. Um zusätzlich die subjektive Bindung der Hirten an die negdel-Tiere zu unterbinden, rotierten die einzelnen Herden i.d.R. im Jahresrhythmus zwischen verschiedenen suuris.

Trotz all dieser Reformen stand in der Mongolischen Volksrepublik jedoch zu keinem Zeitpunkt – ganz im Gegensatz zur Sowjetunion (siehe Abschnitt IV 4) – die Abschaffung der mobilen Tierhaltung zur Debatte. Wie aus den letzten Abschnitten ersichtlich werden sollte, war die Einstellung der zuständigen Politiker hier eine ganz andere als in Moskau oder Peking. Der traditionelle Nomadismus sollte zwar in die Volkswirtschaft eingebunden, kontrolliert, sozialistisch reformiert und modernisiert, niemals aber unterdrückt und ausgemerzt werden.

2.2 Die Kollektivierung der Dukha: Ein Sonderfall

Der Fall der Dukha muss vor dem Hintergrund der in den letzten Abschnitten geschilderten allgemeinen Entwicklung und dennoch gesondert analysiert werden. Denn die Lebens- und Produktionsweise dieser kleinen, marginalen Minderheit wurde für so rückständig gehalten, dass die Verantwortlichen ihnen gegenüber eine andere Einstellung an den Tag legten als gegenüber den Steppennomaden. In ihrem Fall wurde Sesshaftwerdung oder zumindest die Integration ihrer Arbeitskraft in Steppennegdels durchaus als „Aufwertung" ihrer Kultur und Lebensweise betrachtet (s.u.). Dennoch wurde das nomadische Leben der Dukha in der Mongolei nicht so stark beschnitten wie das der Rentierhalter-Jäger auf der sowjetischen Seite der Grenze (siehe Abschnitte IV 4 & 5).

2.2.1 Zurück in der Mongolei

Die administrative Teilung der Dukha

Als sich die Dukha nach den Jahren des Versteckens und des Exils zur Zeit des Zweiten Weltkriegs und in den frühen Fünfzigerjahren nach und nach wieder auf ihren angestammten Weide- und Jagdgründen auf mongolischem Staatsgebiet niederließen (siehe Abschnitt IV 1.2), waren diese in der Zwischenzeit administrativ in zwei verschiedene sums unterteilt worden: Rinchenlkhümbe im Norden und Ulaan-Uul im Süden (Wheeler 2000: 43). Folglich wurden diejenigen Dukha, die aus der Tere-Khöl-Region im Südosten Tuwas in das mongolische Gebiet der Ulaan Taiga (südlich der heutigen Westtaiga) kamen, zu Einwohnern des Ulaan-Uul sums, während die, die sich, aus der Todzha Region kommend, nördlich des Shishgeds niederließen, im Rinchenlkhümbe sum registriert wurden.

Wie in Abschnitt IV 1.2 besprochen, waren die letzten Dukha etwa gegen Mitte der Fünfzigerjahre in die MVR zurückgekehrt (oder eingewandert), wo sie ab 1955 die mongolische Staatsbürgerschaft erhielten. Zur gleichen Zeit etwa, im Jahr 1956, wurden in der Region verschiedene Staatsbetriebe gegründet: Darunter vor allem der negdel *Altan-Tal* (D: *Goldene Steppe*) und die administrativ an das Lebensmittelkombinat in Mörön angebundene *Fischerei-Staatsfarm* (MON: *zagas agnuuriin aj akhui*) im Rinchenlkhümbe sum, sowie der negdel *Jargalant-Amidral* (D: *Glückliches Leben*) im Ulaan-Uul sum (vgl.: Wheeler 2000: 48; Nyamaa 2008: 252, 295). Als nun die Dukha, drei Jahre später, im Jahr 1959, kollektiviert wurden, integrierte man sie als Einwohner zweier verschiedener sums folglich auch hauptsächlich in diese drei Betriebe: Die südlich lebende, heutige „Westtaigagruppe" in den *Jargalant-Amidral negdel* und die „Osttaigagruppe", nördlich des Shishgeds, in die Fischerei und den negdel *Altan-Tal*.

Die Dukha und ihre Tiere in den Augen der Planer und Verantwortlichen

Die Staatsbetriebe und Kooperativen waren jedoch kaum auf die Integration von Rentierhalter- und Jägerfamilien aus der Taiga vorbereitet. Vor allem die negdels waren primär auf die Steppenviehhaltung eingerichtet. Wie unter den Steppenbewohnern generell, gab es eine starke Tendenz unter den damaligen Planern und Verantwortlichen, Rentiere nicht als Vieh sondern als „wertlose Tiere, die in die Wildnis gehören" (Wheeler 2000: 48) anzusehen. So ist es wenig verwunderlich, dass gerade zu Beginn der Kollektivierung die *Assimilierung* der Dukha im Zentrum der Bemühungen der Kollektive stand.

Die Verfechter der vollständigen Assimilierung begrüßten mit großem Enthusiasmus jegliche Entwicklung der „Tsaatan" (siehe Abschnitt I 1.2) in Richtung des vorherrschenden Leitbildes der Steppen-Araten oder des sesshaften negdel-Arbeiters. Diese Denkweise kommt besonders in den Schriften des mongolischen Ethnologen und Chronisten Badamkhatan (1962) zum Ausdruck, der kaum eine Gelegenheit ausließ, die Ansiedlung und Integration der Dukha in die Fischerei und die Steppennegdels als eine historische Großtat zu feiern. Der Enthusiasmus Badamkhatans ging sogar so weit, dass er forderte, die Rentiere der Dukha an eine dauerhafte Grasdiät zu gewöhnen, um die Ansiedlung der „Tsaatan" in den Steppengebieten zu erleichtern:

> „Mehrere tausend Jahre lang hat das Volk der Tsaatan die Gipfel der Taiga und andere unbewohnte Gebiete auf der Suche nach Futter für ihre Rentiere durchstreift. Um diese Tradition zu beenden, sollten Negdelverwaltung, Partei und öffentliche Organisationen von nun an diese Rentiere an Steppengras als Nahrung gewöhnen. Wenn man Maßnahmen zur Gewöhnung der neugeborenen oder jungen Kälber an Gras einführt (oder sogar die älteren Rentiere an verschiedene Grasarten gewöhnt), und diejenigen Tiere, die bereits gelernt haben, im Tiefland zu grasen, von den anderen trennt, wird es einfach werden, die Tsaatan in den sum-negdel-, und Brigadenzentren sesshaft zu machen und sie aus ihrer ewigen Bedeutungslosigkeit[47] zu befreien." (Badamkhatan 1962: 53; übers. v. JE u. Baasankhüü, siehe auch Wheeler 2000: 51)

Die weitgehend propagierte Assimilierung der Dukha wurde vor allem durch das Argument gerechtfertigt, dass deren Integration in die mongolische Gesellschaft nicht nur in ökonomischer sondern auch sozialer und vor allem *kultureller* Hinsicht, positiv wäre (s.o.). So schrieb z.B. Badamkhatan in diesem Zusammenhang von einer *„Aufwertung der Kultur des Tsaatan-Volkes"* (1962: 53f; übers. v. JE).

Daneben gab es aber auch durchaus Tendenzen zur Unterstützung der Rentierhaltung. Vor allem im Jargalant-Amidral negdel, im Ulaan-Uul sum, kam den Taigabrigaden auch ein verhältnismäßig hohes Maß an Unterstützung durch den dortigen, bis 1978 amtierenden Direktor Ayuursed zu.

2.2.2 Die Kollektivierung der Dukha in Ulaan-Uul und Rinchenlkhümbe

Fischerei und Jagd im Rinchenlkhümbe sum

Im Rinchenlkhümbe sum gab es seit 1942 eine kleine Fischerei am See *Tsagaan nuur*, welche als Zulieferer des mit sowjetischer Hilfe erbauten Lebensmittelkombinats des Khövsgöl aimags in Mörön fungierte und ein Jahr nach ihrer Gründung eine kleine „Werkhalle" (MON/RUS: *tsekh*) erhielt, wo der Fisch zur Weiterlieferung an das Kombinat verarbeitet wurde (vgl.: Nyamaa 2008: 368). Ab 1956 wurde die Fischerei ausgebaut und erhielt den Status einer „Industrie" (MON: *üildver*) (Davaanyam 2006: 10, 22; Nyamaa 2008: 368). Dies war auch die „Geburtsstunde" der Fischereibrigade Tsagaannuur, wo zu jener Zeit erstmals eine kleine, permanente Siedlung am gleichnamigen See entstand (vgl.: Nyamaa 2008: 368, 370; Davaanyam 2006: 10; Wheeler 2000: 43). Ihr sollte eine Schlüsselrolle in der kurz darauf folgenden Kollektivierung der Dukha im Rinchenlkhümbe sum zukommen:

Nachdem im Jahr 1960 von der mongolischen Regierung Geld und Material für den Bau von Siedlungen für die „Tsaatan" bereit gestellt wurden, begann man

---

47 Die Übersetzung „Bedeutungslosigkeit" für „jijig baidal" (D wörtlich: *kleine Existenz*) ist von Wheeler (E: *insignificance*), welcher dieselbe Textstelle zitiert (2000: 51), entlehnt.

damit, die kleine Fischereibrigade für die Ansiedlung der Taigabewohner auszubauen: 1961 entstanden am Weißen See 14 Häuser für die Dukha (vgl.: Wheeler 2000: 50), welche alsbald bezogen wurden. Schon nach kurzer Zeit machten die Dukha so 40% der Angestellten der Fischerei aus (vgl.: Davaanyam 2006: 10), was darin resultierte, dass das neue Tsagaannuur bald auch als „Tsaatan Siedlung" (Mong: „*Tsaatny tosgon*") bezeichnet wurde (ibid.).

Laut offizieller Propaganda geschah die Ansiedlung der Dukha in der Fischersiedlung freiwillig (vgl.: Wheeler 2000: 51). Inwieweit dies aber den Tatsachen entsprach, sollte mit einer gewissen Skepsis hinterfragt werden. Wie Wheeler (2000: 50) betont, gab es durchaus Dukha, die in jener schwierigen Zeit „froh über die Möglichkeit zu arbeiten waren", und dabei den Druck sich sesshaft niederzulassen eher weniger wahrnahmen. Aber längst nicht Alle empfanden dies so:

> „Die Kollektive begannen auf freiwilliger Basis. Aber es gab durchaus Druck, ihnen beizutreten: Zum Beispiel durfte man als Nicht-Mitglied nicht mehr seine Tiere weiden, wo man wollte. Als erstes traten sechs Familien aus der Gegend um Khankh in den negdel Altan-Tal ein. Im Jahr 1959 wurde aber entschieden, dass alle jungen Dukha in der Fischerei in Tsagaannuur arbeiten sollten. Also mussten fast alle jungen Leute in das neue Dorf ziehen, während die Alten in der Taiga zurückblieben und sich um die Rentiere kümmerten." (Sanjim, Sept. 2012: pers. Komm.)

Trotz des von den Hardlinern verfolgten Ziels, die Mehrzahl der Dukha so schnell es ging der Fischerei oder den Steppenbrigaden der negdels zuzuführen, stellte man Rentierhaltung und Jagd im Rinchenlkhümbe sum immerhin nicht gänzlich zur Disposition. Wie oben beschrieben, ließ man einige Dukha bei den Rentierherden in der Taiga bleiben. Diese Rentierbrigaden waren ebenso an die Fischerei (und damit an das Kombinat in Mörön) und *nicht* an den Altan-Tal negdel angegliedert (vgl.: Davaanyam 2006: 22) – was praktische Auswirkungen auf die Beschäftigten der Fischerei hatte: jedes Jahr, zwischen dem 1. November und dem 20. Dezember, wurde die gesamte männliche Belegschaft der Fischerei in die Taiga geschickt, wo sie gemeinsam mit den Männern aus den Rentierhaltercamps auf Zobeljagd ging (Erdene, Sept. 2012: pers. Komm.). Jedem der Männer war es vorgegeben, innerhalb dieser Zeit mindestens 15 Zobel zu erbeuten (ibid.). Danach gingen die Teilzeitjäger wieder zurück an ihre Arbeit am See.

Folglich gab es in der „Fischerei" zwei Arten von Brigaden: Eine sesshafte, die überwiegend in der Fischerei beschäftigt war und eine nomadische, welche in der Taiga Rentiere hielt (Borkhüü, Sept. 2012: pers. Komm.). Das verbindende Element zwischen den beiden war die Zobeljagd. Sie wurde mehr und mehr zum zweiten ökonomischen Standbein der Fischerei, welche im Jahr 1972, 13 Jahre nach Beginn der Kollektivierung der Dukha, zur „Staatlichen Jagdfarm" (MON: *Ulsyn agnuuryn aj akhui*), erhoben und umbenannt wurde (Davaanyam 2006: 29f; Nyamaa 2008: 362; Wheeler 2000: 52).

Abb. 31: Der „Weiße See" (MON: Tsagaan nuur). 25. September 2012. Fotograf: JE

Rentierhaltung und Forstwirtschaft im Jargalant-Amidral negdel (Ulaan-Uul sum)

Im Unterschied zur Entwicklung in Rinchenlkhümbe schien im Ulaan-Uul sum der Rentierhaltung ein höherer Stellenwert beigemessen worden zu sein. Zwar arbeiteten hier anfänglich nur zwei Familien für die Rentierhalterbrigade in der Ulaan Taiga, während die Mehrheit in einem Sägewerk im Sumzentrum beschäftigt wurde (vgl.: Inamura 2005: 143) – nachdem aber bald schon die Rentierherde des negdels auf über 500 Tiere angewachsen war, zogen viele Familien zurück in die Taiga, um sich der dortigen Brigade anzuschließen (ibid.).

Möglicherweise lässt sich der Erfolg der Brigade in der Ulaan Taiga auch darauf zurückführen, dass dem Jargalant-Amidral negdel mit dem Direktor Ayuursed rund zwanzig Jahre lang ein Mann vorstand, der sich sehr stark der Förderung der Rentierhaltung widmete (vgl.: Inamura 2005: 143; Davaanyam 2006: 15; 64). Der ausgebildete Tierzuchtspezialist war 1957 zum Studium der „Biologie der Rentiere des Khövsgöl aimags" in die Region entsandt (Davaanyam 2006: 64) und alsbald zum Leiter des negdels in Ulaan-Uul ernannt worden. 1962 importierte Ayuursed 20 Rentierbullen aus Tuwa, um den Genpool der Herde seines sums zu bereichern (vgl.: Davaanyam 2006: 64). Vermutlich wichtiger aber als diese und ähnliche Maßnahmen war die relativ große Freiheit, die er den Rentierhaltern seines negdels ließ. Der ehemalige Vorstand der dortigen Taigabrigade, Sanjim, berichtete, dass zu jener Zeit in der Ulaan Taiga neben den offiziellen negdel-Tieren viele Tiere in Privatbesitz waren. Er selbst konnte darüber entscheiden, wie viele Rentiere jede Familie für sich behalten konnte und half, nach eigenen Angaben, den Leuten „so gut er konnte" (Sept. 2012: pers. Komm.). So wuchs der Rentierbestand im Ulaan-Uul sum mit der Zeit beachtlich an: Im Jahr 1972 feierte man erstmals das „Fest der tausend Rentiere"; 1976 weideten in der Ulaan Taiga, nach Angaben Sanjims, mehr als 1600 Tiere. Jedes Brigadenmitglied war damals für „mindestens 20" Rentiere zuständig und erhielt ein Gehalt von 2 MNT pro Tier (Inamura 2005: 143). Ein Kilogramm Mehl kostete zu jener Zeit 1 MNT, was bedeutete, dass das Einkommen eines Rentierhalters im Ulaan-Uul sum immerhin ausreichend für die bescheidene Grundversorgung war (ibid.). Anders als in der Fischerei in Rinchenlkhümbe, legte man in Ulaan-Uul allerdings kaum Wert auf die Entwicklung des Jagdsektors. Im Gegenteil: Zwischen 1960 und 1975 war hier die Jagd auf Zobel sogar verboten (ibid.).

Die positive Entwicklung der Rentierhaltung im Ulaan-Uul sum sollte allerdings nicht darüber hinweg täuschen, dass im Zuge der Kollektivierung viele Dukha dem Taigaleben entrissen wurden. Neben der Fischerei in Tsagaannuur und dem Sägewerk im Ulaan-Uul sum wurden viele Taigabewohner auch in die Steppenviehhaltung verlegt: Schon im ersten Jahr der Kollektivierung der Dukha verzeichneten die Statistiken der negdels, dass bereits 85 Rentierhalter den Steppenbrigaden beigetreten waren (vgl.: Wheeler 2000: 49f). Andere, vor allem junge, männliche Dukha wurden zur Arbeit am Fährhafen in Khankh (bzw. *Turt*), am Nordufer des Khövsgöl-Sees, welches damals noch zum Rinchenlkhümbe sum gehörte, eingeteilt (vgl.: Badamkhatan 1962: 50; Wheeler 2000: 50).

3. DIE DUKHA 1970–1990

3.1 Leben und Wirtschaft im negdel und in der Staatsfarm bis 1985

In der Zeit nach der Kollektivierung entwickelte sich die Rentierhaltung und das Leben der Dukha zunächst in vielerlei Hinsicht positiv. Bis 1977 wuchsen die Herden in beiden sums auf insgesamt über 2.275 Tiere an (vgl.: Wheeler 2000: 51; Inamura 2005: 143). Auch in Rinchenlkhümbe erwiesen sich die Dukha als „in bescheidenem Rahmen profitabel" (Wheeler 2000: 52) für die Regierung und lieferten jährlich 250 bis 300 Zobelpelze ab (ibid.). In den 1980er Jahren steigerten sich die Fänge mitunter sogar auf bis zu über 400 Tiere pro Jahr (vgl.: Davaanyam 2006: 42). Um die Gesundheit der Rentiere kümmerten sich staatliche Tierärzte, und der Lebensstandard der Dukha stieg während dieser Zeit auf ein bescheidenes aber stabiles Niveau an (vgl.: Wheeler 2000: 52).

3.1.1 Aufstieg und Niedergang der Fischerei

In der Fischerei in Tsagaannuur wurden bis etwa 1971 sehr hohe Erträge an Weißfisch[48] eingebracht (vgl.: Davaanyam 2006: 20, 30; siehe auch Abb. 38). Dann aber begann die Fischpopulation unter dem offenbar viel zu großen Entnahmedruck zu kollabieren: 1972 fiel die Jahresproduktion von fast 128 Tonnen im Vorjahr, bzw. 158 Tonnen im Jahr 1970, auf nurmehr knapp über 60 Tonnen ab und erholte sich nie wieder (ibid.). Nachdem sie 1986 auf ein Minimum von nur noch 36 Tonnen geschrumpft war, wurde sie im darauf folgenden Jahr sogar ganz ausgesetzt – mit nur geringem Erfolg: 1990 wurde die Fischerei eingestellt und für 10 Jahre jeglicher Fischfang im See verboten (vgl.: Wheeler 2000: 54).

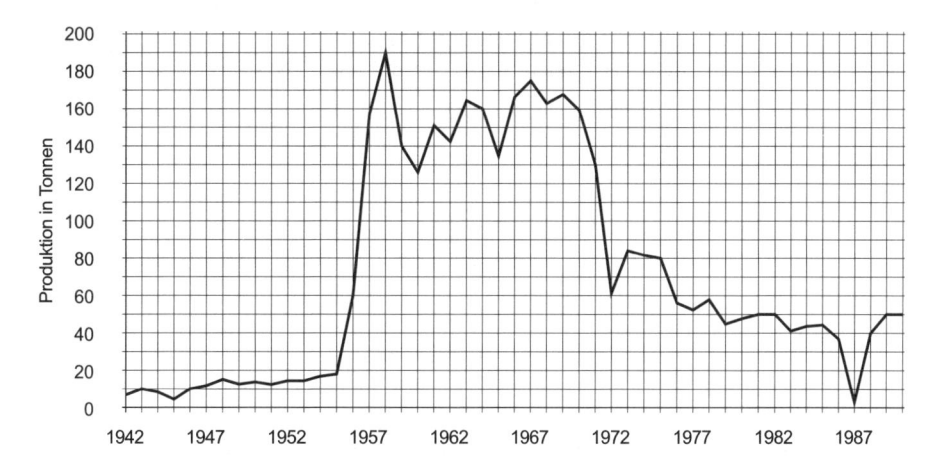

Abb. 32: *Entwicklung der Weißfischproduktion im Tsagaan Nuur zwischen 1942 u. 1990. Grafische Umsetzung: JE auf Datengrundlage von Davaanyam 2006*

---

48 Der aus dem Mongolischen übersetzte Name „Weißfisch" (MON: *tsagaan zagas*) entspricht nicht dem im Deutschen verwendeten Begriff, unter dem i.A. in fischereilicher Hinsicht minderwertige Cypriniden zusammengefasst werden. Vielmehr handelt es sich beim wohlschmeckenden *tsagaan zagas* um eine lokale Subspezies der als Speisefisch überall begehrten Coregonen (D: Renken/Felchen), dem in der Mongolei vor allem in den Seen der Darkhad Region und der Selenge beheimateten *Coregonus lavaretus pidschian* (vgl.: Dulmaa 1999).

3.1.2 Ausbeutung, Beinahe-Kollaps und Rettung der Rentierherden ab 1978

Massenschlachtungen

In den Taigabrigaden hielt die positive ökonomische Entwicklung noch bis etwa gegen Ende der Siebzigerjahre an. Dann aber beschloss man einige Maßnahmen, die sich äußerst negativ auswirkten: Im Rinchenlkhümbe sum wurde die Schlachtung eines Großteils der Herde angeordnet, um die Internatsschule mit Fleisch zu versorgen (Wheeler 2000: 52; Inamura 2005: 143). Auch im Ulaan-Uul sum wurden nach der Ablösung Ayuurseds durch einen neuen Direktor im Jahr 1978 800 Rentiere für die Ernährung der Schulkinder im Internat geschlachtet, wodurch die Gesamtpopulation in beiden sums bis 1980 auf nur noch 380 Tiere (300 in Ulaan-Uul, 80 in Rinchenlkhümbe) sank (Inamura 2005: 143). So verloren durch diese zwei Ereignisse die Dukha-Brigaden in nur drei Jahren 86% ihrer Tiere.

Blutige Geweihe

Kaum minder drastisch wirkte sich die Einführung eines gänzlich neuen Sektors – der Produktion von *Samtgeweih* – aus: Im Jahr 1979 begannen die negdels ihre Taiga-Brigaden dazu anzuhalten, „*tsusan ever*" (D [wörtl.]: *Blutgeweih*), zu „ernten" um das Produkt auf dem asiatischen Markt zu verkaufen (vgl.: Wheeler 2000: 52; Jernsletten & Klokov 2002: 145). Hierfür wurden den Rentieren jeden Sommer ihre sich noch in der Wachstumsphase befindenden, felligen und mit Blut- und Nervenbahnen durchzogenen Geweihe amputiert. Es ist nicht bekannt, wie viele Tiere direkt in Folge dieser Tortur starben, aber noch heute berichten die Dukha mit teils offenem Entsetzen über diese Praxis, die die Abwehrkraft und Gesundheit ihrer Tiere stark schwächte, häufig sogar ganz konkret zu schweren Infektionen führte und deswegen heute praktisch nicht mehr angewandt wird, obwohl auf dem chinesischen und koreanischen Markt immer noch sehr attraktive Preise für das Produkt bezahlt werden. Einen Eindruck davon, wie unnachhaltig die Ernte von tsusan ever gewesen sein muss, geben die Aufzeichnungen der negdels, aus denen hervorgeht, dass die Produktion von Samtgeweih von 845 Einheiten[49] im Jahr 1981 auf nur noch 283 im Jahr 1986 zurückging und sich bis 1990 bei etwa 400 Einheiten einpendelte (Davaanyam 2006: 42).

Bei allem Übel hatte die Einführung der Samtgeweihproduktion für die Dukha einen positiven Aspekt: Durch sie wurde die Rentierhaltung in den Augen der negdel-Leitungen wieder ein Wirtschaftszweig mit ökonomischem Potential. Es kam zu keinen weiteren Massenschlachtungen (vgl.: Jernsletten & Klokov 2002: 145). Stattdessen bemühten sich die Verantwortlichen nun sogar aktiv um das Wohlergehen der verbliebenen Tiere: Im Jahr 1986 wurden abermals 50 Bullen aus Tuwa importiert, um die genetische Vielfalt der mongolischen Rentierpo-

---

49 Aus den Daten Davaanyams (vgl.: 2006: 42) geht leider nicht hervor, ob es sich hier um Stück oder Kilogramm handelt. Zum Vergleich der Dynamik ist dies jedoch irrelevant.

pulation zu stärken, welche sich zu jenem Zeitpunkt zwar schon wieder etwas erholt hatte, aber immer noch insgesamt nur noch 671 Tiere betrug (ibid.; Wheeler 2000: 53). Ebenso wurde die tierärztliche Versorgung in der Taiga verstärkt und zwei Dukha – Ganbat und Borkhüü – als Tierärzte ausgebildet, worauf die Herden wieder größer wurden (ibid.; Davaanyam 2006: 43, 51f). Im Jahr 1990 erreichte man sogar wieder 1.200 Tiere (vgl.: Wheeler 2000: 53).

3.2 Die Gründung des Tsagaannuur sums und die Zusammenlegung der Dukha

Im Zusammenhang mit den Bemühungen um die Stärkung der Rentierhaltung ab Mitte der Achtzigerjahre muss auch die Gründung des Tsagaannuur sums und die mit ihr einhergehende Umsiedlung der Dukha aus der Ulaan Taiga in die heutige Westtaiga betrachtet werden:

Im Jahr 1984 schlug Ayuursed, der ehemalige Direktor des Jargalant-Amidral negdels in Ulaan-Uul, vor, den nordwestlichen, überwiegend aus Taiga und Bergen bestehenden Teil des Rinchenlkhümbe sums administrativ von den benachbarten Steppengebieten abzutrennen, um dort einen eigenen Landkreis, vor allem für die Entwicklung der Rentierzucht und Jagd einzurichten (vgl.: Inamura 2005: 143). So wurde am 27. November 1985 der Tsagaannuur sum gegründet (vgl.: Nyamaa 2008: 370). Mit der Entstehung des neuen sums wurden Rentierzucht und Jagd von der Fischerei (die 1985 allerdings noch 70% der Wirtschaftsleistung des neuen sums ausmachte (vgl.: Nyamaa 2008: 362)) abgekoppelt und in einem neuen Staatsbetrieb, der „Tsagaannuur Jagd- und Rentierzuchtfarm" (MON: *Tsaa buga agnuuryn aj akhui*) zusammengefasst (Wheeler 2000: 53). Das Ziel, einen ganzen sum vor allem für die Entwicklung der Rentierhaltung und Jagd zu gründen, kann als eindeutiges Bekenntnis der Verantwortlichen zur Unterstützung der Taigawirtschaft gewertet werden. Nach Ganbolds Angaben (Feb. 2014: pers. Komm.) sollte durch die Zusammenlegung vor allem die Osttaigagruppe unterstützt werden, die zu jener Zeit offenbar nur noch über etwa 50 Rentiere verfügte.

Ein Problem aber blieb in diesem Zusammenhang noch zu lösen: Das Gebiet des neuen sums lag weit außerhalb der Weidegebiete der weiter südlich lebenden Dukha des Jargalant-Amidral negdels im Ulaan-Uul sum. Da es aber das Ziel war, die gesamte rentierhaltende Bevölkerung der Region in der neuen Jagd- und Rentierzuchtfarm zu vereinen, war es vorgesehen, alle Rentierbrigaden aus der Ulaan Taiga in den neuen sum zu verlegen. Der Aufruf, die alten Weidegebiete zu räumen erreichte die Bewohner der Ulaan Taiga schon im Jahr 1984 – aber niemand folgte ihm (Sanjim, Sept. 2012; Ganbold, Feb. 2014: pers. Komm.). So wurden im Sommer 1985 die Dukha aus der Ulaan Taiga gezwungen, in den neuen sum zu ziehen, wo sie gegen Ende August, kurz vor Schulbeginn am 1. September, in Menge Bulag, das damals noch das Sommerweidegebiet der Osttaigagruppe war, ankamen (siehe Karte 19). Die meisten Taigaleute dachten damals, so Ganbold und Badral (Feb. 2014: pers. Komm.), sie würden nach ein bis zwei Jahren wieder in die Ulaan Taiga zurückkehren. Aber das geschah nicht. Stattdessen zogen sie 1987 sogar komplett in die Osttaiga und nomadisierten dort für ein Jahr gemeinsam mit der dort ansässigen Lokalgruppe. Daraufhin kehrten sie wieder zurück in die neuen Weidegebiete südlich des Shishgeds – und blieben dort bis heute.

Der Auszug aus der Ulaan Taiga im Zuge der Zusammenlegung der Dukha in einen gemeinsamen Landkreis wird von den Betroffenen unterschiedlich bewertet. Für die älteren Dukha, die schon als Kind aus der Tere-Khöl-Region fliehen mussten, war dies der zweite Verlust von Heimat in ihrem Leben. Viele von ihnen haben die Region nie wieder besucht. Während gerade diese Generation oft in nostalgischer Erinnerung von der großen Taiga im Süden schwärmt, sehen sie gleichzeitig auch die pragmatische Seite: Sie waren damals als junge Leute froh, dass ihnen durch den Umzug der Kontakt zu den Dukha nördlich des Shishgeds erleichtert wurde. Die Dukha aus Süd und Nord, die zwar auch schon vor ihrer Zusammenlegung miteinander in Kontakt standen, verschmolzen in den folgenden Jahren zu einer festen Einheit, heirateten untereinander, tauschten Rentierbullen und bewegen sich frei auf dem jeweiligen Gebiet der anderen Gruppe, was von allen als sehr positive Entwicklung verstanden wird.

Die Geschichte Nayanbats

Lediglich eine Familie, Regzed und Dulam, sowie ihr damals etwa 25 Jahre alter Sohn Nayanbat, weigerten sich standhaft, trotz des großen Drucks, der auf sie ausgeübt wurde, die Ulaan Taiga zu verlassen. Um bleiben zu können, zogen sie alle Register: Sie traten aus dem negdel aus, gaben diesem seine Tiere zurück und blieben mit ihren wenigen verbliebenen Privattieren alleine in der Ulaan Taiga – woraufhin sie offenbar mit der Zeit von den Behörden (aber auch ihren ehemaligen Brigadegenossen) vergessen wurden. Sie lebten, wie Nayanbat im Februar 2014 berichtete, völlig auf sich alleine gestellt von der Jagd. Glücklicherweise meinte es die Taiga gut mit ihnen: Sie mussten niemals Hunger leiden, denn sie fanden stets Wild und fingen reichlich Fisch. Sie nomadisierten, wie ihre Vorfahren, durch die gesamte weite Taiga zwischen dem Grenzfluss Bus gol, den Quellen des Delgers und den Höhenzügen der Ulaan Taiga, blieben stets nur wenige Wochen an einem Ort und besuchten eine verlassene Weide niemals ein zweites Mal. Sie besaßen lange Zeit keinen Blechofen, heizten und kochten mit offenem Feuer. Nur ganz selten gingen die Eltern nach Ulaan-Uul, um dort Zobelfelle zu verkaufen und vom Erlös Munition und das Wenige, das sie nicht selbst in der Taiga erwirtschaften konnten, zu kaufen. Als im Jahr 1990 der Kommunismus zusammenbrach, bekam die Familie lange Zeit nichts davon mit.

Sie waren, versichert Nayanbat, niemals krank, niemals beim Arzt oder gar im Krankenhaus – und auf keinerlei Hilfe angewiesen. Schwierig aber war die Einsamkeit – vor allem für Nayanbat, der nach dem Wegzug seiner Freunde alle seine sozialen Kontakte verlor. So überredete er seine Eltern, schließlich doch noch in den neuen sum zu ziehen. Nach seinen Angaben war dies 1997, Ganbold, Badral und Borkhüü sind sich jedoch sicher, dass es 1989 war. Aber Regzed und Dulam gefiel es nicht in der Westtaiga. Und so zogen sie schon nach einem Sommer in Menge Bulag wieder zurück in die Ulaan Taiga. Nayanbat folgte seinen Eltern und blieb bei ihnen bis zu ihrem Tod. Als er daraufhin, im Jahr 2006 (Ganbold, Badral und Borkhüü sagen, es war erst 2011) endgültig mit seinen Rentieren in die Westtaiga zog, konnte er kaum glauben, wie sich das Leben seiner Verwandten und ehemaligen Campgenossen verändert hatte. Zum ersten Mal sah er ein Telefon und staunte über die Fernseher, Motorräder und UAZ-Jeeps, die man dort jetzt hatte. Dreimal war der heute 54 jährige Nayanbat seither wieder in der Ulaan Taiga, die seit 2011 ein streng geschütztes Naturschutzgebiet ist, um dort die Geister seiner Ahnen zu ehren.

Abb. 33: Nayanbat. Deed Kharmai, 22. Februar 2014. Fotograf: JE

TEIL 3:
Die Tozhu in der Sowjetunion – 1945 bis 1992

4. DIE „ENTNOMADISIERUNG" DER SOWJETUNION

4.1 Einleitung

MVR und UdSSR: Gemeinsamkeiten und Unterschiede

Wie im vorangegangenen Kapitel beschrieben, war sowohl in der Mongolischen Volksrepublik als auch in der Sowjetunion die nomadische Bevölkerung von den Umgestaltungsmaßnahmen im Zuge des Aufbaus der sozialistischen Gesellschaft betroffen. In beiden Ländern waren die Tierhalter vor allem einer Kollektivierungs- und Modernisierungspolitik ausgesetzt, die nicht nur die Umverteilung bzw. Verstaatlichung ihres Viehbesitzes sondern auch die Veränderung der nomadischen Lebens- und Wirtschaftsweise an sich zum Ziel hatte. Innerhalb dieser allgemeinen, gemeinsamen Tendenz gab es allerdings auch einige grundsätzliche Unterschiede:

In der Mongolei galt selbst in den Führungskreisen der kommunistischen Partei die nomadische Lebensweise *an sich* keineswegs als der sesshaften unterlegen oder gar als hoffnungslos „rückständig". Zu keinem Zeitpunkt beabsichtigte die selbst dem „nomadischen Milieu" entstammende mongolische Parteiführung, die nicht-sesshafte Bevölkerung im großen Stil zu sedentarisieren bzw. den Nomadismus selbst zu beseitigen (Scholz 1995: 155). Während aber in der MVR – verallgemeinernd gesprochen – das nomadische Leben lediglich umgewandelt und nach sozialistischen Vorstellungen „modernisiert" werden sollte, war die Haltung gegenüber dem Nomadismus in der Sowjetunion eine viel radikalere: Die Bevölkerungsmehrheit der Sowjetunion bestand aus sesshaften, bäuerlichen Gesellschaften – allen voran natürlich die „großen" Nationen wie Weißrussen, Ukrainer und natürlich die Russen, welche nicht nur politisch sondern auch kulturell die Führungsrolle im Vielvölkerstaat ausübten. Somit ist es wenig überraschend, dass die sozialistische Revolution in der Sowjetunion eine sesshafte Bewegung war und ihre Vordenker, Planer und Politiker der nomadischen Lebensweise – die für sie unweigerlich mit einem zu überkommenden feudalistischen Gesellschaftssystem verbunden war – nur wenig Positives abzugewinnen wussten und sie so schnell wie möglich überall im Land beenden wollten.

Nomadismus: Die unterschiedliche Wahrnehmung der Steppe und des Nordens

Sowohl die Motive als auch die Herangehensweise an das „Problem Nomadismus" waren in verschiedenen Regionen des Landes jedoch durchaus unterschiedlich: In den großen Steppengebieten Zentralasiens ging die sowjetische Führung anders vor als in den isolierten Taiga- und Tundragebieten des „Nordens". Zwar wurde überall im Land ab den späten 1920er Jahren die nomadische Bevölkerung kollektiviert und (zumindest größtenteils) sedentarisiert, jedoch unterschied sich die Intensität und Radikalität der Durchführung der jeweiligen Regierungsprogramme deutlich. Hierbei waren die Nomaden Zentralasiens und der Steppengebiete Südsibiriens einer deutlich gewaltsameren Politik ausgesetzt als die Rentierhalter des hohen Nordens und der Taigaregion (vgl.: Khazanov [1983] 1994: li-liv; Scholz 1995: 150ff; Giese 1982). Dies lag vermutlich an einer unterschiedlichen Wahrnehmung der Phänomene Steppen- und Rentiernomadismus: Der Steppennomadismus wurde als besonders bedrohliches Relikt der zentralasiatischen Feudalgesellschaft aufgefasst. Somit hatte der schnelle und allumfassende Aufbau der kommunistischen – *sesshaften* – Gesellschaft in den betreffenden Regionen höchste Priorität und wurde zügig und mit großem Eifer umgesetzt (vgl.: Scholz 1995: 151). Das Ergebnis war indes katastrophal: Allein in Kasachstan kostete die Kollektivierung der nomadischen Tierhalter und die aus ihr resultierende Hungersnot zwischen eineinhalb und zwei Millionen Menschen das Leben (vgl.: Khazanov [1983] 1994: li; Pianiciola 2001).

4.2 Die Kollektivierung und Sedentarisierung des „Nordens"

Etwas anders gestaltete sich die Aufgabe der Kollektivierung und Sedentarisierung der Rentiernomaden im Norden der Sowjetunion (vgl.: Krupnik 2000: 51; Vitebsky 2005; Pika & Prokhorov [1988] 1999; Stammler 2007: 127ff). Sie wurde weniger als Klassenkampf begriffen sondern vor allem durch philanthropische Argumente gerechtfertigt – meist unter dem Verweis auf die schlechte ökonomische Situation und den angeblich extrem niedrigen sozio-kulturellen Entwicklungsstand der Bevölkerung „des Nordens" (vgl.: Pika [1994] 1999: 6f). Diese besiedelte zwar zusammengenommen gut die Hälfte der Fläche der Sowjetunion, aber lebte in kleinen Gruppen von Jägern, Fischern und Rentierhaltern extrem weit verstreut in einem kaum erschlossenen, dünn besiedelten Gebiet (vgl.: Pika & Prokhorov [1988] 1999: xxx). Zudem ging, anders als vom Steppennomadismus, von ihrer Lebensweise offenbar kaum eine konterrevolutionäre „Gefahr" aus. Im Gegenteil: Immer wieder wurde auf den angeblich „primitiven Kommunismus" der indigenen Völker des Nordens verwiesen und die einmalige Gelegenheit betont, diese Völker auf den „kommunistischen Pfad der Entwicklung" zu führen, ohne dass diese dabei die „kapitalistische" oder „sklavenhaltende und feudale Entwicklungsstufe" des marxistischen Entwicklungsmodells durchleben müssten (Pika [1994] 1999: 21f). Folglich entwickelte sich schon in den Anfangsjahren der Sowjetunion die Tendenz, den „Norden" (RUS: *Sever*) bzw. „Hohen Norden" (RUS: *Krajnij Sever*) als eine Art riesige Sonderzone zu begreifen, in der der Staat besondere Verpflichtungen gegenüber der schwachen, schutzbedürftigen Urbevölkerung habe. Im Jahr 1925 definierte man schließlich, im Rahmen einer groß angelegten ethnografischen Feldkampagne, 26 verschiedene „*Kleine Völker der nördlichen Randgebiete der RSFR*" (RUS: *Malye Narodnosti Severnykh Okrain RSFSR*) und versuchte deren aktuelle Lebensumstände genauestens zu erfassen (vgl.: Pika & Prokhorov [1988] 1999: xxx; Anderson 2002: Kap. 4).

Die schockierenden Ergebnisse dieser ethnologischen Studien, die die scheinbar katastrophale Situation der jahrhundertelang ausgebeuteten Bevölkerung der Tundra- und Taigagebiete Sibiriens offenbarte, schufen die Grundlage der folgenden Politik gegenüber den *Kleinen Völkern des Nordens*. Diese war, so Pika ([1994] 1999: 12), von Anfang an geprägt durch den Antagonismus zwischen „Traditionalisten" auf der einen und „Modernisierern" auf der anderen Seite:

> „Traditionalists considered that the socio-historical development of the numerically small ethnoses (and its tempo) was the business of these groups themselves. The government's only role was to protect their fragile ethnic structures (culture, territory) from destructive external influences, and gradually help them adapt to the more dynamic industrial society. Modernizers held that the socio-historical development of the numerically small ethnoses was too crucial to trust to the ethnoses themselves. In order to achieve great social ideals, the socialist government was „correct" in regulating and changing the socio-cultural institutions and structures of the northern peoples at its own dicretion („indeed, for their good")."

In der ersten Phase nach der Revolution, bis etwa gegen Ende der 1920er Jahre, behielt das Lager der Traditionalisten die Oberhand. Im Jahr 1924 wurde das „Komitee des Nordens" (bzw. offiziell: *„Komitee zur Unterstützung der Völker der nördlichen Randgebiete"* (RUS: *Komitet sodejstviya narodnostyam severnykh okrain*) eingerichtet, um die Interessen der isolierten Rentierhalter, Jäger und Fischer in der Politik zu wahren (Slezkine 1994: 152; Pika [1994] 1999: 13). Die Mitglieder der „Kleinen Völker des Nordens" wurden unterdessen in sogenannte „Clanräte" (RUS: *rodovie sovety*) und „Nomadenräte" (RUS: *kochevie sovety*) organisiert, in denen sich die Mitglieder bestimmter Clans oder Lokalgruppen (RUS: *obshhiny*) zusammenschlossen (vgl.: Forsyth 1992: 296; Anderson 2000: 46; Slezkine 1994: 158; Pika [1994] 1999: 12). In diesen Verbänden behielten die traditionellen Autoritäten zunächst einen Großteil ihrer Macht bei. Später, als sich die radikaleren Modernisierer mehr und mehr durchsetzten, wurden die Clanräte verboten und durch *„territoriale Räte"* (RUS: *sel'sovety*) ersetzt, und „Reiche" und traditionelle Stammesführer von der Teilnahme an Versammlungen ausgeschlossen (vgl.: Stammler 2007: 129f). Auch das Komitee des Nordens wurde 1935 abgeschafft.

Die Kollektivierung der Nomaden des Nordens brachte lange Zeit nicht die gewünschten Ergebnisse – und schon bald wurde den Planern bewusst, dass die gewöhnlichen Maßnahmen wie Enteignung, Verstaatlichung und Kollektivierung allein kaum ausreichen würden, um die gewünschten Veränderungen, die *„allumfassende soziale Revolution"* (Forsyth 1992: 296), auch in den entlegensten Winkeln des Landes zu erreichen: Der teils heftige und verzweifelte Widerstand der Nomaden, die allzu oft entweder lieber ihre Tiere schlachteten, als sie dem Staat zu überlassen oder sogar in offene, wenn auch meist hoffnungslose Rebellion gegen das Regime traten (vgl.: Stammler 2007: 137, 139), verdeutlichte den Verantwortlichen, dass es weitere, drastischere Maßnahmen brauchen würde, um die indigene Bevölkerung unter die Kontrolle des Staates zu bringen. Neben der Auflösung von Clanstrukturen und der Entmachtung traditioneller Anführer sowie der Liquidierung religiöser Instanzen und sogenannter „Kulaken" – selbst unter den materiell „ärmsten" und egalitärsten Rentierhaltern und Jägern der Weiten der sibirischen Tundra (vgl.: Stammler 2007: 127) – war in diesem Zusammenhang die wichtigste Maßnahme die *Sesshaftmachung* der Nomaden (vgl.: Scholz 1995: 151; Forsyth 1992: 295; Krupnik 2000: 51).

Ein weiteres Problem bei der Kollektivierung des Nordens bestand von Anfang an darin, dass überhaupt erst einmal eine gewisse Infrastruktur in den entlegenen Gebieten Sibiriens geschaffen werden musste. So mussten als erstes Kollektivzentren[50] errichtet werden, die dann als „Kondensationspartikel" für den weiteren Siedlungsbau dienten. Wo nicht schon zuvor Dörfer russischer Siedler oder zumindest feste Handelsstützpunkte bestanden, wurde die Lage dieser Zentren und der mit ihnen entstehenden Siedlungen einfach von Planern am Reißbrett festgelegt. Dabei gab es offizielle Vorgaben, denen zufolge z.B. Siedlungen keinesfalls so nahe an den Weidegründen der Nomaden gebaut werden durften, dass diese von dort aus zu leicht zu erreichen gewesen wären. Im Gegenteil: War dies der Fall, sahen die Richtlinien die Schließung und Verlegung der betroffenen Siedlungen vor (vgl.: Vitebsky 2005: 47).

Die groß angelegte Kampagne zur Kollektivierung und Sedentarisierung des Nordens wurde vor allem aus humanitären Gründen gerechtfertigt: Dem entbehrungsreichen Leben in der Wildnis sollte ein Ende gemacht, die mit ihm einhergehenden Krankheiten ausgemerzt und die Fürsorge und Erziehung der Nomadenkinder in die Hände der wohlwollenden staatlichen Institutionen übergeben werden (vgl.: Forsyth 1992: 297). Die entlegenen Kollektive Sibiriens wurden so im offiziellen Diskurs nicht nur zu Außenposten der Revolution sondern gleichzeitig auch der *Zivilisation* (siehe hierzu z.B.: Potapov [1956] 1964: 406).

4.3 Satelliten der sozialistischen Zivilisation

Ähnlich wie die negdels in der Mongolei (siehe Abschnitt IV 2.1.3), wurden die Kollektive des Nordens für ihre Mitglieder schon bald zu „*totalen Institutionen*" (Goffman 1961; Wallace 1971; Humphrey 1998: 452; Donahoe 2004: 186; Stammler 2007: 143), die einerseits für Stabilität und Sicherheit sorgten, praktisch alle ihre materiellen und sozialen Bedürfnisse befriedigten und andererseits fast jeden Aspekt ihres Lebens und selbst ihren Kontakt zur Außenwelt kontrollierten. In diesem Zusammenhang ist es wohl auch kein Zufall, dass ein solcher, seine Bewohner wie unter einer künstlichen Atmosphäre beschützender und kontrollierender Satellit der sozialistischen Zivilisation in der sowjetischen Terminologie – im Kontrast zum traditionellen russischen Dorf (RUS: *derevnya*) – als „*naselyonnyj punkt*" (D: besiedelter Punkt) bezeichnet wurde. Vitebsky beschreibt hervor-

---

50 Im Folgenden wird, soweit nicht spezifiziert, von „Kollektiven" bzw. „Kollektivzentren" gesprochen, was sowohl die Kolchosen (RUS: *kolkhozy*) als auch die Sowchosen (RUS: *sovkhozy*) einschließt. Der prinzipielle Unterschied zwischen Kolchosen und Sowchosen war, dass die Erstgenannten genossenschaftlich organisiert und im Prinzip kollektives Eigentum ihrer Mitglieder waren, während Sowchosen landwirtschaftliche Betriebe in Staatsbesitz waren, deren Angestellte von der Betriebsleitung feste Gehälter bezogen (vgl.: Riasanovsky 2000: 498).

ragend die tiefere symbolische und propagandistische Bedeutung, die sich hinter dieser Bezeichnung verbirgt:

> „A new official terminology came into being, which revealed how the village, surrounded by concentric circles of pasture, was itself seen as lying at the outer edge of a far grander concentric space with its centre in Moscow. Villages were designated as „points of population" – implying that no population could exist without them – and „points of supply", as though supplies could only come from outside and not from the land itself." (Vitebsky 2005: 47)

Um seine „Satelliten" in den Weiten Sibiriens auch wirklich in die nationale Ökonomie und Gesellschaft einzubinden, scheute Moskau keine Kosten und keinen Aufwand. Nach Ende des Zweiten Weltkrieges wurden selbst die ökonomisch unbedeutendsten und isoliertesten Rentierhalterkollektive an ein hoch subventioniertes Luftverkehrsnetz angeschlossen. Dies wurde ermöglicht durch den breiten Einsatz der legendären Antonov-2 Doppeldecker, die in der Lage waren, selbst kleinste Landebahnen unter den schwierigsten Umständen anzufliegen. Der extrem teure Aufbau und Unterhalt dieser Infrastruktur war – neben der überall engmaschig ausgeübten politischen und sozialen Kontrolle – die zweite Komponente in der damals alles beherrschenden sozialistischen Doppelvision von technischem Fortschritt und dem Aufbau einer neuen Gesellschaft. So wurde es möglich, die Produkte der abgelegenen Rentierhalter- und Jägerkollektive zu vermarkten und in manchen Gegenden die bergbauliche und forstwirtschaftliche Ressourcenausbeutung voranzutreiben.

Gleichzeitig wurde durch diese Entwicklung die breit angelegte Entsendung von Lehrkräften und Gesundheitspersonal in die abgeschiedensten Gegenden des Landes ermöglicht, was neben der materiellen Versorgung der dort ansässigen Bevölkerung auch deren Literarisierung, berufliche Ausbildung und flächendeckende Gesundheitsversorgung entscheidend vorantrieb. All dies resultierte während der folgenden Jahrzehnte – trotz des quantitativ deutlich messbaren Niedergangs der Rentierwirtschaft (vgl.: Krupnik 2000: 51) – in einem durchaus beachtlichen Anstieg des Lebensstandards der Indigenen Sibiriens:

> „Like other great empires, the Soviet Union swallowed up smaller communities, using the resources from the frontier to sustain consumption and redistribution at the centre. But this was an empire unlike any other. Whereas others would have left the natives as barbarous tribes, merely extracting tribute from them as the tsars had done, Soviet civilization undertook to incorporate these minorities into the grand plan of human evolution, giving them an education and even a path to the ruling elite." (Vitebsky 2005: 45)

Auf dem Höhepunkt dieser Entwicklung war es keineswegs unüblich, dass ganze Familien aus den Kollektiven des fernen Nordens „auf bezahlte Urlaubsreisen in der ganzen Sowjetunion oder benachbarte Länder des Ostblocks geschickt" wurden (Vitebsky 2005: 46f, übers. v. JE) und die Kinder der ihrerseits noch in der Taiga oder Tundra geborenen kolkhozniky an den großen Universitäten des Landes, in Leningrad und Moskau, studierten (vgl.: Gray 2005: 103). Es ist durchaus nachvollziehbar, warum sich so die meisten der heute älteren Rentierhalter, die diese Zeit miterlebt, aber die Schrecken der ersten Jahre der Kollektivierung wiederum höchstens aus den Erzählungen ihrer Eltern kennen, überall im Land voller Nostalgie an die Tage der Staatsfarmen erinnern (vgl.: Gray 2005: 95f).

Umgekehrt aber wurde das Leben der letzten verbliebenen nomadischen Rentierhalter und Jäger bewusst immer schwerer gemacht. Zwar war es prinzipiell wohl in vielen Gegenden durchaus möglich, sich vor den Behörden in den riesigen Weiten der Taiga und Tundra zu verstecken, praktisch bedeutete dies aber, auf sich allein gestellt überleben zu müssen. Dringend benötigte Waren wie z.B. Munition, gaben die Kollektive nur an ihre eigenen Jäger heraus (vgl.: Forsyth 1992: 297), was aufgrund der Monopolstellung der Kollektive ein sehr wirksames Druckmittel gegen die letzten Kollektivierungsverweigerer war. So traten immer mehr Nomaden den Kollektiven bei. Gegen Ende der 1950er Jahre galt so die Kollektivierung Sibiriens als abgeschlossen (Forsyth 1992: 362). Aber damit war das „Problem" des Nomadismus noch nicht automatisch gelöst: Denn Rentiere können nicht stationär gehalten werden (siehe hierzu: Stammler 207: 150). Die teilweise riesigen Rentierherden der Kollektive mussten nach wie vor permanent von Weide zu Weide ziehen – unabhängig davon, ob es gelang, ihre ehemaligen Besitzer von den Vorzügen des sesshaften Lebens zu überzeugen oder nicht (vgl.: Vitebsky 2005: 43; Slezkine 1994: 351).

Die Rentierhaltung deswegen jedoch einzustellen kam im Allgemeinen[51] nicht in Frage: Zwar war sie in den meisten Kollektiven des Nordens nicht der einzige Wirtschaftszweig. Neben ihr waren, wo immer es die natürlichen Bedingungen erlaubten, auch andere Sektoren wie z.B. die Jagd, der Ackerbau, die Viehhaltung und Pelztierzucht oder der Fischfang in die gesamtbetriebliche Struktur der Kolchosen und Sowchosen integriert. Dennoch aber blieb die Rentierproduktion in den Regionen, in denen sie zuvor auch unter der indigenen Bevölkerung eine bedeutende Rolle gespielt hatte, i.d.R. zunächst das wirtschaftliche Hauptstandbein. Und selbst dort, wo z.B. die Pelztierjagd (wie etwa in Todzha) aus ökonomischer Perspektive noch wichtiger war, spielte die Rentierzucht zur erfolgreichen Durchführung dieser Aktivität eine wichtige Rolle, weil sie die unentbehrlichen Transporttiere für die Kolchosjäger bereitstellte (vgl.: Prokof'eva 1954: 46). Im hohen Norden war die Rentierhaltung ohnehin die einzig realistische Möglichkeit, die riesigen Tundragebiete landwirtschaftlich sinnvoll zu nutzen. Zudem konnte hier, aufgrund der teils immensen Herdengrößen, viel mehr Rentierfleisch produziert werden als beispielsweise in Todzha. So hatte die Rentierhaltung ganz allgemein im sowjetischen Sibirien – im Gegensatz zur Mongolei, wo sie in lediglich zwei

---

51 Es ist schwierig an dieser Stelle verallgemeinernde Aussagen für den gesamten, riesigen Raum Sibiriens zu machen. Zwar blieb die Rentierhaltung, wie hier beschrieben, in den meisten Regionen des Nordens auch unter der Sowjetherrschaft ein wichtiger Wirtschaftszweig. Man hatte wohl verstanden, dass die Rentierhaltung „der Schlüssel zur ökonomischen Entwicklung von fast einem Drittel des Landes" war (Slezkine 1994: 138, übers. v. JE). Es gab aber auch Gegenden, in denen die Fortführung der Rentierhaltung von den verantwortlichen Planern als nicht lukrativ genug eingestuft wurde und deswegen entweder massiv vernachlässigt (und dadurch de facto beendet) oder mehr oder weniger aktiv abgeschafft und durch andere Wirtschaftszweige substituiert wurde. Die Tofa (vgl.: Donahoe 2004: 158) und Sojoten (vgl.: Wheeler 2000: 49) im nördlichen Teil des Ostsajangebirges sind zwei solche Fälle.

negdels des gesamten Landes überhaupt eine marginale Rolle spielte (siehe Abschnitt IV 2) – ein großes ökonomisches Potential, das die verantwortlichen Planer erkannt hatten. Um nun aber weiterhin dieses Potential auch unter den angestrebten oder tatsächlich erreichten Bedingungen der Sesshaftigkeit nutzen zu können, mussten dringend Lösungen gefunden werden.

4.4 Vom „Nomadismus als Lebensweise" zum „Produktionsnomadismus"

Diese Lösungen standen, wie so vieles damals in der Sowjetunion, ganz unter dem Zeichen des unbedingten Glaubens an technischen Fortschritt, Intensivierung und Rationalisierung: *„Sozialismus war die Zukunft, und die Zukunft bedeutete Industrialisierung"* (Slezkine 1994: 265, übers. v. JE). Während die alte, nomadische Rentierhaltung von den verantwortlichen Planern trotz der unverkennbaren und unbestreitbaren ökologischen Notwendigkeit der mobilen Weidenutzung als hoffnungslos rückständig erachtet wurde, versuchten nun „Spezialisten" die Rentierwirtschaft nach neuen wissenschaftlichen Erkenntnissen und gemäß den von Moskau vorgegebenen Plänen umzuorganisieren und zu intensivieren. Fleisch sollte produziert werden. Viel Fleisch. Nicht nur für die städtische Bevölkerung in den fernen Metropolen sondern nun auch zur Ernährung der für die weitere industrielle Erschließung Sibiriens benötigten Arbeiter (vgl.: Slezkine 1994: 338f). Als Blaupause für die Reform der sowjetischen Rentierhaltung diente das Modell der Komi, einem ursprünglich sesshaften Volk des europäischen Nordens Russlands, das erst vor rund 300 Jahren begonnen hatte Rentiere zu halten und deren Praxis dem einer produktionsorientierten, industriellen Rentierhaltung offenbar am nächsten kam (vgl.: Habeck 2005: 75ff).

Die Intensivierung der Rentierhaltung

So wurden in der Folge fast überall westlich und östlich des Urals die Herden der autochthonen Bevölkerung massiv vergrößert und in ihrer Bestandszusammensetzung „optimiert". Um den ständigen Nachschub an jungen Schlachtrentieren zur Erfüllung des Plansolls zu gewährleisten, mussten etwa 80% weibliche Tiere im reproduktionsfähigen Alter gehalten werden (vgl.: Vitebsky 2005: 44, 413). Ferner wurden die Weideplätze und Migrationszeiten der Herden nun nicht mehr von den Rentierhaltern selbst bestimmt, sondern durch die Kollektivleitungen, welche wiederum die Vorgaben der externen Planer und Experten umzusetzen hatten. Lange Migrationen (wie zuvor in vielen Regionen üblich und ökologisch sinnvoll) sollten z.B. möglichst vermieden werden – zum Einen galten sie als ineffektiv für die Fleischproduktion, zum Anderen wollte man natürlich den Rentierhaltern nur einen möglichst kleinen Aktionsradius lassen, um nicht wieder die Kontrolle über sie zu verlieren (vgl.: Stammler 2007: 144).

Offiziell wurden die Tiere in diesem System auf ihre bloße Rolle als ökonomische Ressource – das hieß i.d.R. *Fleischlieferanten* – reduziert. Die Beziehung zwischen Mensch, Rentier und dem Land wurde, zumindest an der Oberfläche, ersetzt durch die Prinzipien einer modernen und rationalisierten Produktion. Taiga und Tundra waren „gigantische Freiluft-Fleischfabriken" geworden (Vitebsky 2005: 43). Nur unter der Oberfläche lebten in Gegenden wie etwa Osttuwa die Institutionen und Praktiken weiter, die das Verhältnis zwischen menschlichen und nichtmenschlichen Akteuren in Taiga und Tundra schon seit Menschengedenken bestimmt hatten (vgl.: Anderson 2002; Vitebsky 2005; Willerslev 2007).

Am fundamentalsten und vermutlich entscheidensten für die weitere Entwicklung der sowjetischen Rentierhalter war jedoch die Reorganisation der ehemaligen Nomaden selbst. Um das Dilemma zu lösen, das mit den widersprüchlichen Zielen der Sedentarisierung der nomadischen Bevölkerung und der Fortführung der Rentierhaltung einherging, führte man die begriffliche Trennung vom traditionellen *„Nomadismus als Lebensweise"* (RUS: *bytovoe kochevanie*) und dem transformierten *„Produktionsnomadismus"* (RUS: *proizdvodstvennoe kochevanie*) ein (siehe hierzu: Vitebsky 2005: 43, 412; Habeck 2005: 141; Stammler 2007: 23; Slezkine 1994: 341; Donahoe 2004: 184; Gray 2004: 94; Kerttula 2000: 85). Unter „Produktionsnomadismus" verstand man die hier beschriebene, industrialisierte und rationalisierte mobile Tierhaltung, die mit der traditionellen *Lebensweise* Nomadismus i.d.R. nur noch die denkbar unangebrachte Teilbezeichnung *„-nomadismus"* und die auch sie kennzeichnende, unvermeidbare räumliche Mobilität gemeinsam hatte. Wo aber im *„Nomadismus als Lebensweise"* noch Rentierhalterfamilien und Campgemeinschaften gemeinsam mit ihren Herden durch Taiga und Tundra zogen, wurden nun zur Versorgung der Kollektivherden bezahlte Hirtenbrigaden angestellt, die sich, ähnlich wie Ölarbeiter auf einer Bohrinsel, im Schichtbetrieb abwechselten und nicht selten mit Hubschraubern zu ihren abgelegenen Einsatzorten eingeflogen wurden (vgl.: Vitebsky 2005: 44; Slezkine 1994: 342; Stammler 2007: 150; Donahoe 2004: 183).

So waren nicht nur die Rentiere und Weiden nutzbare Ressourcen in diesem neuen, industrialisierten System geworden – auch die ehemaligen Rentiernomaden selbst waren nun als Teil der werktätigen Bevölkerung eine kontrollierbare Ressource im großen Arbeiter-Pool der Sowjetunion. Der *Beruf* des Rentierhalters (RUS: *olenevod*) war geboren. Die „state nomads", wie Anderson (2000: 37) sie bezeichnet, wurden „bewegliche Teile" im sozialistischen System (Gray 2004: 93, übers. v. JE; siehe auch: Vitebsky 2005: 413), das sie, je nach Bedarf, frei einsetzen und ggf. umsiedeln konnte: Ihren Einsatzort bestimmten die Kollektive und die Kollektive wiederum wurden im Zuge von Konsolidierungsmaßnahmen oft selbst durch höhere Instanzen aufgelöst, umgezogen, zusammengelegt und wieder neu aufgebaut (vgl.: Slezkine 1994: 340; Krupnik 2000: 51).

Die Demontage der Nomadenfamilie

Die drastischste Maßnahme in diesem Zusammenhang aber war sicherlich der systematische und quasi vollständige Transfer der angeblich *„unausgenutzten Arbeitskapazität"* (Vitebsky 2005: 45, siehe auch Zitat unten) aus der Taiga und

Tundra, hinein in die Kollektivsiedlungen. Sie traf in erster Linie alle weiblichen Rentierhalter, aber auch Kinder, Alte und damit die Mehrzahl der ehemaligen nomadischen Bevölkerung, die, nach Ansicht der Planer, *nicht direkt in die Produktion eingebunden waren* (ibid.). Lediglich *eine* sogenannte „*chumrabotnicza*" (D: *Zeltarbeiterin*) verblieb normalerweise pro Brigade bei den Rentierhaltern, um für diese eine Art „Zeltkantine" zu betreiben.

> „Only the men who tended the herd every day were considered to constitute „the able-bodied population directly concerned with reindeer herding, for whom nomadism is essential", and were kept on the land. The patriarch of a reindeer family was replaced by the brigadier, who was still surrounded in the same way by unattached young men who moved restlessly between brigades. But the women who cooked, sewed, and collected berries and herbs, as well as providing laughter, affection, and partnership, were dismissed as „not directly involved in reindeer herding". Being „unutilized labour resources, they were moved to the village and given typical Soviet female occupations such as cook, nurse, administrator, accountant, teacher, and cleaner. „Civilized" but loss-making forms of farming were introduced to keep them occupied, like rearing arctic foxes in cages to provide fur and looking after cows, which could not survive without hay and shelter for nine months of the year. It took two generations to drain the women off the land. By the 1980s, just one was left in each brigade as a paid tent worker to cook for the male herders." (Vitebsky 2005: 45)

Aus Vitebskys Schilderungen wird deutlich, dass die massenhafte Sedentarisierung der Nomadenfrauen und anderer, vermeintlich „nicht direkt produzierender" Teile der Rentierhalterbevölkerung in erster Linie eben *keine* einfache „Abwanderung" infolge der Schaffung besserer Lebensbedingungen in den Kollektivsiedlungen (und damit ein schlichter *Nebeneffekt* der Modernisierung) war. Auch geschah sie nicht etwa primär aus einer ökonomischen Notwendigkeit heraus, z.B. zur Deckung eines Arbeitskräftemangels in neuen Wirtschaftszweigen. Im Gegenteil: Selbst wenn in den Kollektiven in großer Zahl vor allem „weibliche" Arbeitsplätze in Nähereien, Tierzuchtbetrieben und der verarbeitenden Industrie eigens für die frisch sedentarisierten Nomadenfrauen geschaffen wurden, waren diese in der Praxis häufig unrentabel und eher dazu da, um die Arbeiterinnen „beschäftigt zu halten" (ibid.; siehe auch: Slezkine 1994: 342, 372). Stattdessen handelte es sich bei der Ansiedlung der Frauen, Kinder und Alten und der damit einhergehenden aktiven Demontage der Nomadenfamilie um ein bewusst und strategisch ausgewähltes Instrument zur effektiven Auflösung des Nomadismus.

Die Frauen der Rentierhalter kamen in den meisten Regionen Sibiriens nie wieder zurück in die Camps der Taiga und Tundra (wenn man von sporadischen Aufenthalten, meist in den Sommerferien, absieht); auch nicht nach dem Ende der Sowjetunion, als mit dem chaotischen Übergang zur Marktwirtschaft die Sowchosen zusammenbrachen und die meisten der dort angestellten Menschen arbeits- und perspektivlos wurden. Spätestens nach zwei Generationen in den Siedlungen hatten die meisten indigenen Frauen Sibiriens schlichtweg den Bezug zum Leben der Männer – der *olenevody* – verloren (vgl.: Gernet 2012). Aus der räumlichen Segregation der sich in völlig unterschiedlichen Lebenswelten befindenden indigenen Frauen und Männer war eine profunde soziale Entfremdung der Geschlechter entstanden (Gernet 2012: 41). Das Lebensmodell, das die indigenen Männer als Hüter des traditionellen Lebens in Taiga und Tundra verkörpern, korrelierte irgendwann nicht mehr mit dem der Frauen in den Dörfern. So sind es heute auch vor allem nicht-indigene Männer, für die sich die indigenen Frauen Sibiriens als Partner interessieren (vgl.: Gernet 2012: 229ff). Aus diesem Grund vermag es umgekehrt kaum zu überraschen, dass in den letzten Jahrzehnten auch für viele junge Männer das Taigaleben eine immer unattraktivere Option für das eigene Leben wurde (vgl.: Slezkine 1994: 342f, 350).

5. DIE SITUATION IM SOWJETISCHEN OSTSAJANRAUM

5.1 Die Kollektivierung der Sojoten und der Tofa

Auch das Sajangebiet unterlag, wie alle Rentierhalterregionen Russlands, der im letzten Abschnitt für ganz Sibirien umrissenen Entwicklung in der Sowjetunion: Die beiden nördlichen Rentierhalter-Jäger-Gruppen des Ostsajangebirges, die Tofa und die Sojoten, wurden schon in den frühen 1930er Jahren radikal kollektiviert und vollständig sedentarisiert (vgl.: Pavlinskaya [2003] 2010; Sergeyev 1956: 480–484; Donahoe 2004: 140, 157, Slezkine 1994: 279; Mongush 2012). Für die Sojoten, die schon zuvor unter einem massiven Assimilationsdruck gestanden hatten, brachte dies fatale Folgen mit sich:

> „The final destruction of the ancient Soyot reindeer-herding traditions began in the early 1930s when all individually owned herds were commandeered by the Soviet state and united into one collective herd. In 1940, the government designated the Okinsky Region an aimag, a larger administrative district than before, and officially recognized its entire population as Buryat, thereby effectively denying the existence of the Soyot as an ethnic group. Soyot elders in the late 1980s said the policy drew a great deal of disapproval from the Soyot population when it was announced, but the political situation of the time prevented people from openly protesting. The policy caused a gradual erosion of the Soyot national identity, and the next generation of Soyot called themselves Buryat. The final blow to traditional nomadic reindeer herding was dealt in 1963 when the Soviet government labeled the practice unprofitable and disbanded the herd. By the late 1980s, the Soyot population appeared to be completely assimilated into Buryat culture–only 30 people still identified themselves as Soyot." (Pavlinskaya [2003] 2010)

Die Tofa wiederum, die zwischen 1930 und 1931 offenbar „als einzige nördliche Gruppe" zeitgleich und geschlossen in drei Kollektiven angesiedelt wurden, galten als „herausragendes Beispiel" gelungener Sedentarisierung (Slezkine 1994: 279). Für sie wurden fest definierte, auf Clanbasis abgegrenzte Jagdgründe (RUS: *rodovye taigi*) eingerichtet (vgl.: Donahoe 2004: 141ff; 148, 157). Und natürlich wurde auch ihre Rentierhaltung „modernisiert" (vgl.: Sergeyev 1956: 480). Da der Fokus der Tofa-Kolchosen jedoch bei der Jagd lag, wurden hier nur noch Reittiere in sehr beschränkter Zahl benötigt – weshalb sowohl ihre Zahl als auch ihre Bedeutung in Tofalarien in den folgenden Jahrzehnten immer mehr abnahm:

> „(...) reindeer were effectively removed from the sphere of everyday life. The social relationship between the Tofa and their reindeer broke down. Deer became even less than domestic animals, and more like equipment that needed to be maintained." (Donahoe 2004: 140)

Als Konsequenz dieser Kollektivierungs- und Sedentarisierungspolitik ist so in beiden ehemaligen Rentierhalterregionen des nördlichen Ostsajangebirges das System der Praxis der indigenen Bevölkerung radikal transformiert worden. In der burjatischen Oka Region ist die Rentierhaltung heute völlig ausgestorben. Im Irkusk Oblast, in Tofalarien, wird sie nur noch von einigen wenigen Jägern und in sehr eingeschränkten Ausmaß praktiziert (vgl.: Donahoe 2004: 138, 140f).

5.2 Die Kollektivierung in Todzha und der Tere-Khöl-Region

5.2.1 Der Aufbau der Kolchosen

Im Süden des sowjetischen Ostsajangebirges hingegen verlief die Entwicklung – wenn auch mit vielen Parallelen – insgesamt etwas anders als im nördlichen Teil, was vor allem daran lag, dass die Region zur frühen Phase der Kollektivierung in der Sowjetunion (also zu Beginn der 1930er Jahre) noch gar nicht zum Vielvölkerstaat gehörte. So blieben die Rentierhalter und Jäger der Regionen Todzha und Tere-Khöl bis zum Eintritt Tuwas in die UdSSR im Oktober 1944 von den in diesem Zusammenhang typischen Maßnahmen und ihren Folgen weitgehend verschont. Aber auch hier ließ sich der Lauf der Dinge nicht dauerhaft aufhalten: Schon 1945 verkündete die Sowjetregierung in Tuwa ihre Pläne zu einer erneuten Kollektivierungskampagne, welche ab etwa 1948 in großem Stil in die Tat umgesetzt wurde (vgl.: Forsyth 1992: 373). So wurden im Todzhinskij Kozhuun, fast 20 Jahre nach der Kollektivierung der Tofa und der Sojoten, im Jahr 1949 die beiden Kolchosen *Pervoe Maya* (D: Erster Mai) und *Sovetskaya Tuva* (D: Sowjetisches Tuwa) gegründet – wenn man den Ausführungen Prokof'evas (1954: 40, übers. v. JE) Glauben schenken möchte, „auf Wunsch der aratischen Werktätigen von Todzha" . Hierauf folgte auch hier die massenhafte Ansiedlung der indigenen Bevölkerung, von deren Mitgliedern manche zwar sicherlich freiwillig (vgl.: ibid., Donahoe 2004: 124), die meisten aber nur unter Zwang in die neuen Zentren zogen (zur allgemeinen damaligen Situation in Tuwa, siehe: Forsyth 1992: 373). Donahoe (2004: 124) beschreibt, wie einige verzweifelte Rentierhalter es vorzogen, ihre Tiere zu töten, anstatt sie dem Staat zu überlassen. Anderen gelang es immerhin, wenigstens Teile ihrer Herde im Wald zu verstecken, um so die offizielle Zahl ihrer Tiere vor den Beamten so gering wie möglich zu halten (ibid.). Manche Rentierhalter versteckten sich sogar jahrelang tief in der Taiga, um dem Zugriff der Kollektive zu entgehen. Andere wiederum wählten eine ganz andere Strategie – die Flucht über die Grenze in die Mongolei (siehe Abschnitt IV 1).

5.2.2 Die infrastrukturelle und wirtschaftliche Erschließung Todzhas

Wie auch in anderen Teilen Sibiriens musste im abgelegenen Osten Tuwas überhaupt erst einmal die Infrastruktur für die Kollektivierung und Ansiedlung der indigenen Bevölkerung geschaffen werden. Wirkliche Siedlungen gab es gerade in Todzha – mit Ausnahme des 1893 gegründeten Kozhuunzentrums Toora-Khem – zum Zeitpunkt der Kollektivierung noch nicht (vgl.: Donahoe 2004: 186; Prokof'eva 1954: 40). So wurden in der näheren Umgebung Toora-Khems ab 1949 einige kleinere Ortschaften, wie z.B. Ij und Adyr-Kezhig, gebaut. Das etwa 12 km nördlich vom Kozhuunzentrum gelegene Ij wurde das Zentrum der Kolchose Pervoe Maya, in das vor allem die Bewohner der Sumone Kham-Syra (auch: Khamsara) und Ulug-Dag kollektiviert wurden (vgl.: Vainshtein [Vajnshtejn] 1961: 195; Prokof'eva 1954: 40). Im 8 km von Toora-Khem entfernten Adyr-Kezhig wiederum, dem Zentrum der Kolchose Sovetskaya Tuva, wurden vor allem die Bewohner der Sumone Bii-Khem und Odugen angesiedelt (vgl.: ibid.).

Abb. 34: *Adyr-Kezhig. 23. Februar 2012. Fotograf: JE*

Quasi gleichzeitig mit den Kolchosen entstanden in Todzha ab 1948 auch zwei staatliche Industriebetriebe – ein „bezirksgeleitetes Industriekombinat" (RUS: *raipromkombinat*) und ein forstwirtschaftlicher Staatsbetrieb (RUS: *lespromkhoz*) in Sistig-Khem – in die die lokale Bevölkerung als Holzfäller, Flößer oder Industriearbeiter ebenfalls eingebunden wurde (Prokof'eva 1954: 49f; siehe auch: Vainshtein [Vajnshtejn] 1961: 195). Während der Forstbetrieb Holz für den Siedlungsbau in ganz Tuwa bereitstellte, fertigte das Raipromkombinat Baumaterialien und „andere Artikel aus lokalen Rohstoffen" (ibid.). Es beinhaltete neben einer Schusterei vor allem eine Tischlerei, eine Schmiede und eine Ziegelei und stellte Teerprodukte sowie gelöschten Kalk her (vgl.: Prokof'eva 1954: 50).

Beim Aufbau der Infrastruktur Todzhas war neben der Produktion von Baumaterialien auch das Problem des Mangels an qualifizierten Arbeitskräften zu lösen. Hierzu wurden viele der ehemaligen Nomaden in Bauberufen ausgebildet.

Dies geschah sowohl in den Kombinaten als auch in den Kolchosen (vgl.: Prokof'eva 1954: 41, 49f). Ferner wurde die Bevölkerung aber auch im landwirtschaftlichen Sektor wie z.B. im „Feldbau, Gartenbau, der Rinderzucht, Schafzucht und sogar im Fischfang" ausgebildet (ibid.), denn die Aktivitäten der neuen Kolchosen waren keineswegs nur auf die Rentierzucht beschränkt. Wie auch schon zu Zarenzeiten, blieb vor allem die Jagd der mit großem Abstand wichtigste Sektor im wirtschaftlichen Portfolio der landwirtschaftlichen Betriebe Todzhas. Während die „Tierhaltung" (in der Rentier- und andere Viehzucht zusammengefasst waren[52]) lediglich 7% der jährlichen Wirtschaftsleistung der Kolchose Pervoe Maya im Jahr 1953 ausmachte, lieferten „*Jagd und Fischerei*" 55% des Gesamtertrages des Kollektivs (Prokof'eva 1954: 48).

Insgesamt ist es schwierig zu beurteilen, wie erfolgreich die Entwicklung der Wirtschaft in Todzha unter der angeblich „unermüdlichen Fürsorge der kommunistischen Partei und der sowjetischen Regierung" (Prokof'eva 1954: 37) in den Anfangsjahren der Kolchosen tatsächlich war. Prokof'evas Angaben zufolge gelang es den Kollektiven schon bald nach ihrer Gründung, den nach 1939 einsetzenden Abwärtstrend der Rentierzahlen zu durchbrechen. Die Autorin nennt in diesem Zusammenhang vor allem das Jahr 1952, in dem die Hirten von Pervoe Maya erstmals 95,1% ihrer Kälber durchbrachten (Prokof'eva 1954: 45).

Die offiziellen Daten jener Zeit bestätigen diesen einsetzenden Aufwärtstrend: Zwischen 1950 und 1960 wurde ein deutliches Anwachsen der Herden verzeichnet – von 3.100 auf 5.800 Tiere. Allerdings geht aus diesen Zahlen aber auch hervor, dass sich gerade in den Jahren zuvor ein besonders drastischer Einbruch ereignet hatte. Dieser lässt sich nicht nur auf die Kriegsjahre begrenzen, in denen die Zahl der tuwinischen Rentiere von 19.000 auf 8.100 sank, als die Rentierhalter tausende Rentiere zur Ernährung der Soldaten an der Front bereitstellen mussten. Er ging auch nach den Kriegsjahren fast ungebremst weiter: Zwischen 1945 und 1950 verlor Tuwa abermals weit mehr als die Hälfte seines ohnehin stark reduzierten Rentierbestandes, bis er 1950 den vorläufigen Tiefststand von 3.100 Tieren erreichte. Diese Entwicklung ist höchstwahrscheinlich direkt auf die sich in jenen Jahren ereignende Kollektivierung zurückzuführen, während derer, wie bereits erwähnt, etliche Rentierhalter es entweder vorzogen, ihre Tiere zu schlachten oder mitsamt ihren Herden in die Mongolei flüchteten (vgl.: Donahoe 2004: 190).

Nicht nur was die wirklichen Ursachen für die starke Fluktuation der Rentierzahlen jener Jahre angeht, sondern auch bezüglich der gesamten wirtschaftlichen Situation in den Jahren nach der Kollektivierung klaffen die Ausführungen verschiedener Autoren weit auseinander: Während Prokof'eva (s.o.) und Biche-Ool & Samdan (2009: 59) die anscheinend herausragenden Leistungen der Kolchosen beim Aufbau der Wirtschaft betonen, nennt Inamura (2005: 142; siehe auch Abschnitt IV 1.2) die extrem schlechte Versorgungslage in Todzha zu jener Zeit als

---

52 Leider ist es anhand der Angaben Prokof'evas nicht möglich festzustellen, welchen Stellenwert die Rentierhaltung in den Kolchosen Todzhas im Vergleich zur allgemeinen Tierzucht hatte. Immerhin aber ist bekannt, dass in Pervoe Maya mehr Rentiere integriert waren, als in Sovetskaya Tuva, wo der Schwerpunkt eher auf der Rinderhaltung lag (vgl.: ibid.).

einen der Hauptgründe für die endgültige Flucht der Dukha in die Mongolei. Dies scheint nicht nur diejenigen Rentierhalter und Jäger betroffen zu haben, die sich weigerten, den Kollektiven beizutreten und deshalb von der zentralisierten Güterversorgung weitgehend abgeschnitten waren. Anscheinend litten auch viele Kinder in den Kolchosenschulen an Hunger und Krankheiten, was zu einer erhöhten Sterblichkeit geführt haben soll (ibid.). Dies deckt sich auch mit den Aussagen älterer Dukha, die alle von der zum Zeitpunkt ihrer Flucht aus Tuwa herrschenden großen Not in den dortigen Siedlungen berichten.

5.2.3 Die Kollektivierung der Rentierhalter in der Tere-Khöl-Region

Nicht nur in Tofalarien, Burjatien und im Todzhinskij kozhuun wurden die Rentierhalter des sowjetischen Sajanraumes kollektiviert. Auch in der südosttuwinischen Tere-Khöl-Region (damals noch Teil des Kaa-Khemskij Rajons) kam es zu den gleichen Vorgängen (vgl.: Vainshtein [Vajnshtejn] 1961: 195). Hier wurde ab 1949, östlich des Tere-Khöl Sees, die Kolchose *Tere-Khol'* und das dazugehörige Kolchoszentrum Kungurtuk aufgebaut, wo spätestens ab Mitte der 1950er Jahre die Bevölkerung der isolierten Grenzregion im Osten und Südosten Tuwas kollektiviert und sedentarisiert wurden (vgl.: ibid.; Kuular & Suvandii 2011). Darunter befanden sich auch, neben den Rentierhaltern des Gebietes zwischen den Flüssen Bii-Khem und Kaa-Khem (vgl.: Vainshtein [Vajnshtejn] 1961: 195), die zu diesem Zeitpunkt auf sowjetischem Territorium lebenden Westtaiga-Dukha.

Die sich infolge dieser Ereignisse abspielende Abwanderung der Rentierhalter in die Mongolei deutet darauf hin, dass die Kollektivierung in der Tere-Khöl-Region wahrscheinlich genau dieselben Probleme auslöste wie im Todzhinskij Kozhuun. Dennoch blieben auch hier einige Rentierhalter in der Region und wurden in die vorhandene Kolchosstruktur integriert. Anders als in Todzha aber spielten Rentierhaltung und Jagd in der Tere-Khöl-Region nur eine relativ geringe Rolle. Hier dominierte die Fischerei, in die fast die gesamte Bevölkerung der Gegend eingebunden wurde (Svetlana Biche-Ool, pers. Kommunikation, Februar 2012). Dennoch konnte sich die Rentierhaltung in der Tere-Khöl-Region bis zum Ende des Sozialismus halten und sogar, wenn auch in einem bescheideneren Rahmen als in Todzha, entwickeln (vgl.: Kuular & Suvandii 2011).

5.3 Die Transformation der Rentierhaltung und Jagd in Osttuwa

Schon vor der großen, um 1950 herum stattfindenden Kollektivierungswelle im sowjetischen Tuwa gab es in den 1930er Jahren in der damals noch formal unabhängigen TVR ein ehrgeiziges Programm zur Verbesserung der Lebensumstände der Rentierhalter Osttuwas, welches nach Biche-ool & Samdan (2010: 59) im *Todzhinskij kozhuun* sogar zu „bedeutenden Resultaten in der sozioökonomischen und kulturellen Entwicklung" der Region geführt haben soll. Vor allem ging es der tuwinischen Regierung damals um die Gesundheitsversorgung und Alphabetisierung der Rentierhalter sowie die Vergrößerung des Tierbestandes (ibid.; siehe auch: Vainshtein [Vajnshtejn] 1961: 19). Obwohl auch in Todzha, wie in ganz Tuwa, ab 1931 „Feudalbesitz" verstaatlicht wurde (Vainshtein [Vajnshtejn] 1961: 19), war die Kollektivierung der Rentierhalter und die radikale Transformation des „Nomadismus als Lebensweise" offenbar noch kein vorrangiges Ziel in jenem frühen Programm. Tatsächlich wurden, anders als in Zentral- und Westtuwa, in Todzha während der ganzen Zeit des Bestehens der TVR keine Kollektive eingerichtet.

Der Weg zum „Produktionsnomadismus" in der TAO bzw. ASSR Tuwa

Dies änderte sich, wie oben beschrieben, mit dem Eintritt Tuwas als Autonomer Oblast (AO) in die Sowjetunion im Oktober 1944. Tuwa sollte nun *„von einer traditionellen Agrarrepublik in einen agrarindustriellen Oblast übergehen"* (Kharunova 2004: 87). Die Manipulation der nomadischen Lebensweise der Rentierhalter und Jäger wurde vorerst allerdings noch nicht allzu intensiv vorangetrieben. Obwohl Prokof'eva (1954: 48) festhält, dass gegen Mitte der Fünfzigerjahre die Kinder der kolkhozniky bereits alle in den Siedlungen zur Schule gegangen seien, beschreibt die Autorin an anderer Stelle, wie die Rentierhalterfamilien der Kolchosen zu jener Zeit offenbar noch *gemeinsam* durch die Taiga nomadisierten:

> „Die Rentierhalter sind heute die einzige noch nomadisierende Gruppe der Kolchosangehörigen. Die hütenden Brigaden leben mit ihren Familien ständig bei der Herde, nomadisierend von Weidegrund zu Weidegrund." (Prokof'eva 1954: 45, übers. v. JE)

Diese Aussage erscheint angesichts der oben beschriebenen sowjetischen Politik zuerst durchaus überraschend. Tatsächlich scheint diese aber in Todzha erst nach dem Erlass eines sowjetischen Gesetzes im Jahr 1957, welches *„die vollständige Liquidierung der Lebensweise der Rentierhalter"* vorsah, in aller Schärfe eingesetzt zu haben (Donahoe 2004: 184). Auch Forsyth (1992: 374) bemerkt, dass die Kollektivierung in Tuwa anfangs noch nicht auf die völlige Terminierung der nomadischen Lebensweise ausgerichtet war. Erst später seien „neue Maßnahmen zur Entnomadisierung" der indigenen Bevölkerung hinzugekommen. Vainshtein bestätigt, dass in Osttuwa im Jahr 1957 *alle* verbliebenen Familien aus ihren „*chums*" (D: Nomadenzelte) in die Siedlungen umgezogen waren (Vainshtein [Vajnshtejn] 1961: 199).

Die Manipulation der Mensch-Rentier-Beziehung in Osttuwa

Diese für jene Zeit so charakteristischen Vorgänge und Entwicklungen sind nicht die einzigen Eingriffe der sowjetischen Politik und Bürokratie in die damalige Welt der Rentierhalter Osttuwas. Genauso wurde versucht, auch die spezielle Beziehung zwischen Mensch und Rentier (siehe Abschnitt II 2.7) signifikant zu manipulieren. So erarbeitete in Todzha der Parteisowjet schon im Jahr 1952 einen

Maßnahmenkatalog, der, nebst anderen Bestimmungen, z.B. die Einschränkung des Melkens von Muttertieren beinhaltete. Es ist heute sicherlich schwierig, über die Notwendigkeit und den Sinn dieser Maßnahme zu diskutieren. Aber rückblickend scheint sie wohl ein ziemlich drastischer Eingriff in das System der Praxis der osttuwinischen Rentierhaltung und Jagd gewesen zu sein. Daneben waren ja schon in den Jahren zuvor, im Zweiten Weltkrieg, tausende todzhanischer Rentiere zur Versorgung der Soldaten an der Front geschlachtet worden (Biche-ool & Samdan 2009: 59; Donahoe 2004: 190). Dennoch aber gelang es auch in Tuwa nie ganz, die Mensch-Rentier-Beziehung vollständig zu transformieren – denn die olenevody waren in den Weiten der Taiga ebenso einfallsreich, wenn es darum ging, sich einen Handlungsspielraum zu verschaffen:

Obwohl während der Kollektivierung praktisch alle Rentiere der Region verstaatlicht wurden, gelang es den meisten Rentierhaltern bald schon wieder, Privatrentiere zu halten. Wie oben erwähnt, begann dies schon bei der Kollektivierung selbst, als viele Familien Teile ihrer Herde im Wald versteckt hatten und diese daher nicht von den Beamten erfasst werden konnten. Später wurden besonders erfolgreichen Brigaden Rentiere als Geschenke für ihre Leistungen überlassen: Donahoe erwähnt, dass z.B. Hirten, die mindestens 80 (bzw. nach einigen Informanten 70) Kälber pro 100 Rentierkühen durchbrachten, die „Überproduktion" offiziell als Privateigentum behalten durften (2004: 125). Die Nachkommen dieser Kälber wiederum wurden ebenso als „privat" angesehen (ibid.). Zudem kam es offenbar immer wieder vor, dass Hirten „Staatsrentiere" als vermisst oder gerissen meldeten und diese dann in ihre Privatherde integrierten (ibid.). So kam es mit der Zeit zur Herausbildung von zwei unterschiedlichen „Herdenklassen" – einer privaten und einer staatlichen. Es ist unschwer vorstellbar, dass diesen beiden Klassen von den olenevody unterschiedliche Aufmerksamkeit geschenkt wurden. So waren es nach Aussagen ehemaliger Brigadehirten auch offenbar „immer nur die Sowchosenrentiere – *und nie die privaten* – die an Krankheiten starben oder von Raubtieren gefressen wurden" (ibid., Übers. u. Hervorh. v. JE).

5.4 Die Rolle der Frau im sozialistischen Tuwa

Die Gleichstellung der Frau war praktisch von Anfang an ein Grundmotiv im Sozialismus und wurde überall in der Sowjetunion vorangetrieben. Bezogen auf die weibliche ländliche Bevölkerung galt vor allem deren Eingliederung in die Arbeitswelt der Industrie bzw. der industrialisierten Landwirtschaft als Grundvoraussetzung ihrer Befreiung aus patriarchalen Strukturen. Tatsächlich haben auf diese Weise viele Nomadenfrauen, deren Gesundheitsversorgung, Sterblichkeitsrate und Alphabetisierung vor der Revolution oft alles andere als optimal war, nicht nur unter der sowjetischen Sedentarisierungs- und Modernisierungspolitik gelitten, sondern auch von den mit ihr einhergehenden Maßnahmen profitiert. Somit verwundert es nicht, dass auch heute noch sehr unterschiedliche Standpunkte zu diesem Thema bestehen – auch und gerade von indigenen Wissenschaftlerinnen, die in jener Zeit sozialisiert und ausgebildet wurden. Die tuwinische Ethnologin Svetlana Biche-Ool betont:

> „Dank der Hilfe und Unterstützung durch die UdSSR nahmen die tuwinischen Frauen ihren Platz nicht nur in der Sphäre der nomadischen Tierhalterwirtschaft ein, sondern arbeiteten in vielen Zweigen der Volkswirtschaft. Zur Zeit des Großen Vaterländischen Krieges gingen einige von ihnen an die Front, um den sowjetischen Staat zu verteidigen. Diejenigen, die in der Heimat verblieben, arbeiteten ohne Rast und Ruh, als Ersatz für die Männer, die in den Krieg gezogen waren. Den Beitrag der Frauen zum wirtschaftlichen und kulturellen Aufbau der Republik bezeugen folgende Daten: Die Beschäftigungsrate der tuwinischen Frauen in der Volkswirtschaft stieg zwischen 1948 und 1967 um das 11,9-fache, ihr Anteil unter den tuwinischen Arbeitern erreichte 1967 46,1%, im Bausektor 20,6%. Wie man sieht, war der Anteil der Frauen an den Werktätigen der Volkswirtschaft sehr imponierend, was von ihrer aktiven Teilnahme am Arbeitsleben und ihrem Bildungsniveau zeugt." (Biche-Ool 2004: 130f, übers. v. JE)

Vergleicht man die Situation der indigenen Frauen in der Sowjetunion mit der in vielen anderen Ländern jener Zeit, so sind die diesbezüglichen Leistungen dieses Landes in der Tat bemerkenswert. Auch wenn die Politik zu ihrer Verwirklichung den Menschen aufoktroyiert wurde und zweifellos zu einem sehr hohen Preis kam, so haben doch viele indigene Frauen der Sowjetunion in vielerlei Hinsicht von der damaligen Sozial- und Bildungspolitik profitiert und empfinden dies auch heute noch so. Auch Forsyth, der der sowjetischen Nomadenpolitik grundsätzlich viel kritischer gegenübersteht als Biche-Ool, betont, dass in Tuwa „viel Aufmerksamkeit der Veränderung der Rolle der Frau (...) durch deren Ausbildung und Zuführung in die industrielle Erwerbstätigkeit" zukam (1992: 373, übers. v. JE).

Diese typische Politik wurde auch im entlegenen Osttuwa seit der frühesten Phase des sozialistischen Aufbaus verfolgt. So gab es auch in Todzha schon seit dem Beginn der Fünfzigerjahre die damals für die gesamte Sowjetunion typischen weiblichen Kolchosen-Arbeitsplätze, z.B. in einer Näherei (vgl.: Prokof'eva 1954: 50), in der zum Zeitpunkt der Wende 1992 noch immer viele Frauen der Region arbeiteten (S. Biche-ool, Feb. 2012: pers. Komm.). Gleichzeitig hebt Prokof'eva (1954: 46) aber auch explizit hervor, wie die Kolchos-Frauen in den frühen 1950er Jahren sogar von ihren Betrieben dazu ermutigt wurden, auch im traditionell rein männlichen Jagdsektor tätig zu werden – offenbar keineswegs ohne Erfolg (siehe auch: Vainshtein [Vajnshtejn] 1961: 197). Dies ist ein Beispiel dafür, dass es bei der „Nomadenfrauenpolitik", zumindest in den Jahren unmittelbar nach der Kollektivierung, wenigstens *nicht ausschließlich* darum ging, die Nomadenfamilie zu demontieren, sondern auch darum, die Frauen den Männern selbst in deren bis dahin unangefochtenen traditionellen Domänen, gleichzustellen.

5.5 Stabilität oder Stillstand? Das Leben nach der Kollektivierung

Nach der schweren Zeit der Revolutionsjahre, der Kollektivierung, des Zweiten Weltkrieges und des Stalinismus, kam es in den Sechziger- und Siebzigerjahren in der Sowjetunion zu einer langen Periode der sozialen und (scheinbar) wirtschaftlichen Stabilität. Zu jener Zeit, die in Russland als „Periode der Stagnation" (RUS: *period zastoya* oder schlicht *zastoj* (D: Stillstand)) bekannt ist, wurden sich abzeichnende Probleme ignoriert und totgeschwiegen und immer dringender werdende Reformen auf die lange Bank geschoben. Und dennoch erschien es der Mehrheit der Bevölkerung zu jener Zeit, als wäre das System absolut gefestigt – eine quasi „natürliche" Sache, ein „*ewiger Staat*" (Yurchak 2005: Kap. 1).

Auch in Osttuwa entwickelten sich die Lebens-und Arbeitsbedingungen sowie die Herdenbestände unter den scheinbar stabilen Rahmenbedingungen jener Zeit durchaus positiv: Zwischen 1960 und 1980 vergrößerte sich die Zahl der Rentiere in Todzha von 5.800 auf 14.500 Stück (Pravitel'stvo Respubliki Tyva 2012). Genauso kam es in der Tere-Khöl-Region laut Kuular & Suvandii (2011) zu einem Anwachsen des Rentierbestandes auf etwa 2.300 Tiere in den Achtzigerjahren.

Dennoch war auch „die Phase der Stagnation" nicht ohne Veränderungen: Typisch für jene Zeit war z.B. die Konsolidierung der Kolchosen in noch größere Einheiten, was häufig auch mit ihrer Umformung in Staatsfarmen – *Sowchosen* – einherging (vgl.: Slezkine 1994: 340). So wurden im Todzhinskij Kozhuun im Jahr 1969 die Kolchosen Pervoe Maya und Sovetskaya Tuva unter dem Namen des letztgenannten Betriebes (bzw. kurz: „*SovTyva*") zu einer großen und mächtigen Staatsfarm zusammengefasst (Donahoe 2004: 99, 124). Hier war das Leben in jeglicher Hinsicht „stabil" und geregelt: Die human- und veterinärmedizinische Versorgung funktionierte, die Elite der Jugend studierte an den großen Universitäten des Landes und die Arbeiter der Rentierbrigaden flogen in subventionierten Helikoptern zu ihren Schichten in die Taiga (vgl.: Biche-Ool & Samdan 2009: 59; Donahoe 2004: 176). Zumindest an der Oberfläche schien die Welt der Staatsfarmen in Ordnung.[53] Und sogar noch nachdem dieses System, das viele der heute noch lebenden sovkhozniki von damals in schwärmerischer Erinnerung halten, mit dem Beginn der Perestroika in den Achtzigerjahren in der ganzen Sowjetunion erste Risse zeigte (vgl.: Pika & Prokhorov [1988] 1999; Slezkine 1994: 371), sah der Plan für die Region Todzha eine Vermehrung des Rentierbestandes auf 22.000 Stück vor (Biche-Ool & Samdan 2009: 59). Doch dazu sollte es nicht mehr kommen...

---

53 Dass die scheinbar heile Welt der sibirischen Sowchosen bei näherem Hinsehen keineswegs „nur" idyllisch gewesen sein kann, zeigen folgende Fakten: In der Zeit zwischen den Sechziger- und Achtzigerjahren fiel die Lebenserwartung der Bevölkerung des Nordens um zwanzig Jahre, auf 45 Jahre für Männer und 55 für Frauen (Slezkine 1994: 375). Jeder zweite Einwohner des Nordens starb in den Achtzigern aufgrund eines Unfalls oder durch Mord bzw. Selbstmord, die meisten dieser Vorkommnisse geschahen in Zusammenhang mit Alkohol (ibid.). In der Altersgruppe der Zwanzig- bis Vierunddreißigjährigen lag die Sterblichkeitsrate sechs mal höher als im Landesdurchschnitt. Überall in Sibirien kam es zu teils schweren Umweltkatastrophen wie der Vergiftung von Flüssen und der großräumigen Zerstörung von Wäldern und Weideflächen (ibid.). Zudem waren riesige Gebiete – darunter viele Weidegebiete von Rentierhaltern – durch den vom Wind verteilten radioaktiven *fallout* von etlichen, in den Fünfziger- bis Siebzigerjahren auf der Insel Novaja Zemlya durchgeführten, überirdischen Atomtests verstrahlt worden (Vitebsky 2005: 220f).

V. JAHRE DER VERZWEIFLUNG: DIE SITUATION DER TOZHU UND DUKHA NACH 1990

1. DIE TOZHU IN DEN NEUNZIGERJAHREN

1.1 Die Krise der Rentierhaltung im postsowjetischen Sibirien

Mit der Implosion der Sowjetunion im Jahr 1991 und der damit einhergehenden erdrutschartigen Verselbständigung des unter der Politik der Perestroika begonnenen wirtschaftlichen Reformprozesses, geriet die Welt in Todzha wie auch in der gesamten Sowjetunion vollkommen aus den Fugen (vgl.: Slezkine 1994: 372). Plötzlich wurde überall offensichtlich, in welch existentiellen Schwierigkeiten die marode Industrie und Landwirtschaft des Landes steckte. Fast keiner der Staatsbetriebe des zerbröckelnden Vielvölkerstaates arbeitete effizient, ein Bankrott folgte auf den anderen. In diesem Sog schlitterte auch der russische Staat in den Neunzigerjahren immer tiefer in die Krise: Die Staatsverschuldung erreichte bedrohliche Dimensionen und die Versorgung der Bevölkerung konnte zeitweilig nicht mehr sichergestellt werden. Ein bedrohlicher institutioneller und gesellschaftlicher Zerfall setzte ein.

Selbstverständlich waren auch die landwirtschaftlichen und rentierhaltenden Staatsbetriebe Sibiriens von diesem Problem betroffen (vgl.: Pika [1994] 1999: 104f). Mit dem Wegfall der Subventionen aus Moskau konnten in den meisten Sowchosen und Staatlichen Jagdbetrieben schon bald keine Gehälter mehr bezahlt werden. Gerade in den entlegenen Gegenden war dies besonders schmerzhaft spürbar: Die bis dahin über die teure, von Moskau finanzierte Infrastruktur versorgten, isolierten „Satelliten der sozialistischen Zivilisation" waren plötzlich ohne „Bodenstation" – die Verbindung war gekappt, der Versorgungsstrom versiegte. Der Preis für die wenigen noch erhältlichen Lebensmittel stieg inflationär (vgl.: Krupnik & Vakhtin 2002: 11f), während gleichzeitig die „totalen Institutionen", die bis dahin das Leben ihrer Bewohner in fast allen Bereichen geregelt hatten, kollabierten und ein regelrechtes Vakuum hinterließen, in dem sich die sovkhozniki plötzlich ohne Lohn, Beschäftigung und die gewohnte soziale Infrastruktur zurechtfinden mussten. Alternative Strukturen aber gab es nicht. Dies löste die bis dahin größte dokumentierte Krise in der Geschichte der Rentierhaltung Russlands aus: Allein zwischen 1991 und 1997 schrumpfte die Gesamtzahl der Rentierherden des Landes von über 2,2 Millionen auf knapp 1,6 Millionen, und erreichte im Jahr 2000 ihren vorläufigen Tiefpunkt bei knapp 1,2 Millionen (vgl.: Krupnik 2000: 49; Vitebsky 2005: 376; ICRH [s.a.]). Mit wenigen Ausnahmen (wie z.B. dem Autonomen Kreis der Yamal-Nenzen (siehe Abb. 35), in dem die Rentierhaltung während der Sowjetzeit weniger radikal reformiert worden war (vgl.: Vitebsky 2004: 378)), gerieten ganze Regionen, wie etwa Tschukotka, Kamtschatka, Jakutien (Sakha) und die Tajmyr-Halbinsel, an den Rand der Katastrophe (vgl.: ICRH [s.a.]; Krupnik 2000; Krupnik & Vakhtin 2002: 15ff; Vitebsky 2005: 378ff). Etliche Brigadehirten, seit Monaten oder gar Jahren ohne Lohn, verließen früher oder später verzweifelt ihre Camps in Tundra und Taiga und machten sich auf die Suche nach bezahlter Arbeit in den ehemaligen Sowchosenzentren – wo sie in vielen Fällen aber nichts außer Hoffnungslosigkeit und grassierendem Alkoholismus vorfanden (vgl.: Vitebsky 2005: 238f; Gray 2005: 201ff; Pika [1994] 1999: 9).

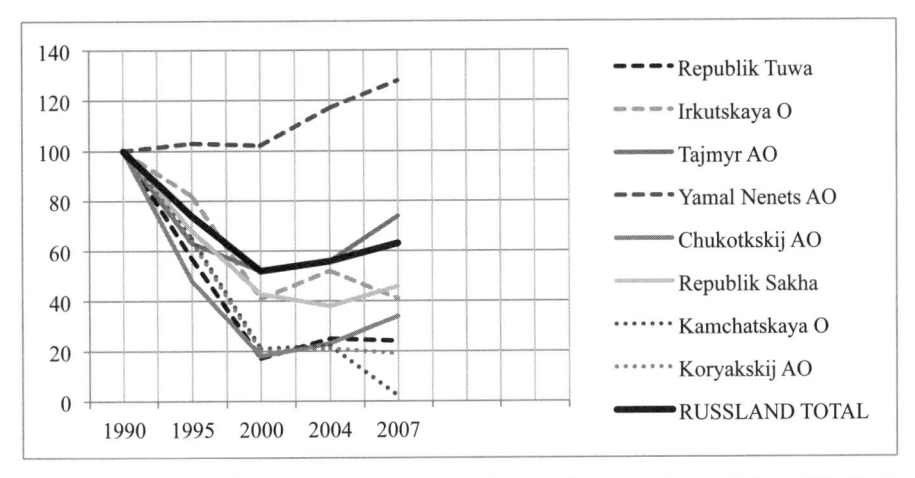

Abb. 35: *Entwicklung der Rentierbestände ausgewählter Regionen Russlands 1990 bis 2007 (in % zu 1990). Kalkulation und grafische Umsetzung: JE basierend auf Daten von: ICRH (s.a.)*

1.2 Die Situation in Tuwa

1.2.1 Kollaps und Chaos: Der traumatische Übergang zur Privatwirtschaft

Vergleichbares ereignete sich nach dem Ende der Sowjetunion auch in der Sajanregion und insbesondere in Osttuwa. Schon gegen Ende der Achtzigerjahre, während der Perestroika, waren die Staatsbetriebe hier in Schwierigkeiten geraten, als die wirtschaftlichen Reformen von ihnen verlangten, „ökonomisch rational" zu arbeiten und Subventionszahlungen zum ersten Mal gekürzt wurden (Donahoe 2004: 188f). Als nach dem endgültigen Zusammenbruch der Sowjetunion im Dezember 1992 die Subventionen aus Moskau bald vollständig versiegten, nahmen die tragischen Ereignisse auch hier ihren nicht mehr abwendbaren Lauf: Schon bald konnten die maroden Staatsbetriebe die Gehälter ihrer Angestellten nicht mehr bezahlen, woraufhin wiederum die typische Kettenreaktion einsetzte, die überall im postsowjetischen Sibirien ganze Siedlungen und Regionen an den Rand des Abgrunds brachten:

„Alles, was vor allem während der Sowjetzeit von den kolkhozniky mit so viel Mühe und unter solcher Selbstaufopferung aufgebaut worden war, brach mit einem Mal zusammen. Und es kam zu folgenden Problemen: Arbeitslosigkeit, Armut und die Unsicherheit, was morgen wird. Das Verkehrssystem brach zusammen, es gab weder Transportmittel noch Benzin. Die Belieferung mit Lebensmitteln und Gütern der Grundversorgung wurde zum Problem Nummer Eins. In den Siedlungen Sevi, Adyr-Keshik und Ij entstand eine bedrückende Situation. Die Einwohner erhielten kein Gehalt mehr. (...) Die Fänge der Jäger, die ihre Familien ernährten, brachen zusammen. Der Rentierhaltungssektor brach zusammen. Um ihre Familien während dieser Mangelzeit zu ernähren, schlachteten und verkauften die olenevody ihre Rentiere. Für ein Rentier bekam man 500–600 Rubel bzw. einen Sack Mehl." (Biche-Ool & Samdan 2009: 60, übers. v. JE)

Die Auflösung SovTyvas und ihre Folgen

Auch die einzige nach der Konsolidierung verbliebene Sowchose im Todzhinskij Kozhuun, *SovTyva*, war von dieser Entwicklung betroffen. In einem verzweifelten Versuch, wirtschaftlich überlebensfähig zu werden, hatte man hier in den frühen 1990er Jahren damit begonnen, Samtgeweih (RUS: *panty*) für den ostasiatischen Markt zu produzieren – eine Praxis, die sich auch hier als extrem schädlich für die Tiere erwies: Zusätzlich zum ohnehin schon beobachtbaren rapiden Herdenschwund verlor man durch die massenhafte Ernte des mit Fell und Blutbahnen durchzogenen Sommergeweihs allein im Jahr 1996 mindestens 400 Tiere (vgl.: Donahoe 2004: 189f). Dabei ließ sich der Verfall der Sowchose zu diesem Zeitpunkt ohnehin schon nicht mehr aufhalten. Als SovTyva noch im selben Jahr Bankrott anmeldete, wurden die zurückbleibenden Arbeiter in „Naturalien" ausbezahlt, was u.a. auch den verbliebenen Rentierbestand des Unternehmens einschloss. Dieser wurde aber nicht nur an die Hirten der Rentierbrigaden und deren Familien verteilt. Auch andere ehemalige Sowchosen-Angestellte, wie „Traktoristen, Fahrer und Kindergartenerzieher" (Donahoe 2004: 126) erhielten ihren Anteil. Viele der so ausbezahlten, verzweifelten Arbeiter verkauften bald schon wieder ihre Tiere – oder konsumierten sie gleich selbst. Dadurch kam es in der Region zu zwei folgenschweren Entwicklungen:

Zum einen kollabierte der Rentierbestand in Tuwa fast vollständig. Hatte er sich im Jahr 1995 schon um etwas mehr als die Hälfte, von ca. 8.100 (1990) auf 4.000 Tiere, reduziert, so schrumpfte er bis zum Jahr 2000 um 85% auf das historische Tief von gerade einmal 1.200 Tieren zusammen (Pravitel'stvo Respubliki Tyva 2012; ICRH [s.a.]). In der Tere-Khöl-Region war die Entwicklung noch katastrophaler: Hier kam es bereits in den Neunzigerjahren zum nahezu vollständigen Kollaps der Rentierhaltung (vgl.: Kuular & Suvandii 2011). Im Jahr 2006 verstarb der letzte verbliebene Rentierhalter der Region Tere-Khöl, woraufhin seine Kinder die Reste seiner Herde verkauften und der Kozhuun seinen Status als „Rentierhalterregion" verlor (A. Oyun 2010).

Zum anderen kam es trotz der breit gestreuten Verteilung des „Sowchosenfundus" zu einer Konzentration des restlichen Rentierbestandes in den Händen einiger weniger, erfolgreicher Personen: Während die Mehrzahl der exsovkhozniki ihre Tiere bald schon verloren, aufaßen oder verkaufen mussten, schafften es nur wenige, sich langfristig eigene Herden aufzubauen (vgl.: Donahoe 2004: 126). Dies waren vor allem entweder diejenigen, die es schon während ihrer Zeit als Brigadehirten geschafft hatten, sich einen ausreichend großen Grundstock an Privat-Rentieren aufzubauen, um von ihrer Herde leben zu können, oder aber die, die genug Geld und die nötigen Verbindungen besaßen, um an die Tiere der anderen, weniger glücklichen Rentierhalter heranzukommen und mit diesen einen sogenannten *„aratischen Betrieb"* anzumelden (ibid.).

Chancenlose Kleinunternehmer: die „aratischen Betriebe"

Hierzu war zuvor in Tuwa, auf Grundlage neuer föderaler Gesetze, der institutionelle Rahmen geschaffen worden (vgl.: Biche-Ool & Samdan 2009: 60; Fondahl & Poelzer 2003: 116): Schon im Jahr 1990 hatte man in der RSFSR das Gesetz *„Über den bäuerlichen Betrieb"* (RUS: *O krestyanskom (fermerskom) khosyajstve*) eingeführt, das es Privatpersonen erstmals wieder ermöglichte, ihre Kollektive zu verlassen, ein Stück Land zu pachten und dieses als *„krestyanskoe"* bzw. *„fermerskoe khozyajstvo"* (D: *bäuerlicher Betrieb*) privat zu bewirtschaften (Fondahl & Poelzer 2003: 116). In Tuwas offizieller Amtssprache wurde aus dem „bäuerlichen Betrieb" der RSFSR (bzw. später RF) der *„aratische"* Betrieb (RUS: *aratskoe khozyajstvo*). Zwar war das Stück Land, das man unter diesem Gesetz pachten konnte, viel zu klein, um darauf Rentiere zu halten, aber das störte in der Realität niemanden. Die neuen „Rentierhalter-Privatunternehmer" kümmerten sich nicht um die Grenzen ihrer offiziell zugewiesenen Territorien und nomadisierten stattdessen – in gegenseitigem Einverständnis – frei durch die Taiga (Donahoe 2004: 194).

Nach Biche-Ool & Samdan (2009: 60) wurden in Todzha 128 dieser landwirtschaftlichen Privatunternehmen gegründet, nach Donahoe (2004: 193) immerhin 118. Diese hohe Zahl erklärt sich offenbar auch dadurch, dass viele Tozhu eine solche Firma nur gründeten, um an günstige Kredite und attraktive Steuervergünstigungen heranzukommen, ihre Firmen aber entweder niemals ernsthaft betrieben oder aufgrund ihres viel zu kleinen Tierbestandes ohnehin chancenlos waren (ibid.). Offenbar entstanden damals lediglich zwei wirklich überlebensfähige Privatbetriebe in der Rentierhaltung, von denen einer vom Direktor des Azas Naturschutzgebietes (siehe Abschnitt VI 3.3.3), welcher später Bürgermeister von Toora-Khem wurde, und der andere vom früheren Sowchosen-Direktor gegründet wurde (Donahoe 2004: 194).

1.2.2 Von der obshhina über das GUP zum MUP: Die Reorganisation der Taigawirtschaft

Die Entstehung der Obshhiny: Hintergründe

Wie oben erwähnt, schafften es nur wenige der neuen und alten Rentierhalter Osttuwas, aus eigener Kraft einen solchen privaten Betrieb aufzubauen – oder sie versuchten es gar nicht erst. Viele von ihnen wählten einen ganz anderen Weg, der ebenso neu, aber nicht ganz so radikal und fremd war wie der Schritt in die Selbstständigkeit: Sie schlossen sich in einer sogenannten „*obshhina*" (D: *Gemeinschaft* bzw. *Vereinigung*) zusammen. Dies sind auf Familien-, Nachbarschafts- oder Clanbasis genossenschaftlich organisierte Gemeinschaftsunternehmen im „traditionellen" Sektor (also z.B. Jagd, Fischerei oder Rentierzucht) (vgl.: Fondahl & Poelzer 2003: 114f; Ziker 2002: 207; Pika [1994] 1999: xxii). Zudem sind sie bis heute die wichtigste Form der „Selbstorganisation" (Rossijskaya Federacziya 2000b: § 1) der Indigenen Russlands (vgl.: Novikova 2005; Pika [1994] 1999: 59–73) und ist der „*Schutz der Umwelt und der traditionellen Lebensweise*" (Rossijskaya Federacziya 2000b: Präambel) eines ihrer gesetzlich festgelegten, wichtigsten Ziele. Nur Angehörigen von offiziell als „indigene, zahlenmäßig kleine Völker" anerkannten Gruppen (RUS: *korennye, malochislennye narody,* im Folgenden: „KMN"), ist das Recht zur Gründung einer obshhina vorbehalten (siehe hierzu auch Abschnitt VI 3.1.2). Damit erhält eine Gemeinschaft z.B. das exklusive Recht, auf einem definierten Territorium traditionelle Wirtschaftsaktivitäten wie Jagd, Fischerei oder Rentierhaltung auszuüben. Die Größe dieses Territoriums ist ebenso nicht definiert. Sie kann Land „von mehreren hundert bis zu mehreren hunderttausend Hektar" umfassen (Fondahl & Poelzer 2003: 115).

Vom russischen Gesetzgeber wurden die obshhiny der KMN folgendermaßen definiert:

> „Formen der Selbstorganisation von zu den KMN gehörenden Personen, die durch Blutsverwandtschaft (Familie, Clan) und/oder territorial/nachbarschaftliche Gründe verbunden sind, entstanden zum Schutz ihrer seit Langem bestehenden Lebensräume und zum Erhalt und zur Entwicklung von traditionellem Lebensstil, Wirtschaft, Handel und Kultur." (Rossijskaya Federacziya 2000b: §1)

Ferner spezifiziert das Gesetz:

> „Familien- (Clan-) obshhiny der KMN: Formen der Selbstorganisation von zu den KMN gehörenden Personen, die durch Blutsverwandtschaft verbunden sind, die eine traditionelle Lebensweise führen und traditionellen Wirtschafts- und Erwerbsformen nachgehen;
>
> Territorial-nachbarschaftliche obshhiny der KMN: Formen der Selbstorganisation von zu den KMN gehörenden Personen, die ständig (kompakt und/oder verstreut) auf Territorien traditioneller Besiedlung der KMN leben, die eine traditionelle Lebensweise führen und traditionellen Wirtschafts- und Erwerbsformen nachgehen;
>
> Verbände (Assoziationen) der obshhiny der KMN: überregionale, regionale und örtliche Zusammenschlüsse von obshhiny der KMN." (ibid.)

Die obshhina wurde in der Russischen Föderation durch einen Erlass aus dem Jahr 1992 von Präsident Boris Jelzin (Rossijskaya Federacziya 1992; siehe auch Abschnitt V 1.2.2) definiert und unter den KMN schon bald zu einer sehr beliebten und verbreiteten Organisationsform (vgl.: Rossijskaya Federacziya 1992 & 2000b; Ziker 2002: 207; Ziker 2003: 343; Fondahl & Poelzer 2003: 116), da sie bislang die einzig praktikable Möglichkeit darstellt, Land gemeinschaftlich zur Führung einer „traditionellen Lebensweise" und der „traditionellen Bewirtschaftung" kostenlos zu registrieren (vgl.: Rossijskaya Federacziya 2000b; Donahoe 2004: 199; Ziker 2002: 207; Ziker 2003: 347; Fondahl & Poelzer 2003: 117; siehe auch Abschnitt VI 3.1.2). Eine Änderung im Bodenrecht der RSFSR aus dem Jahr 1991 hatte es möglich gemacht, eine spezielle Art von Landrechten in Gegenden, die traditionell von KMN bewohnt wurden, einzuführen (Fondahl & Poelzer 2003: 116): Land konnte nun innerhalb dieser Regelung an die obshiny „ohne Kosten, entweder lebenslang, mit dem Recht zur Weitervererbung an Nachkommen, oder zur (unentgeltlichen) Pacht mit zeitlicher Begrenzung", und sogar ohne darauf entfallende Bodensteuer, vergeben werden (ibid.).

Neuaufbruch: Die obshhiny Osttuwas

Auch in Todzha wurde die obshhina nach dem Ende der Staatsfarmen zum hellsten Hoffnungsschimmer am Horizont. Hier schlossen sich vor allem die vielen „Kleinstherdenbesitzer", die allein nicht wirtschaftlich überlebensfähig waren, mitsamt ihren Tieren zusammen (vgl.: Donahoe 2004: 126). Im Jahr 1996 wurden im Todzhinskij Kozhuun sechs obshhiny gegründet (vgl.: Biche-Ool 2009: 60), welche während der Zeit ihres Bestehens fast die Hälfte der Gesamtfläche des knapp 4,5 Millionen Hektar großen Rajons umfassten (Donahoe 2004: 199). Die rechtliche Grundlage hierfür war geschaffen worden, als Todzha drei Jahre zuvor durch einen Erlass Boris Jelzins als eines der „*von den zahlenmäßig kleinen Völkern des Nordens bewohnten Gebiete*" definiert worden war (Rossijskaya Federacziya 1993b; siehe auch Abschnitt VI 3.2).

Ein weiterer Grund, der die obshhiny für deren Mitglieder vermutlich so attraktiv machte, war letztlich auch die Tatsache, dass sie den früheren Kolchosen in Vielem ähnelten, und daher eine gewisse Konstanz und Sicherheit versprachen: So bildete z.B. der Kooperativgedanke die Kernidee hinter dieser Organisationsform, in der die Tiere der einzelnen Mitglieder in den Gemeinschaftsbesitz der Genossenschaft eingingen und von der Betriebsleitung verwaltet wurden. Die einzelnen Rentierhalter einer obshhina gaben mit ihrem Beitritt das Verfügungsrecht über ihre Tiere an die Leitung der Kooperative ab (vgl.: Donahoe 2004: 126). Dafür sollten sie durch die Bündelung ihrer Ressourcen und Arbeitskraft als Kollektiv wirtschaftlich überlebensfähig werden und am finanziellen Gewinn des Gemeinschaftsunternehmens teilhaben.

Der Niedergang und Zerfall der obshhiny

In der Praxis aber liefen die Dinge in Todzha nicht so gut wie in der Theorie vorgesehen. Genau wie zuvor die maroden Staatsfarmen, konnten sich auch die indigenen obshhiny im Chaos der postsowjetischen Marktwirtschaft nicht behaupten. Schon bald beklagten ihre Mitglieder das Ausbleiben von Zahlungen und materieller Unterstützung durch die Kooperativleitungen – und behandelten ihrerseits im Gegenzug die Genossenschaftsrentiere wie ihr Privateigentum. Viele von ihnen verkauften betriebseigene Tiere auf eigene Rechnung oder schlachteten für den privaten Konsum. Als es daraufhin zu immer größeren Konflikten zwischen den obshhiny-Leitungen und ihren Mitgliedern kam, brach in vielen Fällen die Zusammenarbeit zwischen den Parteien völlig ab. So waren schon nach wenigen Jahren fast alle obshhiny wirtschaftlich und organisatorisch am Ende und überließen ihre Rentiere ihren Mitgliedern, die damit wieder in die Privatwirtschaft zurückfielen (vgl.: Donahoe 2004: 126f). So nahm langsam die Zahl der todzhanischen olenevody immer weiter ab. Wer durchhielt, war meist völlig auf sich alleine gestellt. Lediglich die Jagd auf Pelztiere und Moschushirsche sowie der Verkauf von Rentieren oder Bastgeweih brachte den tayozhniky hin und wieder etwas Geld ein. Wem das nicht reichte, wer z.B. eine Familie in der Siedlung ernähren musste, gab häufig auf und zog ins Dorf, wo er aber i.d.R. auch keine bezahlte Arbeit, geschweige denn überhaupt eine Beschäftigung fand. So wurde der bald schon grassierende Alkoholismus zu einem der Hauptprobleme der krisengebeutelten Bevölkerung der Siedlungen (vgl.: Biche-Ool & Samdan 2009: 60).

Unterdessen ging es mit der Rentierhaltung immer weiter bergab. Im Jahr 2001 war im Todzhinskij Kozhuun kein einziges der fünf Jahre zuvor registrierten 128 Rentierhalter-Privatunternehmen mehr übrig. Achtundsechzig von ihnen waren zuvor in „private Nebenerwerbsbetriebe" (RUS: *Lichnoe Podsobnoe Khozyajstvo* (LPKh)) umgewandelt worden[54] – der Rest zerfiel (Biche-Ool & Samdan 2009: 60; Donahoe 2004: 193).

Zurück zum staatlichen Großunternehmen: das GUP

Zur selben Zeit wurden die vier größten todzhanischen obshhiny, die allesamt nur noch auf dem Papier bestanden, in ein Staatliches Kollektivunternehmen bzw. GUP (*Gosudarstvennoe Unitarnoe Predpriyatie*) zusammengefasst und umgewandelt (vgl.: Donahoe 2004: 128; Biche-Ool 2009: 60). Nur ein Jahrzehnt nach dem Zusammenbruch der Sowchosen war man damit in Todzha wieder quasi zum Ausgangspunkt zurückgekehrt. Das russische GUP ist die marktwirtschaftliche

---

54 Der fundamentale Unterschied zwischen einem als „*fermerskie khozyajstvo*" geführten landwirtschaftlichen Privatunternehmen und einer LPKh ist, dass es letzterer nicht gestattet ist, Handel mit ihren Erzeugnissen zu betreiben – sie darf also lediglich zu Subsistenzzwecken geführt werden (Donahoe 2004: 193). Immerhin konnten die Inhaber einer solchen LPKh ihr gepachtetes Land behalten (ibid.).

Wiedergeburt bzw. Fortführung der sowjetischen Sowchose, in der alle materiellen Anlagewerte des Betriebes Eigentum des Staates sind, welcher wiederum für die Bezahlung seiner Angestellten zuständig ist. Im Prinzip unterscheidet sich ein GUP lediglich darin von einer Sowchose, dass es – unter marktwirtschaftlichen Bedingungen operierend – nicht die Infrastruktur, materielle Unterstützung und, je nach Standpunkt, soziale Kontrolle oder Geborgenheit bietet, wie die einstigen, hoch subventionierten sozialistischen Staatsfarmen (vgl.: Vitebsky 2005: 375).

Die Probleme der Rentierhalter und der fortwährend schwelende Konflikt um die Eigentumsrechte an ihren Tieren hörten allerdings auch nach der Umwandlung der obshhiny in ein GUP nicht auf, denn auch der Staat war schon bald kaum noch in der Lage, seine mit der Bildung des GUPs eingegangenen finanziellen Verpflichtungen einzuhalten (vgl.: Biche-Ool & Samdan 2009: 60). So blieb die finanzielle und materielle Unterstützung der olenevody durch die neue Betriebsleitung ihrer Ansicht nach unzureichend. Und während die Männer aus der Taiga nach wie vor auf dem Standpunkt beharrten, dass sie somit das Verfügungsrecht über die von ihnen gehüteten Rentiere besäßen, lehnte dies die Leitung des GUPs und das zuständige Landwirtschaftsministerium kategorisch ab (Donahoe 2004: 128). Die todzhanische Rentierhaltung blieb weiterhin in der Krise.

Vom GUP zum MUP

Im Jahr 2008 kam es zur vorläufig letzten großen Transformation der Rentierhalterorganisationen in der todzhanischen Taiga: In jenem Jahr wurde das staatliche GUP in ein *munizipales* Kollektivunternehmen (RUS: *Municzipal'noe Unitarnoe Predpriyatie*) – *MUP* – umgewandelt.

Das MUP, das offiziell unter dem Namen „MUP Odugen" firmiert, ist (im Unterschied zum staatlichen GUP) offiziell Gemeindeeigentum und in Toora-Khem registriert. Es ist heute die einzig nennenswerte verbliebene Kollektivstruktur der Rentierhalter im Todzhinskij Kozhuun. 57% der hier lebenden olenevody sind Angestellte des MUPs (siehe Abschnitt VI 2.2), welches sie einmal im Jahr und je nach Menge der von ihnen gehaltenen Rentiere bezahlt. Auch im MUP sind die Rentiere Eigentum des Betriebs. Aber de facto bleibt die alte Diskrepanz zwischen Papier und Realität bestehen. Die Rentierhalter betrachten und behandeln ihre Tiere nach wie vor mehr oder weniger als Privateigentum. Die MUP-Direktion scheint darüber allerdings wenig bekümmert. Für sie ist die Rentierhaltung ohnehin eher zweitrangig: Sie verkauft kein Rentierfleisch, höchstens Geweihe, Felle und besondere Rentierteile wie z.B. Schienbeinfelle, aus denen hochwertige Pelzstiefel hergestellt werden. Seinen Hauptumsatz macht das MUP fast ausschließlich auf dem Jagdsektor: Hierzu kauft es Zobelfelle und andere Wildtierteile von seinen Mitarbeitern und verkauft diese in Kyzyl weiter.

1.2.3 Die Subventionierung der Rentierzucht

Es gibt noch einen weiteren, bislang unerwähnten Faktor, der zur relativ entspannten Haltung der MUP-Betriebsleitung gegenüber der Behandlung des Betriebseigentums seitens der olenevody beitragen könnte: Die Hälfte der 3.000 Rubel (ca. 75 €), die die MUP derzeit jährlich ihren Angestellten für jedes von ihnen gehaltene Betriebsrentier zahlt, kommt aus öffentlicher Hand. Genau wie jeder selbständige Rentierhalter, erhält auch das MUP jährlich 1.500 RUR (ca. 37,50 €) pro Rentier durch Gelder eines Subventionsprogramms, das schon im Jahr 2001 sowohl vom russischen Staat als auch der Republik Tuwa zur Rettung der Rentierhaltung in der Region ins Leben gerufen wurde (vgl.: Biche-Ool & Samdan 2009: 60; Pravitel'stvo Respubliki Tyva 2012).

Dieses Subventionsprogramm hat verschiedene Effekte auf die osttuwinische Rentierhaltung: Für das MUP, den mit Abstand größten Akteur des Sektors in der Region, bezahlt es die Hälfte der jährlichen Gehaltskosten, was u.a. das auf den ersten Blick merkwürdig erscheinende geringe Interesse der Betriebsleitung erklären könnte, ihre Besitzansprüche an den Betriebsrentieren zu forcieren. Da das MUP die Einkünfte durch das Subventionsprogramm lediglich an ihre Angestellten weiter reicht, steigert das Programm natürlich kaum sein Interesse daran, den Rentierbestand entscheidend zu vergrößern. Im Gegenteil: Da sich die Höhe der jährlich an seine Angestellten zu entrichtenden Gehälter direkt aus den von ihnen gehaltenen Rentieren errechnet, bedeuten mehr Rentiere für das MUP mehr Lohnkosten, auch wenn es nur die Hälfte dieses Postens aus eigener Kraft bezahlen muss. Gleichzeitig sind für das Hauptgeschäft des MUPS, die Jagd, welche die wenig profitable Rentierhaltung mitfinanziert, nur wenige Rentiere nötig. Für das MUP ist die Rentierhaltung demnach also eher eine Last. Der Anreiz für die Betriebsleitung, ausgerechnet ihre Vergrößerung zu forcieren muss daher vergleichsweise gering sein.

Ganz anders ist natürlich die Perspektive der olenevody: Zwar verdienen auch sie nach eigenen Angaben mit der Jagd mehr als mit der Rentierhaltung, aber für sie bedeutet jedes zusätzliche Rentier mehr Gehalt am Jahresende. Ein Mitarbeiter des MUP mit, angenommen, dreißig Rentieren erhält pro Jahr 90.000 RUR (etwa 2.300 €); ein chastnik, der nur die 1.500 RUR Subventionen pro Rentier bekommt, käme auf immerhin 45.000 RUR (etwa 1.150 €). Dieses Geld – aufs Jahr verteilt also 190 bzw. knapp 100 € pro Monat – ist für beide ein verlässlicher finanzieller Grundstock, der durch etwas Glück bei der Jagd individuell aufgestockt werden kann.

So haben natürlich alle Rentierhalter der Region ein reges Interesse an den Subventionsgeldern, die sie allesamt ohne Bedingungen gleichermaßen ausgezahlt bekommen. Dies führte scheinbar dazu, dass nach der Einführung der Subventionen in Tuwa die Rentierzahlen wieder anstiegen: In Todzha wuchsen die Herden, nach offiziellen Zählungen, zwischen 2005 und 2006 um ganze 24,4%, im benachbarten Kaa-Khemskij Kozhuun sogar um 71% (Pravitel'stvo Respubliki Tyva 2012). Allerdings sind diese Zahlen durchaus mit einem gesunden Maß an Skepsis zu betrachten. Während sicherlich durch das Programm das Interesse der Rentierhalter an einer Vergrößerung ihrer Herden verstärkt wurde, kann davon ausgegangen werden, dass genau dieser Anreiz manche olenevody auch dazu verleitet, falsche Angaben bezüglich ihrer Herdengrößen zu machen, zumal diese in den Weiten der Taiga auch nach wie vor sehr schwer bis unmöglich zu überprüfen sind. Obwohl es so heute nach der offiziellen Statistik (MERT 2014) wieder um die 1.700 Rentiere in Todzha gibt, könnte deren tatsächliche Zahl derzeit sogar unter 1.000 liegen (Brian Donahoe, Januar 2012: pers. Komm.).

2. DIE DUKHA AB 1990

2.1 Hintergründe: Die Entwicklungen in der Mongolei ab 1990

2.1.1 Vom demokratischen Umbruch zum allumfassenden Zusammenbruch

Auch in Nordwest-Khövsgöl waren es die ganz großen, globalen Entwicklungen, die die „kleine Welt" der Dukha im Winter 1989/90 von Grund auf auf den Kopf stellten: Nur einen Monat nach dem Fall der Berliner Mauer demonstrierten auch in Ulaanbaatar am 10. Dezember 1989 die ersten reformhungrigen Intellektuellen am Rande der offiziellen, inszenierten Demonstration zum internationalen Tag der Menschenrechte (vgl.: Rossabi 2005: 1). Innerhalb weniger Wochen wurde daraus eine breite Volksbewegung, die immer mehr an Masse und Fahrt gewann und von der Führung der Mongolischen Revolutionären Volkspartei nicht mehr ignoriert werden konnte (vgl.: Hartwig 2007: 164). Im Juli 1990 kam es zu den ersten freien Wahlen – aus der allerdings die MRVP noch einmal als klarer Sieger hervorging. Dennoch waren die Uhren nicht mehr zurückzudrehen: Die Zeiten der Alleinherrschaft der Revolutionspartei war mit dem Einzug einer echten Opposition ins Parlament vorüber. Im Februar 1992 wurde eine demokratische Verfassung verabschiedet, in der Menschenrechte, Religionsfreiheit und der Schutz des Privateigentums garantiert wurden (ibid.; Rossabi 2005: 54). Hierauf entwickelte sich die Mongolei, als bislang einziges zentralasiatisches Land, in Richtung einer gefestigten parlamentarischen Demokratie mit einem bemerkenswerten Grad an politischer Freiheit (vgl.: Barkmann 2012).

Mit dieser friedlichen, demokratischen Revolution kamen allerdings nicht nur neue Bürgerrechte ins Land sondern, wie in allen Ländern des ehemaligen Ostblocks, auch der Kapitalismus. Zunächst wurde die Einführung der freien Marktwirtschaft im Zuge der Demokratisierung von der breiten Bevölkerung noch mit großem Enthusiasmus begrüßt (vgl.: Hartwig 2007: 164). Aber schon bald wurde die Begeisterung der Leute gedämpft. Schnell bildete sich im Land eine kleine Wirtschaftselite, die die neuen Regeln für sich auszunutzen wusste. Für das breite Volk jedoch verschlechterten sich die ökonomischen Bedingungen in den nächsten Jahren rapide und fundamental. Mit der Auflösung des *Rates für Gegenseitige Wirtschaftshilfe* (RGW bzw. „Comecon") im Jahr 1991 brach die während des Kommunismus mit internationaler Hilfe aufgebaute Industrie sowie der gesamte Landwirtschaftssektor und die Exportwirtschaft des Landes zusammen (vgl.:

Sneath 2008: 44). Das Land schlitterte in eine alles umfassende Krise. Die Inflation stieg dramatisch und die immer knapper werdenden Lebensmittel mussten rationiert werden (vgl.: Rosabi 2005: 52f). Besonders drückend war diese Situation in den Siedlungen des ländlichen Raums zu spüren, wo die bis dahin das gesamte soziale Leben prägenden negdels nach und nach insolvent wurden und praktisch die komplette wirtschaftliche, technische und soziale Infrastruktur des Landes verschwand: Der staatliche Veterinärdienst, das quasi flächendeckende medizinische Versorgungsnetz, das Rentensystem, die Post, Büchereien und sogar der Bildungssektor (vgl.: Janzen & Bazargur 1999: 62ff; Rossabi 2005: 118; Janzen 2008: 4; Humphrey & Sneath 1999: 111) – alles, was das Land seit den Fünfzigerjahren mühsam aufgebaut und erreicht hatte, brach nun nach und nach zusammen.

2.1.2 Schocktherapie Privatisierung

Die Therapie, bzw. treffender: „*Schocktherapie*" (Rossabi 2005), die die Weltbank, der Internationale Währungsfonds, die Asiatische Entwicklungsbank und andere multilaterale Finanz- und Wirtschaftsorganisationen der Mongolei in dieser Situation verordneten, hieß schnelle und radikale marktwirtschaftliche Transformation, beginnend mit der breit angelegten und rapiden Privatisierung von Staatseigentum (Hartwig 2007: 170; Rossabi 2005: 43ff). Zur Durchführung dieser wurde ab Mitte 1991 ein Gutscheinsystem eingeführt, in dem jeder Bürger des Landes drei rosafarbene Coupons (MON: *khuvitsaa*) im Wert von je 1.000 MNT und einen blauen im Wert von 7.000 MNT erhielt (vgl.: Battushig 2000: 115). Die rosafarbenen Gutscheine konnten frei gehandelt und akkumuliert, und dann bei Versteigerungen zum Erwerb von „kleinerem" Eigentum aus Staatsbesitz wie z.B. Lastwagen, Maschinen oder sogar Läden und Gaststätten, eingesetzt werden; die blauen waren lediglich zum Tausch gegen Aktien der zu privatisierenden großen Staatsbetriebe vorgesehen. In diesem Zusammenhang sprach man von der „Kleinen" und „Großen Privatisierung" (ibid.). Im Zuge dieser wurden in der Folgezeit tausende ehemalige staatliche Kleinbetriebe versteigert und die gesamte Staatsindustrie, etwa 330 Unternehmen, in Aktiengesellschaften umgewandelt, deren Wertpapiere sich die mongolischen Bürger als Startkapital für die neue Ära zulegen sollten (vgl.: ibid; Hartwig 2005: 178ff).

Die Reform der mongolischen Landwirtschaft

Im Rahmen dieser „Kleinen" und „Großen Privatisierung" geschah auch die groß angelegte Reform der Landwirtschaft. Zunächst wurden 30% der Tiere sowie der Stallungen, Fahrzeuge und sonstigen Produktionsmittel der negdels an Privatbieter versteigert – der Rest sollte im Besitz der zu Aktiengesellschaften umgewandelten landwirtschaftlichen Großbetriebe bleiben (vgl.: Battusig 2000: 149). Da die allermeisten dieser Betriebe aber in der wirtschaftlich äußerst schwierigen Folgezeit in Konkurs gingen, ging bald praktisch der komplette Viehbestand der

Mongolei, zu jener Zeit etwa 25 Millionen Tiere, in private Hand über – nun nicht mehr gegen Voucher sondern meist schlicht als Ersatz für ausbleibende Löhne der Angestellten (vgl.: Rossabi 2005: 49). Bei diesem Prozess wurde immer wieder beklagt, dass die Direktoren und die höheren Verwaltungsangestellten der Betriebe, die mit der Verteilung betraut waren, sich selbst und ihren Verwandten mehr Ressourcen zuteilten als den einfachen Arbeitern und Brigadehirten (vgl.: ibid.).

Auch die Aktien der ehemaligen Staatsbetriebe akkumulierten sich schon nach kurzer Zeit in den Händen der wenigen, die das „Spiel" verstanden und vor allem selbst schon soviel Kapital besaßen, dass sie die kleinen Pakete all der vielen Verzweifelten, die diese schon bald zur kurzfristigen Deckung ihrer Grundbedürfnisse billigst veräußern mussten, im großen Stil aufkaufen konnten (vgl.: Rossabi 2005: 50). Zwölf Jahre nach Beginn der „Großen Privatisierung" waren 70% der Anteile der (noch verbliebenen) neuen Aktiengesellschaften in der Hand von nur 0,5% der Bevölkerung (Rossabi 2005: 51). Statt zu der von den marktliberalen Beratern der Regierung prognostizierten zügigen landesweiten Entwicklung im Zuge der Einführung der freien Marktwirtschaft, war es zu einer stark fragmentierenden Entwicklung (Scholz 2005) gekommen, manifestiert durch die wachsende Disparität zwischen einer kleinen, emporstrebenden Elite und einer zusehends verarmenden, breiten Bevölkerung, die nach der Auflösung der Staatsbetriebe nicht nur ihre wirtschaftliche Existenzbasis sondern zusehends auch ihren sozialen Zusammenhalt verlor (vgl.: Rossabi 2005: 50ff; Sneath 2008: 48f).

2.1.3 „Neue" Nomaden, neue Verwundbarkeit

In diesem Zusammenhang war auch schon bald nach der Wende eine massenhafte Migration von ehemaligen Arbeitern aus den Städten und sum-Zentren hinaus auf das nunmehr quasi infrastrukturlose Land zu beobachten, wo sie unter den Bedingungen der alles umfassenden Krise versuchten, für sich und ihre Familien mit einer kleinen Herde aus ehemaligen negdel-Beständen, eine neue Existenz in der Subsistenzwirtschaft aufzubauen (vgl.: Müller 1999: 36; Janzen 2008: 5; Humphrey & Sneath 1999: 110). So stieg der Anteil der in der Tierhaltung „beschäftigten" Bevölkerung zwischen 1989 und 1998 von weniger als 18% auf 50% der Bevölkerung im arbeitsfähigen Alter (Sneath 2008: 44). Im gleichen Zeitraum stieg der Prozentsatz der mongolischen Bevölkerung unterhalb der Armutsgrenze von praktisch null auf über 33% an (ibid.).

Nur wenige der „neuen Nomaden" (Müller 1999: 36; Janzen 2008: 5) brachten das für ihr neues Leben in der mobilen Tierhaltung nötige Rüstzeug an Erfahrung, Hintergrundwissen und sozialen Netzwerken mit sich. Auf staatliche Unterstützung konnten sie nicht mehr zählen. Orientierungslosigkeit machte sich breit, der Auflösungsprozess der negdels unter den Bedingungen der Marktwirtschaft hatte lauter individualisierte, hoch verwundbare „Einzelkämpfer", mit meist wenig Vieh, zurückgelassen (vgl.: Müller 1999: 35; Rossabi 2005: 120f; Sneath 2008: 44f). Der Mangel an gegenseitigem Vertrauen, Zugehörigkeit (Müller 1999: 35) und traditionellem Wissen ließ im alltäglichen Überlebenskampf oft kein effektives, nachhaltiges Weidemanagement zu, was zu neuen Umweltproblemen wie einer weit verbreiteten Weideflächendegradierung führte, welche wiederum die ohnehin bestehende Notlage der betroffenen Tierhalter abermals verschärfte (vgl.: Kiresiewa, Altangadas & Janzen 2012: 19; Rossabi 2005: 120). Als unter diesen Umständen um die Jahrtausendwende mehrere Trockensommer (MON: *gan*), jeweils gefolgt von bitterkalten und schneereichen Wintern (MON: *zud*), hintereinander die Mongolei trafen, ereignete sich eine der größten Katastrophen in der jüngeren Geschichte der mongolischen Tierhaltung: Gleichzeitig mit etwa 30% des nationalen Viehbestandes wurden die Existenzen etwa 20.000 mobiler Tierhalter und deren Familien vernichtet (Janzen 2008: 5f, 2011: 196; Hartwig 2007: 192). 70% der übrig gebliebenen Tierhaltern blieben nach den *zuds* nur noch weniger als 100 Tiere – eine kritische Zahl, die das weitere Überleben für sie sehr schwer machte (Rossabi 2005: 128). Vielen dieser Opfer des neoliberalen Schocktherapie-Experiments blieb nur noch die Abwanderung in die Peripherie Ulaanbaatars, wo die meisten von ihnen sich fortan als Bewohner des sich immer weiter ausdehnenden Jurtengürtels eine Existenz ohne Netz und doppelten Boden erkämpfen mussten (vgl.: Janzen, Taraschewski & Ganchimeg 2005; Rossabi 2005: 131; Taraschewski 2012: 43; Hartwig 2007: 192).

2.2 Zusammenbruch und Neubeginn in Nordwest-Khövsgöl

2.2.1 Das Ende der Fischerei

Von den Entwicklungen jener Zeit war auch die abgelegene Region Nordwest-Khövsgöl betroffen. Als erstes brach im neuen Tsagaannuur sum die Fischerei zusammen. Die Fischbestände im See hatten sich von ihrer schonungslosen Ausbeutung in den Sechziger- und Siebzigerjahren nie wieder richtig erholt. Die jährlichen Fangmengen der Fischer lagen schon seit 1979 praktisch permanent bei unter 50 Tonnen (siehe Abb. 32). Aber selbst diese Menge war offenbar noch mehr, als das empfindliche Ökosystem des Seengebietes im Herzen der Darkhad-Ebene vertragen konnte. So kam es bereits im Jahr 1990 zur Schließung der Fischerei und zu einem generellen Fangverbot im See für zehn Jahre (vgl.: Wheeler 2000: 54). Den Beschäftigten des Betriebes konnten unter diesen Umständen keine Löhne mehr ausbezahlt werden. Stattdessen bekamen sie als Abfindung einfach „das, womit sie bis dahin gearbeitet hatten" (Erdene, Sept. 2012: pers. Komm.), was natürlich unter den gegebenen Umständen praktisch wertlos war. Unter dem langfristigen Fischereiverbot konnte man sich mit Netzen oder sogar Booten keine neue Existenz in Tsagaannuur aufbauen. Einige der ehemaligen Angestellten bekamen immerhin Häuser, welche vormals der Fischerei gehört hatten, und blieben in Tsagaannuur (Sanjim, Sept. 2012: pers. Komm.). Andere jedoch kehrten dem deprimierenden Leben in der Siedlung den Rücken zu und machten sich auf in die Taiga (vgl.: Wheeler 2000: 54).

2.2.2 Die Privatisierung der Rentiere

Draußen in den Wäldern war die Situation zunächst noch etwas besser: Noch immer erhielten die Taigabrigaden der Staatsfarm Lohn für ihre Arbeit mit den Rentieren. Sogar noch im Jahr 1994, als anderswo im Land die negdels schon längst abgewickelt und auch die meisten der aus ihnen hervorgegangenen Aktiengesellschaften bereits bankrott waren, zahlte die Jagd- und Rentierzuchtfarm Tsagaannuur ihren Angestellten in der Taiga noch immer monatlich 60 MNT pro Rentier (vgl.: Inamura 2005: 146). Im Gegenzug lieferten die Dukha weiterhin Samtgeweih und „geringe Mengen Milchprodukte" (ibid.) an die Farm, der nach wie vor 86% der Rentierherde gehörte: Nur etwa 200 der damals noch 1.260 Rentiere waren bis 1994 privatisiert worden (ibid.).

> „Im Jahr 1994 gehörten die Rentiere immer noch der Farm. Zuvor hatte man versucht, sie für 500 MNT pro Stück zu verkaufen. Wenn eine Familie damals Rentiere kaufen wollte, konnte sie diese mit ihren Coupons bezahlen. Das waren dieselben, wie sie jeder Mongole damals, während der Krise, bekommen hatte. Man konnte mit den Coupons genauso auch Schafe oder Ziegen kaufen. Manche Taigaleute taten das auch, ganz im Gegensatz zu den Leuten aus der Steppe: Von denen kaufte natürlich niemand Rentiere. Die meisten Familien hatten damals nur etwa drei bis vier Rentiere gekauft. Später dann bekam man sie allerdings ohnehin umsonst." (Borkhüü, Sept. 2012: pers. Komm.)

Im Laufe der Zeit driftete die Farm aber immer weiter in Richtung Zahlungsunfähigkeit, woraufhin sie zunächst ihre Rentiere an ihre Beschäftigten verpachtete und diesen im Gegenzug die Freiheit gewährte, sie praktisch wie ihr Eigentum zu behandeln (vgl.: Wheeler 2000: 55; Inamura 2005: 146). Dies konnte das Ende der Farm aber nicht aufhalten. Im September 1995 (vgl.: Inamura 2005: 146) schloss sie ihre Tore endgültig. Die verbliebenen Rentiere überließ man einfach den Angestellten (Jernsletten & Klokov 2002: 145). Jede Familie bekam die Tiere, die sie zuvor gepachtet hatte – gratis (vgl.: Wheeler 2000: 55). Von nun an waren die Dukha wieder offizielle Eigentümer ihrer Rentiere. Aber gleichzeitig trugen sie auch die volle Last und das mit ihrer Existenz verbundene Risiko auf ihren Schultern.

2.2.3 Renaissance des Taigalebens oder alternativloser Überlebenskampf?

Die Zeit des Umbruchs war für die Dukha eine kollektive Schicksalsphase. Viele ehemalige Fischereiangestellte waren alsbald zurück in die Taiga gezogen und Rentierhaltung und Jagd wurden wieder zum zentralen Element im Leben von etwa dreißig bis vierzig Dukha-Familien (vgl.: Jernsletten & Klokov 2002: 145f). Der Schamanismus konnte nach dem Ende des Sozialismus wieder frei und ohne Angst vor Repressionen praktiziert werden und die ersten Touristen und ausländischen Forscher begannen die Camps der Rentierleute zu besuchen.

Während der ersten beiden Jahre nach dem Ende der sozialistischen Ära, als die Farm den Taigabrigaden noch Gehälter zahlte, war sogar der Rentierbestand der Dukha noch immer kontinuierlich angestiegen. Im Jahr 1992 lag die Gesamtzahl der Tiere bei 1.427 (Wheeler 2000: 55). Danach aber begann sie jäh abzufallen: Im Jahr 1995, zur Zeit der Auflösung der Farm, weideten nur noch 916 Rentiere in West- und Osttaiga, drei Jahre später, 1998, sogar nur noch 614[55] (ibid.). Dies bedeutete eine Verringerung der Herde um 70% in gerade einmal sechs Jahren. Wie auch bei den Rentierhaltern der Sowjetunion kann man die damalige Entwicklung der Rentierzahlen auch bei den Dukha als „Fieberkurve" ansehen, hinter der sich eine große Anzahl typischer Probleme jener Zeit verbarg. So zum Beispiel, dass die Dukha damals, nach etwa dreißig Jahren bescheidenem und stabilem Lebensstandard, plötzlich ohne Löhne und quasi ohne jegliche Unterstützung wieder zurück in eine reine Subsistenzwirtschaft katapultiert worden, gleichzeitig aber auch zumindest auf ein Minimum an finanziellen Ressourcen angewiesen waren. Und praktisch die einzige Möglichkeit, dieses Geld aufzutreiben, war damals für die meisten die periodische Schlachtung von Tieren aus ihrer Herde zum Verkauf (vgl.: Solnoi, Tsogtsaikhan & Plumley 2003: 57; Wheeler 2000: 55; Inamura 2005: 127, 146). Selbst die Produktion von Samtgeweih, die gegen Mitte der Neunzigerjahre noch immer praktiziert wurde, brachte kaum noch etwas ein. Die Handelswege waren mit der Schließung der Farm praktisch abgeschnitten (vgl.: Inamura 2005: 146). War die wirtschaftliche Situation zu jener Zeit in der Mongolei allgemein schon sehr schlecht, so muss sie für die Dukha wahrlich zum Verzweifeln gewesen sein.

> „Following the other areas in Mongolia, the wave of change to a market economy had begun to sweep through the Tsaatan community. The total number of reindeer had decreased to 600, almost half, in a few years. The number of livestock owned by Tsewel and Gostya was also obviously decreasing year by year. As the market-based economy infiltrated the community, life in the peripheral areas, unfavorable to the distribution of goods, rapidly became much more difficult. The people were saying that, after privatization, there were no veterinarians and no medical services, and that Tsaatan had no income, so they were compelled to sell the reindeer or consume them at home." (Inamura 2005: 127)

Je kleiner aber die Herden der einzelnen Haushalte wurden, desto kritischer wurde die Lage. Von Anfang an waren die Herden der Dukha nicht groß genug, um dauerhaft von ihrem Fleisch, bzw. dem durch den Verkauf dieses Fleischs generierten finanziellen Erlös zu leben (vgl.: Wheeler 2000: 55). Und mit jedem geschlachteten Tier wurde es noch schwieriger. Dazu kamen offenbar auch Probleme wie steigende Verluste durch Wölfe und der immer schlechtere Gesundheitszustand der Tiere (vgl.: Wheeler 2000: 56; Jensletten & Klokov 2005: 146). Die dauerhafte Belastung durch das jahrelange Ernten von Samtgeweih hatte viele von ihnen stark geschwächt. Nun fiel zudem die Versorgung durch die ehemaligen, staatlich bezahlten Tierärzte aus. Unter diesen Umständen dauerte es nicht lange, und es machten sich gefährliche Krankheiten breit (siehe Abschnitt VII 1.1).

Es gab Familien, die unter diesen Umständen alle ihre Tiere verloren (vgl.: Jensletten & Klokov 2005: 146). Aber wohin konnten diese Leute gehen? Im Dorf waren die Aussichten zu jener Zeit nicht minder trostlos. Einige Dukha begannen,

---

55 Nach Solnoi, Tsogtsaikhan & Plumley (2003: 57) lagen die Rentierzahlen in der mongolischen Taiga im Jahr 1998 sogar „unter 500".

sich eine kleine Tierhalterexistenz in der Steppe aufzubauen (Delger, Westtaiga, März 2010: pers. Komm.). Die meisten aber blieben trotz der immensen ökonomischen Schwierigkeiten in der Taiga und fingen mit Hilfe ihrer Camp-Nachbarn und Verwandten wieder ganz von Vorne an (Borkhüü, Sept. 2012: pers. Komm.). Und so blieb die Taiga für die Dukha, nach all ihrer wechselhaften und teils dramatischen Geschichte, auch in den dunkelsten Zeiten der Krise, immer noch der Mittelpunkt ihrer kollektiven Existenz. Mit dem sturen Mut der Verzweiflung konstatierten sie: „*Wenn unsere Rentiere sterben, sterben auch wir*" (Sanjim in Keay 2006: 2) – und blieben in der Taiga.

VI. POST-PRODUKTIONSNOMADISMUS: DIE TOZHU HEUTE

Textbox 7: Tuwa heute – Daten und Fakten

Status: **Autonome Republik** in der Russischen Föderation
Hauptstadt: **Kyzyl** (109.918 Einwohner)
Weitere größere Städte/Siedlungen: Kaa-Khem (15.044 Einwohner), Ak-Dovurak (13.468 Einwohner), (Vserossijskaya Perepis' Naseleniya 2010a)
Fläche: 170.500 km² (Sibirskij Federal'nyj Okrug 2014)

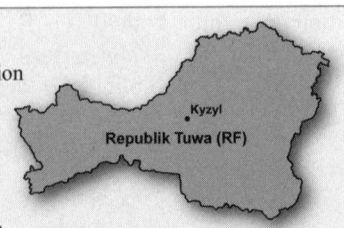

Gesamtbevölkerung 2010:
- 307.930 Einwohner, davon 163.402 „städtische", 144.528 „ländliche Bevölkerung" (Vserossijskaya Perepis' Naseleniya 2010a). In der RF sind 263.934 Personen als „Tuwiner" (RUS: *Tuvinczy*) registriert (Vserossijskaya Perepis' Naseleniya 2010b). 82% der Bevölkerung sind ethnische Tuwiner, 16,3% Russen (Andere: 1,7%) (Sibirskij Federal'nyj Okrug 2014)
- Todzhinskij Kozhuun (Verwaltungsbezirk des Untersuchungsgebietes): 6.020 Einwohner, davon 2.287 gemeldet im Bezirkshauptort Toora-Khem und 3.633 in „allen übrigen ländlichen Siedlungen" (Vserossijskaya Perepis' Naseleniya 2010a). 1.858 Personen waren 2010 als „Tuvinczy-Todzhinczy" registriert (nur vier davon sind als „städtische Bevölkerung" aufgelistet) (Vserossijskaya Perepis' Naseleniya 2010b).
- Bevölkerungsentwicklung: Im Jahr 2011 26,8 Geburten und 11,1 Todesfälle auf 1.000 Einwohner (Novye Issledovaniya Tuvy 2013)

Wirtschaft:
Bergbau: Kohle, Asbestmine in Ak-Dovurak (D: *„Weißer Staub"*), Multierzmine Kyzyl-Dashtyg (Todzha); Landwirtschaft und Pelztierjagd. Die Republik Tuva gilt als die am wenigsten entwickelte Region der gesamten Russischen Föderation (siehe: Knoema 2011-2014).

Offizielle Arbeitslosenquote 31. Dezember 2012: 9,9% (Novye Issledovaniya Tuvy 2013). Es ist zu vermuten, dass viele Menschen, die in der Landwirtschaft tätig sind oder informellen Beschäftigungen nachgehen, nicht in dieser Quote erfasst sind.

Lebenserwartung:
56,3 Jahre im Jahr 2011 (Durchschnitt m/w). Im Jahr 2010 erreichte die durchschnittliche Lebenserwartung in Tuwa mit 55,3 Jahren erstmals seit 1992 wieder das Niveau von vor 1992 (54,9 Jahre). 1994 war sie auf nur noch 48,4 Jahre gefallen; 2002 betrug sie sogar nur 48,2 Jahre. (Knoema 2011-2014a).

1. EINLEITUNG

Während es sowohl im Falle der Tozhu als auch der Dukha unmöglich ist, einen bestimmten Punkt zu isolieren, der markieren würde, dass die im letzten Kapitel beschriebene sogenannte „Transformationsperiode" (Transformation – zu was? (siehe hierzu: Hann 2002)) vorbei wäre, ein Punkt, anhand dessen festzumachen wäre, dass die Rentierhalter-Jäger auf beiden Seiten der Grenze am Ende eines Prozesses in einem neuen Leben, einem neuen System, „angekommen" wären, so soll doch in den folgenden beiden Kapiteln der Versuch unternommen werden, das „Heute" auf zusammenfassende und vergleichende Art und Weise zu erfassen. Dass dieses „Heute" nicht vom „Gestern" zu isolieren oder getrennt zu verstehen ist, soll für den Fall der Tozhu der Titels dieses Kapitels symbolisieren. Der Begriff „Post-Produktionsnomadismus" bezieht sich sowohl auf das Konzept des „Postsozialismus" (siehe: Hann 2002) als auch insbesondere auf das des „Produktionsnomadismus", eine begriffliche und programmatische Erfindung der Sowjets, welche es in dieser Form in der Mongolei nicht gegeben hat, und die bis heute die Lebensumstände der Tozhu beeinflusst.

2. RENTIERHALTUNG UND JAGD IN TODZHA

2.2 Rentierhaltung in Osttuwa: Eine quantitative Bestandsaufnahme

Die im folgenden Abschnitt zusammengefassten Rentier- und Rentierhalterzahlen bzw. die aus diesen erarbeiteten Berechnungen beruhen (soweit nicht anders angegeben) alle auf der Grundlage der Daten des Unterprogrammes „*Entwicklung der Rentierhaltung in der Republik Tyva 2013–15*" des Spezialprogramms der Republik Tuwa „*Ökonomische und soziale Entwicklung der zahlenmäßig kleinen, indigenen Völker der Republik Tuwa 2013–15*" (Pravitel'stvo Respubliki Tyva 2012). Sie entsprechen also den offiziellen Statistiken, die, wie in Abschnitt V 1.2.3 erwähnt, durchaus von der Realität abweichen können.

Todzhinskij Kozhuun

Im Todzhinskij Kozhuun – dem Kerngebiet der Region Todzha – befanden sich im Januar 2012 1.371 Rentiere, was 77% des Gesamtbestandes der Republik (1.778 Stück) ausmachte.[56] Davon verfügte das MUP Odugen zu diesem Zeitpunkt über 773 Stück, während der sogenannten „individuellen Hauswirtschaft der Bevölkerung" (RUS: *lichnoe khozyajstvo naseleniya*) – also den selbständig arbeitenden *chastniky* – 563 Tiere zugeordnet wurden. Weitere 62 Tiere waren in

---

56 Im Jahr 2013 kam es nach offiziellen Angaben (MERT 2014) zu einer deutlichen Vermehrung der Rentiere Todzhas um 23,4% auf 1.698 Tiere.

„Nebenerwerbsfarmen von Betrieben [Organisationen]" (RUS: *podsobnoe khozyajstvo organizacij*) eingebunden.

Im gesamten Todzhinskij Kozhuun arbeiteten im Januar 2012 insgesamt 37 olenevody. Unter diesen waren 16 Selbständige (43%) und 21 Mitarbeiter des MUP Odugen (57%). Auf jeden der 37 olenevody des Todzhinskij Kozhuuns kämen somit durchschnittlich auch 37 Rentiere.

Alle Rentierhalter zusammen bilden nur rund 0,6% der Gesamtbevölkerung des Todzhinskij Kozhuuns (6.020 Einwohner (Vserossijskaya Perepis' Naseleniya 2010a: Zeile 7671)) bzw. 2% aller offiziell registrierten „Tuvinczy-Todzhinczy" (1.858 Personen (Vserossijskaya Perepis' Naseleniya 2010b: Zeile 163)).

Die genaue Zahl der von der Rentierzucht lebenden *Haushalte* bzw. Familien ist leider in den vorliegenden Statistiken nicht zu finden. Befragte Rentierhalter gaben diese aber allesamt mit „*etwa zwanzig*" an. Zum Vergleich: Im Jahr 1931 gab es im Todzhinskij Kozhuun noch 350 Rentierhalterhaushalte (Vainshtein [1972] 1980: 122), was vermutlich dem größtem Teil der damaligen indigenen Bevölkerung des Kozhuuns entsprochen haben muss.[57]

Tere-Khol'skij Kozhuun

Nachdem die Rentierhaltung in Tere-Khöl im Jahr 2006 mit dem Tod des letzten Rentierhalters der Region vorerst endete (siehe Abschnitt V 1.2.1), wird heute von der SPK Balyktyg[58] versucht, eine neue Herde mit Tieren aus Todzha aufzubauen (vgl.: A. Oyun. 2010). Seitdem befinden sich im Tere-Khol'skij Kozhuun wieder 66 Rentiere.

Aus den vorliegenden Daten über den Kozhuun geht nicht hervor, wie viele olenevody für diese kleine Herde zuständig sind. Wie jedoch die sehr geringe Stückzahl der Tiere vermuten lässt (theoretisch könnten zwei olenevody eine sechsundsechzig-köpfige Herde ohne Probleme betreuen), muss auch die Zahl der Rentierhalter in Tere-Khöl, sowohl gemessen an der Gesamtbevölkerung des Kozhuuns (1.873 Personen (Vserossijskaya Perepis' Naseleniya 2010a: Zeile 778))

57 Da nicht alle Familien in Todzha, die heute Rentiere haben, ausschließlich von der Arbeit der in der Taiga lebenden olenevody leben, ist es in manchen Fällen schwierig zu definieren, wer als „Rentierhalterfamilie" gilt und wer nicht. Auch Donahoe schätzt die Zahl der heute verbliebenen Rentierhalterfamilien in Todzha auf „weniger als 20" (Jan. 2012: pers. Komm.). Die Diskrepanz zwischen ca. 20 Familien und den 37 offiziell als Rentierhalter registrierten Personen des Todzhinskij Kozhuuns lässt sich wiederum auf verschiedene Art und Weise interpretieren. In einigen Fällen leben z.B. Brüder oder enge Verwandte zusammen in der Taiga. Es ist Definitionssache, ob sie dort als Haushalt gelten oder ob sie jeweils gemeinsam mit ihren nicht in der Taiga lebenden Familien als „Haushalte" anzusehen sind. Zuletzt sind viele der olenevody alleinstehend und allein lebend. Sie wären also zwar als „Haushalt", nicht aber als „Familie" zu zählen.
58 Die SPK (*Sel'skokhozyajstvennyj Proizvodstvennyj Kooperativ*, D: *Landwirtschaftliche Produktionsgenossenschaft*) ist im heutigen Russland eine sehr verbreitete Wirtschaftsform. Sie entspricht in ihrer Organisationsform weitestgehend der ehemaligen Kolchose und wird auch gemeinhin heute noch als solche bezeichnet.

als auch an der früheren Bedeutung der Rentierhaltung in der Region (1970er & 80er Jahre: *bis zu 2.300 Tiere* (Kuular & Suvandii 2012)), sicherlich minimal sein.

Kyzylskij Kozhuun

Noch weniger Rentiere befinden sich im südwestlich des Todzhinskij Kozhuuns gelegenen *Kyzylskij Kozhuun*: Hier beschränkte sich ihre Zahl im Januar 2012 auf nur 47 Stück, welche allesamt Eigentum der SPK Tapsy sind. Auch hier wird nicht erwähnt, wie viele Rentierhalter in der SPK arbeiten.

Kaa-Khemskij Kozhuun

Im südlich des Todzhinskij Kozhuuns an der Grenze zur Mongolei gelegenen *Kaa-Khemskij Kozhuun* beträgt der Rentierbestand immerhin insgesamt 294 Stück, von denen 255 der MUP Buren-Aksy und 39 der „privaten Hauswirtschaft" (LPKh) zugerechnet werden. Der Kaa-Khemskij Kozhuun ist (wenn man vom Tere-Khol'skij Kozhuun absieht, dessen Rentierbestand komplett aus Todzha überführt worden ist) der Rajon mit der derzeit größten Herdenwachstumsrate Osttuwas: Zwischen 2007 und 2011 betrug sie, nach offiziellen Angaben, 71%.

Leider finden sich auch für den Kaa-Khemskij Kozhuun keine Angaben über die Anzahl der dort lebenden bzw. arbeitenden Rentierhalter.

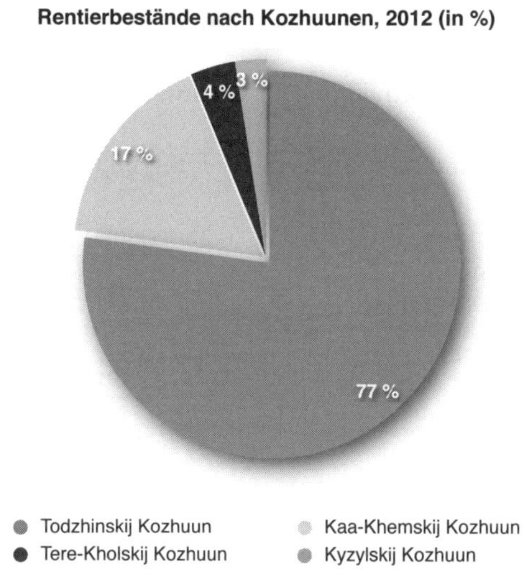

Rentierbestände nach Kozhuunen, 2012 (in %)

- Todzhinskij Kozhuun
- Tere-Kholskij Kozhuun
- Kaa-Khemskij Kozhuun
- Kyzylskij Kozhuun

Abb. 36: Verteilung des tuwinischen Rentierbestandes nach Kozhuunen, 2012 (in %). Kalkulation und grafische Umsetzung: JE basierend auf Daten von Pravitel'stvo Respubliki Tyva 2012

Um aus diesen quantitativen Daten etwas über den aktuellen Status und die (*qualitative*) Bedeutung und Entwicklung der Rentierhaltung in Osttuwa abzuleiten, müssen die oben aufgeführten Zahlen natürlich auch in ihrem historischen Kontext verstanden werden. Dies ist, dank der sehr akribischen Buchhaltung zu Zeiten der TVR und der UdSSR, ab 1930 relativ einfach (siehe Abb. 37). Dafür aber existieren leider keine verlässlichen Daten zur vorrevolutionären Zeit.

Die vorhandenen Daten zu Rentierzahlen in Osttuwa bewegen sich für den Beginn des Zwanzigsten Jahrhunderts im Bereich zwischen 2.500 und 78.000 Tieren (Vainshtein [1972] 1980: 122), wobei von Vainshtein etwa 10.000 Tiere für realistisch gehalten werden. Dies würde einer damals durchschnittlichen Herdengröße von etwa knapp 30 Tieren pro Haushalt entsprechen[59] (vgl.: ibid.). Der Abfall von mindestens zehn- auf sechstausend Tiere im Jahr 1930 (bzw., nach Leimbach sogar nur 5.000 im Jahr 1926 (1936: 70)) lässt sich wiederum vermutlich mit der Revolution selbst erklären. Dieses Phänomen ist allgemein in Sibirien, wo in vielen Regionen während der Revolutions- und Bürgerkriegsjahre ein massiver Verlust an Rentieren stattfand, dokumentiert (vgl.: Krupnik 2000: 53).

Die Entwicklung der Herdenbestände im gesamten Osttuwa seit 1930 wird in Abb. 45 in einer Grafik zusammengefasst. Besonders deutlich spiegeln sich dort die entsprechenden geschichtlichen Hauptphasen und -einschnitte der letzten acht Jahrzehnte wieder, die allesamt einen massiven Einfluss auf die Rentierzahlen der abgelegenen Region in den Wäldern Südsibiriens hatten:

1. 1930–1941: Soziales Engagement der TVR-Regierung ohne Kollektivierung: Herdenwachstum.
2. 1941–1945: Zweiter Weltkrieg in der Sowjetunion: Massenschlachtungen zur Versorgung der Armee.
3. 1949: Beginn der Kollektivierung in Osttuwa: Rentierhalter schlachten oder verstecken Tiere.
4. 1955–1985: Post-Stalin Ära: Subventionierung und scheinbare Stabilität. Kollektive entwickeln sich.
5. 1985–1992: Perestroika: Politische & ökonomische Reformen. Rentierzahlen beginnen abzunehmen.
6. 1992: Ende der Sowjetunion und Zusammenbruch der Wirtschaft und Rentierhaltung.
7. Ab 2001: Einführung neuer Subventionen in Osttuwa: Stabilisierung auf sehr niedrigem Niveau.

---

59 Im Jahr 1930 gab es, nach Donahoe (2004: 168), etwa 2.500 Tozhu. Diese Zahl kann vermutlich auch mehr oder weniger auf die Jahre zuvor übertragen werden: Leimbach (1936: 71) kommt auf 2.000 „Rentierzüchter" in Todzha, wahrscheinlich für das Jahr 1926. Zur Berechnung der im Haupttext aufgeführten Zahl wurde die durchschnittliche Haushaltsgröße hier auf etwa 7 Personen geschätzt. Diese Zahl ergibt sich auch aus Vainshteins ([1972] 1980: 122) Angaben zur Anzahl von Rentierhalterhaushalten jener Zeit, welche im Jahr 1931 offenbar 350 betrug (s.o.).

Tuwinischer Rentierbestand 1930-2012 (in Stückzahlen)

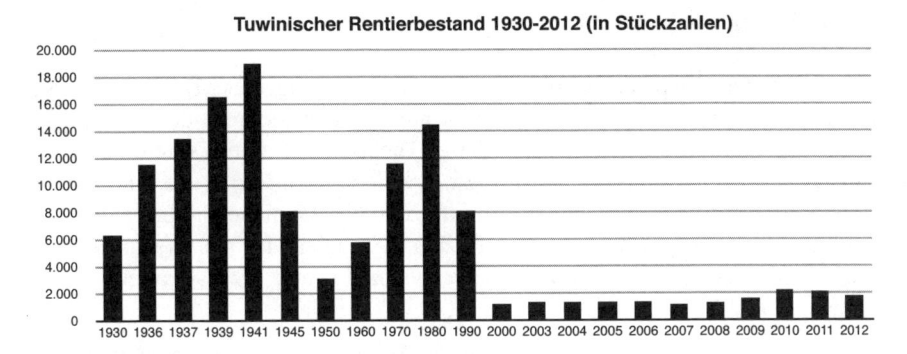

Abb. 37: Die Entwicklung des Rentierbestandes in Tuwa, 1930-2012 (in Stückzahlen). Grafik: JE basierend auf Daten von: Pravitel'stvo Respubliki Tyva 2012

2.3 Die Krise der „Gemeinschaft der Praxis"

Aus den oben zusammengestellten Daten geht hervor, dass der massive Schwund an Rentieren in Osttuwa vorerst gestoppt zu sein scheint. Die Zahl der olenevody aber bleibt (soweit dies aus den vorhandenen Daten hervorgeht) mit zwei oder weniger Prozent Anteil an der Gesamtbevölkerung der Tuvinczy-Todzhinczy extrem niedrig. Somit scheint die Frage durchaus berechtigt, ob die in Russland vor allem von staatlicher Seite so gerne zitierte Zahl der Rentiere ein guter Indikator für die Entwicklung des *Systems der Praxis* der Rentierhaltung und Jagd in Todzha ist. Hier ist ein großes Maß an Skepsis angebracht: Auch wenn einige Regionen in Osttuwa sogar einen teils signifikanten Herdenzuwachs verzeichnen können, bedeutet dies noch längst nicht, dass damit das System der Praxis der Tozhu aus der Krise heraus ist. Denn bei den Tozhu ist zu befürchten, dass die Rentierhaltung allein schon deswegen in den nächsten Jahrzehnten aussterben könnte, weil sich schlicht fast niemand mehr für sie interessiert. Schon jetzt hat sie, vor allem im Vergleich zu den Dukha, ihre Relevanz als Lebensweise für den größten Teil der Bevölkerung verloren. Mit Sicherheit geht dies auf den Umstand zurück, dass mit der während der Sowjetzeit unternommenen Auflösung des *Nomadismus als Lebensweise* und der mit ihr einhergehenden räumlichen Trennung der Familien eine massive Krise ausgelöst wurde, welche bis heute nicht überwunden werden konnte. Aufgrund dieser scheinen sich immer weniger junge Leute aus den Siedlungen für ein Leben in der Taiga zu interessieren. Dies ist nicht verwunderlich: Sie sind weitgehend entfremdet vom Leben in der Taiga. Sie sind nicht mehr Teil des Systems der Praxis, bzw. der *„Gemeinschaft der Praxis"*:

Gemeinschaften der Praxis

Der Begriff der „*community of practice*" wurde geprägt von Lave & Wenger (1991), die eine Pionierrolle in der Erforschung des Phänomens des „partizipativen Lernens" innehalten. Im Zentrum dieser Theorie des Lernens spielt die soziale Teilhabe in einer *Gemeinschaft der Praxis*, welche definiert ist als eine Gruppe mit einer gemeinsamen, um eine bestimmte zentrale „Domäne" herum entwickelten Identität, die in gelebter sozialer Beziehung zueinander steht (also eine tatsächliche *Gemeinschaft* bildet), *praktisch handelt* und dabei kollektiv lernt (Wenger 2006).

> „Communities of practice are groups of people who share a concern or a passion for something they do and learn how to do it better as they interact regularly." (ibid.)

Solche Gemeinschaften der Praxis finden sich überall auf der Welt – von der Familie zur Jugendgang über Arbeitsgruppen bis hin zu Bands und Künstlerkollektiven (ibid.; Wenger 1998: 6f). Und selbstverständlich spielen sie auch in den meisten indigenen Lebenswelten eine fundamentale Rolle: Wissen, Fertigkeiten, Institutionen sowie das Weltbild und die Identität ihrer Gemeinschaft lernen die Kinder dort nicht in der Schule – sondern in *Gemeinschaften der Praxis*. Zunächst geschieht dies durch bloße, „*legitim periphere*" (Lave & Wenger 1991: 36f) Teilhabe: Kinder begleiten ihre Väter auf der Jagd, meist ohne dabei Fragen zu stellen oder „Lektionen" zu erhalten; sie helfen beim Pflegen der Tiere, beim Auf- und Abbau der Nomadenzelte und sind überhaupt stets im Alltag der Gemeinschaft präsent, wo sie nicht nur praktische Informationen und Fähigkeiten „aufsaugen" sondern völlig selbstverständlich in die Lebenswelt ihrer Gruppe, samt Wertesystemen, Institutionen und Kosmologie hineinwachsen, eine Identität erwerben, und lernen, die Welt gemeinsam mit ihrer Gemeinschaft der Praxis zu verstehen und zu formen. Vor allem bei Jägern wird auf diese Weise, wie bereits in Abschnitt II 2.5 beschrieben, die Fähigkeit eines Lernendens geschult, seine Umwelt selbst zu interpretieren und sich in der Zukunft, ganz auf sich allein gestellt, in vergleichbaren Situationen zurechtzufinden (vgl.: Willerslev 2007: Kap. 8; Berkes 2008: 182ff, 197ff; Ingold 2000: 34ff).

Auf diese Weise entwickelt ein Lernender nicht nur die Fähigkeiten, die ihn irgendwann zur „vollen Teilhabe" (Lave & Wenger 1991: 36f) in der *Gemeinschaft der Praxis* befähigen, sondern erwirbt zudem die Identität und Weltsicht, die ihn zum Akteur im System der Praxis und zu einem Teil dieser sich stetig selbst reproduzierenden Lebenswelt werden lassen.

Die Folklorisierung der Rentierhaltung und die Krise der Gemeinschaft der Praxis

Genau dieser Prozess aber ist in Todzha zu einem fundamentalen Problem geworden, denn dort ist die „*Gemeinschaft der Praxis der Taiga*" weitgehend auseinander gebrochen. Zwar bilden die olenevody als mehr oder weniger gemeinschaftlich agierende Gruppe von erwachsenen Männern mit gemeinsamer Domäne eine solche Gemeinschaft noch immer unter sich selbst. Aber diese führt, für den Großteil des Jahres räumlich getrennt vom Rest der Gesellschaft, ein Eigenleben an dem gerade die wichtigste Gruppe von Lernenden, die Kinder der olenevody (sowie generell fast die gesamte jüngere Generation der Tozhu), nicht kontinuierlich teilhaben können. Einige wenige Ausnahmen hierzu sind dokumentiert, so z.B. von Donahoe, der im Jahr 2000 mit der Familie des Rentierhalters Viktor Sambuu („Piko") in der Taiga zusammenlebte und beschrieb, wie dessen Kinder dort als die nächste Generation von Rentierhaltern geprägt wurden – auch wenn selbst in diesem Fall schon nicht mehr zu ignorieren war, was in den nächsten Jahren unweigerlich auf die Familie zukommen würde:

> „Their 6-year-old daughter, Cherlik-Kys („Wild Girl"). 9-year-old son Adygzhy („Shooter") and 12-year-old nephew Ay-Kherel („Moon Beam") who goes by the nickname Opei-ool („Baby Boy") are outside playing reindeer herder, hobbling one of their good-natured, long-suffering hunting dogs by tying a rope around its neck and then tying the other end of the rope to its forepaw, much as they've seen Piko do with the reindeer. Cherlik-Kys has lived nomadically in the taiga with her parents since she was two months old. Now it's time for her to start gradeschool in the village, but Piko and Valya aren't ready to let her go yet, and she herself doesn't want to leave the taiga. They hold her out for another year. Every April Adygzhy is released from school a month early to join his family out in the taiga. Opei-ool, son of Piko's older brother who lives in the village of Adyr-Kezhig, also comes along. He's a quiet boy, but quick and clever and loves the reindeer and life out in the taiga. Ask these children what they want to do, and all of them say, in their native Tyva language, *Men ivizhi boluksap tur men* („I want to be a reindeer herder!")." (Donahoe 2004: 3f)

Zwölf Jahre später wollte es der Zufall, dass ausgerechnet Viktor Sambuu unter den olenevody war, die vom Verfasser im Februar 2012 in der Ödügen Taiga angetroffen wurden. Zu jenem Zeitpunkt lebte er mit seinem Stiefsohn Eduard und seinem Bruder (welcher erst vor acht Jahren in die Taiga zog) mit dreißig Rentieren in ihrem gemeinsamen Wintercamp, unweit des Bii-Khems. Viktor selbst, der nach eigenen Angaben seit 1993 permanent in der Taiga lebt, verbringt höchstens sieben Tage pro Jahr in Adyr-Kezhig (Februar 2012: pers. Komm.). Seine Frau, Valya, die stets mit ihm in der Taiga lebte, ist vor etwa sechs Jahren verstorben; aus ihrer gemeinsamen Tochter, „Cherlik-Kys", wurde mittlerweile eine junge Studentin (Brian Donahoe, Nov. 2012: pers. Komm.). Nur Viktors Stiefsohn – *Eduard* – wurde ein „*ivizhi*" (Rentierhalter), was keineswegs als selbstverständlich zu erachten ist, obwohl Eduard, der selbst nicht in der Taiga aufwuchs, betont, dass er in der Taiga lebe, weil dies „*sein [kulturelles] Erbe*" sei (Februar 2012: pers. Komm.). All dies bedarf etwas näherer Betrachtung:

Auch wenn in Todzha heute fast niemand mehr dazu bereit ist, das harte Leben eines *ivizhi* in der Taiga zu führen – so sind diese Männer dennoch auf einer abstrakten, symbolhaften Ebene noch immer ein wichtiger, wenn nicht sogar zentraler Teil der ethnischen Identifikation der Tozhu bzw. *Tuvinczy-Todzhinczy*. Korrekterweise muss man allerdings spezifizieren: Das *Rentier selbst* ist (wie in vielen Regionen Russlands) dieses eigentliche, *Indigenität* verkörpernde Element – und weniger die Rentierhalter, welche in ihrem Leben „draußen" in der Taiga eher die Hüter dieses Kulturgutes sind, das den Menschen in Osttuwa, selbst wenn sie selbst keinerlei persönlichen Bezug mehr zu ihm haben, so wichtig zu sein scheint:

> „Analogous to the way in which the title ivizhi can be considered the cultural property of the Tozhu reindeer herders, so the image of reindeer can be understood as the exclusive (within Tyva) cultural property of the Tozhu. Reindeer exist almost exclusively in the Tozhu district and images of reindeer adorn virtually any and all material related to Tozhu (for example, official calendars put out by the district administration). Having reindeer is an important element in the Tozhu sense of ethnic identity, and is one of the things that sets them apart from the Tyva population in general (...). In Tozhu I frequently heard expressions like, „Without reindeer, we can't be Tozhu", or „If there are no reindeer, there are no Tozhu." It's not important that everyone be a reindeer herder, but it is important for them to know that reindeer are out there, and that's what makes Tozhu different from other parts of Tyva, it's what gives Tozhu people a sense of a unique ethnic identity." (Donahoe 2004: 134)

Es gibt also in Todzha eine ausgeprägte Diskrepanz zwischen einer „*folklorisierten*" (Rival 1997: 142), durch das Rentier symbolisierten *Nationalidentität*, welche in Kalendern, Plakaten, Plastiken, Liedern, dem alljährlich feierlich begangenen „*Tag der Rentierhalter*" (RUS: *prazdnik olenevodov*) und dem Schulunterricht hochgehalten wird und einer nur noch von weniger als 2% der Bevölkerung tatsächlich praktizierten *Lebensweise*, welche für die meisten Tozhu alles andere als eine attraktive Option für das eigene Leben ist (vgl.: Donahoe 2004: 131f).

Es ist zwar nicht auszuschließen, dass ab und zu auch junge Leute die in den Dörfern aufwuchsen, sich an einem bestimmten Punkt im Leben dazu entschließen, in die Taiga zu ziehen – vor allem wenn gewisse Lebensumstände und Bedingungen wie z.B. Arbeitslosigkeit[60] oder ein direkter Bezug zu Familienmitgliedern in der Taiga, hinzukommen. Aber der Prozess des situativen Lernens in einer lebendigen Gemeinschaft der Praxis, ist in Todzha weitgehend verloren gegangen. Die Kinder der olenevody teilen nicht mehr dieselben prägenden Alltagserfahrungen wie ihre Väter. Dazu kommt das Problem, dass einige der verbliebenen Männer in der Taiga nicht einmal Kinder haben da sie aufgrund ihrer großen räumlichen und sozialen Entfernung zum Dorf große Probleme haben, überhaupt eine Frau zu finden (Arshaan, Feb. 2012: pers. Komm.).

Lernen in der Praxis vs. Lernen in der Schule

Die Kinder derjenigen aber, die das Glück hatten, überhaupt eine Familie gründen zu können, werden weitgehend nicht mehr als Teil der Gemeinschaft der Praxis sozialisiert. Ihre „kulturellen Informationen" beziehen sie stattdessen, gemeinsam mit den anderen Kinder Todzhas, vor allem aus der Schule (Ayaz, Februar 2012: pers. Komm.) und dem öffentlichen Diskurs, in dem das Rentier eine zentrale symbolische Rolle spielt (s.o.). Dieses „*von praktischer Teilhabe losgelöste*" (Rival 1997: 142) Lernen und Wissen unterscheidet sich jedoch fundamental vom

---

60 Diese lag im Januar 2013 mit 152 offiziell als arbeitslos registrierten Personen im Todzhinskiy Rajon bei nur 3% (MERT 2014). Es ist allerdings fraglich ob diese Zahlen die tatsächlichen Verhältnisse widerspiegeln.

Lernen in einem System der Praxis, dem „*understanding-in-practice*" (Rival 1997: 147). In den Klassenzimmern Todzhas wird den Heranwachsenden, neben den notwendigen Fähigkeiten zur Teilhabe an der „modernen Welt", eine abstrakte und *folklorisierte* „Kultur" gelehrt, in die die meisten von ihnen persönlich, wenn überhaupt, nur während der Sommerferien praktisch involviert sind.

> „(...) formal schooling, even when ostensibly concerned with strengthening indigenous education and culture while providing the skills and competencies of the dominant national society, *folklorises cultural traditions* by de-contextualising them and teaching them as if they were narratives from the past." (Rival 1997: 142, Hervorhebungen im Originaltext)

So ist es wenig überraschend, dass die Kinder und Frauen der Tozhu das Dorf, *ihre Heimat*, zwar eventuell zeitweise für ein Studium in Kyzyl, Novosibirsk oder anderswo verlassen – aber nicht, um dauerhaft bei den *tayozhniky* im Wald zu leben (Albert, Adyr-Kezhig, Februar 2012: pers. Kommunikation; vgl. auch: Gernet 2012). Zu viele Faktoren sprechen dagegen: Neben den ökonomischen Problemen in der Taiga sind dies vor allem die fehlende praktische Teilhabe am Taigaleben ihrer Väter und Männer und das daraus resultierende „*deskillment*" (Rival 1997: 141), sowie ihre in eine völlig andere Richtung gehende kulturelle und soziale Prägung.

Dies ist vermutlich die Hauptbedrohung für die Praxis der Rentierhaltung und Jagd in Todzha, die paradoxerweise trotz staatlicher Subventionen und trotz des feierlich begangenen „*Tags der Rentierhalter*" nur noch von einigen Männern – momentan weniger als 2% der gesamten indigenen Bevölkerung – ausgeübt wird. In Todzha könnte damit das Taigaleben ganz ungeachtet der vielen weiteren Faktoren, die es bedrohen, schlicht schon allein deswegen zu Ende gehen, weil es von immer weniger Menschen als wirklich reale und attraktive Option eines „Lebensstils" bzw. der „Lebensführung" (vgl.: Habeck 2008; Gernet 2012: 4ff) in Betracht gezogen wird – was wiederum vor allem in der Entfernung oder sogar vollständigen Abkopplung dieser Menschen von der Praxis begründet ist.

2.4 Die Jagd in Todzha heute

2.4.1 Pelztierjagd

Die Jagd spielt heute noch immer eine fundamentale Rolle in der Ökonomie Osttuwas: Praktisch die gesamte erwachsene männliche Bevölkerung der Region geht regelmäßig zur Jagd, vor allem auf den Zobel, der offenbar in den Wäldern Todzhas immer noch verbreitet ist. Schon in den 1950er Jahren kamen 70% der tuwinischen Zobelfelle allein aus dem Todzhinskij Kozhuun (vgl.: Prokof'eva 1954: 45). Obwohl die Zobeljagd, die nach wie vor insbesondere in den Herbst- und frühen Wintermonaten stattfindet, ein hartes, nicht ungefährliches und prinzipiell immer ökonomisch unsicheres Unterfangen ist, lockt die Aussicht auf gute Gewinne immer noch jedes Jahr hunderte Jäger in die Wälder Osttuwas. Und natürlich sind auch die olenevody Todzhas ganz besonders in diesem Sektor aktiv.

Abb. 38: Altes Kleinkalibergewehr in einem Camp in Todzha. 18. Februar 2012. Fotograf: JE

Das „Gold der Taiga"

Nach den übereinstimmenden Aussagen aller Befragten erhielten die Jäger in Todzha im Jahr 2012 für ein Zobelfell, je nach Qualität, etwa 3.000 bis 5.000 RUR (75–125 €). Das Sekret der Moschusdrüse eines Moschushirsches brachte, je nach Menge, sogar bis zu 15.000 RUR (rund 375 €) (beim Preis von 500 RUR (10,25 €) pro Gramm). Neben diesen beiden Tierarten können die Jäger auch die Felle von Eichhörnchen, Füchsen und Wölfen, aber auch andere Wildtierteile wie z.B. Maralgeweihe und verschiedene Bärenteile verkaufen. Mit Abstand die wichtigste Rolle aber spielt der Zobel – das *Gold der Taiga*.

Gerade bei der Zobeljagd haben die tayozhniky gegenüber der sesshaften Bevölkerung einen entscheidenden Vorteil: Während *Martes zibellina* in den von der Siedlung aus erreichbareren Wäldern selten geworden ist, gibt es in den entlegeneren Gebieten der Taiga offenbar noch immer genügend Tiere. Die sesshaften Jäger aus den Siedlungen können ohne eigene Transportrentiere kaum dorthin gelangen (Donahoe, Februar 2012: pers. Komm.). Die olenevody jedoch, die fast ständig in der Taiga leben und mit ihren Reittieren viel effektiver die weiten, schwer zugänglichen Wälder durchforsten können, kommen immer noch auf durchschnittlich etwa zwanzig Tiere pro Saison, die sich vor allem auf die Zeit von Oktober bis Januar erstreckt (Viktor Sambuu, Feb. 2012: pers. Komm.). Allein daraus ergeben sich für sie Einnahmen von etwa 60 - 100.000 RUR (1.500 - 2.500 €) pro Jahr, was das Grundeinkommen eines MUP-Angestellten mit ca. 30

Rentieren verdoppelt. Der eventuelle Gewinn aus dem Verkauf von Eichhörnchen-, Fuchs- und Wolfsfellen sowie Maralgeweihen und vor allem Moschussekret auf dem Schwarzmarkt ist in diese Rechnung noch nicht einmal einbezogen.

Absatzwege und Vermarktungsmöglichkeiten

Es bestehen verschiedene Möglichkeiten für die Jäger in Todzha, die von ihnen produzierten Rohmaterialen –insbesondere Zobelfelle – zu verkaufen. Theoretisch könnten die Jäger die besten Preise in Kyzyl erzielen, wo Großhändler die Ware aus der ganzen Republik aufkaufen. Diese Möglichkeit ist allerdings mit viel Aufwand und Fahrtkosten verbunden. Die Rentierhalter ziehen es daher i.d.R. vor, ihre Felle in Toora-Khem und Umgebung an das MUP oder private Zwischenhändler zu verkaufen. Die Angestellten des MUPs sind eigentlich dazu verpflichtet, ihre Beute exklusiv in der Annahmestelle des Betriebes abzugeben, was aber in der Praxis anscheinend nicht immer befolgt wird, da die privaten Händler mitunter höhere Preise bezahlen. Das MUP aber ist auf die Kooperation mit seinen Angestellten, die allesamt sowohl Rentierhalter als auch Jäger sind, angewiesen: Den größten Teil seiner Einnahmen macht das Unternehmen mit dem Handel von Wildtierfellen und anderen Jagdprodukten, die es gewinnbringend in Kyzyl weiterverkauft. Die Rentierzucht ist neben der Jagd für das Unternehmen ökonomisch von verschwindend geringer Bedeutung. Rentierfelle verkaufen sich schlecht und werden i.d.R. eher lokal gehandelt oder getauscht, vor allem als Liegematten. Rentierfleisch wird heute in der Region überhaupt nicht mehr gehandelt, sondern direkt von den *tayozhniky* oder deren Verwandten im Dorf konsumiert. Der Handel mit *panty* (Samtgeweihen) ist nach den katastrophalen Erfahrungen aus den Neunzigerjahren offenbar weitgehend eingestellt worden. Die einzigen Rentierteile, die heute noch in etwa dieselbe ökonomische Bedeutung wie Wildtierfelle haben, sind Schienbeinfelle: Für die vier Füße eines Rentiers zahlt das MUP seinen Angestellten immerhin 4.000 RUR (100 €). Diese verkauft es, genau wie Wildtierfelle, in Kyzyl weiter – aus dem Rohmaterial werden vor allem Damenwinterstiefel hergestellt.

Regulierung

Wie überall in Russland (siehe hierzu: Dronova & Shestakov 2005), ist auch in Todzha die Jagd und Fischerei gesetzlich reguliert. Einige diesbezüglich wichtige föderale Gesetze (z.B. Rossijskaya Federacziya 1995a; 2006a; 2006b; 2009a) werden in Abschnitt VI 3.1 diskutiert. Dazu kommen noch diverse, in Todzha nur für die Tuvinczy-Todzhinczy geltende, föderale Sonderrechte und Sonderregulierungen zur Jagd als „*traditionelle ökonomische Aktivität*" der indigenen Bevölkerung (vgl.: Rossijskaya Federacziya 1992; 1999; 2000b; 2001a). Angelegenheiten wie die Vergabe von Jagdlizenzen oder die Definition von Schonzeiten beispielsweise, werden in Todzha allerdings auf Republikebene geregelt: Die Regierung der Republik Tuwa ermittelt für viele Tierarten jedes Jahr eine Quote, die auf ihrem Territorium höchstens geschossen werden darf. Dementsprechend viele Abschusslizenzen werden daraufhin vergeben. Für den Zobel lag diese Zahl in der Vergangenheit meist bei knapp 10.000 Tieren pro Jahr (vgl.: Arakchaa 2009: 59). Um den Erhalt solcher Lizenzen besteht – vor allem beim Zobel – ein großer Konkurrenzkampf: Viele Jäger beklagen, dass es vor allem für die „gewöhnlichen Leute" immer schwieriger würde, Abschussgenehmigungen in ausreichender Zahl zu erhalten, da bei deren Vergabe offenbar Verwandte der Beamten häufig bevorzugt würden (ibid.). Von diesem Problem sind auch die Tozhu betroffen: Sie haben als anerkannte indigene Minderheit (s.u.) zwar das Vorrecht bei der Subsistenzjagd, dies gilt aber nicht für Zobel und andere Tiere, die für die Jäger primär von kommerziellem Interesse sind. Hier müssen die Tozhu-Jäger (theoretisch) mit allen anderen Tuwinern und Russen konkurrieren. In der Praxis scheinen die Lizenzen die Jagd allerdings nur wenig zu beeinflussen: Die meisten Jäger schießen in den praktisch nicht kontrollierbaren Weiten der Taiga viel mehr Tiere als ihre jeweilige Lizenz es ihnen erlaubt. Dies wird von Tozhu und Nicht-Tozhu sowie von Dorfbewohnern und tayozhniky gleichermaßen praktiziert. So findet die Jagd auf Zobel de facto praktisch völlig außerhalb der staatlichen Kontrolle statt.

Der russische Pelzmarkt

Russland (bzw. die Sowjetunion) war stets – und ist – eine der größten pelzproduzierenden Nationen der Welt. Russische Felle, die meisten davon aus dem riesigen Sibirien, werden international seit den 1930er Jahren auf zentralen Auktionen in St. Petersburg über die Firma *Sojuzpushnina* gehandelt. Diese Handelsform hat Tradition in der Pelzbranche: Weltweit werden nach Dronova & Shestakov (2005: 17f) 95% der offiziell gehandelten Felle auf Auktionen wie der Sojuzpushnina verkauft. Und natürlich kommt es auf solchen Versteigerungen immer wieder zu Schwankungen – gemäß der jeweiligen Stimmung und Lage auf dem Weltmarkt. So kam es z.B. in den Neunzigerjahren zu einer schweren und dauerhaften Krise des russischen Pelzmarktes: Obwohl damals die Zahl der gehandelten Felle deutlich zunahm (von etwa 130.000 im Jahr 1996 auf 275.000 im Jahr 2002) brach der Preis dramatisch ein – und blieb für lange Jahre im Keller. Während 1987 ein durchschnittliches Zobelfell noch für etwa 181 USD verkauft wurde, sank der Erlös für dieselbe Ware bis um die Jahrtausendwende herum auf bis etwa 50 USD ab (Dronova & Shestakov 2005: vi), was natürlich die ohnehin katastrophale Situation der indigenen Bevölkerung zusätzlich extrem verschärfte.[61] Rane Willerslev beschreibt in seinem Buch „*On the Run in Siberia*" (2012b) eindrücklich die ver-

---

61 An dieser Stelle sei darauf hingewiesen, dass bei Weitem nicht alle auf den internationalen Pelzauktionen gehandelten Felle *gejagt* werden: Tatsächlich stammten im Jahr 2003 sogar 85% der weltweit verkauften Pelze aus Pelztierfarmen, die auch in Russland verbreitet waren. Gerade diese Farmen waren typische Arbeitsplätze für indigene Frauen (vgl.: Vitebsky 2005: 45) – und gingen in den Neunzigerjahren ebenfalls massenhaft verloren.

zweifelte Situation der indigenen Jäger Russlands am Beispiel der Jukagiren, die zu jener Zeit gezwungen waren, ihre Felle zu Tiefstpreisen zu verkaufen und gleichzeitig auf sehr teure Lebensmittel- und Treibstofflieferungen ihres einzigen Handelspartners angewiesen waren. Immerhin hatten die weniger isoliert lebenden Tozhu und andere Bewohner Südsibiriens, im Gegensatz zu den geografisch isolierten Jukaghiren, noch eine sehr lebhafte zweite Option: Es blühte der Schwarzhandel, vor allem mit den chinesischen Wildtierteilehändlern, die wie in der Mongolei (siehe Abschnitt VII 1.3) auch hier Geschäfte trieben. Damals entwickelte sich in China ein rasant wachsender Markt insbesondere für Eichhörnchenfelle, dem sich viele Jäger zuwandten (Dronova & Shestakov 2005: vif). Während die Preise auf den offiziellen Märkten über lange Jahre hinweg schlecht blieben, hielt sich so die Jagd in Todzha und anderen Regionen als wichtigste Einkommensquelle der indigenen Bevölkerung – größere Adaptionen waren offenbar nicht notwendig (oder nicht möglich). Anders als z.B. die Dukha auf der mongolischen Seite der Grenze haben die Tozhu nicht damit begonnen, Steppentiere in ihr System der Praxis zu integrieren, Gold zu suchen oder ihre Wirtschaft in anderer Weise zu diversifizieren (siehe Abschnitt VII 2) – selbst in den Jahren des allumfassenden wirtschaftlichen Niedergangs und Chaos.

Inzwischen hat der russische Pelzhandel allerdings ohnehin wieder aus seiner Krise herausgefunden und erreichte in den letzten Jahren sogar eine regelrechte neue Blütezeit – sowohl hinsichtlich seines Volumens als auch der erzielten Preise: Im Januar 2013 wurden auf der 190. Auktion der Sojuzpushnina mehr als 350.000 wilde Zobelfelle für durchschnittlich je 262,39 USD verkauft (Sojuzpushnina 2013). Und offenbar werden zumindest in Todzha die hohen Preise für Zobelfelle sogar an die Produzenten in der Taiga weitergegeben – worauf zumindest die derzeit relativ guten Einkünfte der olenevody aus der Pelztierjagd schließen lassen. Diese momentan sehr gute Situation sollte allerdings nicht darüber hinweg täuschen, dass die Fellproduktion – genau wie z.B. die Förderung von Gold und anderen Rohstoffen – unmittelbar an die Entwicklungen auf dem volatilen Weltmarkt gebunden ist, was bedeutet, dass sich die Situation jederzeit wieder ändern kann. Mit ihrer sehr starken Abhängigkeit von diesem Sektor sind die Tozhu hier in ökonomischer Hinsicht also besonders verwundbar. Zumindest momentan scheint diese alte Wirtschaftsform jedoch so gut zu funktionieren, dass es den Rentierhalter-Jägern Osttuwas gut genug geht, um ihre bisherige Praxis mehr oder weniger unverändert beizubehalten.

2.4.2 Subsistenzjagd

Ebenso praktisch unverändert ist in Todzha die wichtige Rolle der Jagd zur Selbstversorgung mit Fleisch geblieben: Alle olenevody praktizieren sie in nicht unerheblichem Maße. Im Unterschied zur direkt in den globalen Pelzhandel eingebundenen Zobeljagd findet diese Form der Jagd eher abseits der Geschehnisse des Weltmarktes statt und ist dadurch sozusagen genau das Gegenstück zur Pelztierjagd.[62] Wie auch immer sich die Preise für den Zobel entwickeln mögen – das Fleisch von Elch, Wildren und anderen Tieren der Taiga wird einen immer gleich satt machen. Denn dieses Fleisch wird in Todzha noch immer nicht verkauft sondern selbst konsumiert bzw. unter den Jagdpartnern geteilt. Und auch die Familien im Dorf erhalten noch immer ihren Anteil, was vor allem im Winter, wenn das Fleisch über Monate hinweg gefroren und haltbar bleibt, problemlos möglich ist. So bleibt sogar trotz der Auflösung der nomadischen aals das Fleisch von gejagten Tieren noch immer ein Gut, das auf die eine oder andere Weise in der Gemeinschaft geteilt wird und auf diesem Wege die sozialen Beziehungen in Osttuwa festigt und formt.

Genauso wird in Todzha die Beziehung zwischen den menschlichen und nichtmenschlichen Personen der Taiga, allen voran den *cher eeleri*, über die Praxis der Jagd aufrechterhalten. Noch immer gilt hier, was in Kapitel II beschrieben wurde: Für die Tozhu sind Tiere wie Elche und wilde Rentiere keine „Ressourcen" sondern immer noch Personen. Bedenkt man, wie stark das Leben der Tozhu durch den Umbau ihres Systems der Praxis zu einer industrialisierten und rationalisierten Produktionsform transformiert wurde, ist die Kontinuität der Praxis und der mit ihr verbundenen Institutionen, des Mensch-Umwelt-Verhältnisses und der Weltsicht in diesem Teil Osttuwas bemerkenswert (siehe hierzu auch Abschnitt VIII 1). Dennoch beginnen sich auch hier Probleme abzuzeichnen:

2.4.3 Das „Gesetz der Taiga" unter Druck

Mit der extremen Abhängigkeit der Tozhu vom Zobel und den anderen Wildtieren der Taiga – ohne die die Existenz vieler olenevody und deren Familien, aber auch gänzlich sesshafter Haushalte in der Region kaum möglich wäre – stellt sich die Frage nach dem Fortbestand der in Abschnitt II 2.6 beschriebenen Institutionen zwischen den menschlichen und nichtmenschlichen Personen der Taiga, die in dieser Arbeit, vor allem in Anlehnung an Donahoe (2004: 171), als „Gesetz der Taiga" zusammengefasst werden. Dieses „Gesetz" schrieb den Menschen bislang stets vor, dass die Menschen keine Besitzansprüche an die Taiga hegen können. Außerdem war es die Taiga selbst, die menschliches Fehlverhalten bei der Jagd bestraft hat, und nicht die Menschen. Diese lehnten es bislang stets mit Nachdruck ab, z.B. fremden Jägern den Zugang zur Taiga zu verwehren – sondern fühlten sich sogar dazu verpflichtet, einer solchen Person zu helfen. Bei den Tofa, im Norden des Ostsajangebirges, wo die Jäger unter enormem Druck auf winzigen Privatjagdgründen überleben müssen, existiert dieses Gesetz schon längst nicht

---

62 Dies soll nicht bedeuten, dass makroökonomische Entwicklungen überhaupt keinen Einfluss auf die Subsistenzjagd hätten: Dieser Einfluss beginnt schon mit den Preisen für Munition und Benzin (Schneemobile). Zudem ist anzunehmen, dass sich Probleme in der Versorgungslage von ländlichen Bevölkerungen wie in Sibirien oder der Mongolei auch auf die Tierpopulationen bemerkbar machen, da die Menschen verstärkt beginnen, auf solche „alternative" Nahrungsquellen zurückzugreifen (siehe hierzu auch Abschnitt VII 1.3.1 bzw.: Willerslev 2007: 30ff).

mehr (Donahoe 2004). In Todzha aber gibt es nach wie vor keine privaten Jagd- oder Weideterritorien. Zur Zeit des Bestehens der obshhiny ließen die olenevody ihre Rentiere auf dem registrierten Land anderer Clan-Kooperativen weiden – offenbar ohne dass dies zu Streitigkeiten führte (vgl.: Donahoe 2004: 173). Und heute noch lagern MUP-Mitglieder und *chastniky* (zumindest zeitweise) nah bei- einander und benutzen dasselbe Territorium zum Weiden ihrer Tiere und zur Jagd. In Todzha beschränkt sich diese Haltung nicht auf die Mitglieder der eigenen Gruppe. Auch völlig fremde Personen können bis heute davon ausgehen, dass sie niemand am Jagen in der Taiga hindert (ibid.). Die Tozhu gehen davon aus, dass es nicht ihre Angelegenheit ist, über die Taiga zu wachen, sondern die der Taiga selbst (siehe Abschnitt II 2.6.1).

Die Angelegenheit wird weiterhin kompliziert durch die Frage, wer in Todzha überhaupt Außenseiter ist und wer nicht. Im Falle von ausländischen Jägern, eth- nischen Russen und dergleichen mag dies noch relativ einfach zu beantworten sein – sowohl nationale Gesetze wie auch internationale Regelwerke (vgl.: ILO 1989; UNDRIP 2007) definieren hier sehr eindeutig zumindest den offiziellen, rechtlichen Rahmen. Etwas schwieriger wird es schon bei den in Todzha gebore- nen und lebenden Russen (und Angehörige anderer Nationalitäten der RF). Ob- wohl auch hier das Gesetz den Indigenen klar eine rechtliche Sonderstellung ein- räumt (siehe Abschnitt VI 3), sind die Tozhu auf der informellen Ebene i.d.R. den Angehörigen dieser Gruppe gegenüber sehr tolerant und freundschaftlich einge- stellt. Und wenn das Gesetz der Taiga selbst für Auswärtige gilt, so gilt es aus Perspektive der Tozhu natürlich auch für die Nachfahren der russischen Kolonis- ten, die hier z.T. seit mehreren Generationen neben den Tozhu leben.

Am schwierigsten aber wird es, wenn man die Beziehung zwischen den als „Tuvinczy-Todzhinczy" registrierten Tozhu und der *„einfach nur* tuwinischen" (Biche-Ool & Samdan 2009: 61; Hervorh. v. JE) Bevölkerung, sowie die Konse- quenzen, die sich aus der rechtlichen Sonderstellung der Erstgenannten ergeben, betrachtet. Hier wird man von befragten Tozhu und Tuwinern typischerweise da- rauf hingewiesen, dass dies in der Tat eine „große Frage" (RUS: *bol'shoj vopros*) sei, auf die niemand eine wirklich richtige Antwort habe. Zum einen sind die bei- den Gruppen (obwohl vom Gesetz und russischen Zensus her klar definiert) schon allein deswegen schwer von einander abzugrenzen, weil es zwischen ihnen schon immer viel Austausch und Vermischung gegeben hat. Zum anderen identifizieren sich die Einwohner Osttuwas eher als regionale Untergruppe der Tuwiner, anstatt als distinkte Ethnie. Somit ist es wenig überraschend, mit welcher Zurückhaltung die Tozhu ihre Sonderrechte gegenüber den Mitgliedern der tuwinischen Bevölke- rung ohne diesen Status wahrnehmen:

> „While there is very little Russian-Tozhu intermarriage, there has been a great deal of inter- marriage between the Tozhu and the Tyva populations. Complicating matters is the fact that, while the Tozhu are recognizably distinct from the majority of Tyva people, they are no- netheless considered an ethnic subgroup among the Tyva, identify themselves as Tyva as well as Tozhu, and were only officially recognized as one of the indigenous, small-numbered mi- norities in 1993, a status the rest of the Tyva population doesn't qualify for because the popu- lation exceeds 50,000 (...). Thus far the Tozhu have received very little in the way of extra

benefits from this status, but if they were to press for their rights, particularly to priority rights to wild game resources, it could cause quite a bit of resentment among the general Tyva population, and create ethnic tensions that do not at present exist." (Donahoe 2004: 233f)

So bleibt es in Osttuwa bislang dabei, dass die Taiga im Prinzip für jedermann offen und zugänglich ist; dass es aus Perspektive der Tozhu sogar moralisch verwerflich wäre, ihren Nachbarn Jagd- und Zutrittsrechte zu verweigern. Und dennoch ist ein gewisser Wandel dieser Einstellung im Gange. Wie in Abschnitt VI 3.3.1 diskutiert werden wird, gerät die osttuwinische Taiga immer stärker unter Druck, was Privatisierung und die Ausbeutung von Bodenschätzen, Wasserkraft, Holz und anderer „Ressourcen" angeht. Die Tozhu spüren dies und viele beginnen daher, ihre Positionen zu überdenken und neu zu definieren. Sie wissen, dass all dies Gefahren sind, die die Taiga und ihre Lebensweise als Rentierhalter-Jäger essentiell bedrohen; dass es unter diesen neuen Bedingungen höchstwahrscheinlich nicht ausreichen wird, auf die Macht der nichtmenschlichen Akteure und ihre Sanktionen zu vertrauen. Schon jetzt ist der Druck auf den Zobel in vielen Gegenden relativ hoch (vgl.: Donahoe 2004: 258). Und niemand weiß, wie sich diesbezüglich z.B. der Bau der neuen Eisenbahnlinie nach Kyzyl (siehe Abschnitt VI 3.3.3) auswirken wird. Wird sie scharenweise neue Jäger in die Taiga bringen, wie dies nicht wenige der tayozhniky befürchten? Oder wird durch sie eine großflächige Industrialisierung der Region, z.B. durch Bergbau und Forstwirtschaft im großen Stil, möglich gemacht? Mit ihrer praktisch totalen Abhängigkeit von der Taiga, den Wildtieren, Wäldern und Weideflächen ist die Zukunft der wenigen verbliebenen Rentierhalter-Jäger in Osttuwa in direkter Weise an die Lösung dieser Fragen geknüpft. Bevor diese Probleme jedoch genauer diskutiert werden, erscheint es angebracht, zunächst einen Überblick über die rechtlichen Instrumente zu geben, die den Tozhu in der Russischen Föderation zur Verfügung stehen.

3. DIE RECHTE DER TOZHU UND DIE BEDROHUNG IHRES LANDES

3.1 Der rechtliche Rahmen der indigenen Völker in der Russischen Föderation

3.1.1 Hintergründe

Nach dem Zusammenbruch der Sowjetunion im Jahr 1992 waren der russische Staat und die indigenen Völker des Landes plötzlich vor die Aufgabe gestellt, ihre Beziehung zueinander neu zu definieren. Hierzu mussten sich die Indigenen jedoch zuerst selbst auf nationaler Ebene organisieren. Dies ging, in Anbetracht des wirtschaftlichen und politischen Chaos dieser Zeit, erstaunlich schnell voran. Schon zuvor, noch während der Endphase der Sowjetunion, war im Jahr 1990, unter Präsident Mikhail Gorbatschow, der *„Erste Kongress der Indigenen Völker des Nordens"* zusammengekommen (vgl.: Pika [1994] 1999: 29), aus dem der *„Verband der Völker des Nordens der UdSSR"* hervorging, welcher im November 1993 zum *„Verband der Indigenen Völker des Nordens, Sibiriens und des Fernen Ostens der Russischen Föderation"* – international besser bekannt unter dem Kürzel *RAIPON*[63] – wurde (vgl.: RAIPON 2012). Auch die Rentierhalter gründeten im Jahr 1992 ihre eigene, spezifische Dachorganisation, den Russischen Rentierhalterverband (RUS: *Assocziacziya olenevodov Rossii*) (Biche-Ool & Samdan 2009: 59).

Dies war das erste Mal, dass die Indigenen Russlands eigene, politisch unabhängige, nationale Lobbygruppen bildeten (vgl.: Forsyth 1992: 415). Zuvor waren ihre Geschicke in der Sowjetunion stets – unter verschiedenen ideologischen Vorzeichen – vom Staat geleitet worden: Zuerst waren sie Schutzbefohlene verschiedener aufeinander folgender Institutionen, beginnend mit dem „Volkskommissariat der Nationalitäten"[64] (kurz: *Narkomnacz*) (1917–1923) bzw. dessen verschiedenen sibirischen Zweigbüros, dann dem „Komitee des Nordens"[65] (1924–1935) und zuletzt der „Hauptverwaltung der Nordmeerroute"[66] (kurz: *Glavsevmorput'*) (1935–1938) (vgl.: Slezkine 1994: 138ff, 150ff, 281f; Anderson 2002: 74ff). Danach wurde der Sonderstatus der Indigenen abgeschafft (vgl.: Slezkine 1994: 291f, 303ff). Erst in den Fünfziger- und Sechzigerjahren wurde das Konzept der Ethnizität in der sowjetischen Politik und Ethnografie langsam wieder rehabilitiert (Slezkine 1994: 320). Am rechtlichen Status der *„Letzten unter Gleichen"* (Slezkine 1994: 301) änderte dies jedoch bis in die späten Achtzigerjahre hinein kaum etwas. Erst im Jahr 1988 wurde – 50 Jahre nach der Auflösung von *Glavsevmorput'* – das *„Staatliche Komitee der RF zu Fragen der Entwicklung des Nordens"*[67] (kurz: *Goskomsevera*) gegründet; die erste Regierungsinstitution, die sich wieder explizit um die Belange der Indigenen des sowjetischen Nordens kümmerte (Gray 2005: 232).

Es ging jedoch nicht nur um die Frage nach Selbst- oder Fremdrepräsentation. Wichtiger noch war die Frage um Land. Während der gesamten Zeit des Bestehens der UdSSR – in der prinzipiell alles Land in Staatsbesitz war – war es den Kleinen Völkern des Nordens nicht möglich, die Kontrolle über die von ihnen und ihren Vorfahren gewohnheitsmäßig bewohnten oder genutzten Territorien zu erhalten bzw. auszuüben (vgl.: Fondahl & Poelzer 2003: 113). Dieses Land wurde stattdessen nur allzu oft vom Staat industriell, bergbaulich, militärisch oder anderweitig ausgebeutet, was in vielen Fällen zu massiven ökologischen Problemen, bis hin zur Zerstörung der Lebensgrundlage seiner Ureinwohner führte (vgl.:

---

63 RAIPON steht für die englischsprachige Bezeichnung *„Russian Association of Indigenous Peoples of the North"*, welche in Russland allerdings unter der etwas umständlichen Bezeichung *„Assocziaciya Korennykh Malochislennykh Narodov Severa, Sibiri i Dal'nego Vostoka Rossijskoj Federaczij"* (AKMNSSiDVRF) (D: *Verband der zahlenmäßig kleinen, indigenen Völker des Nordens, Sibiriens und des Fernen Ostens der Russischen Föderation*) registriert ist.
64 RUS: *Narodnyj komissariat po delam naczional'nostej RSFSR*
65 Die Bezeichnung „Komitee des Nordens" ist ebenso eine verbreitete Kurzform für „Komitee zur Unterstützung der Völker der nördlichen Randgebiete" (RUS: *Komitet sodejstviya narodnostyam severnykh okrain*) des Präsidiums des gesamtrussischen Zentralen Exekutivkomitees (Slezkine 1994: 152).
66 RUS: *Organizacziya Glavnogo upravleniya Severnogo morskogo put' (GUSMP)*
67 RUS: *Gosudarstvennyj komitet Rossijskoj Federatsii po voprosam razvitiya Severa*

ibid.). Mit der durch Glasnost und Perestroika eingeleiteten Zeitenwende aber meldeten sich die Indigenen Russlands – vertreten durch ihre neu gegründeten Lobbygruppen – mit erstarkendem Selbstbewusstsein wieder in der politischen Öffentlichkeit zurück, prangerten ökologische und soziale Missstände an und äußerten klar und deutlich die Forderung nach der Festsetzung und Wahrung ihrer Rechte als eigenständige Volksgruppen (vgl.: Slezkine 1994: 371ff).

Seither konnten sie auf diese Weise einige wichtige Erfolge auf der Verfassungs- und Gesetzesebene für sich verbuchen, mussten aber auch Rückschläge hinnehmen, die zusammengenommen den heutigen rechtlichen Rahmen auch für die Tozhu („*Tuvinczy-Todzhinczy*") und ihre Ansprüche an Land und die natürlichen Ressourcen ihrer Region bilden. Dieser soll im Folgenden vorgestellt werden (siehe auch: Fondahl & Poelzer 2003; Donahoe 2004: 206ff; Novikova 2003 & 2005).

3.1.2 Überblick über die wichtigsten Gesetzeswerke auf föderaler Ebene

Erlass des Präsidenten der RF „*Über sofortige Maßnahmen zum Schutz der Lebensräume und wirtschaftlichen Aktivitäten der zahlenmäßig kleinen Völker des Nordens*"

Vermutlich der erste Meilenstein für die indigenen Völker des postsowjetischen Russlands war der Erlass „Über sofortige Maßnahmen zum Schutz der Lebensräume und wirtschaftlichen Aktivitäten der zahlenmäßig kleinen Völker des Nordens"[68] (Rossijskaya Federacziya 1992), den Boris Jelzin am 22. April 1992, also nur etwa vier Monate nach dem Ende der Sowjetunion, unterzeichnete. Dieser Erlass war u.a. die rechtliche Grundlage für die Bildung der in Abschnitt V 1.2.2 besprochenen obshhiny, die für die KMN (siehe Abschnitt V 1.2.2) die erste Möglichkeit überhaupt waren, Land gemeinschaftlich – wenn auch nur zur zeitlich unbeschränkten und kostenlosen Pacht – zu registrieren (vgl.: Ziker 2003: 207; Donahoe 2004: 199; Fondahl & Poelzer 2003: 114).

Der Erlass forderte zudem die Ermittlung von „*Territorien traditioneller Naturnutzung, die das unveräußerliche Eigentum dieser Völker sind und die nicht ohne deren Einverständnis zum Zwecke der industriellen oder anderweitigen Erschließung außerhalb traditioneller ökonomischer Aktivitäten enteignet werden dürfen*" (Rossijskaya Federacziya 1992, übers. v. JE; siehe auch: Fondahl & Poelzer 2003: 115). Diese wichtige Aufgabe, die der in § 14.2 der ILO Konvention 169 ausgesprochenen Forderung nach „*notwendigen Schritten zur Identifizierung von Land, das traditionell von (...) [indigenen] Völkern bewohnt wird*" (ILO 1989, übers. u. ergänzt v. JE), nachkommt, wurde dem Rat der Bundesminister der RF (RUS: *Sovet Ministrov respublik v sostave RF*) zur gemeinsamen Ausführung mit

---

68   RUS: *O neotlozhnykh merakh po zashhite mest prozhivaniya i khozyajstvennoj deyatel'nosti malochislennykh narodov Severa*

Vertretern der KMN zugewiesen (vgl.: Rossijskaya Federacziya 1992; Fondahl & Poelzer 2003: 115).

Die Verfassung der Russischen Föderation

Ein weiterer, wichtiger Schritt für die KMN war ihre Einbeziehung in die 1993 verabschiedete Verfassung der RF. In dieser werden ihnen gewisse Rechte garantiert:

> „Die Russische Föderation garantiert die Rechte von indigenen, zahlenmäßig kleinen Völkern in Übereinstimmung mit den allgemein anerkannten Prinzipien und Normen des Internationalen Rechts und der internationalen Verträge der Russischen Föderation." (Rossijskaya Federaczya 1993a: Art. 69; übers. v. JE).

Hierbei handelt es sich lediglich um eine eher grundsätzlich formulierte Aussage. In der Verfassung selbst werden diese „Rechte" noch nicht näher präzisiert. Der Verfassungstext ist somit eher als grundsätzliche Selbstverpflichtung der RF zu verstehen, sich in ihrer weiteren Gesetzgebung an der hier ausgesprochenen Garantie zu orientieren. Außerdem erfolgt im erwähnten Verfassungsartikel keine nähere Definition, auf wen genau sich die ausgesprochene Garantie bezieht – sprich: wer in der RF zu den erwähnten „indigenen, zahlenmäßig kleinen Völkern" (KMN) gehört. Dies soll im folgenden näher erörtert werden.[69]

Die Definition der „*indigenen, zahlenmäßig kleinen Völker*" (KMN) in Russland

Bei der Verwendung der Bezeichnung bzw. Kategorie der *indigenen, zahlenmäßig kleinen Völker* griff der russische Staat – ohne dabei eine exakte Definition vorzunehmen – in seiner Verfassung von 1993 auf einen Begriff mit einer längeren Geschichte zurück: Schon im Jahr 1926 erfasste das „Komitee des Nordens" in einer aufwendigen ethnographischen Studie 26 „*Kleine Völker der nördlichen Randgebiete der RSFR*" (RUS: *Malye Narodnosti Severnykh Okrain RSFSR*). Damit waren zum ersten Mal verschiedene Indigene offiziell als „Kleine Völker" definiert und registriert worden (vgl.: Pika & Prokhorov [1988] 1999: xxx; Gray 2005: 58;

---

69 Neben den oben diskutierten, gibt es noch weitere Punkte in der Verfassung der RF, die – zumindest indirekt – die Indigenen Russlands betreffen, indem sie die Grundlagen aller in der Folgezeit getroffenen Bestimmungen zu Landrechten und Selbstverwaltungsfragen bilden (vgl.: Novikova 2005: 76, 85): Dies sind vor allem Artikel 9, der festlegt, dass Land und natürliche Ressourcen als Lebensgrundlage der Menschen einer bestimmten Region vom Russischen Staat genutzt und geschützt werden, Artikel 65, welcher den Status autonomer Gebiete innerhalb der Russischen Föderation bestimmt und Artikel 31, der vorsieht, dass lokale Regierungsaktivitäten unter Berücksichtigung historischer und anderer lokaler Traditionen erfolgen sollen. Ferner legen Artikel 130 und 131 fest, dass Lokalregierungen unabhängige Entscheidungen bezüglich des „Eigentums, Gebrauchs und Managements" von Gemeindebesitz treffen können, bei welcher sie jedoch „historische oder andere lokale Traditionen" zu berücksichtigen haben.

Donahoe 2004: 204; Fondahl & Poelzer 2003: 112). Dies geschah nicht nur in Abgrenzung zu den russischen Siedlern in Sibirien, sondern auch zu den anderen – „großen" – Völkern der multiethnischen Sowjetunion wie z.B. den Kasachen, Kirgisen, Turkmenen, Usbeken usw., deren politischer Status als *Nationalitäten* (RUS: *naczional'nost'*) sich deutlich von dem der „Kleinen Völker der nördlichen Randgebiete" unterschied.

Später erst, im Jahr 1966, wurde auf dieser Grundlage der verfeinerte Begriff „*korennye malochislennye narody Severa*" (D: *indigene* (bzw. wörtl.: „*ursprüngliche*"), *zahlenmäßig kleine Völker des Nordens*) eingeführt, welcher, nach Donahoe (2004: 205) zu jenem Zeitpunkt erstmals genauer definiert wurde:

> „Völker, die in den gewohnheitsmäßig von ihren Vorfahren bewohnten Territorien leben, eine traditionelle Lebensweise bewahren und innerhalb Russlands weniger als 50.000 Mitglieder zählen und sich selbst als unabhängige ethnische Gemeinschaften verstehen." (Statut *„über die Grundlagen der staatlichen Regulation der sozioökonomischen Entwicklung des Nordens"* [1966], zitiert nach Donahoe 2004: 207)

Es kann davon ausgegangen werden, dass der Artikel 69 der russischen Verfassung (s.o.) über die Rechte der – dort nicht näher definierten – „*zahlenmäßig kleinen, indigenen Völker*" sich implizit auf diese Definition bezieht (vgl.: Donahoe 2004: 205). Explizit klar war dies allerdings längere Zeit nicht, was zu Kritik seitens der Indigenen und ihrer Organisationen führte (vgl.: ibid.) und Raum für Interpretation in alle Richtungen offen ließ: Schließlich leben in der Russischen Föderation ganze 176 verschiedene Nationalitäten zusammen (Fondahl & Poelzer 2003: 112; siehe auch: Vserossijskaya Perepis' Naseleniya 2010b). Viele von ihnen könnten nach international akzeptierten Kriterien als „indigen" gelten (ibid.).[70]

Um zu klären, wer in Russland im rechtlichen Sinne als „indigen" gelten soll und wer nicht, veröffentlichte der russische Staat im Jahr 2000 ein „*Einheitliches Verzeichnis*" aller anerkannter „*indigenen, zahlenmäßig kleinen Völker der Russischen Federation*" (KMNRF) (Rossijskaya Federaciya 2000a). Die Diskussion um die KMNRF war damit allerdings nicht beendet, was zu mehreren Aktualisierungen der Liste (in den Jahren 2000, 2008, 2010 & 2011) führte.

Nach wie vor für Verärgerung unter der Angehörigen größerer, sich selbst als „Indigene" verstehender Völker sorgte die zahlenmäßige Beschränkung der KMNRF auf 50.000 Personen. Diese führte z.B. dazu, dass größere Gruppen, wie etwa die Burjaten, Komi und Jakuten (Sakha) nicht in das „Einheitliche Verzeichnis" aufgenommen wurden und ihnen die damit einhergehenden Sonderrechte verwehrt blieben (vgl.: Habeck 2005; Fondahl & Poelzer 2003: 12). In Tuwa kam es sogar zu der paradoxen Situation, dass einerseits die vor allem im Todzhinskij

---

70 Zusätzlich sei an dieser Stelle erwähnt, dass Artikel 26 der Verfassung der Russischen Föderation jeder Person das Recht garantiert, seine Nationalität selbst und vollkommen frei zu bestimmen (vgl.: Fondahl & Poelzer 2003: 113). Dies ist aus indigener Sicht zwar einerseits begrüßenswert, bedeutet aber auch, dass sich theoretisch jeder als Mitglied einer als KMN anerkannten Volksgruppe ausweisen kann – mit allen Rechten (z.B. spezielle Landrechte), die das mit sich bringt (siehe auch: Donahoe 2004: 233).

Kozhuun beheimateten Osttuwiner („*Tuvinczy-Todzhinczy*") als Indigene registriert wurden, den zahlreicheren „normalen" Tuwinern aber dieser Status nicht gewährt wurde. Dies führt bis heute zu Diskussionen, da in Tuwa viele Menschen der Meinung sind, dass die Unterteilung in Osttuwiner und (andere) Tuwiner arbiträren Charakters sei: Sie ginge vor allem auf die Schriften des russischen Ethnologen Sevyan Vainshtein zurück und entsprächen kaum dem Empfinden der tuwinischen Menschen selbst (Svetlana Biche-Ool, Februar 2012: pers. Komm.).

Eine weitere Verfeinerung der Kategorie der KMN bzw. KMNRF wurde Im Jahr 2000 (Rossijskaya Federacziya: 2000b), nur wenige Monate nach dem Erscheinen des „Einheitlichen Verzeichnisses der KMNRF" eingeführt: Im Gesetz *„Über die allgemeinen Prinzipien der Organisation von obshhiny der indigenen, zahlenmäßig kleinen Völker des Nordens, Sibiriens und des Fernen Ostens der RF"* taucht erstmals der erweiterte, heute gebräuchliche geografische Zusatz *„(...) des Nordens, Sibiriens und des Fernen Ostens"* (Hervorh. d. JE) auf. Hier wird also nochmals eine Unterscheidung zwischen den allgemeinen KMNRF (zu denen z.B. auch einige kleine Gruppen im Kaukasus zählen) und den „KMNSS i DV" (*Korennye malochislennye narody Severa, Sibiri i Dal'nego Vostoka*) getroffen:

> „Völker, die in den Regionen des Nordens, Sibiriens und des Fernen Ostens, in den traditionell von ihren Vorfahren bewohnten Territorien leben, eine traditionelle Lebens- und Wirtschaftsweise bewahren, weniger als 50.000 Mitglieder zählen und sich selbst als selbstständige ethnische Gemeinschaften verstehen." (Rossijskaya Federacziya: 2000b; übers. v. JE)

Die Sammelbezeichnung „KMNSS i DV", die seither in vielen Publikationen, Gesetzen etc. verwendet wird, liefert, im Gegensatz zur ursprünglichen, sehr engen und heute veralteten Bezeichnung KMNS (die sich auf die im Norden lebenden Gruppen beschränkt) und der allumfassenden (und weiterhin existierenden) KMNRF (welche auch Gruppen im Kaukasus enthält) eine brauchbare Möglichkeit, die Ureinwohner des riesigen nordasiatischen Raumes, einschließlich des europäischen Nordens westlich des Urals und des „Fernen Ostens" (Amur-Gebiet, Kamtschatka, Sachalin und Kurilen), für die z.B. auch vordergründig die Institution der obshhiny entwickelt wurde, zu definieren.

Die vier indigenen Charakteristika in der RF

Zusammenfassend lassen sich aus den bis hierher besprochenen Rechtsakten vier Merkmale bzw. Prinzipien isolieren, anhand derer „Indigenität" im heutigen Russland festgemacht wird (vgl.: Donahoe 2004: 207):
1. *Geografische Lage*. Dies betrifft heute nicht mehr nur die generelle geografische Lage des Lebensraumes einer in Frage kommenden Gruppe oder Person (die, je nach Definition entweder im „Norden", Sibirien und dem „Fernen Osten" (KMNSS i DV) oder aber sogar in ganz Russland (KMNRF) sein kann). Es ist ferner wichtig, dass die Person oder Gruppe auch in einem „gewohnheitsmäßig von ihren Vorfahren bewohnten Territorium" (Rossijskaya Federacziya: 2000b) leben muss, was angesichts der vielen, während des Sozialis-

mus geschehenen Umsiedlungen und der heute wachsenden Mobilität keineswegs als selbstverständlich angesehen werden kann.
2. *Lebensweise.* Ebenso ist vom russischen Gesetzgeber relativ genau festgelegt, *wie* ein Indigener bzw. eine indigene Gruppe zu leben hat, um als solche(r) zu gelten, denn zur Beurteilung seines Status ist es von zentraler Bedeutung, ob er/sie im näheren Sinne eine „traditionelle Lebensweise" führt und in „traditionelle ökonomische Aktivitäten" (Jagd, Rentierhaltung etc.) involviert ist.
3. *Zahlenmäßige Größe der Gruppe.* Vermutlich das Auffälligste an der russischen Definition von Indigenität ist die rigide Einhaltung der schon während des Sozialismus festgelegten Obergrenze einer Gruppe von 50.000 Personen, die vermutlich darin begründet ist, dass der russische Gesetzgeber befürchtet, dass sich etliche ethnische Gruppen im Vielvölkerstaat der Russischen Föderation als „indigen" klassifizieren lassen möchten und so versuchen könnten, in den Genuss der damit verbundenen Sonderrechte zu kommen.
4. *Selbst-Identifikation.* Am ehesten der internationalen Praxis zur Definition von Indigenität entspricht die im oben zitierten Text (vgl.: Rossijskaya Federacziya: 2000b) enthaltene „Selbst-Identifikations-Klausel", die festhält, dass es ein wichtiges Kriterium zur Bestimmung des Status einer Antragstellergruppe ist, wenn diese sich *selbst* generell als „indigen" versteht. Dieser Hinweis mag auf den ersten Blick redundant erscheinen, ist aber auch international eine wichtige Errungenschaft der Indigenenbewegung, weil dadurch festgelegt wird, dass es letztlich einer Gruppe selbst (und nicht etwa Außenseitern) zustehen muss, sich als eigene, unabhängige Gemeinschaft zu definieren.

Gesetz *„Über die Garantien der Rechte der KMNRF"*

Im Jahr 1999 wurde das Gesetz *„Über die Garantien der Rechte der indigenen, zahlenmäßig kleinen Völker der RF"*[71] (Rossijskaya Federacziya: 1999) verabschiedet, das bis heute das wahrscheinlich wichtigste, die KMN betreffende Gesetz ist. Es legt u.a. fest, dass...

...die Staatsorgane der RF *berechtigt*[72] sind, in Übereinstimmung mit befugten Vertretern der KMN, die Aktivitäten von Organisationen der nicht-traditionellen Wirtschaft auf dem Land der KMN einzuschränken und diese ggf. zu reorganisieren und von dort zu verweisen (§ 5.1.4 & 5.1.5; für bundesstaatliche Ebene: § 6). Außerdem *dürfen* sie im Falle der Beschädigung oder des Verlustes des Lebensraumes der KMN Entschädigungszahlen festlegen (§ 5.16).

...die Staatsorgane der RF *berechtigt* sind, die Verfassungsmäßigkeit von Gesetzen bezüglich der KMN sicher zu stellen und die Gesetzgebung dahingehend zu vervollkommnen, dass „Akte mit dem Ziel der gewaltsamen Assimilierung, des Genozids, Ethnozids und Ökozids des Lebensraumes" der KMN verhindert werden (§ 5.1.6 & 5.1.8).

71 RUS: *O Garantiyakh prav korennykh malochislennykh narodov Rossijskoj Federaczii*
72 ...aber nicht *verpflichtet* (!)

...von der russischen Staatsregierung, auf Vorschlag der Regionalregierungen, ein Verzeichnis der „Orte der traditionellen Besiedlung und Bewirtschaftung" der KMN, sowie eine Liste der „Arten der traditionellen Wirtschaftsweise" der KMN zu führen sind (§ 5.2.1 & 5.2.2; siehe auch: Rossijskaya Federaczija 2009b). Außerdem wird festgelegt, dass die russische Regierung eine Liste („*Einheitliches Verzeichnis der KMNRF*" (RUS: *Edinyj perechen' KMNRF*)) einführen muss, die definiert, welche Gruppen zu den KMNRF gezählt werden (§ 1; siehe auch Rossijskaya Federaczija 2000a;).

Ferner wird der Staat durch das Gesetz dazu *autorisiert*, „*Territorien zur traditionellen Naturnutzung*" zu identifizieren und „Regeln einzuführen, nach denen Land in Staatsbesitz zu diesem Zwecke" an die KMN zugeteilt werden kann (§ 5.1.12; Fondahl & Poelzer 2003: 115)).

In §8 werden zudem die Rechte der KMN „zum Schutz ihres Lebensraumes und ihrer Lebensweise" genauer definiert. Demnach haben sie u.a. das Recht „an Orten traditioneller Besiedelung und Bewirtschaftung" unentgeltlich Land und Ressourcen zu nutzen, die zur Umsetzung der „traditionellen Bewirtschaftung und Lebensweise" nötig sind (§ 8.1.1 & 8.2.1) und sich an der Kontrolle dieses Landes sowie der Einhaltung der Gesetze zum Naturschutz beteiligen (§ 8.1.2 & 8.1.3).

Novikova (2002: 85) beschreibt das Gesetz „*Über die Garantien der Rechte der indigenen, zahlenmäßig kleinen Völker der RF*" als „den ersten Versuch in Russland, alle Aspekte des Lebens der indigenen Völker zu reglementieren". Allerdings wird das aus indigener Sicht wichtigste Thema – *Land- und Ressourcenrechte* – darin nicht genügend abgehandelt, da sich der Gesetzestext an den relevanten Stellen stets lediglich auf „territoriale öffentliche Selbstverwaltung" bezieht (ibid.). In diesem Zusammenhang sollte auch betont werden, dass das Gesetz fast durchweg sehr allgemein und unpräzise gehalten ist und z.B. konkrete Angaben zu möglichen Formen indigener Landrechte stets vermeidet. Auch der Grad der Verpflichtung des Staates, für die Rechte der KMN einzustehen, wird stets vage gehalten: Durch das gesamte Dokument hinweg ist der Staat lediglich „*berechtigt*" („*imeyut pravo*") oder „*kann*" („*mogut*") (z.B. Schritte zum Schutz von Land und Lebensweise der KMN einleiten etc.), er ist aber an fast keiner Stelle dazu „*verpflichtet*" (RUS: z.B. *obyazuyutsya, dolzhen* etc.) etwas zu tun (vgl.: Donahoe 2004: 238, 270). Es setzt also – aus indigener Perspektive – einen immer wohlwollenden Staat voraus, dem gleichzeitig aber stets eine Hintertür offen gelassen wird. Dadurch wird das Gesetz „*Über die Garantien der Rechte der indigenen, zahlenmäßig kleinen Völker der RF*" an den entscheidenden Stellen aus der Perspektive der KMN geschwächt, was bei ihnen seither für viel Enttäuschung gesorgt hat (ibid.).

Das „*Einheitliche Verzeichnis der KMNRF*"

Wie ein Jahr zuvor im Gesetz „*Über die Garantien der Rechte der indigenen, zahlenmäßig kleinen Völker der RF*" gefordert, wurde im Jahr 2000 das „Einheitliche Verzeichnis der indigenen, zahlenmäßig kleinen Völker der Russischen Föderation" (RUS: *Edinyj perechen' korennykh malochislennykh narodov Rossiiskoj Federaczii*, kurz *KMNRF*) veröffentlicht. In ihm waren 2012 47 *indigene, zahlenmäßig kleine Völker* enthalten, darunter auch die „*Tofalary*", die „*Sojoty*" und die „*Tuvinczy-Todzhinczy*" (vgl.: Rossijskaya Federacziya: 2000a).

Das „*Einheitliche Verzeichnis*" ist somit kein „Gesetz" sondern die Grundlage, die den Geltungsbereich für alle weiteren Gesetze und Sonderregelungen definiert, die für die hier enthaltenen Gruppen gültig sind.

Gesetz „*Über die allgemeinen Prinzipien der Organisation von obshhiny der indigenen, zahlenmäßig kleinen Völker des Nordens, Sibiriens und des Fernen Ostens der RF*"

Das Gesetz „*Über obshhiny*" (Kurzform) definiert die, schon zu Beginn der Neunzigerjahre eingeführten, Gemeinschaften als Einrichtungen zum Schutz der „ursprünglichen Lebensräume, des traditionellen Lebensstils, der Rechte und der gesetzesmäßigen Interessen" der KMN (Rossijskaya Federacziya 2000b: Präambel; Novikova 2005: 86). Die prinzipiellen Charakteristika der obshhiny, die auch im Gesetz „*Über obshhiny*" festgelegt sind, wurden in Abschnitt V 1.2.2 bereits allgemein diskutiert und müssen daher hier nicht noch einmal explizit wiederholt werden.

Es wurde ebenso bereits darauf verwiesen, dass obshhiny einerseits wirtschaftliche Zusammenschlüsse auf Familien-, Nachbarschafts-, Clan- oder Dorfbasis sind, die andererseits aber auch wichtige territoriale Selbstverwaltungseinheiten darstellen (vgl.: Rossijskaya Federacziya: 1992). Aus diesem Grund war es den Vertretern der KMN bei der Schaffung des diesem Gesetz zugrunde liegenden Entwurfs besonders wichtig, die diesbezügliche Rolle der obshhiny zu stärken und sie z.B. auch als Einheiten auszubauen, über die „definitive", nicht veräußerbare, kollektive Landrechte (wie sie z.B. in der ILO Konvention 169 vorgesehen sind) ausgeübt werden können.[73] Dies konnte aber, trotz offenbar intensiver Anstrengungen, nicht durchgesetzt werden. Im Gegenteil:

An keiner Stelle des gesamten Gesetzestextes findet sich eine konkrete Aussage zu Landrechten (vgl.: Fondahl & Poelzer 2003: 117). Es scheint sogar, als wäre das Thema systematisch ausgeklammert worden. Die Rechtsethnologin Natalia Novikova, Mitglied der Russischen Akademie der Wissenschaft, die an der Ausarbeitung des Gesetzesentwurfs beteiligt gewesen war, distanziert sich so auch ausdrücklich vom Endprodukt des Gesetzestextes:

> „The specific features of our approach were that we defined a community as an institution of self-government, economic enterprise, and as a land-owner. (...) This approach was supported by many activists in the aboriginal movement, and by the Association of Indigenous Minority Peoples of the North, Siberia and the Far East. (...) The work on the draft law continued for

---

[73] Dies ist eine gänzlich andere Qualität von Landrechten, als das schon 1992 festgelegte Recht, mit der Registrierung einer obshhina Staatsland „zur traditionellen Bewirtschaftung" (mit oder ohne Erbrecht) kostenlos zu pachten.

several years. But in recent times V.M. Etylin and myself could not influence this process, and we were able only to watch it from afar. The draft has been changed so drastically that it has almost nothing in common with our original version. The very ideology of the law had been changed – now there is no provision for definite land rights or self-government left in it." (Novikova 2002: 85f)

Die zitierte Passage aus Novikovas Text ist charakteristisch für die Enttäuschung vieler russischer Indigener zum Gesetz über die obshhiny, in dem eine Chance verpasst wurde, aus den obshhiny wirkliche „Einheiten der Selbstregierung" auf eigenem, unveräußerlichem Land zu machen. Nur ein Jahr später wurde dieser neue Trend in der russischen Indigenenpolitik noch einmal bestätigt, als im neuen „Bodenrecht" (RUS: zemel'nyj kodeks) festgelegt wurde, dass es überhaupt keine „permanenten Nutzungsrechte über Land" geben könne – außer über den Kauf (Rossijskaya Federaczyia 2001b; siehe auch unten). Spätestens damit wurden auch frühere Regelungen über „unbegrenzte" und „kostenlose" Landnutzungsrechte der obshhiny wie z.B. im *Erlass „Über sofortige Maßnahmen zum Schutz der Lebensräume und wirtschaftlichen Aktivitäten der zahlenmäßig kleinen Völker des Nordens"* (Rossijskaya Federaczyia 1992) vorgesehen, von einem in der Gesetzeshierarchie sehr hoch angesiedelten Gesetz auf Bundesebene überlagert.

Im Jahr 2008 wurde das Gesetz „*Über obshhiny*" überarbeitet, was dazu führte, dass die indigenen Gemeinschaftsunternehmen in vielen Gebieten ihren Zugang zu Jagd-, Fisch- und Weidegründen und damit ihre ökonomische Basis verloren (Murashko, Shulbaeva & Rohr 2012: 34).

Gesetz „*Über Territorien zur traditionellen Naturnutzung der KMNSSiDV*"

Das Gesetz „*Über Territorien zur traditionellen Naturnutzung der indigenen, zahlenmäßigen Völker des Nordens, Sibiriens und des Fernen Ostens*"[74] (Rossijskaya Federaczyia 2001a) hat „den Schutz des angestammten Lebensraumes und der traditionellen Lebensweise" und „unverwechselbaren Kultur" der KMN und den Erhalt der Biodiversität ihres Landes zum Ziel (§ 4).

Es bildet, neben dem Gesetz „*Über obshhiny*", die rechtliche Grundlage für eine zweite Möglichkeit für die KMN, Land „*zur traditionellen Naturnutzung und zum Führen eines traditionellen Lebensstils*" zu registrieren und zu nutzen (Rossijskaya Federaczyia 2001: §1): Im Unterschied zu den obshhiny, sind solche Territorien (im Folgenden: TTP (RUS: *Territorii Tradiczionnogo Prirodopol'sovaniya*)) für die Registrierung vergleichsweise großer Gebiete und Gruppen vorgesehen. Ein TTP kann ggf. mehrere obshhiny oder andere indigene Organisationsformen enthalten (vgl.: Fondahl & Poelzer 2003: 115).

Einer der Hauptgründe für die Einrichtung eines TTPs ist, wie eingangs erwähnt, neben der Einrichtung von Räumen für die traditionelle Lebensweise der indigenen Bevölkerung, der Natur- und Artenschutz (vgl.: ibid.). Daher sind die

---

74 RUS: *O territoriyakh tradiczionnogo prirodopol'sovaniya korrennykh malochislennykh narodov Severa, Sibiri i Dal'nego Vostoka Rossijskoj Federaczii*

Möglichkeiten zur Nutzung der TTPs strikt auf nicht-industrielle, traditionelle Zwecke beschränkt und können ggf. weiter eingeschränkt werden, falls diese in einem bestimmten Fall die Biodiversität des TTPs gefährden könnten (ibid.).

Genau wie im Falle der obshhiny, gewähren auch TTPs keine absoluten Landbesitzrechte, sondern lediglich Nutzungsrechte zu den oben dargelegten Zwecken. Um ein TTP zu registrieren, ist es dennoch notwendig, nachzuweisen, dass das entsprechende Gebiet tatsächlich „indigenes Land" im Sinne einer langen, gewohnheitsmäßigen Besiedlung oder Nutzung der Antragsteller ist.

Laut IWGIA/RAIPON (2011: 12) ist allerdings das Gesetz „Über Territorien zur traditionellen Naturnutzung der KMN" landesweit schlichtweg noch gar nicht implementiert worden: Trotz einer Vielzahl an Anträgen und des Drucks von nationalen und internationalen Interessengruppen der KMN wurde bis zum Zeitpunkt der Niederschrift ihres zur 46. Sitzung des *UN Committee on Economic, Social and Cultural Rights* am 11. Mai 2011 eingereichten Berichtes, noch kein einziges, national anerkanntes TTP eingerichtet. Damit ist das Gesetz, das ein potentiell entscheidendes Werkzeug zum Schutz des Landes der KMN sein könnte, mehr als 10 Jahre nach seiner Einführung nur ein Papier geblieben, das nichts an der Situation der Indigenen Russlands geändert hat. Stattdessen wurde sogar, so Murashko, Shulbaeva & Rohr (2012: 32), zwischen 2009 und 2011 vom Ministerium für Regionalentwicklung (MINREG) eine Gesetzesinitiative zur Abschaffung des Sonderstatus der TTPs als besonders geschützte Gebiete entwickelt, die allerdings wiederum gegen eine Instruktion der Regierung verstößt, diesen zu behalten. Nach Murashko, Shulbaeva & Rohr (ibid.) erschwert der Gesetzesentwurf dennoch zusätzlich die ohnehin schon lange verschleppte Implementierung des Gesetzes über TTPs.

3.1.3 Weitere Gesetze

Die bis hier vorgestellten Gesetze bilden im Wesentlichen den groben rechtlichen Rahmen, der in Russland sowohl den Status als auch die Rechte der indigenen Bevölkerung definiert. Dennoch ist diese Zusammenstellung noch nicht vollständig. Es existieren noch diverse weitere Gesetzeswerke, sowohl auf föderaler als auch regionaler Ebene, welche nicht unbedingt vordergründig (oder gar spezifisch) Gesetze für oder über die indigene Bevölkerung sind, diese aber auf mitunter elementare Weise betreffen. An dieser Stelle seien die wichtigsten Gesetze dieser Art in aller Kürze erwähnt (vgl.: Donahoe 2004: 207; Novikova 2005: 76, 87; IWGIA/RAIPON 2011: 8f; Murashko, Shulbaeva & Rohr 2012):

1. Das Gesetz „*Über die Tierwelt*" (RUS: *O zhivotnom mire*) (Rossijskaya Federacziya 1995a), welches den KMN Sonderrechte bei der Jagd garantiert;
2. Das Gesetz „*Über Bodengebühren*" (RUS: *O plate za zemlyu*) (Rossijskaya Federacziya 1991), welches festlegt, dass KMN von der Grundsteuer befeit sind, sofern sie in traditioneller Art und Weise auf ihrem eigenen Land tätig sind.

3. Das Gesetz „*Über die Einführung von Änderungen und Ergänzungen am Gesetz der RF „über Bodenschätze""*[75]
4. (Rossijskaya Federacziya 1995b), welches Entschädigungszahlungen für KMN vorsieht, die aufgrund von Bergbauaktivitäten in Mitleidenschaft gezogen werden.
5. Das „*Bodenrecht*" (RUS: *zemel'nyj kodeks*) (Rossijskaya Federacziya 2001b), welches, wie oben bereits erwähnt, u.a. strikt festlegt, dass Landrechte in Russland nur noch über Kauf oder Pacht erworben werden können, wodurch es die, in den oben beschriebenen Gesetzen der RF verbrieften, Rechte der Indigenen (z.B. Rossijskaya Federacziya 1992, 1999, 2001a) relativiert und teilweise einschränkt (Rossijskaya Federacija 2001b: § 20).
6. Der „*Waldkodex*" (RUS: *Lesnoj kodeks*) (Rossijskaya Federacziya 2006a), das Gesetz „*zur Einführung der Revision des föderalen Gesetzes ‚Über die Fischerei und den Schutz von aquatischen biologischen Ressourcen' und des Bodenrechtes der RF*"[76] (Rossijskaya Federacziya 2006b) sowie das Gesetz „*Über die Jagd und den Schutz von Jagdressourcen und die Einführung von Revisionen in verschiedene Gesetzesakte der RF*"[77] (Rossijskaya Federacziya 2009a), welche allesamt bestimmen, dass „*alle Wald-, Jagd- und Fischgebiete, ohne jegliche Ausnahme*", von privaten Firmen per Langzeitvertrag (20 Jahre oder länger) gepachtet werden können (IWGIA/RAIPON 2011: 8, 18ff, Übers. u. Hervorh. v. JE; siehe auch Murashko, Shulbaeva & Rohr 2012: 33).

3.1.4 Zusammenfassung und Bemerkungen

Es ist nicht ganz einfach, das komplexe Gesetzeswerk, das die Beziehung zwischen den KMN und der Russischen Föderation heute regelt – und damit auch den gesetzlichen Rahmen der Selbstverwirklichung und Entwicklung der Tuvinczy-Todzhinczy (siehe nächster Abschnitt) bildet – im hier vorgegebenen Rahmen angemessen zu bewerten. Die Aussage ist jedoch sicherlich zutreffend, dass es zwar im Vergleich zu vielen anderen Ländern (und insbesondere zur Mongolei, wo derartige Gesetze völlig fehlen) relativ detailliert und ambitioniert ausgearbeitet ist, aber dennoch einige, sehr kritische Punkte enthält, die a) entweder nie zufriedenstellend gelöst wurden, b) unpräzise formuliert blieben, oder c) sich in den letzten Jahren, vor allem durch marktfreundliche Gesetzesänderungen bzw. -neueinführungen, deutlich verschlechtert haben. Zuletzt, d) bleibt die verschlepp-

---

75 RUS: *O vnesenii izmeenij i dopolnenij v zakon Rossijskoj Federaczii „O nedrakh"*
76 RUS: *O vnesenii ismenenij v Federal'nij zakon „O rybolovstve i sokhranenii vodnykh biologicheskikh resursov" i zemel'nyj kodeks Rossijskoj Federaczii*
77 RUS: *Ob okhote i sokhranenii okhotnicheskikh resursov i o vnesenii izmenenii v otdel'nye zakonodatelnye akty Rossijskoj Federaczii*

te oder völlig fehlende Implementierung einiger zentraler Sonderrechte der KMN zu erwähnen.

In die erstgenannte Kategorie (a) fällt sicher z.B. die „50.000er-Klausel", die, gemessen an internationalen Rechtsstandards, wie sie in der ILO Konvention Nr. 169 (ILO 1989) oder der *UN Konvention über die Rechte der indigenen Völker* (UN 2007; im Folgenden: UNDRIP[78]) festgelegt sind, kaum zu rechtfertigen ist und vielfach kritisiert wird (vgl.: Donahoe et al. 2008; Rohr, Todyshev & Murashko 2008: 7). Ferner, (b), sind wichtige Pflichten des Staates wie beispielsweise im Gesetz „Über die Garantien der Rechte der KMN" (Rossijskaya Federacziya 1999) bewusst schwammig und unverbindlich gehalten, oder es wurden verbindliche Zugeständnisse bezüglich Landrechten und Selbstregierung in den entsprechenden Gesetzen (siehe z.B. Rossijskaya Federacziya 2000b) einfach weggelassen. In die dritte Kategorie (c) fallen Probleme, die sich vor allem aus Gesetzen wie dem neuen russischen Bodenrecht (Rossijskaya Federacziya 2001b), dem Waldkodex, und den neuen Fischerei- (Rossijskaya Federacziya 2006b) und Jagdgesetzen (Rossijskaya Federacziya 2009) ergeben, nach welchen *alles* Land als handelbares Gut definiert ist und dadurch, wie bereits oben erwähnt, ausnahmslos an Industriebetriebe und andere Firmen versteigert bzw. verpachtet werden kann (IWGIA/RAIPON 2011: 8, 18ff). Diese uneingeschränkte Möglichkeit zur Privatisierung von Land ist heute sicherlich die ernsthafteste Bedrohung für die KMN in ganz Russland (vgl.: Donahoe 2004: 20; Murashko, Shulbaeva & Rohr 2012: 33f). Sie verhindert vor allem auch die Implementierung (d) wichtiger Gesetze, wie dem Gesetz über TTPs (Rossijskaya Federacziya 2001a).

Stattdessen wurden sogar in den letzten Jahren, sowohl auf föderaler als auch regionaler Ebene, bestehende, „indigenenfreundliche" Gesetze oft schon nach kurzer Zeit – häufig noch vor ihrer Implementierung – geändert, abgeschafft oder von neuen, widersprüchlichen Rechtsakten überlagert, was zu einer allgemein schlechten Rechtssicherheit für die KMN geführt hat (Rohr, Todyshev & Murashko 2008: 10). Die Indigenen Russlands sind somit derzeit weiter entfernt von der Erlangung kollektiver, sicherer und nicht veräußerbarer Landrechte als sie es seit der Gründung der RF jemals waren. Stattdessen ist der Zugang zu Land und Ressourcen für viele von ihnen, bei der derzeitigen Gesetzeslage, bestenfalls prekär. Das macht es für sie schwierig, im Konfliktfall ihre Interessen an ihrem angestammten Land gegenüber einer übermächtigen Industrie zu verteidigen.

Ferner sind einige andere Punkte und Fragen noch nicht zufriedenstellend geklärt und widersprechen mitunter den wichtigsten Prinzipien der ILO Konvention 169 bzw, der UNDRIP; zum Beispiel: Verliert eine Person oder Gruppe, die nicht mehr auf ihrem „angestammten" Land lebt, damit auch automatisch ihren indigenen Sonderstatus? Riskiert eine Person oder Gruppe, die auf ihrem – z.B. als TTP klassifizierten – Land „nicht-traditionellen" wirtschaftlichen Aktivitäten, wie das z.B. schon Tourismus sein könnte, ihr Anrecht auf ihren indigenen Status, bzw. den ihres Landes – und, letztlich, was ist in diesem Sinne überhaupt *„traditionell"* (siehe hierzu: Habeck 2005)? Wird auf diese Weise ein Gesetzeswerk, das eigent-

---

78 E: *UN Convention for the Rights of Indigenous Peoples*

lich zum Schutz der KMN gedacht ist, zu einer Eisenkugel am Bein der Indigenen, die sie künstlich auf eine maximale Bevölkerungsanzahl begrenzt und sie an eine „traditionelle" Lebensweise und Wirtschaft bindet, welche in manchen Fällen vielleicht nur noch unter erschwerten Bedingungen oder sogar überhaupt nicht mehr möglich ist? Was ist mit dem Recht dieser „zahlenmäßig kleinen", indigenen Völker auf Selbstbestimmung bezüglich ihrer eigenen Entwicklung?

3.2. Zur Registrierung der „Tuvinczy-Todzhinczy" als KMN

Am 1. Januar 1993 wurden die todzhanischen sumone Azas, Ij, Systyg-Khem und Chasylar sowie das gesamte Territorium des heutigen Kozhuuns Tere-Khöl[79] per Erlass Nr. 22 in das „*Verzeichnis der von den zahlenmäßig kleinen Völkern des Nordens bewohnten Gebiete*"[80] (Rossijskaya Federacziya 1993b) aufgenommen. Jelzin selbst hatte im Jahr zuvor, im Erlass Nr. 397 (Rossijskaya Federacziya 1992), bereits gefordert, schnellstmöglich die Gebiete der Indigenen Russlands zu demarkieren und ein Verzeichnis über diese Territorien zu führen. Dieser Forderung kam er in Todzha nun nach (vgl.: Donahoe 2004: 234). Etwas mehr als ein Jahr später, 1994, wurden dann genau diese Gebiete, plus der sumon Yrban, auf Erlass Nr. 945 des russischen Präsidenten (Rossijskaya Federacziya: 1994) zu den „*Rajonen des Äußersten Nordens*" (RUS: *Rajony Krajnego Severa*) hinzugezählt (Biche-Ool & Samdan 2009: 59). Somit kann man Erlass Nr. 22 und Nr. 945 als zusammenhängend begreifen. Sie schufen die Basis für die Festlegung des Status der Tozhu (bzw. „*Tuvinczy-Todzhinczy*") als KMN im Jahr 2001 und aller sich hieraus ergebenden, oben diskutierten Rechte (vgl.: Rossijskaya Federacziya 1999, 2000b, 2001a).

Für die Tozhu selbst spielte ihr neuer Status damals anscheinend noch kaum eine Rolle. Nach Donahoe (2004: 234) wussten im Jahr 1998 die meisten Tozhu nicht einmal, dass sie bereits seit mehreren Jahren Inhaber eines Sonderstatus waren, geschweige denn, welche Rechte sich daraus für sie ergaben.

---

[79] Damals noch als *Shynaanskaya Sel'skaya administracziya* des Rajons Kyzyl, von welchem der heutige Tere-Khol'skij Kozhuun erst neun Jahre später, im Jahr 2003, abgespalten wurde.
[80] Das „Verzeichnis der von den kleinen Völkern des Nordens bewohnten Gebiete" (RUS: *Perechen' rajonov prozhivanniya malochislennykh narodov Severa*) wurde schon in der Sowjetunion, im Jahr 1980, eingeführt und 1987 und 1993 ergänzt (vgl.: Rossijskaya Federacziya 1993b).

3.3 Die Bedrohung der Taiga

3.3.1 Privatisierung

Die Republik Tuwa hat eine besondere Geschichte, wenn es um die Privatisierung von Land geht: Sie hatte in ihrer Verfassung von 1993 noch jegliche Privatisierung von Land *ausdrücklich* verboten – und damit bewusst und ebenso explizit gegen die damalige föderale russische Verfassung verstoßen, welche in Artikel 9 und 36 die Privatisierung von Land erlaubt (Donahoe 2004: 240; Rossijskaya Federaciya 1993a). Die radikal ablehnende Haltung der Teilrepublik gegenüber Privateigentum konnte 1998 im Parlament noch einmal gegen einen Vorstoß des damaligen Präsidenten Oorzhak verteidigt werden; dann aber, im Jahr 2001, wurde die neue, bis heute gültige Verfassung verabschiedet, die die Privatisierung von Land ausdrücklich erlaubt und die Dominanz der Verfassung der Russischen Föderation in dieser wie auch allen anderen Fragen anerkennt (ibid.; Respublika Tyva 2001). Dies hat potentiell negative Auswirkungen auf die Tozhu:

Seit dem Wegfall des rigorosen Schutzes vor Privatisierung durch die alte tuwinische Verfassung ist das Land der Tozhu der Gefahr des Aufkaufs durch mächtige Firmen wie z.B. Holzkonzerne oder Minenbetriebe ausgesetzt. Gleichzeitig wurden durch das neue föderale Bodenrecht von 2001, dem Waldkodex und den neuen Gesetzen über Fischerei und Jagd (Rossijskaya Federaciya 2001b, 2006a, 2006b & 2009a) alle Schutzmechanismen, die sich aus dem Status großer Teile Osttuwas als *„von den kleinen Völkern des Nordens bewohnte Gebiete"* (s.o.) und den entsprechenden Paragrafen des Gesetzes „Über die Garantien der Rechte der KMN" ergeben haben mögen, de facto außer Kraft gesetzt. Unterdessen wurde die Taiga im Todzhinskij Kozhuun in verschiedene Klassen von Land eingeteilt:

Der größte Teil des Landes – etwa 4 Millionen ha – wird als „Waldfonds" (RUS: *lesnoj fond*) geführt – dies sind etwa 90% des Territoriums des Todzhinskij Kozhuuns (Donahoe 2004: 242). Da die Rentierzucht in Russland als „landwirtschaftliche Aktivität" gilt, sind ferner einige Gebiete (91.000 ha) auch als „landwirtschaftlich genutzte Flächen" klassifiziert (Donahoe 2004: 241). Beide Kategorien können jedoch seit der Verabschiedung des neuen Bodenrechts und des Waldkodex von Investoren gekauft oder für 99 Jahre gepachtet werden. Aus dieser Klassifikation ergibt sich für die Tozhu und ihr Land also keinerlei Schutzfunktion gegen Privatisierung.

3.3.2 Verbleibende Schutzmechanismen gegen Landprivatisierung

Nach der Gründung der todzhanischen obshhiny im Jahr 1996 war etwa die Hälfte des Gesamtterritoriums des Todzhinskij Kozhuuns, etwa eineinhalb Millionen Hektar, von den vier in der Rentierhaltung aktiven obshhiny gepachtet (vhl.: Donahoe 2004: 199). Wie in Abschnitt V 1.2.2 beschrieben, wurden diese obshhiny aber im Jahr 2001 aufgelöst bzw. durch ein GUP, später MUP, ersetzt. Das GUP behielt indes nur noch die Kontrolle über etwas mehr als 26.000 ha Land (ibid.) – was bedeutet, dass die Tozhu mit dem wirtschaftlichen Scheitern ihrer obshhiny gleichzeitig die Kontrolle über rund 98% des zuvor von ihnen gepachteten Landes verloren.

Dessen ungeachtet bleibt im Todzhinskij Kozhuun noch ein gewisser – *minimaler* – Schutz für einen sehr kleinen, nicht zusammenhängenden Teil des Landes der Tozhu durch die verbliebenen 66 privaten Subsistenz- bzw. „Nebenerwerbsfarmen", den LPKhs (siehe Abschnitt VI 2.2). Durch sie werden knapp 14.000 ha Land in kleineren Parzellen von todzhanischen *chastniky* gepachtet (Donahoe 2004: 242). Letztlich sind diese Parzellen damit allerdings ebenso (zumindest de jure) privatisiert, auch wenn sich die olenevody in gegenseitigem Einverständnis wenig um die Grenzen dieser Landstücke kümmern und sich frei über diese hinweg bewegen. Insgesamt hatten die Tozhu im Todzhinskij Kozhuun zur Zeit von Donahoes Forschung in den Jahren um die Jahrtausendwende (ibid.) die Kontrolle über lediglich knapp 40.000 ha ihres Landes, was in etwa 1% der Fläche des Distriktes ausmacht. An dieser Situation hat sich seither kaum etwas geändert – zumindest ist es den Tuvinczy-Todzhinczy bisher nicht gelungen, größere Teile ihres Territoriums (etwa in Form eines TTPs) für sich zu registrieren. Somit sind die großen Weide- und Jagdgebiete der Tozhu, die diese unbedingt zur Aufrechterhaltung ihrer extensiven Lebens- und Wirtschaftsweise als Rentierhalter und Jäger benötigen, durch die jederzeit mögliche Privatisierung durch Investoren, z.B. aus der Holz- oder Bergbauindustrie, gefährdet.

3.3.3 Industrialisierung, Naturschutz und Landverlust: Fallbeispiele und Tendenzen

Das Azas Naturschutzgebiet

Noch nicht erwähnt wurde bislang die Rolle von Naturschutzgebieten in Osttuwa. Auch im Todzhinskij Kozhuun gibt es ein solches Gebiet, das Azas Schutzgebiet (RUS: *Azas Zapovednik*). Das mitten im Land der Rentierhalter und Jäger gelegene, 300.000 ha große Schutzgebiet ist eher ein Problem als ein Segen für die Tozhu. Ihnen ist es verboten, dieses Gebiet zur Rentierhaltung zu nutzen, geschweige denn dort zu jagen (Donahoe 2004: 247). Somit macht es aus Perspektive der Tozhu kaum einen Unterschied, ob das entsprechende Land ein „Schutzgebiet" oder privatisiertes Land ist (ibid.). Ganz im Unterschied zur Situation in Nordwest-Khövsgöl aber, wo sich der im Jahr 2011 gegründete Tengis-Shishged Nationalpark massiv auf das Leben der Dukha auszuwirken droht, scheint bislang von dem seit 1985 bestehenden Azas Schutzgebiet, wo in der Vergangenheit die Parkranger scheinbar selbst für ihren Lebensunterhalt jagten (ibid.), wenig Gefahr für die Lebensweise der Tozhu auszugehen. Die im Februar 2012 hierzu befragten olenevody gaben allesamt an, dass der *zapovednik* praktisch keine direkten negativen oder positiven Auswirkungen auf ihr Leben habe.

Die Multierzmine Kyzyl-Dashtyg

Wahrscheinlich am eindrücklichsten wird die prekäre Situation der Tozhu und ihres Landes am aktuellen Beispiel der im Todzhinskij Kozhuun gelegenen „Kyzyl-Dashtyg"-Mine (Zink, Blei, Kupfer, Barium, Schwefel, Gold, Silber, Cadmium und Selenium) illustriert: Hier wurden im Jahr 2007 die Schürfrechte an die chinesische Firma *Lunsin* vergeben, ohne Kompensation der Bevölkerung und ohne Befragung der Vertreter der Tuvinczy-Todzhinczy (vgl.: Biche-Ool 2009: 61; D. Oyun 2007). Stattdessen wurde die Vergabe der Abbaulizenz schlicht durch eine Ausschreibung bzw. Versteigerung geregelt (vgl.: D. Oyun 2007). Dies widerspricht klar der ILO Konvention 169[81] (Art. 16 & 17) und der UNDRIP (UN 2008) und dem dort festgehaltenen Prinzip des *„Free, Prior and Informed Consent"*, nach dem jegliche industrielle Entwicklung auf indigenem Land nur vollzogen werden darf, sofern die betroffenen Gemeinschaften frühzeitig und vollständig über das betreffende Vorhaben informiert wurden und die Möglichkeit hatten, frei und ohne Druck dieses gutzuheißen oder abzulehnen (siehe auch: Tamang 2005 bzw. Abschnitt VII 1.4).

Obwohl die Mine in Kyzyl-Dashtyg, verglichen etwa mit den typischen Aktivitäten der Forstindustrie, ein relativ lokal begrenztes Phänomen ist (vgl.: Chanzan 2008), das die Rentierhaltung im Kozhuun bislang offenbar nicht direkt einschränkt, wird sie von den Tozhu überwiegend als große Bedrohung wahrgenommen. Die Ablehnung der Mine unter der indigenen Bevölkerung hat vor allem damit zu tun, dass die Erschließung von Kyzyl-Dashtyg als der Beginn einer möglicherweise langen Kette von Ereignissen und Entwicklungen wahrgenommen wird, die das Land als Lebensbasis der lokalen Bevölkerung stark beeinträchtigen könnten.

Die Eisenbahnverbindung Kuragino-Kyzyl und ihr Potential

Grund zu dieser Annahme gibt den besorgten Tozhu die Tatsache, dass das Kyzyl-Dashtyg Projekt u.a. auch gleichzeitig mit der Erbauung der 410 km langen Eisenbahntrasse Kuragino-Kyzyl einhergeht, durch die die abgelegene, bislang nur über Landstraßen und den Luftverkehr erreichbare Republik Tuwa in naher Zukunft an das nationale Eisenbahnnetz angeschlossen werden soll. Laut Biche-Ool & Samdan (2009: 61) sind 60,6% der Tuvinczy-Todzhinczy gegen den Bau der Eisenbahnlinie – während 63,6% der russischen Bevölkerung des Kozhuuns diese begrüßt. Vor allem befürchten die Tozhu nach der Eröffnung dieser Trasse, die den schweren Güterverkehr zwischen Tuwa und dem Rest der Russischen Fö-

---

81 Russland hat die ILO Konvention 169 bis zum Zeitpunkt der Niederschrift dieser Arbeit nicht ratifiziert. Dennoch hat sich die Russische Föderation in ihrer Verfassung der Achtung „der Rechte von indigenen, zahlenmäßig kleinen Völkern in Übereinstimmung mit den allgemein anerkannten Prinzipien und Normen des Internationalen Rechts" verpflichtet (Rossijskaya Federacziya 1993a: Art. 69).

deration vereifachen wird, die weitere industrielle Erschließung ihrer Region, vor allem durch Holzkonzerne und evtl. weitere Minengesellschaften (S. Biche-Ool, pers. Kommunikation, Kyzyl, Februar 2012) – denn Osttuwa verfügt über riesige Waldflächen, ein großes Potential an Wasserkraft sowie Vorkommen von Gold und anderen Edelmetallen (vgl.: Donahoe 2004: 243ff). Die mögliche industrielle Nutzung bzw. Erschließung all dieser Ressourcen und des Landes auf oder unter dem sie sich befinden, könnte extrem negative Konsequenzen für die Rentierhalter und Jäger der Region beinhalten. Neben den wahrscheinlichen direkten ökologischen Folgen der industriellen Erschließung ihres Landes, befürchten sie nicht zuletzt auch eine erhöhte Aktivität von fremden Jägern bzw. Wilderern und die daraus vermutlich resultierende Plünderung der Zobelbestände (Ayaz, pers. Kommunikation, Ödügen Taiga, Feb. 2012). Diese Sorge ist offenbar nicht ganz unberechtigt: Vor wenigen Jahren operierten schon einmal zwei kleinere Goldminen in Todzha (Kharaal und Oina), mit insgesamt bis zu 200 Angestellten, von denen die Mehrheit in der Taiga fischte und jagte (vgl.: Donahoe 2004: 245). Außerdem wurde damals offenbar durch den Bau einer Straße zu den mittlerweile geschlossenen Goldminen, in den von dort aus erreichbaren Taigagebieten ein rapider Anstieg von Aktivitäten von Jägern und Fischern aus der Hauptstadt und anderen Regionen verzeichnet (ibid.).

Bislang ist die osttuwinische Taiga von größeren Szenarien der industriellen Erschließung weitgehend verschont geblieben. Sollte sich dies allerdings ändern, und die Befürchtungen vieler Tozhu eintreffen, könnte es nur eine Frage der Zeit sein, bis sich hier fundamentale Änderungen im System der Praxis (z.B. auf der Ebene der Institutionen) einstellen werden – und dass diese Lebensweise in noch größere Bedrängnis gerät, als sie es ohnehin schon durch Probleme wie insbesondere die Krise der Gemeinschaft der Praxis ist.

4. ZUSAMMENFASSUNG

In Todzha sind Rentierhaltung und Jagd in erster Linie ein Beruf geworden – und geblieben. Dieser wird heute nur noch von wenigen Männern, hier bezeichnet als *olenevody* oder *tayozhniky*, ausgeübt, welche den größten Teil des Jahres alleine in der Taiga leben – die meisten von ihnen als bezahlte Mitarbeiter einer in Gemeindebesitz stehenden Firma, des MUPs „Odugen". Selbst diejenigen olenevody, die nicht Mitglieder des MUPs sind, bezeichnen sich als „Selbstständige" (RUS: *chastniky*) und betrachten ihre Aktivität in der Taiga ebenso als einen Beruf wie die Mitglieder des gemeindeeigenen Betriebes.

Fast alle diese Männer leben praktisch das ganze Jahr über getrennt von ihren Frauen und Kindern. Und nicht nur das: Die meisten von ihnen lagern in der Taiga den überwiegenden Teil des Jahres alleine und räumlich getrennt von einander. Nur während der Sommerferien entstehen in Todzha noch so etwas wie aals, in denen einige Rentierhalterfamilien wenigstens für einige Wochen zusammen und beieinander wohnen. Das *alajy-ög* aber wurde in Tuwa in den letzten Jahren – selbst in den Sommercamps – vollständig aufgegeben. Nach Aussagen aller befragter Tozhu gibt es heute in ganz Osttuwa niemanden mehr, der die althergebrachte Behausung der Nomadenfamilien noch nutzt. Allein dies sagt mehr aus als alle Worte: Der *„Nomadismus als Lebensweise"* existiert in Todzha nicht mehr. Er wurde umgewandelt in eine professionalisierte Form der mobilen Tierhaltung – den *„Produktionsnomadismus"*.

Tragischerweise aber sind seit dem Ende der Sowjetunion und der Kollektive auch die Bedingungen, die seinerzeit diese Form der mobilen Rentierhaltung und Jagdproduktion geschaffen und ermöglicht haben, verschwunden – weshalb die heute in Todzha anzutreffende Lebens- und Wirtschaftsweise der olenevody (ganz im Kontrast zum Taigaleben auf der mongolischen Seite der Grenze) in der Überschrift dieses Kapitels auch als „Post-Produktionsnomadismus" (siehe auch Einleitung zu diesem Kapitel) bezeichnet wird. Damit soll ausgedrückt werden: Der sowjetische Produktionsnomadismus ist mit dem Sozialismus und den Kollektiven überall in Sibirien untergegangen. Die Hubschrauber fliegen schon lange nicht mehr in die entlegenen Camps der olenevody. In Todzha zahlt das MUP heute seinen Angestellten zwar wieder Gehälter, aber seine Bedeutung, Stellung und Funktion sind nicht annähernd mit der der Sowchose zu vergleichen, die zuvor das Leben der Männer und Frauen (auf jeweils unterschiedliche Art und Weise) so allumfassend geprägt hatte. Und so sind die tayozhniky und ihre Familien noch immer in maßgeblicher Weise vom Erbe dieser Zeit beeinflusst. Ein einfaches Abstreifen der Vergangenheit scheint nicht möglich zu sein – zu tiefgreifend waren die Veränderungen.

Der Begriff „Post-Produktionsnomadismus" beinhaltet das Element des „danach", das immer in direktem Bezug auf ein „davor" steht – in Anlehnung an den Begriff des „Postsozialismus", dessen Gebrauch von Hann als so lange für gerechtfertigt beschrieben wurde, wie „die Ideale, Ideologien und Praktiken des Sozialismus für das Verständnis der gegenwärtigen Lage den betroffenen Menschen als Bezugspunkt dienen" (2002: 7). Genau dies ist in vielerlei Hinsicht auch noch über zwanzig Jahre nach dem Ende der Sowjetunion in der Taiga Osttuwas der Fall – allerdings weniger in Bezug auf den *Sozialismus* als solchen, als vielmehr auf das, was ihn hier in direkter Weise verkörperte: *Den Produktionsnomadismus*. Die Praxis der Rentierhaltung und Jagd ist für die Tozhu ein Beruf geblieben, wenn auch die immensen Subventionen und die Infrastruktur, die ihn seinerzeit möglich machten, heute fehlen.

Und dennoch sind Rentierhaltung und Jagd für die olenevody mehr als *nur* ein „Beruf" oder eine „Arbeit" – und waren es vermutlich auch stets, selbst als die Hubschrauber überall in Sibirien noch flogen. Für die Männer der Taiga ist diese Praxis immer noch ein *Leben*: Ein Leben, das tiefere und ältere Wurzeln hat, als den sowjetischen Produktionsnomadismus. Und diese Wurzeln wiederum sind in bemerkenswerter Weise immer noch intakt und voller Leben. Denn immer noch konnten sich in der Taiga, zusammen mit der Praxis der Rentierhaltung und Jagd, wesentliche Bestandteile des in Kapitel II beschriebenen Systems der Praxis wie Institutionen, Mensch-Umwelt-Beziehung, Ontologie und das animistische Weltbild halten: Immer noch ist auch in Todzha die Taiga ein lebendiger Ort, in dem die olenevody mit ihren Tieren, den *cher eeleri* und einer Vielzahl anderer nichtmenschlicher Personen jeden Tag aufs Neue ein Leben aushandeln. Zu keinem Zeitpunkt, weder während des Sozialismus noch in der katastrophalen Phase danach, ist diese Beziehung zwischen menschlicher und nichtmenschlicher Welt hier zusammengebrochen.

Allerdings ist diese Lebenswelt im schwer zugänglichen Osten Tuwas heute durch viele Faktoren bedroht: Zum einen gibt es ein existentielles „inneres" Problem: Mit der Trennung der Männer von ihren Familien bzw. potentiellen Lebenspartnern in der Siedlung ist die Gemeinschaft der Praxis auseinandergebrochen. So ist für die meisten jungen Leute, die in den Siedlungen aufwachsen und sozialisiert werden und ihr Wissen vor allem aus der Schule erhalten, das Leben eines tayozhniks unvorstellbar geworden. Allein schon aus diesem Grund ist es um die Überlebenschancen der Rentierhaltung und Jagd in Osttuwa nicht besonders gut bestellt. Darüber hinaus aber ist die Taiga Osttuwas auch von äußeren Faktoren bedroht. Zwar verfügen die Tozhu in Russland über bestimmte Rechte als KMN – diese sind in den letzten Jahren aber immer weiter ausgehöhlt oder schlicht nie implementiert worden. Die olenevody leben heute auf Staatsland, das jederzeit privatisiert und industriell erschlossen werden kann. Potential hierfür bietet es genug – vor allem sobald die Eisenbahntrasse fertiggestellt sein wird, die das einst abgeschiedene Tuwa noch enger mit dem Rest der Welt verbinden wird.

Abb. 39: Winterlager am Bii-Khem. Todzha, 16. Februar 2012. Fotograf: JE

VII. DIE DUKHA HEUTE

Textbox 8: Die Mongolei heute – Daten und Fakten

Status: **Souveräner Staat**
(parlamentarische Demokratie)
Hauptstadt: **Ulaanbaatar** (1.318.100
Einwohner (Niisleliin statistikiin gazar 2014).
Weitere größere Städte: Erdenet (84.187),
Darkhan (74.985), Choibalsan (38.615),
Mörön (38.443) (infomongolia.com 2014).
Fläche: 1.564.116 km² (UN 2014)

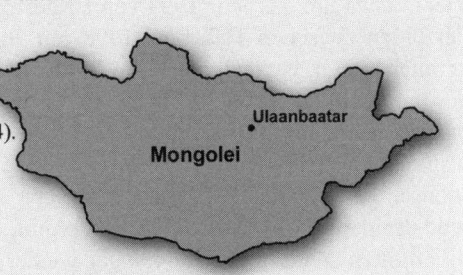

Gesamtbevölkerung 2013:
- 2.931.300 (2,3% Wachstum im Vergleich zum Vorjahr) (National Statistical Office of Mongolia (MUÜSKh/NSOM) 2014). Davon städtische Bevölkerung: 69,5% (UN 2014).
- Im untersuchten Khövsgöl aimag lebten beim letzten gesamtmongolischen Zensus 2010 38.443 Personen in der Aimaghauptstadt Mörön (s.o.). 75.888 Personen wurden als „ländliche Bevölkerung" registriert. Unter diesen machten die Dukha bzw. „Tsaatan" 282 Personen aus (MUÜSKh/NSOM 2012: 194ff).
- Bevölkerungsentwicklung: Im Jahr 2013 28,2 Geburten und 5,7 Todesfälle auf 1.000 Einwohner (infomongolia.com 2014a)

Wirtschaft:
Bergbau: Gold, Kohle, Kupfer, Uran, seltene Erden usw. (vgl.: Sandmann 2012). Das Land gilt als eines der 10 rohstoffreichsten Länder der Erde. Größte Mine: Oyuu Tolgoi Kupfer- u. Goldmine, Südgobi. Landwirtschaft, darunter besonders mobile Tierhaltung. Im Jahr 2013 gab es 45,1 Mio. Stück Vieh im Land, davon über 19,2 Mio. Ziegen (ibid.) zur Kaschmirproduktion (vgl.: Kiresiewa, Ankhtuya Altangadas, Janzen 2012). Wirtschaftswachstum (BIP): 17,3% (2011) (UN 2014). Das gewaltige Wirtschaftswachstum, das praktisch ausschließlich auf dem Boom des Bergbausektors beruht, führte zu einer beträchtlichen Steigerung des jährlichen pro-Kopf-Einkommens von 344 USD im Jahr 1994 auf 3.050 USD im Jahr 2011 (Janzen 2012: 9). Dennoch wird diese Entwicklung für die durchschnittliche Bevölkerung durch eine starke Preissteigerung und hohe Inflationsrate (12,5% (Dez. 2013)) derzeit stark relativiert (MUÜSKH/NSOM 2014).

Offizielle Arbeitslosenquote: 7,6% (3. Quartal 2013) (MUÜSKh/NSOM 2014). Viele Menschen, die informellen Tätigkeiten nachgehen, sind nicht in dieser Statistik erfasst (Janzen 2012: 9).

Lebenserwartung:
72,8 (w) / 65,0 (m) (bei Geburt 2010-2015) (UN 2014, MUÜSKh/NSOM 2013)

1. RENTIERHALTUNG UND JAGD IN NORDWEST-KHÖVSGÖL

1.1 Probleme und Entwicklung der Rentierhaltung im neuen Jahrtausend

Auch in Nordwest Khövsgöl blieben die Rentierherden zu Beginn des neuen Jahrtausends besorgniserregend klein, wenn auch der ganz dramatische Verlust an Tieren etwa um das Jahr 1999 vorerst gestoppt zu sein schien: Nachdem die Rentierzahlen zwischen 1992 und 1998 um 70% auf den Tiefstand von 614 Tieren gefallen waren, verzeichneten die Dukha in Ost- und Westtaiga – vermutlich dank des durch ein Hilfsprojekt finanzierten Imports von achtzig Rentieren aus Tuwa – bis zum Jahr Jahr 2001 sogar wieder einen vorübergehenden leichten Zuwachs auf insgesamt 717 Tiere (vgl.: Wheeler 2000: 56f; Jernsletten & Klokov 2002: 146f; Johnsen et al. 2012: 29). Dieser schwache Aufwärtstrend knickte allerdings während der darauffolgenden Jahre wieder ein, sodass sich die Herden nicht langfristig erholten sondern bis 2004 sogar wieder leicht abnahmen (vgl.: Johnsen et al. 2012: 29). Wie düster die Ausssichten für die mongolischen Rentierhalter-Jäger waren, wurde durch alarmierende Berichte wie z.B. von Jernsletten & Klokov (2002) oder Solnoi, Tsogtsaikhan & Plumley (2003) unterstrichen. Zudem verbreiteten sich immer neue Meldungen über erschreckende Phänomene und neue Krankheiten, die alle Versuche zur Wiederaufstockung der Herden zunichte machten. Immer öfter fielen z.B. entkräftete Rentiere tot um, ohne dass deren Besitzer eine Erklärung dafür hatten. Allein im Sommer 2000 starben in der Osttaiga 30–35 Tiere unter solch mysteriösen Umständen (vgl.: Jernsletten & Klokov 2002: 150). Zudem verlor man unproportional viele junge Rentiere, was dazu führte, dass sich die Alterszusammensetzung der Herden ungünstig veränderte (vgl.: Jernsletten & Klokov 2002: 148).[82]

Bald schon erreichten die ersten Berichte über die Lage der verzweifelten „Tsaatan" die Weltöffentlichkeit – und immer mehr private Akteure sowie NRO fingen an, sich in der Taiga zu engagieren (siehe Abschnitt VII 1.2). Neben einer Vielzahl von materiellen Hilfslieferungen erreichten so auch bald schon die ersten veterinärmedizinischen Teams die Taiga und begannen, den Ursachen für den Herdenschwund nachzugehen. Schnell waren die offenbar schwerwiegendsten Probleme ausfindig gemacht: Krankheiten wie Brucellose und Anaplasmose – die während des Sozialismus noch in Schach gehalten werden konnten (vgl.: Ayuursed 1996: Kap. 5) – waren nach dem Zusammenbruch der Infrastruktur der Staatsfarm wieder auf dem Vormarsch (vgl.: Flenniken 2007: 6).

---

82 An dieser Stelle sei darauf verwiesen, dass die damaligen Herdenzahlen nicht ohne Weiteres als Indikator für die Situation aller Dukha herangezogen werden können: Diese wurden nämlich in nicht unerheblichem Maße dadurch verzerrt, dass zwei Familien in der Westtaiga im Jahr 2001 jeweils „über 100 Tiere" besaßen (Jernsletten & Klokov 2002: 146). Würde man dies unberücksichtigt lassen, d.h. also von einer annähernd gleichmäßigen Verteilung der Tiere ausgehen und die 717 Tiere aus dem Jahr 2001 durch die zu jener Zeit in der Taiga lebenden 36 Familien teilen, käme man auf knapp 20 Tiere pro Familie. Verteilt man jedoch nur etwa 500 Tiere auf 34 Familien, so kommt man für diese nur noch auf durchschnittliche 14,7 Tiere pro Haushalt – eine Differenz von gut 25%.

Außerdem wurde die mangelnde genetische Vielfalt der Herdentiere – offenbar eine Folge von Inzucht – als Problem identifiziert (vgl.: Wheeler 2000: 55; Johnsen et al. 2012: 35). Auch dies war eigentlich keine Neuigkeit. Wie bereits in Abschnitt IV 2.2.2 erwähnt, waren deshalb bereits 1962 und 1986 Rentierbullen aus Tuwa importiert worden (vgl.: Ayuursed 1996: 50; Wheeler 2000: 58; Davaanyam 2006: 64). Und auch jetzt sollten, nach Ansicht der Experten, so rasch wie möglich wieder neue Tiere aus Russland eingeführt werden, um die Herden der Dukha zu retten (siehe z.B.: Jernsletten & Klokov 2002: 150, 153f).[83]

Die gesundheitlichen Probleme waren allerdings nicht der einzige Grund für die weiterhin Besorgnis erregenden Entwicklungen. Denn immer noch mussten die Dukha, die seit der Schließung der Staatsfarm ohne Gehalt oder andere Einkünfte lebten, in ihrer Not viel zu oft Rentiere schlachten, um ihr eigenes Überleben, wenigstens für den Moment, zu sichern. Diese Situation war zusätzlich verschärft worden durch die graduelle Einführung neuer Jagdgesetze in den 1990er Jahren, die sowohl die Subsistenz- als auch die Pelztierjagd de facto illegal machten. Anderseits bereitete aber auch die von vielen Jägern beklagte Abnahme der Wildtierbestände in der relativ kleinen mongolischen Taiga Probleme (siehe Abschnitt VII 1.3). Beide Faktoren zusammen machten das Leben und Überleben in der Taiga noch schwieriger als es ohnehin schon war und führte zu einer noch größeren Abhängigkeit von Rentieren aus den eigenen Herden zur Fleischversorgung (vgl.: Wheeler 2000: 47; Jernsletten & Klokov 2002: 150).

Trotz aller Probleme begannen aber ab etwa 2005 die Rentierzahlen in der Taiga Nordwest-Khövsgöls wieder langsam anzusteigen und kletterten erstmals im Jahr 2009 wieder über die Tausender-Marke. Im Jahr 2013 weideten im Tsagaannuur sum sogar wieder über 1.500 Rentiere:

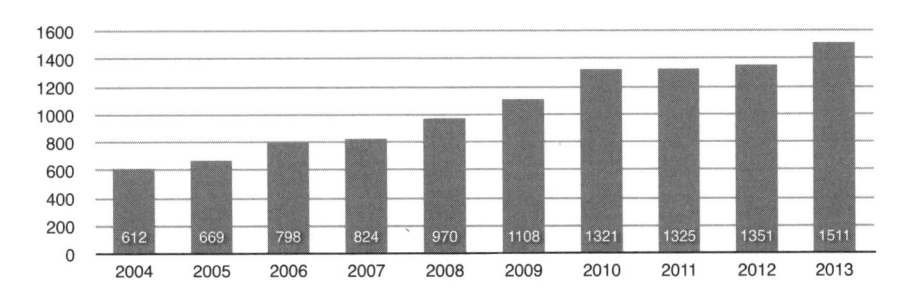

Jahr	2004	2005	2006	2007	2008	2009	2010	2011	2012	2013
Rentiere	612	669	798	824	970	1108	1321	1325	1351	1511

Abb. 40: *Anstieg der Rentierzahlen seit 2004 im Tsagaannuur sum. Grafik: JE basierend auf Angaben von Buyantogtokh, Sumregierung Tsagaannuur (März 2014)*

---

83 Nur Wenige stellen den quasi-Konsens vom genetischen Mangel als Hauptproblem der mongolischen Rentierherden in Frage. Einige Experten (Morgan Keay und Kirk Olson (Okt. 2010: pers. Komm.)) halten die Konzentration auf die Inzucht jedoch für gefährlich, da nach ihrer Meinung so Probleme wie mangelnde saisonale Mobilität und Weideübernutzung (und daraus resultierende Fehlernährung der Tiere), aber auch Gefahren aus dem zunehmenden Kontakt der Herdentiere mit Steppenvieh (siehe Abschnitt VII 2.2.2), verschleiert würden.

Diese Entwicklung ist sicherlich nicht zuletzt auch verschiedensten Projekten von kleinen und großen Nichtregierungsorganisationen (NRO) und etlichen Privatpersonen geschuldet, die nach der Jahrtausendwende zunehmend in der Region aktiv wurden und den Dukha auf verschiedenste Art und Weise halfen – sei es durch veterinärmedizinische Hilfe, das Bemühen, die Rahmenbedingungen für das Taigaleben zu verändern, oder, wie in den meisten Fällen, wenigstens den Versuch, die unmittelbare materielle Not der Rentierhalter-Jäger zu lindern. Diese sehr heterogene Hilfsarbeit, ihre Grundannahmen, Methoden und Wirkungen soll in den folgenden Abschnitten näher beleuchtet werden.

1.2 „Saving the Reindeer People": Entwicklungshilfe und ihre Folgen

1.2.1 Wohltäter, NRO und andere Geber: Eine Übersicht

Privatiers und Nichtregierungsorganisationen

Die ersten Helfer der Dukha waren vor allem Reisende, deren Lebenswege sich mit denen der Rentierhalter-Jäger auf die eine oder andere Art und Weise gekreuzt hatten. Der bis heute in der Taiga allseits bekannte italienische Filmemacher und Trekking-Guide Dino („Lupo") de Toffol ist ein prominentes Beispiel für diese frühen Pioniere der „Taigahilfe": Um die Jahrtausendwende herum besuchte er, unterstützt vom *Italienischen Roten Kreuz*, die Dukha und brachte jedesmal große Mengen an Lebensmitteln (u.a. mehrere Tonnen Mehl) und andere Hilfsgüter mit sich. Ihm sollten in den kommenden Jahren noch etliche weitere Helfer folgen. Unter ihnen befanden sich Ärzte, Krankenschwestern (siehe z.B. Carey 2012), Fotografen sowie Studenten und reiche Philanthropen – jede und jeder Einzelne mit seinem eigenen kleinen Projekt, gemäß seiner Vorstellungen, Interessen und finanziellen oder organisatorischen Möglichkeiten. Dazu kommen noch die bei den meisten Dukha eher unbeliebten christlichen Missionare, hauptsächlich aus Südkorea und den USA, die bis heute in mehr oder weniger regelmäßigen Abständen in Tsagaannuur und in der Taiga auftauchen und neben Bibeln und ihrer Heilslehre auch materielle Güter wie Second-Hand Kleidung oder mit christlichen Sprüchen bedruckte Rucksäcke verteilen.

Neben all diesen verschiedenen Einzelpersonen wurden auch NRO aktiv: Zuerst der 1997 von Professor Sükhbaatar von der Chinggis Khan Universität in Ulaanbaatar gegründete *Mongolian Reindeer Fund*, sowie das unter der Leitung des US-Amerikaners Dan Plumley stehende und auch auf der russischen Seite der Grenze aktive *Totem Peoples' Preservation Project* (siehe: Plumley 2003: 62) der amerikanischen Organisation *Cultural Survival*. Beide Organisationen organisierten gemeinsam im Jahr 1999 den bereits oben erwähnten Import von achtzig Rentieren aus Tuwa in die Taiga Nordwest-Khövsgöls, welcher damals, zumindest vorübergehend, die dramatische Abnahme der Rentiere der Dukha stoppte (vgl.: Wheeler 2000: 56f). Der Mongolian Reindeer Fund engagierte sich vor allem im Bereich der Bildung (z.B. durch die Finanzierung von diversen Universitätsstipendien und der Förderung der Schule in Tsagaannuur) sowie der Medizin, während das Totem People's Project politische Lobby-Arbeit, aber auch tiermedizinische Arbeit (z.B. Impfprogramme) leistete.

Auch die von der Amerikanerin Morgan Keay geführte Graswurzelorganisation *The Itgel Foundation* war ab 2002 mit ihrem *Reindeer Life Project* auf dem Gebiet der Veterinärmedizin aktiv. Von ihr wurden neben der Erforschung der offenbar sehr vielschichtigen Ursachen für den schlechten Gesundheitszustand der Tiere Impfprogramme durchgeführt und Medizinlieferungen sowie Trainings für die Rentierhalter und die beiden einheimischen, ausgebildeten aber arbeitslosen Tierärzte organisiert. Darüber hinaus unternahm Itgel zwischen 2005 und 2010 auch sozio-ökonomische Projekte wie z.B. die Einrichtung eines *community funds* und den Aufbau des *Tsaatan Community and Visitors Centers* in Tsagaannuur, dem Herzstück eines Programms zum Aufbau eines gemeindeorientierten Tourismus (siehe Abschnitt VII 2.3.1).

Ebenso im Bereich des Tourismus (und Naturschutz) involviert war vor allem das mächtige, zwischen 2004 und 2011 in mehreren mongolischen aimags aktive und mit rund 4,8 Millionen US-Dollar budgetierte *UNDP* Projekt *Community-based Conservation of Biological Diversity in the Mountain Landscapes of Mongolia's Altai Sayan Eco-region* (siehe: Government of Mongolia / UNDP Mongolia 2006). Das u.a. von der *niederländischen Regierung* und der *Global Environment Facility (GEF) der Weltbank* finanzierte[84], und in Kooperation mit den mongolischen *Ministerien für Natur, Umwelt und Tourismus* (MON: *Baigali orchin ayalal juulchlalyn yaam*), sowie für *Nahrung, Landwirtschaft und Leichtindustrie* (MON: *Khüns, khödöö aj akhui, khöngön uildveriin yaam*)[85] durchgeführte, gewöhnlich unter seiner Kurzbezeichnung bekannte „*Altai-Sayan Project*" bemühte sich im Tsagaannuur sum um den Aufbau eines eigenen Programms des gemeindeorientierten Tourismus und Ressourcenmanagements, das u.a. mit der Einrichtung von Ressourcennutzergemeinschaften (MON: *nökhörlöl* (wörtl.): *Freundschaft, Partnerschaft*)) einherging (siehe Abschnitt VII 1.3.2).

In jüngster Zeit wurde auch das United Nations Environment Programme, *UNEP*, in der Region aktiv. Im Jahr 2010 wurde aus einer gemeinsamen Initiative der innerhalb der UNEP operierenden, norwegischen Organisation *GRID-Arendal*, dem *International Centre for Reindeer Husbandry* (ICR), der *Associati-*

---

84 Ein weiterer wichtiger Partner des Projekts war der WWF (World Wide Fund for Nature), der ebenso wie die mongolische Regierung, die Asian Development Bank und der International Fund for Agriculture Development zum „related financing" des Projektes beitrug – wodurch sich ein erweitertes Gesamtbudget von knapp 11,2 Millionen USD ergab (Government of Mongolia / UNDP Mongolia 2006).

85 Die obigen Bezeichnungen der Ministerien beziehen sich auf die Angaben von Government of Mongolia / UNDP Mongolia (2006). Zum Zeitpunkt der Niederschrift dieses Kapitels (2013) wurden die genannten Ministerien jedoch bereits mehrfach umstrukturiert und umbenannt in die heutigen Ministerien für *Umwelt und Grüne Entwicklung* (MON: *Baigali orchin nogoon khögchliin yaam*), für *Industrie und Landwirtschaft* (MON: *Üildver, khödöö aj akhuin yaam*), sowie für *Kultur, Sport und Tourismus* (MON: *Soyol, sport ayalal juulchlalyn yaam*) (Baasankhüü, November 2013: Email).

on of World Reindeer Herders (WRH), dem *UArctic EALÁT Institute for Circumpolar Reindeer Husbandry*, der mongolischen Organisation *Taiga Nature* sowie verschiedener anderer Organisationen, das UNEP Projekt *Nomadic Herders' Initiative* ins Leben gerufen, das die Dukha auf dem Gebiet der Adaption bezüglich veränderter Landnutzungs- und Klimabedingungen sowie bei der Kultivierung des Dialogs mit verschiedenen Akteuren und Interessengruppen auf nationaler und internationaler Ebene unterstützt (vgl.: GRID-Arendal 2013). In diesem Rahmen wurden im Sommer 2011 die Probleme der Dukha in der Studie „*Changing Taiga: Challenges for Mongolia's Reindeer Herders*" (Johnsen et al. 2012) zusammengefasst und im Mai 2012 auf der elften Sitzung des *United Nations Permanent Forum on Indigenous Issues* auf höchster internationaler Ebene diskutiert. Im Oktober 2012 luden GRID-Arendal, ICR und WRH zudem Repräsentanten der Dukha nach Oslo ein, zum Seminar „*Future Cooperation between Reindeer Herding in Mongolia and Norway*", an dem auch verschiedene Vertreter der norwegischen Regierung teilnahmen (vgl.: ICRH 2013). Dort wurde u.a. die weitere Entwicklung der *Nomadic Herders' Initiative*, die Einbindung der Dukha in die „circumpolare Zusammenarbeit der Rentierhaltervölker der Welt" (ibid.) und der Aufbau eines Rentierhalter-Informationszentrums in Tsagaannuur besprochen.

Die „Wiederbelebung der Rentierhaltung": Die Rolle des mongolischen Staates

Zusätzlich zum oben besprochenen, im Verhältnis zur begünstigten Bevölkerungsgruppe eigentlich schon sehr großen (und größtenteils kaum untereinander koordinierten) Aufwand dutzender Individuen und Organisationen verschiedenster Hintergründe bleibt auch die wichtige Rolle des *mongolischen Staates* zu besprechen: Nach seiner vor allem auf dem rekordhaften Erfolg des Bergbausektors beruhenden, langsamen Erholung von der allumfassenden, lähmenden Wirtschaftskrise der Neunzigerjahre, erschien dieser in der Taiga des Tsagaannuur sums ab November 2007 mit dem Programm „*Wiederbelebung der Rentierhaltung und Verbesserung der Lebensbedingungen der Tsaatan*"[86] (gemeinhin, und auch im Folgenden, bezeichnet als das „*2015-Programm*") auf der Bildfläche zurück (siehe: Keay 2008: 12; Cultural Survival 2008). Auf die Nachricht der Einführung dieses mit knapp 700 Millionen MNT (400.000 USD[87]) budgetierten staatlichen Programms des Ministeriums für Nahrung und Landwirtschaft und der Aimagregierung der Provinz Khövsgöl reagierten die Dukha und ihre Unterstützer mit Begeisterung und großer Hoffnung. Das gewaltige Potential dieses ersten öffentlich finanzierten Großprojektes allein zur Verbesserung der prekären Situation der

---

86 MON: *Tsaa bugyn aj akhuig sergeekh, tsaachidyn amijirgaany tüvshing saijruulakh khötölböör*
87 Gemäß Umrechnungskurs vom November 2013 (1:1.750). Gemäß Angaben Cultural Survivals vom Frühjahr 2008 betrug das Budget des staatlichen Projekts lediglich 300.000 USD (siehe: Cultural Survival 2008). Möglicherweise trugen zur Differenz der verschiedenen Angaben die erheblichen Kursschwankungen der letzten Jahre bei.

Dukha sollte, aus ihrer Sicht, möglichst optimal und unter größtmöglicher Beteiligung der Taigabevölkerung am Planungsprozess genutzt werden. Die Itgel Foundation veranstaltete daher im Januar 2008 einen groß angelegten Workshop in Tsagaannuur, bei dem die Dukha aus Taiga und Sumzentrum gemeinsam ihre Wünsche und Ziele für die kommenden 15 Jahre festlegten und in einem Brief an den Regierungsvorsitzenden des Khövsgöl aimags zum Ausdruck brachten (siehe: The Itgel Foundation 2008: 33). Leider aber kam es nicht zur erhofften Beteiligung der Projektbegünstigten. Im Gegenteil: Wie auch Cultural Survival (2008) beklagte, war es ein „eklatanter Fehler" des Projektes, dass es von Anfang an in völliger Abwesenheit der Dukha geplant wurde – ein Prinzip, das sich wie ein roter Faden auch durch den weiteren Verlauf des 2015-Programms hindurch zog. Wenig überraschend lag der Schwerpunkt des Projektes somit auch vor allem in der Abwicklung von materieller Hilfe wie z.B. dem Bau von Häusern in Tsagaannuur, der Ausgabe von Ziegen, Pferden, Radios, Solarzellen und Jurten von niedriger Qualität, die zwar von den Dukha als „Geschenke" der Regierung gerne angenommen wurden, aber wenig zu einer nachhaltigen Verbesserung der Situation der Taigabevölkerung beitrugen.

Wie der Jahresbericht 2010 über „Menschenrechte und Freiheit in der Mongolei" der *National Human Rights Commission of Mongolia* (2010: 52ff) berichtet, wurden im Jahr 2010 ferner 6,6 Millionen MNT für Immatrikulationsgebühren von „Tsaatan-Studenten", 3,5 Millionen für das „Fest der Tausend Rentiere" und 2 Millionen für ein *„Tsaatan-Album"* zur „Förderung der Kultur der Tsaatan Bürger" ausgegeben. Außerdem wurden 28,1 Millionen MNT bereitgestellt für den Bau eines (zumindest bis Februar 2014 niemals gebauten) „Tsaatan-Museums" in Tsagaannuur. Zu guter Letzt wurde beschlossen, für 40 Millionen MNT die schlecht ausgestattete Krankenstation und den Schlafsaal der Schule in Tsagaannuur zu erneuern.[88]

Obwohl vor allem die letzten beiden Punkte auch den vielfach geäußerten Wünschen der Dukha und anderer Bürger von Tsagaannuur entsprachen, überwog bald schon sowohl bei den Projektbegünstigten als auch bei der Lokalregierung in Tsagaannuur der Unmut über das 2015-Programm, dessen Potential ganz offensichtlich wesentlich besser hätte genutzt werden können: Große Summen an Projektgeldern waren anscheinend für den Bau eines Doppelhauses im Kharmai-Tal durch schlampig und überteuert arbeitende Auftragsfirmen verschwendet worden. Von den zwanzig Rentierbullen, die in Tuwa für 2,5 Millionen MNT (damals über 1.200 €) pro Tier gekauft worden waren, hatten nur acht lebendig die mongolische Taiga erreicht – und dies anscheinend in einem so schlechtem Gesundheitszustand, dass sie vorerst nur den erfahrensten Rentierhaltern zur Pflege in Obhut gegeben werden konnten (ibid.). Sie waren offenbar von Anfang an in einem schlechten Zustand, hatten viel zu lange Zeit (u.a. bei der Grenzabfertigung) im Lastwagen verbracht, waren auf ihrer Reise mit Pferdefutter gefüttert worden und

---

[88] Das Krankenhaus ist in der Zwischenzeit renoviert und neu ausgestattet worden. Allerdings betont die Regierung in Tsagaannuur, dass sie dies komplett aus ihrem eigenen Budget finanzierte (Buyantogtokh, Feb. 2014: pers. Komm.).

mussten obendrein noch einen Abstecher zum zeitgleich stattfindenden Eisfestival am Khövsgöl-See über sich ergehen lassen, um dort den begeisterten Zuschauern präsentiert zu werden (Borkhüü, Feb. 2014: pers. Komm.). Von den 520 Ziegen, die den Dukha durch das 2015-Programm geliefert worden waren, hatten zwei Jahre nach deren Ankunft lediglich dreißig überlebt (Buyantogtokh, März 2010: pers. Komm.). Der Rest der Tiere war entweder konsumiert worden oder im Kältewinter 2010 zu Grunde gegangen.

Während sich das 2015-Programm auf diese Weise mehr und mehr als große Enttäuschung erwies, kam den Dukha vom mongolischen Staat auf anderer Ebene konkrete Unterstützung zu: Am 22. Dezember 2012 besuchte der seit Juni 2009 amtierende mongolische Staatspräsident Elbegdorj, in Gefolge eines großen Trupps an Journalisten, das Wintercamp Khevtert in der Osttaiga, wo er, filmisch bestens dokumentiert, im alajy-ög einer Dukhafamilie übernachtete. Dass es sich bei Elbegdorjs Besuch offenbar nicht nur um eine medienwirksame PR-Aktion ohne Substanz und Ergebnis für die Dukha handelte, zeigte sich nur wenige Monate später: Nachdem noch im April 2013 die Vorsitzende der Mongolischen Menschenrechtskommission, Oyuunchimeg – eine langjährige Beobachterin der Lage in der Taiga, die in nicht unerheblichem Maße auch an der Planung des 2015-Programms beteiligt gewesen war – in einer öffentlichen Erklärung auf die schwierige finanzielle Situation der Dukha aufmerksam gemacht und deren „Wilderei" als Armutsphänomen bezeichnet hatte (siehe: Bilgüün 2013), wurde in den mongolischen Nachrichten am 11. Mai 2013 vermeldet, dass Elbegdorjs Regierung beschlossen hatte, schon ab dem folgenden Juni monatlich allen erwachsenen „Tsaatan Bürgern" 100% und jedem ihrer nichtvolljährigen Kinder 50% des offiziellen Existenzminimums der Khangai-Region zukommen zu lassen.[89] Die Dukha sprechen seither vom „Präsidentengeld" (MON: *yörönkhilögchiin möngö*), das ihr Leben offenbar so sehr verändert habe wie noch keine Maßnahme zuvor.

1.2.2 Grundannahmen, Wirkung und Folgen der Taigahilfe

Sind die Dukha arm?

Der größte Teil der oben beschriebenen privaten, internationalen und vor allem staatlichen Unterstützung der Dukha seit dem Ende der Neunzigerjahre geschah vor dem Hintergrund jener Zeit, in der die Dukha in der Taiga in der Tat einen wahrhaft verzweifelten Überlebenskampf führten. Aber auch nachdem sich die damalige Situation langsam besserte, blieb die weit verbreitete Grundannahme bestehen, dass es sich bei den Taigabewohnern um ein in extremer Armut lebendes, und vor allem *daher* akut in seiner Existenz bedrohtes Volk handle. Die oben bereits angesprochene wohlwollende und doch potentiell verhängnisvolle Aussage

---

89 Dieses lag in der entsprechenden Region (Arkhangai, Bayankhongor, Bulgan, Övörkhangai, Khövsgöl und Orkhon aimags) im Jahr 2013 bei 130.900 MNT (ca. 75 USD) pro Monat (MUÜSKh 2013).

der Vorsitzenden der Mongolischen Menschenrechtskommission Oyuunchimeg, dass die „*Tsaatan wildern weil sie kein Einkommen haben*" (MON: *Tsaatnuud orlogogüigesee khulgain an khiij baina*), unterstreicht diese Ansicht auf dramatische Art und Weise.

Im Verlauf des folgenden Abschnitts wird argumentiert werden, dass diese Sichtweise fehlgeleitet ist. Vielmehr ist es umgekehrt: Weil den Dukha aufgrund der vorhandenen Jagdgesetze ein selbstständiges Leben in der Taiga immer schwerer gemacht wird, werden sie immer abhängiger von externer Hilfe. Um dieses Argument im Folgenden aufzubauen, müssen zunächst aber die Grundannahmen analysiert werden, die sowohl Oyuunchimegs zitierter Sichtweise als auch praktisch der gesamten, die Dukha betreffenden Entwicklungshilfe sowie der mongolischen „Tsaatan-Politik" zugrunde liegen. In diesem Zusammenhang soll vor allem die Frage kritisch beleuchtet werden, wie die wirtschaftliche und soziale Lage der Dukha tatsächlich einzustufen ist und wie ihre von den meisten Außenstehenden als gegeben angenommene Armut produziert und reproduziert wird.

Fest steht: An der Schwelle des 21. Jahrhunderts befanden sich die Dukha, wie bereits oben geschildert, ohne Übertreibung in einer sehr kritischen, wenn nicht gar dramatischen Lage. Ihre Herden schwanden dahin, tier- und humanmedizinische Hilfe sowie praktisch jede weitere soziale Infrastruktur war in der Umgebung nicht mehr existent und viele verzweifelte Familien wussten oft nicht, wovon sie ihre Kinder am nächsten Tag ernähren sollten. So düster war die Lage, dass Jernsletten & Klokov prognostizierten, dass in naher Zukunft etwa ein Drittel aller Dukhafamilien ihre Rentiere verlieren würden – und dass „nichts am Horizont sichtbar" sei, was dies eventuell verhindern könnte (2002: 146).

Seit mehreren Jahren hatten die früheren Angestellten der Staatsfarm keine Gehälter mehr bezogen, konnten sich weder gekaufte Grundnahrungsmittel noch Medizin für sich und ihre kranken Tiere leisten und waren immer öfter in der verzweifelten Lage, ihre Tiere schlachten zu müssen, um überhaupt, wenigstens kurzfristig, überleben zu können. Es herrschte ein Mangel an praktisch allem. Noch im Jahr 2007 wurden die Dukha von der USAID als die ärmste Bevölkerungsgruppe der Mongolei ausgewiesen: Von 42 Taigahaushalten galten 38% (also sechzehn) als „arm" und ein weiteres Drittel (vierzehn) als „extrem arm" (USAID 2007: 3). Das durchschnittliche jährliche Haushaltseinkommen der Taigahaushalte betrug weniger als 100 USD (ibid.), was bedeutet, dass diese Familien klar unter das von der Weltbank als in „absoluter Armut" lebend definierte Viertel der Menschheit fallen, das mit weniger als einem Dollar pro Tag zurecht kommen muss (vgl.: Brodbeck 2005: 61). Nicht viel besser ging es den sesshaften Dukha in Tsagaannuur: Von insgesamt 138 Dukhafamilien (sowohl sesshafte als auch nomadische) lebten nach Aussagen eines Mitglieds der Sumregierung in Tsagaannuur im Jahr 2008 mehr als einhundert unterhalb der Armutsgrenze (Buyantogtokh in Keay 2008: 26).

Trotz ihrer Eindringlichkeit zeichnen diese Zahlen allerdings ein nur sehr einseitiges Bild der Lage der Dukha. Denn zumindest die nomadisch lebenden Familien haben schließlich auch noch, im Gegensatz zu vielen anderen marginalen Gruppen, ihre Rentiere und vor allem *ihre Taiga*, die seit etlichen Generationen für sie sorgt. Auch wenn indigene Armut und ökonomische Benachteiligung ein global weit verbreitetes, ernstzunehmendes Problem darstellt (siehe z.B.: Hall & Patrinos (Hg.) 2010), ist es, wie u.a. Woodman & Grig ((Hg.) 2007) demonstrieren, auffällig, mit welch hoher Regelmäßigkeit indigene Gruppen, die über ihr eigenes, intaktes Land verfügen, in einem weitaus besseren physischen wie psychischen Gesundheitszustand leben, als Gruppen, die dieses nicht oder nicht mehr haben. Eine ähnliche Beobachtung wird auch von Klein et al. (2012: 8) bezüglich der pastoralen Nomaden weltweit gemacht: Auch hier gibt es das *„paradox of pastoral poverty"* (ibid.), was bedeutet, dass es unter mobilen Tierhaltern zwar häufig Gruppen gibt, die über extrem geringe finanzielle Einkommen verfügen, es genau diesen Gruppen aber oft allgemein besser gehe, als anderen mit weniger Vieh und mehr Cash-Einkommen.

Auch im Ostsajangebirge wissen die Menschen in der Taiga noch immer, wie sie von und mit ihrem Land und ihren Tieren überleben können – auch wenn dies den Menschen heute, unter dem gegebenen Mangel an einem zusätzlichen finanziellen Einkommen, erheblich schwerer fällt als noch vor einigen Generationen. In ihren *aals* leben sie aber immer noch in kleinen, eng verwobenen Gemeinschaften, die zusammenhalten, sich gegenseitig aushelfen und z.B. gejagtes Fleisch miteinander teilen. Ein rein monetärer Ansatz zur Definition und Bewertung von Armut – z.B. auf der Grundlage des den verschiedenen Haushalten zur Verfügung stehenden jährlichen finanziellen Einkommens – würde all diese extrem wichtigen Faktoren schlichtweg unterschlagen. Genauso aber würde auch ein anderes, „alternatives" Rechenmodell (wie z.B. der *Human Development Index*) hier schnell an seine Grenzen geraten – denn die Probleme der Dukha sind in erster Linie nicht quantifizierbar, sondern ein komplexes Konglomerat verschiedenster, hauptsächlich qualitativer Phänomene. Quantitative Ansätze und Kalkulationen von Armut sind damit in einem Fall wie dem der Dukha oder anderen indigenen Gruppen, die über Zugang zu ihrem Land verfügen, *grundsätzlich* als sehr problematisch einzustufen, da sie unter völlig anderen Prämissen operieren und den Markt und die Geldwirtschaft automatisch und unhinterfragt als das objektive Maß der Dinge behandeln, wo sie in Wirklichkeit vielleicht nur eine Nebenrolle spielen (vgl.: Brodbeck 2005: 63f), oder unter völlig anderen Gesetzmäßigkeiten operieren (vgl.: Anderson 2003).[90]

Außer Frage steht, dass bei den Dukha selbst die erfolgreichsten Rentierhalter und Jäger heute Geld benötigen. Sie brauchen es zur Absicherung ihrer Existenz, z.B. durch gekaufte Grundnahrungsmittel wie Mehl, Tee, Salz und Zucker, für die medizinische Versorgung ihrer Familien und Herdentiere, oder zur Beschaffung von Kleidung, Zelttuch, Seilen oder Munition. Darüber hinaus benötigen sie Geld auch zur Teilhabe an der mongolischen Gesellschaft, also z.B. für Schulbildung

---

90 Eine hier nicht weiter diskutierte aber interessante Möglichkeit zur Lösung des Problems sind partizipative Ansätze zur Bewertung von Armut, wie sie u.a. auch schon in der Mongolei durchgeführt wurden (siehe z.B.: National Statistics Office Mongolia: 2006). Bemerkenswert ist hier, wie differenziert und breitgefächert die Betroffenen selbst das Phänomen *Armut* definieren.

(und damit u.a. verbunden: ihre politische Mitsprache) oder ganz allgemein für ihr soziales Ansehen im sum (und damit u.a. verbunden: ihre Heiratschancen). Dieses Geld aber ist innerhalb ihres Systems der Praxis unter den gegebenen Bedingungen nur sehr schwer zu erwirtschaften: Der Verkauf von Zobelfellen und anderen Wildtierprodukten ist illegal, die Produktion von Samtgeweih nur unter schwerwiegenden negativen Folgen für die Tiere möglich, das Sammeln von Nichtholzprodukten wie Zirbelnüssen und Wildbeeren offenbar wenig lohnenswert (siehe hierzu auch Abschnitte VII 1.3, 2.2.3 und 2.3.2). Ein Markt für Rentierfleisch, wie etwa in Russland (siehe z.B. Anderson 2003; Stammler 2007), existiert in der Mongolei nicht – und auch für andere Rentierprodukte (wie etwa Milchprodukte) gibt es weder Nachfrage noch überhaupt genügend Rohmaterial. Dennoch aber will und kann hier, aus den oben genannten Gründen, niemand mehr zurück in eine totale Subsistenzwirtschaft. Und genauso wenig soll hier in eine solch essentialistische Richtung argumentiert werden. Es steht, wie gesagt, außer Frage, dass die Dukha heute ein gewisses finanzielles Einkommen benötigen – dass sogar, wie die Neunzigerjahre gezeigt haben, ihre Subsistenzwirtschaft ohne ein solches zusätzliches Einkommen gar nicht mehr möglich zu sein scheint. Trotzdem aber wird hier der Standpunkt vertreten, dass es im Falle der Dukha *gerade* die im Allgemeinen stark auf materielle Hilfe ausgerichtete Entwicklungshilfe der letzten Jahre war, die bei ihnen das kollektive Gefühl der Armut und ihre tatsächlich schon bestehende soziale Marginalisierung *verstärkte*, anstatt diese zu beseitigen. So ließ sich in den letzten Jahren z.B. eine deutliche Gewöhnung und sogar Abhängigkeit vieler Dukha von der durch die vielen kleinen und großen Projekte gelieferten materiellen Unterstützung beobachten (siehe z.B. Keay 2008: 11), die sich mit der Auszahlung des „Präsidentengeldes" (s.o.) in Zukunft sicherlich noch verstärken wird.

Armut als Naturzustand?

Diese Abhängigkeit von Hilfe, die die angenommene Armut der Dukha ja eigentlich überwinden sollte, ist kein Zufall. Sie ist stattdessen geradezu ein zwangsläufiges, systembedingtes Produkt dieser Art von Intervention, wie sie ganz besonders durch das sogenannte „2015-Programm" verkörpert wird. Um dies zu verstehen, soll zunächst ein Blick hinter das implizite – und weit verbreitete – Verständnis, das dieser Art von Entwicklungshilfe zugrunde liegt, geworfen werden: Gemeint ist, dass hier Armut als *„exogenes Phänomen"* (Brodbeck 2005: 64) verstanden wird. Dies bedeutet: Sie wird implizit konzeptualisiert als der „natürliche Zustand" der Menschen, die in einer Welt der knappen Güter leben, welcher nur durch ökonomisches Handeln überwunden werden kann (ibid.). „Entwicklung" ist in diesem Sinne nichts anderes als eine Entfernung von diesem „Naturzustand", in einem beständigen evolutionären Prozess der aufholenden *Ökonomisierung* (oder in diesem Falle zumindest: der aufholenden *Materialisierung* durch die Gabe von Hilfsgütern). Die deutlichen ontologischen Parallelen zum Naturalismus und zum Kulturevolutionismus (siehe Abschnitt II 1.2.1) sind hier nicht zu übersehen: Genauso wie sich der kulturierte Mensch schrittweise von der Natur entfernt, emanzipiert sich der *homo oeconomicus* aus dem *natürlichen* Zustand der Armut. Kulturelle wie ökonomische Entwicklung sind hier gleichbedeutend mit der Überwindung der „Natur".

Diese modernisierende Entwicklung als „Überwindung der Natur" war – neben der Befreiung von den ebenso pauperisierenden Bedingungen des Feudalismus und des Kapitalismus – schon im Sozialismus ein zentrales Motiv. Was hier heute vor allem von staatlicher Seite her geschieht, ist nichts weiter als eine Fortsetzung dieses Prinzips unter dem Vorzeichen des Kapitalismus. So lässt sich das Argument vertreten, dass sowohl der Kapitalismus als auch der Kommunismus denselben ontologischen Hintergrund bei der Definition von Entwicklung teilen – auch wenn sie das Phänomen der Armut unterschiedlich bewerten und logisch und kausal verschieden einordnen: In der Philosophie des Kapitalismus ist Armut das Resultat des individuellen Unvermögens zum ökonomischen Handeln zur Überwindung dieses a priori gegebenen „Naturzustandes" eines jeden Menschen. Der Marxismus hingegen versteht Armut als ein Produkt der Bedingungen des Kapitalismus. Aber auch er startet von der Grundannahme, dass die menschliche Entwicklung gleichbedeutend ist mit der Geschichte der *Produktion* („die wesentlichste geschichtliche Tätigkeit der Menschen, diejenige, die sie aus der Tierheit zur Menschheit erhoben hat" (Engels [1873–1882] 1955: 23)), und daher untrennbar mit der Entfernung des Menschen von der Natur einhergeht (siehe hierzu auch: Ingold 2000: 58, 63).

Die Dukha waren, aus offizieller Sicht, schon in der sozialistischen Mongolei vermutlich der eklatanteste Fall von in der „ewigen Bedeutungslosigkeit" (Badamkhatan 1962: 53) der Natur zurückgebliebenen Menschen. Nur durch staatliche Intervention und (wenigstens periphere) Einbindung in die nationale Ökonomie konnte ihre Entwicklung nach Ansicht der Planer und Regierenden vorangetrieben werden (siehe Abschnitt IV 2.2). Spätestens damit wurden auch die Weichen für ihre weitere Entwicklung und die Veränderung ihrer Bedürfnisse und ihres Selbstverständnisses gelegt. Dennoch aber gelten sogar heute noch die Dukha unter vielen Mongolen als mehr oder weniger „in der Natur" lebend, werden oft abwertend als „halbwild" (MON: *khagas zerleg*) bezeichnet, und gelten als unterentwickelt und fundamental *arm*. Somit mag es auch kaum überraschen, dass die staatliche Entwicklungshilfe ihnen ausländische Rentierbullen, Zeltstoff, Radios und Solarzellen, aber eben auch Jurten und Steppenvieh (beides, im Vergleich zum alajy-ög und zum Rentier, Symbole der Kultur und der Entwicklung) zukommen lässt.

Dabei wird i.d.R. völlig übersehen (oder ausgeblendet?), dass die Dukha – ganz grundsätzlich – das meiste, was sie für ihr Taigaleben benötigen eigentlich haben. Und zwar nicht nur für ihr „Überleben" – sondern sogar für ein Leben in Freiheit, Würde und materieller Zufriedenheit. Denn selbst für eine ökonomische und soziale Entwicklung unter dem gegebenen Paradigma der Markteinbindung und Monetarisierung – die sich die meisten Dukha heute wünschen – gäbe es Potential in der Taiga. Die Fortsetzung und Weiterentwicklung des mehr oder weniger „traditionellen" Lebens bzw. des Systems der Praxis der Rentierhaltung und

Jagd schließt eine solche Entwicklung nicht zwangsläufig aus. Es gibt, wie z.B. Habeck (2005), Stammler (2007) und Pika ((Hg.) [1994] 1999) betont bzw. demonstriert haben, einen Spielraum zwischen den Extremen von einer Taiga als „Freiluftmuseum" und als „Freiluftfabrikgelände" (Habeck 2005: 168). Oder, dem hier vorliegenden Kontext entsprechend, anders ausgedrückt: Ein materiell und finanziell weniger prekäres Leben ist für die Dukha möglich – und zwar ohne, dass dies die Beendigung ihres Lebens als Rentierhalter-Jäger und das Verlassen der Taiga zwangsläufig voraussetzt. Neben der Entwicklung des Tourismus (siehe Abschnitt VII 2.3.1), der hier, in der mongolischen Taiga besonderes Potential hat (aber auch Gefahren birgt), wäre hier vor allem an eine legalisierte und kontrollierte Pelztierjagd zu denken. Gerade Letzteres ist bislang aber überhaupt nicht in Sicht. Im Gegenteil: Vielmehr ist es so, dass staatliche „Geschenke" wie Jurten, Steppenvieh und ganz besonders das „Präsidentengeld" *vor allem* als komplementäre Maßnahme einer Politik ausgegeben werden, die den Dukha zur gleichen Zeit das selbstständige Leben als Jäger immer schwerer macht (siehe Abschnitt VII 1.2.1). Da die Dukha angeblich „wildern, weil sie kein Einkommen haben", versucht man sie „mit Zuckerbrot und Peitsche" – also materieller Hilfe einerseits und strikten Jagdgesetzen und der Einrichtung eines Naturschutzgebietes andererseits – von diesem integralen Bestandteil ihres Systems der Praxis abzubringen. Es handelt sich hierbei also um eine Politik, die ihnen auf der einen Seite beständig ihre Handlungsmöglichkeiten nimmt, um ihnen auf der anderen Seite ihre verlorene Selbstständigkeit durch Hilfsleistungen zu ersetzen. Die Armut der Dukha wäre somit vielmehr ein Produkt eines politischen *Ausgrenzungsprozesses* als ein Mangel an Gütern oder „Ressourcen". Und sie selbst wären damit besser nicht nur als „Objekte analysiert, denen etwas mangelt, sondern als Subjekte mit *verhinderten Handlungsmöglichkeiten*" (Brodbeck 2005: 75, Hervor. d. JE).

Die Reproduktion sozialer Ausgrenzung durch materielle Entwicklungshilfe

Die politische, soziale und ökonomische Ausgrenzung der Dukha – und ihre hieraus resultierende Armut – ist ein vielschichtiges Problem. Allein die Tatsache, dass die Rentierhalter-Jäger trotz ihrer eigenen Initiative (siehe: Keay 2008) praktisch komplett von der Planung und Realisierung des aus ihrer Perspektive bislang (zumindest theoretisch) potentesten Entwicklungsprojektes, dem 2015-Programm, ausgeschlossen wurden, stellt eine massive Form der Ausgrenzung dar: Den Dukha wurde de facto das Mitspracherecht bei der Gestaltung ihrer eigenen Zukunft verweigert. Wie im Jahr 2012 sogar in einem Bericht des *Economic and Social Councils* der Vereinten Nationen (Naykanchina 2012: 17) betont wurde, verfügen die Dukha in keiner mongolischen Regierungsinstitution über eine Stimme, haben nur limitierten Zugang zu Informationen und Beratung über ihre Rechte, und sind, da sie über keine formalen Landrechte an ihrer Taiga verfügen, „verwundbar gegenüber Ausgrenzung und Ausbeutung". Davon abgesehen stellt, wie oben bereits erwähnt, das Jagdverbot, dem die Dukha unterliegen, in diesem Zusammenhang einen mächtigen Faktor der *ökonomischen Ausgrenzung* (im Sinne einer tendenziellen „Vernichtung von tradierten Erwerbsformen" (Brodbeck 2005: 75)) dar. Diese Dimension der ökonomischen Ausgrenzung fiel zusammen mit dem ersatzlosen Wegfall der Arbeitsplätze und Gehälter im Zuge der Schließung der Jagd- und Rentierzuchtfarm Tsagaannuur nach 1995 (siehe Abschnitt V 2.2) – was damals einem weitgehenden „Verlust der Fähigkeit (...) für den eigenen Lebensunterhalt aufzukommen" (Kronauer 1996: 61) gleichkam.

Von dieser Entwicklung – dem praktisch totalen ökonomischen und infrastrukturellen Zerfall ihrer entlegenen Heimatregion im Zuge der dem mongolischen Staat verordneten marktwirtschaftlichen „Schocktherapie" (Rossabi 2005; siehe auch Abschnitt V 2.1.2) – waren und sind aber nicht nur die Dukha, sondern auch die Darkhad und praktisch alle Einwohner des Tsagaannuur sums betroffen. Auch sie sind Treibgut im „Ozean der Armut" (Scholz 2005) einer Welt, in der nicht mehr primär die Nationalstaaten, sondern vor allem der entfesselte und globalisierte Markt eine immer stärker „fragmentierende Entwicklung" (ibid.) vorantreibt. Zwar wurden die meisten Darkhad mit ihren Steppenherden vom Jagdverbot nicht so hart getroffen wie die Dukha, aber auch ihre Existenz wurde angesichts der allumfassenden Krise und des ersatzlosen Zerfalls der Kollektive (siehe hierzu: Pedersen 2011: 22f, Kap. 1) unsicher und schwierig. Auch sie fühlen sich seither abgehängt von einer Entwicklung, die sich vor allem auf die Hauptstadt und die Industrie- und Bergbauzentren des Landes konzentriert (siehe: Janzen 2012), ihre Region und vor allem ihre Bedürfnisse aber essentiell vernachlässigt. Allgegenwärtige Verzweiflung, Armut, Hoffnungs- und Orientierungslosigkeit, begleitet von epidemischen Ausbrüchen von Alkoholismus, Rage und Gewalt sind auch für sie keineswegs unbekannte Phänomene (siehe hierzu: Pedersen 2012: 1–5). Und speziell im hauptsächlich aus Taiga bestehenden Tsagaannuur sum kommt für die Darkhad noch ein besonderes Problem hinzu: Es fehlt ihnen an Weideland, dem wichtigsten Faktor im extensiven System des mobilen Steppenpastoralismus. Das Kharmai-Tal (siehe Karte 23b), praktisch das einzige zum sum gehörende Gebiet, in dem die Haltung von Steppenvieh möglich ist, gilt bereits seit Langem als stark überweidet – und es wird dort immer enger, da nun auch noch immer mehr Dukhafamilien, vor allem aus der Westtaiga aber auch aus dem Sumzentrum hinzukommen (Erdenejav, Mai 2010: pers. Komm.). Eine ausweichende Nutzung der vergleichsweise großen, in unmittelbarer Nachbarschaft liegenden Weidegebiete der benachbarten sums Rinchenlkhümbe und Ulaan-Uul kommt für die meisten der Tsagaannuurer Darkhad wegen des damit verbundenen Verwaltungsaufwandes und bereits bestehenden Weiderechten der Tierhalter dieser anderen sums nicht in Frage (Bayanmönkh, Sept. 2012: pers. Komm.). Trotz all dieser Schwierigkeiten erhalten die Darkhad, jedenfalls im Vergleich zu den Dukha, praktisch überhaupt keine Unterstützung, weder von NRO noch von staatlichen Programmen. Somit ist es kaum verwunderlich, dass sich in den letzten Jahren unter ihnen eine ausgeprägt frustrierte Stimmung bezüglich der vielen kleinen und großen Hilfsprojekte für die Dukha breit machte. Dieser vielfach an den Verfasser herangetragene Frust seitens der Steppennomaden und Einwohner des Sumzentrums, wurde in sehr typischer Weise während eines Gesprächs im

April 2010 mit einer Person in Tsagaannuur aufgezeichnet, die hier nicht namentlich genannt werden soll:

> „Alle NRO in der Region konzentrieren sich auf die Tsaatan. Das ist falsch, denn das schafft Konflikte mit den Steppenleuten. Die sind nämlich überhaupt nicht glücklich über diese Entwicklung. Außerdem haben sich die Rentierleute mittlerweile daran gewöhnt, einfach darauf zu warten, bis sie alles, was sie brauchen, umsonst bekommen – weil die NRO ihnen andauernd alles schenken. Noch nicht einmal ihre Kinder geben sich mehr Mühe in der Schule, weil sie wissen, dass sie in der Taiga ohnehin alles umsonst bekommen. Die Leute versuchen ständig und jedem zu zeigen, wie arm sie sind. Das ist traurig. Ich glaube, auf diese Weise werden die Taigaleute früher oder später verschwinden."

Ob man den in diesem Zitat beklagten Punkten im Einzelnen zustimmt oder nicht: Sie spiegeln die Tatsache wider, dass die bislang sehr einseitigen und stark auf materielle Hilfe ausgerichteten Hilfsmaßnahmen im Tsagaannuur sum eine aus Sicht der meisten lokalen Akteure sehr unbefriedigende Situation geschaffen haben. Zwar erhalten die Dukha materielle Hilfe, die sie in der Regel gerne annehmen, aber ihr Ansehen und ihre soziale Stellung im sum hat sich dadurch keineswegs verbessert. Stattdessen verbreiten sich Frustration und oft sogar offener Neid. Es gärt ein Konflikt unter der Oberfläche, der das empfindliche soziale Gefüge zwischen Dorfbewohnern, Steppen- und Taiganomaden immer spürbarer strapaziert. Obgleich regelmäßig Darkhad in Dukha- und Dukha in Darkhadfamilien einheiraten, es darüber hinaus viele individuelle Freundschaften zwischen den Angehörigen der beiden Gruppen gibt, waren die Beziehungen zwischen Steppe und Taiga schon lange eine delikate Angelegenheit. Schon im Sozialismus galten die Dukha, wie bereits in Abschnitt IV 2.2 erwähnt, unter den Steppenleuten häufig als „rückständig", hatten einen niedrigen sozialen Status und waren immer mehr oder weniger Außenseiter geblieben. Nun, da das wirtschaftliche und soziale Klima allgemein rauer geworden ist, sind die Rentierhalter-Jäger – trotz oder gerade wegen ihres gestiegenen Einkommens in Form von Hilfsleistungen – in doppelter Weise ausgegrenzt: Erstens als Einwohner einer von der wirtschaftlichen Entwicklung des Landes weitgehend abgehängten, peripheren Grenzregion. Zweitens werden sie unter den anderen, ihrerseits ebenfalls wirtschaftlich benachteiligten und marginalisierten Bewohnern dieser Region nun auch noch verstärkt sozial ausgegrenzt. So werden heute sogar unter den Dukha selbst Stimmen lauter, die ihren Frust über „all die NRO, Projekte und Staatsprogramme" ausdrücken: Sie alle kämen nur in die Taiga, um die Dukha zu benutzen und sich am Ende selbst reicher zu machen. Für die Taigaleute selbst aber habe sich bislang überhaupt nichts verbessert (Gostya, April 2010: pers. Komm.). Sie werden stattdessen umso mehr ausgegrenzt, erhalten kaum Arbeit im sum und es kommt häufig zu Streitereien, die oft auch gewaltsam ausgetragen werden – vor allem unter dem Einfluss von Alkohol, der in Tsagaannuur fast allgegenwärtig ist. Besonders die Taigaleute stehen im nicht gänzlich unbegründeten Ruf, hemmungslos zu trinken, wenn sie in die Siedlung kommen. Mit der Ausgabe von Steppenvieh, Jurten und Grundstücken im Dorf und vor allem dem mittlerweile in Tsagaannuur ausbezahlten „Präsidentengeld", ist leider zu erwarten, dass sich auch dieses Problem in Zukunft eher nicht bessern, sondern viel wahrscheinlicher verschlimmern wird – was wiederum den vorhandenen Kreislauf aus Stigmatisierung, sozialer Ausgrenzung und Abhängigkeit von Hilfsleistungen vermutlich nur weiter antreiben wird. „Nachhaltige Entwicklung" sieht sicherlich anders aus.

Abb. 41: „Wiederbelebung der Rentierhaltung"? Dukha beim Abladen von kostenlosen Jurten des sogenannten „2015-Programms" („Programm zur Wiederbelebung der Rentierhaltung und Verbesserung der Lebensbedingungen der Tsaatan") in Tsagaannuur. Absolut unbrauchbar in der Taiga, wurden die geschenkten gers von vielen Rentierhalterfamilien bei Verwandten in Tsagaannuur aufgestellt oder werden als Winterunterkunft im Kharmai-Tal benutzt (siehe Abschnitt VII 2.2). 9. Mai 2010. Fotograf: JE

Zum Studium nach Ulaanbaatar

Zum Abschluss der Diskussion der vielen privaten und staatlichen Hilfsprojekte in der Taiga Tsagaannuurs sollte ein „Projekt" (so es denn als ein solches zu bezeichnen ist) gesondert diskutiert werden, das eigentlich von allen Beteiligten als positiv angesehen wird – auch wenn sich selbst hier wieder das typische, von mangelhafter Planung, Koordination und Implementierung geprägte Grundmuster praktisch aller Taiga-Interventionen wiederholt: Es geht um die Ausbildung von insgesamt 12 jungen Dukha[91], teils in Studiengängen wie Medizin, Tiermedizin,

---

91 Mit nur einer einzigen Ausnahme waren seit 2008 alle studierenden Dukha weiblich. Dies ist in der Mongolei kein ungewöhnliches Phänomen. Hier werden, gerade im ländlichen Raum, i.d.R. vor allem die Töchter zum Studieren geschickt, während die Söhne nach Abschluss der Schule meist zuhause bleiben. Begründet wird dies häufig damit, dass Ausbildung teuer ist und die jungen Männer schließlich ohnehin eines Tages die Herden der Eltern übernehmen

Wirtschaft, Management, Naturschutz und Pädagogik, teils aber auch in Berufsausbildungen zur Frisörin oder Kindergartenerzieherin – alles initiiert und (zumindest teilweise) finanziert durch verschiedene Geber. Stellvertretend für diese jungen Leute sei im Folgenden der Fall von acht jungen Frauen diskutiert, die alle nach Versprechung großzügiger Förderung, im Herbst 2008 eine Ausbildung begannen – sechs davon als Studentinnen in Ulaanbaatar:

Die genauen Umstände und vor allem organisatorischen Hintergründe der Ausbildung dieser Frauen (und auch der meisten ihrer Nachfolgerinnen) ist leider extrem unklar. Im sum kursieren hierzu etliche Versionen, von denen viele in teils deutlichem Widerspruch zueinander stehen – vor allem, was finanzielle Aspekte angeht. Dazu kommen verschiedene Versionen von Hilfsorganisationen und Privatpersonen, die allesamt den Anspruch erheben, an der Ausbildungsförderung beteiligt (gewesen) zu sein.[92] Wie jedoch vor allem Dalaijargal – selbst eine der sechs Studentinnen, die im September 2008 nach Ulaanbaatar kamen – dem Verfasser im Februar 2014 ausführlich berichtete, hatte sich anscheinend das 2015-Projekt verpflichtet, die Kosten für ihre Ausbildung zu übernehmen. Diese Finanzierung allerdings war, sowohl nach Dalaijargals Angaben als auch der Aussagen aller anderen befragten Dukha, in der Realität im besten Falle unregelmäßig. Offenbar erhielten die meisten Studentinnen nur zwei Jahre lang Geld vom Staat. Die versprochenen Beträge, z.B. für Einschreibe- und Prüfungsgebühren, blieben zudem wohl oft lange überfällig, sodass die Studentinnen mehrere Male keine Prüfungen ablegen durften und in ständiger Sorge waren, exmatrikuliert zu werden. Einige mussten so für ein Jahr aussetzen, andere gaben ganz auf, obwohl die Familien taten was sie konnten, um ihre Töchter in der fernen Hauptstadt zu unterstützen, ihnen z.B. immer wieder Fleisch und etwas Geld schickten, was aber natürlich kaum je reichte um sich über Wasser zu halten und die hohen, mit einem Studium in Ulaanbaatar verbundenen Gebühren und Kosten zu bewältigen. Nur wenige hatten wohl das Glück, Hilfe von dritten Parteien zu erhalten, wie etwa

---

werden. Bei den Dukha kommt das Problem hinzu, dass es anscheinend kaum junge Männer gibt, die einen Schulabschluss haben, der sie überhaupt für ein Studium qualifizieren würde (Dalaijargal, Feb. 2014: pers. Komm.). Während die ausgeprägte Förderung der jungen Frauen natürlich einerseits zu begrüßen ist, so wird das extreme Ungleichgewicht der Geschlechter bei der Bildung in der Mongolei heute auch als wachsendes Problem wahrgenommen: Viele der studierten jungen Frauen scheinen sich nicht mehr für Partner aus ihren Heimatdörfern zu interessieren, beklagen junge Männer aus den ländlichen Regionen, die offenbar immer größere Probleme bei der Partnersuche haben. Stattdessen, sagt man, wollen sie praktisch nur noch ebenfalls gut ausgebildete, erfolgreiche Partner, die für einen urbanen Lebensstil stehen. So kommt es zunehmend zu Eifersucht auf die besser ausgebildeten „Stadtjungs" (MON: niislel khüü) und Ausländer, die ganz besonders im Ruf stehen, den Mongolen „die Mädchen wegzunehmen". Auch für die jungen Dukhamänner ist dies ein Problem, das sich vermutlich in den nächsten Jahren noch ausweiten wird. Während dieses Phänomen in der Mongolei wohl noch weitgehend unerforscht zu sein scheint, beschreibt die Ethnologin Katharina Gernet (2011) ganz Ähnliches aus dem indigenen Sibirien.

92 Eine interessante Variante, die auch die vielfältigen Probleme bei der Implementierung der Förderung der Taigajugend darstellt, findet sich bei Carey (2012: 107ff).

von kleinen NRO und Privatpersonen, die z.T. auch nach 2008 hinzugekommene, weitere Studentinnen unterstützten.

All diese Probleme schlugen sich stark auf die Erfolgsquote der jungen Dukha nieder. Bislang haben anscheinend erst zwei Tierärztinnen und Dalaijargal, die „Umweltschutz und Monitoring" (MON: *Baigali khamgaalal, khyanalt ünelgee*) studierte, abgeschlossen. Eine weitere Studentin hat den theoretischen Teil ihres Medizinstudiums abgeschlossen und befindet sich derzeit im praktischen Anerkennungsjahr. Die meisten der Studentinnen von 2008 leben heute wieder in Tsagaannuur. Einige haben Kinder, manche sind verheiratet. Arbeit in ihrem erlernten Beruf hatte lediglich Dalaijargal gefunden – zumindest für eine gewisse Zeit. Sie war eine Weile lang als Ranger im Tengis-Shishged Nationalpark (siehe Abschnitt VII 1.4) angestellt, litt aber stark unter den damit einhergehenden Konflikten und kündigte. Danach reiste sie im Oktober 2012, auf Einladung der norwegischen Regierung, nach Oslo, um dort die Dukha beim Seminar *Future Cooperation between Reindeer Herding in Mongolia and Norway* (siehe auch Abschnitt VII 1.2.1) zu vertreten. Nun hofft sie im Rahmen der derzeit aufblühenden norwegisch-mongolischen Kooperation Arbeit zu finden und die Taigaleute auf diese Weise unterstützen zu können.

Abb. 42: Die Mütter von sechs angehenden Studentinnen (siehe Haupttext) verabschieden ihre Töchter bei der Abfahrt ins drei bis vier Tagesreisen entfernte Ulaanbaatar. Auch die Finanzierung von Studienstipendien steht auf dem Programm einiger NRO sowie dem 2015 Projekt. Tsagaannuur, 24. August 2008. Fotografin: SH

1.3 Die Jagd unter den Bedingungen des Naturschutzes

Einleitende Bemerkungen

Die folgenden Abschnitte behandeln ein besonders sensibles Gebiet: Wer heute in der Mongolei der illegalen Jagd bezichtigt und angezeigt wird, dem drohen hohe Geldbußen und – je nach Schwere des mutmaßlichen Vergehens – Gefängnisstrafen von bis zu fünf Jahren (s.u.). Unter diesen Umständen ist das Forschen und Schreiben natürlich nur unter bestimmten Einschränkungen möglich. So verbietet es sich beispielsweise, bestimmte Details oder gar Namen zu veröffentlichen, um die Gefahr negativer Konsequenzen für die Menschen vor Ort so gering wie nur irgendwie möglich zu halten. Daher sind die folgenden Abschnitte notwendigerweise so allgemein wie möglich gehalten, werden nicht bildlich illustriert und können bestimmte Aussagen nicht mit Herkunftsbelegen versehen werden.

1.3.1 Von Jägern zu „Wilderern": Die Dukha, die Jagd und das Gesetz

Pastoraler Bias und legale Praxis: Wahrnehmung und Diskriminierung der Dukha

Die Jagd hatte, wie in Kapitel II eingehend diskutiert, im System der Praxis der Rentierhalter-Jäger des Ostsajangebirges stets einen fundamentalen Stellenwert: Diese Form der Ökonomie und Interaktion mit der nichtmenschlichen Umwelt lieferte nicht nur einen Großteil der benötigten Kalorien für die Menschen in der Taiga, sondern formte gleichzeitig ihr animistisches Weltbild, ihre egalitäre soziale Organisation und andere Institutionen. Zwar sind, wie ebenfalls in Kapitel II beschrieben, gerade die Dukha und die Tozhu auch ausgeprägte nomadische Pastoralisten, aber ihre Rentierhaltung war stets gekoppelt an diese viel ältere Aktivität, welche sie durch eine wesentliche Erhöhung der Mobilität revolutionierte, aber nie ersetzte. Denn als die zwei wichtigsten Pfeiler ihrer Ökonomie ergänzten sich die beiden Aktivitätsfelder auf ideale Weise – so ideal, dass sie beide für die Menschen in diesem Teil des Ostsajangebirges schon seit Langem nicht mehr ohne einander denkbar sind. Die Dukha und die Tozhu sind daher sowohl pastorale Nomaden als auch Jäger und werden in diesem Buch, ähnlich wie in der Mehrzahl aller relevanten internationalen Publikationen, auch konsequent als *„Rentierhalter-Jäger"* bezeichnet.

Allein in der heutigen Mongolei werden sie, möglicherweise auch in Zusammenhang mit einem ausgeprägt pastoralen kulturellen Bias, praktisch ausschließlich als *Rentierhalter* wahrgenommen. Schon die Tatsache, dass ihre kollektive Eigenbezeichnung *Dukha* hier praktisch niemandem geläufig ist (siehe hierzu auch: Wheeler 2000: 8), sie stattdessen als ethnische Gruppe grundsätzlich und verallgemeinernd als *Tsaatan* bezeichnet werden, spricht Bände über diese Wahrnehmung. Selbst das statistische Bundesamt der Mongolei (MUÜSKh/NSOM 2012) listet sie als Angehörige der „Tsaatan-Nationalität" auf. „Tsaatan" bedeutet aber, wie bereits in Abschnitt I 1.2 erwähnt, nichts Anderes als „Rentierhalter", abgeleitet von *tsaa [buga]* (D: Rentier) und dem zur Charakterisierung von Personen benutzten Suffix *-tan*, das z.B. auch verwendet wird, um aus dem Grundwort *ajil* (D: Arbeit) den *Angestellten* (*ajiltan*) oder aber auch das Tier (*amitan*) aus *ami* (Leben) zu bilden. So verschwand die Jagd als essentieller Bestandteil des Lebens der „Tsaatan" im kollektiven Bild und Diskurs der Mongolen über diese kleine Minderheit, oder wird als neuartiges, unnachhaltiges und vor allem *illegales* „Armutsphänomen" (s.o.) wahrgenommen. Auf diese Weise, und durch die begleitende, konsequente Einführung von stringenten Jagdgesetzen ab 1995, wurde die essentielle, mit Stolz, Wissen, Weisheit und Achtsamkeit ausgeführte Aktivität der Jagd hier zum versteckten Diebesakt degradiert. Aus den Rentierhalter-*Jägern* wurden in der öffentlichen Wahrnehmung – aber auch im konkreten Diskurs von „Experten", Politikern und anderen Entscheidungsträgern – innerhalb weniger Jahre nur noch Rentierhalter (*tsaatan*), die wildern. Der Grund: Sie sind arm. Die Lösung: materielle Hilfe. So werden immer wieder von Mitgliedern der Sumregierung, NRO und anderen Personen Überlegungen angestellt, wie viele Rentiere nötig wären, damit die Dukha auf die Jagd verzichten können (siehe hierzu auch: Johnsen et al. 2012: 36; Wheeler 2000: 47f), oder sogar wie viele Schlachtrinder eine Taigafamilie geliefert bekommen müsste, um *ohne Jagd* durch den Winter zu kommen – als ob dies ein legitimes Ziel an sich wäre. Statt der viel wünschenswerteren Förderung von Eigenständigkeit, wird auf diese Weise eine zunehmende Gewöhnung der Dukha an ihre Rolle als Empfänger von Hilfsgütern vorangetrieben.

Nationale Naturschutzpolitik vs. internationales Recht

Wie von indigenen Vertretern und Lobbygruppen angesichts weltweiter Verletzungen ihrer Rechte im Namen des Naturschutzes (siehe hierzu z.B.: Colchester [1994] 2003; Anderson & Berglund (Hg.) 2003; Brockington & Igoe 2006) seit Jahrzehnten, und zuletzt auf der elften Sitzung des Permanenten Forums für Indigene Angelegenheiten der Vereinten Nationen mit Nachdruck betont, sind Subsistenzaktivitäten wie die Jagd für indigene Völker „nicht nur von essentieller Bedeutung bezüglich ihrer Nahrungssicherheit, sondern auch für die Förderung [und den Erhalt] ihrer Kulturen, Sprachen, ihr soziales Leben und ihre Identität" (IWGIA 2013: 455, übers. v. JE). Auf diese Weise widerspricht die stringente mongolische Jagd- und Naturschutzpolitik in Bezug auf die Dukha dem internationalen Rechtsstandard wie z.B. formuliert durch die ILO Konvention 169 „*über eingeborene und in Stämmen lebende Völker in unabhängigen Ländern*" (*Convention concerning Indigenous and Tribal Peoples in Independent Countries*) (ILO 1989) und die 2007 verabschiedete UN Deklaration über die Rechte indigener Völker (*UN Declaration on the Rights of Indigenous Peoples* (UNDRIP)) (United Nations 2008), die beide das essentielle Recht der Indigenen auf die Jagd als „traditionelle Aktivität" bzw. Ausdrucksform der „traditionellen Lebensweise" festschreiben:

Artikel 23, §1 der ILO Konvention Nr. 169:

„Handicrafts, rural and community-based industries, and subsistence economy and traditional activities of the peoples concerned, such as hunting, fishing, trapping and gathering, shall be recognised as important factors in the maintenance of their cultures and in their economic self-reliance and development. Governments shall, with the participation of these people and whenever appropriate, ensure that these activities are strengthened and promoted."

Artikel 20, §1 der UNDRIP:

„Indigenous peoples have the right to maintain and develop their political, economic and social systems or institutions, to be secure in the enjoyment of their own means of subsistence and development, and to engage freely in all their traditional and other economic activities."

Artikel 26 der UNDRIP:

„1. Indigenous peoples have the right to the lands, territories and resources which they have traditionally owned, occupied or otherwise used or acquired.

2. Indigenous peoples have the right to own, use, develop and control the lands, territories and resources that they possess by reason of traditional ownership or other traditional occupation or use, as well as those which they have otherwise acquired.

3. States shall give legal recognition and protection to these lands, territories and resources. Such recognition shall be conducted with due respect to the customs, traditions and land tenure systems of the indigenous peoples concerned"

Der Kurs der mongolischen Regierung, die sich in den letzten Jahren immer entschlossener zeigte, ihre Naturschutzpolitik auch im entlegenen Tsagaannuur sum durchzusetzen, stellt also nach internationalem Recht eine Diskriminierung der Dukha dar. Anders als im benachbarten Russland, wo wenigstens auf dem Papier gewisse Rechte für einen Teil der indigenen Bevölkerung bestehen (siehe Abschnitt VI 3), wird in der Mongolei bislang nicht einmal ernsthaft über einen vergleichbaren und internationalen Rechtsstandards entsprechenden Sonderstatus für die Dukha diskutiert – wofür das Land in der Vergangenheit schon deutlich kritisiert wurde (siehe z.B.: Minority Rights Group International 2007; Arular Association of Kazakh Women et al. 2010 (Zitat unten)). Die Dukha verfügen über keine kollektiven Landrechte, Ressourcennutzungsrechte oder bestimmte Sonderkonzessionen, z.B. für die Subsistenzjagd. Stattdessen gelten für sie dieselben Gesetze wie für alle anderen Mongolen auch. In seiner starken Betonung der nationalen Einheit (siehe hierzu z.B.: Bulag 1998; Wheeler 2005) hat sich der mongolische Staat bislang stets geweigert, die Dukha – die zwar als *nationale Minderheit* gelten – als *indigenes Volk* anzuerkennen, obwohl sie nach allen gängigen Definitionen, die vor allem auf den Prinzipien *Selbstidentifikation, historische Okkupation eines bestimmten Territoriums* und *freiwillige Aufrechterhaltung kultureller Besonderheit* beruhen, als solches einzustufen wären (siehe hierzu: ILO 1989: Art. 1.1; Martínez Cobo 1987: § 379–381; Daes 1995: 3, 1996: 22; Secretariat of the United Nations Permanent Forum on Indigenous Issues/DSPD/DESA 2008: 7).

„Mongolia is not a signatory to the International Labour Organization's Convention 169 (ILO 169), which recognises the status of „Indigenous and Tribal Peoples". As such, ethnic minorities who fully qualify under international guidelines as Indigenous or Tribal groups are provided no special rights or protections. This is particularly applicable to the Dukha reindeer-herding minority, whose subsistence reliance on hunted wild game for food is threatened by aggressive hunting laws that make no concessions for subsistence use of natural resources by minority groups. Ethnic minorities' land access and ownership rights are not adequately protected, which infringes upon their „right to own property, alone, as well as in association with others," as stated in Article 17 in the Universal Declaration of Human Rights (UDHR)." (Arular Association of Kazakh Women et al. 2010: 2)

Naturschutz vs. achtsame Interaktion: zwei inkompatible Ansätze?

Unter diesen Umständen ist nicht nur die Existenzsicherung der Dukha gefährdet (vgl.: Johnsen 2013: 9, 36), sondern ihr komplettes physisches, soziales und kulturelles Leben und Überleben als distinkte Gruppe – vor allem seit sich für sie die Situation mit der Gründung des Tengis-Shishged Nationalparks am 21. April 2011 noch einmal verschärft hat (siehe Abschnitt VII 1.4 bzw.: Johnsen et al. 2012: 23; WWF Global 2011, EZMNS 2011). Dabei ist das Tragische (und doch leider so Typische) an diesem Konflikt, dass beide Parteien – der Staat und die Dukha – im Prinzip sogar ein gemeinsames Grundinteresse teilen. Sie alle wollen die Taiga und ihre Tiere erhalten, nur tun sie dies auf sehr unterschiedliche Art und Weise:

Für die Dukha ist die Jagd weder ein gewaltsamer Akt noch Diebstahl – und schon gar keine fundamental unnachhaltige Praxis. Sie ist mehr als nur das Töten von Tieren zum Verkauf oder zur Konsumption, sondern eine elementare, auf Vertrauen und Respekt basierende Form der Interaktion mit der nichtmenschlichen Umwelt. Für den modernen mongolischen Staat und die Naturschutzorganisationen wiederum ist die Taiga ein besonderer und erhaltenswerter Raum voller Biodiversität und *Ressourcen* bzw. passiver *Objekte*, der dringend vor dem zerstörerischen Einfluss des Menschen geschützt werden muss. Es handelt sich hier in letzter Konsequenz also um ein typisches Beispiel für den ungleichen Kampf zweier konträrer Weltanschauungen, basierend auf zwei unterschiedlichen Ontologien, von denen die eine die „Natur" als eine vom Menschen getrennte Sphäre begreift, die vor diesem geschützt werden muss, die andere hingegen den Menschen als integralen Bestandteil einer allumfassenden sozialen Umwelt versteht:

> „Scientific conservation is firmly rooted in the doctrine (...) that the world of nature is separate from, and subordinate to, the world of humanity. One corollary of this doctrine is the idea that merely by virtue of inhabiting an environment, humans – or at least civilised humans – are bound to transform it, to alter it from its ‚natural' state. As a result, we tend to think that the only environments that still exist in a genuinely natural condition are those that remain beyond the bounds of human civilisation, as in the dictionary definition of a *wilderness*: „A tract of land or a region ... uncultivated or uninhabited by human beings"." (Ingold 2000: 67, Hervorh. im Orig.)

> „(...) for hunters and gatherers, *there is no incompatibility between conservation and participation*. It is through direct engagement with the constituents of the environment, not through a detached, hands-off approach, that hunters and gatherers look after it. Indeed, caring for an environment is like caring for people: it requires a deep, personal and affectionate involvement, an involvement not just of mind or body, but of one's entire, undivided being." (Ingold 2000: 68f, Hervorh. im Orig.)

Jagd und Wildtierteilehandel in der Taiga und der Mongolei

Trotz dieser besonderen Beziehung der Dukha zu ihrer Taiga und den sich in ihr befindenden nichtmenschlichen Personen kam es in den Neunzigerjahren in Nordwest-Khövsgöl offenbar zu einer Situation, in der das Verhältnis zwischen menschlichen und nichtmenschlichen Akteuren in der Taiga in erheblichem Maße belastet wurde. Schon während des Sozialismus war es durch die Einbindung der Jagd in die nationale Planwirtschaft samt ihren Produktionsquoten, Regulierungen und anderen Vorgaben, und vor allem aber durch die „Einführung" eines neuen ontologischen Paradigmas, zu einem massiven Eingriff in die Praxis der Rentierhaltung und Jagd gekommen. 1990 war der Sozialismus, und mit ihm der Zwang, die von der Regierung vorgegebenen Quoten an Zobelpelzen, Geweih und anderen Rohstoffen zu liefern, vorbei – und „niemand drängte die Dukha mehr, zur Jagd zu gehen" (Borkhüü, September 2012: pers. Komm.). Aber was daraufhin folgte, war nicht einfach eine simple Rückkehr in ein harmonisches, zufriedenes Selbstversorgerleben im Einklang mit der nichtmenschlichen Umwelt, sondern zuallererst ein Überlebenskampf in einer chaotischen und anomischen Situation, in der überall Orientierungslosigkeit, Verzweiflung und existentielle wirtschaftliche Not herrschten. In dieser Situation waren nun viele Familien aus der Region auf die Jagd angewiesen – zur Deckung ihres Kalorienbedarfes, aber auch zur Erwirtschaftung eines oftmals überlebenswichtigen finanziellen Einkommens (vgl.: Jernsletten & Klokov 2002: 147; Inamura 2005: 148; Johnsen et al. 2012: 36). Somit kam es in Nordwest-Khövsgöl in den Neunzigerjahren neben dem beschriebenen Wiederaufleben des Rentiernomadismus als Lebensweise auch zu einem „Revival" (Inamura 2005: 148) der Jagd als adaptive Maßnahme zur Existenzsicherung. Während diese Wiederaufnahme der Subsistenzjagd einerseits, vor allem für die nomadisch lebenden Rentierhalter-Jäger, durchaus auch eine ganz normale Angelegenheit, im Sinne einer Fortführung der Interaktion mit der Taiga als soziales, teilendes Kollektiv von menschlichen und nichtmenschlichen Personen war, sollte nicht verschwiegen werden, dass das, was zu jener Zeit in den Wäldern geschah, insgesamt keineswegs nur das nachhaltige Praktizieren einer auf Vertrauen und Respekt basierenden sozialen Beziehung war: Nicht wenige der Männer, die damals in der Taiga zur Jagd gingen und dort – wie heute vor allem ältere Zeitzeugen bestätigen – fast alles mitnahmen, was sie konnten, hatten kaum noch eine Ahnung von den traditionellen Regeln der achtsamen Interaktion mit der nichtmenschlichen Umwelt. Sie waren im Sozialismus aufgewachsen und hatten in erster Linie diese ökonomische Weltsicht und das ihr zugrunde liegende Ressourcenparadigma verinnerlicht (vgl.: Gombo in Johnsen et al. 2012: 48). Zudem kamen immer mehr Fremde in die Gegend, um entweder selbst zu jagen oder um von den lokalen Jägern Wildtierteile anzukaufen, die sie ihrerseits wieder gewinnbringend weiterverkauften (Gostya, April 2010: pers. Komm.). Wie viele alte Dukha mit großer Sorge und in präziser Analyse der politisch-ökonomischen Zusammenhänge beobachteten, geriet die Situation unter diesen Umständen offenbar zunehmend außer Kontrolle:

„Bis zum Jahr 1990 gab es viele Tiere in der Taiga. Danach verloren die Leute aber ihre Arbeit und hatten kein Geld, also gingen sie vermehrt zur Jagd. Sie verkauften Felle und Geweihe, aber auch die Zähne und Genitalien vom Moschushirsch. Das machten allerdings nicht nur die Jäger aus der Taiga sondern so ziemlich jeder aus der Gegend – auch Leute, die keine Ahnung hatten von den althergebrachten Regeln vom Umgang mit den Tieren." (Bayandalai, April 2010: pers. Komm.)

„Als ich noch jung war, da gab es nicht viele Tiere in der Taiga. Dann aber, als die Leute in den negdels arbeiteten, nahm ihre Zahl schon bald wieder zu. Damals wurde nicht so viel gejagt – die Leute hatten ja gar keine Zeit dafür. Es wurde jedoch wieder schlimmer, als die negdels begannen, zu Produktionszwecken zu jagen. So beschloss nach etwa 20 Jahren die Regierung, dass die Jagd gestoppt werden sollte, woraufhin sich die Tiere bald wieder vermehrten. Als dann aber ab 1990 alles zusammenbrach, ging praktisch Jeder im sum in die Taiga – zunächst vor allem um dort für sein Essen zu jagen. Richtig schlimm wurde es aber dann, als ab 1994 die Wildtierteile-Händler hier auftauchten. Da fingen die Leute an, ohne Rücksicht auf die Tiere zu jagen, und natürlich nahm deren Zahl dann wieder stark ab. Diese Situation besserte sich erst wieder, als die meisten dieser Leute begannen Gold und Jade zu suchen und die Tiere der Taiga wieder in Ruhe ließen." (Gombo, April 2010: pers. Komm.)

Die Lage in den Taigagebieten Nordwest-Khövsgöls war zu jener Zeit keineswegs eine Ausnahme in der Mongolei. Auch anderswo nahm mit dem Verlust der Handlungsfähigkeit des sich in tiefster Krise befindenden Staates und der täglich steigenden Verzweiflung der Landbevölkerung der Druck auf die Wildtiere zu. Nach der Aufnahme von Handelsbeziehungen mit China begann sogar ein wahrer Boom des Wildtierteilehandels, was zur Folge hatte, dass die Zahl der aktiven (aber nicht registrierten) Jäger im Land innerhalb von rund anderthalb Jahrzehnten von etwa 25.000 Personen auf geschätzte 245.000 – etwa ein Zehntel der Gesamtbevölkerung – hochschnellte (Wingard & Zahler 2006: 29). Während noch wenige Jahre zuvor, im Sozialismus, die Jagd eine hochgradig organisierte und strikt kontrollierte Industrie war, hatte man es nun landesweit mit einer weitgehend außer Kontrolle geratenen Situation zu tun, in der hunderttausende, größtenteils verarmte, individuelle Teilzeitjäger überall in den Steppen und Wäldern den mehr und mehr gefährdeten Wildtieren nachstellten, ihre Beute auf einem florierenden Schwarzmarkt verkauften und praktisch täglich ganze Lastwagenladungen Felle und andere Wildtierteile das Land verließen:

„Virtually everyone was looking for a way out of sudden poverty and for many, wildlife – now unclaimed and unprotected – provided the answer. Small-scale traders started to fill the economic void, carrying easily concealed wildlife products south and north over the border. Red deer blood antlers and shed antlers, saiga antelope horns, marmot skins, squirrel skins – in short, anything that would fit in a bag or on a truck – started to leave the country." (Wingard & Zahler 2006: 27)

Die mongolischen Jagdgesetze

In dieser alarmierenden Situation erließ die demokratische Mongolei im Juni 1995 ihre ersten Jagdgesetze, von denen das Kernstück, das *„Gesetz über die Jagd"* (s.u.) wiederum im Jahr 2000 durch die heute gültige, gleichnamige Version (siehe: The Asia Foundation 2008a) ersetzt wurde. Außerdem trat das Land – entschlossen seine biologischen Ressourcen zu schützen und den blühenden Wildtierteilehandel einzudämmen – im Jahr 1993 der *International Convention on Biodiversity* (CBD) und 1996 dem internationalen Artenschutz-Abkommen CITES (*Convention on International Trade in Endangered Species of Wild Flora and Fauna*) bei (vgl.: Wingard & Zahler 2006: 28). Neben den Artikeln dieser internationalen Konventionen und den hier nicht weiter behandelten mongolischen Regulierungen zu ihrer Implementierung wird die Jagd in der Mongolei seither vor allem über drei, sich gegenseitig komplementierende Gesetzeswerke geregelt:

Dies ist zum einen das „*Gesetz über die Fauna*" (MON: *Amitny aimgiin tukhai khuuli*) (Mongol Uls [2000] 2006; EZMNS 2000), welches die Tierwelt des Landes in die Kategorien „extrem seltenes Tier" (MON: *nen khovor amitan*), „seltenes Tier" (MON: *khovor amitan*) und „Jagdwild" (MON: *agnuuryn amitan*) einteilt. Während das Gesetz hierbei klar definiert, welche Tiere als „extrem selten" gelten (siehe Art. 7.1), trifft es die Einteilung der „seltenen Tiere" hingegen nicht selbst, sondern legt lediglich fest, dass eine solche Liste von der Regierung geführt werden muss (Art. 7.6, siehe auch: Scharf et al. 2010: 21). Als „Jagdwild" gelten automatisch alle Tiere, die nicht in eine der beiden erstgenannten Kategorien fallen (vgl.: Wingard & Zahler 2006: 61). Diese Tiere sind aber definiert als *Staatseigentum* (Art. 10.1). Ihre Nutzung wird primär über das „*Gesetz über die Jagd*" geregelt:

Das „*Gesetz über die Jagd*" (MON: *An agnuuryn tukhai khuuli*) (The Asia Foundation 2008a; EZMNS 2000a) legt die Art und Weise fest, wie vor allem die vom *Gesetz über die Fauna* als „Jagdwild" definierten Tiere (siehe Art. 3) gejagt werden dürfen. „Extrem seltene" Tiere sind prinzipiell von der Jagd ausgeschlossen, während „seltene Tiere" nur unter besonderen Umständen oder für „spezielle Zwecke" (Art. 11) gejagt werden dürfen. Des Weiteren legt das *Gesetz über die Jagd* z.B. Schonzeiten (Art. 13) fest und definiert verbotene Praktiken (Art. 14 & 15). Ferner schreibt es vor, welche Art von Jagdlizenzen von welchen Personen zu welchem Zwecke zu beantragen (Art. 6, 7, 9, 10 & 11), welche Behörden für die Limitierung dieser Lizenzen zuständig (Art. 8), und welche Strafen für die Verletzung der verschiedenen Regulierungen im Einzelnen vorgesehen sind (Art. 17).

Letztlich legt das „*Gesetz über die Gebühren für die Jagd und das Fallenstellen*" (MON: *Agnuuryn nööts ashiglasny tölbör, an amitain angakh, barikh zövshöörliin khuraamjiin tukhai khuuli*) (The Asia Foundation 2008b, EZMNS 1995) die Höhe der Gebühren fest, die für die Erteilung von Jagdlizenzen fällig werden (siehe auch: Wingard & Zahler 2006: 55; Scharf et al. 2010: 20ff). Diese werden nach dem jeweiligen „ökologisch-ökonomischen" Wert (Art. 5.1.2) der gejagten Spezies berechnet.

Die genannten Gesetze erschweren die Jagd der Dukha auf verschiedenste Art und Weise: Zunächst können sich die Rentierhalter-Jäger für ihre Subsistenzjagd schlichtweg keine Lizenzen leisten – falls sie überhaupt welche bekommen würden. Zwar sind laut dem *Gesetz über die Jagd* sogar Lizenzen für „Haushaltszwecke" (siehe: Art. 10) vorgesehen, für diese müssen aber, wie im *Gesetz über die*

Gebühren für die Jagd und das Fallenstellen (Art. 3.2.1) vorgeschrieben, ebenso Taxen bezahlt werden. Dies würde bedeuten, dass die Dukha für jedes erlegte Tier Geld an die Behörden zahlen müssten – was insbesondere die Subsistenzjagd zur Ernährungssicherung de facto ad absurdum führen würde. Ein weiteres, potentiell noch größeres Problem bereitet den Dukha die Tatsache, dass einige ihrer wichtigsten Jagdspezies als „*extrem selten*" (s.o.) eingestuft sind – so z.B. das Wildren, der Elch und der Moschushirsch. Das Töten eines solchen Tieres stellt eine schwere Straftat dar und wird mit Gefängnisstrafen von drei bis fünf Jahren und einer Geldstrafe in Höhe des 150 bis 250-fachen Mindesteinkommens geahndet (vgl.: Scharf et al. 2010: 20f). Aber auch die lizenzlose (und damit an sich schon illegale) Jagd auf vom *Gesetz über die Fauna* als „*Jagdwild*" und damit als Eigentum des Staates definierte Tiere, ist keine ungefährliche Angelegenheit: Sollte hier der Tatbestand der Verursachung von „Schaden großen Ausmaßes" festgestellt werden (etwa durch Jagd „in einem streng geschützten Gebiet, während der Schonzeiten oder mit verbotenen Waffen und Methoden") kann auch dies eine Strafanzeige nach sich ziehen, die wiederum zu Geldbußen in 51 bis 200-facher Höhe des Mindestlohns und Gefängnisstrafen zwischen drei Monaten und drei bis fünf Jahren führen kann (vgl.: Scharf et al. 2010: 22). Selbst wenn der festgestellte Schaden unterhalb der Schwelle des Tatbestandes einer kriminellen Straftat liegen sollte, drohen dem überführten Wilderer mindestens eine Ordnungsstrafe samt Kompensationszahlungen und weiteren Geldbußen (Scharf et al. 2010: 23).

Auswirkungen

Auch wenn die Einführung der stringenten mongolischen Jagdgesetze vor dem Hintergrund des explodierenden Wildtierteilehandels in der postsozialistischen Mongolei auf nationaler Ebene sicherlich ihre Berechtigung hatte, löste der Gesetzgeber im Tsagaannuur sum durch seine Versäumnis Sonderregelungen für die indigenen Rentierhalter-Jäger einzubauen, eine bedrohliche Kettenreaktion aus: Waren die Dukha nach der Schließung der Staatsfarm ohnehin schon in einer materiellen Notlage, so gab es nun noch ein zusätzliches Problem. Mit eingeschränkter Jagd waren sie umso mehr darauf angewiesen, Tiere aus ihren Herden zur Konsumption zu schlachten. Es ist sicherlich kein Zufall, dass die ganz rapide Abnahme der Rentierzahlen der Dukha ab etwa 1995 begann – dem Jahr, in dem sowohl die Staatsfarm endgültig geschlossen als auch das mongolische Jagdgesetz verabschiedet wurde – und somit innerhalb kürzester Zeit nicht nur die Gehälter der Taigaleute wegfielen, sondern auch ihre Jagd illegal wurde:

> „Hunting and trapping are, and have always been, extremely important for the Dukha. (...) Hunting has been an absolute nesessity for maintaining their industry and culture. Unfortunately, changes are under way that will lead to poorer prospects for the nomad families. The number of game animals is reported to be falling rapidly, at the same time the number of hunters from outside the area, among them safari hunters, is increasing. New restrictions are steadily being introduced that limit the nomad families' hunting rights. (...) Hunting will

become therefore less important in the future. This fact is a serious threat to the herding of domestic reindeer." (Jernsletten & Klokov 2002: 47)

Je weniger Rentiere durch diese Entwicklung den Familien zur Verfügung standen, desto mehr waren sie wiederum auf die aus der Perspektive des Gesetzes eigentlich zu verhindernde, nunmehr illegale Jagd oder andere Aktivitäten (siehe Abschnitt VII 2.3) angewiesen. Die „kritische Balance zwischen Jagd und Rentierhaltung" (Wheeler 2000: 47) war verloren gegangen und es wurden immer neue Adaptionen im System der Praxis der Dukha notwendig:

> „Strict hunting laws have made it nearly impossible for the Tsaatan to maintain a game-based diet, resulting in significant changes in husbandry practices to include livestock such as goats and cattle. This has subsequently triggered altered movement patterns and inter-species disease risks. Thus the neglect of Tsaatan circumstances in the formation of hunting policy represents an example of an obstacle to the revitalization of certain cultural traditions." (Keay 2008: 11)

Auf diese Weise zog die Einführung der Jagdgesetze eine Vielzahl unerwünschter Konsequenzen nach sich. Zunächst machte sie seither, wie bereits diskutiert, die Dukha ärmer, ausgeschlossener und verzweifelter und verstärkt damit in einer Art Selbstprophezeiung genau die Voraussetzungen, die angeblich die Ursache für die „Wilderei" der Dukha sind. Denn es wird hier nicht nur ihre Subsistenzwirtschaft unnötigerweise erschwert, sondern es geht auch viel ökonomisches Potential für die Dukha und die gesamte lokale Wirtschaft der Region verloren: Anders als in Todzha, wo die Jäger von den offiziellen Ankaufstellen z.B. für jedes von ihnen gelieferte Zobelfell zwischen 75 und 125 USD bekommen (siehe Abschnitt VI 2.4), sind es heutzutage in Nordwest-Khövsgöl lediglich etwa 30–35.000 MNT, also rund 20 USD, die von den illegal operierenden Wildtierteilehändlern für ein Fell von durchschnittlicher Qualität bezahlt werden. Der vermutlich beträchtliche Gewinn, den diese Händler wiederum mit dem Weiterverkauf ihrer zu Billigstpreisen erstandenen Ware erzielen, verläuft durch dubiose Kanäle vorbei an der offiziellen Ökonomie und steht damit nicht z.B. für einen nachhaltigeren und gemeinschaftlichen Schutz der Taiga zur Verfügung, wie es in einem kontrollierten System der Pelztierjagd zumindest denkbar wäre. Gleichzeitig hat diese Situation die ökonomische Lage der Dukhafamilien unnötigerweise verschärft und treibt die Akteure in immer unnachhaltigere Praktiken – nicht nur bei der Jagd selbst sondern auch in anderen Bereichen. Dies bedeutet letztlich, dass selbst die eigentlich angestrebten Ziele des Naturschutzes in vielerlei Hinsicht untergraben werden: Die Einführung von Steppenvieh in die Taiga mit all ihren Risiken für dort lebende wilde und domestizierte Tiere (siehe Abschnitt VII 2.2.2), sowie das Goldsuchen (siehe Abschnitt VII 2.3.2) sind zwei Existenzsicherungsstrategien, die in Zusammenhang mit den verhinderten bzw. stark erschwerten Möglichkeiten zum Bestreiten des eigenen Lebensunterhaltes – u.a. ausgelöst durch die Illegalisierung der Jagd – fallen[93], und die in ihrem Bedrohungspotential die Gefahren, die z.B.

---

93 Interessanterweise spielen diese beiden Faktoren in Todzha, wo es ebenso Gold gibt und wo die Menschen am Rande der Taiga ebenso Steppenvieh halten, keine Rolle.

von einer *kontrollierten* Subsistenz- oder sogar kommerziellen Pelztierjagd ausgehen würden, mit hoher Wahrscheinlichkeit übersteigen.

So erschwert das derzeitige Gesetz jeglichen vernünftigen Ansatz und jeden Dialog über eine gemeinsame Strategie zum Management der Jagd, die durch ihre Verschiebung in die Dunkelheit der Illegalität um ein Vielfaches unkontrollierbarer und gefährlicher geworden ist, als sie es eigentlich sein müsste. Denn wenig überraschenderweise ist seither das Vertrauen zwischen den Dukha und der Naturschutzbehörde gestört. Das Gesetz, das bislang auch auf nationaler Ebene kaum den erwünschten Effekt einer Eindämmung des grassierenden Wildtierteilehandels erreicht hat (vgl.: Wingard & Zahler 2006: 27f), steht hier wie eine Mauer zwischen den beiden Interessengruppen, die es von vornherein entweder auf die Seite der „Beschützer" oder der „Wilddiebe" einteilt. Und so sind alle Akteure in ihrer jeweiligen Rolle gefangen, obwohl eigentlich beide Seiten ein essentielles Interesse am Erhalt der Taiga hegen und eine Kooperation mit der jeweils anderen Seite gar nicht ausschließen möchten: Wie fast ausnahmslos jeder der vielen vom Verfasser befragten Jäger von sich aus betonte, sind den Dukha die Zeiten des unkontrollierten Wildtierteilehandels in den Neunzigerjahren noch genauso bedrohlich in Erinnerung wie den Leuten von der Naturschutzbehörde. Und genauso wie die Ranger bei verschiedenen Gesprächen mit dem Verfasser ein gewisses Verständnis für die Dukha deutlich machten und eine Kooperation mit den über so wertvolles Wissen über die Taiga verfügenden Jägern sogar ausdrücklich begrüßen würden, sind die meisten Dukha, angesichts der Erfahrungen aus den Neunzigerjahren, keineswegs *grundsätzlich* gegen eine Regulierung der Jagd.

1.3.2 „Saving the Taiga": Naturschutz und Landmanagement in Nordwest-Khövsgöl

Naturschutz im Tsagaannuur sum steht vor allem mit dem sogenannten UNDP Projekt „Altai-Sayan" (offiziell: *Community-based Conservation of Biological Diversity in the Mountain Landscapes of Mongolia's Altai Sayan Eco-region*, siehe auch Abschnitt VII 1.2) in Verbindung, das bis 2011 ein Büro im Sumregierungsgebäude in Tsagaannuur unterhielt. Zur Verwirklichung seines Hauptziels – dem Schutz der Biodiversität in der Altai-Sajan Region im Westen und Norden der Mongolei – verfolgte das Projekt eine zweigleisige Strategie: Zum einen den Aufbau von Nutzergruppen-„*Partnerschaften*" (MON: *nökhörlöl* (siehe Erläuterungen unten)), zum anderen die Einrichtung von Schutzgebieten. Im Folgenden sollen zunächst die Hintergründe des Nutzergruppen-Ansatzes in der Mongolei etwas näher beleuchtet werden.

Hintergründe: Der Nutzergruppen-Ansatz in der Mongolei

Der gewaltige Siegeszug der in der Mongolei seit einigen Jahren immer beliebter werdenden Ressourcennutzergruppen ist ein heterogenes und viel diskutiertes Phänomen. Ihre Entstehung und Verbreitung, ihre rechtlichen Grundlagen sowie auch insbesondere ihr Potential und ihre bisherigen Wirkungen sind Gegenstand diverser Publikationen (vor allem der geografischen Entwicklungsforschung (z.B.: Upton 2009, Upton et al. 2013; Dorligsuren et al. 2012)), sowie von Projektberichten, Evaluationen, Working Papers usw. Auch am Institut für Geographische Wissenschaften der FU Berlin läuft derzeit ein Dissertationsprojekt (Kiresiewa [laufend]), das sich eingehend mit dem Thema auseinandersetzt. Daher wird es im Folgenden nur in aller Kürze und abrissartig vorgestellt werden.

Die Entstehung der Nutzergruppenbewegung in der Mongolei muss vor dem Hintergrund der dramatischen Umweltsituation in den Neunzigerjahren betrachtet werden. Damals steuerte das Land in einer „Zwillingskrise bestehend aus Weidelanddegradation und ländlicher Armut" (Batsaikhan Usukh et al. 2010: 10) nach dem ersatzlosen Zusammenbruch der negdels und der Privatisierung des Viehbestandes, offenbar weitgehend ohne funktionierende Institutionen zur Nutzung von Weideland und anderen Gemeinschaftsressourcen, auf eine massive ökologisch-soziale Katastrophe zu. Parallel zur sich zeitgleich ereignenden, oben beschriebenen Explosion des Wildtierteilehandels kam es überall im Land zu massiver Überweidung, illegalem Kleingoldbergbau und unkontrollierten Waldrodungen. Landkonflikte, Armut und gefährliche, teils irreversible Umweltzerstörung nahmen zu und der Verlust des Weidelandes – der Lebensgrundlage der ländlichen Bevölkerung der Mongolei – drohte in bis dahin unbekanntem Ausmaß. Nachdem diese Situation in den drei Kältewintern zwischen 1999 und 2002 vollends eskalierte, der Tierbestand des Landes dramatisch abnahm und tausende Nomaden ihre Existenz verloren (vgl.: Janzen 2008: 5f; Hartwig 2007: 192; siehe auch Abschnitt V 2.1.3), wandte sich die mongolische Regierung mit der dringenden Bitte um Hilfe an verschiedene internationale Geberorganisationen, unter ihnen die deutsche GTZ (heute GIZ), die UNDP und die schweizerische SDC (Swiss Agency for Development and Cooperation), die alle in den darauf folgenden Jahren ihre Projekte zu einer gemeindeorientierten Weideland- und Ressourcennutzung in der Mongolei implementierten.

So entstanden überall im Land in verschiedensten Projekten wie z.B. dem *Sustainable Grassland Management* Projekt der UNDP, dem GTZ/NZNI (New Zealand Nature Institute) Projekt *Nature Conservation and Bufferzone Development*, oder der *Green Gold Initiative* der SDC bis zum Jahr 2006 über 2.000, je nach Projekt unter verschiedenen Bezeichnungen geführte Weidelandnutzergruppen, die allesamt zum Zwecke des gemeinschaftlichen Managements eines bestimmten Weidegebietes gegründet wurden und damit eine de facto (wenn auch nicht *de jure* (siehe: Tumenbayar 2002: 4f)) Kontrolle über diese, dem Staat unterstehenden Flächen ausüben (vgl.: Batkhishig et al. 2012: 125; Batsaikhan Usukh et al. 2010: 10ff; Upton et al. 2013: 21). Diese Entwicklung basierte vor allem auf neueren Thesen und Ansätzen zum gemeindeorientierten Management von gemeinschaftlich genutzten Ressourcen (siehe insb.: Ostrom 1990), in welchen mit Nachdruck gefordert wurde, dass die überholte, von Hardin (1968) formulierte „Tragödie der Allmende" (E: *tragedy of the commons*) – die sich in der Tat zur damaligen Zeit in der Mongolei an vielen Orten langsam aber sicher zu manifestieren schien – keineswegs das zwangsläufige, höchstens durch Privatisierung abwendbare Schicksal aller Gemeingüter sei, sondern sich stattdessen am wirksamsten vor allem durch Kooperation und funktionierende Institutionen zur gemeinschaftlichen Ressourcennutzung bekämpfen ließe.

Innerhalb dieser Entwicklung kam es auch am 18. November 2005 zu einer Änderung des seit 1995 bestehenden mongolischen Umweltschutzgesetzes (MON: *Baigali orchnyg khamgaalakh tukhai khuuli*), das die Rolle von Nutzergruppen – bzw. „*Partnerschaften*" (MON: *nökhörlöl*,[94] D [wörtl.]: *Freundschaft*) – beim Management von natürlichen Ressourcen als elementares Instrument des mongolischen Umwelt- und Ressourcenschutzes rechtlich festschrieb (siehe: Mongol Uls 2005). Diese Neuerung gilt zwar kurioserweise explizit *nicht* für Weideland (The Asia Foundation 2008e: Art. 31.6, 2008d: 5) – denn dieses kann, laut mongolischem Landgesetz (MON: *Gazriin tukhai khuuli*), weder privatisiert noch an Nutzergruppen verpachtet werden (vgl.: The Asia Foundation 2008d: 5; Fernández-Giménez 2008: 2). Wohl aber gilt sie für andere, typische „Gemeinschaftsressourcen", wie etwa Wälder, deren Nutzung durch das Waldgesetz (MON: *Oin tukhai khuuli*) geregelt ist, welches auch schon zuvor explizite Nutzungsrechte für „Bürger, Kooperativen und ökonomische Einheiten und Organisationen" (The Asia Foundation 2008c: 185ff) vorsah (siehe hierzu auch: Hartwig 2007: 197, Tumenbayar 2002: 4f; Crisp et al. 2004: 84f). Mit der Erweiterung des Artikels 3 des Umweltschutzgesetzes aber war der Weg geebnet für die Gründung etlicher Partnerschaften von Nutzern von *Nicht-Weidelandressourcen* verschiedenster Art – mit dem Ziel, diese gemeinschaftlich und „auf freiwilliger Basis (...) zu schützen, zu rehabilitieren und Nutzen aus ihnen zu ziehen" (The Asia Foundation 2008e: Art. 4.1.3):

---

[94] Der Begriff *nökhörlöl* erscheint in der Mongolei in verschiedensten Kontexten und Transkriptionsweisen und bedarf daher an dieser Stelle einiger Erklärung: Im Großteil der entsprechenden Literatur wird das mongolische Wort нөхөрлөл mit *nukhurlul* (zuweilen aber auch *nokhorlol*) transkribiert. Unter anderem basierte auch das GTZ/NZNI Projekt *Nature Conservation and Bufferzone Development* auf der Einführung von „*nukhurluls*" (siehe z.B.: Upton 2009: 1407), die aber in diesem Fall *Weidelandnutzergruppen* ohne vom mongolischen Gesetzgeber garantierte Landrechte sind, und nicht mit den gleichnamigen Partnerschaften zum Schutz und zur Nutzung von Nicht-Weidelandressourcen verwechselt werden sollten. Als *nökhörlöl* werden in der Mongolei des Weiteren auch andere wirtschaftliche Zusammenschlüsse, die überhaupt nicht in Zusammenhang mit der Nutzung von Weideland oder natürlichen Ressourcen stehen, bezeichnet: Dies können z.B. landwirtschaftliche Kooperativen oder aber auch ein Zusammenschluss von Fernfahrern sein. Auch die Dukha unterhalten einen solchen Zusammenschluss, der ihr Besucherzentrum in Tsagaannuur gemeinschaftlich verwaltet (siehe Abschnitt VI 2.3.1). In der Geschichte des Landes wurden zudem auch die ersten sozialistischen Kooperativen, nach der gescheiterten Einführung der *khamtrals* und *kommuns* in den 1930er Jahren als *nökhörlöls* bezeichnet (siehe Abschnitt IV 2.1).

„the term „citizens partnership for environmental protection" (...) shall mean a voluntary organization of citizens who are assembled in compliance with Article 481.1 of the Civil Code of Mongolia and carry out activities on a contractual basis to protect, use and possess properly, certain types of natural resources on the territory subject to their administration." (The Asia Foundation 2008e: Art. 3.2.8)

Mit der Registrierung einer solchen „*citizens partnership for environmental protection*" (MON: *Baigaliin nöötsiin khamtyn menejmentiin nökhörlöl*, im Folgenden: „Partnerschaft" oder „nökhörlöl"), die in Taiga- und Bergregionen aus mindestens 30 volljährigen, natürlichen Personen oder 15 Haushalten bestehen muss (vgl.: The Asia Foundation 2008d: 5), wird also den sich auf diese Weise verantwortlich zeichnenden Gemeinschaften ein bestimmtes Stück Land samt der sich auf ihm befindenden Ressourcen zum Schutz und zur Bewirtschaftung treuhänderisch zur Verfügung gestellt. Hieraus ergeben sich folgende Rechte und Pflichten für die Partnerschaft (The Asia Foundation 2008d: 7f, übers. v. JE):

[Rechte:]

„Teilnahme an der Entscheidungsfindung über den Gebrauch der natürlichen Ressourcen; Erhalt von allgemeiner finanzieller Unterstützung durch Regierungsbehörden;

Durchführung von Aktivitäten, die interessierte Einheimische in Umweltschutzaktivitäten einbinden;

Schutz der natürlichen Ressourcen unter ihrem Zuständigkeitsbereich (und darüber hinaus) und Nutzung von natürlichen Ressourcen des ihnen zur Verfügung gestellten Landes wie z.B. Nüsse, Früchte, Kräuter und Tiere;

Einrichtung einer Partnerschaftskasse zur Implementierung eines Aktionsplanes für den Umweltschutz;

Nutzung von natürlichen Ressourcen im Rahmen der gesetzlichen Regulierungen, Verträge und Pläne zum Schutz und Management von natürlichen Ressourcen unter Zahlung der vorgesehenen Gebühren und ohne dabei das natürliche Ökosystem des zur Verfügung gestellten Landes zu stören."

[Pflichten:]

„Durchführung von Umwelt- und Naturschutzaktivitäten bezüglich der natürlichen Ressourcen wie Wälder, Wasser, Pflanzen und Wildtiere;

Berücksichtigung der Anliegen und Interessen der Gemeinschaftsmitglieder bei Entschlüssen bezüglich der Entwicklung der Gemeinschaft;

Bereitstellung von mindestens 30% des durch die Nutzung von natürlichen Ressourcen erworbenen Nettoeinkommens in die Partnerschaftskasse, zum Zwecke der Verwendung für Aktivitäten zum Schutz der natürlichen Ressourcen und der Umweltsanierung;

Beobachtung und Kontrolle von Veränderungen in den Ökosystemen der Umgebung, Benachrichtigung der Ranger und der Umweltbehörde im Falle von auffälligen negativen Veränderungen im Verhalten von Ökosystemen und Wildtieren, sowie die Meldung von illegalen Aktivitäten;

Kontaktaufnahme mit den zuständigen Regierungsbehörden, um Land im Schadensfall zu sanieren. Sollte der Schaden durch andere verursacht worden sein, können Partnerschaftsmitglieder für den erlittenen Umwelt- und Einkommensschaden Kompensationen erhalten."

Taiga-Partnerschaften im Tsagaannuur sum

Die Nachricht von der Novellierung des Umweltschutzgesetzes und der dadurch geschaffenen Möglichkeit zur Einrichtung von Ressourcennutzergruppen wurde im Tsagaannuur sum zunächst mit Interesse wahrgenommen: Vor allem für die Dukha schien es – in Ermangelung von unveräußerlichen und dauerhaften Landrechten – zunächst ein interessanter, alternativer und pragmatischer Weg zur Erlangung von Kontrolle über ihre Taiga zu sein. So wurden, auf Initiative und unter der Anleitung des „Altai-Sayan"-Projekts im Jahr 2008 jeweils eine Partnerschaft („*Böshdög*") in der Ost- und eine („*Khüren Taiga*") in der Westtaiga gebildet und die jeweils zugehörigen Territorien auf der Karte demarkiert. Was daraufhin allerdings geschah – darüber herrscht große Uneinigkeit:

Die Sumregierung, die im Februar 2014 noch nicht einmal mehr Karten über die Lage der Taiga-nökhörlöls (geschweige denn sonst irgendwelche Dokumente) besaß, beharrt heute auf dem Standpunkt, dass die Partnerschaften der Dukha niemals offiziell bestanden hätten (Erdenejav, Buayntogtokh, Feb. 2014: pers. Komm.). Zwar habe Altai-Sayan alle Dokumente für die Dukha fertig gemacht, aber daraufhin hätten die nökhörlöls von den zuständigen Dukha im sum registriert werden müssen, was aber anscheinend niemals geschah. So, und aufgrund der Tatsache, dass die Partnerschaften offenbar ohnehin nie ihre Arbeit getan hatten, habe man sich irgendwann dazu entschlossen, sie zu annullieren und alle diesbezüglichen Dokumente und Karten gelöscht (ibid.). Im Frühjahr 2010 hingegen hatte man sich noch lediglich darüber beklagt, dass die Taiga-nökhörlöls einfach nur ihre Arbeit eklatant vernachlässigen würden (Erdenejav, Mai 2010: pers. Komm.). Nie wurde damals erwähnt, dass die Partnerschaften anscheinend überhaupt nicht registriert worden waren. Der ebenfalls im Februar 2014 zu dem Problem befragte, ehemalige (und damals für die Bildung der nökhörlöls zuständige) Altai-Sayan Manager und heutige Nationalparkchef Tömörsükh betonte hingegen, dass es Aufgabe der Sumregierung gewesen wäre, die Taigaleute bei der Aktivierung der Partnerschaften zu unterstützen, was aber offensichtlich nie geschah.

Partnerschaften vs. Gemeinschaft

Während also nicht abschließend geklärt werden kann, wo die Taiga-nökhörlöls genau lokalisiert waren, welchen Geschäftszweck (s.o.) sie (offiziell) erfüllten und vor allem, warum genau sie heute eigentlich nicht mehr existieren, so können zu dem Thema doch einige sehr interessante Beobachtungen gemacht werden, die die unterschiedlichen Positionen und Herangehensweisen der Dukha und der Naturschützer in Nordwest-Khövsgöl hervorragend illustrieren. Warum entwickelte sich also etwas, was zu Beginn noch mit freudigem Interesse begrüßt wurde, als eine herbe Enttäuschung – nicht nur für die Dukha sondern auch für die Behörden, die ebenso große Hoffnungen in das Projekt gesteckt hatten? Wieso funktionierte eine Idee, die offenbar anderswo so gute Erfolge erzielt, nicht in der Taiga Tsagaannuurs?

Auf diese Fragen gibt es mehrere Antworten, die alle zusammen jedoch ein recht klares Bild ergeben: So sollte zunächst erwähnt werden, dass die Gründung eines nökhörlöls aus Perspektive der meisten Dukha nur wenig Vorteile brachte. Ihr Zweck wäre Naturschutz und die Einkommensgenerierung durch Tourismus gewesen – laut Tömörsükh (Feb. 2014: pers. Komm.) gemäß der Idee, dass es „besser wäre, die Tiere den Touristen zu zeigen, als sie abzuschießen". Dies war jedoch für die meisten Dukha kaum eine attraktive Option. Hätten die Partnerschaften ihnen hingegen die Perspektive geboten, z.B. die Jagd auf legale, geregelte Art und Weise durchzuführen, wäre das Ergebnis möglicherweise anders ausgefallen. Aber natürlich hätten die Partnerschaften lediglich innerhalb des schon zuvor bestehenden rechtlichen Rahmens operiert: Zwar sieht das Gesetz (s.o.) für nökhörlöls sogar eine „nachhaltige" Nutzung von Wildtieren – selbst zu kommerziellen Zwecken – vor, aber nur unter der Zahlung der „relevanten Gebühren" (s.o.), und selbstverständlich nur für die ohnehin als „Jagdwild" definierten Spezies wie z.B. Rehe oder Wölfe. Während auf diese Weise z.B. die Gründung von touristischen Gemeinschaftsunternehmen, basierend z.B. auf der „*Catch-and-Release*-Angelei" auf Taimen oder der Trophäenjagd für zahlende Jagdtouristen ermöglicht würde, hätte dies für die Jagd der Dukha keine wirklichen – *und vor allem keine neuen* – Vorteile gebracht.

Außerdem wären die im Rahmen einer Partnerschaft registrierbaren Territorien schlichtweg viel zu klein gewesen, um sie als gemeinschaftlich genutzte Jagdgründe zu nutzen: Es ist nämlich, laut Gesetz, in der Berg- und Taigaregion im Rahmen einer solchen Partnerschaft nur möglich, bis zu 6.000 ha Land pro Einheit zu registrieren und bewirtschaften (in der Gobi und in den Steppen sind es 10.000 ha) (vgl.: The Asia Foundation 2008d: 5). Vergleicht man dies mit den über 869.000 ha Land in Nordwest-Khövsgöl, die im Mai 2011 als Nationalpark unter Schutz gestellt wurden (Eldev-Ochir & Edwards 2011: 30; WWF 2011; siehe auch Abschnitt VII 1.4.2), und die ziemlich genau die in den letzten Jahrzehnten von den Dukha zur Jagd genutzte und (zumindest inoffiziell) als „ihre Taiga" beanspruchte Fläche umfasst, wird einem schnell bewusst, wie unrealistisch diese Dimension ist. Ein nökhörlöl mag somit ein Instrument zur Kontrolle und zum Schutz eines mit 60 Quadratkilometern relativ überschaubaren Stück Landes sein – zur Bewirtschaftung primär durch die Jagd wäre es hier, schon allein unter den gegebenen ökologischen Bedingungen, aber sicherlich nicht geeignet.

Genau diese Limitierung ist auch in ganz anderer Hinsicht ein Grund, warum die Partnerschaften nur wenig attraktiv waren für die Dukha: Denn es wäre auf diese Weise nicht möglich gewesen, ihre gesamte Taiga – oder wenigstens die West- und Osttaiga jeweils für sich – zu registrieren. Man hätte zum Beispiel, um die gesamte, von den Dukha als „ihre Taiga" identifizierte Landfläche (s.o.) auf diese Weise zu registrieren, über 140 nökhörlöls mit jeweils mindestens 30 erwachsenen Personen oder 15 Familien anmelden müssen, was natürlich schon allein rechnerisch gar nicht möglich gewesen wäre. Und selbst wenn doch: Es wäre absolut konträr zur Idee und Philosophie des Gesetzes und des ihm zugrunde liegenden Nutzergruppenansatzes, denn es würde in diesem Fall nicht die Bildung von Gemeinschaften fördern, sondern, genau im Gegenteil, in einer gefährlichen

Zersplitterung einer schon lange *bestehenden* indigenen Gemeinschaft resultieren, deren Land dann nicht mehr gemeinschaftlich und kollektiv genutzt, sondern unter der Kontrolle kleiner Subgruppen aufgeteilt und damit de facto „privatisiert" würde. Was für eine gefährliche Entwicklung so etwas nach sich ziehen kann, lässt sich an den Nordhängen des Ostsajangebirges beobachten, wo das ehemalige Gemeinschaftsland der Tofa in etliche Clan-Jagdgründe aufgespalten wurde – mit weitreichenden negativen Konsequenzen, sowohl für die Taiga-Gemeinschaft als auch die Rentierhaltung (vgl.: Donahoe 2004).

Dies sind im Tsagaannuur sum allerdings, wie gesagt, nur mehr oder weniger theoretische Überlegungen. Eine solche Entwicklung wäre schon allein aus demographischen Gründen hier in absehbarer Zeit gar nicht möglich und ist deshalb auch nicht die Hauptsorge der Dukha. Den Tatbestand der „Privatisierung" erfüllten die nökhörlöls aus Sicht der Dukha aber trotzdem sehr wohl. Denn der exklusive Charakter der Partnerschaften, die nicht nur das Recht, sondern auch die Pflicht haben, die „natürlichen Ressourcen" des ihnen zur Verfügung und Obhut gestellten Landes *unter sich* zu nutzen und vor dem Zugriff unberechtigter Dritter zu schützen, blieb von den Dukha nicht lange unbemerkt und führte zu weit verbreitetem Misstrauen und Ablehnung. Der folgende, vom Verfasser im Oktober 2010 aufgenommene Kommentar, der hier nur anonym wiedergegeben wird, spiegelt vermutlich die Meinung der meisten Dukha zu dem Thema wieder:

> „Bei uns gab es noch nie so etwas wie Privatland. Jeder konnte hier stets jagen wo er wollte – außer an bestimmten Plätzen, die den Herrengeistern gehören. Daher wird diese Idee mit den Partnerschaften hier niemals funktionieren: Sie verstößt gegen unsere Kultur und deswegen werden die Taigaleute das immer ignorieren."

Fazit

„Gemeindeorientiertes Management von natürlichen Ressourcen", oder im internationalen Entwicklungsjargon „CBNRM" (*community based natural reosurce management*), hat sich in der Mongolei in den letzten zwei Jahrzehnten zu einem allseits gefeierten Konzept entwickelt. Und tatsächlich ist grundsätzlich an der Idee, „*Gemeinschaftsverbindungen zum Land wiederherzustellen*" (Fernández-Giménez et al. (Hg.) 2012) mit Sicherheit nichts auszusetzen. Es ist ein Ansatz mit Potential, der – anders als z.B. die simple und gefährliche Privatisierung von Staatsland – einen großen Beitrag zur Rettung nicht nur von sogenannten „natürlichen Ressourcen" sondern auch der nomadischen Lebensweise leisten kann – vor allem in Situationen, in denen diese durch institutionellen Verfall und „Tragödien der Allmende" gefährdet sind (vgl.: Xiaoyi & Fernández-Giménez 2012). Batkhishig et al. (2012: 113) schreiben zum Potential von CBNRM:

> „Theoretically, community-based natural resource management (CBNRM) may lead to outcomes that are also characteristics of resilient social-ecological systems, such as adaptive governance, social learning, knowledge integration and diversity. CBNRM provides an opportunity to exercise elements of good and adaptive governance, such as participation, representation, deliberation, accountability, empowerment and social justice."

Zumindest im Falle der hier diskutierten Taiga-nökhörlöls trifft aus diesem Zitat bislang allerdings leider vor allem das einleitende „*theoretically*" zur Beschreibung der Situation den Nagel auf den Kopf. Tatsächlich scheint sogar die Aussage, angesichts der oben geschilderten Punkte durchaus vertretbar zu sein, dass es sich im hier vorliegenden Kontext noch nicht einmal wirklich um „*community based natural resource management*" handelte, sondern eher um das Gegenteil: Weder war hier die Gemeinschaft offenbar wirklich involviert und gefördert, noch wurden ihre speziellen Bedürfnisse, Präferenzen, Praktiken und Regeln der achtsamen Interaktion mit der nichtmenschlichen Umwelt berücksichtigt bzw. in den Management-Ansatz eingebunden. Stattdessen war das Projekt für die Dukha nur alter Wein in neuen Schläuchen. Die Rentierhalter-Jäger wurden lediglich vor die Wahl gestellt, bei einem Modell mitzumachen, das auf ontologischen und gesetzlichen Grundlagen basiert, die von vornherein so eng gesteckt waren, dass sie de facto inkompatibel mit ihrer Art der Umweltinteraktion und Subsistenzweise waren – oder es eben bleiben zu lassen. Sie entschieden sich für Letzteres.

Wie sich alsbald jedoch herausstellte, wurde zu jener Zeit im sum, aimag und sogar dem nationalen *Ministerium für Natur, Umwelt und Tourismus* ohnehin schon eine andere, weniger „gemeindeorientierte" Lösung diskutiert: Die Schaffung eines riesigen Nationalparks in der Taiga der Dukha. Es mag durchaus bezweifelt werden, dass die Dukha dies hätten verhindern können, wenn ihre nökhörlöls aktiver und kooperativer gewesen wären.

1.4 Leben im Nationalpark

1.4.1 Nordwest-Khövsgöl als Naturschutzgebiet

Neben der Einrichtung von insgesamt 64 Partnerschaften (inklusive der beiden wenig erfolgreichen Taiga-nökhörlöls) galt als weiterer „Schlüsselerfolg" (Eldev-Ochir & Edwards 2011: iv) des Altai-Sayan Projektes die Einrichtung von neun neuen Schutzgebieten mit rund zweieinhalb Millionen Hektar Gesamtfläche im Westen und Norden der Mongolei, darunter sechs „*streng geschützte Gebiete*" (MON: *Darkhan tsaazat gazar* (*DTsG*), die strengste Schutzgebietkategorie in der Mongolei), und drei „*Nationalparks*" (MON: *Baigaliin tsogtsolbor gazar* (*BTsG*), die zweitstrengste Kategorie). Einer dieser drei neuen Nationalparks wurde am 5. Mai 2011 unter dem Namen „*Tengis Shishged River Basin National Park*" (MON: *Tengis Shishgediin golyn ai sav BTsG*) vom mongolischen Parlament ins Leben gerufen (siehe: WWF 2011; Johnsen et al. 2012, Olloo.mn 2011). Dieses, kurz „*Tengis-Shishged Nationalpark*" genannte Naturschutzgebiet umfasst praktisch die gesamte Taigaregion an den Oberläufen des Shishged-Flusssystems, und damit alle Weide- und vor allem Jagdgebiete der Dukha (siehe Karte 10 bzw. ICRH 2013). Gleichzeitig wurde der südlich gelegene *Ulaan Taiga Nationalpark* flächenmäßig erweitert und zum „*streng geschützten Gebiet*" aufgewertet (WWF Russia/Mongolia 2011: 1). Zudem wurden schon 2009 die über 5,7 Millionen ha Fläche des Landes, die nördlich des 50. Breitengrades liegen, unter den Status einer „*Locally Protected Area*" (Eldev-Ochir & Edwards 2011: 30) gestellt, um dort jegliche Bergbauaktivitäten zu untersagen. Alles zusammengenommen bedeutet dies, dass die komplette Region Nordwest-Khövsgöl unter teils äußerst strengen Schutz gestellt wurde. Ein ganz besonderes Problem für die Dukha ist jedoch der direkt auf ihren Weide- und Jagdgebieten liegende Tengis-Shishged Nationalpark, dessen Schaffung, Funktionsweise und Auswirkungen im Folgenden besprochen werden soll:

1.4.2 Der Tengis-Shishged Nationalpark

Begründung

Die Gründe für die Schaffung des neuen Nationalparks waren laut dessen Direktor Tömörsükh (Feb. 2014: pers. Komm.) folgende: Erstens war es in den Jahren unmittelbar vor der Gründung zu einem regelrecht explosionsartigen, bedrohlichen Anstieg von Bergbauaktivitäten in der Region gekommen. Nachdem offenbar 2009 in Nordwest-Khövsgöl schon 40 Explorationslizenzen von kommerziellen Bergbauunternehmen vorlagen, einige Unternehmen sogar begonnen hatten, schweres Gerät in die Region zu verschieben und gleichzeitig tausende informelle Goldsucher (MON [umgangsspr.]: *ninja*) die fragile Taiga im Ulaan-Uul und Tsagaannuur sum überfluteten (siehe hierzu Abschnitt VII 2.3.2), mussten Maßnahmen getroffen werden, um die Biodiversität und das Wasser im empfindlichen Jenissei-Quellgebiet zu schützen. Außerdem war es, so Tömörsükh (ibid.), zu einer dramatischen Abnahme der Wildbestände gekommen: Zum Beispiel hatte es anscheinend im Jahr 1990 noch 20.000 Moschushirsche in der Region gegeben, während 2011, nach Tömörsükhs Zählungen, nur noch etwa 350 übrig waren. Letztlich versicherte der Direktor des Tengis-Shishged Nationalparks und des unmittelbar südlich angrenzenden Ulaan-Taiga Naturschutzgebietes explizit (ibid.), dass die Schaffung des Parks auch geschah, „um die Kultur der Dukha und Darkhad zu schützen" – eine Position, die allerdings zumindest die meisten Dukha so mit Sicherheit nicht teilen (s.u.).

Lage, Zonierung und Arbeitsmethoden

Der Tengis-Shishged Nationalpark umfasst neben fast der gesamten, heute von den Dukha genutzten Taiga[95] im Tsagaannuur sum auch große Flächen vor allem des Ulaan-Uul sums sowie des Rinchenlkhümbe sums, die ebenfalls historisch von den Dukha genutzt wurden und noch immer als wichtige Jagdgebiete angesehen werden. Dieses große Gebiet – mit knapp 870.000 ha fast zehnmal so groß wie das Bundesland Berlin – wird von den Rangern aller drei sums, sowie von

---

95 Lediglich ein Teil der Westtaiga, darunter Teile des Sommerweidegebiets Menge Bulag, sind nicht Teil des Nationalparks, sondern liegen in der Pufferzone.

einer eigens vom Nationalparkbüro in Ulaan-Uul angestellten Truppe an Wildhütern gemeinsam patrouilliert. Aufgeteilt ist es in drei verschiedene Schutzzonen plus einer außerhalb des eigentlichen Parkgebiets gelegenen Pufferzone:
In den drei Kernzonen des Nationalparks gelten, entsprechend den Vorgaben des mongolischen *Gesetzes über besondere Schutzgebiete* (The Asia Foundation: 2008f; MON: *Tusgai khamgaalalttai gazar nutgiin tukhai*), verschiedene Regeln zur Landnutzung. Während in der „beschränkten Zone", der Zone mit dem schwächsten Schutzregime, z.B. die „traditionelle Tierhaltung" erlaubt ist, ist diese in der „touristischen Zone" und der besonders streng geschützten „Spezialzone" offiziell nicht erlaubt. Das „Fällen von Bäumen", der Besitz von Hunden und Waffen sowie Jagd und Bergbau sind in keiner der drei Schutzzonen erlaubt:

	Erlaubt	**Verboten**
Zone 1: „Spezial" (MON: *Ontsgoi büs*)	Schutzmaßnahmen Nicht-schädliche Studien und Forschungsmaßnahmen Maßnahmen zur Schaffung von günstigen Umweltbedingungen Schadensmindernde Maßnahmen nach Naturkatastrophen etc.	Der Bau von Anlagen für Winter-, Frühlings-, Sommer- oder Herbstcamps, um dort dauerhaft Tiere weiden zu lassen Die Ausbeutung von Wasserressourcen wie Flüsse, Seen und Quellen zu Produktionszwecken Alle unten genannten Aktivitäten
Zone 2: „Touristisch" (MON: *Ayalal, juulchlalyn büs*)	Alle oben genannte Aktivitäten Restauration von Pflanzen und Boden Waldpflegemaßnahmen Zensus von Tierpopulationen Nutzung von Wasser aus Mineralquellen u. andere medizinische Mineralien Organisation tourisitscher Aktivitäten unter Einhaltung eines spez. Reiserverlaufes entsprechend der vorgegebenen Regulierungen Nutzung von touristischer Infrastruktur Fotografieren und Videoaufnahmen Religiöse und traditionelle Rituale und Zeremonien auf Bergen und Hügeln Sammeln von medizinischen und Nahrungspflanzen für den Hausgebrauch unter Einhaltung der vorgegebenen Regulierungen (nur einheimische Bevölkerung) Fischen an Orten, wo dies gestattet ist	Den natürl. Zustand des Landes durch pflügen, graben oder Sprengungen zu verändern Jegliche Bergbauaktivitäten Das Fällen von Bäumen und Schneiden von Schilf Straßenbau (außer in Zone 3) Das Sammeln von Pflanzen zu Produktionszwecken Das Jagen, Fangen, Auf- und Verscheuchen von Tieren, die Zerstörung oder Beschädigung ihrer Nester und Baue (außer im Zusammenhang mit Tierzählungen) Die Anwendung von schädlichen Methoden, Techniken oder Substanzen zur Bekämpfung von Schädlingen, Nagern und von Feuer Der Bau von Häusern und Infrastruktur außer den ausdrücklich erwähnten Ausnahmen (siehe linke Spalte) Alle Aktivitäten, die Wasser, Land oder die Luft verschmutzen
Zone 3: „Beschränkt" (MON: *Khyazgaarlaltyn büs*)	Alle bisher genannten Aktivitäten Traditionelle Tierhaltung Konstruktion von Infrastruktur für Reisende und andere autorisierte Personen soweit beantragt und genehmigt Konstruktion von Straßen und Parkplätzen soweit beantragt und genehmigt Ausbau von Flächen für soziale und Freizeitaktivitäten Entwicklung von Siedlungen, die sich in dieser Zone befinden, gemäß genehmigtem und geprüftem Raumordnungs- und Ökologie-Bilanz-Plan	Hunde und Schusswaffen, außer mit Genehmigung der Verwaltung Landen von Flugzeugen und Tiefflüge außer mit Genehmigung oder in Notsituationen Alle anderen umweltschädlichen Aktivitäten, die vom Gesetz und der Verwaltung verboten wurden Die Erweiterung von Siedlungen und der Bau von Anlagen, die gegen den genehmigten Raumordnungsplan und weitere Projektpläne verstoßen.

Tab. 1: Erlaubte und verbotene Aktivitäten gemäß der Zonierung von als „Nationalpark" ausgewiesenen Schutzgebieten nach dem Gesetz über besondere Schutzgebiete (The Asia Foundation: 2008f)

In der Praxis jedoch scheint diese Regelung nur wenig Beachtung zu finden. Tatsächlich war keinem der vom Verfasser im Februar 2014 befragten Dukha Genaueres über die Zonierung des Parks bekannt – geschweige denn die Tatsache, dass es diese überhaupt gibt. Selbst die Ranger, Lokalregierungsmitglieder und Verwaltungsangestellten in Tsagaannuur besaßen keine Karte der verschiedenen Zonen, welche sich in Nordwest-Khövsgöl trotz intensiver Suche überhaupt nur im Büro der Nationalparkverwaltung in Ulaan-Uul auftreiben ließ. Stattdessen wird das „Problem" der im Park lebenden Dukha in Tsagaannuur auf eigene Art und Weise gehandhabt:

Rentierhaltung in der Grauzone

Während das *Gesetz über besondere Schutzgebiete*, wie in Tabelle 1 zusammengefasst, die Möglichkeiten zum Leben und Wirtschaften in einem Nationalpark klar (und streng) vorgibt, sind die Behörden und Verantwortlichen in Tsagaannuur – zumindest im Falle der Rentierhaltung – darum bemüht, einen Kompromiss zu finden, da bislang glücklicherweise noch nicht einmal die Hardliner unter den Naturschützern im sum die Fortführung der pastoralen Aktivitäten der Dukha (die immerhin ein nicht zu unterschätzendes Kapital und Alleinstellungsmerkmal des sums bilden) riskieren möchten. Obwohl also die Dukha vom Gesetz her nur noch in Zone 3 (siehe Karte 10) Aktivitäten im Zusammenhang mit der „traditionellen Tierhaltung" (The Asia Foundation: 2008f) ausüben dürften, betonten alle im Februar 2014 befragten Sumregierungsmitglieder, dass dies nicht der Fall wäre. Die Taigabewohner müssten lediglich stets anmelden, wohin sie ihren Aufenthaltsort in der Taiga verlegen würden – und sich verpflichten, dort keinen illegalen Aktivitäten nachzugehen. Dasselbe gilt auch für Fernweidezüge (MON: *otor*) und das von den Dukha neuerdings praktizierte Freilassen der Rentiere im Wald im Winter (siehe Abschnitt VII 2.2.2) – sprich: jegliche (legale) Aktivität, für die sie sich für einige Zeit in den schwer zu kontrollierenden Raum der Taiga zurückziehen könnten. Zu diesem Zweck wurde sogar ein als „Vertrag" (MON: *geree*) bezeichnetes Formular eingeführt, das die Rentierhalter in einem solchen Fall auszufüllen haben: Mit dem Abschluss dieses Vertrages gibt der Unterzeichnende nicht nur verbindlich an, wo er sich aufhalten und welche Routen er wann gehen wird, sondern verpflichtet sich zudem, „keine Tiere zu jagen oder aufzuscheuchen", „nicht nach Bodenschätzen zu suchen oder zu graben", „keine Flüsse oder Quellen zu verschmutzen", „keine Bäume zu fällen und auf Waldbrände zu achten", „keinen Müll zu hinterlassen", „zum angegebenen Termin rechtzeitig zurück zu sein" und „die Ranger oder andere Offizielle über jegliche, durch Menschen verursachte Schäden an der Natur zu informieren" (Tengis-Shishged Nationalparkverwaltung [s.a.]).

Ein ähnlicher Kompromiss ist das Fällen von Bäumen für Bau- und Feuerholz. Obgleich in einem Nationalpark überall streng genommen illegal (siehe Tabelle 1), hat die Sumregierung in Tsagaannuur als Kompromisslösung beschlossen, dass jeder aal von nun an dem Nationalpark den Preis für einen Lastwagen voll Feuerholz pro Winter zahlen müsse (29.000 MNT (ca. 12 €)), damit aber ihre Holznutzung pauschal abgegolten sei. Dies ist im Vergleich zu dem, was z.B. die sesshaften Einwohner Tsagaannuurs für Feuerholz ausgeben müssen, nicht viel. Aber dieser Punkt wird von vielen Dukha, die noch nie für Feuerholz bezahlt haben, als besonderer Dorn im Auge empfunden – geht es doch hierbei letztlich um nichts minder als die fundamentale Frage, wem der Wald tatsächlich gehört. Während die Dukha an sich nach wie vor sehr zurückhaltend sind, was Aussagen zum „Besitz" der Taiga (als Kollektiv nichtmenschlicher Personen) angeht, so provoziert diese Situation natürlich geradezu das Aufkommen von ungewöhnlich deutlich formulierten Auffassungen von Besitzrechten: Praktisch jeder besteht in diesem Zusammenhang darauf, dass es sich hier um *ihre* Taiga und *ihre* Bäume handle und dass es vollkommen absurd sei, dass sie ab jetzt für ihr Feuerholz bezahlen sollen; auch wenn davon ausgegangen werden kann, dass die meisten Dukha in anderen Situationen und Zusammenhängen nach wie vor die Meinung vertreten, dass die Taiga *niemandem* gehören könne – und ihr alltägliches Handeln weiterhin an dieser Maxime ausrichten.

Dies sind längst nicht alle Punkte, die mit der Schaffung des Nationalparks zu Problemen wurden. Neben der Jagd, einem besonders schwierigen und sensiblen Punkt, der weiter unten getrennt behandelt werden wird, sind dies der Besitz von Waffen und Hunden – welche beide nunmehr verboten aber nach Ansicht der Dukha nicht nur von essentieller Wichtigkeit für die (ohnehin illegale) Jagd, sondern auch zum Schutz der Herden gegen Wölfe seien. *„Sollen wir daneben sitzen und zuschauen, wie die Wölfe unsere Rentiere auffressen?"*, fragte in diesem Zusammenhang Ganbold (Feb. 2014: pers. Komm.), der selbst sogar einer von drei Dukha-Rangern ist, welche in einer besonders schwierigen Situation stecken, da sie permanent versuchen, zwischen dem Gesetz und ihren eigenen Leuten zu vermitteln (s.u.).

So ist es, alles in allem, kaum verwunderlich, dass die Dukha – wie auch nicht wenige Mitglieder der Sumregierung – mit der derzeitigen Situation kaum zufrieden sind. Praktisch alle Rentierhalter-Jäger beklagen, dass die neue Regulierung ihrer nomadischen Lebensweise eine vollkommen unangemessene Beschneidung ihrer Freiheit und Lebensqualität sei. Vor allem ältere Dukha befürchten, dass „wenn es so weiter gehe", das Taigaleben „mit Sicherheit bald zu Ende gehen wird", denn niemand der jungen Leute würde unter diesen Umständen weiter in der Taiga leben wollen bzw. können (Gombo, Feb. 2014: pers. Komm.). Außerdem sei es von essentieller Wichtigkeit, dass die Taigaleute frei entscheiden könnten, wann sie mit ihren Rentieren wohin ziehen (ibid.). Wenn diese Fähigkeit verloren ginge und die Dukha stattdessen nur noch auf die Anweisungen der Nationalparkverwaltung warten würden, dann wären nicht nur bald die Rentierweiden sondern auch die Taigaleute am Ende (Ganbold, Feb. 2014: pers. Komm.).

In ihrer Unzufriedenheit und Sorge wandten sich einige Dukha an den von ihrem Wahlkreis in den ikh-khural[96] gewählten Parlamentarier Enkhamaglan, der am 19. Februar 2014 in Tsagaannuur zu einem Bürgergespräch einlud. Dieser

---

96 Das mongolische Parlament in Ulaanbaatar (D [wörtl.]: *Große Ratsversammlung*):.

entgegnete dem aber offenbar lediglich, dass er selbst machtlos sei, solange das *Gesetz über besondere Schutzgebiete* nicht geändert würde (Borkhüü, Ganbold, Feb. 2014: pers. Komm.).

Über ein anderes Anliegen, das für nicht wenige Dukha vermutlich mit Abstand das größte ungeklärte Problem ist, wurde auf diesem Treffen nicht gesprochen – *die Jagd*. Zu groß ist die Angst der Jäger, „schlafende Hunde zu wecken" und sich zu einer Aussage hinreißen zu lassen, die sie in den Augen der Behörden in die Nähe dieser mittlerweile strenger denn je verfolgten – und bestraften – Aktivität rückt.

Offensive im Kampf gegen die „Wilderei"

Die Jagd ist – neben dem informellen Kleinbergbau – die am schärfsten bekämpfte Aktivität der indigenen Bevölkerung im Tengis-Shishged Nationalpark. Obwohl sie, wie oben beschrieben, schon vor der Gründung des Naturschutzgebiets illegal war, steht sie nun mehr denn je im Fokus der Naturschutzbehörden und wird dadurch immer problematischer: Zunächst haben sich, durch die Tatsache, dass das Land der Dukha nun ein offizielles Schutzgebiet ist, die Strafen für eventuelle Wildereidelikte deutlich erhöht (siehe hierzu: The Asia Foundation 2008g: 318f, Art 203). Nach einer überall im sum verteilten und bekannten Liste der Nationalparkverwaltung stehen z.B. auf die Jagd auf Zobel, Bär, Argali-Wildschaf und Steinbock bis zu drei Jahre, auf Elch, Wildren und Moschushirsch sogar bis zu fünf Jahre Gefängnis. Außerdem müssen die Jäger damit rechnen, aus ihrer Perspektive astronomisch hohe Summen an Kompensationszahlungen für den „ökologisch-ökonomischen Wert" (The Asia Foundation 2008b: 5.1.2) der Tiere und Bußgelder von bis zu 7,16 Millionen MNT (etwa 3.000 €) bezahlen zu müssen, und ihre Waffe und Pferde oder andere „Transportmittel" abgeben zu müssen (Tengis-Shishged Nationalparkverwaltung / Verwaltung des DTsG „Ulaan Taiga" Khövsgöl 2014; siehe: Tabelle 2).

Zudem stehen dem Naturschutz nun wesentlich mehr Mittel und Personal zur Verfügung als vorher: Während früher lediglich die Naturschutzbehörde des Tsagaannuur sums für die Kontrolle der von den Dukha bewohnten Taiga zuständig war, arbeitet diese nun zusammen mit der wesentlich besser ausgestatteten Nationalparkverwaltung, die zusätzliche Ranger aus allen drei sums des Nationalparks beschäftigt. Und natürlich ist mit der Aufwertung des Gebiets auch der Erfolgsdruck gestiegen, unter dem die Natur- und Wildschützer stehen. So begann in Nordwest-Khövsgöl in den letzten Jahren eine Kampagne gegen die „Wilderei", die alle bis dahin bekannten Maßnahmen und Bemühungen in den Schatten stellt:

Obwohl die Taiga der Dukha groß und schwer zu kontrollieren ist, gibt es, aus Sicht der Dukha, einige „Schwachstellen" in ihrer bisherigen Praxis der Jagd, die es den Wildhütern erlaubt, den Druck auf sie massiv zu erhöhen. Für ihre Jagd, die vor allem in den Wintermonaten stattfindet (siehe Abschnitt II 2.4.2), verlassen die Jäger gewöhnlicherweise mehrere Wochen, manchmal sogar bis zu zwei Monate ihre Camps, um gemeinsam in den entlegenen Regionen der Taiga zu jagen. Während es für die Ranger mit den bislang verfügbaren, herkömmlichen Mitteln nach wie vor schwierig und teuer wäre zu versuchen, die Jäger auf diesen langen und weiten Expeditionen in den Weiten der Taiga „auf frischer Tat" zu ertappen, so ist nun das Camp der Jäger selbst zum Hauptaustragungsort der Schlacht um den Wildschutz geworden: Man hat damit begonnen, die aals in unregelmäßigen, aber engen Abständen aufzusuchen und dabei zu kontrollieren, wer von den Männern anwesend ist und wer nicht. Wer nicht angetroffen wird, muss später eine glaubhafte Erklärung abliefern, wo er sich denn zur fraglichen Zeit aufgehalten hat. Um diese Methode wirksamer zu machen, verbringen die Wildhüter oft gleich mehrere Tage im Camp – meist zu Gast bei einem der drei vom Nationalpark bezahlten Dukha-Rangern, denen eine besondere Rolle in dieser Kampagne zukommt. Bei allen drei Männern handelt es sich um erfahrene Jäger und geachtete Mitglieder der Gemeinschaft, die von der Nationalparkverwaltung für ihre Sache gewonnen werden konnten. Ihr Status ist sehr ambivalent und schwer zu beschreiben: Einerseits sind sie durch die Ausübung ihrer neuen Rolle aus Sicht ihrer Nachbarn und ehemaligen Jagdgefährten in gewisser Hinsicht zu einem Problem geworden. Anderseits betonten praktisch alle hierzu befragten Dukha, dass sie froh wären, dass es eben *diese* Männer wären, die den Job eines permanenten Taiga-Rangers ausüben und nicht Leute von außerhalb oder selbst weniger vertrauenswerte Gemeinschaftsmitglieder. Denn es scheint, als würden die Männer vor allem als Vermittler fungieren, deren Aufgabe (zumindest inoffiziell) einem permanenten Drahtseilakt gleichkommt: Einerseits sind sie angehalten, Verstöße gegen das Jagdgesetz ihren Dienststellen zu melden, andererseits versuchen sie aber – im Gegensatz zu Rangern von außerhalb – unter keinen Umständen ihre eigenen Leute ins Gefängnis zu bringen. So beschränken sie sich bislang eher auf eine mahnende Rolle, in der sie ihre Nachbarn immer wieder auf die Gesetze aufmerksam machen, sich auf Verstöße „von außen" konzentrieren und sich weniger konfliktträchtigen Aufgaben wie etwa dem Monitoring von Wildbeständen widmen. Ihre Vorgesetzten, die lokalen Ranger aus Tsagaannuur, wissen dies. Auch sie stehen in einem ähnlichen Konflikt, denn auch sie fühlen sich nicht wohl dabei, ihre Bekannten aus der Taiga im Zweifelsfall ins Gefängnis zu bringen – und es kann davon ausgegangen werden, dass auch sie daher, solange nur irgendwie möglich, bei der Ausübung ihres Jobs mit größtmöglicher Zurückhaltung agieren. Ganz anders jedoch die Wildhüter aus den anderen sums sowie andere Angestellte der Nationalparkverwaltung, die keinerlei persönlichen Bezug zu den Dukha haben: Sie erhöhen den Druck im System enorm und machen den größten Unterschied im Vergleich zur Situation vor Mai 2011.

„Goldenes Maul"

Die oben beschriebenen Kontrollbesuche sind jedoch nur ein Mittel im System zur Überwachung der Taigacamps. Zu weiterer Verunsicherung führt mittlerweile auch das im mongolischen Jagdgesetz (siehe: The Asia Foundation 2008a: Art. 17) vorgesehene, umgangssprachlich „*altan khoshuu*" (D: *goldenes Maul*) genannte Belohnungssystem für Informanten, die zur Klärung von Wildereidelikten beitragen: Hiernach stehen diesen Personen Belohnungen in Höhe von 15% der jeweils erhobenen Geldbuße zu (ibid.). Obwohl dieses System im Prinzip schon vor der Gründung des Nationalparks bestand, ist es seit dem Beginn der derzeitigen Offensive gegen die Jagd zu einer echten Bedrohung für die Jäger geworden, für die es nun offenbar gefährlich geworden ist, Fleisch mit in die Camps zu bringen und mit ihren Nachbarn zu teilen. Die hohen Belohnungen für die Informanten drohen einen Keil in die bislang eingeschworene Gemeinschaft der Taiga zu treiben. Nach Angaben mehrerer Dukha-Jäger kam es in der Taiga tatsächlich schon zu mindestens einem Fall, in dem ein Gemeinschaftsmitglied einen Jäger an die Behörden in Tsagaannuur verraten hat. Dort wurde der Fall jedoch offenbar nicht weitergeleitet, weshalb schwerwiegende Konsequenzen für den Jäger ausblieben. Im Februar 2014 kam es aber, nach Aussagen verschiedener Personen, zu einem zweiten, ähnlichen Fall: Hier wurden gleich fünf Jäger aus Tsagaannuur (offenbar allesamt Darkhad) von einer Person im Dorf angezeigt, weil sie angeblich einige Monate zuvor einen Bären geschossen hatten. Die Jäger erwarten nun Strafen und Kompensationszahlungen in Höhe von mehreren Millionen MNT und möglicherweise bis zu drei Jahre Gefängnis. Der Informant hingegen darf sich auf eine Belohnung von etwa 1,5 bis 2,2 Millionen MNT (ca. 625 bis 916 €) freuen.

	Wert män. Tier (MNT)	Wert weibl. Tier (MNT)	Wert Jungtier (MNT)	Strafe gemäß Strafgesetz Art. 203*	Prämie Informant (MNT)
Argali Schaf	22.000.000	26.000.000	18.200.000	7.160.400 - 35.100.000 MNT und 3-6 Monate lokaler Arrest oder 3 Jahre Gefängnis	2.730.000 - 3.900.000
Steinbock	5.400.000	6.200.000	4.340.000	7.160.400 - 35.100.000 MNT und 3-6 Monate lokaler Arrest oder 3 Jahre Gefängnis	651.000 - 930.000
Rothirsch (Maral)	13.200.000	15.000.000	10.500.000	7.160.400 - 35.100.000 MNT und 3-6 Monate lokaler Arrest oder 3 Jahre Gefängnis	787.500 - 1.125.000
Sibirischer Elch	20.000.000	2.400.000	16.800.000	3-5 Jahre Gefängnis	2.520.000 - 3.600.000
Wildes Rentier	10.000.000	12.000.000	8.400.000	3-5 Jahre Gefängnis	1.260.000 - 1.800.000
Moschushirsch	6.000.000	7.000.000	4.900.000	3-5 Jahre Gefängnis	735.000 - 1.050.000
Reh	660.000	800.000	560.000	280.800 MNT	84.000 - 120.400
Wildschwein	1.400.000	1.600.000	1.120.000	280.800 MNT	168.800 - 240.000
Fuchs	220.000	260.000	182.000	280.800 MNT	27.300 - 39.000
Luchs	5.200.000	6.000.000	4.200.000	280.800 MNT	27.300 - 39.000

	Wert män. Tier (MNT)	Wert weibl. Tier (MNT)	Wert Jungtier (MNT)	Strafe gemäß Strafgesetz Art. 203*	Prämie Informant (MNT)
Zobel	900.000	1.200.000	840.000	7.160.400 - 35.100.000 MNT und 3-6 Monate lokaler Arrest oder 3 Jahre Gefängnis	126.000 - 180.000
Flussotter	4.800.000	5.400.000	3.780.000	3-5 Jahre Gefängnis	567.000 - 810.000
Vielfraß	1.460.000	1.680.000	1.176.000	280.000 MNT	176.400 - 252.000
Wildkatze	880.000	1.000.000	700.000	280.800 MNT	105.000 - 150.000
Dachs	1.020.000	1.200.000	840.000	280.800 MNT	105.000 - 150.000
Braunbär	13.000.000	15.000.000	10.500.000	7.160.400 - 35.100.000 MNT und 3-6 Monate lokaler Arrest oder 3 Jahre Gefängnis	1.575.000 - 2.250.000
Murmeltier	360.000	420.000	294.000	280.000 MNT	44.100 - 63.000
Eichhörnchen	64.000	72.000	50.400	280.800 MNT	7.560 - 10.800
Königshuhn	260.000	260.000	182.000	7.160.400 - 35.100.000 MNT und 3-6 Monate lokaler Arrest oder 3 Jahre Gefängnis	27.300 - 39.000
Eulenvögel	908.000	908.000	635.600	280.800 MNT	95.340 - 136.200
Taimen (über 1 m Länge)	422.000	422.000	295.400	7.160.400 - 35.100.000 MNT und 3-6 Monate lokaler Arrest oder 3 Jahre Gefängnis	44.310 - 63.300
Darkhad-Weißfisch	40.000	40.000	28.000	280.800 MNT	4.200 - 6.000
Äsche	8.000	8.000	5.600	280.800 MNT	840 - 1.200
Lenok	34.000	34.000	23.800	280.800 MNT	3.570 - 5.100
Peledmaräne	28.000	28.000	19.600	280.800 MNT	2.940 - 4.200

* Hier wird spezifiziert: „Zusätzlich zu den oben genannten Strafen werden Jagdwaffe, Transportmittel sowie alle Wildtierprodukte (Fell, Fleisch, Geweih oder Fisch) eines überführten Straftäters konfisziert. Diese Regelungen gelten für Jäger, Verkäufer, Käufer und Transporteur. Wer Beweise für die hier aufgeführten Straftaten liefert, erhält die oben genannten Belohnungen."

Tab. 2: Jagd im Nationalpark: „Ökologisch-ökonomischer" Wert der verschiedenen Spezies, Strafen und Belohnungen auf Datengrundlage von: Tengis-Shishged Nationalparkverwaltung / Verwaltung des DTsG „Ulaan Taiga" Khövsgöl 2014

VII. Die Dukha heute 337

Abb. 43 & 44: *Bergbau, Müll Abladen (?), Jagen und das Führen von Waffen verboten: Verbotsschilder unter einer Willkommens- und Informationstafel des Tengis-Shishged Nationalparks. Beim gemeinsamen Betrachten dieser Verbotsschilder scherzte Ganbat: „Schau, Hirsche sind hier auch verboten!" Schwarzer Humor bezüglich des Nationalparks ist unter den Dukha und Darkhad weit verbreitet. Genauso gerne antworten Leute heute auf die ritualisierte Begrüßungsformel „Ist die Jagdbeute reich?" (siehe Abschnitt II 2.4.2): „Das kann ich Dir nicht sagen, sonst lande ich im Gefängnis...". Rinchenlkhümbe sum, 18. Februar 2014. Fotograf: JE*

Naturschutz, indigene Rechte und das Prinzip „Free, Prior and Informed Consent"

Natürlich ist es lobenswert, dass die mongolische Regierung sowie der Tsagaannuur sum und die Nationalparkverwaltung in Ulaan-Uul nach Kräften versuchen, die Taiga dieses entlegenen, nördlichsten Landkreises des Landes zu schützen. Dennoch ist die Schaffung des Tengis-Shishged Nationalparks – wie auch das gesamte mongolische Jagdgesetz – nach internationalem Recht nicht unproblematisch. Zu kritisieren ist hier (wie bereits oben diskutiert) vor allem das Versäumnis, Sonderrechte und Konzessionen für die indigene Bevölkerung einzubauen – z.B. auf Grundlage der (nicht durch die Mongolei ratifizierten) *ILO Konvention 169* oder der *UNDRIP*. Dieser Umstand stellt, wie diskutiert, ein essentielles Problem für die Dukha und ihre Lebensweise bzw. ihr System der Praxis dar.

Des Weiteren muss hier aber auch ebenso der *Prozess der Einrichtung* des Nationalparks selbst kritisch betrachtet werden, welcher ebenso den beiden genannten internationalen Regelwerken, aber auch dem Artikel 8 §f der *Convention on Biological Diversity* (SCBD 1992) und den im Zusammenhang mit dieser Konvention formulierten freiwilligen *Akwé: Kon Richtlinien* zur Durchführung von Auswirkungseinschätzungen im Rahmen von Projekten, die das Land indigener Völker betreffen (SCBD 2004) widerspricht – unter anderem, weil hier das Prinzip des „*Free, Prior and Informed Consent*" ignoriert wurde. Dieses Prinzip, das sich heute als internationaler Standard im Umgang mit ländlichen und vor allem indigenen Minderheiten durchgesetzt hat, verpflichtet Staaten und Firmen, das auf der Basis von eingehender und frühzeitiger Information und Diskussion zustande gekommene, kollektive Einverständnis von indigenen Gruppen einzuholen, *bevor* sie mit der Implementierung von Plänen und Projekten beginnen, die diese in Mitleidenschaft ziehen könnten – und zwar ohne sie dabei in irgendeiner Weise unter Druck zu setzen (siehe z.B.: Tamang 2005; Motoc & the Tebtebba Foundation 2005; Portalewska 2012). In der UNDRIP (UN: 2008) wird das Prinzip unter anderem in folgenden Artikeln festgehalten:

Art. 19:

„States shall consult and cooperate in good faith with the indigenous peoples concerned through their own representative institutions in order to obtain their free, prior and informed consent before adopting and implementing legislative or administrative measures that may affect them."

Art. 32, §1 & 2:

„1. Indigenous peoples have the right to determine and develop priorities and strategies for the development or use of their lands or territories and other resources.

2. States shall consult and cooperate in good faith with the indigenous peoples concerned through their own representative institutions in order to obtain their free and informed consent prior to the approval of any project affecting their lands or territories and other resources, particularly in connection with the development, utilization or exploitation of mineral, water or other resources."

Von frühzeitiger Informierung, freier Partizipation, gemeinsamer Planung und dergleichen kann im Zusammenhang mit der Gründung des Tengis-Shishged Nationalparks kaum die Rede sein. Im Gegenteil: Zu keinem Zeitpunkt waren die Dukha an der Planung des Parks (der ja, nach Tömörsükh, u.a. dem „Schutze ihrer Kultur" dienen soll (s.o.)) beteiligt. Stattdessen wurden sie, wie alle Dukha betonen, lediglich vor vollendete Tatsachen gestellt. Unter diesen Umständen mag es kaum überraschen, dass die meisten Rentierhalter-Jäger gegenüber diesem Park auch eine sehr ablehnende Haltung an den Tag legen. Dies bedeutet nach wie vor *nicht*, dass die Dukha prinzipiell gegen Maßnahmen zum Schutz der Taiga sind. In dieser Form aber ist der Nationalpark für sie schlichtweg die größtmögliche Steigerung eines ohnehin katastrophalen Konzepts von „Naturschutz", das auf lange Sicht, wie nicht wenige unter ihnen betonen, das Ende der Lebensweise der Taigaleute bewirken könnte.

1.5 Die Dukha und die „Waffen der Schwachen"

Wieso aber besprachen die Dukha dieses schwerwiegende Problem nicht bei der im Februar 2014 stattfindenden Diskussion mit dem Parlamentsmitglied Enkhamaglan? Und überhaupt: Warum setzen sich die Rentierhalter-Jäger nicht entschiedener zur Wehr? Tun sie denn nichts, um gegen diese ernsthafte und in der Tat bedrohliche Situation anzukämpfen?

Der Gedanke, entschlossen für ihre Rechte als indigene Jäger einzustehen, liegt den Dukha bislang weitgehend fern. Dies hat verschiedene Gründe: Zunächst wäre es aus ihrer Sicht praktisch aussichtslos, sich gegen das Gesetz und den mächtigen Staat aufzulehnen. Die kollektiven Erfahrungen aus ihrer Geschichte und ihrem Alltag spielen hier sicher eine prägende Rolle: Man fühlt sich (und ist tatsächlich) als kleine ethnische Minderheit unterlegen, isoliert und politisch und sozial nach wie vor weitgehend marginalisiert. Zudem weiß man, dass man sich mit dem „Präsidentengeld" (wenn auch niemals explizit) auf einen Handel eingelassen hat. Von den meisten Dukha und Regierungsmitgliedern wird gleichermaßen bestätigt, dass es sich bei diesem Geld um eine Art Ausgleichszahlung handle, die die Rentierhalter-Jäger nur bekommen, weil es für sie schwierig ist, in der Taiga ohne Jagd zu überleben. Damit steht dieses so willkommene Geld zumindest indirekt in Verbindung mit der Forderung, die „Wilderei" endlich zu beenden. Dies wissen die Dukha und so betonen die meisten von ihnen, dass es „zu viel" wäre, nun auch noch um Jagdrechte zu bitten. Dabei hatte ein Jäger aus der Osttaiga zuvor sogar einen mutigen Vorstoß gewagt und Präsident Elbegdorj bei seinem Besuch im Dezember 2012 darum gebeten, die Zobeljagd wieder freizugeben. Elbegdorj versprach offenbar die Angelegenheit zu prüfen, weshalb im folgenden Herbst und Winter zwei erfahrene Jäger aus der Osttaiga offiziell mit der Aufgabe betraut wurden, die dortige Zobelpopulation zu erfassen. Nun wird eine Entscheidung des Präsidenten für Oktober 2014 erwartet. Allerdings geht praktisch jeder im sum (wie auch die Nationalparkverwaltung) davon aus, dass diese negativ ausfallen wird, da in der Zwischenzeit ja die Entscheidung gefällt wurde, die Dukha lieber durch die Zahlung von Sozialhilfe zu unterstützen. So haben sich die meisten von ihnen mittlerweile mehr oder minder mit der Aussicht abgefunden, dass ihre Jagd nun wohl dauerhaft illegal bleiben wird und nehmen stattdessen das Sozialhilfegeld, das es ihnen ermöglicht, Fleisch im sum zu kaufen, anstatt es sich selbst zu erjagen und sich dabei dem Risiko schwerer Strafen auszusetzen. Anstatt wie bislang zwischen Oktober und März auf lange Jagdexpeditionen zu gehen, sitzen viele der Männer nun monatelang in ihren Camps oder Winterquartieren in Tsagaannuur herum und langweilen sich. Die Strategie „Zuckerbrot und Peitsche" scheint vordergründig aufzugehen. Welcher Preis dafür allerdings gezahlt werden muss, wird sich in den nächsten Jahren herausstellen: Die Dukha befinden sich nun mehr denn je auf dem Weg in die totale Abhängigkeit vom Staat und anderen Hilfsgebern. Mit der Praxis der Jagd werden Partnerschaften, Wissen und Fertigkeiten verloren gehen. Ferner könnte die tödliche Kombination aus Langeweile, Sozialhilfe und einem nicht zu leugnenden Hang zum Alkohol, welche schon viele Gemeinschaften in vergleichbaren Situationen direkt in die Katastrophe geführt hat, bald ihr Übriges tun.

Allerdings ist der tägliche Kampf um Selbstbestimmung, trotz aller Offensiven der Naturschützer und Behörden, noch keineswegs beendet. Immer noch gibt es einige Standhafte, die sich nicht vom Gesetz und den Regeln des Nationalparks einschüchtern lassen. Dies ist kein Geheimnis. Auch die Ranger und die Nationalparkverwaltung wissen dies. Was sie allerdings bislang vermutlich nicht wissen ist, welche Methoden den Männern zur Verfügung stehen, die immer engmaschigeren Kontrollen zu umgehen. Daher verbietet es sich auch, explizit darüber zu schreiben. Wohl aber kann hier das Prinzip analysiert werden, das dahinter steht, wenn Menschen in ungünstigen Positionen versuchen, sich nach außen hin als gefügig und kooperativ zu erweisen – gleichzeitig aber hinter den Kulissen weiterhin danach streben, ein Leben nach den eigenen Regeln zu führen. So haben die Dukha schon zu Zeiten der Staatsfarm, wann immer es möglich war, ihren Handlungsspielraum erweitert. Und dasselbe Prinzip, das vom amerikanischen Anthropologen und Politologen James C. Scott als „*weapons of the weak*" (1985) bezeichnet und beschrieben wurde, ist hier heute noch immer am Werk.

Nach Scott kommen die „Waffen der Schwachen" typischerweise dann zum Einsatz, wenn die Situation einer Gruppe oder Person – genau wie im Falle der Dukha – offene politische Auflehnung oder gar Rebellion gegen das übermächtige System weitgehend aussichtslos erscheinen lassen. Stattdessen greifen, nach Scott, Menschen in derartigen Situationen häufig zu Mitteln wie „absichtlicher Schwerfälligkeit, Verstellung, gespielter Folgsamkeit, Diebstahl, vorgetäuschter Ahnungslosigkeit, Verleumdung, Brandstiftung [oder] Sabotage" (1985: 29, übers. v. JE) – und streuen so, beabsichtigt oder nicht, beständig Sand ins Getriebe der Mächtigen, obwohl sie eine direkte Konfrontation mit diesen stets tunlichst vermeiden. Dabei stehen meist nicht einmal übergeordnete Ziele wie ein wirklich tiefgreifender politischer oder struktureller Wandel im Vordergrund solcher Handlungen, sondern vielmehr „sofortiger, tatsächlicher Nutzen" (Scott 1985: 33). Ein solcher Nutzen kann es z.B. sein, sich auf verbotene Art und Weise kleine oder große materielle Vorteile, oder schlicht eine gewisse Handlungsautonomie und damit das befriedigende Gefühl von Selbstbestimmung innerhalb der gegebenen, ungünstigen Situation zu verschaffen. Ein besonders wichtiges Element bei all solchen Strategien des informalen, unorganisierten Widerstandes ist daher immer das gleichzeitige, mehr oder weniger gespielte Einverständnis auf der offiziellen Ebene, das notwendig ist, um den eigentlich angestrebten Erfolg auf der klandestinen Ebene zu gewährleisten:

> „A banal example, familiar to any motorist or pedestrian, will illustrate the kind of behavior involved. The traffic light changes when a pedestrian is halfway across the intersection. As long as the pedestrian is not in imminent danger from the oncoming traffic, a small dramatization is likely to ensue. He lifts his knees a bit higher for a step or two, simulating haste, thereby implicitly recognizing the motorist's right of way. In fact, in nearly all cases, if my impression is correct, the *actual* progress of the pedestrian across the intersection is no faster than it would have been if he had simply proceeded at his original pace. What is conveyed is the *impression* of compliance without its substance. But the symbolic order, the right of the motorist to the road, is not directly challenged; indeed, it is confirmed by the appearance of haste. It is almost as if symbolic compliance is maximized *precisely* in order to minimize compliance at the actual behavior." (Scott 1985: 26)

Auf genau diese Art und Weise bewahren und verschaffen sich die Dukha bis heute einen gewissen Handlungsspielraum in der nach wie vor schwer kontrollierbaren Taiga, ohne dabei den schwierigen politischen und sozialen Status Quo direkt anzugreifen und sich dadurch den Gefahren eines offenen Konflikts mit den Mächtigen auszusetzen. Dieser Widerstand „unter dem Prinzip des geringsten Widerstandes" (Scott 1985: 35) ist aufgrund seiner dezentralen, unorganisierten Natur nur schwer zu bekämpfen. Es bleibt allerdings abzuwarten, ob dies auch in Zukunft, unter den verschärften Bedingungen eines Nationalparkregimes, so bleiben wird. Denn unterdessen wird anscheinend weiterhin aufgerüstet im Kampf gegen die „Wilderei" im Park: Die Dukha sprechen mittlerweile sogar von automatischen, mit Bewegungssensoren ausgerüsteten Wildkameras, die anscheinend derzeit gut getarnt überall in der Taiga verteilt werden sollen. Ziel dieser Maßnahme sei offenbar nicht nur das Monitoring der Wildtiere sondern auch aller Personen, die sich noch immer (zu welchem Zweck auch immer) in die Tiefen der Taiga wagen. Auch wenn nicht abschließend geklärt werden konnte, wie viel Wahrheit in diesem Gerücht steckt und ob es auf diese Weise überhaupt möglich wäre, „Wilddiebe" zu überführen: Allein das Reden über solche Dinge signalisiert, dass der Druck auf die Taigaleute – und deren Angst – steigt.

Abb. 45: *Auf niemanden angewiesen: Bat repariert einen alten russischen Sattel mit einem Stück Elchfell. Der erfahrene Jäger aus der Osttaiga starb überraschend im März 2010, wahrscheinlich an einem Schlaganfall, nur wenige Tage vor dem geplanten Wiedersehen mit dem Verfasser. Üzeg, Osttaiga, 26. September 2008. Fotograf: JE*

2. ADAPTIONEN IM TÄGLICHEN KAMPF UM DIE EXISTENZ

2.1 Einleitung

Im vorangegangenen Teil dieses Kapitels wurden die wichtigsten Faktoren beschrieben, die heute auf das System der Praxis der Dukha einwirken. Dies sind vor allem politisch-ökonomische Faktoren wie z.B. ihre Armut, die aber nicht nur als ein bloßer „natürlicher" Mangel an Gütern verstanden werden sollte, sondern sich vielmehr aus einer Mischung aus Abhängigkeiten, Ausgrenzung und verhinderten ökonomischen Möglichkeiten konstituiert, welche sich wiederum aus ihrer marginalen Position in einer vernachlässigten Region der rapide umstrukturierten postsozialistischen Mongolei, aus politischen Faktoren in Zusammenhang vor allem mit dem Naturschutz und der Minderheitenpolitik, aber auch aus einem unübersichtlichen Feld einer extrem heterogenen Entwicklungshilfe ergibt.

Es wäre allerdings eine unbefriedigende Analyse der Situation, wenn hier lediglich diese äußeren Faktoren des Wandels zusammengestellt würden, ohne dabei auf die Reaktion der Dukha auf diese einzugehen. Zum Schluss des letzten Unterkapitels, in Abschnitt VII 1.5, wurde bereits darauf hingewiesen, dass die Dukha nicht nur passive Objekte sind, die machtlos einer sich wandelnden Struktur ausgeliefert sind, sondern dass sie sich vielmehr Tag für Tag einen Handlungsspielraum erkämpfen, der es ihnen erlaubt, trotz des immensen Drucks, der auf ihnen lastet, trotz all der Veränderungen der Systemumwelt, die ihr System der Praxis radikal zu verändern versucht, eine gewisse Kontinuität beizubehalten. Der in diesem Zusammenhang beschriebene Einsatz der Scottschen „Waffen der Schwachen" konstituiert daher – in diesem Falle – eine Strategie des *Festhaltens*, des *Verweigerns* von Anpassung an die den Wandel erzwingenden Gegebenheiten. Obwohl dies gleichsam eine *Reaktion* der Dukha auf Veränderung darstellt, unterscheidet sich diese von anderen Strategien, die die Dukha ebenso anwenden: Nämlich von genau denen, die den Wandel *annehmen*, für sich nutzen oder zumindest versuchen das Beste daraus zu machen – den Strategien der *Adaption*. In anderen Worten: Es soll hier getrennt werden, zwischen Strategien der *Resistenz* (die „Nicht-Adaption", das Fortsetzen) und den Strategien der *Resilienz* – dem adaptiven Umbau von vorhandenen Systemen, die dadurch, in mehr oder weniger stark veränderter Form, eventuell *in ihrem Kern* erhalten werden können. Genau diese Adaption soll in den folgenden beiden Unterkapiteln diskutiert werden.

2.2 Adaptionen der nomadischen Praxis

2.2.1 Rentierhalter im Gravitationsfeld der Kreisstadt

Angesichts der bisherigen Ausführungen zur Existenz der Dukha in der Taiga, mag die Aussage wenig überraschen, dass die Kreisstadt Tsagaannuur heute im Leben der meisten Rentierhalter-Jäger eine besonders wichtige Rolle spielt. Hier findet man gelegentlich bezahlte Arbeit, eventuell Touristen, die sich für Geld in die Taiga führen lassen, oder unter Umständen sogar Händler, die verschiedene Produkte aus der Taiga kaufen. Hier ist auch die Sumverwaltung, zu der man hin und wieder muss, um behördliche Dinge zu erledigen, und hier wird seit dem Sommer 2013 auch das „Präsidentengeld" ausbezahlt, das alle Dukha monatlich vom Staat erhalten. Und natürlich gibt es hier die Geschäfte, in denen man von Zeit zu Zeit das verdiente oder ausbezahlte Geld, das in der Taiga eigentlich keinen Zweck erfüllt, wieder ausgeben kann: Sei es für Vorräte wie Mehl, Salz, Zucker, Reis und Tee, Verbrauchsgegenstände wie Batterien, „*negj*" (prepaid-Einheiten für das Mobiltelefon) und – nur unter der Hand und sehr teuer – Munition. Oder aber ganz einfach nur für Wodka, welcher allerdings eher selten den Weg in die Taiga findet, sondern normalerweise gleich an Ort und Stelle konsumiert wird.

Abb. 46: Dukhakinder im Schlafsaal der Schule in Tsagaannuur. 28. April 2010. Fotograf: BT

In der Kreisstadt leben außerdem die schulpflichtigen Kinder, die man außerhalb der Ferienzeit nur selten zu sehen bekommt. Die meisten von ihnen sind im Schlafsaal der Schule untergebracht; andere bei Verwandten im Ort, die praktisch jeder Taigabewohner regelmäßig besucht, bei denen Feste gefeiert und Neuigkeiten ausgetauscht werden. Hier befindet sich auch das Kulturzentrum (MON: *soyolyn töv*), in dem mehrmals im Jahr, z.B. am internationalen Frauentag (MON: *Olon ulsyn emegteichüüdiin ödör*), dem Tag des Soldaten (MON: *Tsergiin bayar*) oder dem Tag des Seniorn (MON: *Akhmadyn ödör*), offizielle Festakte begangen und Orden für besondere Leistungen verliehen werden – neben dem mongolischen Neujahrsfest (*Tsagaan sar*), dem Naadam-Fest und dem alljährlich im September begangenen „Rentierfestival" wichtige soziale Höhepunkte des Jahres, die sich in der Regel kaum ein Taigabewohner entgehen lassen möchte.

Nach Tsagaannuur kommt man auch, wenn man in die Provinzhauptstadt Mörön muss, sei es aus gesundheitlichen Gründen oder zur Erledigung von Behördengängen, die in Tsagaannuur selbst nicht möglich sind – wie z.B. zur Ausstellung eines Personalausweises. Zwar gibt es bislang keine offizielle öffentliche Busverbindung entlang der etwa 200 km langen, mühsam und schwierig zu befahrenden, unbefestigten Route über Gebirgspässe und Permafrostboden, aber es ist doch, sofern man ein paar Tage Wartezeit mit sich bringt und Benzin an der kleinen Tankstelle des Ortes vorhanden ist, meistens möglich, einen Platz in einem der unregelmäßig verkehrenden, meist gnadenlos überladenen UAZ-Furgon-Minibusse zu ergattern, die von hier aus über Ulaan-Uul in durchschnittlich 12 bis 18 Stunden nach Mörön fahren.

Abb. 47: Tsagaannuur. Ein Jahr nach dieser Aufnahme kam der Strom hier, im Zentrum des nördlichsten sums der Mongolei, an. Hierfür wurde eine Starkstromleitung gebaut, die Tsagaannuur, Rinchenlkhümbe und Ulaan-Uul mit einem Kohlekraftwerk im fernen Erdenet verbindet. Nur wenig später wurden auch die Mobilfunknetze der großen mongolischen Betreiber eingerichtet. 20. August 2008. Fotografin: SH

Mobile Biographien und teilzeitsesshafte Rentierhalter

So ist das kleine Grenzdorf Tsagaannuur, das eigentlich selbst tiefstes mongolisches Hinterland ist, aus Perspektive der Dukha gewissermaßen „Stadt" und „Tor zur Welt" zugleich. Selbst unter den überzeugtesten und enthusiastischsten Taigabewohnern gibt es heute nur noch wenige, die nicht zumindest eine Jurte hier haben oder einen gewissen Lebensabschnitt hier verbringen oder verbracht haben. Dies sind z.B. Eltern, die ihren schulpflichtigen Kindern für eine Weile hinterher ziehen, aber auch alte Leute, die hier überwintern und nur noch die wärmere Jahreszeit in der Taiga verbringen. Es gibt Familien, in denen sich einzelne Mitglieder für eine Weile in Tsagaannuur und Umgebung niederlassen, um dort Steppenvieh zu hüten oder bestimmten, meist befristeten Jobs nachzugehen, während der Rest der Familie die Rentiere in der Taiga versorgt. Einige Dukha, die in der Taiga aufgewachsen sind und dort die meiste Zeit ihres Lebens verbracht haben, ziehen irgendwann ganz nach Tsagaannuur, haben aber immer noch persönliche Rentiere, die sie von Verwandten betreuen lassen, und gehen, wann immer es möglich ist, in die Taiga – zum Beispiel zur Jagd. Diese Personen identifizieren sich noch immer, trotz ihres geänderten Lebensmittelpunktes entschieden und vehement als „Taigaleute" und werden von ihrer Gemeinschaft auch weiterhin als solche akzeptiert. Und umgekehrt gibt es Rentierhalterhaushalte, von denen bestimmte Mitglieder nicht in der Taiga aufgewachsen sind und erst zu einem späten Punkt zu diesem Leben fanden. Auch eingeheiratete Darkhad finden immer wieder den Weg in die Taigagemeinschaft. Und schließlich gibt es auch noch diejenigen, die tatsächlich an irgendeinem Punkt in ihrem Leben, aus verschiedenen Gründen, das Taigaleben ganz aufgeben und für immer nach Tsagaannuur oder gar in andere sums ziehen. Dennoch kommt es, alles in allem, bislang nicht zu einer massenhaften Abwanderung der Dukha aus der Taiga. Obwohl es angesichts der vielen individuellen Lösungen für die Herausforderungen des Lebens oft nicht ganz einfach zu definieren ist, welche Familie tatsächlich aktuell – oder überhaupt noch – als „Taigahaushalt" gilt, scheint die Zahl der Personen, die zumindest einen großen Teil des Jahres in den Wäldern und Bergen bei ihren Rentieren verbringen, seit Jahren mehr oder minder konstant zu bleiben. Statistiken und Zählungen, die allerdings aufgrund der Komplexität des Lebens vieler Dukha hier mehr verschleiern als helfen, geben die Zahl der Taigabewohner seit Jahren in der Regel mit etwa 200 bis 250 an, was in etwa vierzig Haushalten entspricht (siehe z.B.: Inamura 2005: 129; Keay 2008: 10). Das statistische Landesamt der Mongolei zählte bei seinem letzten Zensus im Jahr 2010 gar 282 „Tsaatan" (MUÜSKh/NSOM 2012: 194ff), wobei leider völlig unklar ist, wer hier einbezogen wurde und wer nicht.

Während sich also die Zahl der Rentierhalter-Jäger in der Taiga fast schon erstaunlicherweise seit Jahren kaum verändert, zumindest kein klarer oder gar dramatischer Abwärtstrend zu verzeichnen ist, wäre es dennoch naiv anzunehmen, dass das nomadische Leben in der Taiga unbeeinflusst wäre von der Anziehungskraft der Kreisstadt als Verbindungspunkt zur weiteren politisch-ökonomischen Systemumwelt. Zum einen haben sich, wie oben beschrieben, die Lebensläufe der einzelnen Dukha verändert. Praktisch niemand mehr lebt Zeit seines Lebens ausschließlich in der Taiga – und umgekehrt sind viele der Dorfbewohner ebenfalls nicht klar von der hybriden Gemeinschaft der Taiga ausgeschlossen. Zum anderen aber verändert sich das nomadische Leben in der Taiga durch das offenbar immer stärker werdende Gravitationsfeld der Kreisstadt: Schon lange nicht mehr ziehen die Dukha mit ihren Rentieren, wie früher, zehn bis fünfzehn mal im Jahr um. Stattdessen beschränken die meisten aals und Familien ihre Migration auf vier Umzüge zwischen Frühlings-, Sommer, Herbst- und Winterweiden. Nur selten kommt es vor, dass die aals noch ein oder zwei zusätzliche Wanderungen vornehmen – und dies meistens nur, wenn es Probleme gibt, beispielsweise wenn zu viele Wölfe in einer bestimmten Gegend sind (Pürvee, Oktober 2010: pers. Komm.). Lediglich in der Westtaiga gibt es noch zwei Familien, die so viele Rentiere besitzen, dass sie gezwungenermaßen viel mobiler sind als die meisten ihrer Nachbarn. Dazu kommt, dass die meisten aals, obwohl ihnen prinzipiell eine viel größere Auswahl zur Verfügung stehen würde, heute immer öfter dieselben Camps aufsuchen. Diese dürfen nicht zu weit entfernt sein von der Siedlung. Sommercamps, zum Beispiel, müssen stets in der Reichweite von Touristen – oder zumindest an Orten die für diese besonders attraktiv sind – liegen, denn diese bringen Geld in die knappen Kassen der Taigahaushalte. Diese Entwicklung hat zur Folge, dass die Rentierhaltung und das Leben der Dukha auf einem immer kleineren Raum stattfindet.

Hier sagt man jedoch, dass dies bislang kein wirkliches Problem darstelle: Die Rentierherden seien hier so klein, dass das Futter an den zur Zeit genutzten Stellen ausreichend sei, auch wenn man noch jahrelang immer an dieselben Stellen zurückkehre (ibid.). In der Westtaiga ist dies scheinbar etwas problematischer – dort sind nicht nur die Rentierherden insgesamt größer, sondern auch die Weiden nicht so ergiebig. Daher sei man dort gezwungen etwas mobiler zu sein, die Camps öfter zu wechseln und könne vor allem im Sommerweidegebiet *Menge-Bulag* nicht so nah beisammen lagern wie die Leute der Osttaiga (Naranhüü, Ganbold, Bayandalai: April 2010: pers. Komm.). Dort aber hat man sich an die Mischung aus den gegebenen ökologischen und den neuen sozialen und ökonomischen Rahmenbedingungen durch eine neuartige Adaption der nomadischen Tierhaltung angepasst: Man hat hier einerseits die Mobilität reduziert und das Wandergebiet deutlich verkleinert (und das Lebenszentrum insgesamt näher an die Kreisstadt verlegt), kompensiert dies aber mit dem Verzicht, die Herden wieder auf eine Größe zu vermehren, die mehr als 50–60 Tiere pro Familie übersteigt. Zwar ist man selbst von dieser Zahl mit den derzeit rund 200 Tieren in der gesamten Osttaiga noch immer weit entfernt, aber man spricht schon jetzt explizit davon, dass kleine Herden unter den gegebenen Bedingungen eigentlich besser seien, da man ansonsten wieder weiter in die Taiga hinein ziehen müsse und auch sonst wesentlich viel mehr Arbeit mit den Tieren hätte, was in vielerlei Hinsicht wieder neue Schwierigkeiten mit sich führen würde (Pürvee, Okt. 2010: pers. Komm.). Somit sind die relativ kleinen Herden der Osttaiga heute nicht nur als Ergebnis der zu Beginn dieses Kapitels diskutierten Krise der Rentierhaltung zu verstehen, sondern – zumindest mittlerweile – auch als eine bewusste Adaption an die neuen

Verhältnisse. Vielleicht ermöglicht gerade sie es sogar einigen Dukhafamilien ihr Leben in der Taiga fortzuführen. Begreift man Resilienz, wie von Walker et al. (2004) gefordert, als die Fähigkeit eines Systems, sich trotz diverser Stressoren und Schocks *unter Aufrechterhaltung seiner Identität* zu erhalten und ggf. durch Adaption neu zu organisieren, so sollte diese Strategie genau in diesem Sinne verstanden werden: Sie trägt dazu bei, ein System im Ganzen den gegeben, ungünstigen Bedingungen anzupassen und dadurch zumindest unter Bewahrung seines Grundcharakters zu erhalten.

Abb. 48: Vater und Sohn: Als der sechsjährige Enkhbayar im Sommer 2010 schulpflichtig wurde, zogen ihm seine Eltern Ülzii und Tungaa, vom Trennungsschmerz geplagt, zusammen mit seiner kleinen Schwester hinterher nach Tsagaannuur, wo sie vorerst eine Jurte am Rande der Siedlung bezogen. Aber ihr Leben in Tsagaannuur war nicht glücklich: Ülzii fand nur Gelegenheitsjobs und die in ihrer Umgebung grassierende Trinkerei empfand die junge Familie als unerträglich (Ülzii & Tungaa, Sept. 2012: pers. Komm.). Sie alle vermissten das Leben in der Taiga. So zogen Vater, Mutter und Tochter ein Jahr später wieder zurück in ihren aal. Nur der kleine Enkhbayar blieb im Schlafsaal der Schule zurück. Im Februar 2014 lebte die gesamte Familie, mittlerweile zu fünft, wieder in Tsagaannuur, besaß aber noch immer Rentiere, um die sich Tungaas Stiefmutter Buyantogtokh kümmert – und von Mai bis September zieht die ganze Familie gemeinsam mit ihrem aal durch die Taiga. Khevtert, Osttaiga, 26. März 2010. Fotograf: JE

Die Wintercamps: Außenposten der Rentierhaltung

Der beschriebene neue Trend zu weniger Mobilität, höherer Wiederkehrfrequenz und größerer Nähe zur Kreisstadt ist heute am spürbarsten in den Winterlagern: Die große Mehrzahl der Taigabewohner verbringt heute schon allein in ihren Wintercamps gut sechs Monate am Stück. Dazu kommt, dass die meisten dieser Lager extrem nahe an den Rand der Taiga – in der Westtaiga sogar schon darüber hinaus – gerückt sind und nun schon seit mehreren Jahren jeden Winter aufs Neue aufgesucht werden. Die Gründe dafür sind einfach nachzuvollziehen und im Prinzip dieselben wie die oben genannten: Man will einerseits so nahe wie möglich an der Siedlung leben, kann andererseits die Taiga, sofern man zumindest einen Teil seiner Rentiere immer bei sich behalten möchte (s.u.), nicht ganz verlassen. So sind praktisch alle der heutigen Wintercamps sogar per UAZ-Jeep oder Motorrad zu erreichen. Zudem befinden sich die Winterlager in Ost- und Westtaiga präzise an der Grenze des Sendebereichs des 2009 eingerichteten Mobilfunknetzes von Tsagaannuur, was ausreicht, um in Kontakt mit den Verwandten und Freunden im Dorf zu bleiben.

Nur wenige Orte erfüllen all diese Kriterien zugleich – und so haben sich die Dukha in ihren Wintercamps mehr oder weniger dauerhaft eingerichtet: Einige Familien haben hier gar Blockhütten gebaut, die sie Jahr für Jahr aufs Neue aufsuchen. Diese bieten mehr Platz, Behaglichkeit und Wärme als die deutlich zugigeren alajy-ögs, die die Hitze eines Feuers kaum länger halten als bis zu dem Punkt, an dem es heruntergebrannt ist. Dafür binden diese neuen Behausungen die Leute aber noch fester an ihre jeweiligen Orte, sodass man hier gewissermaßen schon von einem semi-sedentarisierten Leben sprechen kann. Auf jeden Fall befindet man sich in diesen „Außenposten der Rentierhaltung" (Endres 2012a: 15) in einem Kompromiss zwischen fundamental verschiedenen Bedürfnissen: Weder sind diese Orte, ist diese Lebensweise, ideal für die Rentierhaltung, noch hat man hier, an den Rändern des Waldes, die vollen Annehmlichkeiten des Lebens eines Bewohners des Sumzentrums. Aber man hat – genau hier – eben zumindest einen Teil von beidem, ohne das jeweils andere ganz aufgeben zu müssen.

350 VII. Die Dukha heute

Abb. 49 & 50: *In Delgers Wintercamp unweit der Waldgrenze. Khar zürkh, Westtaiga, 2. April 2010. Fotograf: JE*

Abb. 51: Taigastilleben: Blockhütte im Wintercamp Khevtert. 20. März 2010. Fotograf: JE

Eine Beziehung auf die Probe gestellt

Die neue Entwicklung der Rentierhaltung im Gravitationsfeld der Kreisstadt funktioniert natürlich nicht gänzlich reibungslos. Mit dem Verlust an saisonaler Mobilität, gekoppelt an eine massiv gestiegene Frequenz bei der Nutzung einiger weniger Orte, ist es – trotz z.T. kleinerer Herden – nicht unwahrscheinlich, dass sich in der Umgebung dieser Orte früher oder später die ersten Schäden durch Übernutzung, z.B. an den umliegenden Rentierweiden und Wäldern zeigen, oder aber eine Verschlechterung der Gesundheit der Rentiere einstellen wird (siehe hierzu: Flenniken 2007). Gerade in den Wintercamps ist dieses Problem besonders akut. Dies wissen die Dukha. Und sie versichern, dass sie, wenn die Zeit gekommen ist, auch auf andere Plätze zurückgreifen können, sich dort auch jederzeit ohne großen Aufwand, d.h. in etwa einer Woche, neue Blockhütten bauen können (Ulzan, März 2010: pers. Komm.). Aber vorerst scheint dies offenbar gar nicht nötig zu sein, denn im Jahr 1998 hat der legendäre, mittlerweile verstorbene Rentierhalter Bayraa eine mutige, wenn nicht sogar ziemlich radikale Methode zur Lösung des Weideproblems gefunden, die heute praktisch alle Dukha übernommen haben (Bayandalai, April 2010; Pürvee, Okt. 2010; Ganaa, Gombo, Delger, Atarmaa, Feb. 2014: Person. komm.):

Wenn die Zeit gekommen ist, um in die Winterlager zu ziehen, trennen sich die Rentierhalter-Jäger von einem Großteil ihrer Herde und nehmen nur wenige Reit- und Transporttiere mit sich mit. Den Rest der Herde aber, also vor allem trächtige Rentierkühe, Jungtiere und Bullen lassen sie unbeaufsichtigt in der Taiga zurück. Hierzu wird meist ein geschütztes Tal mit viel Schnee und steilen Felswänden ausgewählt, in dem die Tiere relativ sicher vor Wölfen sind. Die Menschen wissen, dass ihre Tiere problemlos auf sich selbst gestellt überleben können. Unter Umständen sieht etwa einmal im Monat einer der Männer nach den Rentieren. Das ist aber, wie sich herausstellte, genau wie das in den Anfangsjahren noch praktizierte Errichten eines Zaunes, keinesfalls zwingend notwendig. Niemand sorgt sich mehr wirklich darum, dass den Tieren etwas zustoßen könnte oder dass sie gar „verwildern" und in den Tiefen der Wälder verschwinden könnten. Denn daran scheinen sie, so ist man sich sicher, kein Interesse zu haben. Im Gegenteil: Die Dukha betonen sogar, dass sie deshalb nur noch ganz selten (und wenn dann besonders vorsichtig) nach ihren Tieren sehen, weil es in der Vergangenheit vorkam, dass die Rentiere sie dabei bemerkt oder später ihre Spuren entdeckt haben und ihnen daraufhin bis zurück in die weit entfernten Camps gefolgt waren. Anstatt in Versuchung zu geraten, sich in die Taiga abzusetzen, scheinen die Rentiere also vielmehr geduldig auf die Rückkehr ihrer Menschen zu warten – selbst wenn sich zwischendurch sogar wilde Rentiere zu ihnen gesellen, was offenbar relativ häufig vorkommt. So scheint gerade diese neue Praxis wie kaum ein anderes Beispiel die Intensität der Vertrauensbeziehung zwischen Mensch und Rentier im Ostsajangebirge zu illustrieren. Man vergleiche nur die hier geschilderte Situation mit den Schilderungen Vitebskys (2005: 25) zur wesentlich instabileren Beziehung zwischen den Evenken und ihren Herden:

„Apart from the males trained for carrying baggage, riding, and pulling sledges, and some females when lactating, most of the animals in a herd never become very tame, in the sense of having an intimate emotional and physical contact with their human carers. Even transport reindeer may become uncooperative and recalcitrant if left unattended for a few days, and any domestic reindeer may revert to the wild if left unattended for longer. The domestication of the reindeer is a hard-earned and provisional achievement."

2.2.2 Neue Tiere, neue Probleme

In der Westtaiga ist die im vorigen Abschnitt beschriebene Entwicklung sogar noch etwas weiter gegangen als in der Osttaiga. Auch hier lassen die Leute ihre Herden im Winter in den Wäldern zurück – und dies sogar schon wesentlich länger als in der Osttaiga. Aber die Westtaiga-Dukha verbringen die Wintermonate nicht mehr nur am Rande der Taiga, sondern sogar mehr oder weniger ganz außerhalb, im zur Steppenzone gehörenden Kharmai-Tal. Diese Entwicklung steht in Zusammenhang mit der hier besonders ausgeprägten Tendenz zur Haltung von Steppenvieh: Die Einführung von Yaks, Schafen und Ziegen begann hier schon in den späten Achtzigerjahren, nachdem die Dukha südlich des Shishgeds von der Staatsfarm diese Tiere zum Hüten in Menge Bulag bekommen hatten (Borkhüü, Delger, Atarmaa, Feb. 2014: pers. Komm.). In den Neunzigerjahren besorgten sich einige Westtaigahaushalte Steppenvieh aus der Konkursmasse der bankrotten Staatsbetriebe. So wurden in den darauf folgenden Jahren hier Schafe, Ziegen und Yaks zu einem immer wichtigeren Standbein einer diversifizierten Tierhalterökonomie, die mehr und mehr zwischen den räumlichen Sphären der Taiga und der Steppe verwirklicht wurde (siehe hierzu auch: Inamura 2005: 127f).

Pragmatismus des Überlebens: Adaption der nomadischen Praxis in der Westtaiga

Natürlich aber brachte die Einführung der neuen Tierarten in der Westtaiga eine große Menge an Auswirkungen und Problemen mit sich, die gelöst werden mussten. Rentiere einerseits und Pferde, Ziegen, Schafe und Yaks andererseits haben als Bewohner zweier unterschiedlicher ökologischer Räume sehr unterschiedliche Bedürfnisse, die nur schwer miteinander in Einklang zu bringen sind. Während Rentiere aufgrund der vor allem im Sommer hohen Temperaturen und ihrer spezifischen Fressgewohnheiten nur kurze Zeit in der Steppe überleben können, hat das Steppenvieh große Probleme im feuchtkalten Milieu der Taiga. Zwar findet sich auch hier an einigen Stellen (und ganz besonders im Sommerweidegebiet Menge Bulag) genügend Gras für ihre Ernährung, aber das Klima ist insgesamt zu kalt, die Schneemenge und Feuchtigkeit selbst in den warmen Monaten zu hoch, als dass diese Tiere sich in der Taiga auf Dauer wohlfühlen, bzw. überhaupt überleben könnten.

So war man zwischendurch, nach Aussagen Bayandalais (April 2010: pers. Komm.), nach einigen Jahren des Experimentierens eher wieder davon abgekommen, Steppentiere in die Taiga zu bringen (ibid.). Viele der Tiere waren auf Dauer schwach und krank geworden. Stattdessen blieben um das Jahr 2010 herum die Steppentiere der meisten Westtaigafamilien das ganze Jahr über in der Steppe, im Kharmai-Tal. Keine vier Jahre später allerdings war man – eventuell auch aufgrund der klimatischen Entwicklung, die vor allem seit 2011 einen starken Trend zu höheren Temperaturen und weniger Niederschlag brachte – wieder zur alten Praxis zurückgekehrt: Nach übereinstimmenden Aussagen aller befragten Westtaiga-Dukha bringen heute wieder fast alle Familien ihre Steppentiere zumindest im Sommer in die Taiga (Delger, Atarmaa, Olzvai, Borkhüü, Feb. 2014: pers. Komm.). Ganz offensichtlich spielen diese Tiere hier schon längst keine Nebenrolle mehr, sondern werden, im Gegenteil, ein immer wichtigerer Bestandteil im Leben der Leute – was u.a. dazu führte, dass hier fast alle, zumindest für einen Großteil des Jahres, ein Leben führen, das zumindest äußerlich kaum oder gar nicht mehr von dem der Darkhad zu unterscheiden ist. Mindestens die langen Wintermonate verbringen alle Westtaiga-Dukha heute im Kharmai-Tal, um sich dort um ihr Steppenvieh zu kümmern, während ihre Rentiere alleine in der Taiga zurückbleiben.

Abb. 52: Bayandalais Winterlager im oberen Kharmai-Tal, wenige hundert Meter entfernt von der Waldgrenze, bzw. dem äußersten Rand der Westtaiga. Während die Familie sich hier im Winter um ihre Ziegen und Yaks kümmern kann, verbleiben ihre Rentiere bis zum Frühjahr alleine in der Taiga. 04. April 2010. Fotograf: JE

Die Westtaiga-Dukha selbst sehen die neuen Entwicklungen meist sehr unemotional und pragmatisch: Es mache eigentlich keinen Unterschied, so z.B. Delger (April 2010: pers. Komm.), ob man Rentiere oder Steppentiere halte – eigentlich sei dies dasselbe, Hauptsache man könne davon leben. Obgleich diese Aussage sicher nicht repräsentativ ist für die Einstellung aller Dukha (und noch nicht einmal die der Westtaiga), veranschaulicht sie den fast schon radikalen Pragmatismus, den man vor allem in der Westtaiga an den Tag legt, wenn es um das eigene physische Überleben und das Gestalten der Zukunft geht. Dabei wäre es allerdings ungenügend, die Adaption der Dukha in der Westtaiga als bloße ökonomische bzw. *physische* Überlebensstrategie zu begreifen: Wie Bayandalai im April 2010 explizit betonte, ist nicht nur die Versorgung mit Fleisch und Milch ein Vorteil der Haltung von Steppentieren, sondern vor allem auch der dadurch gestiegene Kontakt mit den Leuten aus der Steppe. Denn dies würde zu erheblich besseren Chancen der jungen Dukha bei der Partnerwahl und Heirat und damit zum langfristigen Überleben seiner Leute beitragen.

Ausnahme Pferde

Eine wichtige Ausnahme zum hier diskutierten Problem der Integration von Steppentieren in die Praxis der Lebens- und Wirtschaftsweise der Taiganomaden bilden die Pferde. Schon seit geraumer Zeit haben sie einen festen Platz im Leben der Dukha südlich wie nördlich des Shishgeds. Wie auch Wheeler erwähnt, tauschten die Taigabewohner der Region schon während der Mandschuzeit mit den in den umliegenden Steppengebieten lebenden Darkhad und Burjaten ihre Zobelfelle gegen Pferde, die sie allerdings daraufhin wieder in Osttuwa verkauften (2000: 37). Im Sozialismus verfügten viele Dukhafamilien schon über ein oder sogar mehrere Pferde, die sie vor allem nutzten, um zwischen der Taiga und den Siedlungen hin- und her zu pendeln – oder gar, von Zeit zu Zeit, um die Distanzen zwischen den damals noch weit voneinander entfernten Taigas zu überwinden (Borkhüü & Ganbat, Oktober 2010: pers. Komm.). Im Jahr 2001 zählten Jernsletten & Klokov (2002: 149) 111 Pferde und 13 Fohlen bei den Dukha – davon 70% in der Osttaiga. Dies ist jedoch bei genauerer Überlegung – trotz des ansonsten eher geringen Enthusiasmus der Osttaigabewohner gegenüber der Haltung von Steppenvieh – nicht weiter verwunderlich, da die Zahl der von ihnen gehaltenen Rentiere schon seit langer Zeit weit unter der der Westtaiga lag: In der ehemaligen „Jagdtaiga" des Rinchenlkhümbe sums (siehe Abschnitt IV 2.2.2) ergänzten die Pferde, soweit möglich, vor allem die Transportkapazität der mitunter knappen Rentiere. Zwar konnten sie auch hier, im schwierigen Taigaterrain, niemals Letztere (z.B. bei der winterlichen Jagd) ersetzen, aber sie erwiesen doch schnell ihren großen Wert als starke Transporttiere bei den saisonalen Umzügen der Nomaden, bei denen meist mehr oder weniger ausgetretene Wege benutzt werden. Und es gibt noch ein weiteres, immer wichtiger werdendes Aufgabengebiet, bei dem die Steppenreittiere den Rentieren sogar überlegen sind: Mit ihnen kann man vor allem im Sommer, wenn die hitzeempfindlichen Rentiere hoch oben in den Bergen bleiben müssen, in die heiße Steppe hinab reiten, ohne die Tiere dabei irgendwelchen Gefahren auszusetzen.

Dies sind aber nicht die einzigen Gründe, warum Pferde mit der Zeit so attraktiv für die Dukha wurden: Einer ihrer weiteren großen Vorteile ist, vor allem aus der Sicht der Osttaigabewohner, dass sie im Vergleich zu den anderen Steppentieren sehr unkompliziert in der Taiga zu halten sind und kaum eine Adaption der bestehenden Praxis und Lebensweise erfordern. Anders als bei den Ziegen und Yaks der Westtaigaleute käme hier zum Beispiel niemand auf die Idee, eigens wegen der Pferde im Winter in die Steppe zu ziehen. Stattdessen bringt man sie entweder zu befreundeten Darkhad im an der Grenze zur Taiga gelegenen Weiler Khugrug, oder, sobald der Schnee kommt, einfach in die Berge in der Gegend *Khavkh*, ganz im Osten der Osttaiga, unweit der Grenze zu Burjatien, wo sie, ähnlich wie die Rentiere in den Wäldern, den gesamten Winter alleine verbringen. In dieser isolierten Gegend, fernab der Weideplätze der Steppennomaden, gibt es offenbar nur wenig Wölfe und genügend Futter für die Tiere, um unbeschadet den kalten Winter zu überstehen. Erst im Frühjahr werden die zähen Tiere wieder abgeholt und ziehen dann wieder gemeinsam mit den Rentieren und Menschen durch die Taiga.

Abb. 53: Pürvee hält Ausschau nach ihren Pferden. Steppe in der Nähe von Khugrug, 18. Feb. 2014. Fotograf: JE

Tierkrankheiten

Ein Problem, das die Haltung von Steppenvieh in der Taiga generell betrifft, ist das durch sie stark gestiegene Risiko der Übertragung von Tierkrankheiten. Bis vor einigen Jahrzehnten noch bestand zwischen den Herdentieren der Taiga und der Steppe praktisch kein Kontakt. Die unterschiedlichen Ökozonen, in denen die jeweiligen Populationen beheimatet sind, lassen sich mit zwei Inseln vergleichen, zwischen denen höchstens sporadischer Verkehr bestand. Mit der Einführung von Steppenvieh jedoch, das immer wieder aufs Neue die Grenze zwischen Steppe und Taiga in beide Richtungen durchwandert (aber auch mit Rentieren, die in die Steppe gebracht werden (siehe Abb. 54)), ist die Trennung zwischen diesen beiden Zonen heute fast aufgehoben. Dies ist vor allem für die Tiere der Taiga bedrohlich, da diese aufgrund ihrer bisherigen Isolation besonders empfindlich sind. Dieses Problem ist seit Langem bekannt und wurde u.a. schon von Ayuursed erwähnt (1996: 53ff). Die vielen Tiere, die heute regelmäßig die Grenze zwischen den Ökozonen durchschreiten, transportieren nicht nur Reiter und Gepäck hin und her, sondern auch gefürchtete Krankheiten wie Brucellose, Anaplasmose und viele weitere. Hierbei ist wichtig zu verstehen, dass es nicht nur der *direkte* körperliche Kontakt zwischen einzelnen Exemplaren unterschiedlicher Spezies ist, über den Krankheiten übertragen werden können. Es sind auch die Ausscheidungen und Zecken der Tiere, welche Krankheitserreger in sich tragen, die auf diese Weise leicht zwischen den Spezies hin und her übertragen werden können: So können z.B. Brucellen, die Erreger der Brucellose, u.a. auch durch Urin oder Kot übertragen werden, den die Tiere auf der Weide, z.B. über Staub oder verschmutztes Wasser aufnehmen.

Die Krankheitsübertragung durch Zecken wiederum ist in Nordwest-Khövsgöl, vor allem durch die Veterinärmedizinerin Sophia Papageorgiou (2011) erforscht worden: Ihre Daten legen nahe, dass vor allem Rentiere, die sich im Frühjahr und Sommer nahe an der Ökozonengrenze oder gar in Weidegebieten befinden, die auch von Steppenvieh genutzt werden, mit einer wesentlich höheren Wahrscheinlichkeit Erreger wie *Anaplasma phagocytophilum* oder *Anaplasma ovis* in ihrem Blut haben als andere Tiere (Papageorgiou, Juni bis Dezember 2011: pers. Komm.). Beide Krankheiten, von denen vor allem *Anaplasma ovis* zum plötzlichen Tod von Rentieren führen kann, werden von Zecken übertragen und sind in der Steppe weit verbreitet. Umgekehrt haben, nach Papageorgiou (ibid.), die Herden derjenigen Rentierhalter, die wenig bis keinen Kontakt zu Steppenvieh haben und weiter weg von der Ökozonengrenze nomadisieren, die niedrigste Rate an Anaplasmose-Erregern in ihrem Blut. Dies legt den Verdacht nahe, dass es in erster Linie die Ziegen und Yaks sind, die über ihre Zecken die Rentiere anstecken und nicht umgekehrt.

Die Gefährlichkeit der Zecken, die derzeit vor allem durch Steppenvieh in die Taiga zu geraten scheinen, kann kaum Ernst genug genommen werden: Sie bedrohen nicht nur die Rentiere der Dukha, sondern auch die Wildtiere der Taiga. Sind infizierte Zecken erst einmal auf den Taigaweiden angelangt, infizieren sie auch die Tiere des Waldes, die wiederum die Krankheitserreger in der gesamten

Taiga verbreiten können. Auch wenn gerade hierzu bislang konkrete Untersuchungen fehlen, so ist es keineswegs unwahrscheinlich, dass dies eine weitaus größere Bedrohung für den Wildtierbestand und das Ökosystem der Taiga darstellen könnte als die Jagd der Dukha.

Abb. 54: Rentiere im Kharmai-Tal: Nicht nur das Klima und die Ernährung der Tiere in der Steppe, sondern auch ihr direkter oder indirekter Kontakt zu Steppenvieh (z.B. über Ausscheidungen und Zecken) stellen ein besonderes Gesundheitsrisiko für die Tiere dar. 15. Oktober 2010. Fotograf: JE

2.2.3 Das Sammeln und der Verkauf von Nichtholzprodukten

Anders als in anderen Regionen im Norden der Mongolei, wo die kommerzielle, quasi-industrielle Nutzung von Zirbelnüssen und anderen Produkten des Waldes eine teilweise sehr große Rolle spielt (siehe hierzu vor allem: Hartwig 2007), ist das Sammeln zu Verkaufszwecken bei den Dukha eine eher marginale, saisonal begrenzte Tätigkeit. Dies bedeutet jedoch nicht, dass sie gar keine ökonomische Rolle spielen würde: Neben den für den Eigenbedarf noch immer genutzten Heilkräutern, Lilienwurzeln und wilden Rhabarberstängeln, sind es vor allem Heidel- und Preiselbeeren sowie Zirbelnüsse, die hier von den Familien gesammelt und verkauft werden. Auch Abwurfstangen von Maralhirschen und anderen Tieren werden von den Dukha im Wald gesammelt und ggf. verkauft, aber dies ist offenbar kein großes Geschäft (Borkhüü, Feb. 2014: pers. Komm.).

Das Sammeln zu kommerziellen Zwecken, das in Nordwest-Khövsgöl nicht nur von den Dukha sondern auch von vielen Darkhadfamilien betrieben wird, ist in der Region keine neue Erscheinung. Wie Vainshtein ([1972] 1980: 195) beschreibt, begann man in Tuwa schon mit dem Erscheinen der russischen Händler, also während der Mandschuzeit, Zirbelnüsse zum Verkauf zu sammeln. Aber gerade dieses Zirbelnussgeschäft entwickelte sich hier nie zu einem übermäßig großen Wirtschaftszweig und lief vor allem in den letzten Jahren nicht besonders gut. Dies lag vor allem daran, dass die Ernten in den letzten Jahren sehr bescheiden ausfielen, weil sich offenbar die Wachstumsbedingungen für die Zirbelkiefern und ihre begehrten Zapfen verschlechtert haben (Borkhüü, September 2012: pers. Komm.). Für einen ungeschälten, rohen Zapfen erhielt man zuletzt 150 MNT (also knapp 0,10 USD), was eigentlich ein sehr guter Preis zu sein scheint. Aber die meisten Dukha (und andere Leute aus der Region) sind der Meinung, dass sich der Aufwand vor allem aufgrund der schwierigen Erntebedingungen und den in den letzten Jahren schlechten Erträgen kaum lohnt. Anders als z.B. im Khentii aimag, wo das Sammeln von Zirbelnüssen laut Hartwig (2007: 272ff, 333f) vor allem in den Jahren nach der Jahrtausendwende für etliche Familien überlebenswichtig war, und wo sich sogar ein regelrechter „Zirbelnuss-Boom" mit teils negativen ökologischen Folgen entwickelte, sind im Tsagaannuur sum nur Wenige in dieses Geschäft wirklich involviert.

Bei den Beeren verhält es sich ein wenig anders. Wilde Beeren wachsen in der Taiga fast jedes Jahr in Hülle und Fülle. Wer den Aufwand nicht scheut, kann so jeden August durch eifriges Sammeln von Heidel- und Preiselbeeren, bei Preisen von 2.500 bis 3.000 MNT pro kg, durchaus etwas Geld verdienen: Manche Taigafamilien kommen sogar auf 100 kg oder mehr pro Saison, die sie am Ende als Rohprodukt meist an fahrende Händler in Tsagaannuur verkaufen. Wilde Beeren aus der Taigazone Nord-Khövsgöls sind weit über die Region hinaus als Delikatesse beliebt. Sie werden zu Marmelade verkocht oder eingefroren und finden ihren Weg so bis in die Küchen Ulaanbaatars. Auf dem Markt in Mörön wird Heidelbeermarmelade aus Khövsgöl für 5.000 MNT pro 500g-Glas verkauft.

Allerdings sind auch diesem Geschäft Grenzen gesetzt: Schließlich ist die Beerensaison nur kurz. Nur im August bis allenfalls Anfang September können sie gesammelt werden, weshalb es nicht möglich ist, mit ihnen ein dauerhaftes Einkommen zu erwirtschaften. Und unglücklicherweise liegt der August auch ausgerechnet in jener Zeit, in der die meisten Touristen in die Taiga kommen. So ist das Geschäft nur für diejenigen interessant, die nicht zu sehr in den Tourismus involviert sind. Dafür ist der August andererseits aber auch die Zeit, in der die Kinder Schulferien haben und mit in die Beeren gehen können – wodurch es für die Familien einfacher wird, in der kurzen Zeit möglichst viele Fässer mit den begehrten Früchten des Waldes zu füllen.

Eine gewisse Unklarheit besteht bezüglich der Frage, wie sich die Gründung des Tengis-Shishged Nationalparks auf das Geschäft mit den Beeren und Nüssen auswirkt. Einerseits sagt das Gesetz klar, dass das kommerzielle Sammeln in Nationalparks verboten ist. anderseits betonen sowohl alle befragten Bürger als auch Regierungsmitglieder des Tsagaannuur sums, dass das Sammeln, auch zum Verkauf, in Ordnung wäre, solange die Leute ihre Steuern zahlen würden.

Die Geschichte von Gündalais Marmeladenfabrik

Ungefähr zwischen den Jahren 2000 und 2006 gab es in Tsagaannuur eine kleine Fabrik zur Produktion von verschiedenen Marmeladen aus den Beeren der Taiga. Sie gehörte dem illustren Magnaten und Parlamentsmitglied Gündalai (zur Person siehe: Pedersen 2011: 74f), der in mehreren (vor allem zu seinem Wahlkreis gehörenden) Orten Nord-Khövsgöls – außer Tsagaannuur waren dies Khatgal, Ulaan-Uul, und das östlich des großen Sees gelegene Chandman – Delikatessen aus der Taiga für seine eigene Supermarktkette in Ulaanbaatar herstellen ließ. In seiner kleinen Fabrik in Tsagaannuur arbeiteten, immer zwischen August und September, etwa 10 Personen aus dem sum, meist Frauen. Außerdem kaufte die Firma große Mengen an Beeren an – sehr zur Freude der lokalen Bevölkerung, die in jenen Jahren eifrig für Gündalais Marmeladenküche sammelte. Bis zu fünf Tonnen Blaubeermarmelade wurden pro Saison produziert (Bayarkhüü, Feb. 2014: pers. Komm.). Die Delikatesse aus der Taiga war in der Hauptstadt bekannt und beliebt (Tudevvaanchig, Feb. 2014: pers. Komm.). Und dennoch wurde der Betrieb eines Tages wieder eingestellt und das gesamte Inventar der Fabrik abgezogen und nach Ulaanbaatar gebracht. Niemand weiß bis heute warum.

Noch heute träumen nicht wenige Menschen im sum davon, dass eines Tages diese kleine Industrie durch die erneute Eröffnung einer Marmeladenküche wiederbelebt und weiter entwickelt würde (siehe hierzu z.B.: Keay 2008: 26). Aber nichts dergleichen ist bislang geschehen.

2.3 Neue Wirtschaftsformen und das System der Praxis

2.3.1 Destination Taiga: Die Dukha und der Tourismus

Seit der Öffnung der Mongolei für Ausländer hat sich der Tourismus dort zu einem wichtigen Industriezweig entwickelt. Obwohl das einzigartige Land zwischen China und Russland wahrhaftig nicht gerade mit einer luxuriösen touristischen Infrastruktur ausgestattet ist, übt es vor allem aufgrund seiner reichen Geschichte, herben landschaftlichen Schönheit und immensen Weite sowie seiner nomadischen Kultur eine wachsende Anziehungskraft auf interessierte Freizeitabenteurer unterschiedlichster Herkunft aus. Vor allem bei Amerikanern, Australiern, Briten, Deutschen, Franzosen, Israelis und Japanern ist das dünn besiedelte Steppenland im Norden Zentralasiens seit über zwanzig Jahren ein immer beliebter werdender „Geheimtipp" und eine Projektionsfläche für allerlei Sehnsüchte und romantische Vorstellungen von einem freien, nomadischen Leben in der rauen Natur, in einem „unerschlossenen", vormals isolierten Land. Zu den beliebtesten Touristen-Hotspots des Landes zählen die Gobiregion, der Terelj-Nationalpark unweit der Hauptstadt Ulaanbaatar, die spärlichen Überreste der ehemaligen Hauptstadt Kharkhorin (Karakorum) und der Khövsgöl-See, die „blaue Perle" der Mongolei. Und nicht weit weg von eben diesem See leben die Dukha, die ebenso eine nicht ganz unerhebliche Rolle in der Tourismusindustrie des Landes spielen.

Das „ultimative Abenteuer": Mythos und Wirklichkeit

Obwohl letzten Endes bislang nur ein Bruchteil aller Mongoleitouristen die beschwerliche Reise in den fernen Tsagaannuur sum auf sich nimmt, so sind die Dukha doch in den letzten Jahren zusehends zu einer Art Aushängeschild für den gesamten Khövsgöl-aimag und damit, zumindest indirekt, auch für die Mongolei geworden. Die „Tsaatan" sind heute nicht nur nicht mehr aus dem Lonely Planet und anderen Reiseführern wegzudenken. Sie sind auch Gegenstand zahlreicher Dokumentarfilme oder Hochglanz-Fotoreportagen in Reisejournalen und On-Board-Magazinen von Fluglinien. Gilt die Mongolei mit ihrem rauen Klima und großen Distanzen, ihren Steppennomaden und dem herben Charme ihrer spärlichen, halb zerfallenen Infrastruktur an sich schon als exotisches und abenteuerliches Reiseland, so sind die fernen Rentierzüchter in den Wäldern der Sajanberge quasi die größtmögliche Steigerung dieses Images. Ein Besuch eines der fernen Taigacamps unter all den damit verbundenen, oft in den schillerndsten Farben ausgemalten Entbehrungen, gilt quasi als Ritterschlag für jeden unerschrockenen Backpacker und andere abenteueraffine Mongoleireisende. Selbst viele Stadtmongolen, z.B. aus Ulaanbaatar, sind der Meinung, dass es eine mit sehr viel Unannehmlichkeiten verbundene Erfahrung sein müsse, die „Tsaatan" in dieser kältesten und „rückständigsten" Ecke des Landes zu besuchen.

Der Tourismus in der Taiga Tsagaannuurs begann in den frühen Neunzigerjahren vor allem mit Helikopterflügen und Kurzbesuchen der Rentierhaltercamps: Nach erfolgreicher Landung der damals noch billig zu charternden russischen Hubschrauber, die nicht selten ganze Rentierherden in die Flucht trieben, stiegen die zahlungskräftigen Touristen aus, fotografierten die „Rentierleute" für ein paar Stunden und verschwanden danach wieder auf demselben Wege wie sie gekommen waren (Jörg Janzen: pers. Komm.) – meist ohne dass die Dukha in irgendeiner Weise an den wahrscheinlich beträchtlichen Gewinnen aus diesen Unternehmungen beteiligt wurden (Bat, September 2008: pers. Komm.). Während diese Form des Tourismus bis etwa zur Jahrtausendwende zur Freude der betroffenen Dukha mit den in der Mongolei parallel zu ihrer massiv sinkenden Verfügbarkeit steil nach oben steigenden Charterpreisen für flugfähige Hubschrauber weitgehend von selbst verschwand, entwickelte sich das Geschäft vor allem mit den sogenannten „Backpackern" immer prächtiger. Diese Leute kamen nun nicht mehr mit dem Hubschrauber sondern per Pferd, geführt von Guides. Solnoi, Tsogtsaikhan & Plumley (2003: 58) zählten im Sommer 2002 einhundertsechzig Touristen. Zwischen 2005 und 2007 waren es nach Schätzungen von Shum (2007: 4) jeweils zwischen 150 und 300 Personen, die das Abenteuer eines Besuchs der Rentierleute per Pferd wagten – eine extrem hohe Zahl, wenn man bedenkt, dass dort selbst nur etwa 250 Menschen wohnen. Oft waren es – neben einigen etablierten Tourenanbietern aus dem In- und Ausland – findige Guides aus Khatgal am Khövsgöl-See, die die Touristen als Privatunternehmer in einer rund zweiwöchigen Tour über die Khoridol Saridag Berge zu den Dukha und zurück brachten, was sich in der Folgezeit zu einem oft kopierten Geschäftsmodell in der Region entwickelte (Jan Wigsten, Oktober 2008: pers. Komm.). Obwohl diese Form des

362   VII. Die Dukha heute

Tourismus von den Dukha weitaus weniger störend und belästigend empfunden wurde als der Helikoptertourismus der Neunzigerjahre, die Dukha sogar bis heute immer wieder betonen, wie sehr sie die Gesellschaft von offenen, wohlgesinnten Besuchern schätzen, blieb eine gewisse – und langsam steigende – Unzufriedenheit mit dem Geschäftsmodell, als dessen „Hauptattraktion" sie immer noch am allerwenigsten verdienten.

Abb. 55: *Ganbat schnitzt eine Rentierfigur aus Geweih. Üzeg, Osttaiga, 26. September 2008. Fotograf: JE*

Den Taigabewohnern blieb nicht lange verborgen, in welchen Dimensionen sich die Preise für die Touren von unabhängigen Guides und professionellen Reiseveranstaltern bewegten, während sie selbst von vielen ihrer Geschäftspartnern nur absolut marginal, oft sogar lediglich in Naturalien bezahlt wurden. Dazu kam, dass die Touristen aus aller Welt einerseits einen von den meisten Dukha bislang noch nie gesehenen Reichtum in Form von teurer Ausrüstung und Apparaten zur Schau stellten und oft sehr extravagante Wünsche an den Tag legten, sich aber andererseits häufig weigerten, die Dukha für ihre erbrachten Leistungen zu bezahlen oder wenigstens ihre mitgebrachten Vorräte mit ihnen zu teilen. Selbst beim Verkauf von Souvenirs wie z.B. aus Rentiergeweih geschnitzten Figuren (siehe

Abb. 55) oder kleinen Täschchen aus Rentierleder – lange Zeit die einzige einigermaßen rentable Einkommensquelle vieler Dukha im Zusammenhang mit dem blühenden Taiga-Tourismus – versuchten viele Besucher noch den ohnehin schon nicht besonders hohen Preis zu drücken. Unter diesen Umständen ist es nicht sonderlich verwunderlich, dass die eigentlich grundsätzlich sehr positive Einstellung, mit der die Dukha seit der Öffnung ihres Landes ausländische Besucher empfingen, langsam aber sicher gedämpft wurde. So mancher Taigabewohner zeigte sich zu jener Zeit sogar offen enttäuscht und ausgenutzt von den gängigen Praktiken der Tourismusindustrie. Dies blieb auch den NRO nicht verborgen, die zu jener Zeit schon lange in der Taiga aktiv waren (siehe Abschnitt VII 1.2). So fasste z.B. Katrina Shum, eine freiwillige Mitarbeiterin der Itgel Foundation, im Jahr 2007 die Lage folgendermaßen zusammen:

> „Tourists spend between $2,000 and $10,000 per person for a trip to visit the „reindeer people," yet nearly all of revenue is directed to tour operators, rather than the community itself. The only income earned by the Tsaatan is from selling handicrafts, which typically net $10 annually per family. Many tourists and tour operators assume that it suffices to bring goods (flour, canvas, etc) in exchange for accommodation, food, and hospitality. While it creates immediate satisfaction, this practice eliminates viable economic opportunities that would otherwise empower the Tsaatan community to generate an income. Instead, donations by tourists and foreign aid organizations merely encourage the unsustainable cycle of dependency without creating long-term solutions.The limited cooperation between tour operators and the community creates unpredictable and unmonitored tourism activities." (2007: 4)

Die Antwort der Dukha auf die bestehenden Probleme mit dem Tourismus bestand aber keineswegs darin, wie es in der Backpacker-Szene in Ulaanbaatar noch immer oft behauptet wurde, vor den Gästen „in die Wälder zu flüchten". Stattdessen ergriffen die Rentierhalter-Jäger vielmehr die Offensive. Seit Jahren war man immer wieder hoffnungsvoll in dieselben Sommercamps gezogen, um es den Touristen einfacher zu machen, sie zu besuchen. Eine Familie aus der Westtaiga zog sogar regelmäßig im Sommer an die Ufer des Khövsgöl-Sees, um dort vor den Kameras zu posieren und schamanische Rituale für Geld anzubieten. Aber an ihrer schwierigen ökonomischen Lage hatte dies insgesamt alles nur wenig geändert. So begann man im Jahr 2005, mit Unterstützung der Itgel Foundation, das Heft selbst in die Hand zu nehmen und in Tsagaannuur ein in Gemeinschaftsbesitz stehendes Zentrum zur Organisation von Taigareisen – das *Tsaatan Community and Visitors Center (TCVC)* – aufzubauen.

Abb. 56: *Abflug in die Taiga: Filmcrew über Rinchenlkhümbe. Außer wenigen hoch budgetierten Filmprojekten kann sich heute praktisch niemand mehr einen Charterhubschrauber leisten, was bedeutet, dass der Helikoptertourismus der Vergangenheit angehört. 25. April 2010. Fotograf: BT*

Community Based Tourism: das TCVC

Das TCVC begann als eines der bis dahin wahrscheinlich ehrgeizigsten Projekte in Tsagaannuur seit dem Bankrott der Staatsfarm im Jahr 1995. Als nach einer groß angelegten Fundraising-Offensive das mit über 100.000 USD budgetierte Zentrum nach intensiver Arbeit zwei Jahre nach dem Beginn der Planung im Sommer 2007 eröffnete, bot es interessierten Besuchern erstmalig die Möglichkeit, ihre Taigareisen von den Dukha selbst organisieren zu lassen. Zudem gewährt das im Zentrum Tsagaannuurs gelegene zweistöckige Gästehaus Übernachtungsmöglichkeiten in zwei Schlafsälen und einem Doppelzimmer für ca. zehn Personen. Damit konnte von den Organisatoren des Zentrums nicht nur erstmals weitgehend sichergestellt werden, dass Besuche in der Taiga derart geplant und organisiert werden, dass sie möglichst wenig Störung und andere negative Auswirkungen auf die Gemeinschaft ausüben, sondern auch, dass 100% des Geldes, das die Kunden des Zentrums für ihren Besuch bei den Dukha ab ihrer Ankunft in Tsagaannuur ausgeben, den Dienstleistern aus der Gemeinschaft, bzw. der Gemeinschaft im Allgemeinen, zu Gute kommt. Etliche Guides und Köche wurden ausgebildet[97] und ein rotierendes System zur Verteilung der Guide-Jobs sowie ein

---

97 Insgesamt wurden 85 Personen aus 35 Taigahaushalten (23 aus der West- und 12 aus der Osttaiga) sowie aus 13 Haushalten aus Tsagaannuur ausgebildet (Mongolian Center for Deve-

Gemeinschaftsfond eingerichtet, in den ein bestimmter Prozentsatz des Preises für jede Reise in die Taiga einbezahlt wird. Selbst der Einsatz der Mietpferde – die von den einzelnen Haushalten in der Taiga und in Tsagaannuur gestellt werden – wurde anhand eines ambitionierten Planes organisiert, der sicherstellen soll, dass wirklich alle involvierten Gemeinschaftsmitglieder eine Chance erhalten, von dem Projekt zu profitieren. Darüber hinaus suchte das Besucherzentrum die Zusammenarbeit mit etablierten mongolischen und internationalen Reiseveranstaltern, von denen viele das Konzept überzeugend fanden und bald darauf begannen, ihre Touren in die Taiga in Partnerschaft mit dem TCVC durchzuführen.

Der anfängliche Erfolg war überwältigend: Schon bevor nach einer einjährigen Test- und Lernphase das Zentrum im Juli 2008 offiziell an die Gemeinschaft und das eigens zu diesem Zweck gegründete *Tsaatan zon nökhörlöl*[98] übergeben wurde, feierte man, nach Angaben der Itgel Foundation, bereits eine über dreihundertprozentige Steigerung des durchschnittlichen Einkommens der involvierten Dukhafamilien (Keay 2008: 3). Und dabei schienen die Besucherzahlen überhaupt erst jetzt allmählich richtig anzuziehen und sich zudem immer mehr Reiseveranstalter für eine Kooperation mit dem TCVC zu interessieren. Der Enthusiasmus und Eifer der Dukha, die nun zum ersten Mal seit der Auflösung der Staatsfarm wieder eine realistische Aussicht auf ein wirkliches finanzielles Einkommen *in der Taiga* hatten, war kaum zu bremsen.

Allerdings entwickelten sich die Dinge zunächst nicht gar so positiv weiter, wie es sich viele der Projektbegünstigten damals erhofft hatten. Wie aus dem Ergebnis eines „*Household Mini Surveys*" im Rahmen des im März 2011 fertiggestellten Evaluationsberichtes über das Gesamtengagement der Itgel Foundation ersichtlich wird, entstand nach der Übergabe des TCVCs eine auffällige Diskrepanz zwischen den Besucherzahlen des Zentrums und dem von ihm generierten Einkommen: Obwohl die Zahl der TCVC-Kunden, die die Dienste der an der Studie teilnehmenden 17 Haushalte in den Jahren 2008 und 2009 in Anspruch genommen hatten von 26 Personen auf 36 angestiegen war, fielen im selben Zeitraum die dadurch insgesamt generierten Einnahmen der 17 Haushalte von knapp 786.000 MNT (nach damaligem Umrechnungskurs etwa 430 €) auf nur noch 556.000 MNT (ca. 308 €) (MCDS 2011: 18). Ein Jahr später, im Jahr 2010, als die teilnehmenden Haushalte nur noch insgesamt 25 Kunden erhielten, knickten ihre Einkünfte auf eine Gesamtsumme von nur noch 330.000 MNT (ca. 183 €) ein. Enttäuschung, Unverständnis und Misstrauen machten sich breit. Dies wurde unter anderem befeuert durch einen allgemein beklagten Mangel an Transparenz, was die Buchführung des Zentrums anging (MCDS 2011: 28).

---

lopment Studies (MCDS) 2011: 82f). Die Trainings wurden von der *Mongolian Tour Guides Association* und dem *College of Food Technology* durchgeführt.
98 Dieses *nökhörlöl* sollte nicht mit den *Nutzergruppengemeinschaften*, welche in der Mongolei ebenfalls so bezeichnet werden (siehe Abschnitt VII 1.3.2), verwechselt werden: *Tsaatan zon* übt z.B. keinerlei Landrechte, außer über das Grundstück des TCVCs im Zentrum Tsagaannuurs aus.

Abb. 57: Das TCVC glänzt in der nachmittäglichen Sommersonne, wenige Wochen nach seiner Übergabe an die Dukha-Vereinigung Tsaatan zon. Tsagaannuur, 11. August 2008. Fotografin: SH

Dazu gesellten sich weitere Probleme: Es kam zu erhitzten Diskussionen über die Erhöhung des Preises für die Pferdevermietung. Viele Dukha waren der Meinung, dass dieser mit 5.000 MNT pro Tag und Pferd viel zu niedrig angesetzt wäre, während andere der Meinung waren, dass es zum gegenwärtigen Zeitpunkt unklug sei, die Preise zu erhöhen, um konkurrenzfähig zu bleiben. Dazu kam, dass sich die Westtaigabewohner immer mehr beklagten, dass sie, im Unterschied zu den Camps der Osttaiga, kaum noch Besucher erhielten.

Das vermutlich größte Problem aber war, dass das Besucherzentrum mangels Personal mit englischen Sprachkenntnissen nach wie vor stets auf Hilfe von außen angewiesen war. Morgan Keay, die Vorsitzende der Itgel Foundation, die während der Implementierungsphase noch die Kommunikation mit Touristen und Reiseveranstaltern vor allem von Ulaanbaatar aus organisiert hatte, begann sich ab 2009 aus dem Projekt, das offiziell als abgeschlossen galt, so weit es ging zurückzuziehen und sich nach jahrelanger ehrenamtlicher Arbeit für die von ihr eigens zur Unterstützung der Dukha gegründeten NRO wieder ihrer eigenen beruflichen Karriere zu widmen. So wurde die Kommunikation zwischen dem Besucherzentrum und interessierten Individualtouristen in der Folgezeit erheblich erschwert – was vermutlich die Abnahme der Kundenzahlen aus dieser Gruppe mit erklärt.[99]

---

99 Vor einer völlig desaströsen Jahresbilanz 2010 gerettet wurde das Zentrum durch die Partnerschaft mit Reiseveranstaltern wie der staatlichen Juulchin Agentur, Nomin Tours, Active Adventure Tours, Panoramic Journeys oder Boojum Expeditions, die in diesem Krisenjahr statt wie bislang durchschnittlich 10, insgesamt 46 Personen über das TCVC in die Taiga brachten (MCDS 2011: 48). Dieser sprunghafte Anstieg legt die Vermutung nahe, dass viele der Kun-

Das TCVC war am Ende der Touristensaison 2010 am Tiefpunkt seiner bis ddahin kurzen Geschichte angelangt. Die bis dahin für die Finanzen zuständige Managerin von *Tsaatan zon* hatte Tsagaannuur im August dauerhaft verlassen und war praktisch nicht mehr zu erreichen. Die hinterlassene Buchhaltung war lückenhaft und eine offene Steuerforderung der Sumregierung bedrohte die finanzielle Handlungsfähigkeit des Zentrums. Allein der zweite TCVC Manager Borkhüü, der bis dahin weder mit Finanzen noch mit der Außenkommunikation zu tun hatte, sondern lediglich mit der Instandhaltung des Zentrums beauftragt war, blieb mit einem Berg an unbewältigten Problemen zurück. Niemand fand sich, der bereit gewesen wäre, den kritischen Job des fehlenden Buchhalters zu übernehmen. Anstatt aber aufzugeben, ging der Praktiker Borkhüü seine neuen Aufgaben offenbar mit großer Gewissenhaftigkeit an, was dazu führte, dass viele Taigafamilien schnell wieder das Vertrauen in das TCVC zurückgewannen. Als im November und Dezember 2010 das Projekt von Gutachtern des *Mongolian Center for Development Studies LLC* evaluiert wurde, bewerteten die meisten Dukha, von denen sich nicht wenige nur Monate zuvor hochfrustriert über das Zentrum geäußert hatten, das TCVC trotz seiner Probleme als überwiegend positiv und glaubten wieder an seine Zukunft (MCDS 2011: 21, 47ff, 55).

Und tatsächlich blieb das TCVC auch weiterhin im Geschäft und stabilisierte sich in den folgenden Jahren auf einem niedrigen bis mittleren Niveau: Im Jahr 2012 erhielt das Zentrum nach Borkhüüs Angaben etwa 30 Individualtouristen, im Jahr 2013 immerhin 40 – plus jeweils 10 Personen in Reisegruppen. In der Zwischenzeit war aber auch die Konkurrenz nicht untätig geblieben: Das in unmittelbarer Nachbarschaft gelegene „Erdene's Guesthouse" war 2011 renoviert und ausgebaut worden und bot seither bei gleichem Preis im Vergleich zu den kühlen Schlafsälen des TCVCs einen Komfort, der nicht wenige Kunden des Dukha-Zentrums dazu brachte, die Nächte vor und nach ihrer Taigareise dort zu verbringen. Heute gibt es neben dem TCVC drei weitere Touristenunterkünfte im Sumzentrum – und für das Frühjahr 2015 ist die Eröffnung des bislang größten Hotels des Ortes geplant. Das zweistöckige Haus, das im Besitz eines der wohlhabendsten Geschäftsmänner im sum steht, wird offenbar mit Dusche, Karaokebar, Billiard und integriertem Restaurant ausgestattet sein, und wird vermutlich alles, was es bisher in Tsagaannuur an touristischer Infrastruktur gab, in den Schatten stellen. Ob es ebenfalls Touren in die Taiga anbieten wird, ist bislang nicht bekannt. Vermutlich aber werden die kommenden Zeiten für das TCVC so oder so nicht einfacher werden.

---

den, die eine Tour bei einem der Partnerreiseveranstalter des TCVCs gebucht hatten, Kunden waren, die ohne die Kommunikationsprobleme möglicherweise direkt gebucht hätten.

Abb. 58: *Rast mit Borkhüü (Mitte) und TCVC-Guides. Osttaiga, 19. August 2008. Fotografin: SH*

Abb. 59: *Touristische Idylle in der Osttaiga im enthusiastischen Sommer 2008. Niemand hätte zu jenem Zeitpunkt geahnt, dass das TCVC nur knapp zwei Jahre später in eine tiefe Krise schlittern würde, von der es sich nur langsam wieder erholte. Üzeg, Osttaiga, 17. August 2008. Fotograf: JE*

2.3.2 Informeller Kleinbergbau

Goldrausch!

Die Taiga Nordwest-Khövsgöls ist nicht nur eine reiche und lebendige Landschaft voller Wälder, Flüsse, Berge, Herrengeister und Tiere. Sie ist, ganz offenbar, auch reich an Bodenschätzen und vor allem *Gold*. Dies wurde auf besonders dramatische Art und Weise deutlich, als im November 2009 in der Westtaiga ein Goldrausch von in der Region noch nie gesehenem Ausmaß ausbrach. An einem kleinen, schwer zugänglichen Flüsschen namens Nogoon gol, im entlegenen Süden der Westtaiga, hatten wenige Wochen zuvor zwei junge Dukha Gold gefunden und dies nach ihrer Rückkehr nach Tsagaannuur – offenbar unter starkem Alkoholeinfluss – ausgeplaudert. So begannen schon innerhalb weniger Wochen etwa 1.000 Leute aus der Region in dem kleinen, versteckten Tal nach Gold zu graben. Dies war allerdings erst der Anfang. Nach dem mongolischen Neujahrsfest im Februar 2010 überfluteten – nach Angaben fast aller befragter Dukha und anderer Leute aus Tsagaannuur – etwa fünf- bis sechstausend illegale Goldsucher (MON [umgangsspr.]: *ninja*) aus der gesamten Mongolei die bis dahin einsame Waldregion und richteten dabei massive Schäden an.[100] Sowohl das Schürfgebiet als auch die bis dahin nur von wenigen Rentierhaltern und Jägern genutzten, einsamen Waldwege zur Mine wurden mit Abfällen, Toilettenpapier und Fäkalien verschmutzt. Vieles davon sickerte im Frühjahr nach der Schneeschmelze in die Flüsse. Zudem war bald das gesamte Tal mit tiefen, gefährlichen Löchern übersät, die die Männer überall bei Temperaturen von meist etwa -40°C in mühsamer Handarbeit gegraben hatten. Um diesen Kraftakt im steinhart gefrorenen Permafrostboden überhaupt bewerkstelligen zu können, mussten die ninjas nachts, oder wann immer sie nicht gerade aktiv im Schacht arbeiteten, Feuer am Boden der Löcher brennen lassen. So dauerte es nicht lange, bis die umliegenden Wälder völlig gerodet, sämtliche Wildtiere großräumig verscheucht waren und sich das Tal mit dichtem Rauch aus Hunderten von lodernden Feuern füllte, der den Männern in der Mine das Atmen schwer machte. In Tsagaannuur stellte man sich darauf ein, dass es in der Westtaiga wohl spätestens im Frühjahr oder Sommer zu einem Waldbrand kommen könnte.

Neben den ökologischen Schäden und Gefahren waren auch die sozialen Zustände in der illegalen Mine verheerend. Schwerer Alkoholkonsum war überall an der Tagesordnung. Und mit ihm kamen die Unfälle. Immer wieder stürzten betrunkene *ninjas* nachts in nicht gesicherte Schächte und verletzten sich schwer; mindestens einer von ihnen starb auf diese Weise. Auch Verbrennungen oder Er-

---

100 Die folgenden Ausführungen beruhen alle auf den sehr konsistenten Berichten von mindestens zwanzig, vor allem im Frühjahr und Herbst 2010 befragten Dukha und anderen Personen aus Tsagaannuur, Ulaan-Uul usw. Es ist daher nicht auszuschließen, dass sich bezüglich des ein oder anderen Details eventuell Gerüchte und Wahrheit zu einem gewissen Grad miteinander vermischt haben mögen. Dennoch sind die Berichte der Goldsucher und Vertreter der Sumregierung so eindeutig und übereinstimmend, dass es angemessen erscheint, ihnen Glauben zu schenken.

frierungen waren weit verbreitet, meist in Zusammenhang mit Alkohol. Ein junger Mann aus Tsagaannuur verlor aufgrund von schweren Erfrierungen alle seine Zehen, nachdem er betrunken eingeschlafen war. Noch Monate später konnte er nicht gehen und war auf einen Rollstuhl angewiesen. Unter den Goldsuchern aber festigte sich bald schon der Glaube, dass die Taiga nur ihre Schätze freigeben würde, wenn sie auch etwas von den Männern dafür bekommen würde – sei dies Blut oder Zehen oder gar ein ganzes Leben.

Unter diesen Umständen mag es wahrscheinlich kaum überraschen, dass das Leben in der Mine immer mehr von Gewalt beherrscht wurde. Je mehr Goldsucher nach Nogoon gol kamen, desto mehr waren Streits und heftige Prügeleien zwischen Betrunkenen an der Tagesordnung. Das in der Mongolei als „agsan" bezeichnete Phänomen (siehe hierzu auch: Pedersen 2011), ein Zustand der unkontrollierten, betrunkenen Rage, war weit verbreitet. Viele der ausgebrannten, erschöpften und betrunkenen ninjas gaben hinterher an, dass sie oft lediglich machtlos und abgestumpft daneben saßen, wenn sich Leute um sie herum im agsan-Wahn gegenseitig die Zähne ausschlugen. Es herrschte eine düstere, überaus aggressive Stimmung, die viele, vor allem ortsansässige Männer nicht nur mit Neid, Alkohol und Gier, sondern auch mit der Wut der Herrengeister der Taiga in Verbindung brachten.

Je schlimmer die Gewalt und je verheerender die allgemeinen sozialen Zustände wurden, desto mehr schien sich all das Negative selbst zu verstärken: Schon bald geriet die Mine in der gesamten Mongolei in die Schlagzeilen. Selbst im landesweiten Fernsehen liefen Berichte über den offenbar völlig gesetzlosen Ort in der schwer kontrollierbaren „Wildnis" der Taiga. Diese Berichte zeigten aber kaum abschreckende Wirkung. Stattdessen zogen sie offenbar nur noch mehr Leute an. Unter ihnen, wie praktisch jeder Zeuge der Geschehnisse berichtete, nicht nur die gewöhnlichen informellen Goldsucher, die in der Mongolei schon lange ein Massenphänomen sind[101], sondern anscheinend auch viele Gangster und andere Kriminelle, die besonders von der Unkontrollierbarkeit der entlegenen Mine angelockt wurden. So dauerte es nicht lange, bis es zu den ersten räuberischen Überfällen auf den von den Goldsuchern und Dukha gleichermaßen genutzten, einsamen Pfaden der Westtaiga kam, und einige ninjas begannen, auf andere Plätze in der Nähe auszuweichen. Noch im Februar 2010 begannen einige hundert Goldsucher, nur wenige Kilometer entfernt, im Judnai-Tal, zu schürfen. Und selbst in der entfernten Osttaiga, nahe der burjatischen Grenze, fand man Spuren von Probegrabungen.

---

101 In der gesamten Mongolei sind heute geschätzte 100.000 Menschen im informellen Kleinbergbau tätig, was in etwa 20% der gesamten ländlichen Arbeitskraft darstellt (Sandmann 2012: 32). Es ist Gegenstand vieler Diskussionen, ob und unter welchen Bedingungen diese Form der Schattenökonomie, die bislang vor allem hinsichtlich ihrer nicht zu leugnenden ökologischen Probleme wahrgenommen wird, auch einen Beitrag zur nachhaltigen ländlichen Entwicklung leisten kann (siehe hierzu auch: Janzen et al. (Hg.) 2007). Von einer solchen Entwicklung war man im Tsagaannuur sum jedoch stets weit entfernt – die Mine in der Westtaiga galt sicherlich nicht ganz zu Unrecht als eine der schlimmsten des gesamten Landes.

All dies verängstigte nicht nur die Dukha in West- und Osttaiga, die sich mehr und mehr um ihre Zukunft in der Taiga zu sorgen begannen. Auch die Sumregierung war alarmiert durch die bedrohliche Situation. Gemeinsam mit den Westtaigabewohnern entwarf sie sogar zwischenzeitlich den Plan, das Sommerweidegebiet der Gruppe zu verlegen: Aufgrund der anhaltenden Meldungen von Zwischenfällen auf den Zugangsrouten zur Mine fürchteten sich die Westtaigabewohner davor, im kommenden Sommer nach Menge Bulag, das in der Nähe einer dieser Routen liegt, zurückzukehren und hatten sich daher hilfesuchend an die Regierung gewandt (Myagmarjav, März 2010: pers. Komm.)

Die Rolle der Dukha

Interessanterweise aber unternahmen die Dukha nichts, um die Goldsucher zu stoppen. Im Gegenteil: Zwar beklagten die meisten von ihnen die überaus bedrohlichen Entwicklungen, aber gleichzeitig waren im Winter 2009/10 praktisch alle Männer der Ost- und Westtaiga zumindest temporär selbst in der Mine oder verdienten ihr Geld als Führer für die ortsfremden Goldsucher, denen sie zudem für hohe Preise ihre Rentiere zum Lastentransport vermieteten. Man hatte schnell begriffen, dass man in einer sehr guten Verhandlungsposition war: Nicht nur besaß man quasi das Wissensmonopol über die Wege durch das winterliche Taigaterrain, in dem sich die meisten Auswärtigen nicht zurecht fanden – man war auch im Besitz der idealen Transporttiere.

Andere findige Leute in Tsagaannuur, auch unter ihnen nicht wenige Dukha, begannen Wodka und Nahrungsmittel in die abgelegene Mine zu transportieren, die sie dort – ebenfalls zu sehr gewinnbringenden Preisen – verkauften. Sogar eine damals alleinstehende Dukha-Frau aus Tsagaannuur wagte sich für einige Wochen in die raue und gefährliche Männerwelt der Mine – und eröffnete dort eine kleine Zeltkantine, in der sie *khushuur* (gebratene, fleischgefüllte Teigtaschen) und *tsuivan* (Bratnudeln) zu äußerst lukrativen Preisen verkaufte. So profitierten, auf die eine oder andere Art und Weise, kurzfristig praktisch alle Dukhafamilien von der entstandenen Situation und es stellte sich schnell die allgemeine Einstellung ein, dass das, was in Nogoon gol passiere zwar einerseits sehr schlecht und gefährlich sei, man andererseits aber ohnehin nichts gegen die Goldsucher unternehmen könne und deswegen besser wenigstens noch einen persönlichen Profit daraus ziehen sollte, solange sich die Gelegenheit bietet. Damit verstrickten sich die meisten Dukha natürlich immer mehr in eine zutiefst widersprüchliche Lage, wurden Teil einer völlig außer Kontrolle geratenen Entwicklung, die sie selbst einerseits essentiell bedrohte, die ihnen aber auch zum ersten Mal die Chance bot, auf relativ schnellem Wege Geld zu verdienen, das manche von ihnen nutzten, um es ihren im fernen Ulaanbaatar studierenden Kindern zu schicken, andere wiederum, um sich lang ersehnte Dinge wie ein chinesisches Motorrad oder sogar einen alten „jaranyös" UAZ-469 Jeep zu kaufen.

Die Reaktion der Taiga

Dass aber ausgerechnet die meisten dieser vom Erlös des Goldes erstandenen Dinge nicht lange hielten, oft sogar schon nach kürzester Zeit zu Bruch oder auf sonst irgend eine Art und Weise verloren gingen, war ein Phänomen, das die Dukha ohne großes Erstaunen hinnahmen. Jeder wusste: Etwas war durcheinander geraten. Die Taiga war nicht glücklich über die Handlungen der Menschen, die einen extremen Verstoß gegen alle Regeln der Achtsamkeit konstituierten, und begann sich nun die Dinge zurückzuholen, die man ihr geraubt hatte. Selbst wenn zu dieser Zeit ein Rentier starb, sagte man, dass dies eindeutig in Zusammenhang mit dem Gold stehe – genau wie alle anderen unglücklichen Dinge, die sich zu jener Zeit ereigneten. Dies war jedem in der Gemeinschaft so klar und präsent, dass es schwer fällt, es lediglich als die Manifestation eines kollektiven schlechten Gewissens und einer sich langsam einstellenden Hysterie abzutun. Was sich hier abspielte war mehr als das. Den Dukha war klar, dass sie etwas in Gang gesetzt hatten, das die Regeln zwischen den menschlichen und nichtmenschlichen Personen der Taiga auf gröbste Art und Weise gebrochen, ökologische wie spirituelle Verschmutzung größten Ausmaßes verursacht und die Beziehungen zur Landschaft und den cher eeleri massiv erschüttert hatte. Nun warteten sie die Konsequenzen ihres Handelns ab. Und diese stellten sich noch lange Zeit immer wieder ein: Noch heute sagen die Taigaleute, dass der seit 2010 deutlich spürbare Klimawandel in der Taiga, der sich durch trockenere, heißere Sommer und für die Region außergewöhnliche milde und vor allem schneearme Winter bemerkbar macht, eine Sanktion der Taiga, insbesondere der verärgerten Herrengeister sei, die mit den Aktivitäten in Nogoon gol in Verbindung stünde (Gombo, Ovogdorj, Ulzan, Zaya, Feb. 2014: pers. Komm.). Der Winter 2013/14 war sogar so schneearm, dass die Dukha in der Osttaiga, die in Khevtert auf Schnee als Trinkwasser angewiesen sind, früher als gewohnt in ihr Frühlingslager ziehen mussten. Gombo (ibid.) befürchtet gar, dass so bald die Rentierflechten knapp werden könnten.

Die Gegenoffensive

Es waren aber nicht nur die Kräfte der Taiga, die offenbar zur Sanktionierung des menschlichen Fehlverhaltens ausholten. Auch die Sumregierung war spätestens ab April 2010 fest dazu entschlossen zurückzuschlagen und die inakzeptablen Vorgänge in der Westtaiga zu unterbinden – auch wenn selbst deren Mitglieder immer wieder betonten, dass es mit ihren spärlichen Mitteln kaum möglich sei, etwas zu stoppen, was der ganze mongolische Staat bislang noch fast nirgends im Land wirklich unter Kontrolle gebracht habe (Myagmarjav, April 2010: pers. Komm.). Der Druck, der auf der Regierung des kleinen Grenzortes lag, war aber immens. Nicht nur war der sum in die Negativschlagzeilen des Landes geraten, sondern man hatte zudem auch noch eine Regel durchzusetzen, die man selber nur ein Jahr zuvor, gemeinsam mit den Nachbar-sums und dem Altai-Sayan Projekt, durchgerungen hatte: Denn – obgleich dies das dramatischste, größte Ereignis in diesem

Zusammenhang war, an das man sich in der Region erinnern konnte – es war nicht das erste Mal, dass in Nordwest-Khövsgöl nach Gold gegraben wurde. Auch im Ulaan-Uul sum, nicht weit weg von der heutigen Mine in der Westtaiga, war es in den Jahren zuvor schon zu einem kleineren Goldrausch, bei dem auch schon etwa 1.000 ninjas gezählt wurden, gekommen. Hier war im Jahr 2008 unter anderem ein junger Mann aus der Osttaiga ums Leben gekommen. Außerdem hatten die Dukha im Winter 2008/09 offenbar auf eigene Faust eine (rechtlich nicht gültige) Abmachung mit einer Bergbaugesellschaft getroffen, die in der Osttaiga, im Jugneg Tal, Gold schürfen wollte und die Taigaleute mit großzügigen Versprechungen, wie der Schaffung von lokalen Jobs, geködert hatte. Gemeinsam mit ihren Kollegen in Ulaan-Uul schaffte es jedoch die zu diesem Zeitpunkt frisch gewählte Bürgermeisterin Tsagaannuurs Myagmarjav, die Minengesellschaft, die im Januar 2009 schon mit schwerem Gerät in die Region vorrückte, zu stoppen. Hierauf entwickelte man, gemeinsam mit dem Altai-Sayan Projekt und dem mongolischen Ministerium für Natur, Umwelt und Tourismus, den Plan, den gesamten, nördlich des 50. Breitengrades gelegenen Teil des Khövsgöl aimags unter Schutz zu stellen und dort jegliche Bergbauaktivität (also sowohl industrieller als auch informeller Art) zu untersagen – was noch im selben Jahr gesetzlich bestätigt und implementiert worden war (vgl.: GEF 2010; Mongol Uls 2009; Eldev-Ochir & Edwards 2011: 30).

Um diesem Gesetz nun Nachdruck zu verleihen und die Aktivitäten in Nogoon gol zu stoppen, heuerte man gegen Ende April 2010 eine private Sicherheitstruppe an, um die durch das Kharmai-Tal führende Hauptzugangsroute zur Westtaiga zu blockieren und andere Routen wenigstens sporadisch zu patrouillieren. Einige der hierfür eilig ausgebildeten und für etwa zwei Monate angestellten jungen Männer aus dem sum waren zuvor selbst Goldsucher gewesen und ließen sich durch die Aussicht auf einen Job mit festem Gehalt – nach wie vor eine Seltenheit in Tsagaannuur – schnell dazu überreden, die Seiten zu wechseln. So begann man am 2. Mai 2010 damit, einen riesigen Zaun quer durch das Kharmai-Tal zu bauen und die Straße in Richtung Westtaiga mit einer Schranke und einem Tag und Nacht besetzten Wachtposten zu blockieren (siehe Abb. 61 und 62).

Nach dem Rausch

Zu jenem Zeitpunkt allerdings war der Höhepunkt der Bergbauaktivitäten in der Westtaiga bereits überschritten und die Zahl der ninjas in der Westtaiga begann, unabhängig vom Einsatz der kleinen Schutztruppe im Kharmai-Tal, völlig unerwarteterweise und in kürzester Zeit massiv zurückzugehen. Ein Grund dafür war, dass mit den steigenden Temperaturen die Arbeit in der Mine immer schwieriger und gefährlicher wurde: Die bis dahin gefrorene Erde wurde weich und Wasser drang überall in die Schächte ein, was zu akuter Einsturz- und damit Lebensgefahr für die Goldsucher führte. Der Hauptgrund aber für die Entspannung der Situation war ein anderer: Die Goldfunde waren im Laufe des Winters immer weniger geworden. Die Mine hatte für die meisten Glücksritter nicht gehalten, was man sich von ihr versprochen hatte. So gaben viele der Leute in Nogoon gol ihre harte, illegale und gefährliche Tätigkeit im Mai 2010 von ganz alleine auf. Andere versuchten ihr Glück noch eine Zeit lang an anderen Stellen der Taiga, aber die befürchtete Ausbreitung der Goldsuche auf die gesamte Region blieb aus. Zurück blieben am Ende nur noch etwa 100 Personen in einem innerhalb nur weniger Monate fast völlig verwüsteten, kahl geschlagenen und mit Abfällen übersäten Tal inmitten der überall ringsum wieder mit Leben erwachenden Taiga.

In Tsagaannuur, wo mit der allseits plötzlich gestiegenen Verfügbarkeit von Bargeld während des Goldrauschs eine heftige Welle exzessiven Alkoholkonsums gewütet hatte und es in diesem Zusammenhang zu zahlreichen Zwischenfällen gekommen war, begann man ab Anfang Mai eine feste Polizeiwache mit Verwahrungszelle zur temporären Festsetzung von Betrunkenen und Schlägern aufzubauen – eine Maßnahme, die im Dorf viel Zustimmung fand. Nun wurde auch hier, mitten im Ort, ein deutliches Signal gesetzt: Der Staat war von nun an wieder präsent und würde die chaotischen Zustände nicht mehr weiter hinnehmen – weder in der Taiga, noch in der Siedlung!

Die Westtaiga-Dukha aber holten zu jener Zeit, wie in den Jahren zuvor, nach einem sehr turbulenten Winter ihre Rentiere wieder aus den Wäldern und zogen zunächst in ihre Frühlingscamps und einige Wochen später nach Menge Bulag. Die Befürchtung, dass man das Sommerweidegebiet wohl aufgeben müsse, hatte sich nicht bestätigt und es folgte ein relativ ungestörter Sommer mit nur wenig Bergbauaktivitäten – allerdings aber auch kaum Touristen (siehe Abschnitt VII 2.3.1). Unterdessen wartete man aber allseits nervös ab, wie sich die Dinge entwickeln würden, sobald der Frost wieder einsetzte und damit die Voraussetzungen für die Arbeit in den gefährlichen Schächten wieder gegeben wären. Würden die ninjas zurückkehren und das Drama von vorne beginnen? Erstaunlicherweise geschah nichts dergleichen. Im darauffolgenden Winter zählte man nur noch rund 100 Personen in Nogoon gol, die sich dort mehr oder weniger permanent niedergelassen hatten, von denen aber offenbar keine wirkliche Bedrohung oder Belästigung mehr ausging.

Konsequenzen

Das ganze Kapitel zog, wie bereits besprochen, Konsequenzen einer völlig anderen Art nach sich: Während des Goldrausches war der Sumregierung und den Leitern der Naturschutzbehörde der Geduldsfaden gerissen: „Wenn die Rentierleute ihre Taiga nicht selber schützen könnten", so ihr Leiter Erdenejav im Mai 2010 (pers. Komm.), „dann müsse man dies eben für sie tun." So diskutierte man alsbald offen und konkret den Plan, die Taiga zu einem staatlichen Schutzgebiet zu erklären – was im offiziellen Diskurs nun vor allem als Schutzmaßnahme gegen den grassierenden illegalen Bergbau gerechtfertigt wurde. Dieser Plan (der allerdings mit Sicherheit schon lange vor dem Goldrausch bestanden haben muss) wurde am 21. April 2011 mit der Gründung des Tengis-Shishged Nationalparks in die Tat umgesetzt.

Ab Sommer 2012 wurden im Minengebiet mehrere Räumungs- und Säuberungsaktionen durchgeführt, bei denen alle verbliebenen illegalen Goldsucher vertrieben und deren Behausungen und Hinterlassenschaften verbrannt wurden – und offenbar allein in einem der verschiedenen Ninjacamps über 6.000 herumliegende, leere Wodkaflaschen eingesammelt wurden (Tömörsükh, Feb. 2012: pers. Komm.). Die gemeinsamen Bemühungen der drei Sumregierungen Nordwest-Khövsgöls, der Nationalparkverwaltung, der Polizei und vor allem der Ranger scheinen erfolgreich zu sein. Bis heute (Frühjahr 2014) kamen keine Goldsucher mehr zurück in die Taiga.

Abb. 60: Beginn der Bauarbeiten an der Polizeiwache in Tsagaannuur. 9. Mai 2010. Fotograf: JE

Abb. 61 & 62: *Sperrung des Zugangs zur Westtaiga im oberen Kharmai-Tal durch eine im Schnellverfahren ausgebildete Schutztruppe. Trotz der ambitionierten Maßnahme blieben natürlich viele andere Zugangswege zur Mine offen. Dennoch aber ebbte der Goldrausch in der Folgezeit drastisch ab – allerdings eher aufgrund sinkender Erträge. Nachdem ab Sommer 2012 die Goldsuchercamps mehrfach geräumt wurden, kehrte wieder Ruhe in den abgelegenen Süden der Westtaiga ein. Auch der Zaun ist mittlerweile wieder aus dem Kharmai-Tal verschwunden. Kharmaiin am, 2. und 3. Mai 2010. Fotograf: JE*

Abb. 63: Taiga-Imbiss. Fernab aller Fernstraßen, aber an einer der Hauptzugangsrouten nach Nogoon gol, eröffnete im Winter 2009/10, auf dem Höhepunkt des Goldrausches, eine findige Dukhafamilie in ihrem Wintercamp ein Imbisslokal (MON: guanz) für durchreisende, hungrige ninjas. Khar zürkh, Westtaiga, 1. April 2010. Fotograf: JE

Die Rückkehr der Jade

Schon bald nachdem der Goldrausch in der Westtaiga vorüber war, hatten die Dukha und andere Einwohner des sums eine Alternative zum Goldsuchen gefunden. Man griff nun wieder auf eine Tätigkeit zurück, die in der Gegend schon seit Jahren betrieben wurde, die zu Zeiten des Goldrauschs aber ausgesetzt worden war: Der Abbau von Jade (MON: *khash*).

Das Jadegeschäft funktioniert völlig anders als das Goldsuchen, bei dem das „Alles oder Nichts-Prinzip" gilt. Denn der Abbau von Jade ist eine ziemlich verlässliche, kalkulierbare Angelegenheit. Jeder Taigabewohner und die meisten ortsansässigen Darkhad wissen, wo man das begehrte, graugrünlich oder weißlich schimmernde Gestein findet: Es kommt vor allem im Gebiet *Byaran*, im entlegenen Westen der Osttaiga vor. Dort kann man es über Tage sehr einfach abbauen. „Man muss weder graben, noch Bäume fällen, noch Gift einsetzen oder sonst irgendetwas zerstören" – und außerdem liege das Gebiet im verlassenen Westen der Osttaiga so weit weg, dass es nicht zu Störungen der Touristen kommen könnte, so ein Informant aus Tsagaannuur. Für das Geschäft genügen einfache Werkzeuge wie Hammer, Meißel und Brechstange, mit denen man vorsichtig versucht, möglichst große, zusammenhängende Brocken des nephrithaltigen, weichen Mischgesteins herauszulösen. Wesentlich problematischer als der Abbau der Jade gestaltet sich allerdings ihr Transport durch die Taiga: Um von dem aus Tsagaannuur etwa zwei Tagesreisen entfernten Abbaugebiet wieder zurückzukommen, braucht es starke Transportpferde, denen auf dem doppelt so lang dauernden, mühsamen Rückweg jeweils bis zu 150 kg des Gesteins aufgeladen werden. Ein Rentier könnte über diese Distanzen höchstens ein Drittel dieser Menge tragen, was sich nach Ansicht der Beteiligten jedoch nicht lohnen würde. Aus diesem Grund wird Jade nur in der schneefreien Jahreszeit gefördert. Ein weiteres Problem ist, dass es in Byaran nirgends geeignete Weideflächen für Pferde gibt, weshalb man sich maximal insgesamt acht Tage dort aufhalten kann. Diese schwierige Logistik macht das Geschäft für Außenstehende wenig attraktiv. Für die Dukha und Darkhad aus dem sum ist genau dies aber ein Vorteil. So zogen im Sommer und Herbst 2012 etwa einhundert Personen aus der Region, die meisten davon aus der Taiga, regelmäßig nach Byaran, um dort Jade abzubauen. Nationalparkdirektor Tömörsükh sprach im Februar 2014 (pers. Komm.) in diesem Zusammenhang sogar von 450 Jadesuchern.

Die Dukha gehen davon aus, dass die gesamte von ihnen geförderte Jade nach China gelangt, wo sie traditionell besonders begehrt ist. Meist sind es aber mongolische Zwischenhändler, die die Ware in Tsagaannuur abkaufen und später (vermutlich) an chinesische Händler weiterverkaufen. Die Preise, die diese zahlen, unterliegen gewissen Schwankungen: Da die Jade kunsthandwerklich weiterverarbeitet wird, sind die ausschlaggebenden Faktoren für den Preis der jeweiligen Stücke neben ihrer Farbe vor allem die Größe. Auch feine Haarrisse, die nur mithilfe einer Taschenlampe entdeckt werden können, schmälern den Preis. Dafür scheint dieser für Brocken in durchschnittlicher Qualität aber relativ stabil zu sein: Sowohl im Herbst 2012 als auch im Winter 2014 lag er bei etwa 20.000 MNT (ca.

8,30 €) pro Kilogramm. Geht man von den 150 kg aus, die ein Pferd nach einem einwöchigen Aufenthalt im Abbaugebiet heraustragen kann, ließen sich so pro Packpferd bis zu 3.000.000 MNT (1.250 €) verdienen, was dem Vielfachen eines durchschnittlichen Monatslohnes eines mongolischen Arbeiters entspricht.

Abb. 64: Anstatt „das Gold zu jagen", gingen die meisten Dukha nach dem Goldrausch wieder Jade abbauen (im Bild ein etwa 12 kg schwerer Jadebrocken). Auch diese Arbeit ist beschwerlich und illegal, aber offenbar weniger umweltschädlich und gefährlich. Vor allem aber brachte sie, bis die Behörden ab Herbst 2012 eine Offensive gegen alle Bergbauaktivitäten im sum begannen, den Dukha ein verlässlicheres, stetigeres Einkommen als das Gold. Tsagaannuur, 21. September 2012. Fotograf: JE

Das Ende?

Obwohl auch dieses Geschäft schon immer illegal war, wurde es über Jahre hinweg von den Behörden mehr oder weniger toleriert. Man war anscheinend froh, wenn die Leute ein Einkommen hatten, nicht jagten oder gar Gold schürften. Aber diese Einstellung änderte sich grundlegend mit der Gründung des Tengis-Shishged Nationalparks: Während der Abbau von Jade zwar im Sommer 2012 (also mehr als ein Jahr nach der Einrichtung des Parks) geradezu auf Hochtouren lief, begannen die Behörden im Herbst desselben Jahres eine Kampagne gegen die illegale Tätigkeit, innerhalb derer die Kontrollen im sum und auf den Zufahrtsstraßen erhöht, die Einwohner der Region auf die rechtlichen Konsequenzen möglicher Verstöße gegen die relevanten Gesetze aufmerksam gemacht, und „dringend dazu angehalten" wurden, Personen zu melden, die derartige illegale Aktivitäten begangen hatten (siehe Abb. 65). Ein weiteres Problem ist die in Abschnitt VII 1.4.2 diskutierte Registrierungspflicht in der Taiga, die die Leute – neben der Kontrolle der Jagd – davon abhalten soll, sich unangemeldet in Gegenden wie Byaran zu begeben. Angesichts dieser Offensive begann das Geschäft bald einzubrechen. Die Händler wurden immer seltener, blieben irgendwann sogar praktisch ganz aus. So wird es immer schwieriger, das eigentlich so begehrte Gestein zu verkaufen. Noch immer gibt es Familien im sum, die auf 500 kg oder mehr „sitzen" und Probleme haben, diese loszuwerden. Gleichzeitig aber wird von vielen die Jade noch immer als fast die einzige verbliebene Möglichkeit gesehen, in der Taiga – aus eigener Kraft und ohne Hilfe von NRO und dem mongolischen Staat – ein eigenes, gutes Einkommen zu erwirtschaften.

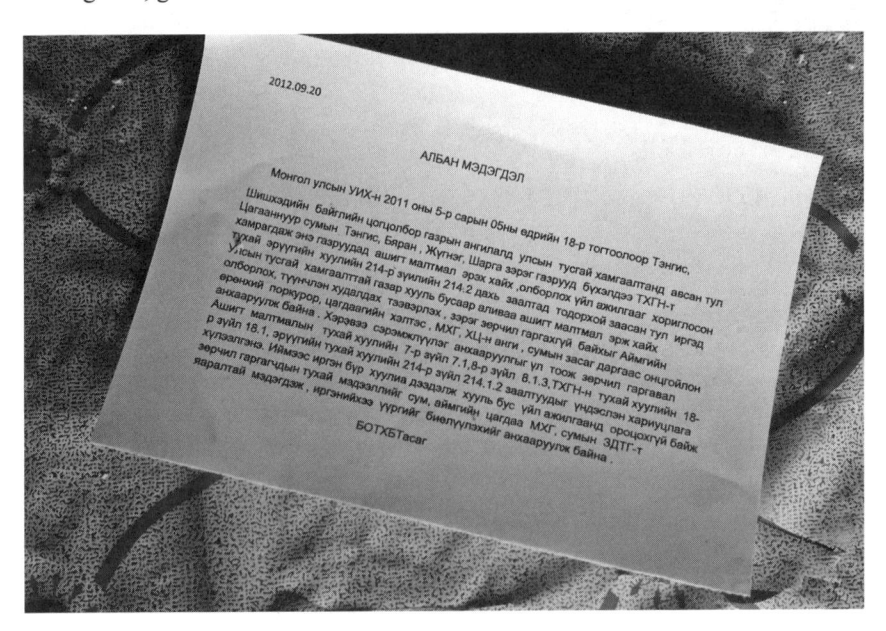

Abb. 65: Behördliche Mitteilung vom 20. September 2012, gefunden und fotografiert auf dem Küchentisch des TCVC – zusammenfassend übersetzt: Im neu gegründeten Tengis-Shishged Nationalpark (inklusive der im Tsagaannuur sum gelegenen Orte Tengis, Byaran, Jügneg und Sharga) sind jegliche Bergbauaktivitäten laut Artikel 214.2 des Strafgesetzes ausdrücklich verboten! Der Aimagstaatsanwalt, die Polizei, das Aimagkriminalamt, die Grenzschutzbehörde und die Sumregierung warnen daher alle Bürger davor, sich am illegalen Bergbau zu beteiligen oder Mineralien aus dem Schutzgebiet zu kaufen oder mit sich zu führen. Wer diese Warnung missachtet, wird verantwortlich gemacht wegen Verstoßes gegen §7.1 und §8.1.3 des Bergbaugesetzes, §18.1 des Gesetzes über besondere Schutzgebiete und des §214.2 des Strafgesetzes. Wer jemanden kennt, der gegen diese Gesetze verstoßen hat, wird dringend gebeten, seiner Bürgerpflicht nachzukommen und die Sum- oder Aimagpolizei, das Kriminalamt oder die Sumverwaltung zu informieren. Tsagaannuur, 26. September 2012. Fotograf: JE

2.4 Die Adaption „der Anderen"

Gedanken zum Denken und Handeln der nichtmenschlichen Welt

In den letzten Abschnitten wurde die Reaktion der Dukha auf die schwierigen politisch-ökonomischen und sozialen Bedingungen, denen sie ausgesetzt sind, untersucht. Allerdings wurde in Kapitel II postuliert, dass hier nicht nur allein die Menschen Akteure sind, sondern dass diese vielmehr als Teil einer hybriden sozialen Gemeinschaft, bestehend aus menschlichen und nichtmenschlichen Personen, verstanden werden sollten. Aus diesem Grund drängt sich die Frage auf, ob nicht auch bestimmte Adaptionen – oder zumindest zielgerichtete Reaktionen irgendeiner Art (denn nicht jede Reaktion muss *Adaption* sein) – unter den nichtmenschlichen Akteuren der Taiga auszumachen sind. Und vor allem, ob und inwieweit es sich hierbei um *bewusste, zielorientierte und in die Zukunft gerichtete* Reaktionen handelt, oder lediglich um triebhafte Verhaltensänderungen und Umweltanpassungen. Denn genau dies würde man von *wirklichen* Akteuren ja erwarten. Oder haben wir es hier am Ende doch mit einer nicht-sozialen, *natürlichen* und „in Wirklichkeit" triebhaft-mechanischen Welt der Objekte, bloßen Organismen und Ressourcen zu tun, denen von den Menschen im System lediglich der Status von Personen *zugeschrieben* wird?

Ist es also möglich, tatsächlich solche *bewussten* Reaktionen der nichtmenschlichen Umwelt auf Veränderungen und Entwicklungen zu beschreiben? In der Essenz bedeutet dies: Denkt und handelt die nichtmenschliche Welt tatsächlich, oder gehorcht sie nur Ursache- und Wirkungsprinzipien? Begreift es beispielsweise ein Wolf, wenn er unter Schutz gestellt wird, und ändert er daraufhin – *bewusst* – sein Verhalten (siehe: Lestel, Brunois & Gaunet 2006: 160)?

Hier sei von vornherein festgehalten: Dieses Unterfangen ist, aufgrund der Begrenztheit der Möglichkeiten der Kommunikation zwischen Angehörigen verschiedener Spezies oder anderer Lebensformen sowie unserer semiotischen Beschränkung, das heißt, der mangelnden Fähigkeit, Zeichen außerhalb unseres eigenen, vor allem auf Sprache fixierten „allzu menschlichen Kontexts" (Kohn 2013: 41) zu verstehen, geschweige denn diese überhaupt als solche zu erkennen, extrem schwierig. Auf diesem Gebiet leistet derzeit vor allem der Ethnologe Eduardo Kohn mit seiner „*anthropology beyond the human*" eine sehr interessante Pionierarbeit. In erster Linie basierend auf den Lehren der Semiose analysiert er: Die gesamte nichtmenschliche, lebende Welt – z.B. sogar ein Wald – denkt. In einer Ökologie der verknüpften „*minds in the world*" (2013: 34), sendet und interpretiert, nach Kohn, auch die nichtmenschliche Welt Zeichen und reagiert zukunftsgerichtet – und zwar nicht nur im Sinne von mechanischer „Ursache und Wirkung" (ibid.). Während es den Rahmen dieser Arbeit sprengen würde, Kohns Ansatz oder die Jahrhunderte alten Debatten der Philosophie des Geistes über die Verortung des Verstandes hier weiter zu diskutieren und in der Praxis und Lebenswelt des Sajangebirges zu überprüfen, so ermutigt er dennoch, den hier eingeschlagenen Weg konsequent weiterzudenken. Vieles spricht dafür, dass die nichtmenschliche Welt in der Tat keineswegs so radikal und „irreduzibel anders" ist, wie gemeinhin angenommen (Kohn 2013: 86) – wir aber mit unseren konzeptionellen und analytischen Werkzeugen erst am Anfang eines weiten Weges stehen, diese zu begreifen.

Auf eine ganz andere Art und Weise bestätigen diese Überlegungen auch die Einwohner Nordwest-Khövgöls, die Dukha und die Darkhad, genauso wie die Tozhu in Osttuwa und die meisten Jäger und Rentierhalter des Nordens. Für sie ist die Frage nach der Reaktion der belebten Welt auf (primär) vom Menschen induzierte Entwicklungen keinesfalls ein abwegiger Gedanke. Eine wegweisende Untersuchung in diesem Zusammenhang stammt von Pedersen (2011), der eindrücklich beschreibt, wie für die Darkhad aus der Region Ulaan-Uul die Geisterwelt ganz eindeutig auf die Zustände im institutionellen Vakuum und Chaos der postsozialistischen Zeit reagierte. Für die Darkhad war, laut Pedersen, jener anomische Zustand, manifestiert in weit verbreitetem Alkoholismus, Depression und Orientierungslosigkeit, sowie dem massenhaften Auftreten des agsan-Phänomens (2011: 1f), nicht nur ein reines Produkt des gesellschaftlichen Chaos im Rahmen des damals erlebten staatlichen Zerfalls. Genauso waren für sie hier die spirituellen Kräfte am Werk, die angesichts des institutionellen Vakuums und des Mangels an Schamanen völlig außer Kontrolle geraten waren und nun allerorts großen Schaden anrichteten:

> „Indeed, for many people in Ulaan-Uul, the hardships of transition had been made significantly worse, if not directly precipitated, by the communist repression of occult specialists in the late 1930s. The result was a sort of postsocialist double bind, in which the aftershocks of the consecutive meltdown of shamanic and socialist institutions came together, like two merging cracks in an errupting earthquake, to produce a general sense of chaos. On the one hand, the disappearance of the socialist state gave rise to a sense of occult excess. On the other hand, the lack of shamans meant that these opaque forces could not be tamed the way they used to be before the communists took over. Consequently, „transition society" – manifested in the form of predatory capitalism, a volatile democracy, a shambolic infrastructure, and runaway corruption – was not simply perceived as representing specific policies pertaining to a market economy and (neo)liberal reform, but was experienced instead as a sign, an index, indeed a portent of an all-encompassing cosmic upheaval, which people in Ulaan-Uul sometimes call „the age of darkness"." (Pedersen 2011: 30)

Genauso reagierte für die Dukha, Darkhad und offenbar sogar viele der anderen involvierten Goldsucher, wie in Abschnitt VII 2.3.2 besprochen, die Taiga auf die von den Menschen angerichteten Zerstörungen in Nogoon gol. Sie forderte Blut und sogar Leben für Gold und nahm sich das meiste von dem, was ihr die Menschen entrissen hatten, bald schon wieder in anderer Form zurück. Ob solche Vorgänge nun als „Adaption" der nichtmenschlichen Welt bezeichnet werden können, sei dahingestellt. Wohl aber werden sie als zielgerichtete und intentionale Form der Aktion bestimmter Kräfte beschrieben, die ganz eindeutig in Zusammenhang mit vorangegangenen oder simultan geschehenden Aktionen der Menschen oder von ihnen ausgelösten Zuständen gesehen werden.

Auch hinsichtlich der Handlungen der Tiere lassen sich hier Überlegungen anstellen – z.B. zum Phänomen, dass nach dem Ende der Sowjetunion in Sibirien massenhaft Rentiere, aufgrund von Vernachlässigung und Fehlbehandlung in die Wälder verschwanden, ihre Beziehung zum Menschen aufgaben (siehe z.B.: Donahoe 2004: 130; Krupnik 2000: 54; Gray 2004: 150), während die Rentiere der Dukha genau dies *nicht* tun, selbst wenn sie sechs Monate oder mehr alleine in der Taiga verbringen. Dass sie sich offenbar aus freien Stücken für ihr weiteres Zusammenleben mit dem Menschen entscheiden, scheint die Hypothese zu untermauern, dass diese Tiere nicht allein triebgesteuert und intuitiv, sondern – zumindest zu einem gewissen Grad – reflektiert und möglicherweise sogar *zukunftsorientiert* handeln.

Natürlich sind solche Aussagen zu einem hohen Grad spekulativ. Während die Personhaftigkeit der Tiere und der Taiga aus Perspektive der Rentierhalter-Jäger eine gelebte Tatsache ist, können wir bislang nicht wissen, was (und ob) das wie auch immer geartete nichtmenschliche Kollektiv der Taiga tatsächlich denkt. Es fehlt hierzu schlicht an einer gemeinsamen Sprache. Aber der Ansatz, bestimmte, bislang weitgehend unhinterfragte Grundannahmen, z.B. bezüglich des Unterschieds zwischen Mensch und Tier, zu hinterfragen oder sogar radikal anders zu denken, ist keineswegs ein unberechtigtes Unterfangen (siehe hierzu auch: Noske 1997; Willerslev 2007: Kap. 4). Es wurde in diesem Buch wiederholt dazu angeregt, das naturalistische Axiom von der Trennung des Menschen von der Natur als gegebene Grundannahme in der Wissenschaft hinter sich zu lassen. Und tatsächlich kann auch die in der westlichen Tradition mehr oder weniger unhinterfragte Annahme, dass – im Gegensatz zur triebgesteuerten „Maschine Tier" – lediglich der Mensch über „Geist" und damit ein „Selbst" verfügt, leicht als ein Produkt des kartesischen Dualismus entlarvt werden. Es war René Descartes persönlich, der diese These aufstellte (vgl.: Willerslev 2007: 14). Es ist zwar vermutlich nicht zu leugnen, dass dem Menschen aufgrund seiner besonderen kognitiven und technischen Fähigkeiten eine Ausnahmestellung in unserer Welt zukommt. Aber auch das ist erstens (wie all unsere menschlichen Interpretationen der Welt) eine zutiefst anthropozentrische Sichtweise der Dinge, und – zweitens – enthebt es den Menschen nicht grundsätzlich aus dem, was laut naturalistischem Dogma gemeinhin als „Natur" bezeichnet wird. Vielmehr ist es ein gradueller Unterschied, der zwischen den menschlichen und nichtmenschlichen Tieren besteht. Und dieser „graduelle Unterschied", hielt schon Darwin fest, „so groß er auch sein mag, berechtigt uns nicht, dem Menschen ein getrenntes Königreich zuzuweisen" (Darwin 1882: 147, übers. v. JE).

Handlung und Adaption: Projekt oder Prozess?

Anstatt diese Überlegungen weiter zu vertiefen, soll das oben diskutierte Problem hier nun vielmehr von der genau umgekehrten Seite her beleuchtet werden: Anstatt zu fragen, ob nichtmenschliche Akteure die Fähigkeit besitzen, rational zu denken und zu handeln – da dies i.d.R. genau das ist, was von einem *Akteur* erwartet wird – ließe sich nämlich auch umgekehrt die Frage stellen, wie rational und vor allem *geplant* denn menschliche Handlung – und hier im Speziellen: *Adaption* – tatsächlich ist:

Es wird allgemein angenommen, dass „echte" Handlung mehr oder weniger *zielgerichtet* ist, zumindest aber rationalen Beweggründen folgt. Noch einen Schritt weiter bedeutet dies, dass Handlung, so verstanden, ein *Produkt* des Denkens ist. „Wir sind es gewohnt", schreibt Ingold (2013: 20), „das Machen als ein *Projekt* zu verstehen." Dieses Projekt beginnt mit einer Idee und ggf. den Rohmaterialien, die man für seine Realisierung benötigt. Den Rohmaterialien wird dann eine Form gegeben, die bereits vorher im Kopf des Handelnden Gestalt angenommen hat. Dieses Prinzip ist keineswegs nur auf die Kunst oder das Bauen beschränkt. Vielmehr scheint es, dass wenn ganz allgemein von *Handlung* gesprochen wird, fast immer von dieser Art *Projekt* die Rede ist: Es existiert ein Problem, der Mensch überlegt sich eine Lösung und evtl. einen Plan (Strategie), und setzt diese unter Zuhilfenahme bestimmter, ihm zur Verfügung stehender Ressourcen in die Tat um (siehe z.B.: Scoones 1998). Handlung – und damit u.a. auch Adaption – wäre so vor allem das *Produkt* des Denkens. Und wahrscheinlich aus genau diesem Grund sind wir überzeugt, dass nur Menschen wirklich *handeln*: Während zwar auch Tiere permanent alle möglichen Dinge tun, um ihre Existenz fortzuführen, tun sie dies (angeblich) lediglich auf quasi mechanische Art und Weise, unter Ausführung eines genetisches Programms. Sie „handeln" nicht. Und genauso entsteht nichtmenschliche Adaption angeblich nicht durch Kreativität, sondern aus zufälligen Mutationen, die sich evolutionär mehr oder weniger gut durchsetzen. Der Mensch hingegen entwirft Kraft seines Geistes adaptive Strategien und setzt diese in die Tat um. Aber entspricht dies den Tatsachen? Ist Adaption wirklich als ein zielgerichtetes *Projekt der Realisierung von Strategien* anzusehen? Oder ist sie nicht viel eher in den meisten Fällen ein in und mit der Praxis entstehender, fortlaufender *Prozess*? Der Unterschied ist in der Tat fundamental:

Ein *Prozess* ist – im Unterschied zum oben beschriebenen *Projekt* – nicht die zielgerichtete Realisierung eines *vorab verfassten* Planes, sondern eine dynamische, stets im Entstehen begriffene und dennoch fortschreitende Form der Handlung, an der zwar selbstverständlich kognitive Prozesse maßgeblich beteiligt, diese aber untrennbar mit der Handlung selbst verbunden sind und gemeinsam mit dieser entstehen. Adaption ist normalerweise nicht *Handlung als Realisierung des Gedankens*. Vielmehr entsteht sie in einem Prozess von *Denken durch Handlung*. Die „Strategie", so sie denn überhaupt als solche zu bezeichnen ist, entsteht in Wirklichkeit in den allermeisten Fällen durch und mit der Handlung. Wahrscheinlich ist so vieles, was im Nachhinein als Strategie erscheint, in Wirklichkeit vielmehr das Produkt eines mehr oder weniger „blinden Prozesses" (Thornton & Manasfi 2010: 133). In jedem Fall aber scheint, so betrachtet, der Unterschied zwischen der Handlung und Adaption menschlicher und tierischer Akteure allenfalls ein gradueller, nicht aber ein absoluter zu sein. Weder scheint das Argument gerechtfertigt, dass nichtmenschliche Akteure grundsätzlich *nicht* zu rationaler Handlung fähig sind, noch ist Handlung an sich ohne Weiteres als ein *Produkt* des (menschlichen) Verstandes zu definieren. Begreift man Handlung hingegen als einen *Prozess*, in dem sich Tun und Denken gegenseitig generieren, so verschwimmen die scheinbar festen und unüberwindbaren Unterschiede zwischen menschlicher und nichtmenschlicher Welt.

VIII. SYSTEME DER PRAXIS, WANDEL, ADAPTION UND VERWUNDBARKEIT BEI DEN DUKHA UND DEN TOZHU: ZUSAMMENFASSENDER VERGLEICH UND SCHLUSSBETRACHTUNG

1. VERGLEICHENDE ZUSAMMENFASSUNG

Im folgenden, abschließenden Kapitel soll die Situation der Praxis der Rentierhaltung und Jagd im Grenzgebiet des südlichen Ostsajangebirges zusammengefasst und hinsichtlich ihrer Zukunftsperspektiven abschließend bewertet werden. Diese Situation ist untrennbar verbunden mit der Situation der Dukha und der Tozhu, die sich über die letzten Jahrzehnte hinweg auf beiden Seiten der Grenze sehr unterschiedlich entwickelt hat. Wie aber hat sich dies auf ihr(e) System(e) der Praxis niedergeschlagen? Kann man noch immer von *dem* System der Praxis der Rentierhaltung und Jagd im (südlichen) Ostsajangebirge sprechen, oder hat man es mit zwei verschiedenen Systemen zu tun? Es empfiehlt sich, bei der folgenden, zusammenfassenden Schlussbetrachtung mit dieser, ganz grundsätzlichen Frage zu beginnen.

1.1 Von einem zu zwei Systemen der Praxis?

Es ist in gewisser Hinsicht lediglich eine Definitionssache, für welche Variante man sich bei der Beantwortung dieser ganz grundsätzlichen Frage entschließt – ein klares „Richtig" oder „Falsch" gibt es nicht, sondern lediglich Tendenzen. Schließlich ist, trotz der vielen, in den letzten Kapiteln besprochenen, sehr unterschiedlichen Entwicklungen auf beiden Seiten der Grenze auch Vieles grundsätzlich gleich geblieben: Auf praktisch allen Systemebenen, wie der Ontologie, Weltsicht und Identität, dem spezifischen Mensch-Umwelt-Verhältnis, den Institutionen und dem Wissen bestehen nach wie vor keine großen Unterschiede. Und selbst die Praxis unterscheidet sich bis heute nicht fundamental. Wäre es hier also nicht angemessen, immer noch grundsätzlich von *einem* System der Praxis zu sprechen? Dies wäre, wie gesagt, in vielerlei Hinsicht mit Sicherheit immer noch zu rechtfertigen. Dennoch aber wird hier aus verschiedenen Gründen von *zwei* Systemen gesprochen, die sich beide aus einer gemeinsamen Wurzel entwickelt haben. Das wichtigste Argument hierfür ist: Die Tozhu und die Dukha leben in zwei verschiedenen politisch-ökonomischen Umwelten, getrennt von einer internationalen Grenze, die den Fluss von Menschen, Gütern und Informationen praktisch unterbindet (vgl.: Kreutzmann 2008: 202).

Damit sind hier auch Rentierhaltung und Jagd zwei völlig unterschiedlichen Systemumwelten ausgesetzt, die sehr unterschiedlich auf sie einwirken und verschiedene Reaktionen der Akteure auslösen. Außerdem hat sich die Zusammensetzung und Situation der Akteursgruppen im Zentrum der Systeme unterschiedlich entwickelt und es besteht praktisch kein Kontakt mehr zwischen den beiden Gruppen, von denen die eine heute ein anerkanntes „indigenes, zahlenmäßig kleines Volk" in der Russischen Föderation, die andere eine kleine ethnische Minderheit in der Mongolei ist, jede mit ihren eigenen, sehr unterschiedlichen Problemen und ihren spezifischen Reaktionen auf diese. Die Systeme der Praxis der Dukha und der Tozhu haben, wie im Folgenden noch einmal abschließend demonstriert werden wird, definitiv ein jeweils distinktes Eigenleben entwickelt.

1.2 Wandel und Adaption bei den Dukha und den Tozhu

Das in Kapitel II beschriebene System der Praxis der Rentierhaltung und Jagd war nie ein zeitloses, ahistorisch-statisches System, das unbeeinflusst durch äußere Bedingungen über die Jahrhunderte oder gar Jahrtausende hinweg existierte. Vielmehr war es stets ein System, das sich, wie wahrscheinlich praktisch jedes dauerhaft erfolgreiche System, in einem permanenten Prozess der Optimierung und Adaption auf der Ebene der alltäglichen Handlung befand. Während dieser Prozess wahrscheinlich meist mehr oder weniger unbemerkt, langsam und kontinuierlich verlief, kam es allerdings zu verschiedenen Zeiten in der Geschichte der Sajanregion zu Brüchen und Entwicklungen, die markante, bisweilen sogar gravierende und rapide Veränderungen im Leben ihrer Bewohner und ihres Systems der Praxis hervorbrachten. Die massivsten dieser Veränderungen vollzogen sich vor allem gegen Mitte und Ende des 20. Jahrhunderts: Zunächst im Zuge der Kollektivierung der Rentierhalter in der ASSR Tuwa und der Mongolischen Volksrepublik der Vierziger- und Fünfzigerjahre, danach, in den Neunzigern, bei der kaum weniger dramatischen Auflösung der Kollektive. Dies waren allerdings nicht die einzigen Schlüsselphasen des Wandels im Ostsajanraum: Eine vorangehende einschneidende Phase war schon die Kolonisierung der Region ab dem 17. Jahrhundert, welche hier von zwei Seiten her erfolgte und über lange Zeit hinweg zu einer besonders komplizierten, heterogenen und für die betroffene Bevölkerung schwierigen Situation führte. Während die Tofa und Sojoten im fortan russischen Norden des Ostsajangebirges schon sehr früh gezwungen waren, ihre Lebensweise an den auf sie ausgeübten Druck anzupassen, ist es schwer zu sagen, wie stark die Vorfahren der heutigen Tozhu und Dukha zu jener Phase unter den wahrscheinlich zeitweise sogar von zwei oder sogar noch mehr Seiten gleichzeitig erhobenen Steuern litten. Obwohl die diesbezügliche Bedrängnis sicherlich beträchtlich war, scheint es, als hätten es die Rentierhalter-Jäger des südlichen Teils der Ostsajanregion jedoch geschafft, diese Zeit unbeschadeter zu überstehen. Dabei half ihnen vor allem die Geografie ihrer Region, die es ihnen erlaubte, sich in ihrer räumlichen Abgeschiedenheit einen gewissen Handlungsspielraum zu bewahren (siehe hierzu auch: Scott 1998: 187). Dennoch vollzog sich auch hier zwischen dem frühen 18. und 20. Jahrhundert ein entscheidender Wandlungsprozess, in dem die Taigabevölkerung und ihre Nachbarn direkt in die Ökonomie und das Feudalsystem ihrer jeweiligen Regionen und des gesamten Qing-Reiches eingebunden und Pelztierjagd und Handel fest in ihr System der Praxis integriert wurden. So kann die heutige Situation im Ostsajangebirge nur in direktem Zusammenhang mit der Vergangenheit der Region verstanden werden. Eine Vergangenheit, die keine ruhige, sondern vielmehr eine äußerst turbulente und oftmals dramatische Zeit voller Dynamik und Veränderungen war.

Von Wandel und Adaption

Dennoch waren aber sicherlich die letzten acht Jahrzehnte die heftigste Phase des Wandels in der Region – und demnach auch die, auf die die größte Gewichtung in dieser Arbeit gelegt wurde. Gerade in dieser eigentlich relativ kurzen Phase hat man es ganz besonders mit zwei verschiedenen Arten der Systemtransformation zu tun, die im Wechselspiel miteinander entstehen und im Einzelnen nicht immer ganz einfach voneinander zu trennen zu sind. Zum einen ist dies ein hauptsächlich von *außen* induzierter Wandel, und zum anderen die *Adaption*, welche von *innen* heraus – oftmals in Reaktion auf von außen induzierten Wandel – stattfindet.

Wandel und Adaption sind also nicht dasselbe. Das eine impliziert noch nicht einmal zwangsläufig das andere. Tatsächlich impliziert Adaption sogar vielmehr die *Erhaltung* eines gegebenen Systems durch bestimmte, mehr oder weniger selektive Veränderungen: Sie ist damit in vielen Fällen – in den Worten Brian Walkers (2012) – „*change in order not to change*". Diese Adaption ist in einem „gesunden", dynamischen System der Praxis nicht die Ausnahme, sondern vielmehr die Regel (siehe Abschnitt I 3.3.4) und muss dringend unterschieden werden von einem Wandel, der dem System *von außen* (bewusst oder unbewusst) aufoktroyiert wird – der eventuell sogar primär dadurch charakterisiert ist, dass er diese „normale" Adaption unterdrückt und überlagert. Genau dies war, nach Ansicht des Verfassers, mehr oder weniger ausgeprägt der Fall während der Kollektivierung und den darauf folgenden Jahrzehnten in den Kolchosen und Staatsfarmen. Von diesem Wandel, der sowohl in der Sowjetunion als auch der MVR praktisch komplett von außen diktiert wurde, als „Adaption" zu sprechen, wäre nicht korrekt.[102] Adaption ist vor allem ein *Prozess*, der in der Handlung verwurzelt ist, und dessen Ziele und Richtung mehr oder weniger selbstbestimmt – oder vielmehr selbst *entwickelt* – sind. Dies bedeutet explizit *nicht*, dass damit auch die Situation selbstbestimmt wäre, die die Adaption erst nötig macht, oder dass die Art und

---

102 Dies bedeutet natürlich *nicht*, dass die Dukha und Tozhu, im Rahmen der ihnen gegebenen Möglichkeiten, nicht ihrerseits versucht hätten, ihre Lebensweise an die entsprechenden, neuen Bedingungen anzupassen, oder sich – eventuell unter Einsatz der „Waffen der Schwachen" (Scott 1985; siehe Abschnitt VII 1.5) – einen gewissen Handlungsspielraum zu erkämpfen um sich eben *nicht* anpassen zu müssen.

Richtung des Wandels im Sinne der neoliberalen *rational choice* Philosophie vollkommen frei gewählt werden könnte. Genau das Gegenteil ist der Fall. Tatsächlich bleibt Menschen, die wie beispielsweise die Dukha und die Tozhu von vornherein fast chancenlos auf das „Schlachtfeld" des globalen Kapitalismus geworfen werden, meist nur ein sehr eingeschränkter Rahmen zum Handeln und Experimentieren – allein schon in Bezug auf die Sicherung ihres physischen Überlebens. Adaption unter solchen Umständen kann sicherlich nicht aus dem Vollen aller denkbaren Möglichkeiten schöpfen (siehe auch: Pelling 2011: 21). Und dennoch unterscheidet sie sich vor allem dadurch essentiell von der von außen induzierten „Top-down-Planung", dass sie ein kreativer, handlungsbasierter und letztlich selbstgesteuerter Prozess ist, der nicht von außen (und in vielen Fällen sogar überhaupt nicht) geplant oder koordiniert ist.[103] Nichts könnte dies besser illustrieren als die Tatsache, dass bislang die meisten externen „Projekte des Wandels" im Sajanraum am Ende nur wieder Ursache für weitere, *interne* Adaptionsprozesse wurden.

Wandel von außen: ein Überblick

Neben diesen intentionalen, mehr oder weniger *geplanten* „Projekten des Wandels" gibt es natürlich auch noch eine weitere Form der externen *Impulse* (E: *stimuli* (Smit et al. 2000: 229)) des Wandels: Hierbei handelt es sich vor allem um Veränderungen in der Systemumwelt (wie z.B. Veränderungen der politisch-ökonomischen Rahmenbedingungen), die *nicht* mit der direkten Intention geschehen, auf das System verändernd einzuwirken – aber dennoch u.a. genau diesen Effekt haben. Gemeinsam bilden alle diese intentionalen oder nicht-intentionalen externen Faktoren eine komplexe Landschaft des *Wandels von außen*, die in der folgenden Tabelle für das südliche Ostsajangebirge zusammengestellt wurde:

---

[103] Nach Auffassung der Resilience-Schule bedeutet dies nicht, dass Adaption nicht auch begleitet und gelenkt werden kann. Aber auch hier wird explizit hervorgehoben, dass *„adaptives Management"* eine praxis- und prozessorientierte, dynamische Form des Managements ist, die auf beständigem Lernen basiert und offen sein muss für Veränderung (vgl.: Berkes 2008: 72f; Pritchard & Sanderson 2002: 162; Westley 2002: 352ff).

VIII. Zusammenfassende Schlussbetrachtung

	Dukha	Tozhu
Ab Ende 17. Jh.	Kolonisierung der Region. In der Folge Ausbeutung der lokalen Bevölkerung durch Fellsteuer (*yasak* bzw. *alban*). Dadurch drastische Zunahme und massiv gestiegener Stellenwert der Pelztierjagd. Ansonsten relativ wenig Einmischung in die Praxis, indigene Institutionen etc. In Todzha wahrscheinlich höherer Kolonisierungs- und Siedlungsdruck als in Nordwest-Khövsgöl	
1911 - 1926	Revolutionsjahre, Entkolonialisierungsversuche und *Nation Building* 1914: Annexion des *Uriankhaiskij Krajs* (Tuwa inkl. NW-Khövsgöl) durch Russland 1921: Tuwa wird formal unabhängig. In der Folge: „Tauziehen um Tuwa": Die Trennung von Osttuwa und Nordwest-Khövsgöl nimmt ihren Lauf.	
Ab ca. 1927	Beginn des Grenzziehungsprozesses. In der Folge werden Rentierhalter-Jäger im Grenzgebiet immer wieder auf die tuwinische Seite der Grenze vertrieben.	
1940er Jahre	Kollektivierung in Tuwa, zweiter Weltkrieg und Versorgungskrise in der UdSSR – dadurch große materielle Not, Massenschlachtungen zur Versorgung der Front etc. 1945: Tuwa tritt der Sowjetunion bei. Beginn weitreichender Transformationen der Lebensweise der Rentierhalter-Jäger	
1950 - 1990	Nach ihrer Flucht aus Tuwa werden Dukha in der Mongolei kollektiviert Sedentarisierung großer Teile der Bevölkerung, in der Taiga aber verhältnismäßig hohe Autonomie Einbindung der Rentierhalter-Jäger in die Lohnökonomie, quasi-industrielle Pelztierjagd, Fischerei Ab 1979 mehrere Massenschlachtungen Einführung der Samtgeweihproduktion	Durchgreifende und anhaltende Transformation der Lebensweise der Rentierhalter-Jäger: von „Nomadismus als Lebensweise" zu „Produktionsnomadismus", Auflösung der Nomadenfamilie Einbindung der Rentierhalter-Jäger in die Lohnökonomie: Männer in der Taiga, Frauen in der Siedlung Quasi-industrielle Pelztierjagd Einführung der Samtgeweihproduktion
1990er Jahre	Totaler politischer, ökonomischer und infrastruktureller Zusammenbruch in der Mongolei mit weitreichenden sozialen Folgen 1995: Bankrott der Staatsfarm, Ende der Gehaltszahlungen, Reprivatisierung der Rentiere Keine Nachfolgeorganisation für Staatsfarm Einführung der Jagdgesetze Beginn des Tourismus und der NRO-Einsätze	Totaler politischer, ökonomischer und infrastruktureller Zusammenbruch in Russland mit weitreichenden sozialen Folgen 1993: Todzha „Rayon des äußersten Nordens" 1996: Bankrott von SovTyva, Ende der Gehaltszahlungen, Reprivatisierung der Rentiere Wichtige Gesetze für KMN werden erlassen: z.B. Möglichkeit zur Gründung von obshhiny
2000 bis heute	Starkes Engagement von NRO, später Staatliches Programm („2015-Projekt") Zunehmende Verfolgung der Jagd Seit 2011 Taiga Nationalpark	Umstrukturierung der obshhiny (GUP und später MUP) Substitutionen für Rentierhalter Zunehmende Industrialisierung der Region

Tab. 3: Externe Faktoren des Wandels bei den Dukha und den Tozhu. (JE)

Prozesse der Adaption in Nordwest-Khövsgöl und Osttuwa: Gegenüberstellung

Die in Tabelle 3 zusammengestellten externen Faktoren des Wandels geben ein noch unvollständiges Bild vom gesamten, die Dukha und Tozhu betreffenden Wandel ab. Denn es fehlen hier bislang noch die Adaptionsprozesse, die meist (aber nicht unbedingt) Reaktionen auf diese Faktoren sind. Hier ist allerdings Vorsicht geboten: Nicht jeder der oben gelisteten Impulse und Faktoren ist ausschließlich Ursache, genauso wenig wie die folgenden Adaptionen lediglich stets Reaktionen auf diese Ursachen sind. Zumindest ein Punkt aus der Tabelle ist, als dezidiertes „Projekt des Wandels", auch selbst eine *Reaktion* – und zwar in mehr oder weniger direkter Form auf die Adaptionen der Menschen im betroffenen System: Es handelt sich um die Schaffung des Tengis-Shishged Nationalparks in Nordwest-Khövsgöl, welche zumindest in der offiziellen Argumentationsweise der Verantwortlichen vor allem aufgrund des Goldrauschs beschlossen wurde, den die Dukha zuvor ausgelöst hatten. Dieser Goldrausch aber ist wiederum ein äußerst eindrückliches Beispiel dafür, dass selbst die Unterscheidung zwischen „inneren" und „äußeren" Faktoren des Wandels keineswegs immer unproblematisch ist: Er wurde zwar von den Dukha verursacht und vorangetrieben, aber aus Perspektive der Dukha stellte er dennoch vielmehr ein primär von außen auf sie eindringendes, außer Kontrolle geratenes Problem dar. Ist er damit nun also etwas externes oder internes? Oder ein Beispiel für katastrophal fehlgeschlagene Adaption, die sich zu einem alles verschlingenden Strudel von Ereignissen, Gegenmaßnahmen und Folgen entwickelte? Dieses Beispiel illustriert, dass der Kreislauf zwischen Wandel und Adaption als äußerst dynamischer, oftmals chaotischer Prozess angesehen werden sollte, in dem es oft keine klaren Unterscheidung zwischen „innen" und „außen" oder Ursache und Wirkung gibt. Dennoch soll hier weiterhin versucht werden, der Wandels des untersuchten Systems der Praxis so scharf wie möglich zu analysieren. Im Folgenden werden hierzu die *Adaptionsprozesse* der Dukha und Tozhu systematisch zusammengefasst – wohl wissend, dass dieser Versuch zwangsläufig mit gewissen Verzerrungen verbunden ist.

Thomas F. Thornton & Nadia Manasfi (2010) haben in einem wichtigen Artikel über Adaption und Klimawandel versucht, das Phänomen der menschlichen Anpassung, das in Literatur und politischem Diskurs oft wenig differenziert und sehr eindimensional verstanden wird, als stark heterogene Gemengelage „sich vielfach überschneidender Prozesse" (2010: 148) zu beschreiben, die zwar mitunter auch geplant und koordiniert sein können, aber vor allem in Eigendynamik entstehen. Trotz seiner Komplexität kann das Phänomen der Adaption nach Ansicht der beiden Autoren aber im Wesentlichen acht grundsätzlichen Dimensionen zugeordnet werden (2010: 137): *Mobilität, Austausch, Rationierung, Bündelung, Diversifikation, Intensivierung, Innovation und Revitalisierung*. Diese Kategorien, obwohl in einem anderen Zusammenhang (Klimawandel) beschrieben, sind ein nützliches Werkzeug, um die in den vorangegangenen Kapiteln beschriebenen Adaptionsprozesse der Dukha und der Tozhu zunächst zu systematisieren, um so einen besseren abschließenden Überblick zu gewinnen:

VIII. Zusammenfassende Schlussbetrachtung

	Dukha	Tozhu
Mobilität	Massive Veränderung des Wanderverhaltens (weniger Umzüge, kleineres Gebiet, längere Verweildauer (siehe auch: *Intensivierung*)) Zeitweise Leben in der Kreisstadt („mobile Lebensläufe") Westtaiga: Alle Dukha überwintern in der Steppe (Kharmai-Tal)	Wenig Veränderung des Wanderverhaltens, weiterhin sehr extensiv Tatsache, dass Familien in der Siedlung leben, beeinflusst Mobilität und Wanderverhalten erstaunlicherweise kaum
Austausch	Handel: Wildtierteile (illegal!), Gold & Jade (illegal!), Samtgeweih, Nichtholzprodukte etc. Tourismus, Gelegenheitsarbeit und Verkauf von Souvenirs Beziehungen und Austausch Siedlung/Taiga Partnerschaften zwischen Dukha und Darkhad (u.a. auch Heirat)	Handel nach wie vor mit Wildtierteilen und Rentierprodukten, vor allem kanalisiert über MUP, aber auch privat Beziehungen und Austausch Siedlung/Taiga
Rationierung	Rentiere werden über Monate in den Wald geschickt um sowohl Weideflächen als auch Arbeitskapazität zu schonen	/
Bündelung	Gemeindeorientierter Tourismus	Bildung von obshhiny in 1990er Jahren
Diversifizierung	Starke Diversifizierung der Ökonomie: Steppenvieh, Bergbau, Tourismus etc. Ausbildung junger Leute (vor allem Frauen)	Im Vergleich zu den Dukha praktisch keine Diversifizierung: Keine Haltung von Pferden oder Steppenvieh, keine Goldsuche etc.
Intensivierung	Nutzung eines viel kleineren Gebietes, um näher an der Stadt zu siedeln Längere Verweildauer, vor allem im Wintercamp Schlachtung von Rentieren zum Fleischkonsum in den 90er Jahren, heute kaum noch praktiziert. Samtgeweihproduktion (heute weitgehend eingestellt) Zunehmende Jagd unmittelbar nach dem Zusammenbruch der Kollektive	Gewisse Tendenz zu stationären Wintercamps Mehr Schlachtung von Rentieren zum Fleischkonsum Samtgeweihproduktion
Innovation	Neue Techniken der Rentierhaltung und der Kombination von Herden verschiedener Spezies.	/
Revitalisierung	Nach Auflösung der Staatsfarm Rückkehr in die Taiga	Nach Auflösung der Kollektive Rückkehr in die Taiga (nicht aber Frauen!)

Tab. 4: Dimensionen der Adaption der Dukha und der Tozhu heute, anhand der „acht Dimensionen der Adaptionen" von Thornton & Manasfi (2010). (JE)

Hier wird ein sehr interessantes und evtl. auf den ersten Blick paradox erscheinendes Phänomen sichtbar: Obwohl die Dukha in vielerlei Hinsicht „traditioneller" erscheinen als die Tozhu, deren Lebensweise in der Sowjetunion viel radikaler und dauerhafter verändert wurde, finden wir auf der mongolischen Seite der Grenze ungleich viel mehr Adaption. In Osttuwa hingegen scheint die Adaption der Praxis wesentlich weniger stark ausgeprägt zu sein. Warum ist das so?

Hier gilt es zunächst zu bedenken, dass die Dukha vor allem auf der Ebene des wirtschaftlichen Austauschs – und hier vor allem im Bereich des Handels – wesentlich kreativer sein müssen als die olenevody in Todzha. Schließlich ist es ihnen verboten, ihren Lebensunterhalt (sei es durch die Beschaffung von Fleisch oder durch den Verkauf von Fellen und anderen Wildtierteilen) über die Jagd zu bestreiten. Und selbst wenn es ihnen erlaubt wäre, so wäre es, aufgrund der vergleichsweise geringen Größe ihrer Taiga, möglicherweise langfristig ebenso schwierig, eine Ökonomie fast ausschließlich auf der kommerziellen Pelztierjagd aufrecht zu erhalten. Die Tozhu aber haben bislang, ganz im Gegensatz zu den Dukha, zum einen praktisch keine Erfahrung mit dem Phänomen gemacht, das im Jargon der Ressourcenmanager gemeinhin als „Entnahmedruck" oder *„resource depletion"* (siehe hierzu auch: Berkes 2008: 118) bezeichnet wird, und unterliegen zum anderen kaum wirklich effektiven Einschränkungen durch Jagdgesetze. Und da ihre mehr oder weniger „traditionellen" ökonomischen Praktiken somit noch immer (oder zumindest wieder), auch unter den gegebenen Bedingungen des Kapitalismus einigermaßen zufriedenstellend funktionieren, sind sie auch nicht darauf angewiesen, ihre Migrationsmuster (Mobilität / Intensivierung (s.o.)) wesentlich zu verändern (*im Gegenteil:* dies wäre für die Jagd sogar kontraproduktiv), Gold zu suchen oder Steppentiere zu halten oder sich auf sonstige nennenswerte Experimente der Diversifikation und Innovation (s.o.) einzulassen.

Resilienz durch Adaption?

Wie ist dies aber zu bewerten? Lässt es z.B. darauf schließen, dass das System der Praxis der Rentierhaltung und Jagd in Todzha stabiler ist, und dass die olenevody der osttuwinischen Taiga weniger verwundbar sind? Oder ist die hohe Aktivität und Kreativität der Dukha bei der Adaption ihres Systems eher ein positiv zu bewertender Prozess, der zu einer erhöhten Resilienz beiträgt?

Diese Fragen sind sehr schwierig zu beantworten. Natürlich kann die hohe Dynamik der Adaptionsprozesse der Dukha auch durchaus als ein Symptom ihrer „Lebendigkeit" und letztlich auch *Resilienz* interpretiert werden. Die selbst untereinander viel isolierteren tayozhniky in Osttuwa bilden nicht annähernd solch lebendige Gemeinschaften wie die aals der Dukha. Es würde daher nicht verwundern, wenn sie sich als die einsamen Überbleibsel und Erben des sowjetischen „Produktionsnomadismus" in Tuwa als weniger adaptiv erweisen würden als ihre östlichen Nachbarn, denen die aktive Auflösung des lebendigen *„Nomadismus als Lebensweise"* erspart geblieben ist.

Bevor hier allerdings ein allzu überzeichnetes Bild von abgehängten, einsamen und vergessenen „Taiga-Cowboys" in einer anhaltenden Phase bleiernen Stillstandes auf der einen, und lebendigen und erfinderischen Nomadenfamilien auf der anderen Seite der Grenze gezeichnet wird, sei hier betont: Erstens ist die Situation nicht ganz so schwarz-weiß. Auch bei den olenevody in Todzha gibt es Adaption (s.o.). Und zweitens ist das Problem komplexer:

Genauso könnten all die Bemühungen der Dukha, ihr System der Praxis zu adaptieren, auch als Krankheitssymptome eines praktisch dem Untergang geweihten Systems interpretiert werden, das eigentlich nur noch am Tropf einer chaotischen und heterogenen Entwicklungshilfe existiert, während sich zeitgleich seine Rahmenbedingungen durch äußere Intervention immer weiter verschlechtern. Und in der Tat ist die Chance keineswegs gering, dass es den Dukha nicht gelingen könnte, ihr System der Praxis wenigstens im Kern zu retten, falls der derzeit auf sie ausgeübte Druck in Zukunft bestehen bleiben sollte. Resilienz (oder umgekehrt: *Verwundbarkeit*) ergibt sich nicht allein aus dem Grad des Erfindungsreichtums einer bestimmten Gruppe oder anderen „Expositionseinheit" (Bohle & Glade 2007) bei der Adaption eines Systems, sondern letztlich aus dem Zusammenspiel der von äußeren Stressoren ausgehenden Bedrohungen und der durch innere und äußere Faktoren determinierten Fähigkeit (oder umgekehrt: *dem Unvermögen*) dieser Einheit, diesen Bedrohungen etwas effektiv entgegenzusetzen, bzw. die eventuell durch sie schon hervorgerufenen Krisen zu bewältigen (vgl.: Bohle 2001, 2008; Bohle & Glade 2007; Scoones 1998). Und genau dieser äußere Druck durch Stressoren hat in Nordwest-Khövsgöl in den letzten Jahren gravierend zugenommen (siehe Tabelle 3) – was sich sicherlich kaum positiv auf das System der Praxis der Dukha auswirkt.

Letzten Endes gibt es noch einen weiteren Grund, warum an dieser Stelle noch keine wirklichen Aussagen über die Robustheit oder Verwundbarkeit der Systeme der Praxis der Dukha und Tozhu getroffen werden können: Es wurden bislang nur die *Formen* der Adaption der Praxis der beiden Gruppen diskutiert – nicht aber die Auswirkungen einer durch das Wechselspiel von Wandel und Adaption veränderten Praxis auf die anderen Ebenen ihrer Systeme der Praxis. Dies soll im folgenden Abschnitt geschehen.

1.3 Wandel, Adaption und Systemdynamik im System der Praxis

Handlung findet, wie in Abschnitt II 2.5 beschrieben, mit vorhandenem Wissen statt und schafft und erweitert dieses gleichzeitig neu. Außerdem wird sie beeinflusst von Institutionen (die mit ihr selbst über die Zeit hinweg entstehen) und ist eingebettet in eine bestimmte Art der Mensch-Umweltbeziehung und einer Weltsicht, die ebenfalls jeweils kontinuierlich mit und durch die Praxis geformt wird und dieser gleichzeitig einen gewissen Rahmen setzt. Somit hat auch jegliche mehr oder weniger regelmäßige *Veränderung* der Praxis eine Auswirkung auf diese verschiedenen Ebenen des Systems der Praxis. Umgekehrt können natürlich aber auch Veränderungen auf den äußeren Ebenen des Systems einen profunden Effekt auf die Praxis haben. Hier sei allerdings darauf hingewiesen, dass dies gewöhnlich eher nicht die Hauptrichtung ist, in der Akteure in Kontexten wie den hier vorliegenden Adaptionen vornehmen: Während anzunehmen ist, dass normalerweise z.B. Institutionen in überschaubaren, nicht-staatlichen Systemen kontinuierlich und vor allem *mit* der Praxis entwickelt und ggf. verändert werden, ist ebenfalls zu vermuten, dass sich Adaptionen dieser Ebene außerhalb einer vorausgehenden oder gleichzeitigen Veränderung der Praxis eher nur im Ausnahmefall vollziehen – z.B. als Antwort auf mehr oder weniger plötzlich eintretende oder sehr bedrohliche Änderungen bestimmter Rahmenbedingungen, die eine schnelle Adaption der Praxis notwendig machen, wie sich dies zur Zeit etwa in Todzha angesichts des als steigend wahrgenommenen Drucks auf die Taiga zu entwickeln scheint (siehe Abschnitt VI 3.3).

Aber auch außerhalb von Ausnahmesituationen wie etwa einem drohendem Landverlust durch Industrialisierung, ist es möglich, dass ein Wandel von Institutionen und anderen Systemebenen von außen initiiert wird – zum Beispiel durch Überlagerung von emischen Institutionen mit staatlichen Gesetzen, Ressourcenmanagement-Projekten, Schulbildung, Missionierung und natürlich der Realisierung von soziopolitischen Großprojekten wie etwa der sozialistischen Kollektivierung aber auch der in Abschnitt V 2.1.2 beschriebenen marktwirtschaftlichen „Schocktherapie", die die Mongolei, wie auch andere Länder des ehemaligen Ostblocks erleiden mussten. Im Sajangebirge war und ist eine solche Form der Transformation, wie in den vorangegangenen Kapiteln beschrieben wurde, auf beiden Seiten der Grenze sogar ein besonders großer, treibender Faktor des Wandels – und beeinflusst die Praxis erheblich.

So muss auch hier dringend unterschieden werden zwischen Wandel (*im Allgemeinen*, meist von außen beeinflusst) und Adaption (meist als Reaktion auf diesen Wandel und primär auf der Ebene der Praxis angesiedelt), aus der wiederum weiterer Wandel resultiert. Denn beides geschieht, bewirkt und beeinflusst sich gegenseitig und sorgt in einem hochkomplexen und schwer vorhersehbaren Zusammenspiel für eine dynamische Kaskade von Rückkopplungen und „Nebenwirkungen", die kaum mit einfachen Ursache-Wirkung Modellen erfasst werden können. Genauso schwierig ist es, diese Entwicklungen zu bewerten: Adaptionen, ausgelöst durch einen bestimmten Wandel der Verhältnisse, können positiv oder negativ für das Gesamtsystem sein, in vielen Fällen aber sowohl förderliche als auch nachteilige Wirkungen auf verschiedene Bereiche des Systems mit sich bringen (vgl.: Thornton & Manasfi 2010: 135). Wissen, das in den Schulen von Tsagaannuur oder Toora-Khem gewonnen wird, ist eine positive und in vielerlei Hinsicht dringend benötigte Sache; gleichzeitig aber sind die Jahre der Schulbildung verpasste Jahre im Leben eines (potentiellen) Jägers, die sich sehr negativ auf seine hier benötigten Fähigkeiten (Intuition etc.) auswirken, seine Weltsicht prägen und sein Verständnis und seinen Umgang mit indigenen Institutionen beeinflussen können (s.u.). Eventuell wird diese Person sogar ganz und gar dieser Form der Praxis und Umweltinteraktion den Rücken zukehren. Auf diese oder ähnliche Weise kann eine Veränderung auf einer bestimmten Ebene eine Vielzahl an potentiellen Auswirkungen auf verschiedenste andere Ebenen nach sich ziehen und die Kapazität zur Handlung – und damit zur weiteren Adaption – wesentlich beeinflussen (d.h. einschränken, fördern, in völlig neue Bahnen lenken usw.).

Im Folgenden soll der Versuch unternommen werden, diese multiplen Rückkopplungseffekte und dynamischen Interaktionen zwischen den verschiedenen Ebenen des Systems der Praxis der Jagd und Rentierhaltung bei den Dukha und den Tozhu zusammenfassend zu beschreiben – wobei, im Sinne der Theorie der komplexen adaptiven Systeme (Holland 2006 (siehe Abschnitt I 3.3.3)), kaum davon ausgegangen werden kann, dass hier alle erdenklichen Varianten und Möglichkeiten erfasst werden können. Aufgrund des nur sehr schwer vorhersehbaren Verhaltens komplexer adaptiver Systeme muss hier stattdessen immer mit Emergenz und Überraschung gerechnet werden. Dennoch ist der Versuch, diese komplexen Kausalzusammenhänge und Verkettungen zu beschreiben bzw. zu antizipieren nicht nur ein interessanter Test des hier entwickelten Modells, sondern auch von grundlegender Wichtigkeit zur abschließenden Beurteilung der Lage der beiden hier untersuchten Systeme.

1.3.1 Wissen & Fertigkeiten

Schule, Sedentarisierung, Diversifizierung und das Wissen der Taiga

Die durch die Kollektivierung und Umstrukturierung der nomadischen Bevölkerung in Osttuwa und Nordwest-Khövsgöl verursachten dramatischen Umbrüche haben bei den Betroffenen – unter anderem – auch zu einer spürbaren Veränderung der Wissenslandschaft geführt. Hier ist zum einen der Verlust an indigenem Wissen zu nennen – vor allem bei den Frauen und jungen Menschen, die sedentarisiert und vom Leben in der Taiga getrennt und entfremdet wurden. Dieser Effekt war – und ist – in Todzha ungleich viel ausgeprägter als in Nordwest-Khövsgöl.

Gleichzeitig haben die betroffenen Menschen durch die vielen Veränderungen und die Diversifizierung ihrer Gesellschaft aber auch Wissen und die damit verbundenen Möglichkeiten zur individuellen Lebensgestaltung hinzugewonnen. Das Problem allerdings ist, dass die verschiedenen Formen und Gebiete des Wissens kaum zueinanderfinden, dass sie eher sogar die Kluft zwischen Taiga und Siedlung vertiefen. Die meisten, in verschiedensten Berufen ausgebildeten jungen Frauen aus den Siedlungen Osttuwas wollen keine Rentierhalter und kein Taigaleben mehr, sondern streben offenbar vor allem in die Städte, während die olenevody in der Taiga ein praktisch abgekoppeltes Leben führen.

Bei den Dukha ist dieses Problem weniger stark ausgeprägt, aber auch hier kommt es zu Problemen wie beispielsweise einem entstehenden Ungleichgewicht auf Kosten des indigenen Wissens – wobei nicht das neue Wissen *an sich* dafür verantwortlich zu machen ist, sondern eher seine Vermittlung, das heißt, die Tatsache, dass durch sie Kinder und junge Leute jahrelang vom Lernen in der Praxis ausgeschlossen werden. Dies beeinflusst ganz sicher die weitere Entwicklung der Praxis sowie auch die Weltsicht und Identität (s.u.) zukünftiger Generationen und alle anderen Ebenen, die über die Praxis mit der Ebene des Wissens und der Fertigkeiten verbunden sind. Dies ist ein Problem, das zum gegenwärtigen Zeitpunkt kaum zu lösen ist und die gesamte ländliche Mongolei und viele abgelegene Regionen Sibiriens betrifft. Für die zahlenmäßig kleinen Dukha und Tozhu und ihre durch Rentierhaltung und Jagd verwirklichten Systeme der Praxis wird es aber ganz besonders schon bald zu einer alles entscheidenden Frage werden, ob es in Zukunft gelingen wird, hier eine Balance zu finden – oder ob es zu so großen Veränderungen der Wissenslandschaft kommen wird, dass ihre bestehenden Systeme der Praxis aufhören zu existieren, bzw. zu völlig neuen umgewandelt werden. Hier sei noch einmal explizit darauf hingewiesen: Das indigene Wissen der Rentierhalter-Jäger ist kein Wissen, das man durch einfache Katalogisierung – als *„traditional knowledge"* – konservieren und in der Schule lernen kann (vgl.: Rival 1997; Ingold 2000). Stattdessen handelt es sich hier vielmehr um Wissen und Fertigkeiten, die nur in der Praxis entstehen, erlernt und weitergegeben werden können. Keine andere Ebene des Systems der Praxis ist so unmittelbar, fundamental und eng mit der Praxis verknüpft wie dieser Bereich – und zwar in beiden Richtungen: Weder sind Wissen und Fertigkeiten ohne Praxis, noch ist eine Praxis ohne Wissen und Fertigkeiten denkbar. Daher wird es unabdingbar für den Fortbestand der Praxis der Rentierhaltung und Jagd im Ostsajangebirge (und anderswo) sein, hier Möglichkeiten zu schaffen, dass Bildung und Praxis sich künftig nicht mehr gegenseitig ausschließen, sondern wieder zusammenfinden.

Der drohende Verlust der Praxis der Jagd und seine Implikationen

Die Unterdrückung der Praxis der Jagd in Nordwest-Khövsgöl ist ein massives Problem für die Dukha – auch und ganz besonders in Bezug auf ihr Wissen und ihre Fertigkeiten. Es ist absehbar, dass diese erzwungene, fundamentale Änderung der Praxis zu einem massiven Verlust auf dieser Ebene führen wird. Nun ließe sich hier zwar einwenden, dass dieses Wissen und diese Fertigkeiten mit dem Ende der Jagd ja ohnehin obsolet würden. Diese sehr eindimensionale (und ethisch nicht gerade unproblematische) Sichtweise würde aber die komplexe Vernetzung der verschiedenen Ebenen eines Systems der Praxis unberücksichtigt lassen. Denn es ist davon auszugehen, dass sich mit dem Ende der Jagd, die nicht nur eine ökonomische Tätigkeit, sondern eine essentielle Form der Umweltinteraktion ist, die komplette Landschaft aus Praxis, Wissen, Institutionen, Mensch-Umwelt-Beziehung und selbst ihrer Weltsicht fundamental und in kaum vorhersehbarer Art und Weise verändern würde.

All dies betrifft nicht nur Wissen und Fertigkeiten, welche für die Dukha und deren System der Praxis selbst relevant sind. Hier wird auch Wissen verloren gehen, das selbst für ein „modernes" Management der Taiga hochrelevant sein könnte – zum Beispiel über die komplexen Zusammenhänge zwischen Mensch und Taiga, was durch den derzeit verfolgten Ansatz durch die simple Version *„Mensch (schlecht) gegen Natur (gut)"* (siehe: Anderson 2004) ersetzt zu werden droht. In diesem Zusammenhang ist es besonders tragisch, dass in Nordwest-Khövsgöl gerade diejenigen, die ganz elementar zur Klärung etlicher Fragen von fundamentaler Bedeutung beitragen könnten, die bislang in direktem praktischen Austausch und Kontakt mit der nichtmenschlichen Welt standen, von dieser zunehmend ausgesperrt werden – ohne dass man sich darüber bewusst ist, dass man damit das kritische und fragile Band der Kommunikation innerhalb der hybriden Gemeinschaft der Taiga zu durchschneiden droht; dass auf diese Weise eine künstliche „Wildnis" geschaffen wird, wo vorher Kommunikation und soziales Zusammenleben war; dass man Tatsachen schafft ohne sich vorher im Geringsten mit deren möglichen Auswirkungen auseinandergesetzt zu haben; dass man ein weiteres Mal eine radikale Trennung des angeblich „Ökologischen" vom „Sozialen" reifiziert.

Wie Anderson (2004: 2) es treffend analysiert, schaffen Jäger durch ihr Wissen, ihre Jagdtechniken und -methoden sowie die soziale Beziehung, in der sie mit den Tieren und dem Land stehen, eine „kultivierte Umwelt". Wissenschaftler und Parkmanager hingegen schaffen eine *entkultivierte* Landschaft, in der menschliche Akteure und „Natur" in zwei getrennte Sphären gebracht und effektiv voneinander isoliert werden – und zwar noch bevor man sich eingehend mit der zuvor bestehenden Systemdynamik befasst, geschweige denn diese verstanden hat. Somit ist zu erwarten, dass der Verlust von Wissen durch das Ende der Jagd auch zu einer Entfremdung menschlicher und nichtmenschlicher Akteure führen wird. Dass sich durch eine solche Entwicklung normalerweise auch das Verhalten der nichtmenschlichen Akteure verändert, ist für die meisten Jäger des Nordens eine unstrittige Sache. Denn für sie beginnen „Wildtiere" offenbar genau dann damit, *„sich „wild" zu benehmen, sobald sie unter die „rationale" Kontrolle eines Wildtier-Management Regimes geraten"* (Anderson 2004: 13, übers. v. JE).

Von dieser Entwicklung sind die Tozhu (trotz des sich schon seit 1985 inmitten ihrer Taiga befindenden *Azas* Schutzgebietes) in keiner vergleichbaren Weise betroffen. Die Jagd ist hier immer noch die wichtigste Aktivität der Menschen und es deutet nichts darauf hin, dass es hier in absehbarer Zeit zu einem Verlust von indigenem Wissen mit all seinen wahrscheinlichen Folgen kommen wird.

1.3.2 Institutionen

Krieg der Institutionen in Nordwest-Khövsgöl

Ganz besonders eng mit der oben beschriebenen Problematik der Unterdrückung der Praxis der Jagd bei den Dukha verbunden ist auch die Entwicklung der Institutionen in ihrem System der Praxis, welche seit geraumer Zeit immer schärfer durch die Einführung und Forcierung neuer, externer Institutionen bedrängt wird. Tatsächlich lässt sich hier in bewusst etwas bildhaft gewählter Sprache argumentieren, dass sich derzeit in Nordwest-Khövsgöl ein regelrechter *„Krieg der Institutionen"* entwickelt – mit bislang offenem Ausgang. Der wichtigste Kampf in diesem Krieg ist der um die Praxis. Nur wer die Oberhand über die alles entscheidende Praxis behalten oder erlangen wird, dem kann es – eventuell – gelingen, seine Institutionen zu verteidigen bzw. durchzusetzen. Vielleicht wird es dabei aber auch, wie in so vielen Kriegen, überhaupt keinen klaren Gewinner geben – und am Ende eventuell sogar überhaupt keine funktionierenden Institutionen, mit weitreichenden Folgen für das gesamte System der Praxis und die menschliche und nichtmenschliche Welt Nordwest-Khövsgöls.

In dieser Arbeit wurde wiederholt argumentiert, dass die wirklich wichtigen Institutionen zur „Ressourcennutzung" in der Taiga nicht zwischen den Menschen in Bezug auf passive Ressourcen bestehen, sondern zwischen menschlichen und nichtmenschlichen sozialen Akteuren, die (u.a.) durch die Praxis der Jagd miteinander verbunden sind. Leider ist es dringend anzunehmen, dass es mit einer immer stärkeren Unterdrückung der Praxis durch die Einführung und Forcierung neuer Institutionen zu einer fortschreitenden Entfremdung zwischen Mensch und Taiga und damit zum weitreichenden Verlust der bislang gültigen Institutionen in der Taiga kommen wird – mit schwer zu kalkulierenden Folgen: Im „besten" Fall – *und selbst dieser wäre für das bestehende System der Praxis katastrophal* – würden auf diese Weise die alten Institutionen zwischen Mensch und Taiga durch die neuen Institutionen des „Managements natürlicher Ressourcen" einfach ersetzt. Aus den Jägern von gestern – den „Wilderern" von heute – würden Männer werden, die praktisch nicht mehr mit der Taiga interagieren, sondern über Monate hinweg nur noch auf den Erhalt der jeweils nächsten Auszahlung des „Präsidentengeldes" (siehe Abschnitt VII 1.2) warten. Ein solch klarer „Sieg" der Naturschützer im Krieg der Institutionen in Nordwest-Khövsgöl wird hier allerdings für sehr unwahrscheinlich gehalten. Viel wahrscheinlicher ist, dass es schon bald zu einer Situation kommen wird, in der weder die neuen Regeln zwischen menschlichen Akteuren in Bezug auf „Ressourcen" befolgt, noch die alten Institutionen zwischen den menschlichen und nichtmenschlichen Akteuren weiterhin Bestand haben werden, da sie durch die Unterdrückung der Praxis, mit der sie bislang untrennbar verbunden waren, ebenfalls untergehen werden. Schon jetzt beklagen entsetzte Dukha, dass es in der jüngsten Vergangenheit offenbar vorkam, dass gejagtes Fleisch in der Taiga verrottete, da einige Jäger aus Sorge vor massiven Konsequenzen wie Verhaftung und Gefängnis nur noch wertvolle, kleine und leicht zu verstecken de Teile der Tiere mit sich zurück brächten. Das Teilen und gemeinsame, achtsame Konsumieren von Fleisch im aal ist gefährlich geworden, Misstrauen macht sich stattdessen breit. All dies wäre noch vor wenigen Jahren undenkbar gewesen. Noch ist es zwar, wie auch das Bedauern und Entsetzen der Dukha in diesem Zusammenhang nahelegt, aufgrund solcher Handlungen noch nicht wirklich zu einem tiefgreifenden Wandel der indigenen Institutionen gekommen. Aber es ist nicht unwahrscheinlich, dass sich auf diese Weise über die nächsten Jahre hinweg genau dies einstellen wird. Eine solche Entwicklung würde im „Krieg der Institutionen" nur Verlierer zurücklassen. Kompromisse aber, die prinzipiell denkbar wären, sind unter den gegebenen Bedingungen und der derzeitigen Gesetzeslage kaum möglich.

Weitere Auswirkungen

Die Institutionen zwischen den menschlichen und nichtmenschlichen Personen der Taiga sind nicht die einzigen, die vermutlich von einer drastischen und dauerhaften Veränderung der Praxis in Nordwest-Khövsgöl beeinflusst würden. In Abschnitt II 2.5 wurde beschrieben, wie eng auch die Institutionen innerhalb der aals der Dukha an die Praxis der Jagd gekoppelt sind. Ihre Gesellschaftsorganisation und ihre Betonung der Egalität und des Konsens, die typisch für Wildbeuter ist und sich vom wesentlich hierarchischeren Ethos der sie umgebenden Steppennomaden unterscheidet, ist nicht nur aus der Jahrtausende alten Praxis der Jagd heraus *entstanden*, sondern wird auch heute noch, z.B. durch Fleischverteilungsregeln, Jagdpartnerschaften usw. aufrechterhalten bzw. beständig neu realisiert. Ebenso ist das besondere und auf Vertrauen basierende Verhältnis zwischen den Rentierhaltern und ihren Herdentieren etwas, was eindeutig durch das zu einem großen Teil über die Praxis der Jagd geprägte und aufrecht erhaltene *Mensch-Umwelt-Verhältnis* und *Weltbild* (s.u.) bestimmt ist. Allzu große Dominanz ist etwas, was die Dukha sowohl innerhalb ihrer Gesellschaft, als auch zwischen ihnen und den Wildtieren sowie ihren Herdentieren ablehnen. Der Ursprung und die bislang nie versiegte Quelle dieses strukturierenden Phänomens kann und muss wahrscheinlich in erster Linie in der Praxis der Jagd gesucht werden. Natürlich mag es eventuell möglich sein, dass diese Struktur auch ohne die Praxis über eine gewisse Zeit hinweg erhalten bleibt. Wahrscheinlicher aber ist, dass sich hier mit der Zeit massive Veränderungen einstellen würden, die aus der heutigen Position heraus kaum abzuschätzen sind.

Die Situation in Todzha

In Todzha besteht dieses komplexe Problem ganz offenbar in dieser Form bislang nicht. Anders als in Nordwest-Khövsgöl, ist hier das „Gesetz der Taiga" weiterhin offenbar weniger gefährdet – und zwar sowohl auf der Ebene zwischen Mensch und Taiga als auch zwischen den Menschen oder den Menschen und ihren Herdentieren. Trotz der anhaltenden Auswirkungen der radikalen Beschneidung ihrer Lebensweise während des sowjetischen Sozialismus leben die Männer der Taiga in Osttuwa heute weitgehend in einer Situation, die sich im Vergleich zu der in Nordwest-Khövsgöl ironischerweise vor allem durch eine Mischung aus Vernachlässigung und essentiellem *Laissez faire* in Bezug auf ihre Praxis und Institutionen auszeichnet. So kann man argumentieren, dass sich die Situationen in Todzha und Nordwest-Khövsgöl mittlerweile umgedreht haben: War man auf der sowjetischen Seite der Grenze zu Zeiten des Sozialismus einer wesentlich größeren Einmischung in das indigene System ausgesetzt, so hat man heute dort einen viel höheren Grad an Freiheit. Nun sind es die Dukha in der Mongolei, die sich einem Großangriff auf ihr indigenes System der Praxis ausgesetzt sehen.

1.3.3 Mensch-Umwelt-Beziehung, Weltsicht, Ontologie und Identität

In den vorangehenden Abschnitten wurde bereits deutlich gemacht, dass es bezüglich der Auswirkungen von Änderungen der Praxis (egal ob hervorgerufen durch äußeren Zwang oder Adaption) auf die verschiedenen Ebenen des hier entworfenen Systems nicht nur zu einfachen, linearen Wirkungen zwischen Praxis und einzelnen Ebenen, sondern zu komplexen Rückkopplungseffekten zwischen verschiedensten Bereichen des Gesamtsystems kommen kann. Die oben geschilderte Dreiecksbeziehung zwischen *Praxis, Wissen & Fertigkeiten* und den *Institutionen*, von der wiederum mit hoher Wahrscheinlichkeit auch Auswirkungen auf die äußeren beiden Ebenen *Mensch-Umwelt-Beziehung* und *Ontologie, Weltsicht und Identität* ausgehen, illustriert die Komplexität der Zusammenhänge und Wechselwirkungen, die ein tiefgreifender Wandel der Praxis in einem solchen System auslösen kann. Dieses Phänomen bedingt es auch, dass im Zusammenhang mit der Dynamik des Wandels bereits bestimmte Punkte genannt wurden, die die beiden äußersten Ebenen des Systems betreffen. Daher scheint es gerechtfertigt zu sein, diese äußeren Ebenen im Folgenden weiterhin zusammen zu betrachten: Gerade hier, am vergleichsweise abstrakten und allumfassenden Rand des Systems, sind präzise und empirisch belegbare Zusammenhänge zum Wandel einer konkreten Praxis ohnehin am schwierigsten zu belegen. Wandlungsprozesse von Weltbildern und ontologischen Ordnungssystemen sind komplexe, verborgene und langsame Prozesse, die viel mehr als einen konkreten Auslöser brauchen und sich vermutlich nur in den seltensten Fällen über kurze Zeit hinweg ereignen. Ähnliches gilt auch für die Mensch-Umwelt-Verhältnisse. Solche in der Praxis gewachsenen Beziehungen mögen zwar ebenso – wie bereits oben angesprochen – durch einen langfristigen und fundamentalen Wandel der Handlungsebene aus dem Gleichgewicht geraten und verloren gehen (*siehe Tofa!* (Donahoe 2004)). Aber es scheint in der Tat recht viel an radikalem Wandel zu benötigen, bis es so weit kommt. Sowohl bei den Tohzu als auch den Dukha, deren Handlungsebenen sich derzeit in vielen Beziehungen immer weiter auseinander entwickeln, ist das Verhältnis zwischen menschlicher und nichtmenschlicher Welt bislang immer noch essentiell dasselbe geblieben. Dies bedeutet nicht, dass es im Sinne einer absoluten und rigiden Struktur jegliche Handlung allzeit bestimmt: „*Practice is not always true to belief.*" (Berkes 2008: 117). Weltsicht und Institutionen geben vor, wie Verhalten sein *soll*, nicht wie es tatsächlich ist (ibid.). Und dieses Verhalten kann variieren, wo immer Akteure mit Handlungsmacht am Werk sind – ohne dass dies gleich den Tatbestand der Adaption oder des Wandels erfüllt. Und dennoch, trotz dieser ganz normalen Abweichungen, wird der Handlung durch diese, durch sie selbst entstandene Struktur ein gewisser regulierender Rahmen gesetzt, der offenbar im südlichen Ostsajangebirge erstaunlich stabil zu sein scheint – *bislang*. Denn auch hier hat mit der Diversifizierung der Praxis bereits eine langsame Änderung dieser Struktur begonnen. Genauer gesagt: Die Struktur selbst scheint sich zu diversifizieren – und zwar auf eine Weise, in der sich „das Alte" zwar als relativ robust zu erweisen scheint, sich neben ihm aber in quasi-paralleler Existenz seit geraumer Zeit ein zweites Modell etabliert:

Plurale Weltinterpretationen

Die Ethnologin Anett C. Oelschlägel hat in ihrem Buch „*Plurale Weltinterpretationen: Das Beispiel der Tyva Südsibiriens*" (2013) sehr ausführlich beschrieben, nach welchem Prinzip sich in Tuwa ein Wandel der Ontologie, des Weltbildes und des Mensch-Umwelt-Verhältnisses hauptsächlich zu ereignen scheint:

> „Das beobachtete tägliche Leben vieler Tyva kennt keinen ausschließlichen Maßstab und keine Entscheidung zwischen einem Leben nach der Tradition oder nach modernen Vorgaben. Sowohl moderne als auch traditionelle Kulturelemente stehen gleichermaßen zur Verwendung bereit. Sie genießen ähnliche Akzeptanz und haben jeweils ihren eigenen Wert für die Bewältigung einer anstehenden Lebenssituation. Es scheint, als würden die Tyva jederzeit und nach Bedarf in eine randvoll mit traditionellen und modernen Kulturelementen angefüllte Kiste greifen und sich dasjenige Deutungs- und Verhaltensmuster herausnehmen, das ihnen in ihrer aktuellen Situation geeignet erscheint." (Oelschlägel 2013: 57)

Etwas mehr in den Kontext der Praxistheorie gerückt, bedeutet dies: Gemeinsam mit einer diversifizierten Praxis scheint hier auch ein diversifiziertes Weltbild zu entstehen. Das heißt, das „neue" Weltbild und (in diesem Fall) die ihm zugrunde liegende Ontologie des *Naturalismus* überlagert und ersetzt nicht einfach das alte animistische Modell, sondern es festigen sich vielmehr zwei Modelle der Weltinterpretation, die parallel nebeneinander existieren und je nach Kontext und gegebener, aktueller Handlung zur Interpretation oder Rechtfertigung von Handlung oder Geschehnissen herangezogen werden. Typischerweise scheint es, als würde zur Erklärung vieler Situationen und Handlungen i.d.R. meist zunächst das auf dem abendländischen Naturalismus aufbauende „Dominanzmodell" zum Einsatz kommen, und danach, in einem manchmal schmerzhaften Prozess, auf das indigene „Interaktionsmodell" – das tuwinische, animistische Weltbild – zurückgegriffen werden (Oelschlägel 2013: 188ff).

Das Konzept der *pluralen Weltinterpretationen* bietet neben dem agency-Ansatz ein weiteres Modell, um die Phänomene Devianz, Wandel und Adaption im Spannungsfeld mit der Struktur von einer weiteren Seite her zu beleuchten und ist nicht inkompatibel zur hier angewandten Praxistheorie: Der Gedanke scheint sogar recht schlüssig, dass diversifizierte Praktiken mit diversifizierten (anstatt bloß überlagerten) Weltbildern einhergehen könnten. Zudem scheint all das, was Oelschlägel vor allem in West-, Süd- und Zentraltuwa beobachtet hat, auch auf die Tozhu und die Dukha zuzutreffen. Das Beispiel des Goldrauschs in Nogoon gol und der zutiefst widersprüchliche Umgang der Dukha mit dem Phänomen wäre ein einprägsames Beispiel für die Dynamik zwischen diversifizierten Praktiken und pluralen Strukturen.

1.4 Verwundbarkeitskontext: Weitere Bedrohungspotentiale

Natürlich kann Verwundbarkeit – selbst eines Systems – nicht ausschließlich, wie oben, anhand von Wandel, Adaption und Dynamiken in diesem System gemessen werden. Auch andere Faktoren spielen eine Rolle bei der Frage, ob und wie sich

Rentierhaltung und Jagd im Ostsajanraum in Zukunft weiterentwickeln werden. Hier geht es noch einmal um äußere Faktoren, die die Menschen (bzw. hier: die *hybriden Gemeinschaften*) und ihre jeweiligen heute existierenden Systeme in ihrer Gesamtheit bedrohen – in diesem Falle allerdings weniger als konkrete Stressoren als vielmehr als *Potentiale* und *Trends*, die sich eventuell selbst aus den vorliegenden, spezifischen historischen Ereignissen entwickelt haben. Es sind also nicht nur *konkrete Erfahrungen* wie die bereits in Abschnitt VIII 1.2 zusammengefassten Faktoren und Impulse des Wandels, die hier relevant sind, sondern auch das, was z.B. in *Livelihood-Studien* als Teil eines jeweiligen „Verwundbarkeitskontexts" (Bohle & Glade 2008; Scoones 1998) zusammengefasst und analysiert wird: Bedrohungspotentiale, Trends und spezifische Risiken, die momentan eventuell nur als dunkle Wolken am Horizont (oder sogar überhaupt nicht) wahrgenommen werden mögen, die sich aber, unter bestimmten Umständen, zu massiven Problemen auswachsen können. In diesem Zusammenhang sind in Todzha und Nordwest-Khövsgöl – zusammenfassend – besonders folgende Probleme auszumachen:

1.4.1 Fehlende Landrechte

In beiden Regionen gibt es einen eklatanten Mangel an Rechtssicherheit für die Taigabewohner, vor allem was ihr Land angeht. In Todzha sind es Privatisierung und Industrialisierung (z.B. industrieller Bergbau und Waldrodung), die die Taiga bedrohen, und denen die olenevody, die seit dem Zusammenbruch der obshhiny nur noch auf Staatsland leben, rechtlich praktisch nichts entgegenzusetzen haben. In Nordwest-Khövsgöl wurde die Gefahr der Industrialisierung zwar vorerst gebannt, aber zu einem hohen Preis. De facto ist durch die Gegenmaßnahmen nun aus Sicht der Dukha mehr Land (und vor allem legale Möglichkeiten der Landnutzung) praktisch verloren gegangen als zuvor vermutlich überhaupt bedroht war. Aus Perspektive der Dukha hat man hier in der Tat den Teufel mit dem Beelzebub ausgetrieben.

So kann bezüglich dieses Punktes festgehalten werden: Die beiden untersuchten Gruppen sind noch immer meilenweit davon entfernt, eine wirkliche Form der Kontrolle über ihr eigenes Territorium (z.B. kollektive, unveräußerliche Landrechte, Langzeitpacht, treuhänderische Überlassung usw.) auszuüben. Tatsächlich wissen die meisten Taigabewohner nach wie vor nicht einmal umfassend über den in ihren Ländern jeweils gegebenen rechtlichen Rahmen Bescheid.

1.4.2 Abhängigkeit

Abhängigkeit von globalisierten Märkten, Subventionen und Ähnlichem ist ebenfalls ein Problem, das sowohl die Dukha als auch die Tozhu betrifft. Diese Abhängigkeit erhöht ihre Verwundbarkeit – und damit auch die Verwundbarkeit ihrer Systeme der Praxis im Ganzen.

Die Rentierhalter-Jäger Todzhas sind in ihrer Existenz fast ausschließlich vom globalen Pelzmarkt und den Subventionen der Regierung abhängig. Es ist nicht unschwer vorstellbar, was ein Wegbrechen von einem dieser beiden Faktoren, auf denen praktisch ihre gesamte Existenz beruht, für die tayozhniky bedeuten könnte: Ein massiver Preisverfall auf dem Pelzmarkt würde sie höchstwahrscheinlich rasch wieder in eine ähnliche Krise wie nach dem Zerfall der Sowjetunion und ihrer Sowchose zurückwerfen. Ähnliche Auswirkungen könnte auch ein Ende der 2001 eingeführten Subventionen für die Rentierhaltung haben. Beides ist somit eine große potentielle Gefahr für die Rentierhalter-Jäger Todzhas, in deren Ökonomie kaum alternative Einkünfte vorgesehen, geschweige denn ohne Weiteres möglich sind.

Die Dukha aber, die in den letzten rund zwanzig Jahren praktisch nichts unversucht gelassen haben, um ihre Wirtschaft zu diversifizieren, stehen auch nicht viel besser da. Im Gegenteil: Ein Blick auf die jüngsten Entwicklungen in Nordwest-Khövsgöl muss hier sehr skeptisch stimmen. Nicht nur sind auch ihre neuen Wirtschaftsformen (informeller Bergbau, Tourismus etc.) stark an instabile, globalisierte Märkte gebunden – tatsächlich wird die Taigabevölkerung hier auch, trotz ihrer Adaptionen, immer abhängiger von Hilfsprojekten und staatlichen Unterstützungsgeldern. Einbrüche im Tourismussektor oder Kürzungen beim jüngst eingeführten „Präsidentengeld" hätten heftige Auswirkungen auf die Dukha, die, außer ihren Tieren, über keine Ersparnisse oder Rücklagen verfügen und es unter den gegebenen Umständen in ihrem Nationalpark immer schwerer haben werden, *eigenständig* zu leben.

1.4.3 Klimawandel und Biodiversitätsverlust

Weitere äußere Probleme, die das System der Praxis der Rentierhaltung und Jagd als Ganzes bedrohen könnten, sind der Klimawandel und ein dadurch oder durch andere Faktoren ausgelöster Verlust an Biodiversität. Wie schon in der Einleitung erwähnt, sind dies Entwicklungen, die hier nur sehr am Rande behandelt werden, da hier weder verlässliche Daten vorliegen, noch es im Rahmen dieser Arbeit möglich gewesen wäre, solche zu erheben. Dies soll allerdings nicht bedeuten, dass diese Probleme nicht bestehen und nicht sogar ein großes Risiko für das Taigaleben darstellen könnten. In Nordwest-Khövsgöl beklagen praktisch alle Rentierhalter-Jäger, dass das Klima immer wärmer und trockener wird, was sich hier, am südlichsten Rand des weltweiten Verbreitungsgebietes von Rangifer tarandus, zu einem massiven Problem entwickeln könnte (siehe hierzu auch: Johnsen 2012: 37ff). Schon jetzt fürchten besorgte Dukha, dass es bei einem Anhalten des derzeitigen Trends bald zu großen Veränderungen in der Taiga kommen könnte. Gerade Rentierflechten, die ein feuchtkaltes Klima brauchen, sind offenbar besonders von Klimaerwärmung und sinkenden Niederschlagsmengen bedroht. Diese sind allerdings, zumindest punktuell, in Nordwest-Khövsgöl auch durch Überweidung bedroht. Durch eine immer intensivere Nutzung einer immer „kleineren" Taiga, die sich immer mehr nur noch auf die von Tsagaannuur aus einigermaßen komfortabel zu erreichenden Gebiete beschränkt, wird der Druck auf die tatsächlich genutzten Weideflächen erhöht – wobei andererseits gleichzeitig durch diese Praxis auch lange Jahre brachliegende Flächen in anderen, weniger günstig gelegenen Teilen der Taiga entstehen. Ob diese im Zweifelsfall eines Tages von den Dukha wieder genutzt würden (oder im Nationalpark überhaupt genutzt werden *dürften*) ist heute unmöglich vorherzusehen. Fest steht lediglich, dass derzeit die tatsächlich unter den gegebenen Bedingungen genutzten bzw. nutzbaren Rentierweiden durch verschiedene Faktoren unter einem gewissen Druck stehen, und dass dies eine Entwicklung ist, die praktisch jeder mit Sorge beobachtet, da der Erhalt dieser Weiden für die Dukha und ihre Rentiere eine Existenzfrage ist.

Noch weniger eindeutig – und vor allem in einem hochgradig politischen, stark aufgeheizten Kontext zu sehen – sind die Aussagen zur Entwicklung des tierischen Lebens in der Taiga. Während gerade in Nordwest-Khövsgöl die Naturschützer das Bild einer extrem alarmierenden Situation zeichnen, sagen die meisten indigenen Jäger heute, dass sich die Lage im Vergleich zu früher entspannt hat und mittlerweile wieder „eine Menge" (MON: *zöndöö*) Wildtiere wie z.B. Elche, Hirsche und Rehe, in der Taiga zu finden sind. Welche der beiden Parteien in diesem Konflikt Recht hat (oder ob die Wahrheit eventuell auch irgendwo in der Mitte liegt), kann hier nicht abschließend beurteilt werden. Fest scheint auch hier lediglich zu stehen, dass eine außer Kontrolle geratene, übermäßige Jagd prinzipiell ein Problem in der Taiga sein *kann* (und auch zeitweise schon war) – dass gleichzeitig aber auch die Zukunft der Taigaleute unmittelbar an die der Wildtiere und der Wälder, in denen sie leben, geknüpft ist.

2. FAZIT UND AUSBLICK

Am Schluss dieser Arbeit bleibt die Frage zu beantworten, wie es, nach eingehender Analyse aller historischer und gegenwärtiger Entwicklungen, Reaktionen und Adaptionen sowie sich abzeichnender Trends, um das System der Praxis der Rentierhaltung und Jagd im südlichen Ostsajangebirge – bzw. dessen heutige Ableger südöstlich und nordwestlich der russisch-mongolischen Grenze – bestellt ist. Hier wurde in dieser Arbeit hervorgehoben: In Nordwest-Khövsgöl und Todzha findet man heute zwei sehr verschiedene Situationen vor, in denen sich Probleme und Bedrohungspotentiale, trotz gewisser Parallelen und Überschneidungen, mitunter erheblich voneinander unterscheiden:

Todzha

Die Tozhu haben nach wie vor mit der Trennung der Geschlechter und Generationen – eine Folge der Umwandlung ihres nomadischen Systems zum sogenannten „Produktionsnomadismus" – ein schweres Erbe aus der Vergangenheit zu bewältigen. Es wird hier schon allein deswegen schwierig werden, das Taigaleben in den kommenden Generationen aufrechtzuerhalten. Denn hier stellt sich in der Tat die Frage immer deutlicher: Wer soll die Herden der tayozhniky, ihr Wissen und ihr Leben erben? Welcher junge Mann lernt hier heute noch, eingebunden in die Praxis, das Handwerk eines Rentierhalter-Jägers in den Wäldern – von den Frauen, die hier der Taiga ohnehin schon seit Langem praktisch ganz verloren gegangen zu sein scheinen, ganz abgesehen? Es sind nur noch ein paar Dutzend Männer, die in ganz Osttuwa ausharren, nicht wenige unter ihnen ohne eigene Familie und mit schlechten Aussichten, eine solche zu gründen, was bedeutet, dass die Gemeinschaft der Praxis, unter den gegebenen Umständen, in Todzha aller Voraussicht nach noch weiter schrumpfen wird. Dazu kommt, dass die Existenz der todzhanischen olenevody eine prekäre ist, bedroht ganz besonders durch einen Mangel an Rechtssicherheit und das permanente Risiko des Landverlusts.

Dafür jedoch lässt man heute die Männer der Taiga in Todzha – zumindest momentan – weitgehend in Ruhe ihr Leben führen. Sie nomadisieren frei zwischen ihren verschiedenen, weit auseinander liegenden Weidegründen hin und her und gehen mehr oder weniger ungestört der Zobeljagd und vergleichbaren Aktivitäten in der Taiga nach. Ihr Lebensmittelpunkt liegt – obwohl man es angesichts der Trennung von ihren Familien eigentlich fast genau anders herum vermuten sollte – inmitten der Taiga: Das Dorf besuchen die meisten olenevody lediglich für ein paar Tage im Jahr. Und so scheinen auch die Institutionen zwischen menschlichen und nichtmenschlichen Personen in der todzhanischen Taiga fortzubestehen und trotz der genannten Probleme weiterhin sogar weniger gefährdet zu sein als in Nordwest-Khövsgöl – solange sich jedenfalls auch in Zukunft noch Menschen finden werden, die sich auf dieses Leben und die mit ihm verbundenen Regeln einlassen.

Nordwest-Khövsgöl

Die Dukha haben kein mit den Tozhu vergleichbares Erbe aus der Vergangenheit zu bewältigen. Ihre Gemeinschaften der Praxis sind aus dem mongolischen Sozialismus (den die meisten der heute über Fünfzigjährigen als überwiegend gute Zeit in Erinnerung haben) relativ unversehrt herausgegangen – nur um seither aber in ganz anderer Hinsicht zu leiden: So ist es hier nicht auszuschließen, dass das Taigaleben, vor allem unter dem strikten Regime eines Nationalparks, in Zukunft immer unattraktiver werden und verschwinden könnte. Viele frustrierte Dukha äußern ganz konkret solche Befürchtungen und erwarten schon heute, dass ihre Kinder unter den gegebenen Umständen aufgeben und wegziehen werden – was für die meisten Leute gleichbedeutend mit dem Ende der Dukha als distinkte Gruppe wäre. Wenn ein Taigabewohner zu sein bedeutet, entweder abhängig von Sozialhilfe zu sein oder permanent „mit einem Bein im Gefängnis zu stehen", so ist es verständlich, wenn frustrierte und desillusionierte Eltern im Tsagaannuur sum heute die Zukunft des Taigalebens in sehr düsteren Farben malen und sich sogar mehr oder weniger wünschen, dass ihre Kinder ihr Erbe am besten überhaupt gar nicht mehr antreten sollen:

„Für die nächste Generation wird es sehr schwierig werden, hier zu leben und Jäger zu werden. Ich möchte nicht, dass unsere Kinder ins Gefängnis gehen. Es ist besser, sie gehen zur Schule und machen eine Ausbildung, als hier zu bleiben. Sie werden ihre Kultur [ohnehin] verlieren. Es ist heute nicht mehr möglich, in der Taiga unabhängig zu leben." (Davaajav, Feb. 2014: pers. Komm.)

Wie oben ausführlich analysiert wurde, lässt sich in Nordwest-Khövsgöl beobachten, wie das System der Praxis der Rentierhaltung und Jagd im Wechselspiel zwischen äußerem (beabsichtigten oder unbeabsichtigten) Druck, ausgelöst durch die beschriebenen „externen Faktoren des Wandels" und resultierender Adaption immer stärker transformiert und teilweise aufgelöst wird. Auch wenn Adaption etwas Normales, „Gesundes" ist, das normalerweise zur erhöhten Resilienz eines Systems beizutragen scheint, ist in Nordwest-Khövsgöl derzeit eher eine andere Entwicklung zu beobachten: Kaskaden von sich überschlagenden Ereignissen und Entwicklungen gehen einher mit sich in Wechselwirkung mit chaotischen Hilfsaktionen abspielenden, rapiden und multiplen Adaptionen; Wissen und Fertigkeiten drohen im Sog der immer schnelleren Veränderungen verloren zu gehen; Institutionen, sowohl zwischen Mensch und Taiga als auch zwischen den Menschen selbst, sind massiven Angriffen von außen ausgesetzt, mit dem keineswegs unwahrscheinlichen Resultat, dass früher oder später die bisherige Mensch-Umwelt-Beziehung so stark verändert wird, dass das beschriebene System hier aufhören wird zu existieren. All dies geschieht trotz steigender Rentierzahlen, die bei oberflächlicher Betrachtung suggerieren, dass in Nordwest-Khövsgöl die Krise der Rentierhalter-Jäger und ihres Systems der Praxis zu Ende zu gehen scheint. Trotz der angestrebten und in quantitativer Hinsicht allem Anschein nach geglückten „Wiederbelebung der Rentierhaltung" (siehe Abschnitt VII 1.2) wird es hier aller Voraussicht nach nicht zu einer echten Stabilisierung des Taigalebens kommen, solange man nur Hilfsgelder verteilt, einzelne Aspekte fördert, andere verbietet und die Menschen immer mehr in die Abhängigkeit von externer Hilfe treibt.

Ausblick

Also doch ein weiteres Niedergangsszenario? Wäre es unter all diesen Gesichtspunkten nicht doch angebracht, mit Scholz (1995, 1999) von einem unaufhaltsamen Niedergang und dem sich auch im Ostsajangebirge endgültig abzeichnenden Ende des Nomadismus zu sprechen? Zugegebenermaßen – die Prognosen sind nicht günstig. Auch hier scheint sich offenbar abzuzeichnen, was Scholz in den Steppen des Altweltlichen Trockengürtels so häufig beobachtet und beschrieben hat: Die beiden nomadischen Systeme gemeinsamen Ursprungs weisen, nachdem sie von außen auf jeweils unterschiedliche Art und Weise manipuliert und „optimiert" wurden, schon heute mehr oder weniger deutliche Zerfallserscheinungen auf, während gleichzeitig die Rahmenbedingungen für ihre zukünftige Fortführung offenbar immer ungünstiger werden. Andererseits aber erweist sich vieles in den Systemen der Dukha und Tozhu noch immer als erstaunlich resilient bzw. resistent. Nach wie vor halten sich die Rentierhalter-Jäger standhaft, entgegen den seit Jahrzehnten immer wieder artikulierten Untergangsprognosen. Sie finden Nischen, Kompromisse und letztlich auch Wege, um z.B. zerstörerische Gesetze zu umgehen und trotz (oder sogar genau wegen) tiefgreifender ökonomischer und sozialer Krisen und Umbrüche ihr Leben als nomadische Pastoralisten und Jäger der Taiga fortzuführen. Sie machen erstaunliche Erfindungen (wie z.B. das Freilassen der Rentiere im Winter), die erfolgreich und hoch adaptiv sind – auch wenn ihre Möglichkeiten innerhalb des vorgegebenen Rahmens stark eingeschränkt sind und sich daran voraussichtlich in nächster Zeit auch kaum etwas zum Positiven hin ändern wird.

So bräuchte es zu einer wirklichen Unterstützung dieser hartnäckigen Rentierhalter-Jäger und ihrer nach wie vor im Kern aufrechterhaltenen Lebensweise auch nicht viel – außer aber, und dies scheint offenbar das Schwierigste zu sein, ein wirkliches Umdenken, resultierend in einem wahren Neubeginn. Ganz besonders in Nordwest-Khövsgöl wäre, statt noch mehr blindem, unkoordiniertem und meist mehr schädlichem als nützlichem Aktionismus, ineffizienten Lieferungen von Rentierbullen, Ziegen, Jurten und dergleichen, ein neuer Ansatz wichtiger denn je. Bei diesem Ansatz müsste der Erhalt des Gesamtsystems, wenigstens in seinem Kern, im Zentrum stehen. Es genügt nicht, an beliebigen Stellen zu intervenieren, ohne die komplexen Zusammenhänge zwischen Praxis, Wissen, Institutionen, Mensch-Umwelt-Beziehung usw. zu verstehen. Während rapide sinkende Herdenzahlen allgemein sicher als Indikator für ernste Probleme eines nomadischen Systems gelten können, so bedeuten wachsende Herden allein noch lange keine Entwarnung. Gerade der Fall der Dukha in Nordwest-Khövsgöl, deren Herden sich nach ihrer vorherigen dramatischen Abnahme in den letzten zehn Jahren weit mehr als verdoppelt haben, illustriert diese Tatsache bei genauerem Hinsehen nur allzu deutlich. Leider aber findet dieses genaue Hinsehen hier nach wie vor kaum statt. Es scheint einfacher zu sein, sich auf positive quantitative Entwicklungen bei den Rentierzahlen zu berufen und Hilfsgüter und Geld zu verteilen, als die Augen für die Probleme des wesentlich komplexeren Gesamtsystems zu öffnen und daraufhin gewisse Rahmenbedingungen so zu ändern, dass ihr gegenwärtiger zerstörerischer Einfluss abgeschwächt wird. Hierzu wäre aber zunächst ein echter Dialog auf Augenhöhe von Nöten, geprägt von Vertrauen, Respekt und wahrer Partnerschaft – eine echte Kommunikation und Kooperation mit den Taigaleuten, deren Interessen und Positionen z.B. in Bezug auf das zentrale Thema „Naturschutz" grundsätzlich überhaupt nicht so unvereinbar mit denen der Behörden sind, wie von diesen angenommen. Eine solche Entwicklung ist in Nordwest-Khövsgöl allerdings derzeit nicht einmal annähernd in Sicht.

Dialog, unveräußerliche und sichere Landrechte, Unterstützung von Eigenständigkeit und wirtschaftlicher Unabhängigkeit durch eine gezielte Unterstützung des sogenannten „traditionellen Sektors" der indigenen Bevölkerung (ohne dabei aber in die Falle eines starren und in die Vergangenheit ausgerichteten Konservatismus zu tappen) – dies sind alles Punkte, die zumindest in Russland bereits Anfang der Neunzigerjahre, vom 1995 bei einem tragischen Bootsunfall vor der Küste Tschukotkas verschollenen russischen Ethnologen Alexandr Pika ([1994] 1999) und einer Gruppe gleichgesinnter Denker und indigener Aktivisten gefordert wurden. Allein, sie wurden in den darauf folgenden Jahren, trotz massiver Lobbyarbeit indigener Organisationen, nie in die Tat umgesetzt. Stattdessen hat sich aus Sicht der russischen KMN das Klima und die Gesetzeslage seit 2001 verschlechtert. In der Mongolei wird nach wie vor lediglich die nationale Einheit gepredigt und jenseits der Auszahlung des „Präsidentengeldes" nicht über wirklich tiefgreifende Sonderrechte (z.B. auf Basis der ILO Konvention 169 oder der UNDRIP) für die kleine, nur mehrere hundert Personen zählende ethnische Minderheit der tuwinischen Rentierhalter-Jäger Nordwest-Khövsgöls nachgedacht, womit diese heute sogar weiter entfernt von der Erlangung von Jagd- oder sicheren Landnutzungsrechten steht als je zuvor. Es mag daher sehr realitätsfremd klingen, in dieser Situation einen fundamentalen Neubeginn zu fordern. Aber genau dieser wird unabdingbar sein, wenn die Taigabevölkerung der Dukha und der Tozhu – und mit ihnen das in seiner Einzigartigkeit beschriebene System der Praxis der Rentierhaltung und Jagd in den Wäldern der Ostsajanberge – auch in Zukunft noch eine realistische Chance haben soll.

VERZEICHNISSE

LITERATURVERZEICHNIS

Administration of Land Affairs, Geodesy and Cartography (ALAGAC)
— 2004: *Geographic Atlas of Mongolia.* Ulaanbaatar.
Alatalu, T.
— 1992: Tuva – a state reawakens. In: *Soviet Studies*, Vol. 44, Issue 5. (881–895)
Anderson, D.G.
— 2002: *Identity and Ecology in Arctic Siberia: The Number One Reindeer Brigade.* Oxford University Press, Oxford & New York.
— 2003: The Ecology of Markets in Central Siberia. In: Anderson, D.G. & Berglund, E. (Hg.): *Ethnographies of Conservation.* Berghahn Books, New York, Oxford. (155–170)
— 2004: Reindeer, Caribou and ‚Fairy Stories' of State Power. In: Anderson, D.G. & Nuttall, M. (Hg.): *Cultivating Arctic Landscapes: Knowing and Managing Animals in the Circumpolar North.* Berghahn Books, New York, Oxford. (1–16)
— 2012: Comment on J.Knight ‚The Anonymity of the Hunt'. In: *Current Anthropology*, Vol. 53, No. 3, June 2012. (345–346)
— 2013: Home, Hearth and Household in the Circumpolar North. In: Anderson, D.G., Wishart, R.P. and Vaté, V. (Hg.): *About the Hearth: Perspectives on the Home, Hearth and Household in the Circumpolar North.* Berghahn Books, New York & Oxford. (262–281)
Anderson, D.G. & Nuttall, M. (Hg.)
— 2004: *Cultivating Arctic Landscapes: Knowing and Managing Animals in the Circumpolar North.* Berghahn Books, New York, Oxford.
Arakchaa, T.
— 2009: *Household and Property Relations in Tuva.* A thesis submitted in partial fulfillment of the requirement of Masters of Arts in Anthropology, Boise State University.
Arular Association of Kazakh Women, The Itgel Foundation, The Mongolian LGBT Centre & The National AIDS Foundation
— 2010: *Mongolian Minorities' Report – Ninth Round of the Universal Periodic Review (2010)*, [ohne Verlagsangabe], Ulaanbaatar.
Ayuursed, G.
— 1996: *Khövsgöliin Tsaa Buga.* Khövsgöl aimag, Mörön khot.
Baabar
— 1999: *History of Mongolia.* Translated by D. Suhjargalmaa, S. Burenbayar, H.Hulan and N. Tuya. Edited by C: Kaplonski. The Mongolia and Inner Asia Studies Unit, University of Cambridge / Monsudar Publishing, Ulaanbaatar.
Badamkhatan, S.
— 1962: *Khövsgöliin Tsaatan ardyn aj baidlyn tom.* Studia Ethnographica Instituti Historiae Academiae Scientiarum Respublicae Populi Mongolici, tomus 2, fasc. 1, Ulaanbaatar.
Bak, P.
— 1996: *How nature works: The science of self-organized criticality.* Copernicus, An Imprint of Springer Verlag, New York.
Barfield, T. J.
— 1993: *The Nomadic Alternative.* Prentice Hall, Upper Saddle River, NJ.

Bat-Ochir Bold
— 2001: *Mongolian Nomadic Society: A reconstruction of the „Medieval' History of Mongolia*. St. Martin's Press, New York.

Bateson, G.
— 1973: *Steps to an Ecology of Mind*. Fontana, London.

Batkhishig, B., Oyuntulkhuur, B., Altanzul, T. & Fernández-Gimenez, M.E.
— 2012: A Case Study of Community-Based Rangeland Management in Jinst *Soum*, Mongolia. In: Fernández-Gimenéz, M.E., Wang Xiaoyi, Batkhishig, B., Klein J.A., Reid, R.S. (Hg.): *Restoring Community Connections to the Land: Building Resilience through Community-based Rangeland Management in China and Mongolia*. CABI, Wallingford/Oxfordshire & Cambridge, MA (USA). (113–135)

Batsaikhan, E.O.
— 2013: *Mongolia: Becoming a Nation-State*. History of Mongolia in the XX Century. [ohne Verlagsangabe] Ulaanbaatar.

Batsaikhan Usukh, Binswanger-Mkhize, H.P., Himmelsbach, R. & Schuler, K.
— 2010: *Fostering the Sustainable Livelihoods of Herders in Mongolia via Collective Action*. Swiss Agency for Development and Cooperation SDC / Mongolian Society for Range Management, Ulaanbaatar.

Battushig, A.
— 2000: *Wirtschaftliche Transformation in der Mongolei*. Herbert Utz Verlag GmbH, München.

Bawden, C.R.
— [1968] 1989: *The Modern History of Mongolia*. Kegan Paul International, London and New York.

Bazargür, D. & Enkhbayar, D.
— 1997: *Chinggis Khaan: Historic-Geographic Atlas*. Cartographic Enterprise of the State Administration of Geodesy and Cartography, Ulaanbaatar.

Beach, H. & Stammler, F.
— 2006: Human-Animal Relations in Pastoralism. In: *Nomadic Peoples*, Vol. 10, Issue 2, 2006. (6–30)

Belov, E.A.
— 2004: Bor'ba za Uryankhajskij kraj (1918–1921 gg.) In: *Uchenye Zapiski*, Vypusk XX. Tuvinskyj institut gumanitarnykh issledovanij, Kyzyl. (15–31)

Berkes, F.
— 2008: *Sacred Ecology*. Second Edition. Routledge. New York/London.

Berkes, F., Colding, J. & Folke, C.
— 2003: Introduction. In: Berkes, F., Colding, J. & Folke, C. (Hg.): *Navigating Social-Ecological Systems: Building Resilience for Complexity and Change*. Cambridge University Press. (1–20)

Berkes, F., Colding, J. & Folke, C. (Hg.)
— 2003a: *Navigating Social-Ecological Systems: Building Resilience for Complexity and Change*. Cambridge University Press.

Berkes, F. & Folke, C.
— 2002: Back to the Future: Ecosystem Dynamics and Local Knowledge. In: Gunderson, L.H. & Holling C.S. (Hg.): *Panarchy: Understanding transformations in human and natural systems*. Island Press, Washington. (121–146)

v. Bertalanffy, L.
— 1950: An Outline of General System Theory. In: *The British Journal for the Philosophy of Science*, Vol. 1, No. 2 (Aug. 1950). (134–165)

Biche-Ool, S.
— 2004: K Voprosu o pravovom polozhenii zhenshhiny v Tuve (c nachala XX v. – do 1940-x godov): In: *Uchenye Zapiski*, Vypusk XX. Tuvinskyj institut gumanitarnykh issledovanij, Kyzyl. (119–132)

Biche-Ool, S. & Samdan, A.A.
— 2009: Olenevody Respubliki Tyva: Istoricheskie realii i sovremennost'. In: *Narody i kul'tury Yuzhnoj Sibiri i sopredel'nykh territorij: Istoriya, sovremennoe sostoyahie, perspektivy.* II tom. Materialy Mezhdunarodnoj nauchnoj konferenczii, posvyashhennoj 65-letiyu Khakasskogo nauchno-issledovatel'skogo instituta yazyka, literatury i istorii. 3–5 sentyabrya 2009 g. Khakasskoe knizhnoe izdatel'stvo, Abakan. (58–62)

Bilgüün, G.
— 2013: *Tsaatnuud orlogoguygeesee khulgain an khiii baina.* Online-Artikel, URL: http://news.gogo.mn/r/121349

Bird-David, N.
— 1992: Beyond „The Original Affluent Society": A Culturalist Reformulation. In: *Current Anthropology*, Vo. 33, No. 1, Feb. 1992. (25–34)
— 1999: „Animism" Revisited. Personhood, Environment, and Relational Epistemology. In: *Current Anthropology*, Vol. 40, No. S1, Special Issue Culture–A Second Chance? (February 1999). (S67–S91)
— 2012: Comment on J.Knight ‚The Anonymity of the Hunt'. In: *Current Anthropology*, Vol. 53, No. 3, June 2012. (346–347)

Blaikie, P.
— 1985: *The Political Economy of Soil Erosion in Developing Countries.* Longman Development Series, London.

Blaikie, P. & Brookfield, H.C.
— 1987: Defining and Debating the Problem. In: Blaikie, P. & Brookfield, H.C. (Hg.): *Land Degradation and Society.* Methuen & Co., London, New York. (1–26)

Bobek, H.
— 1948: Stellung und Bedeutung der Sozialgeographie. In: *Erdkunde*, 2. Jg. (1948). (118–125)

Bohle, H.-G.
— 2001: Vulnerability and Criticality: Perspectives from Social Geography. In: *IHDP Update, Newsletter of the International Human Dimensions Programme on Global Environmental Change*, Nr. 2/2001. (1–7)
— 2008: Krisen, Katastrophen, Kollaps – Geographien von Verwundbarkeit in der Risikogesellschaft. In: Kulke, E. & H. Popp (Hg.): *Umgang mit Risiken: Katastrophen-Destabilisierung-Sicherheit.* Deutscher Geographentag 2007 Bayreuth. (Deutsche Gesellschaft für Geographie). Bayreuth/Berlin. (69–82)

Bohle, H.-G. & Glade, T.
— 2007: Vulnerabilitätskonzepte in Sozial- und Naturwissenschaften. In: Felgentreff, C. & Glade, T. (Hg.): *Naturrisiken und Sozialkatastrophen.* Elsevier/Spektrum Akademischer Verlag, Heidelberg. (99–119)

Bourdieu, P.
— [1972] 1976: *Entwurf einer Theorie der Praxis.* Übersetzt von Cordula Pialoux und Bernd Schwibs. Suhrkamp Verlag, Frankfurt a. M..

Brockington D. & Igoe, J.
— 2006: Eviction for Conservation: A Global Overview. In: *Conservation and Society*, Vol. 4. No. 3, September 2006. (424–470)

Brodbeck, K.-H.
— 2005: Ökonomie der Armut. In: Clemens Sedmak (Hg.): *Option für die Armen.* Herder, Freiburg, Basel, Wien. (59–80)

Brody, H.
— 2001: *The Other Side of Eden: Hunter-gatherers, farmers and the shaping of the world.* Faber and Faber, London.

Bruun, O. & Odgaard, O.
— 1996: *Mongolia in Transition: Old Patterns, New Challenges.* Nordic Institute of Asian Studies. Curzon Press, Ltd., Richmond, Surrey.

Bryant, R.L.
— 1998: Power, knowledge and political ecology in the third world: a review. In: *Progress in Physical Geography*, 22,1 (1998). (79–94)

Bürkner, H.-J.
— 2010: *Vulnerabilität und Resilienz – Forschungsstand und sozialwissenschaftliche Untersuchungsperspektiven*. Working Paper, Leibniz-Institut für Regionalentwicklung und Strukturplanung, Erkner.

Bulag, U.E.
— 1998: *Nationalism and Hybridity in Mongolia*. Clarendon Press, Oxford.

Carpenter, S.R., Brock, W.A. & Ludwig, D.
— 2002: Collapse, Learning, and Renewal. In: Gunderson, L.H. & Holling C.S. (Hg.): *Panarchy: Understanding transformations in human and natural systems*. Island Press, Washington.(173–193)

Carruthers, D.
— [1914] 2009: *Unknown Mongolia (Volume 1): A Record of Travel and Exploration in North-West Mongolia and Dzungaria*. General Books, Memphis, Tennessee.

Castel, R.
— [1980] 2008: *Die Metamorphosen der sozialen Frage: Eine Chronik der Lohnarbeit*. UVK Verlagsgesellschaft, Konstanz.

Castrén, M.A.
— 1856: *Reiseberichte und Briefe aus den Jahren 1845–1849. Im Auftrage der Kaiserlichen Akademie der Wissenschaften*. Herausgegeben von Anton Schlefner. Buchdruckerei der Kaiserlichen Akademie der Wissenschaften, St. Petersburg.

Čeveng, Ž.
— [1934] 1991: The Darqad and the Uriyanqai of Lake Köbsögöl. Translated by I. de Rachewitz and J.R. Krüger. In: *East Asian History*, Vol. 1. (55–80)

Chambers R.
— 1988: *Sustainable Livelihoods, Environment and Development: Putting Poor Rural People First*. DP 240, Institute of Development Studies.

Chambers, R. & Conway, G.R.
— 1992: *Sustainable rural livelihoods: practical concepts for the 21st century*. IDS Discussion Paper 296.

Chang Chi-yun
— 1964: *Atlas of the Republic of China*. Vol. II. Hsitsang (Tibet), Sinkiang and Mongolia. The National War College, Yan Ming Shan, Taiwan.

Chanzan, M.
— 2008: *The Pearl of Tuva – for Grinding*. Tuva Online, 23 March 2008. Online Artikel, URL: http://en.tuvaonline.ru/2008/03/23/4604_pearl.html

Chültemsüren, P.
— 2012: Tsaany aj akhui, ulamjlalt soyolyn tovch toim. In: *Nomadic Studies*. International Institute for the Study of Nomadic Civilizations, Bulletin No 19 / 2012. (40–50)

Colchester, M.
— [1994] 2003: *Salvaging Nature: Indigenous Peoples, Protected Areas and Biodiversity Conservation*. World Rainforest Movement, International Secretariat, Montevideo.

Coloo, Ž.
— 1976: Notes on Mongol Uriankhai Vocabulary. In: *Acta orientalia Academiae Scientiarum Hungaricae, Budapest,* Vol. 30 (59–67)

Crisp, N., Dick, J. & Mullins, M.
— 2004: *Mongolia Forestry Sector Review*. The World Bank.

CSD Uppsala
— 2012: *Grasping Sustainability: A Debate on Resilience Theory vs Political Ecology*. Friday, 27. April 2012, Uppsala University. Gary Peterson and Alf Hornborg, moderated by Eva Friman.

The Development Research Network on Nature, Poverty and Power (DevNet).Online-Videodokument, URL: http://www.youtube.com/watch?v=D_NCSQ1qNac

Cultural Survival
— 2008: *Mongolia Establishes Support Program for Reindeer Herders.* Online-Artikel, URL: http://www.culturalsurvival.org/publications/cultural-survival-quarterly/mongolia/mongolia-establishes-support-program-reindeer-herd

Daes, E.I.
— 1995: *Standard Setting Activities: Evolution of Standards concerning the Rights of Indigenous People – New Developments and General Discussion of Future Action.* Note by the Chairperson- Rapporteur of the Working Group on Indigenous populations, Ms. Erica-Irene Daes, on criteria which might be applied when considering the concept of indigenous peoples. UN Docuemnt E/ CN.4/Sub.2/AC.4/1995/3.
— 1996: *Standard Setting Activities: Evolution of Standards concerning the Rights of Indigenous People:* Working Paper by the Chairperson-Rapporteur, Mrs. Erica-Irene A. Daes, on the concept of „indigenous people". UN-Document E/CN.4/Sub.2/AC.4/1996/2 .

Darwin, C.R.
— 1845: *Journal of researches into the natural history and geology of the countries visited during the voyage of H.M.S. Beagle round the world, under the Command of Capt. Fitz Roy, R.N.* 2d edition. John Murray, London.
— 1882: *The Descent of Man and Selection in Relation to Sex.* John Murray, London.

Davaanyam, Ch.
— 2006: *Tsertsiin Shargai: Tüükh Dursamj.* Khövsgöl aimgiin Tsagaannuur sum, Tsagaannuur.

Davidson, D.J.
— 2010: The Applicability of the Concept of Resilience to Social Systems: Some Sources of Optimism and Nagging Doubts. In: *Society and Natural Resources: An International Journal*, 23:12. (1135–1149)

Demangeon, A.
— 1942: *Problèmes de Géographie Humaine.* Libraire Armand Collin, Paris.

Denzin, N.K. & Lincoln, Y.S.
— 2005: Paradigms and Perspectives in Contention. In: Denzin, N.K. & Lincoln, Y.S. (Hg.): *The Sage Handbook of Qualitative Research.* Sage Publications, Thousand Oaks, California, London & New Delhi. (183–190)

Descola, P.
— 1994: *In the Society of Nature.* Cambridge University Press, Cambridge.
— 2011: *Jenseits von Natur und Kultur.* Aus dem Französischen von Eva Moldenhauer. Suhrkamp Verlag, Berlin.
— 2012: *The Ecology of Others.* Prickly Paradigm Press, Chicago.

Diószegi, V.
— 1961: Problems of Mongolian Shamansim. In: *Acta Ethnographica Academiae Scientarium Hungaricae, Vol. 10* (195–206)

Dolgikh, B.O.
— 1960: *Rolevoj i plemennoj sostav narodov Sibiri v XVII v.* (Otv. red.G.F.Debec.)

Donahoe, B.R.
— 2003: The troubled taiga: Survival on the move for the last reindeer herders of South Siberia, Mongolia and China. In: *Cultural Survival Quarterly*, 27.1, Spring 2003. (12–15). Siehe auch URL: http://www.culturalsurvival.org/publications/cultural-survival-quarterly/china/troubled-taiga
— 2004: *A Line in the Sayans: History and Divergent Perceptions of Property among the Tozhu and Tofa of South Siberia.* ProQuest Information and Learning Company, Ann Arbor.
— 2012: ‚Trust' or ‚Domination'? Divergent Perceptions of Property in Animals among the Tozhu and the Tofa of South Siberia. In: Khazanov, A.M. & Schlee, G. (Hg.): *Who Owns the Stock?*

Collective and Multiple Property Rights in Animals. Berghahn Books, New York, Oxford. (99–120)

Donahoe, B.R., Habeck, J.O., Halemba, A. & Sántha, I.
— 2008: Size and Place in the Construction of Indigeneity in the Russian Federation. In: *Current Anthropology*, Volume 49, Number 6, 2008. (993–1020)

Dorligsuren, D., Batbuyan, B., Densambuu, B., Fassnacht, S.R.
— 2012: Lessons From a Territory-Based Community Development Approach in Mongolia: Ikhtamir Pasture User Groups. In: Fernández-Giménez, M.E., Wang Xiaoyi, Batkhishig, B., Klein J.A., Reid, R.S. (Hg.): *Restoring Community Connections to the Land: Building Resilience through Community-based Rangeland Management in China and Mongolia.* CABI, Wallingford/Oxfordshire & Cambridge, MA (USA). (166–188)

Dronova, N. & Shestakov, A.
— 2005: *Trapping a Living: conservation and socio-economic aspects of the fur trade in the Russian Far East.* A TRAFFIC Europe Report. Cambridge/Brussels.

Dulmaa, A.
— 1999: Fish and fisheries in Mongolia. In: Petr, T. (Hg.): *Fish and fisheries at higher altitudes: Asia.* FAO Fisheries Technical Paper No. 385. FAO, Rome. (187–236)

Eakins, H. & Luers, A.L.
— 2006: Assessing the Vulnerability of Social-Environmental Systems. In: *Annu. Rev. Environ. Resour.* 2006. 31. (365–394)

Eder, K.
— 1996: *The Social Construction of Nature.* Sage Publishers, London.

Egner, H.
— 2008: Komplexität. Zwischen Emergenz und Reduktion. In: Egner, H., Ratter, B.M.W., Dikau, R. (Hg.): *Umwelt als System – System als Umwelt?* oekom, München. (39–54)

Egner, H. & Ratter B.M.W.
— 2008: Einleitung: Wozu Systemtheorie(n). In: Egner, H., Ratter, B.M.W., Dikau, R. (Hg.): *Umwelt als System – System als Umwelt?* oekom, München. (9–19)

Ehrlich, P.R.
— 1968: *The Population Bomb: Population Control or Race to Oblivion?* Ballantine Books, New York.

Ellen, R.
— 1996: Introduction. In: Ellen, R. & Fukui, K. (Hg.): *Redefining Nature: Ecology, Culture and Domestication.* Berg, Oxford, Washington D.C. (1–36)

Endres, J.
— 2009: *Developing Grassroots Land Management for Community Based Tourism in the Mongolian Taiga.* Master's Programme Land Management and Land Tenure Centre of Land and Environmental Risk Management. Technische Universität München [unveröffentlichte Masterarbeit].
— 2012: Die Dukha: Rentierhalter und Jäger der Mongolei zwischen Subsistenzjagd, „Wilderei" und gemeindeorientiertem Ressourcenmanagement. In: Hammerich, K., Klein, M. & Romich, M. (Hg.): *Minderheiten im Umgang mit der Natur.* Naturschutz und Freizeitgesellschaft, Band 10. Academia Verlag, Sankt Augustin. (147–167)
— 2012a: Dukha - Rentierhalter und Jäger der mongolischen Taiga. In: *Geographische Rundschau*, Jahrgang 64, Dezember 2012, Heft 12. (12–17)

Engels, F.
— [1873–1882] 1955: *Dialektik der Natur.* Dietz Verlag, Berlin.

Erkh züin medeelliin negdcen sistem (EZMNS)
— 1995: *Agnuuryn nööts ashiglasny tölbör, an amitain angakh, barikh zövshöörliin khuraamjiin tukhai khuuli.* [Gesetzestext, online einsehbar] URL: http://www.legalinfo.mn/law/details/32/
— 2000: *Amitny aimgiin tukhai khuuli.* [Gesetzestext, online einsehbar] URL: http://www.legalinfo.mn/law/details/40/

— 2000a: *An agnuuryn tukhai khuuli.* [Gesetzestext, online einsehbar] URL: http://www.legalinfo.mn/law/details/41/
— 2011: *Ulsyn ikh Khurlyn togtool Dugaar 18, 2011 ony 05 saryn 11 ödör.* [Regierungsbeschluss, online einsehbar] URL: http://www.legalinfo.mn/law/details/5988?lawid=5988
Escobar, A.
— 1999: After Nature: Steps to an Antiessentialist Political Ecology. In: *Current Anthropology*, Vol. 40, Number 1, February 1999. (1–30)
Ewing, T.E.
— 1980: *Between the Hammer and the Anvil? Chinese and Russian Policies in Outer Mongolia 1911–1921.* Indiana University Uralic and Altaic Series, Volume 138. Indiana University, Bloomington.
— 1981: The Forgotten Frontier: South Siberia (Tuva) in Chinese and Russian History, 1600–1920. In: *Central Asiatic Journal*, Vol. XXV. Harrassowitz, Wiesbaden. (174–212)
Fernández-Giménez, M.E., Kamimura, A. & Batbuyan Batjav
— 2008: *Implementing Mongolia's Land Law: Progress and Issues.* A Research Project of the Central for Asian Legal Exchange (CALE), Nagoya University, Japan. Final Report. CALE Reports (WEB version) No.1.
Fijn, N.
— 2011: *Living with Herds: Human–Animal Coexistence in Mongolia.* Cambridge University Press, Cambridge, New York, Melbourne, Madrid, Cape Town, Singapore, São Paolo, Delhi, Dubai, Tokyo, Mexico City.
Fitzhugh, W. & Bayarsaikhan, J.
— 2008: *American Mongolian Deer Stone Project: Field Report 2007.* The Arctic Studies Center, National Museum of Natural History, Smithsonian Institution, Washington, D.C. / National Museum of Mongolian History, Ulaanbaatar.
Flenniken, M.
— 2007: *Reindeer Nutrition and Pasture Analysis in the Mongolian Taiga.* Honors Thesis Presented to the College of Agriculture and Life Sciences, Animal Sciences of Cornell University in Partial Fulfillment of the Requirements for the Research Honors Program. Faculty Advisor: Dan Brown.
Folke, C.
— 2006: Resilience: The emergence of a perspective for social–ecological systems analyses. In: *Global Environmental Change*, 16 (2006). (253–267)
Folke, C., Carpenter, S.R., Walker, B., Scheffer, M., Chapin, T. Rockström, J.
— 2010: Resilience Thinking: Integrating Resilience, Adaptability and Transformability. in: *Ecology and Society.* 15(4): 20. Online-Artikel, URL: http://www.ecologyandsociety.org/vol15/iss4/art20]
Fondahl, G. & Poelzer, G.
— 2003: Aboriginal land rights in Russia at the beginning of the twenty-first century. In: *Polar Record*, 39 (209). (111–122)
Food and Agriculture Organization of the United Nations (FAO)
— 2001: *Pastoralism in the new millenium.* FAO Animal Production and Health Paper 150, Rome.
Forbes, B.C. & Stammler, F.
— 2009: Arctic climate change discourse: the contrasting politics of research agendas in the West and Russia. In: *Polar Research*, 28 2009. (28–42)
Forbes, B.C., Stammler, F., Kumpula, T., Meschtyb, N. Pajunen, A. & Kaarlejärvi, E.
— 2009: High resilience in the Yamal-Nenets social-ecological system, West Siberian Arctic, Russia. In: *PNAS*, December 29, 2009, Vol. 106, No. 52. (22041–22048)
Forsyth, J.
— 1992: *A History of the Peoples of Siberia: Russia's North Asian Colony 1581–1990.* Cambridge University Press, Cambridge.

Franke, A. & Albers, I.
— 2012: Einleitung. In: Franke, A. & Albers, I. (Hg.): *Animismus: Revisionen der Moderne*. diaphanes AG, Zürich. (7–15)

Freud, S.
— [1913] 2011: Über einige Übereinstimmungen im Seelenleben der Wilden und der Neurotiker III. *The Project Gutenberg EBook of Animismus, Magie und Allmacht der Gedanken, by Sigmund Freud*. [EBook #37070]. Ursprünglich erschienen in: Imago. Zeitschrift für Anwendung der Psychoanalyse auf die Geisteswissenschaften, II (1913). (1–21). EBook URL: http://www.gutenberg.org/files/37070/37070-h/37070-h.htm#Footnote_2

Friters, G.M.
— 1949: *Outer Mongolia and its International Position*. Introduction by Owen Lattimore. The John Hopkins Press, Baltimore.

Gernet, K.
— 2012: *Vom Bleiben in Zeiten globaler Mobilität: Räume und Spielräume der Lebensgestaltung junger indigener Frauen im russischen Norden*. Peter Lang, Internationaler Verlag der Wissenschaften, Frankfurt a.M., Berlin, Bern, Bruxelles, New York, Oxford, Wien.

Giddens, A.
— 1979: *Central Problems in Social Theory: Action, structure and contradiction in social analysis*. Macmillan, London.
— 1984: *The Constitution of Society: Outline of the theory of structuration*. Polity Press, Cambridge.

Giese, E.
— 1982: Seßhaftmachung der Nomaden in der Sowjetunion. In: Scholz, F. & Janzen, J. (HG.): *Nomadismus – ein Entwicklungsproblem?* Abh. d. geogr. Inst.-Anthropogeogr., 33, Berlin. (219–231)

Glaser, M., Krause, G., Ratter, B. & Welp, M.
— 2008: Human/Nature Interaction in the Anthropocene: Potential of Social-Ecological Systems Analysis. In: *GAIA Ecological Perspectives for Science and Society*, 17/1 (2008). (77–80)

Global Environment Facility (GEF)
— 2010: *Celebrating the International Year of Biodiversity with Success Stories from the Field: Conservation Partnerships Flourish in Northern Mongolia's Darkhad Valley*. Online-Artikel, URL: http://www.thegef.org/gef/news/IYB2010_Mongolia

Goffman, E.
— 1961: *Asylums: Essays on the social situation of mental patients and other inmates*. Anchor Books, Garden City, N.Y.

Government of Mongolia / United Nations Development Programme (UNDP)
— 2006: *Community-based Conservation of Biological Diversity in the Mountain Landscapes of Mongolia's Altai Sayan Eco-region*. Project Document (PIMS 1929) MON/03/G31/A/G1/99.

Gray, P.
— 2004: Chukotkan reindeer Husbandry in the Twentieth Century: In the Image of the Soviet Economy. In: Anderson, D.G. & Nuttall, M. (Hg.): *Cultivating Arctic Landscapes: Knowing and Managing Animals in the Circumpolar North*. Berghahn Books, New York, Oxford. (136–153)
— 2005: *The Predicament of Chukotka's Indigenous Movement: Post-Soviet Activism in the Russian Far North*. Cambridge University Press, Cambridge.

GRID-Arendal
— 2013: *Nomadic Herders: enhancing the resilience of pastoral ecosystems and livelihoods*. Online-Dokument, URL: http://www.grida.no/polar/activities/4493.aspx

Grjasnow, M.
— 1972: *Südsibirien*. Wilhelm Heyne Verlag, München.

Gunderson, L.H. & Holling, C.S. (Hg.)
— 2002: *Panarchy: Understanding Transformations in Human and Natural Systems*. Island Press, Washington, Covelo, London.

Habeck, J.O.
— 2002: How to Turn a Reindeer Pasture into an Oil Well, and Vice Versa: Transfer of Land, Compensation and Reclamation in the Komi Republic. In: Kasten, E. (Hg.): *People and the Land: Pathways to Reform in Post-Soviet Siberia*. Siberian Studies, Dietrich Reimer Verlag, Berlin. (125–147)
— 2005: *What it Means to be a Herdsman: The Practice and Image of Reindeer Husbandry among the Komi of Northern Russia*. Halle Studies in the Anthropology of Eurasia, Vol. 5. LIT Verlag, Münster.
— 2008: *Conditions and Limitations of Lifestyle Plurality in Siberia: A Research Programme*. Max Planck Institute for Social Anthropology Working papers, No. 104. Max Planck Institute for Social Anthropology, Halle.

Hall, G. & Patrinos, H.
— 2012: *Indigenous Peoples, Poverty and Development*. Cambridge University Press, Cambridge, New York, Melbourne, Madrid, Cape Town, Singapore, São Paulo, Delhi & Mexico City.

Hallowell, A.I.
— 1960: Ojibwa ontology, behaviour and world view. In: Diamond, S. (Hg.): *Culture in History: Essays in Honor of Paul Radin*. Columbia University Press, New York. (19–52)

Hann, C.
— 2000: *The Tragedy of the Privates? Postsocialist Property Relations in Anthropological Perspective*. Max Planck Institute for Social Anthropology Working Papers, No. 2. Max Planck Institute for Social Anthropology, Halle.
— 2002: Vorwort. In: Hann, C. (Hg.): *Postsozialismus*. Transformationsprozesse in Europa und Asien aus ethnologischer Perspektive. Campus Verlag GmbH, Frankfurt/Main. (7–10)

Hardin, G.
— 1968: The Tragedy of the Commons. In: *Science*, Vol. 162. (1243–1248)

Harrison, K.D.
— 2007: *When Languages Die: The extinction of the world's languages and the erosion of human knowledge*. Oxford University Press, Oxford, New York.

Hartwig, J.
— 2007: *Die Vermarktung der Taiga: Die Politische Ökologie der Nutzung von Nicht-Holz-Waldprodukten und Bodenschätzen in der Mongolei*. Franz Steiner Verlag, Stuttgart.

Harvey, G.
— 2006: *Animism: Respecting the Living World*. Columbus University Press, New York.

Helbling, J.
— 1987: *Theorie der Wildbeutergesellschaft: Eine ethnosoziologische Studie*. Campus Verlag, Frankfurt / New York.

Herrmann, A.
— 1927: *Volksrätestaat Mongolei*. Politisches Kolorit. 1:2.000.000. Sonderabdruck aus der Zeitschrift der Gesellschaft für Erdkunde zu Berlin. Nr. 7/8 (inklusive Beiblatt). Wagner und Debes, Leipzig.

Hillebrandt, F.
— 2006: Praxisfelder ohne System oder Funktionssysteme ohne Praxis? Überlegungen zur (unmöglichen) Vermittlung der Gesellschaftstheorien Bourdieus und Luhmanns. In: Rehberg, K.-S. (Hg.): *Soziale Ungleichheit, kulturelle Unterschiede: Verhandlungen des 32. Kongresses der Deutschen Gesellschaft für Soziologie in München*. Teilbd. 1 und 2. Konferenzbeitrag zum 32. Kongress der Deutschen Gesellschaft für Soziologie „Soziale Ungleichheit – kulturelle Unterschiede". München, 2004. Campus Verlag, Frankfurt am Main. URL: http://nbn-resolving.de/urn:nbn:de:0168-ssoar-143369

— 2009: Praxistheorie. In: Kneer, G. & Schroer, M. (Hg.): *Handbuch Soziologische Theorien.* VS Verlag für Sozialwissenschaften. Wiesbaden. (369–394)

Hobbes, T.
— [1651] 1991: *Leviathan.* Edited by Richard Tuck. Cambridge University Press, Cambridge, New York, Port Chester, Melbourne, Sydney.

Holland, J.H.
— 2006: Studying Complex Adaptive Systems. In: *Journal of Systems Science and Complexity,*(2006) 19. (1–8)

Holling, C.S.
— 1973: Resilience and Stability of Ecological Systems. In: *Annu. Rev. Ecol. Syst.* 1973.4. (1–23)
— 1986: Resilience of ecosystems: local surprise and global change. In: Clark, W.C. & Munn, R.E. (Hg.): *Sustainable Development of the Biosphere.* Cambridge University Press. (292–317)

Holling C.S. & Gunderson, L.H.
— 2002: Resilience and Adaptive Cycles. In: Gunderson, L.H. & Holling C.S. (Hg.): *Panarchy: Understanding transformations in human and natural systems.* Island Press, Washington. (25–62)

Holling, C.S., Gunderson, L.H. & Ludwig, D.
— 2002: In Quest of a Theory of Adaptive Change. In: Gunderson, L.H. & Holling C.S. (Hg.): *Panarchy: Understanding transformations in human and natural systems.* Island Press, Washington. (3–22)

Hornborg, A.
— 2003: From animal masters to ecosystem services: Exchange, personhood and human ecology. In: Roepstorff, A., Bubandt, N. & Kull, K. (Hg.): *Imagining Nature: Practices of Cosmology and Identity.* Aarhus University Press, Aarhus, Oxford, Oakville. (97–116)
— 2006: Conceptualizing Socioecological Systems. In: Hornborg, A. & Crumley, C. (Hg.:) *The World System and the Earth System. Global socioenvironmental change and sustainability since the Neolithic.* Left Coast Press Inc., Walnut Creek. (1–11)
— 2009: Zero-Sum World: Challenges in Conceptualizing Environmental Load Displacement and Ecologically Unequal Exchange in the World-System. In: *International Journal of Comparative Sociology,* 50. (237–262)

Hornborg, A. & Crumley, C. (Hg.)
— 2006: *The World System and the Earth System: Global Socioenvironmental Change and Sustainability since the Neolithic.* Left Coast Press Inc., Walnut Creek.

Humphrey, C.
— 1998: *Marx Went Away But Karl Stayed Behind.* Updated Edition of Karl Marx Collective: Economy, Society, and Religion in a Siberian Collective Farm. University of Michigan Press, Michigan.

Humphrey, C. & Sneath, D.
— 1999: *The End of Nomadism? Society, State and the Environment in Inner Asia.* Duke University Press, Durham / Cambridge.

Hunn, E.
— 1993: What is traditional ecological knowledge? In: Williams, N.M. & Baines, G. (Hg.): *Traditional Ecological Knowledge: Wisdom for Sustainable Development.* Centre for Resource and Environmental Studies, Australian National University, Canberra. (13–15)

Il'in, (?)
— 1868: *Karta azīiatskoi Rossīi / sostavlena po novieishim sviedienīiam General'nago shtaba Polkovnikom Il'inym).* Izd. 6oe. [St. Petersburg? : s.n., 1868]. Library of Congress, Geography and Map Division, Washington, D.C. URL: http://memory.loc.gov/cgi-bin/query/D?gmd:48:./temp/~ammem_3ho2::

Inamura, T.
— 2005: The Transformation of the Community of Tsaatan Reindeer Herders in Mongolia and Their Relationships with the Outside World. In: Ikeya, K. & Fratkin, E. (Hg.): *Pastoralists and Their Neighbors in Asia and Africa*. SENRI Ethnological Studies No. 69. National Museum of Ethnology, Osaka. (112–152)

infomongolia.com
— 2014: Population and Housing Census 2010. Website, URL: http://www.infomongolia.com/ct/ci/2731/145/Population%20and%20Housing%20Census%20of%20Mongolia,%202010
— 2014a: Main Indicators of Mongolian Statistics, 2013. Website, URL: http://www.infomongolia.com/ct/ci/7614/96/Main%20Indicators%20of%20Mongolian%20Statistics,%202013

Ingold, T.
— 1980: *Hunters, Pastoralists and Ranchers: Reindeer Economies and Their Transformations*. Cambridge University Press, Cambridge.
— 1999: Comment on N. Bird-David „'Animism' Revisited. Personhood, Environment, and Relational Epistemology". In *Current Anthropology*, Vol. 40, No. S1, Special Issue: Culture – A Second Chance? (February 1999). (S81–S82)
— 2000: *The Perception of the Environment*. Essays on livelihood, dwelling and skill. Routledge, London and New York.
— 2011: *Being Alive*. Essays on movement, knowledge and description. Routledge, London & New York.
— 2012: Toward an Ecology of Materials. In: *Annu. Rev. Anthropol.* 2012.41. (427–442)
— 2013: *Making*. Anthropology, Archaeology, Art and Architecture. Routledge, London & New York.

International Centre for Reindeer Husbandry (ICRH)
— [ohne Jahresangabe]: *Reindeer Husbandry – An Ancient Livelihood*. World Reindeer Husbandry. People, Distribution and Challenges. PDF-Dokument, URL: http://www.google.de/url?sa=t&rct=j&q=reindeer%20husbandry%20%E2%80%93%20an%20ancient%20livelihood&source=web&cd=4&ved=0CHwQFjAD&url=http%3A%2F%2Flibrary.arcticportal.org%2F478%2F1%2FReindeer_Map_Web_Download.pdf&ei=l4GlT5HfMonbsga-r4DiBQ&usg=AFQjCNFHhuRPxVFO7-eCREIejKyagk9JKw&cad=rja
— 2012: *Reindeer Herders from Norway and Mongolia meet in Oslo to kick off a unique cooperation within UN*. Online-Artikel, URL: http://reindeerherding.org/blog/reindeer-herders-from-norway-and-mongolia-meet-in-oslo-to-kick-off-a-unique-cooperation-within-un/
— 2013: *Protected Areas of the Hovsgol Aimag*. Online-Dokument, URL: http://reindeerherding.org/projects/nomadic-herders/maps-graphics/hovsgol-aimag/

International Labour Organization (ILO)
— 1989: *Convention concerning Indigenous and Tribal Peoples in Independent Countries (Convention No.169)*. URL: http://www.ilo.org/ilolex/cgi-lex/convde.pl?C169

International Working Group for Indigenous Affairs (IWGIA)
— 2013: *The Indigenous World 2013*. International Working Group for Indigenous Affairs, Copenhagen.

International Working Group for Indigenous Affairs (IWGIA) / Russian Association of Indigenous Peoples of the North (RAIPON)
— 2011: *Parallel information concerning the situation of economic, social and cultural rights of indigenous small-numbered peoples of the North, Siberia and the Far East of the Russian Federation*. The Fifth Periodic Report of the Russian Federation to the Committee on Economic, Social and Cultural Rights (UN Doc E/C.12/RUS/5, 25 January 2010). Copenhagen/Moscow.

Istomin, K.V. & Dwyer, M.J.
— 2010: Dynamic Mutual Adaptation: Human-Animal Interaction in Reindeer Herding Pastoralism. In: *Human Ecology*, (2010) 38. (613–623)

Jackson, W.A.D.
— 1962: *Russo-Chinese Borderlands: Zone of Peaceful Contact or Potential Conflict?* D. van Nostrand Company, Inc. Princeton, New Jersey.

Janzen, J.
— 1980: *Die Nomaden Dhofars / Sultanat Oman: Traditionelle Lebensformen im Wandel.* Bamberger Geographische Schriften herausgegeben von Hans Becker, Karsten Garleff, Erhard Treue. Schriftleitung, Alfred Hertle. Heft 3. Fach Geographie an der Universität Bamberg im Selbstverlag, Bamberg 1980.
— 1999: Einführende Gedanken zum Thema „Räumliche Mobilität und Existenzsicherung". In: Janzen, J. (Hg.): *Räumliche Mobilität und Existenzsicherung. Fred Scholz zum 60. Geburtstag.* Dietrich Reimer Verlag GmbH, Berlin. (1–10)
— 1999a (Hg.): *Räumliche Mobilität und Existenzsicherung. Fred Scholz zum 60. Geburtstag.* Dietrich Reimer Verlag GmbH, Berlin.
— 2005: Mobile Livestock-Keeping in Mongolia: Present Problems, Spatial Organization, Interactions between Mobile and Sedentary Population Groups and Perspectives for Pastoral Development. In: Ikeya, K. & Fratkin, E. (Hg.): *Pastoralists and Their Neighbors in Asia and Africa.* SENRI Ethnological Studies No. 69. National Museum of Ethnology, Osaka. (69–97)
— 2008: Mongolia's Pastoral Economy and Market Integration. In: Janzen, J. & B. Enkhtuvshin (Hg.): *Proceedings of the International Conference August 9–14, 2004 Dialog between Cultures and Civilizations: Present State and Perspectives of Nomadism in a Globalizing World.* CDR: Development Studies - 1, Ulaanbaatar. (3–26)
— 2011: Mongolian Pastoral Economy and its Integration into the World Market Under Socialist and Post-Socialist Conditions. In: Gertel, J. & Le Heron, R. (Hg.): *Markets and Livelihoods.* Ashgate, Farnham (UK) and Burlington (USA). (195–209)
— 2012: Die Mongolei im Zeichen von Marktwirtschaft und Globalisierung. In: *Geographische Rundschau*, Jahrgang 64, Dezember 2012, Heft 12. (4–10)

Janzen, J. & Bazargur, D.
— 1999: Der Transformationsprozeß im ländlichen Raum der Mongolei und dessen Auswirkungen auf das räumliche Verwirklichungsmuster der mobilen Tierhalter. In: Janzen, J. (Hg.): *Räumliche Mobilität und Existenzsicherung. Fred Scholz zum 60. Geburtstag.* Dietrich Reimer Verlag GmbH, Berlin. (47–82)
— [1998] 2004: Saisonales Wanderverhalten der mobilen Rentierhalter der Taiga (Khövsgöl Ajmag / Tsagaannuur sum). Entwurf: S. Maam (1998); Leitung: Dr. Janzen und Prof. Dr. D. Bazargur, Mongolei-Forschungsprojekt; Kartographie: A. Sadler. In: Janzen, J.; Bazargur, D.: *Transformationsprozesse im ländlichen Raum der Mongolei. Vorgang, Formen, Ergebnisse und Probleme beim Übergang einer Tierhalter-Gesellschaft vom Kollektivismus zur Privatwirtschaft.* Abschlussbericht für das DFG/GTZ-Forschungsprojekt für den Zeitraum vom 01.05.1996 bis 30.06.2002. Freie Universität Berlin, Institut für Geographische Wissenschaften, Zentrum für Entwicklungsländer-Forschung (ZELF) und Mongolische Akademie der Wissenschaften, Institut für Geographie, Zentrum für Nomadenforschung, Ulaanbaatar.

Janzen, J., Priester, M., Chinbat. B. & Battsengel, V. (Hg.)
— 2007: *Artisanal and Small-Scale Mining in Mongolia: The Global Perspective and Two Case Studies of Bornuur Sum / Tuv Aimag and Sharyn Gol Sum / Darkhan-Uul Aimag.* Center for Development Research, Faculty of Earth Sciences, National University of Mongolia, Ulaanbaatar.

Janzen, J., Taraschewski, T., & Ganchimeg, M.
— 2005: *Ulaanbaatar at the Beginning of the 21st Century: Massive In-Migration, Rapid Growth of Ger-Settlements, Social Spatial Segregation and Pressing Urban Problems.* Center for

Development Research, Faculty of Earth Sciences, National University of Mongolia, Ulaanbaatar.

Jernsletten, J.L. & Klokov, K.
— 2002: *Sustainable Reindeer Husbandry.* Arctic Council 2000–2002. Centre for Saami Studies, University of Tromsø.

Jigjidsuren, S. & Johnson, D.
— 2003: Mongol Orny malyn tejeeliin urgamal / *Forage Plants in Mongolia.* MAAEShKh, Ulaanbaatar.

Johnsen, K.I., Alfthan, B., Tsogtsaikhan, P. & Mathiesen, S.D.
— 2012: *Changing Taiga: Challenges to Mongolian Reindeer Husbandry.* Portraits of Transition No. 1. United Nations Environment Programme, GRID-Arendal.

Kamenetskii, V.A.
— 1929: *Obzornaia karta plotnosti naseleniia S.S.S.R. : po dannym perepisi 1926 g.* / sostavil Vor Allem Kamenetskii ; pod obshchei redaktsiei N.N. Baranskogo i N.N. Kolosovskogo. Gosplan SSSR, Izd-vo „Planovoe khoziaistvo", Moskva. Library of Congress, Geography and Map Division, Washington, D.C. URL: http://memory.loc.gov/cgi-bin/query/h?ammem/gmd:@field%28NUMBER+@band%28g7001e+mf000013%29%29

Karamisheff, W.
— 1925: *Outer Mongolia – Khalkha – Economic Map.* La Librairie Française, Tientsin.

Kasten, E. (Hg.)
— 2002: *People and the Land: Pathways to Reform in Post-Soviet Siberia.* Siberian Studies, Dietrich Reimer Verlag, Berlin.

Kazato, M.
— 2007: Management and Evaluation of Livestock Under Socialist Collectivization in Mongolia. In: Sun Xiaogang & Naito Naoki (Hg.): *Mobility, Flexibility, and Potential of Nomadic Pastoralism in Eurasia and Africa.* ASAFAS Special Paper No. 10. Graduate School of Asian and African Area Studies (ASAFAS), Kyoto University, Kyoto. (53–62)

Keay, M.
— 2006: *The Tsaatan Reindeer Herders of Mongolia: Forgotten lessons of human-animal systems.* Encyclopedia of Animals and Humans. PDF Dokument, URL: http://itgel.org/resources.htm
— 2008: *Tsaatan Community Development: Report of Findings from a Community-Based Participatory Rural Appraisal (PRA) Conference.* The Itgel Foundation, Ulaanbaatar.

Kerttula, A.M.
— 2000: *Antler on the Sea: The Yup'ik and Chukchi of the Russian Far East.* Cornell University.

Kharunova, M. M.-B.
— 2004: Tuva i SSSR: Proczess politicheskoj integraczii. In: *Uchenye Zapiski,* Vypusk XX. Tuvinskyj institut gumanitarnykh issledovanij, Kyzyl. (84–105)

Khazanov, A.M.
— [1983] 1994: *Nomads and the Outside World.* Second Edition. Cambridge University Press.

Khomushku, Yu.Ch.
— 2004: Ukreplenie suvereniteta TNR i pozicziya SSSR v 20-e gody. In: *Uchenye Zapiski,* Vypusk XX. Tuvinskyj institut gumanitarnykh issledovanij, Kyzyl. (31–60)

Khüjii, G.
— 2003: *Mongol ulsyn khiliin tüükhend kholbogdokh zarim asuudluud.* [ohne Verlagsangabe], Ulaanbaatar.

Kiresiewa, Z.
— 2009: *Derzeitiger Stellenwert von nationalen und internationalen Projekten im Bereich Nomadismus/Mobile Tierhaltung im Altweltlichen Trockengürtel.* Diplomarbeit zur Erlangung des akademischen Grades einer Diplom-Geographin in der Studienrichtung Geographie. Freie Universität Berlin.

Kiresiewa, Z., Ankhtuya Altangadas, Janzen, J.
— 2012: Landwirtschaft und Ernährungssicherheit in der Mongolei. In: *Geographische Rundschau*, Jahrgang 64, Dezember 2012, Heft 12. (18–25)

Klein, J.A., Fernández-Gimenéz, M.E., Han Wei, Yu Changqing, Du Ling, Dorligsuren, D. & Reid, R.S.
— 2012: A Participatory Framework for Building Resilient Social-Ecological Pastoral Systems. In: Fernández-Gimenéz, M.E., Wang Xiaoyi, Batkhishig, B., Klein J.A., Reid, R.S. (Hg.): *Restoring Community Connections to the Land: Building Resilience through Community-based Rangeland Management in China and Mongolia*. CABI, Wallingford/Oxfordshire & Cambridge, MA (USA). (3–36)

Kneer, G. & Nassehi, A.
— 1993: *Niklas Luhmanns Theorie sozialer Systeme*. Wilhelm Fink Verlag, München.

Knight, J.
— 2012: *The Anonymity of the Hunt: A Critique of Hunting as Sharing*. In: *Current Anthropology*, Vol. 53, No. 3, June 2012. (334–355)

Knoema
— 2011–2014: *Weltdatenatlas*. Tuva, Republic of. Website, URL: http://knoema.de/atlas/Russische-F%C3%B6deration/Tuva-Republic-of/topics/Demographics /datasets
— 2011–2014a: *Respublika Tyva – Ozhidaemaya prodolzhitel'nost' zhinzni pri rozhdenii, mushhiny, vese naselenie*. Website, URL: http://knoema.ru/atlas/

Knudsen, A.J.
— 1998: *Beyond cultural relativism? Tim Ingolds „ontology of dwelling"*. Chr. Michelsen Institute, WP 1998:7, Bergen.

Kohn, E.
— 2013: *How Forests Think: Toward an Anthropology Beyond the Human*. University of Californis Press, Berkeley, Los Angeles, London.

Korostovecz [Korostovetz], I.J. & Kotvich, V.L.
— 1914: *Karta Mongolii*. Sostavlennaya po byvshago upolnomochennago v" Mongolii. I.Ya. Korostovcza, pri uchastij V.L. Kotvitcha. Kartograficheskoe Zavedenie A. Ilin'ka, S. Peterburg.

Korostovetz, I.J.
— 1926: *Von Chinggis Khan zur Sowjetrepublik: Eine kurze Geschichte der Mongolei unter besonderer Berücksichtigung der neuesten Zeit*. Unter Mitwirkung von Erich Hauer. De Gruyter, Berlin, Leipzig.

Kreutzmann, H.
— 2008: Kashmir and the Northern Areas of Pakistan: Boundary-Making along Contested Frontiers. In: *Erdkunde*, Vol. 62, No. 3. (201–219)
— 2012: Pastoral Practices in Transition: Animal Husbandry in High Asian Contexts. In: Kreutzmann, H. (Hg.): *Pastoral practices in High Asia: Agency of development effected by modernisation, resettlement and transformation*. Advances in Asian Human-Environmental Research, Springer Science+Business Media B.V., Dordrecht, Heidelberg, New York, London. (1–29)

Kreutzmann, H. & Ehlers, E. (Hg.)
— 2000: *High Mountain Pastoralism in Northern Pakistan*. Erdkundliches Wissen. Schriftenreihe für Forschung und Praxis, Bd. 132, Franz Steiner Verlag, Stuttgart.

Kristensen, B.M.
— 2004: *The Living Landscape of Knowledge: An analysis of shamanism among the Duha Tuvinians of Northern Mongolia*. Online Dokument, URL: http://www.anthrobase.com/Txt/K/Kristensen_B_02.htm

Kronauer, M.
— 1996: „Soziale Ausgrenzung" und „Underclass": Über neue Formen der gesellschaftlichen Spaltung. In: *SOFI-Mitteilungen* Nr. 24/1996. (53–69)

Krupnik, I.

— 2000: Reindeer Pastoralism in modern Siberia: research and survival during the time of crash. In: *Polar Research*, 19(1). (49–56)
Krupnik, I. & Vakhtin, N.
— 2002: In the ‚House of Dismay': Knowledge, Culture, and Post-Soviet Politics in Chukotka, 1995–96. In: Kasten, E. (Hg.): *People and the Land: Pathways to Reform in Post-Soviet Siberia.* Siberian Studies, Dietrich Reimer Verlag, Berlin. (7–43)
Küçüküstel, S.
— 2013: *The Dukha and how they Perceive the Environment – Maintaining Good Relations with Land Spirits.* [Unveröffentlichte Master-Arbeit] T.C. Yeditepe University, Graduate Institute of Social Sciences, Istanbul.
Kuular, E.M. & Suvandii, N.D.
— 2011: *Leksika olenevodstva v Tere-Khol'skom rajone.* Novye Issledovaniya Tuvy No. 1/2011. Online Artikel, URL: http://www.tuva.asia/journal/issue_9/3060-kuular-suvandii.html
Latour, B.
— 1993: *We Have Never Been Modern.* Translated by Catherine Porter. Harvard University Press, Cambridge, Massachusetts
Lattimore, Owen
— 1955: *Nationalism and Revolution in Mongolia.* E.J. Brill, Leiden.
— 1962: *Nomads and Commissars.* Oxford University Press, New York.
— 1980: The Collectivization of the Mongolian Herding Economy. In: *Marxist Perspectives*, Spring 1980. (116–127)
Lave, J.
— 1988: *Cognition in practice: mind, mathematics and culture in everyday life.* Cambridge University Press, Cambridge.
Lave, J. & Wenger, E.
— 1991: *Situated Learning: Legitimate peripheral participation.* University of Cambridge Press, Cambridge.
Leacock, E; & Lee, R.
— 1982: Introduction. In: Leacock, E. & Lee, R. (Hg.): *Politics and history in band societies.* Cambridge University Press / Editions de la maison des sciences de l'homme, Cambridge, London, New York, New Rochelle, Melbourne, Sidney / Paris. (1–20)
Leimbach, W.
— 1936: *Landeskunde von Tuwa: Das Gebiet oberhalb des Jenissei-Oberlaufes.* Petermanns Mitteilungen, Ergänzungsheft Nr. 222. Justus Perthes, Gotha.
Lestel, D., Brunois, F. & Gaunet, F.
— 2006: Etho-ethnology and ethno-ethology. In: *Social Science Information*, Vol 45 – no 2. (155–177)
Lévi-Strauss, C.
— 1962: *La Pensee Sauvage.* Libraire Plon, Paris.
Levin, M.G. & Cheboksarov, N.N.
— 1955: Khozyajstvenno-kul'turnye tipy i istoriko-etnograficheskie oblasti. *Sovetskaya Etnografiya*, No. 4. (3–17)
Luhmann, N.
— 1990: *Die Wissenschaft der Gesellschaft.* Suhrkamp Verlag, Frankfurt a.M
Mänchen-Helfen, O.
— 1931: *Reise ins Asiatische Tuwa.* Verlag Der Bücherkreis GmbH, Berlin.
Map Trust of the Moscow Provincial Department of Public Works
— 1935: *Map of the Asiatic Part of USSR.* Mezhdunarodnaya Kniga, Moscow.
Martínez Cobo, J.
— 1986/7: *Study of the Problem of Discrimination Against Indigenous Populations.* Vol. 5. Conclusions, Proposals and Recommendation. UN Doc E/CN.4/ Sub.2/1986/7/Add.4.

McFarland, S.E. & Hediger, R.
— 2007: Approaching the Agency of Other Animals. In: McFarland, S.E. & Hediger, R. (Hg.): *Animals and Agency*. Koninklije Brill NV, Leiden, The Netherlands. (1–22)
Meadows, D., Meadows, D.H., Zahn, E., Milling, P.
— 1973: *Die Grenzen des Wachstums: Bericht des Club of Rome zur Lage der Menschheit*. Rohwolt Taschenbuch Verlag GmbH, Reinbek bei Hamburg.
Medvedev, D.G.
— 1990: The Snow Leopard in the Eastern Sayan Mountains. In: *Int.Ped.Book of Snow leopards 6:/7–19, 1990*. PDF-Dokument, URL: http://www.snowleopardnetwork.org/bibliography/Medvedev_IPBSL_1990.pdf
Ministerstva Ekonomiki Respubliki Tyva (MERT)
— 2014: Todzhinskij Rajon – Soczial'no-ekonomicheskoe polozhenie kozhuuna za 2012 god. Website, URL: http://www.mert.tuva.ru/directions/territorial-development/municipalities/todzha/
Minority Rights Group International
— 2007: *World Directory of Minorities and Indigenous Peoples - Mongolia: Overview 2007*. UNHCR Refworld. Website, URL: http://www.unhcr.org/refworld/docid/4954ce4bc.html
Mongol Uls
— [2000] 2006: *Law on Fauna*. PDF-Dokument, URL: http://faolex.fao.org/docs/pdf/mon77263E.pdf
— 2005: *Amendments of the Environmental Protection Law of Mongolia*. The Environmental Law of Mongolia, the 18th day of November, 2005, Ulaanbaatar city. Unofficial Translation from Mongolian, Last Edition.
— 2009: *Mongolian Law to Prohibit Mineral Exploration and Mining Operations at Headwaters of Rivers, Protected Zones of Water Reservoirs and Forested Areas*. July 16, 2009, Ulaanbaatar
Mongol Ulsyn Ündesnii Statistikiin Khoroo (MUÜSKh) / National Statistics Office Mongolia (NSOM)
— 2006: *Participatory Poverty Assessment in Mongolia*. National Statistics Office Mongolia, Asian Development Bank, World Bank, Ulaanbaatar.
— 2012: *Khün am, oron suutsny 2010 ony ulsyyn toollogo: Negdsen Dün*. Ulaanbaatar khot.
— 2013: *Mongol ulsyn ündesnii statistikiin khoroony dargyn tushaal dugaar 1/52: 2013 ond mödrökh „Khün amyn amijirgaany dood tüvshin"-g togtookh tukhai*. Ulaanbaatar khot.
— 2013a: *Mongolian Statistical Yearbook 2012*. Ulaanbaatar.
— 2014: *Social and economic situation of Mongolia* (As of the preliminary result of 2013). PDF-Dokument, URL: http://en.nso.mn/content/1
Mongolian Center for Development Studies (MCDS) LLC
— 2011: *Itgel Foundation Program Evaluation Report*. Submittted by MCDS LLC, March 2011, Ulaanbaatar.
Mongush, M.V.
— 2010: *Odin Narod: Tri Sud'by: Tuvinczy Rossii, Mongolii i Kitaya v sravnitel'nom kontekste*. Senri Ethnological Reports 91. National Museum of Ethnology, Osaka.
— 2012: *Tofalary i Sojoty: Istoriko-etnograficheskij ocherk*. Novye Issledovaniya Tuvy, No. 2, 2012. Online Artikel, URL: http://www.tuva.asia/journal/issue_14/4831-mongush-mv.html
Moran, E.F.
— 1982: *Human Adaptability*. An Introduction to Ecological Anthropology. Westview Press, Boulder, Colorado.
— 1990: Chapter One: Ecosystem Ecology in Biology and Anthropology: A Critical Assessment. In: Moran, E.F. (Hg.): *The Ecosystem Approach in Anthropology: From Concept to Practice*. The University of Michigan Press. ((3–40)

Morgan, L.H.
— 1877: *Ancient Society: Or Researches in the Lines of Human Progress from Savagery, through Barbarism to Civilization.* Macmillan and Co., Ltd., London.

Motoc, A.I. & the Tebtebba Foundation
— 2005: *Standard Setting. Legal Commentary on the Concept of Free, Prior and Informed Consent.* Working Group on Indigenous Populations. UN-paper E/CN.4/Sub.2/AC.4/2005/WP.1.

Mühlenberg, M., Enkhmaa [Ayush], Mühlenberg-Horn, E.
— 2011: *Biodiversity Survey at Khonin Nuga Research Station West Khentey, Mongolia.* Zentrum für Naturschutz, Göttingen [ohne Verlagsangabe].

Müller, F.-V.
— 1994: Ländliche Entwicklung in der Mongolei: Wandel der mobilen Tierhaltung durch Privatisierung. In: *Die Erde*, Ausg. 123. (213–222)
— 1999: Die Wiederkehr des mongolischen Nomadismus. Räumliche Mobilität und Existenzsicherung in einem Transformationsland. In: Janzen, J. (Hg.): *Räumliche Mobilität und Existenzsicherung.* Fred Scholz zum 60. Geburtstag. Dietrich Reimer Verlag GmbH, Berlin. (11–46)

Murashko, O., Shulbaeva, P. & Rohr, J.
— 2012: Russia. In: International Working Group for Indigenous Affairs (IWGIA) (Hg.): *The Indigenous World 2012.* Copenhagen. (29–40)

Murphy, D.J.
— 2011: *Going on Otor: Disaster, Mobility, and the Political Ecology of Vulnerability in Ugumuur, Mongolia.* University of Kentucky Doctoral Dissertations. Paper 168. URL: http://uknowledge.uky.edu/gradschool_diss/168

Murzaev, E.M.
— 1954: *Die Mongolische Volksrepublik: Physisch-geographische Beschreibung.* VEB Geographisch-Kartographische Anstalt Gotha.

Nadasdy, P.
— 2007: Adaptive Co-Management and the Gospel of Resilience. In: Armitage, D., Berkes, F. & Doubleday, N. (Hg.): *Adaptive Co-Management: Collaboration, Learning, and Multi-Level Governance.* UBC Press, Vancouver, Toronto. (208–227)

National Human Rights Commission of Mongolia
— 2010: *Report on Human Rights and Freedoms in Mongolia.* Ulaanbaatar.

Naykanchina, A.
— 2012: *Study on the Impacts of land use change and climate change on indigenous reindeer herders' livelihoods and land management, including culturally adjusted criteria for indigenous land uses.* Permanent Forum on Indigenous Issues Eleventh sessionNew York, 7–18 May 2012, Item 9 of the provisional agenda. E/C.19/2012/4 (Advance Unedited Version).

Netting, R. McC.
— 1977: *Cultural Ecology.* Benjamin/Cummings Publishing Company, Menlo Park (USA), Reading (USA), London, Amsterdam, Don Mills (CDN), Sydney.

Niislel statistikiin gazar
— 2014: *Khün amyn too, khüiseer, ony ekhend, myangan khün.* Website, URL: http://statis.ub.gov.mn/StatTable.aspx?tableID=11

North, D.
— [1988] 1999: *Understanding the Process of Economic Change.* The Institute of Economic Affairs, London.
— 1990: *Institutions, Institutional Change and Economic Performance.* Cambridge University Press, Cambridge.

Noske, B.
— 1997: *Beyond Boundaries: Humans and Animals.* Black Rose Books, Montreal.

Novikova, N.
— 2002: Self-Government of the Indigenous Minority Peoples of West Siberia: Analysis of Law and Practice. In: Kasten, E. (Hg.): *People and the Land: Pathways to Reform in Post-Soviet Siberia.* Siberian Studies, Dietrich Reimer Verlag, Berlin. (83–97)
— 2005: Life in Reindeer Rhythms: Customary and State Regulation. *Journal of Legal Pluralism*, 2005 - Nr. 49.
Novye Issledovaniya Tuvy
— 2013: *Tuva za 2012 god.* Online-Artikel, URL: http://www.tuva.asia/news/tuva/5874-tyvastat.html
Nyamaa, M.
— 2008: *Khövsgöl Aimgiin Lavlakh Tovchoon.* Admon, Ulaanbaatar.
— 2012: *Khövsgöl Aimgiin Tüükh.* Bembi San, Ulaanbaatar.
Oelschlägel, A.C.
— 2004: *Der weiße Weg: Naturreligion und Divination bei den West-Tyva im Süden Sibiriens.* Leipziger Universitätsverlag (Arbeiten aus dem Institut für Ethnologie der Universität Leipzig 3), Leipzig.
— 2013: *Plurale Weltinterpretationen: Das Beispiel der Tyva Südsibiriens.* Verlag der Kulturstiftung Sibirien, Fürstenberg, Havel.
Olloo.mn
— 2011: *Tengis Shishgediin golyn ai savyg tusgai khamgaalaltad avlaa.* Online-Artikel, URL: http://www.olloo.mn/modules.php?name=News&file=print&sid=1186565
Orlove, B.S.
— 1980: Ecological Anthropology. In: *Ann. Rev. Anthropol.* 1980. 9. (235–273)
Ortner, S.
— 1984: Theory in anthropology since the sixties. In: *Comparative Studies in Society and History*, vol. 26 (1). (126–166)
— 2006: *Anthropology and Social Theory: Culture, Power and the Acting Subject.* Duke University Press, Durham and London.
Ostrom, E.
— 1990: *Governing the Commons: The Evolution of Institutions for Collective Action.* Cambridge University Press, Cambridge.
— 2007: A diagnostic approach for going beyond panaceas. In: *PNAS*, September 25, 2007, Vol. 104, No. 39. (15181–15187)
— 2009: A General Framework for Analyzing Sustainability of Social-Ecological Systems. In: *Science*, Vol. 325. (419–422)
Oyun, A.
— 2010: *Kochuyushhaya Todzha.* Tuvinskaya Pravda, 16.03.2010
Oyun, D.
— 2007: *Chinese Corporation Ready to Invest over $200 bln to the Ore Development in Tuva.* Tuva Online, 26th March 2007. Online-Artikel, URL: http://en.tuvaonline.ru/2007/03/26/china.html
Papageorgiou, S.
— 2011: *Surveillance and Epidemiology of Tick-borne Pathogens in Mongolian Ungulates.* University of California, Davis. ProQuest Dissertations and Theses.
Parker, J.N. & Hackett, E.J.
— 2012: Hot Spots and Hot Moments in Scientific Collaborations and Social Movements. In: *American Sociological Review*, 77(1). (21–44)
Pavlinskaya, L.R.
— 2003: Reindeer Herding in the Eastern Sayan – A Story of the Soyot. In: *Cultural Survival Quarterly*, 27.1, Spring 2003. (44–47). Siehe auch URL: http://www.culturalsurvival.org/publications/cultural-survival-quarterly/russia/reindeer-herding-eastern-sayan-story-soyot

Pedersen, M.
— 2001: Totemism, Animism and North Asian Indigenous Ontologies. In: *Journal of the Royal Anthropological Institute*, (N.S.) 7, 2001. (411–427)
— 2003: Networking the Nomadic Landscape: Place, Power and Decision Making in Northern Mongolia. In: Roepstorff, A., Bubandt, N. & Kull, K. (Hg.): *Imagining Nature: Practices of Cosmology and Identity*. Aarhus University Press, Aarhus, Oxford, Oakville. (238–259)
— 2011: *Not Quite Shamans: Spirit Worlds and Political Lives in Northern Mongolia*. Cornell University Press, Ithaca & London.
— 2012: Common Nonsense: A Review of Certain Recent Reviews of the „Ontological Turn". In: *Anthropology of this Century*, Issue 5, October 2012. URL: http://aotcpress.com/articles/common_nonsense/

Peet, R.
— 2007: *Geography of power: making global economic policy*. Zed Books, London, New York.

Perks, R. & Thomson, A. (Hg.)
— 2006: *The Oral History Reader*. Second Edition. Routledge, London & New York.

Peterson, G.
— 2000: Political ecology and ecological resilience: An integration of human and ecological dynamics. In: *Ecological Economics*, 35 (2000). (323–336)

Petri, B.E.
— 1927: *Etnograficheskie issledovaniya sredi malykh narodov Vostochnykh Sayan*. [ohne Verlagsangabe], Irkutsk.
— 1927a: *Olenevodstvo u Karagas*. Izdatel'stvo „Vlast' Truda", Irkutsk.
— 1927b: *Okhotnichy ugod'ya i rasselenie Karagas*, Izdatel'stvo „Vlast' Truda", Irkutsk.

Pianciola, N.
— 2001: The Collectivization Famine in Kazakhstan, 1931–33. In: *Harvard Ukrainian Studies*, Vol. 25, No. 3/4. (237–251)

Pika, A. (Hg.)
— [1994] 1999: *Neotraditionalism in the Russian North: Indigenous Peoples and the Legacy of Perestroika*. Canadian Circumpolar Institute, Edmonton / University of Washington Press, Seattle & London.

Pika, A. & Prokhorov, B.
— [1988] 1999: The Big Problems of Small Peoples. In: Pika, A. (Hg.): *Neotraditionalism in the Russian North: Indigenous Peoples and the Legacy of Perestroika*. Canadian Circumpolar Institute, Edmonton / University of Washington Press, Seattle & London. (xxix-xl)

Plumley, D.
— 2003: Aiding and Empowering Reindeer Herders. Totem Peoples' Preservation Project. In: *Cultural Survival Quarterly*, Spring 2003, Vol. 27, Issue 1. (62)

PlusInform.ru
— 2012: *Problemy obshhin tuvinczev-todzhinczev*. 6 Marta 2012. Online-Dokument, URL: http://plusinform.ru/main/3373-problemy-obschin-tuvincevtodzhincev.html

Popov, A. A.
— 1966: *The Nganasan: The Material Culture of the Tavgi Samoyeds*. Translated by Elaine K. Ristinen. Indiana University, Bloomington.

Portalewska, A.
— 2012: *Free, Prior and Informed Consent: Protecting Indigenous Peoples' rights to self-determination, participation, and decision-making*. Cultural Survival Quarterly Issue: 36-4. Free, Prior and Informed Consent (December 2012). Online-Dokument, URL: http://www.culturalsurvival.org/publications/cultural-survival-quarterly/free-prior-and-informed-consent-protecting-indigenous

Posnjakow, (?)
— 1825: *Generalnaya karta Aziatskoi Rossii*. Kriegstopographisches Departement, St. Petersburg

Potapov, L.P.
— [1956] 1964: The Tuvans. In: Levin, M.G. & Potapov, L.P. (Hg): *The Peoples of Siberia.* The University of Chicago Press. (380–422)
— 1964: *Istoriya Tuvy.* Tom 1. Tuvinskij Nauchno-Issledovatel'skij Institut Yazyka, Literatury, i Istorii. Izdatel'stvo Hauka, Moskva.

Pravitel'stvo Respubliki Tyva
— 2012: *Podprogramma „severnogo olenevodstva v Respublike Tyva na 2013–2015 gody"* *pespublikanskoj czelevoj programmy „Ekonomicheskoe i soczial'noe razvitie korennykh malochislennykh narodov Respubliki Tyva na 2013–2015 gody".* Pravitel'stvo Respubliki Tyva, Kyzyl. [Unveröffentlichtes Dokument vom 05.02.2012]

Pritchard, L. & Sanderson, S.E.
— 2002: The Dynamics of Political Discourse in Seeking Sustainability. In: Gunderson, L.H. & Holling C.S. (Hg.): *Panarchy: Understanding transformations in human and natural systems.* Island Press, Washington. (147–169)

Prokof'eva, E.D.
— 1954: Soczialisticheskie Preobrazovaniya v Todzhe. In: *Uchenye Zapiski*, Vypusk II. Uchinskij Nauchno-Issledovatel'skij Institut Yazyka, Literatury i Istorii, Kyzyl. (37–51)

Pürev, O.
— 1979: Mandsh chin ulsyn üyeiin Mongol (1760–1911). In: BNMAU Shinjlekh ukhaany akademi: *Mongol Ard Ulsyn Ugsaatny Sudlal Khelnii Shinjleliin Atlas.* Terguun, ded boti, Ulaanbaatar.
— [s.a.] *XIX zuuny üyeiin Khövsgöl nutag.* [Karte im Historischen Museum Mörön].

Radcliffe-Brown, A.R.
— 1940: On Social Structure. In: *The Journal of the Royal Anthropological Institute of Great Britain and Ireland*, Vol. 70 (1). (1–12)

Rappaport, R.
— [1968] 1984: *Pigs for the Ancestors.* A new, enlarged edition. Yale University Press, New Haven.

Ratter, B.M.W. & Treiling, T.
— 2008: Komplexität – oder was bedeuten die Pfeile zwischen den Kästchen? In: Egner, H., Ratter, B.M.W., Dikau, R. (Hg.): *Umwelt als System – System als Umwelt?* oekom, München. (23–38)

Ratzel, F.
— 1882: *Anthropo-Geographie: Oder Grundzüge der Anwendung der Erdkunde auf die Geschichte.* Verlag von J. Engelhorn, Stuttgart.

Rauch, T.
— 2003: Bessere Rahmenbedingungen allein beseitigen die Armut nicht! Eine theoriegeleitete Vier-Ebenen-Strategie für entwicklungspolitische Interventionen. In: *Geographica Helvetica*, Jg. 58 2003/Heft 1. (35–46)

Reckwitz, A.
— 2002: Toward a Theory of Social Practices: A development in culturalist theorizing. In: *European Journal of Social Theory*, 2002 (5), no. 2. (245–265)
— 2003: Grundelemente einer Theorie sozialer Praktiken: Eine sozialtheoretische Perspektive. In: *Zeitschrift für Soziologie*, Jg. 32, Heft 4. August 2003. (282–301)

Redman, C.L., Grove, J.M. & Kuby, L.H.
— 2004: Integrating Social Science into the Long-Term Ecological Research (LTER) Network: Social Dimensions of Ecological Change and Ecological Dimensions of Social Change. In: *Ecosystems*, Vol. 7, No. 2 (Mar., 2004). (161–171)

Resilience Alliance
— 2010: *Assessing resilience in social-ecological systems: Workbook for practitioners.* Version 2.0. Online-Dokument, URL: http://www.resalliance.org/3871.php
— 2013: *Adaptive Cycle.* Website, URL: http://www.resalliance.org/index.php/adaptive_cycle

Respublika Tyva
— 2001: *Konstitucziya Respubliki Tyva.* (prinyata Referendumom Respubliki Tyva 6 maya 2001 g.) (s izmeneniyami i dopolneniyami). [Verfassungstext, online einsehbar, URL: http://base.garant.ru/28700271/]

Riasanovsky, N.V.
— 2000: *A History of Russia.* Sixth Edition. Oxford University Press, New York, Oxford.

Ritter, C.
— 1862: *Allgemeine Erdkunde: Vorlesungen an der Universität Berlin.* Herausgegeben von H.A. Daniel. Georg Reimer, Berlin.

Rival, L.
— 1997: Modernity and the Politics of Identity in an Amazonian Society. In: *Bulletin of Latin American Research*, Vol. 16, No. 2. (137–151)
— 2012: Comment on J.Knight ‚The Anonymity of the Hunt'. In: *Current Anthropology*, Vol. 53, No. 3, June 2012. (348–349)

Robbins, P.
— 2004: *Political Ecology: A Critical Introduction.* Blackwell Publishing.

Roepstorff, A. & Bubandt, N.
— 2003: General introduction: The critique of culture and the plurality of nature. In: Roepstorff, A., Bubandt, N. & Kull, K. (Hg.): *Imagining Nature: Practices of Cosmology and Identity.* Aarhus University Press, Aarhus, Oxford, Oakville. (9–30)

Rohr, J., Todyshev, M. & Murashko, O.
— 2008: *Parallel Information: Discrimination against indigenous small-numbered peoples of the Russian North, Siberia and the Russian Far East.* June 13, 2008. Nineteenth periodic of the Russian Federation (Advance unedited version), CERD/C/RUS/19, 23. October 2006. Submitted by RAIPON/INFOE.

Rossabi, M.
— 2005: *Modern Mongolia: From Khans To Commissars To Capitalists.* University of California Press, Berkeley and Los Angeles / London.

Rossijskaya Federacziya
— 1991: *O plate za zemlyu.* Zakon Rossijskoj Federaczii ot 11 oktyabrya 1991 g. N 1738–1. [Gesetzestext, online einsehbar, URL: http://base.garant.ru/10105085/]
— 1992: *O neotlozhnykh merakh po zashhite mest prozhivaniya i khoziaistvennoj deyatel'nosti malochislennykh narodov Severa.* Ukaz Prezidenta RF ot 22 aprelya 1992 g. N 397 (s izmeneniyami i dopolneniyami). [Gesetzestext, online einsehbar, URL: http://base.garant.ru/2108064/]
— 1993a: *Konstitucziya Rossijskoj Federaczii.* (Prinyata na vsenarodnom golosovanii 12 dekabrya 1993 g.) (s popravkami). [Verfassungstext, online einsehbar, URL: http://base.garant.ru/10103000/]
— 1993b: *O perechne rajonov prozhivaniya malochislennykh narodov Severa.* Postanovlenie Pravitel'stva Rossijskoj Federaczii 1 yanvarya 1993 goda No 22. URL: http://demoscope.ru/weekly/knigi/zakon/zakon045.html
— 1994: *Ob otnesenii territorii Respubliki Tyva k rajonam Krajnego Severa i priravnennym k nim mestnostyam.* Ukaz Prezidenta RF ot 16 maya 1994 g. N 945. [Gesetzestext, online einsehbar, URL: http://base.garant.ru/182112/]
— 1995a: *O zhivotnom mire.* Federal'nyj zakon ot 24 aprelya 1995 g. N 52–F3 (s izmeneniyami i dopolneniyami). [Gesetzestext, online einsehbar, URL: http://base.garant.ru/10107800/]
— 1995b: *O vnesenii izmeenij i dopolnenij v zakon Rossijskoj Federaczii „O nedrakh".* Federal'nyj zakon ot 3 marta 1995 g. N 27–F3 (s izmeneniyami ot 27 dekabrya 2009 g.). [Gesetzestext, online einsehbar, URL: http://base.garant.ru/10103894/]
— 1999: *O Garantiyakh prav korennykh malochislennykh narodov Rossijskoj Federaczii.* Federal'nyj zakon ot 30 aprelya 1999 g. N 82–F3 (s izmeneniyami i dopolneniyami). [Gesetzestext, online einsehbar, URL: http://base.garant.ru/180406/]

— 2000a: *O Edinom perechne korennykh malochislennykh narodov Rossijskoj Federaczii.* Postanovlenie Pravitel'stva RF ot 24 marta 2000 g. N 255 (s izmeneniyami ot 30 sentyabra 2000 g., 13 oktyabrya 2008 g., 18 maya, 17 iyunya, 2 sentyabrya 2010 g., 26. dekabrya 2011 g.). [Gesetzestext, online einsehbar, URL: http://base.garant.ru/181870/#1000]

— 2000b: *Ob obshhikh princzipakh organizaczii obshhin korennykh malochislennikh narodov Severa, Sibiri i Dal'hego Vostoka Rossijskoj Federaczii.* Federal'nyj zakon ot 20 iyulya 2000 g. N 104-F3 (s izmeneniyami i dopolneniyami). [Gesetzestext, online einsehbar, URL: http://base.garant.ru/182356/]

— 2001a: *O territoriyakh tradiczionnogo prirodopol'sovaniya korrennykh malochislennykh narodob Severa, Sibiri i Dal'nego Vostoka Rossijskoj Federaczii.* Federal'nyj zakon ot 7 maya 2001 g. N 49-F3 (s izmeneniyami i dopolneniyami). [Gesetzestext, online einsehbar, URL: http://base.garant.ru/12122856/]

— 2001b: *Zemel'nyj kodeks.* Zemel'nyj kodeks Rossijskoj Federaczij ot 25 oktyabrya 2001 g N136-F3. [Gesetzestext, online einsehbar, URL: http://base.garant.ru/12124624/]

— 2006a: *Lesnoj kodeks.* Lesnoj kodeks Rossijskoj Federaczij ot 4 dekabrya 2006 g. N200-F3. [Gesetzestext, online einsehbar, URL: http://base.garant.ru/12150845/]

— 2006b: *O vnesenii ismenenij v Federal'nij zakon „O rybolovstve i sokhranenii vodnykh biologicheskikh resursov" i zemel'nyj kodeks Rossijskoj Federaczii.* Federal'nyj zakon ot 29 dekabrya 2006 g. N 260-F3. [Gesetzestext, online einsehbar, URL: http://base.garant.ru/12151305/]

— 2009a: *Ob okhote i sokhranenii okhotnicheskikh resursov i o vnesenii izmenenii v otdel'nye zakonodatelnye akty Rossijskoj Federaczii.* Federal'nyj zakon ot 24 iyulya 2009 g. N 209–F3 (s izmeneniyami i dopolneniyami). [Gesetzestext, online einsehbar, URL: http://base.garant.ru/12168564/]

— 2009b: *Rasporyazhenie Pravitel'stva RF ot 8 maya 2009 g. N 631-p.* [Ergänzungstext zu Rossijskaya Federacziya 1999, online einsehbar, URL: http://base.garant.ru/195535/#1000]

Rouse, J.
— 2006: Practice Theory. In: Turner, S. & Risjord, M. (Hg.): *Handbook of the Philosophy of Science. Volume 15: Philosophy of Anthropology and Sociology.* Elsevier 2006. (499–540)

Russian Association of Indigenous Peoples of the North (RAIPON)
— [2012]: *General information about Russian Association of Indigenous Peoples of the North, Siberia and Far East (RAIPON).* Website, URL: http://raipon.org/english/RAIPON/tabid/302/Default.aspx

Sahlins, M. D.
— 1965: On the Sociology of Primitive Exchange. In: Banton, Michael (Hg.): *The Relevance of Models for Social Anthropology.* Tavistock Publications, London. (139–236)
— [1976] 1981: *Kultur und praktische Vernunft.* Suhrkamp, Frankfurt a.M..

Sanders, A.J.K.
— 2010: *Historical Dictionary of Mongolia.* Scarecrow Press Inc., Plymouth.

Sandmann, R.
— 2012: Gier nach Bodenschätzen und Folgen für die Mongolei. In: *Geographische Rundschau,* Jahrgang 64, Dezember 2012, Heft 12. (26–33)

Sanjdorj, M.
— 1980: *Manchu Chinese Colonial Rule in Northern Mongolia.* Translated from the Mongolian and annnotated by Urgunge Onon. Preface by Owen Lattimore. St. Martin's Press, New York.

Scharf, K., Fine, A. & Odonchimeg, N.
— 2010: *Strategies for Enforcing Wildlife Trade Regulations in Ulaanbaatar.* Mongolia Discussion Papers, East Asia and Pacific Sustainable Development Department. World Bank, Washington, D.C.

Scholz, F.
— 1992: *Nomadismus Bibliographie.* Das Arabische Buch, Berlin.

— 1995: *Nomadismus, Theorie und Wandel einer Sozio-ökologischen Kulturweise.* Erdkundliches Wissen, Heft 118. Franz Steiner Verlag, Stuttgart.
— 1999: Nomadismus ist tot: Mobile Tierhaltung als zeitgemäße Nutzungsform der kargen Weiden des altweltlichen Trockengürtels. In: *Geographische Rundschau*, 51 (1999) Heft 5. (248–255)
— 2005: The Theory of Fragmenting Development. In: *Geographische Rundschau International Edition*, Vol. 1, No. 2/2005. (4–11)

Scoones, I.
— 1998: *Sustainable Rural Livelihoods: A Framework for Analysis.* IDS Working Paper 72.

Scott, J.C.
— 1985: *Weapons of the Weak: Everyday Forms of Peasant Resistance.* Yale University Press, New Haven & London.
— 1998: *Seeing Like a State: How Certain Schemes to Improve the Human Condition Have Failed.* Yale University Press, New Haven and London.
— 2009: *The Art of Not Being Governed: An Anarchist History of Upland Southeast Asia.* Yale University Press, New Haven & London.

Secretariat of the Convention on Biological Diversity (SCBD)
— 1992: *Convention on Biological Diversity.* Concluded at Rio de Janeiro on 5 June 1992. Document No. 30619.
— 2004: *Akwé:Kon Guidelines: Voluntary guidelines for the conduct of cultural, environmental and social impact assessments regarding developments proposed to take place on, or which are likely to impact on, sacred sites and on lands and waters traditionally occupied or used by indigenous and local communities.* PDF-Dokument, URL: www.cbd.int/doc/publications/akwe-brochure-en.pdf

Secretariat of the United Nations Permanent Forum on Indigenous Issues/DSPD/DESA
— 2008: *Resource Kit on Indigenous Peoples' Issues.* United Nations Publication. PDF-Dokument, URL: www.un.org/esa/socdev/unpfii/documents/resource_kit_indigenous_2008.pdf

Segebart, D. & Schurr, C.
— 2010: Was kommt nach Gendermainstreaming? In: *Geographische Rundschau*, Jg. 62, Oktober 2010 / Heft 10. (58–63)

Sergeyev, M.A.
— [1956] 1964: The Tofalars. In: Levin, M.G. & Potapov, L.P. (Hg): *The Peoples of Siberia.* The University of Chicago Press. (474–484)

Service, E.R.
— 1977: *Ursprünge des Staates und der Zivilisation: Der Prozess der kulturellen Evolution.* Suhrkamp Verlag, Frankfurt am Main.

Shirokogoroff, S. M.
— 1929: *Social Organization of the Northern Tungus.* With Introductory Chapters Concerning Geographical Distribution and History of these Groups. The Commercial Press Ltd., Shanghai, China.

Shokal'skii, Iu. M.
— [?1912]. *Gipsometricheskaia karta Rossīiskoi Imperīi.* (opyt izobrazhenīia rel'efa Imperīi) / sostavil IU.M. Shokal'skīi. Izd. Pereselencheskago upravlenīia Glavn. upr. zemleustr. i zemled [?St. Petersburg]. Library of Congress, Geography and Map Division, Washington, D.C., URL: http://memory.loc.gov/cgi-bin/query/D?gmd:47:./temp/~ammem_3ho2:

Shum, K.
— 2007: *The Tsaatan Community and Visitors Center (TCVC) Project Summary.* The Itgel Foundation, Ulaanbaatar.

Shurkhuu, D.
— 2011: The Making Similarities and Disimilarities Between Mongolia and Tuva, Evolution of their Bilateral Ties. In: *Oirad mongolyn tüükh, ugsaatan sudlalyn shine khandlaga – olon ulsyn erdem shinjilgeenii baga khural.* The National Museum of Ethnology, Osaka. (1–21)

Sibirskij Federal'nyj Okrug
— 2014: *Pasporta Sub"ektov Rossijskoj Federaczii Sibirskogo Federal'nogo Okruga – Respublika Tyva.* Website, URL: http://www.sibfo.ru/passport/region.php?action=art&nart=7

Sigrist, C.
— 1979: *Regulierte Anarchie: Untersuchungen zum Fehlen und zur Entstehung politischer Herrschaft in segmentären Gesellschaften Afrikas.* Syndikat Autoren- und Verlagsgesellschaft, Frankfurt am Main.

Slezkine, Yu.
— 1994: *Arctic Mirrors: Russia and the Small Peoples of the North.* Cornell University Press, Ithaca & London.

Smit, B., Burton, I., Klein, R.J.T., Wandel, J.
— 2000: An Anatomy of Adaptation to Climate Change and Variability. In: *Climate Change*, 45, 2000. (223–251)

Sneath, D.
— 2008: Mobile pastoralism and Sociotechnical Systems: Decollectivisation and rural reform in Mongolia. In: Janzen, J. & B. Enkhtuvshin (Hg.): *Proceedings of the International Conference August 9–14, 2004 Dialog between Cultures and Civilizations: Present State and Perspectives of Nomadism in a Globalizing World.* CDR: Development Studies - 1, Ulaanbaatar. (43–54)

Sojuzpushnina Auction Company
— 2013: *190 International Fur Auction in St.Petersburg: Sale Results.* January, 28 - 30, 2013.

Solnoi, B., Tsogtsaikhan, P. & Plumley, D.
— 2003: Following the White Stag. The Dukha and their Struggle for Survival. I In: *Cultural Survival Quarterly*, 27.1, Spring 2003. (56–58). Siehe auch URL: http://www.culturalsurvival.org/publications/cultural-survival-quarterly/mongolia/following-white-stagthe-dukha-and-their-struggle-s

Soni, S.K.
— 2010: Tuva-Russia Relations in Historical Perspective. In: Warikoo, K. & Soni S.K. (Hg): *Mongolia in the 21st Century: Society, Culture and International Relations.* Himalayan Research and Cultural Foundation. Pentagon Press, New Delhi / Pentagon Books UK Ltd., London.

Stadelbauer, J.
— 2011: Die russische Arktis: Naturraum, Klimawandel und Gesellschaft. In: *Osteuropa*, 2011; 61 (2/3), (21–45)

Stammler, F.
— 2007: *Reindeer Nomads Meet the Market: Culture, Property and Globalisation at the ‚End of Land'.* LIT Verlag, Dr. W. Hopf, Berlin.

Stépanoff, C.
— 2012: Human-animal „joint commitment" in a reindeer herding system. In: *HAU: Journal of Ethnographic Theory*, 2 (2). (287–312)

Stépanoff, C., Ferret. C., Lacaze, G. & Thorez, J.
— 2013: *Nomadismes d'Asie centrale et septentrionale.* Armand Colin, Paris.

Steward, J.
— 1955: *Theory of Culture Change: The Methodology of Multilinear Evolution.* University of Illinois Press, Urbana.

Subramanian, S.M. & Pisupati, B. (Hg.)
— 2010: *Traditional Knowledge in Policy and Practice: Approaches to Development and Human Well-being.* United Nations University Press, Tokyo, New York, Paris.

Tamang, P.
— 2005: *An Overview of the Principle of Free, Prior and Informed Consent and Indigenous Peoples in International and Domestic Law and Practices.* Paper presented at the Workshop on Free, Prior and Informed Consent and Indigenous Peoples, organized by the Secretariat of UNPFII, 17–19 January 2005,UN Headquarter, New York, USA

Tang, P.S.H.
— 1959: *Russian and Soviet policy in Manchuria and Outer Mongolia, 1911–1931.* Duke University Press, Durham, North Carolina.

Tani, Y.
— 1996: Domestic Animals as Serfs: Ideologies of Nature in the Mediterranean and the Middle East. In: Ellen, R. & Fukui, K. (Hg.): *Redefining Nature: Ecology, Culture and Domestication.* Berg, Oxford, Washington D.C. (387–416)

Tanner, A.
— 1979: *Bringing Home Animals: Religious Ideology and Mode of Production of the Mistassini Cree Hunters.* Hurst, London.

Taraschewski, T.
— 2012: Ulaanbaatar: Sozialräumliche Segregation und Migration. In: *Geographische Rundschau,* Jahrgang 64, Dezember 2012, Heft 12. (42–49)

Tengis-Shishged Nationalparkverwaltung / Verwaltung des DTsG „Ulaan Taiga" Khövsgöl
— [s.a.]: *Ulsyn tusgai khamgaalalttai gazar nutagt üil ajillagaa yavuulakhdaa dagakh mördökh ajlyn geree.* [„Vertrag für die Durchführung von Aktivitäten im staatlich geschützten Gebiet". Formular ohne Autoren- oder Urhebernennung, ausgehändigt und oben genanntem Urheber zugeordnet von Tengis-Shishged-NP-Ranger Bayarkhüü im Ferbuar 2014]
— 2014: *Darkhad nutgiinkhaa an amitnyg khamgaalakhad nutgiin khünii setgeleer khandakh tsag irlee.* Khövsgöliin Ulaan taigyn UTKhG-yn khamgaalaltyn zakhirgaa. [In Tsagaannuur kursierende Liste über ökonomische Werte von Tierarten, Strafen für Jäger und Belohnungen für Informanten, ausgehändigt von Tengis-Shishged-NP-Ranger Bayarkhüü im Ferbuar 2014]
— 2014a: *Tengis-Shishgediin baigaliin tsogtsolbort gazryn khiliin zaag, dotood büschlel.* [Karte (Maßstab 1:510.000) über die Zonierung des Tengis-Shishged Nationalparks ohne Autoren- oder Urhebernennung, ausgehändigt und oben genanntem Urheber zugeordnet von Verwaltung des DTsG „Ulaan Taiga" Khövsgöl, Ulaan-Uul im Februar 2014]

The Asia Foundation
— 2008: *Compendium of Laws.* A Mongolian Citizens Reference Book. Volume 1 & 2. The Asia Foundation, Ulaanbaatar.
— 2008a: Law on Hunting. In: The Asia Foundation: *Compendium of Laws.* Volume 1. A Mongolian Citizens Reference Book. The Asia Foundation, Ulaanbaatar. (70–78)
— 2008b: Law On Hunting And Trapping Fees. In: The Asia Foundation: *Compendium of Laws.* Volume 1. A Mongolian Citizens Reference Book. The Asia Foundation, Ulaanbaatar. (64–69)
— 2008c: Law on Forest. In: *Compendium of Laws.* Volume 2. A Mongolian Citizens Reference Book. The Asia Foundation, Ulaanbaatar.
— 2008d: *Community Partnerships.* A Mongolian Citizens Guide. The Asia Foundation, Ulaanbaatar. (173–199)
— 2008e: Law of Mongolia on Environmental Protection. In: The Asia Foundation: *Compendium of Laws.* Volume 1. A Mongolian Citizens Reference Book. The Asia Foundation, Ulaanbaatar. (168–202)
— 2008f: Law of Mongolia on Special Protected Areas. In: The Asia Foundation: *Compendium of Laws.* Volume 2. A Mongolian Citizens Reference Book. The Asia Foundation, Ulaanbaatar. (245–260)
— 2008g: Criminal Code of Mongolia. In: The Asia Foundation: *Compendium of Laws.* Volume 2. A Mongolian Citizens Reference Book. The Asia Foundation, Ulaanbaatar. (316–411)

Thornton T.F. & Manasfi, N.
— 2010: Adaptation - genuine and spurious: demystifying adaptation processes in relation to climate change. In: *Environment and Society: Advances in Research*, 1(1). (132–155)

Todoriki, M.
— 2008: *Old Maps of Tuva 1. The detailed map of the nomadic grazing patterns of the total area of Tannu-Uriankhai.* The Research and Information Center for Asian Studies. The Institute of Oriental Culture. University of Tokyo.
— 2009: *Old Maps of Tuva 2. Tannu-Uriankhai Maps in Eighteenth Century China.* The Research and Information Center for Asian Studies. The Institute of Oriental Culture. University of Tokyo.
— 2010: Tuwa-Ren: The Emerging Ethnic Identity of the Altai-Tuvans in Xinjiang. In: *Journal of Eurasian Studies*. Journal of the Gábor Bálint de Szentkatolna Society. Vol. II., Issue 3./July – September 2010. Mikes International. (91–103)

Tseden-Ish, B.
— 2003: *From the History of Formation of Mongolian Borders.* [ohne Verlagsangabe] Ulaanbaatar.

Tserendorj, Ts.
— 2002: Tagna Uriankhain zasag zakhirgaany zokhion baiguulaltyn asuudalt/XVIII-XX zuuni exen. In: *Studia Historica Instituti Historiae Academiae Scientarium Mongoli.* Tomus XXXIII, Fasc. 10. Ulaanbaatar. (100–105)

Tugarinov, A.Ya.
— 1926: Poslednie Kalmazhi. In: *Severnaya Aziya*, 1926/1. (73–88)

Tumenbayar, N.
— 2002: *Herders' Property Rights vs. Mining in Mongolia.* Paper prepared as part of a seminar on Environmental Conflict Resolution, led by Dr. Saleem H. Ali, Watson Institute for International Studies Brown University, Providence, RI, USA, Spring, 2002.

Turner, B.L., Kasperson R.E., Matsone P.A., McCarthy J.J., Corellg R.W., Christensene L., Eckleyg N., Kasperson J.X., Luerse A., Martellog M.L., Polskya C., Pulsipher A., Schiller A.
— 2002: A framework for vulnerability analysis in sustainability science. In: *Proceedings of the National Academy of Sciences*, Vol. 100, No.14. (8074–8079)

Tylor, E.B.
— 1871: *Primitive Culture: Researches into the Development of Mythology, Philosophy, Religion, Art and Customs.* In two volumes. John Murray, London.

v. Uexküll, J. & Kriszat G.
— [1934/1940] 1956: *Streifzüge durch die Umwelten von Tieren und Menschen.* Ein Bilderbuch unsichtbarer Welten / *Bedeutungslehre*. Rohwolt Taschenbuch Verlag GmbH, Hamburg.

Underdown, M.
— 1977: Tuva. In: Krueger, J.R.: *Tuvan Manual: Area Handbook, Grammar, reader, Glossary, Bibliography.* Indiana University, Bloomington. (1–17)

United Nations (UN)
— 2008: *United Nations Declaration on the Rights of Indigenous Peoples.* Published by the United Nations 07–58681–March 2008–4,000
— 2014: *Mongolia.* Website. URL: http://data.un.org/CountryProfile.aspx?crName=MONGOLIA

United States Agency International Development (USAID)
— 2007: Developing tourism product offerings: Assistance to the Tsaatan reindeer herders. *EPRC Monthly Newsletter*, July-August 2007

Upton, C.
— 2009: „Custom" and Contestation: Land Reform in Post-Socialist Mongolia. In: *World Development*, Vol. 37, No. 8. (1400–1410)

Upton, C., Moore, K., Nyamaa Nyamsuren, Erdenebaatar Batjargal

— 2013: *Community, Place and Pastoralism: Nature and Society in Post-Soviet Central Asia.* Mongolia Country Report, July 2013. Leverhulme Trust Research Project Grant F/00 212/AI, 2010- 2012 [ohne Verlagsangabe].
Vainshtein, S.
— [Vajnshtejn, S.I.] 1961: *Tuvinczy-Todzhinczy: Istoriko-e'tnograficheckie ocherki.* Izdatel'stvo Vostochnoj Literatury, Moskva 1961.
— [1972] 1980: *Nomads of South Siberia: The Pastoral Economies of Tuva.* Edited with an introduction by Carolie Humphrey. Cambridge Studies in Social Anthropology, Vol. 25. Cambridge University Press.
Vayda, A.P. (Hg.)
— 1969: *Environment and Cultural Behavior.* The Natural History Press, Garden City, New York.
Vayda, A.P. & Walters, B.B.
— 1999: Against Political Ecology. In: *Human Ecology*, Vol. 27, No. 1, 1999. (167–179)
Vidal de la Blache, P.
— 1922: *Principes de Géographie Humaine.* Libraire Armand Colin, Paris.
Vitebsky, P.
— 2002: Rückzug vom Land: Die soziale und spirituelle Krise der indigenen Bevölkerung der russischen Arktis. In: Christopher Hann (Hg.): *Postsozialismus: Transformationsprozesse in Europa und Asien aus ethnologischer Perspektive.* Campus Verlag, Frankfurt & New York.265–286)
— 2005: *Reindeer People: Living with Animals and Spirits in Siberia.* Harper Perennial, London, New York, Toronto and Sidney.
— [1995] 2007: *Schamanismus.* Taschen GmbH, Köln.
Viveiros De Castro, E.
— 1998: Cosmological Deixis and Amerindian Perspectivism. In: *The Journal of the Royal Anthropological Institute*, Vol. 4, No. 3 (Sep., 1998). (469–488)
Vogel, B.
— 2004: Der Nachmittag des Wohlfahrtsstaats: Zur politischen Ordnung gesellschaftlicher Ungleichheit. In: *Mittelweg 36: Zeitschrift des Hamburger Instituts für Sozialforschung*, Jg. 13, H. 4, 2004. (36–55)
Vserossijskaya Perepis' Naseleniya
— 2010a: *Chislennost' naseleniya Rossii, federal'nikh okrugov, sub"ektov rossiiskoi federaczii, rajononov gorodskikh naselennykh punktov s naseleniem z tysyachi i bolee.* Excel-Dokument, URL: http://www.perepis-2010.ru/results_of_the_census/results-inform.php
— 2010b: *Naczional'nyj sostav naseleniya Rossijskoj Federaczii.* Excel-Dokument, URL: http://www.perepis-2010.ru/results_of_the_census/results-inform.php
Walker, B.
— 2012: *Learning how to change in order not to change: Lessons from ecology for an uncertain world.* Krebs Lecture 2012. URL: http://www.canberra.edu.au/centres/iae/lectures/iae-krebs-lecture-2012-low.php
Walker, B., Carpenter, S., Anderies, J., Abel, N., Cumming G., Janssen, M., Lebel, L., Norberg, J., Peterson, G.D., Pritchard, R.
— 2002: Resilience Management in Social-ecological Systems: a Working Hypothesis for a Participatory Approach. In: *Conservation Ecology* 6(1): 14. Online-Artikel, URL: http://www.consecol.org/vol6/iss1/art14
Walker, B., Holling, C.S., Carpenter, S.R. & Kinzig, A.
— 2004: Resilience, Adaptability and Transformability in Social-Ecological Systems. In: *Ecology and Society*, 9(2): 5. Online-Artikel, URL: http://www.ecologyandsociety.org/vol9/iss2/art5
Walker, B. & Salt, D.
— 2006: *Resilience Thinking: Sustaining Ecosystems and People in a Changing World.* Island Press, Washington, Covelo, London.

Walker, P.A.
— 2005: Political ecology: where is the ecology? In: *Progress in Human Geography*, 29, 1. (73–82)

Wallace, S.E.
— 1971: On the Totality of Institutions. In: Wallace, S.E. (HG): *Total Institutions*. Transaction, Inc. [ohne Verlagsort] (1–7)

Wallerstein, I.
— 2004: *World-Systems Analysis: An Introduction*. Duke University Press, Durham and London.

Watts, M.
— 2000: Political Ecology. In: Sheppard, E. & Barnes, T.J. (Hg.): *A Companion to Economic Geography*. Blackwell Publishing, Malden, Oxford & Victoria. (257–274)

Weber, M.
— [1922] 1980: *Wirtschaft und Gesellschaft*. Grundriss der verstehenden Soziologie. Fünfte, revidierte Auflage, besorgt von Johannes Winkelmann. Studienausgabe. J.C.B. Mohr (Paul Siebeck), Tübingen.

Weichhart, P.
— 2003: Gesellschaftlicher Metabolismus und Action Settings. Die Verknüpfung von Sach- und Sozialstrukturen im alltagsweltlichen Handeln. In: Meusburger, P. & Schwan, T. (Hg.): *Humanökologie: Ansätze zur Überwindung der Natur-Kultur-Dichotomie*. Franz Steiner Verlag, Stuttgart. (15–44)

Wenger, E.
— 1998: *Communities of practice: learning, meaning, and identity*. Cambridge University Press.
— 2006: *Communities of Practice:* A brief introduction. Website, URL: http://www.ewenger.com/theory/

Werlen, B.
— 1997: *Gesellschaft, Handlung und Raum: Grundlagen handlungstheoretischer Sozialgeographie*. Franz Steiner Verlag, Wiesbaden.
— 2004: *Sozialgeographie*. 2. Auflage. Haupt Verlag, Bern, Stuttgart, Wien.

Wesel U.
— 1985: *Frühformen des Rechts in vorstaatlichen Gesellschaften: Umrisse einer Frühgeschichte des Rechts bei Sammlern und Jägern und akephalen Ackerbauern und Hirten*. Suhrkamp Verlag, Frankfurt am Main.

Westley, F.
— 2002: The Devil in the Dynamics: Adaptive Management on the Front Lines. In: Gunderson, L.H. & Holling C.S. (Hg.): *Panarchy: Understanding transformations in human and natural systems*. Island Press, Washington. (333–360)

Westley, F., Carpenter, S.R., Brock, W.A., Holling, C.S. & Gunderson, L.H.
— 2002: Why Systems of People and Nature are not Just Social and Ecological Systems. In: Gunderson, L.H. & Holling C.S. (Hg.): *Panarchy: Understanding transformations in human and natural systems*. Island Press, Washington. (103–119)

Wheeler, A.W.
— 2000: *Lords of the Mongolian Taiga: An Ethnohistory of the Dukha Reindeer Herders*. Master's Thesis. Indiana University, Department of Central Eurasian Studies.
— 2001: *Inalienable Possessions, Identity and Reinventing Reindeer Herding in Northern Mongolia*. Presented on the panel entitled: The South Siberian and Mongolian Reindeer Herding Complex at the 100th Annual Meetings of the AAA Washington D.C. 28 November, 2001. [Nicht öffentlich freigegebenes Papier, hier zitiert mit ausdrücklicher Genehmigung des Autors]
— 2005: *Sovereignty Inside and Out: State Territoriality and Mobility Among the Dukha Reindeer Herders and Hunters of Mongolia*. Paper presented at the Annual Meetings of the AAA, Washington D.C. on the panel „At the Borders of Citizenship: Cultural Politics of Identity," November 2005.

Wiener, N.
— [1948] 1961: *Cybernetics: or Control and Communication in the Animal and the Machine.* Wiley, New York.

Willerslev. R.
— 2007: *Soul Hunters: Hunting, Animism, and Personhood among the Siberian Yukaghirs.* University of California Press, Berkeley and Los Angeles, London.
— 2012: Comment on J.Knight ‚The Anonymity of the Hunt'. In: *Current Anthropology*, Vol. 53, No. 3, June 2012. (350–351)
— 2012a: Laughing at the Spirits in North Siberia: Is Animism Being Taken too Seriously? In: *e-flux journal* #36 – july 2012. Online-Artikel. URL: http://www.e-flux.com/journal/laughing-at-the-spirits-in-north-siberia-is-animism-being-taken-too-seriously/
— 2012b: *On the Run in Siberia.* University of Minnesota Press, Minneapolis, London

Wingard, J.R. & Zahler, P.
— 2006: *Silent Steppe: The Illegal Wildlife Trade Crisis in Mongolia.* Mongolia Discussion Papers, East Asia and Pacific Environment and Social Development Department. Worldbank, Washington D.C.

Wolf, E.R.
— [1982] 2010: *Europe and the People without History.* University of California Press, Berkeley, Los Angeles, London.

Woodman, J. & Grig, S. (Hg.)
— 2007: *Progress can kill: How imposed development destroys the health of tribal peoples.* Survival International, London.

World Wide Fund (WWF) Global
— 2011: *Resolution on designation of new PAs and upgrading the status of some existing PAs.* Online-Artikel, URL: http://wwf.panda.org/?200113/--------

World Wide Fund (WWF) Russia
— 2012: *WWF starts snow leopard monitoring in the Buryat Republic.* Online-Artikel, URL: http://www.wwf.ru/resources/news/article/eng/10550

World Wide Fund (WWF) Russia / WWF Mongolia Programme Office
— 2011: *Newsletter April-June 2011.* Altai-Sayan Region Issue #16. PDF-Dokument, URL: http://www.snowleopardnetwork.org/bibliography/WWF_Russia_Mongolia_June_2011.pdf

Xiaoyi, W. & Fernández-Giménez, M.
— 2012: The Market, the State and the Environment: Implications for Community-Based Rangeland Management. In: Fernández-Gimenéz, M.E., Wang Xiaoyi, Batkhishig, B., Klein J.A., Reid, R.S. (Hg.): *Restoring Community Connections to the Land: Building Resilience through Community-based Rangeland Management in China and Mongolia.* CABI, Wallingford/Oxfordshire & Cambridge, MA (USA). (209–217)

Yurchak, A.
— 2005: *Everything Was Forever, Until It Was No More: The Last Soviet Generation.* Princeton University Press, Princeton & Oxford.

Ziker, J.P.
— 2002: Land Use and Economic Change Among the Dolgan and the Nganasan. In: Kasten, E. (Hg.): *People and the Land: Pathways to Reform in Post-Soviet Siberia.* Siberian Studies, Dietrich Reimer Verlag, Berlin. (207–224)
— 2002a: *Peoples of the Tundra: Northern Siberians in the Post-Communist Transition.* Waveland Press, Inc. Long Grove, Illinois.
— 2003: Assigned Territories and Common-Pool Resources in the Taimyr Autonomous Region. In: *Human Ecology*, Vol. 31. / Nr. 3. (331–368)
— 2013: The Fire is our Grandfather: Virtuous Practice and Narrative in Northern Siberia. In: Anderson, D.G., Wishart, R.P. and Vaté, V. (Hg.): *About the Hearth: Perspectives on the Home, Hearth and Household in the Circumpolar North.* Berghahn Books, New York & Oxford. (249–261)

QUELLENANGABEN GEODATEN

– Basisdaten für eigene Karten, soweit nicht schon im Literaturverzeichnis angegeben –

Satellitenbilder:
US Geological Survey (USGS) 2009
Global Land Survey, 2000, Landsat ETM+, 60m scene p136r024, USGS, Sioux Falls, S. Dakota.
Global Land Survey, 2002, Landsat ETM+, 60m scene p136r025, USGS, Sioux Falls, S. Dakota.
Global Land Survey, 2001, Landsat ETM+, 60m scene p137r024, USGS, Sioux Falls, S. Dakota.
Global Land Survey, 2002, Landsat ETM+, 60m scene p137r025, USGS, Sioux Falls, S. Dakota.
Global Land Survey, 2002, Landsat ETM+, 60m scene p138r024, USGS, Sioux Falls, S. Dakota.
Global Land Survey, 2002, Landsat ETM+, 60m scene p138r025, USGS, Sioux Falls, S. Dakota.

SRTM Daten (Höhendaten):
Jarvis, A., Reuter, H.I., Nelson, A. , Guevara, E.
– 2008: Hole-filled seamless SRTM data V4, International Centre for Tropical Agriculture (CI-AT), available from http://srtm.csi.cgiar.org. Product: SRTM 90m DEM version 4:
   a) Data File Name: srtm_56_02.zip; Mask File Name: srtm_mk_56_02.zip; Latitude min: 50 N, max: 55 N; Longitude min: 95 E, max: 100 E; Center point : Latitude 52.50 N, Longitude 97.50 E
   b) Data File Name : srtm_57_02.zip; Mask File Name: srtm_mk_57_02.zip; Latitude min: 50 N, max: 55 N; Longitude min: 100 E, max:105 E; Center point : Latitude 52.50 N; Longitude 102.50 E

Internationale Grenzen, Kontinente etc.:
ESRI 2008: ArcGIS Datenbank Shapefiles.

Siedlungen, Camps, Taigapfade und andere topografische Daten:
Sowjetische Militärkarten
M47a Kungur-Tuk, 1:500.000
M47b Khubsugul, 1:500.000
N47g Orlik, 1:500.000
N47w Toora-Khem, 1:500.000

Angaben und Zeichnungen Dukha und Tozhu:
2008–2014: Bat, Ganbat, Borkhüü, Narankhüü, Bayandalai, Shagai (Nordwest-Khövsgöl)
2012: Arshaan, Ayaz, Sayan, Viktor Sambuu (Todzha)

Eigene GPS-Daten (J. Endres 2008–2014)

PERSONEN, ZITIERT UNTER „PERSÖNLICHE KOMMUNIKATION"

Name	m/w	Beschreibung
Arshaan	m	Tozhu
Atarmaa	w	Dukha aus der Westtaiga (Delgers Frau)
Ayaz	m	Tozhu

Badral	w	Dukha aus der Westtaiga (Ganbolds Frau u. Borkhüüs Schwester)
Bat (1)	m	Dukha aus der Osttaiga (verstorben im März 2010)
Bat (2)	m	Dukha, sesshaft in Tsagaannuur
Bayandalai	m	Dukha aus der Westtaiga
Bayanmönkh	m	Darkhad aus dem Kharmai-Tal
Bayarkhüü	m	Ranger aus Tsagaannuur
Biche-Ool, Svetlana	w	Tuwinische Ethnologin aus Kyzyl (verstorben Sept. 2012)
Borkhüü	m	Dukha aus der Westtaiga, sesshaft in Tsagaannuur. Früher Tierarzt, heute Hausmeister und Manager des TCVCs
Buyantogtokh (1)	w	Dukha aus der Osttaiga (Ganbats Schwester und Stiefmutter von Tungaa)
Buyantogtokh (2)	m	Darkhad, Mitglied der Sumregierung in Tsagaannuur
Dalaijargal	w	Dukha aus der Osttaiga/Tsagaannuur (Tochter von Gombo und Sindelee)
Davaajav	m	Dukha aus der Osttaiga
Delger	m	Dukha aus der Westtaiga (Atarmaas Mann)
Donahoe, Brian	m	Amerikanischer Ethnologe
Eduard	m	Tozhu
Erdene	m	Dukha, sesshaft in Tsagaannuur
Erdenejav	m	Leiter der Umweltschutzbehörde in Tsagaannuur
Ganaa	m	Dukha aus der Osttaiga (Borkhüüs Bruder)
Ganbat	m	Dukha aus der Osttaiga, Tierarzt (Pürvees Mann)
Ganbold	m	Dukha aus der Westtaiga (Badrals Mann)
Gombo	m	Dukha aus der Osttaiga
Gostya	m	Dukha aus der Westtaiga (verstorben 2012)
Janzen, Jörg	m	Professor für Geografie und Betreuer der Dissertation (FU Berlin)
Keay, Morgan	w	Leiterin der Itgel Foundation
Khürelgaldan	m	Dukha aus der Osttaiga
Myagmarjav	w	Bürgermeisterin von Tsagaannuur
Narankhüü	m	Dukha aus der Westtaiga
Oelschlägel, Anett C.	w	Ethnologin aus Halle (MPI)
Olson, Kirk	m	Biologe aus den USA
Olzvai	m	Dukha aus der Westtaiga
Ovogdorj	m	Dukha aus der Osttaiga
Papageorgiou, Sophia	w	Griechische Veterinärmedizinerin
Pürvee	w	Dukha aus der Osttaiga (Ganbats Frau)
Saintsetseg	w	Dukha aus der Osttaiga, Schamanin
Sambuu, Viktor	m	Tozhu
Sanjim	m	Dukha aus der Westtaiga
Shagai	m	Dukha aus der Osttaiga (Gombos und Sindelees Sohn)
Sindelee	w	Dukha aus der Osttaiga (Gombos Frau)
Solnoi	m	Dukha, sesshaft in Tsagaannuur

Süren	w	Dukha aus der Osttaiga
Tömörsükh	m	Direktor des Tengis-Shishged Nationalparks und des Streng Geschützten Gebiets Ulaan Taiga
Tudevvaanchig	m	Mongole, Übersetzer und Tourguide aus Uliastai
Tungaa	w	Dukha aus der Osttaiga (Ülziis Frau)
Ulzan	m	Dukha aus der Osttaiga (Zayas Mann)
Ülzii (1)	w	Dukha aus der Westtaiga, sesshaft in Tsagaannuur
Ülzii (2)	m	Dukha aus der Osttaiga (Tungaas Mann)
Wigsten, Jan	m	Tourismusunternehmer
Zaya	w	Mongolin, aufgewachsen in Ulaanbaatar, lebt heute in der Osttaiga (Ulzans Frau)
Zorig	m	Dukha aus der Westtaiga

ABBILDUNGSVERZEICHNIS

Nr	Abbildung	Urheber/Quelle	Seite
1	Rentierhalter. Briefmarke der TVR	TVR / Archiv J. Endres	5
2	Im Sommercamp Deed Sailag (o)	S. Högemann	24
3	Im Sommercamp Deed Sailag (u)	S. Högemann	24
4	Viktor Sambuus Blockhaus am Bii-Khem	J. Endres	25
5	Viktor Sambuu	J. Endres	25
6	Modell des Systems der Praxis	J. Endres	32/89
7	Umzug ins Herbstlager	S. Högemann	36
8	Männer und Rentiere in Arshaans Wintercamp	J. Endres	64
9	Nomadisches Leben in der Osttaiga	S. Högemann	64
10	Am Shishged gol	J. Endres	65
11	Am zugefrorenen Bii-Khem	J. Endres	65
12	Ritt in die Berge, Westtaiga	J. Endres	66
13	Blick über die spätsommerliche Osttaiga	J. Endres	66
14 (a/b)	Zwei ontologische Modelle zur Mensch-Umwelt-Beziehung nach Ingold (2000: 46)	J. Endres	88
15	Rentier am Eingang des Nomadenzeltes	S. Högemann	100
16	Die Schamanin Saintsetseg und ihre Tiere	B. Tudevvaanchig	100
17	Aufbau des Herbstcamps in Üzeg	S. Högemann	108
18	Umzug einer Nomadenfamilie	S. Högemann	108
19	Leben im alajy-ög	J. Endres	113
20	Pürvee und Dalkhi in ihrem alajy-ög	J. Endres	115
21	Herstellung eines Lassoseiles aus Leder	J. Endres	118
22	Ganbat demonstriert den Gebrauch von Skiern	J. Endres	120
23	Modell der spirituellen Landschaft der Dukha	J. Endres	138
24	Rentier in Delgers Wintercamp	J. Endres	141
25	Schlachtung eines Rentiers in Todzha	J. Endres	143
26	Modell der ontologischen Ordnungshierarchien des Naturalismus und des Animismus	J. Endres	151

27	Rentier- bzw. „Hirschstein" von Uushgiin övör	J. Endres	159
28	Feudale Gesellschaftsstruktur Khalkhas und Uriankhais während der Qing-Dynastie	J. Endres	168
29	Briefmarken der TVR (1927–1936)	TVR / Archiv J. Endres	192
30	Unterwegs mit Ganbat am Tengis gol	J. Endres	204
31	Der „Weiße See"	J. Endres	215
32	Weißfischproduktion 1942 - 1990	J. Endres	217
33	Nayanbat	J. Endres	221
34	Adyr-Kezhig	J. Endres	233
35	Entwicklung der Rentierbestände ausgewählter Regionen Russlands zwischen 1990 und 2007	J. Endres	241
36	Verteilung d. tuw. Rentierbestandes 2012	J. Endres	259
37	Tuwinischer Rentierbestand 1930–2012	J. Endres	261
38	Kleinkalibergewehr	J. Endres	266
39	Winterlager am Bii-Khem	J. Endres	292
40	Rentierzahlen seit 2004 im Tsagaannuur sum	J. Endres	295
41	Dukha beim Abladen von kostenlosen Jurten des sogenannten „2015-Programms"	J. Endres	308
42	Verabschiedung der Dukha-Studentinnen	J. Endres	310
43	Verbotsschild 1 unter der Willkommens- und Informationstafel des Tengis-Shishged NPs	J. Endres	337
44	Verbotsschild 2 unter der Willkommens- und Informationstafel des Tengis-Shishged NPs	J. Endres	337
45	Bat repariert einen alten russischen Sattel	J. Endres	342
46	Im Schlafsaal der Schule in Tsagaannuur	B. Tudevvaanchig	344
47	Tsagaannuur	S. Högemann	345
48	Vater und Sohn: Ülzii und Enkhbayar	J. Endres	348
49	In Delgers Wintercamp (o)	J. Endres	350
50	In Delgers Wintercamp (u)	J. Endres	350
51	In einer Blockhütte im Wintercamp Khevtert	J. Endres	351
52	Bayandalais Winterlager	J. Endres	354
53	Pürvee hält Ausschau nach ihren Pferden	J. Endres	356
54	Rentiere im Kharmai-Tal	J. Endres	358
55	Ganbat schnitzt eine Rentierfigur aus Geweih	J. Endres	362
56	Filmcrew über Rinchenlkhümbe	B. Tudevvaanchig	364
57	Das TCVC	S. Högemann	366
58	Rast mit TCVC-Guides in der Osttaiga	S. Högemann	368
59	Touristische Idylle in der Osttaiga	J. Endres	368
60	Beginn der Bauarbeiten an der Polizeiwache	J. Endres	380
61	Sperrung des oberen Kharmai-Tals	J. Endres	376
62	Schutztruppe im Kharmai-Tal	J. Endres	376
63	Taiga-Imbiss	J. Endres	377
64	Jade	J. Endres	379
65	Mitteilung auf dem Küchentisch des TCVC	J. Endres	380

KARTENVERZEICHNIS

Nr.	Name	Urheber/Quelle	Seite
1	Welt der Rentierhalter und Jäger Nordeurasiens	J. Endres	67
2	Der mongolische Khövsgöl-aimag und die Republik Tuwa der Russischen Föderation, pol. Übersicht	J. Endres	68
3	Die Altai-Sajan-Region und die Mongolei, phys. Übersicht	J. Endres	68
4	Übersichtskarte Rentierhalter des Ostsajangebirges	J. Endres	69
5	Feldforschungsgebiet 1: Weidegebiete der Dukha in Nordwest Khövsgöl	J. Endres	70
6	Feldforschungsgebiet 2: Die Weidegebiete der Tozhu der Bii-Khem-Region	J. Endres	71
7	Ungefähre Lage der Jurtenpostenlinie (nach 1727) im Khövsgölgebiet	J. Endres	72
8	Vertreibung, Kollektivierung und Flucht der Rentierhalter-Jäger der Grenzregion Osttuwa / Nordwest-Khövsgöl (ca. 1927–1955)	J. Endres	73
9	Die Umsiedlung der Ulaan Taiga	J. Endres	74
10	Zonierung des Tengis-Shishged-Nationalparks	J. Endres	75
11a/b	Lage der Winterlager der Ost- und Westtaiga-Dukha	J. Endres	76
12	Wanderverhalten und Raumnutzung der Dukha 1998	Janzen & Bazargur [1998] 2004	77
13	Wanderverhalten und Raumnutzung der Dukha in den Jahren 2012 und 2013	J. Endres	78
14	„General'naya Karta Aziyatskoj Rossij"	Posnjakow 1825	197
15	„Karte des Asiatischen Russlands" („Karta Azyatskoj Rossij")	Il'in 1868	197
16	Karte des Russischen Reiches	Shokal'skii [?1912]	198
17	„Karte der Mongolei" („Karta Mongolii")	Korostovecz & Kotvich (1914)	198
18	„Äußere Mongolei (Kalcha)"	Korostovetz 1926	199
19	„Outer Mongolia – Khalkha – Economic Map"	Karamisheff 1925	200
20	„Volksrätestaat Mongolei"	Herrmann 1927	200
21	„Obzornaia karta plotnosti naseleniia S.S.S.R"	Kamenetskij 1929	201
22	„Map of the Asiatic Part of USSR"	Map Trust of the Moscow Provincial Department of Public Works 1935	201

TABELLENVERZEICHNIS

Nr.	Name	Seite
1	Erlaubte und verbotene Aktivitäten gemäß der Zonierung von als „Nationalpark" ausgewiesenen Schutzgebieten nach dem *Gesetz über besondere Schutzgebiete*	330
2	Jagd im Nationalpark: „Ökologisch-ökonomischer" Wert der verschiedenen Spezies, Strafen und Belohnungen nach Tengis-Shishged Nationalparkverwaltung / Verwaltung des DTsG „Ulaan Taiga" Khövsgöl 2014	335f
3	Externe Faktoren des Wandels bei den Dukha und den Tozhu	394
4	Dimensionen der Adaption der Dukha und der Tozhu heute, anhand der „acht Dimensionen der Adaptionen" von Thornton & Manasfi (2010)	396

VERZEICHNIS DER TEXTBOXEN

Nr.	Name	Seite
1	Bemerkungen zu den Karten in diesem Buch	71
2	Arktis, Subarktis, circumpolarer Norden und das Ostsajangebirge	94
3	Die Träume der Jäger	134
4	Hunde	152
5	Schamanen	153
6	Das „Darkhad-Paradox"	172
7	Tuwa heute – Daten und Fakten	256
8	Die Mongolei heute – Daten und Fakten	293

ANHANG

TRANSLITERATION: GRUNDSÄTZLICHES

Im Prinzip wäre es möglich, durch die Verwendung der 1995 eingeführten ISO 9 Transliterationsweise alle Sprachen, die ein kyrillisches Alphabet (inkl. nationaler Sonderzeichen) verwenden, einheitlich ins lateinische Alphabet zu übertragen. Auf den ersten Blick erscheint dies sinnvoll, wo eine Vielzahl von mongolischen, russischen und tuwinischen Orts-, Verwaltungsbezirks-, Clan- oder Personennamen und andere Begriffe vorkommen. Aus verschiedenen Gründen jedoch wird hier von diesem Vorgehen abgesehen:

Erstens verwendet die ISO 9 Transliteration eine Vielzahl von diakritischen Zeichen. Zwar wird die Mehrzahl dieser Zeichen in den drei hier relevanten Sprachen nicht verwendet, es bleiben aber immer noch die Zeichen ž (für ж), š (für ш), è (für э), û (für ю), â (für я), sowie die nur im Mongolischen und Tuwinischen vorkommenden ô (für ө), ù (für ү), dem tuwinischen ŋ (für ң) und dem nur in russischen (Lehn-)Wörtern vorkommenden ŝ (für щ).

Des Weiteren verwenden die russische, mongolische und tuwinische Sprache zwar heute allesamt das kyrillische Alphabet, jedoch werden einige Buchstaben in den verschiedenen Sprachen nicht deckungsgleich verwendet, sondern sind mit verschiedenen Lauten belegt. Hier wären v.a. das kyrillische y, e, ё, ж, з und das ь genannt, welche sich besonders im Mongolischen und Russischen stark voneinander unterscheiden (siehe Transliterationstabellen). Um dadurch zusätzliche Schwierigkeiten beim Lesen zu vermeiden, bietet es sich daher an, zumindest für das Mongolische und Russische verschiedene Transliterationsweisen zu verwenden, die zudem mit möglichst wenigen oder überhaupt keinen diakritischen Zeichen auskommen.

TRANSLITERATION UND BESONDERHEITEN MONGOLISCHER BEGRIFFE UND NAMEN

Für die in dieser Arbeit verwendeten mongolischen Begriffe wurde die Transliterationsweise des Mongolisten Alan J.K. Sanders (2010: xvi) verwendet. Sie wird in der umseitig folgenden Tabelle wiedergegeben und, wo nötig, erläutert:

MNG	Sanders (2010)	Beispiel / Erläuterung (wo sinnvoll)
Аа	Aa	
Бб	Bb	
Вв	Vv	*töv* (Aussprache: sehr weiches „w")
Гг	Gg	
Дд	Dd	
Ее	Yö yö (vor ө), Ye ye	*yörööl, yeriin, yes*
Ёё	Yo yo	*yoc*
Жж	Jj	*Jargalant* (Aussprache: weiches „dsch" wie in „Dschungel")
Зз	Zz	*Zavkhan* (Aussprache: weiches „ds")
Ии	Ii	
й	i (nur nach anderen Vokalen)	Aussprache: nach **a**: „ä" (z.B. *tsai*, gesprochen = „tsä"); nach **и** bzw. **ы**: langes „i"; nach **е, о, у, ү**: Diphtong (ei, oi, ui, üi).
Кк	Kk	
Лл	Ll	
Мм	Mm	
Нн	Nn	*nokhoi (*Aussprache: wie deutsches „n". Am Wortende allerdings oft „ng" (z.B. in „*Khan"* – gesprochen „Khang", „*shuudan"* – gesprochen „schuudang")
Оо	Oo	*Mongol* (Aussprache: offenes „o" wie in „Koffer")
Өө	Öö	*öndör* (Aussprache: zwischen deutschem „ö" und „u")
Пп	Pp	
Рр	Rr	Aussprache: gerolltes „r". Wird am Wortanfang zwar geschrieben aber nicht ausgesprochen: *rashaan* wird gesprochen zu „arshaan"
Сс	Ss	
Тт	Tt	
Уу	Uu	*uul* (Aussprache: zwischen deutschem „o" und „u")
Үү	Üü	*üül* (Aussprache wie deutsches „u")
Фф	Ff	Nur in Fremdwörtern (z.B. *Festival, Furgon* dann meist wie „p" ausgesprochen)
Хх	Kh kh	*Khövsgöl* (Aussprache wie „ch" in „Achtung")
Цц	Ts ts	*tsetseg* (Aussprache wie deutsches „z")
Чч	Ch ch	*chuluut* (Aussprache: hartes „tsch")
Шш	Sh sh	*shashin* (Aussprache: wie deutsches „sch")
Щщ	Shch shch	[Nur in russischen Wörtern]
ъ	[ignorieren]	[Nur in russischen Wörtern]
ы	y	*khotyn irgen* (Aussprache: etwas „dunkler" als „i", etwa wie das deutsche „y")

ь	i	*amidral*, *khuvisgal* (Aussprache: sehr kurzes „i")
Ээ	Ee	*ezen*, *gerel* (Aussprache: helles „e" wie erstes „e" in „Elefant" oder zwischen „i" und „e")
Юю	Yu yu, Yü yü (vor y)	Aussprache: kurzes „ju" (z.B. *yum*). Wenn vor mongolischem y (u), z.B.: *oyuun* (langes „juu"), dann wird dieses in der Transkription mitgeschrieben. Vor einem y (ü), wird ю mit „yü" transkribiert (z.B. *yüülekh*).
Яя	Ya ya	Aussprache: kurzes „ja" (z.B. *yamaa*). Wenn vor mongolischem a (a), z.B.: *yaarakh* (langes „jaa"), dann wird dieses in der Transkription mitgeschrieben.

Ausnahmen

- Geografische Namen, die im Deutschen bereits in anderer Schreibweise etabliert und im Duden verzeichnet sind: Gobi (statt *Govi* (MON: Говь)), Burjatien, burjatisch, Dsungarei, dsungarisch etc. Die Hauptstadt *Ulaanbaatar* hingegen wird in dieser, dem mongolischen entsprechenden Schreibweise geschrieben (anstatt „Ulan Bator").
- Namen von Persönlichkeiten, die im Deutschen bereits in anderer Schreibweise etabliert sind: „Dschingis Khan" (Duden) statt Chingis Khaan (MON: Чингис Хаан). Genauso wird auch der Bogd Khan, der im Mongolischen Богд Хаан geschrieben wird, mit nur einem „a" geschrieben.
- Bereits transkribierte Namen von Autoren (z.B. in englischsprachigen Texten mongolischer Autoren) werden wie in der zitierten Literatur angegeben!

Abkürzungen am Wortanfang (z.B. Autoren, Organisationen etc.)

- Die in der lateinischen Transkription mit zwei Buchstaben wiedergegebenen mongolischen Buchstaben Е, Ё, Х, Ц, Ш, Ю und Я am Wortanfang werden mit Yö. (Ye.), Yo., Kh., Ts., Sh. Yu. (Yü.) und Ya. abgekürzt.
- Bei russischen Autoren oder Abkürzungen gilt die gleiche Regel, allerdings wird hier E niemals mit Yö sondern immer mit Ye transkribiert.

Zusammengesetzt, mit Bindestrich, groß oder klein?

- Bei mongolischen Ortsnamen und anderen Toponymen, die aus zwei Komponenten bestehen (z.B. *Bayan-Ölgii*, *Buyan-Ölzii*, *Baruun-Urt* etc.), werden generell beide Komponenten groß geschrieben und mit einem Bindestrich verbunden. Dies jedoch nur, wenn es sich bei dem Doppelnamen um einen „echten" Eigennamen (MON: *onooson ner*) handelt.

- Besteht die zweite Komponente in Toponymen hingegen aus einem Gattungsnamen, also einem Wort, das lediglich auf die Art der bezeichneten Stelle oder Landschaft verweist (wie z.B. *aimag* (D: Provinz), *sum* (D: Landkreis), *khot* (D: Stadt), *gol* (D: Fluss), *nuur* (D: See), *uul* (D: Berg) etc.), so handelt es sich hierbei nicht um einen „echten" Doppelnamen. In diesem Fall wird die zweite Komponente des Namens des entsprechenden Ortes, Sees, Flusses oder Verwaltungsbezirkes klein geschrieben und nicht durch einen Bindestrich verbunden – z.B.: *Shishged gol*, *Khövsgöl nuur*, *Zavkhan aimag* usw. Bei „*Bayan-Ölgii aimag*", „*Khar-Us nuur*" (etc.) besteht die erste Komponente aus einem zusammengesetzten *onooson ner* (s.o.), während die zweite ein Gattungsname ist. Nach mongolischen Regeln muss sie klein geschrieben werden und wird nicht durch einen Bindestrich verbunden.
- Dieselbe Regel gilt auch für die Namen von z.B. *negdels* (mong. Kollektive während des Sozialismus) wie z.B. „*Jargalant-Amidral*" (D: „Glückliches Leben"). Spricht man jedoch explizit vom „*Jargalant-Amidral negdel*", so wird der darin enthaltene Gattungsname *negdel* klein geschrieben.
- Es gibt einige Ortsnamen, die nicht nach den oben beschriebenen Regeln gebildet werden: Ulaanbaatar (Komponenten *ulaan* (D: rot) und *baatar* (D: Held)) wird im Mongolischen zusammengeschrieben. Auch der Ort Tsagaannuur (Komponenten *tsagaan* (D: weiß) und *nuur* (D: See) wird in einem Wort geschrieben. Der See jedoch, an dessen Westufer der (fast) gleichnamige Ort liegt, wird *Tsagaan nuur* (D: Weißer See) geschrieben.
- Im Mongolischen werden Substantive generell immer klein geschrieben. Dies wird auch bei der Transskribierung berücksichtigt: „sum", „aimag" etc.
- Komposita, die aus einem mongolischen und einem deutschen Substantiv bestehen, werden groß geschrieben: *Sumregierung*, *Negdelverwaltung* usw.
- Geografische Komposita, die im Deutschen keine feststehenden Toponyme sind, werden laut Duden (§ 46 (2), E2) mit Bindestrich geschrieben (z.B.: „Darkhad-Tal" (im Gegensatz zu „Rheintal", „Khövsgöl-See" vs. „Baikalsee" usw.)). Dennoch werden hier einige mehr oder weniger feststehende Toponyme wie „Osttuwa" oder „Westtaiga" bzw. „Osttaiga" zusammengeschrieben – wie auch Norddeutschland, Südamerika, Westeuropa, Ostberlin oder ähnliche Begriffe. „Nordwest-Khövsgöl" hingegen, das sich mehr auf einen geografischen Teil einer Region bezieht als dass es eine feste Ortsbezeichnung darstellt, wird hier stets mit einem Bindestrich geschrieben.

Mongolische Namen

Das mongolische Namenssystem funktioniert völlig anders als beispielsweise das Deutsche. Was oft von Europäern für eine Kombination von Vor- und Familiennamen gehalten wird, ist in Wahrheit der Vatersname (i.d.R. an erster Stelle) und der Vorname der Person. Konkret bedeutet dies, dass z.B. eine Person die als Batsükh Batjargal aufgeführt wird – wahrscheinlich! – Batjargal, Sohn oder Tochter von Batsükh ist. Hier gibt es allerdings mehrere Probleme:

- Bei vielen mongolischen Namen (z.B. bei Batjargal (D: *stabiles Glück*)) ist es praktisch unmöglich, Aussagen über das betreffende Geschlecht der Person zu machen, da er sowohl Mädchen als auch Jungen gegeben wird.
- Zweitens ist es oft nicht eindeutig erkennbar, ob es sich bei der aufgeführten Namenskombination um die mongolische Reihenfolge (Vatersname, Vorname) oder um eine „europäisierte" Form handelt: Gerade bei Autorennennungen in internationalen Publikationen ist es oft üblich, dass der Vatersname anstelle des eigentlichen Namens der Person aufgeführt wird – was aus Sicht der meisten Mongolen eigentlich vollkommen falsch ist. Dieses Problem ist lediglich auszuschließen, wenn der Vatersname im Genitiv (also plus eines der Suffixe -n, -y, -ii, -yn, -(g)iin, -nii, -yin) steht, was leider, gerade in westlichen Publikationen nur selten der Fall ist.

Hier wird daher, soweit möglich und ersichtlich, der (Vor-)Name des Autors zitiert – und nicht der seines Vaters, der lediglich mit dem ersten Buchstaben (also wie ein europäischer Vorname) abgekürzt wird. Alternativ können in manchen Fällen auch beide angegebenen Namen ausgeschrieben werden.

„Javzandamba", Jivzundamba" oder „Jebtsundamba" Khutagt?

Viele historische Namen sind schon vor der Einführung des kyrillischen Alphabets in der Mongolei, also direkt aus dem klassischen mongolischen Skript, in die internationale Literatur übernommen worden. In einigen Fällen kann sich aber die altmongolische Schreibweise deutlich von der neumongolischen, kyrillischen unterscheiden. Zudem sind Namen wie z.B. „Javzandamba Khutagt" tibetischen Ursprungs, was vermutlich zusätzlich zur Entstehung etlicher latinisierter Varianten ein und desselben Namens beigetragen hat. Auch in mongolischen Texten sind heute verschiedene kyrillische Varianten des Namens des religiösen Oberhauptes der Buddhisten der Mongolei zu finden, weshalb es nicht möglich ist, *eine* „korrekte" Schreibweise zu isolieren. Dennoch scheint „Javzandamba" heute die gebräuchlichste Variante zu sein und wird daher auch in dieser Arbeit verwendet.

TRANSLITERATION UND BESONDERHEITEN RUSSISCHER BEGRIFFE UND NAMEN

Für die Latinisierung russischer Begriffe und Namen sei festgelegt:
- Handelt es sich um Begriffe, Namen und Toponyme, die bereits soweit in die deutsche Sprache integriert worden sind, dass sie in den Duden aufgenommen wurden, wird die dort aufgeführte Schreibweise verwendet – egal ob diese den ansonsten angewandten Transliterationsregeln entspricht oder nicht:
  - z.B.: Sowjetunion, Burjaten bzw. Burjatien, Kolchos bzw. Kolchose, Sowchos bzw. Sowchose, Rayon, Taiga, Baikal, Irtysch, Zar, Gorbatschow, Wodka usw.

- Der russische Fluss „Енисей" kann laut Duden „*Jenissei*" oder „*Jenissej*" geschrieben werden. Hier wird die erste, verbreitetere Version gewählt. Auch das „Östliche Sajangebirge" ist in dieser Schreibweise im Duden verzeichnet. Hier wird jedoch die etwas straffere, ebenfalls gebräuchliche Version „Ostsajangebirge" verwendet.
- Handelt es sich um weniger bekannte und nicht bereits „eingedeutschte" Begriffe oder Toponyme (wie z.B. *Todzha, Kyakhta, yasak, zemlicza, khozyajstvo, obshhina* – aber auch *Krasnoyarsk*), so muss bei deren Latinisierung auf eine normierte Transliterationsregel zurückgegriffen werden. In diesem Fall wurde die GOST 7.79–2000 Norm (s.u.) gewählt.
- Groß und Kleinschreibung: Handelt es sich nicht um Toponyme oder Eigennamen, werden – wie im Mongolischen (s.o.) – alle auf diese Weise transliterierten russischen Begriffe *klein* geschrieben (nicht aber „eingedeutschte" Substantive wie Wodka, Kolchose etc.).
- Auch Autorennamen müssen nach einer gängigen, normierten und umkehrbaren Transliterationsregel latinisiert werden, um zu gewährleisten, dass der Leser die entsprechende Literatur in einer Bibliothek oder Suchmaschine finden kann. Dies gilt selbstverständlich gleichermaßen für russische wie auch mongolische Autoren.

RUS	GOST 7.79–2000	Beispiel / Erläuterung (wo sinnvoll)
Аа	Aa	
Бб	Bb	
Вв	Vv	
Гг	Gg	
Дд	Dd	
Ее	Ee	Aussprache: jotiertes e: „je" (betont) wie in *est'* oder aber kurzes „i" (unbetont), wie in *reka*
Ёё	Yo yo	*tayozhnik* (jotiertes o: „jo")
Жж	Zh zh	*zhizn'* (**Aussprache anders als im Mongolischen!** Weicher „sch"-Laut, wie in „Journal")
Зз	Zz	*zavod* (**Aussprache anders als im Mongolischen!** Weiches „s", wie in „Sonne")
Ии	Ii	
й	j	Nur in Verbindung mit Vokalen; langes i nach и (i), ansonsten Diphtong. Anders als im Mongolischen wird ай (aj) nicht zu „ä".
Кк	Kk	
Лл	Ll	
Мм	Mm	
Нн	Nn	
Оо	Oo	Aussprache: in betonten Silben offenes „o", in unbetonten wie „a"

Пп	Pp	
Рр	Rr	Über die Zungenspitze gerolltes „r"
Сс	Ss	
Тт	Tt	Nicht aspiriertes „t"
Уу	Uu	Im Gegensatz zum Mongolischen „y" wie deutsches „u"
Фф	Ff	
Хх	Kh kh	*kolkhoz* (Aussprache wie deutsches gutturales „ch")
Цц	Cz / Z, cz / z	*Tuvinczy-Todzhinczy* (Aussprache wie deutsches „z")
Чч	Ch ch	Aussprache: hartes „tsch"
Шш	Sh sh	Aussprache wie deutsches „sch"
Щщ	Shh shh	*obshhina* (Aussprache wie gedoppeltes, gezischtes „sch")
ъ	"	hartes Zeichen: Verhindert, dass vorangehender Konsonant bei jotierten Vokalen weich ausgesprochen wird.
ы	y' (hier: y)	Der Einfachheit halber wird hier, anders als von der von der GOST-Norm vorgesehen, nur ein normales, lateinisches „y" geschrieben. Dies entspricht der gängigen Praxis wie auch praktisch allen anderen Transliterationsnormen.
ь	'	Weichheitszeichen: Macht vorstehenden Konsonanten „weich" (palatalisiert).
Ээ	E' e' (hier: E, e)	*Etnologiya*. Der Einfachheit halber wird hier, anders als von der von der GOST-Norm vorgesehen, nur ein normales, lateinisches „e" geschrieben. Dies entspricht der gängigen Praxis wie auch praktisch allen anderen Transliterationsnormen. Aussprache: hartes „e" (zwischen deutschem „e" und „ä")
Юю	yu	Aussprache: jotiertes u: „ju"
Яя	ya	Aussprache: jotiertes a: „ja"

TRANSLITERATION UND BESONDERHEITEN TUWINISCHER BEGRIFFE UND NAMEN

Für besondere Schwierigkeiten bereitet sorgt die korrekte Schreibweise von tuwinischen Begriffen: Es ist leider nicht auszuschließen, dass manche Begriffe, die aus der Literatur entnommen sind und deren Ursprung unklar ist, nicht unbedingt einer korrekten Transliterationsweise des Tuwinischen entsprechen (z.B.: „*amban-noyon*" vs. „*ambyn-noyon*" usw.). Solche Begriffe werden so übernommen, wie sie in der jeweiligen Literatur vorgefunden wurden. Diese Transliterationsweise orientiert sich meistens am Russischen.

Sonderfall Tuwa: Die russische Republik Tuwa (RUS: Тыва oder Тува) wird auf tuwinisch als „*Tyva*" (Тыва) bezeichnet. Einige Autoren (siehe z.B.: Oelschlägel 2012) haben diese Schreibweise auch konsequenterweise ins Deutsche übernommen. Hier allerdings wird die etwas altmodischere aber immer noch verbreitetere Schreibweise „Tuwa" (siehe z.B.: Mänchen-Helfen 1931) verwendet. So wird u.a. auch das Adjektiv „tuwinisch" (statt „tyvanisch") verwendet und werden die Einwohner des Landes als „Tuwiner" (und nicht „Tyvaner") bezeichnet. Im Duden ist *keine* offizielle Schreibweise für das Land und seine Einwohner verzeichnet, weshalb hier nach wie vor eine gewisse Freiheit zu bestehen scheint.

Tozhu und Todzha: Wesentlich komplizierter ist der Sachverhalt bei den „Tozhu" (Menschen) und der Region „Todzha": Letztere wird in der russisch-kyrillischen Schrift mit „-дж-" geschrieben und deswegen auch, gemäß den Transkriptionsregeln des Russischen, mit „-dzh-" transkribiert. Das „д" (d) ist im Russischen erforderlich, da das russische „ж" (zh) wie ein sehr weiches „sch" (wie in „Journal") ausgesprochen wird. Auf tuwinisch wird die Region hingegen, genauso wie deren Einwohner, schlicht als „Тожу" (Tozhu) bezeichnet: Hier wird das „ж", genau wie auch im Mongolischen, wie ein „*dsch*" ausgesprochen, weshalb ein „d" im lateinisch transkribierten „Tozhu" nicht notwendig ist. Eine einfachere Lösung wäre es möglicherweise, sowohl die Region als auch deren Einwohner hier als „Tozhu" zu bezeichnen. Dies ist allerdings extrem verwirrend. Die Ethnologin und Tuwa-Expertin Anett C. Oelschlägel schlägt deswegen vor, die Einwohner als „Tozhu-Tyva" zu bezeichnen (pers. Komm.). In der russischen Amtssprache sind die Einwohner der Region Todzha wiederum unter der Bezeichnung „Tuvinczy-Todzhinczy" in die Liste der *„indigenen, zahlenmäßig kleinen Völker"* (KMN) eingetragen. Dies entspricht allerdings kaum dem Sprachgebrauch der betreffenden Leute, die sich selbst, je nach Kontext und Situation, meist entweder schlicht als „Tyva" (also Tuwiner) oder „Tozhu" bezeichnen. So wird hier, der Klarheit wegen, für die Region das russische Toponym „Todzha" gewählt, während deren Bewohner, wie im Tuwinischen, als Tozhu bezeichnet werden.

CHINESISCH UND MANDSCHURISCH

Zuletzt bleibt noch das Problem einiger chinesischer und mandschurischer Begriffe, soweit diese nicht entweder (oft in leicht veränderter Form) Einzug in das mongolische oder tuwinische Standardvokabular gefunden haben (z.B. „*Uriankhai*", „*alban*" usw.) oder, wie etwa das Ethnonym „Mandschu", auch im Deutschen bekannt und im Duden auf diese Weise verzeichnet sind. Diese wenigen Wörter (wie z.B. „Qing", sprich: *Tsching*) werden hier nach den Regeln der gängigen Pinyin-Transkription wiedergegeben, die hier jedoch nicht näher erläutert werden wird.